住房城乡建设部土建类学科专业“十三五”规划教材
高等学校城乡规划学科专业指导委员会规划推荐教材

城市设计导论

王伟强　编著

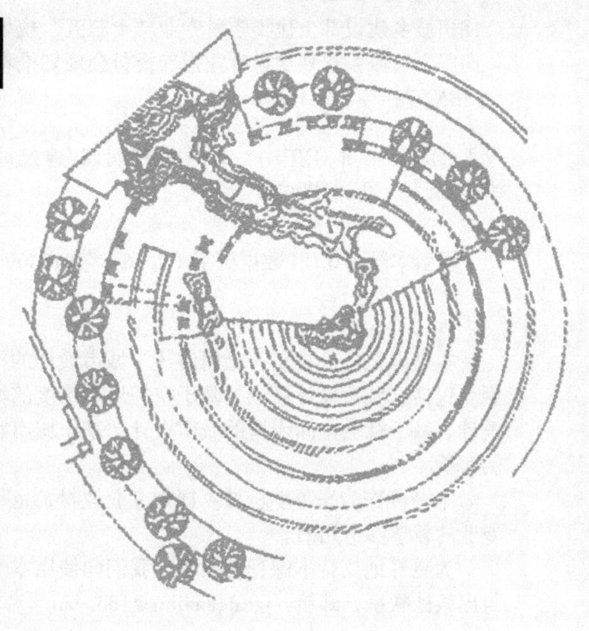

中国建筑工业出版社

审图号：GS京（2022）1186号
图书在版编目（CIP）数据

城市设计导论 / 王伟强编著. —北京：中国建筑工业出版社，2015.12（2023.1重印）
住房城乡建设部土建类学科专业“十三五”规划教材
高等学校城乡规划学科专业指导委员会规划推荐教材
ISBN 978-7-112-18998-4

Ⅰ.①城… Ⅱ.①王… Ⅲ.①城市规划-建筑设计-高等学校-教材 Ⅳ.①TU984

中国版本图书馆CIP数据核字（2016）第010409号

本书以宽广的视角，全面讲述了城市设计的概念、形态、环境、社会与政策等学理内涵。包括：城市设计概论、基于空间形态维度的城市设计、基于整体环境关系的总体城市设计、基于社会空间矛盾的城市设计、基于城市管治的城市设计，并配有一定量的设计案例解析。

本书可作为高等学校城乡规划专业教材，也可作为城市管理、建筑、风景园林等相关专业的教学参考用书。

为更好地支持本课程的教学，我们向使用本书的教师免费提供教学课件，有需要者请与出版社联系，邮箱：jgcabpbeijing@163.com

责任编辑：杨　虹　尤凯曦
责任校对：王雪竹

住房城乡建设部土建类学科专业“十三五”规划教材
高等学校城乡规划学科专业指导委员会规划推荐教材
城市设计导论
王伟强　编著
*
中国建筑工业出版社出版、发行（北京海淀三里河路9号）
各地新华书店、建筑书店经销
北京雅盈中佳图文设计公司制版
北京中科印刷有限公司印刷
*
开本：787毫米×1092 毫米　1/16　印张：$28^1/_2$　字数：617千字
2019年4月第一版　2023年1月第三次印刷
定价：69.00元（赠教师课件）
ISBN 978-7-112-18998-4
（28276）

序

—Preface—

城市设计的概念最早于1943年出现在英国规划师和建筑师帕特里克·艾伯克隆比（Patrick Abercrombie，1879—1957）和约翰·亨利·福肖（John Henry Forshaw，1895—1973）为战后伦敦规划的思想中，并在第二次世界大战后成为一种专业活动。英国建筑师和规划师弗雷德里克·吉伯德（Frederick Gibberd，1908—1984）在1953年为城市设计提供了早期的定义，城市设计曾经被称为城镇设计（Town Design）。美国城市设计理论家凯文·林奇（Kevin Lynch，1918—1984）则称之为城市设计（City Design）。

事实上在2000多年前的亚洲、非洲和欧洲、美洲早就有城市设计活动，涉及城市的选址、外观、布局和气象。公元前1126—前1105年在巴比伦规划了垂直相交的笔直街道，我国战国时期的《周礼·考工记》也提出了王城的形制。历史上有古典时代以古希腊和古罗马以及中国的都城为代表的规整的城市设计，也有以欧洲中世纪城市和伊斯兰城市的非规整城市设计。

早期的城市设计，城市空间设计和城市规划在某种程度上是同一的概念。现代城市设计起始于文艺复兴时期和启蒙运动，逐步实现城市化，完善城市公共空间。工业化时代的城市规划转向城市设计、公共健康服务和景观建筑设计，历史上的乌托邦和理想城市的模式实际上也是城市设计的探索。当代城市设计更关注可持续发展的城市环境，提出了都市主义、生态都市主义、绿色都市主义和可持续发展都市主义的思想。

城市设计是一门古老而又现代的学科，是一门基于建筑学、景观建筑学和城市规划的交叉学科，也是人类塑造环境的方式。城市设计师集艺术家、科学家、历史学家、社会学家、预言家、规划师、建筑师、景观建筑师、工程师、开发商和政治家于一身，其主要目的是对一组建筑、一个街坊、一个地区、甚至一座城市的空间和形态进行设计，尤其是在城市更新和对城市空间修补时，城市设计发挥着重要的作用。城市设计具有独特性，城市设计对于每一个项目、每一块场地的呼应都是独特的和唯一的。城市设计涉及城市的各种问题，影响城市形态、生活方式和交通出行，从而也决定城市的未来。

当代城市是一个复杂的系统，城市曾经经历过丰富多彩的变化，今后还要经历更大的变化。人类用了漫长的时间，才开始对城市的本质和演变过程获得了一个仍然不全面的认识，也许还要用更长的时间才能完全弄清它那些尚未被认识的潜在特性，设法看清城市正在展现的未来，城市设计正是为了面向城市的未来，面对的就是复杂的问题。因此，近年来又有趋势将战略性城市设计、景观都市主义、可持续发展都市主义等纳入城市设计。城市设计既是艺术，也是工程技术，更是一项需要社会各界包括社区和市民共同参与的工程和活动。每一项城市设计都有不同的深度和广度，既关注宏观问题，有时也需要关注细微末节。

欧洲的城市建设在当代已经基本上告一段落。以英国为例，计划于 2050 年落成的建筑中，80% 都已完成。因此，城市的发展主要是城市的更新和复兴，城市空间和城市功能的修补和改善。主要的工作也集中在：城市的空间结构布局、步行街区、城区的混合功能、城市综合体、交通枢纽、城市空间品质、公共开放空间、公共空间艺术、场所、自然与城市、历史城区保护等不同层次、不同类别及不同规模的方方面面。

由于我国的大规模建设和快速城市化阶段的基本结束，城市规划的主要任务将转向城市更新、复兴、发展和历史文化保护，大部分规划工作将转为城市设计，在城市上设计并建设城市，设计并塑造城市的空间形态，规划城市设施，修补城市空间，城市生态修复等。

王伟强教授的《城市设计导论》（以下简称《导论》）为我们展示了城市设计的广阔领域，既是对城市设计学科的全论述，也是对学科未来发展的展望，王教授长期从事规划理论和城市设计理论的研究，既有深厚的理论功底，也在城市规划和城市设计领域积累了丰富的实践经验。《导论》全面地论述了城市设计的历史及其理论，告诉我们什么是整体城市设计。王教授明确指出："城市设计是公共政策"，将政治性与公共性、理论性与实践性、强制性与合法性加以统一。

《导论》以大量的中外案例展示出城市是一个复杂和动态的系统，城市的发展反映出推动城市形态、社会、环境和经济转型的过程。城市设计是城市外部和内部的社会、经济、文化等各种影响力作用的结果，也是对城市所面临的机遇和挑战的一种反映。城市设计既要考虑城市空间形态维度，也要优化整体空间环境，关注城市空间管治。

《导论》既是一本优秀的跨学科教材，也是城市设计的百科全书，既是一部城市设计批评史，也是城市空间发展史。

郑时龄

2019 年 1 月 4 日

前言

—— Preface ——

早在 1985 年，同济大学率先在研究生教学中开设了名为“城市设计概论”课程，后来又扩展至本科生教学，在国内高校中较早地奠定了城市设计理论教学的基础，至今已有三十多年。这期间既是我国快速城镇化时期，也是学界对城市设计研究认识、深化、转型时期，并在城市设计教学与实践领域积累了丰富成果，但是在城市设计理论教学方面却始终缺少完整的教材。一来是因为，城市设计作为一个传统的“新兴学科”，人们的认识需要一个过程，理论体系的建构也要假以时日；二来，现代城市设计被认为是“贯穿于我国法定城市规划的各个阶段”的工作内容，城市设计就必须具有较大的包容性、拓展性和灵活性，以应对各阶段工作在对象、尺度、方法上所存在的差异，因而使得城市设计难于制定统一的标准，其理论体系也显得尤为庞杂。这些问题不仅困惑于研究、实践中，也困扰于教学中。

中国过去三十年的快速城市化过程中所创造的机遇，有力地推动了城市设计学科理论与实践的发展。国家土地使用制度的改革、住房制度的改革、各地新城与新区建设，旧城更新与历史街区保护，都迫切需要通过包括城市设计在内的规划工作来推动和引导。城市设计无论是在增量规划中，以目标为导向的拓展设计方式，还是在存量规划中，以问题为导向的更新设计方式，都发挥着重大作用，反映出城市设计与城市规划具有一致的属性，即注重城市公共利益的价值取向。

城市设计关注城市空间形态与景观风貌，在各专业学科之间架起了一座知识性桥梁，创造了平等对话的机会。城市设计包含着建成环境和社会系统的双重面向，就建成环境而言，它表现为由多阶段所组成的设计研究与求解过程；就社会系统而言，它又表现为政治、经济、法律的连续决策过程和执行过程。这种过程的属性，使得城市设计既侧重于设计、更侧重于建构控制体系来对形态和谐与否进行控制和干预。因此，城市设计教学既要引导学生提高对空间形态与场所营造的理论理解和设计技巧，更要理解城市设计作为一种研究方法，还要掌握规划控制与设计控制的导则制定与完善能力。《城市设计导论》正是基于这样的目的，为城市规划专业学生编写的教材。本书力求建立宽广的视角，讲授城市设计的概念、形态、环境、社会与政策等学理内涵，并与此对应形成了本书的5个章节。

第1章，概论，教学重点在于阐述城市设计基本概念的演化过程，从中加深理解这门学科的内涵；认识掌握城市设计在城市规划体系中的地位与特点，以及与各层次城市规划工作的相互关系；认识城市设计的主体参与者与价值取向；了解城市设计的理论、方法、政策的框架性内容。

第2章，基于空间形态维度的城市设计，是本科课程教学的重点，通过了解掌握城市设计的历史演进；从城市形态与结构高度理解城市设计，学习城市设计的三个基本理论，掌握营造建成环境的形态关系、拓扑关系和类型关系；并通过对城市公共空间的类型分析，学习掌握城市设计典型空间的设计方法。本章教学为学生下一步城市设计的设计课学习作出理论工具准备。

第3章，基于整体环境关系的总体城市设计，是对应在城市总体规划学习阶段，从区域和整体发展的视角建构城市设计策略；并通过具体案例，学习处理好城市形态、布局与生态环境、山水格局、地势地貌、风貌景观的协调关系。

前3章内容应该结合本科生的“居住区规划、控制性详细规划、城市设计以及城市总体规划”等设计类课程的学习，理论与设计实践相结合，有助于增进学生的理解。

第4章，基于社会空间矛盾的城市设计，意在要求学生“把城市设计作为一种研究的工作方法”，学习理解城市设计的社会属性，理解“空间－社会一体化”的辩证关系，树立“以问题为导向的城市设计”观念。这部分内容的学习，扩大阅读、开阔视野，也为学生今后进入研究生阶段开展城市设计理论研究打下基础。

第 5 章，基于城市管治的城市设计，从城市管治的视角，学习掌握制定和实施城市空间形态和景观风貌及其公共价值领域的控制规则，理解作为过程的城市设计；并初步学习城市设计实施的评估内容和方法。在本章学习中，可结合控制性详细规划的教学，掌握设计控制的方法以及设计导则的制定。

通过后两个章节的学习，扩大学生的阅读和兴趣点，使学生在基础性、技能性的教育过程之后，逐步理解以观念和素质培养为目标的学习阶段，从而保证学生在今后研究生学习、职业生涯中保持继续研究和自我提高的能力。

本书编写中力求兼收并蓄，博采众长，把握城市设计学科发展的前沿性观点；突出城市设计知识提供的系统性、综合性，突出城市设计的社会性与政策性内容；并且在理论梳理的同时，配合一定量的设计案例解析，案例部分无论是在体例或字体字符上都和正文拉开差距，既举一反三，亦增强教材的拓展与可读。本书编写中亦注意参考文献的整理、注释，希望能为学生们提供阅读线索，便于今后继续研究。

限于本人的水平和知识结构的局限，书中难免有谬误之处，也恳请师生、读者们批评指正，以便加以修正、提高。

王伟强
同济大学建筑与城市规划学院

目 录

—Contents—

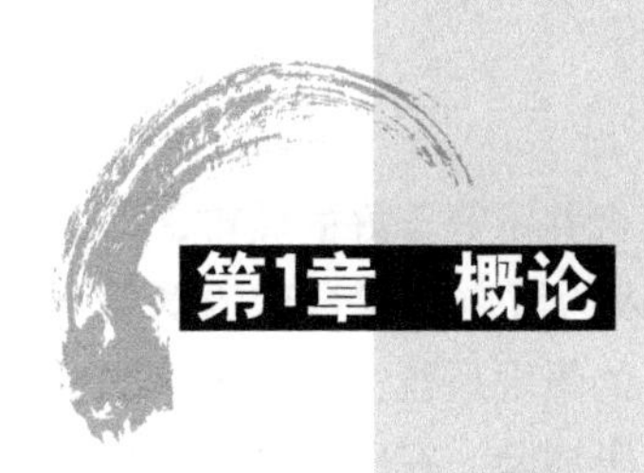

第1章 概论

1.1 引言

城市是文明的积淀，人类的伟大进步几乎都是与城市紧密关联；城市是系统的集合，城市各要素之间隐含着内在的组织性、逻辑性和系统性；所以有学者形象地比喻在认识城市过程中，“如果把建筑比作文字，街道就是句子、街区就是篇章，那么城市就是一本书”。瓦尔特·本雅明（Walter.B.S.Benjamin）曾就人们如何“阅读”城市作了广泛的分析。他提出，城市是人们记忆的存储地，是过去的留存处，它的功用中还包括储存着各种文化象征；这些记忆体现在建筑物上，而这些建筑物就此具备的含意，便可能与其建筑师原本的意图大为不同了。

本雅明把这种文化象征寄托于建筑本体，但是，一个城市，即便有好的建筑，就会是一个好的城市吗？“我们似乎失去了整体把握我们工作的能力……我们不应该只思索那些单独的建筑物，而应该将它们看作一种整体空间。”美国著名学者C·亚历山大（Christopher Alexander）这样评论。如果我们对经历历史磨炼的欧洲传统城市和经济腾飞后发展起来的亚洲城市作些形态的比较（图1.1–1），我们更可以形象地感知，每个城市都有着鲜明的性格，而关于每个城市的特色绝不只涉及独立的建筑个体，亦或是个别场景的层面，而是由城

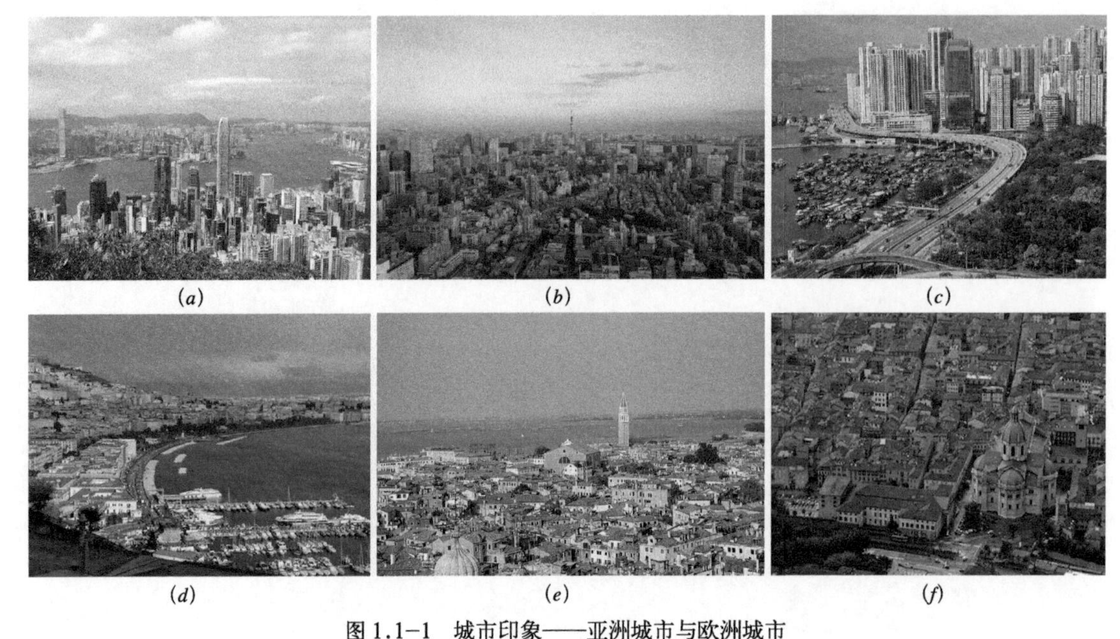

图 1.1-1 城市印象——亚洲城市与欧洲城市
(*a*) 香港，亚洲；(*b*) 东京，亚洲；(*c*) 首尔，亚洲；(*d*) 那不勒斯，欧洲；(*e*) 威尼斯，欧洲；(*f*) 科莫，欧洲

市的方方面面的综合所左右。所以说：好的建筑集合并不等于好的城市。

城市设计就是设计城市而非设计建筑。它可以为城市组织合理的功能配置、高效的交通体系，营造舒适的空间环境、良好的景观风貌，制定公平的公共政策、有效的开发控制。城市魅力的来源，更在于体验、在于个性，由生活在其中的每一个市民共同诠释。当今的城市设计正日益彰显着这一发展需求，愈益注重人与城市空间关系的协调，营造城市特色与活力，在城市进程中发挥着自身独特的作用。

1.2 城市设计的概念

讨论城市设计概念，我们有必要先从城市规划的概念说起。英国著名规划师彼得·霍尔（Peter Hall）这样定义规划及城市规划："规划作为一项普遍活动，是指编制一个有条理的行动顺序，使预定目标得以实现。它的主要技术成果是书面文件适当地附有统计预测定量评价，及规划方案图解"；"城市规划则是指明了一定'空间或地域'的规划，其总任务是为各种活动或土地利用，提供空间结构"[1]。法国著名规划师让－保罗·拉卡兹（Jean-Paul Lacaze）则认为："城市规划是有意识的干预，认识城市规划必须将它作为权力行为来研究"[2]。

之所以作这样的概念回顾，一方面是因为城市设计与城市规划存在着千丝万缕的渊源关系；另一方面，我们也可以借助这一界定相对清晰的概念，对比地来理解城市设计。城市设计在我国的城市规划体系中被界定为贯穿城市规划各阶段的一种工作方法或思想，其以关注空间形态与景观风貌的特点来弥补通

常以土地利用为代表的二维层面工作的不足。城市设计强调城市空间和景观环境的目标追求，对城市规划形成了有益的补充和完善。

从历史发展而言，可以说城市设计已经有两千多年历史。工业革命以前及其早期的很多城市规划理论与实践，用今天的眼光来看就是城市设计活动，两者尚没有形成学科细分。中国古代的都城、西方中世纪的广场，以及近代美国的华盛顿、澳大利亚的堪培拉等，都被认为是城市设计的典范，同时也是优秀的城市规划实践。以埃比尼泽·霍华德（Ebenezer Howard）的田园城市理论为代表的现代城市规划的确立，推动了现代城市规划与城市设计的分离。虽然同时代的奥地利建筑师卡米罗·西特（Camillo Sitte）出版的《城市塑造的艺术》（The Art of Building Cities）一书产生了广泛的影响，但城市设计作为一门学科和独立的职业领域，直到1950年代才真正确立。"二战"之后全球范围的新城建设和对原有城市大规模的更新运动，伴随现代城市规划与建筑设计的分工与分化加剧，出现了城市空间环境失控、城市风貌混乱以及林林总总的社会问题。这种状况促使人们从社会文化和心理行为的角度重新审视城市形态和空间设计，并认识到这个知识体系对城市的发展、保护和更新进行指导的必要性，促使城市设计作为一门独立学科的确立，城市设计的概念得到广泛关注，并取代了已经存在多时的"Civic Design"等概念。

1956年，哈佛大学设计研究生院举办了一次研讨会，首次确定"城市设计"主题并由此引发了长期的激烈讨论，并成为后来城市设计学科发展的重要基础。通过整合来自社会学、地理学、建筑学、城乡规划学、景观学等领域从事理论研究和实践探索的专家的不同的声音，以呈现城市设计学科的演化，评估城市设计领域的现状，预测当今飞速城市化所带来的一系列挑战，以及提出城市设计如何应对这些挑战的建设性建议。这些讨论真正体现了作为交叉学科的城市设计所具有的变化与包容，以及新时代下我们所应具有的城市思维。正如时任哈佛大学设计研究生院院长何塞·路易·塞特（Jose Luis Sert）所指出的那样：城市设计，作为一种城市思想框架，是规划体系的一个特殊阶段[3]。

目前，随着城市设计理论与实践的拓展，城市设计的研究内容日趋庞杂，解读城市设计概念的角度和层面也各有不同。本章搭建城市设计概念平台的原则，是基于对其中关键核心内容的把握和择选，从城市设计的定义、地位、内容及其层次性四个方面进行重点导述。

1.2.1 城市设计的定义

国内外学者对城市设计定义的探讨在不断深化，定义"城市设计"的学科边界也从未停息。从早期阶段的城市设计来源于建筑设计；到以美学原则为基础；到以物质空间为对象；再到城市设计与建筑设计研究对象、研究方法以及目标系统不同的认识过程。然而，单纯以塑造物质环境为目的的城市设计不能解决社会的诸多矛盾，在城市发展的过程中，不能起到良好的管理与控制作用，学者们反思并追溯城市设计的更为本质的内涵。因此，城市设计的定义是在不断地深化发展过程之中。

早在1943年，作为"城市设计"论的倡导者，美国学者E·沙里宁（E.Saarinen）

在其《城市——它的发展、衰败和未来》(The City：Its Growth, Its Decay, Its Future)中提出"城市设计,基本上是一个建筑问题"[4]。英国学者F·吉伯特(F.Gibberd)对城市设计的表述则更为具体，他在《市镇设计》(Town Design, 1967)一书中这样阐述城市设计的本质："城市是由街道、交通和公共工程等设施以及劳动、居住、游憩和集会等活动系统组成。把这些内容按功能和美学原则组织在一起，就是城市设计的本质"。他认为："城市设计主要是研究空间的构成和特征"；"城市设计的最基本特征是将不同的物体联合，使之成为一个新的设计，设计者不仅必须考虑物体本身的设计，而且要考虑一个物体与其他物体之间的关系"；"城市设计的目的不仅是考虑这个构图有恰当的功能，而且要考虑它有令人愉快的外貌"[5]。美国规划师E·培根（E.Bacon）1976年在《城市设计》(Design of Cities)一书中则提出"城市设计主要考虑建筑周围或建筑之间的空间，包括相应的要素如风景或地形所形成的三维空间的规划布局和设计"[6]。这些论述都反映出那个时代对城市设计的认识与建筑学扩大化的渊源关系。

据《简明不列颠百科全书》(1986)的解释，城市设计是"对城市环境形态所作的各种合理处理和艺术安排"[7]。据《中国大百科全书（建筑、园林、城市规划卷）》(1988)的解释,城市设计是"对城市体形环境所进行的设计"[8]。王建国（2011）认为城市设计意指人们为某特定的城市建设目标所进行的对城市外部空间和建筑环境的设计和组织，在20世纪世界城市建设发展历程中，城市设计所具有的独特专业作用，在城市环境品质提升和场所感的塑造方面起了关键性的作用[9]。

阮仪三（1992）则在其主编的《城市建设与规划基础理论》中提出："城市设计是衔接城市规划和单项设计（包括建筑设计和工程设施设计）的桥梁，是一个相对独立的领域"[10]。王伯伟在教学中提出"城市设计就是要利用构成城市环境的各种要素，将它们的互相关系进行调整，形成新的特质，改善城市生活质量。"孙施文的《城市规划哲学》(1997)一书中则提出"城市设计是以城市为背景的，对局部地区、地段或整个城市在某一方面所进行的以城市空间形式为对象，以建筑形态组织为主要内容的空间环境设计"[11]。美国的凯文·林奇（Kevin Lynch）认为"城市设计专门研究城市环境的可能形式，要使规划设计具有意义,设计师和规划师必须了解规划环境使用者的思想和行为"(1981)[12]。

从以上的论述中，反映出对城市设计的认识逐渐从个体间的关系、物质的，向整体的、强调空间特质和场所精神方向演变的递进过程。

而美国城市设计学家乔纳森·巴奈特（J.Barnette）在《作为公共政策的城市设计》(Urban Design as Public Policy, 1974)一书中进一步提出"城市设计本身不只是形体空间设计，而是一个城市塑造的过程，是一连串每天都在进行的决策制定过程的产物"；"城市设计是设计城市而不是设计建筑，是作为公共政策的连续决策过程"[13]。美国规划师戴维·戈斯林（David Cosling）在《都市设计概念》(Concept of Urban Design, 1984)一书中阐述其观点"城市设计应是一种解决经济、政治、社会和物质形式问题的手段"，认为"从人类的角度来说，城市设计是针对视觉环境满足任何城市社区居民的需求和愿望的尝试"[14]。

1976年美国规划学会城市设计部出版的《城市设计评论》(Urban Design Review)则对城市设计的定义作出了较为完整的阐述，其表达的主要内容包含四个方面：①城市设计活动的目的是发展一种指导空间形态设计的政策框架；②城市设计是在城市肌理的层面上，处理其主要元素之间的关系的设计；③城市设计既与空间有关又与时间有关，因为它的构成元素不但在空间中分布，而且在不同的时间由不同的人建造完成；④城市设计是对城市形态发展的管理与控制。这种管理是困难的，因为：首先，城市发展是多方博弈的过程，要协调各方的利益；其次，发展计划虽然明确，但时间向量的加入会引发多种变化；再者，管理与控制的手段还不完整，不断发展与深化；另外，城市的有机生长，始终是处于动态的平衡中[15]。

美国学者A·迈达尼普尔（A. Madanipour,1996）则称城市设计是一种“社会空间过程”(Socio–spatial Process)，在这个“社会－空间”过程中公众参与的力量也不可忽视[16]。唐子来（2015）在公共讲座中指出，城市设计是政府对于城市建成环境的公共干预。它所关注的是城市空间形态和景观风貌的公共价值领域，不仅包括公共空间本身，而且涵盖对其品质具有影响的各种建筑。

由此可见，城市设计概念的演化，大致经历了从注重视觉艺术与物质形态，关注行为、心理、社会和生态要素，到优化城市综合环境质量目标，并到强调作为过程管控与公共政策的演进历程（图1.2.1–1）。当前，城市设计越来越多地转向对人、社会、文化、环境等方面来建立评价标准。而通过各种政策、标准和设计审查来管理较大地区范围的风貌特色和环境品质的做法，已成为城市设计的重要手段。

根据上述城市设计概念的演化与发展，我们对城市设计的定义概括总结为：**城市设计**，是以城市总体发展目标为要求，以场所营造为核心，对城市空间形态和景观风貌作出统筹安排和设计控制，是城市公共领域管制的重要方式。

1.2.2 城市设计的地位

城市设计的重要作用还表现在创造更亲切美好的人工与自然相结合的城市生活空间环境，促进人的居住文明和精神文明的提高[17]。城市设计不同于城市规划和建筑设计，它可以广义地理解为设计城市，即对城市空间形态及风貌景观的设计安排。它既是一个相对独立的领域，也具有承上启下的作用。从城市空间形态的总体把握，到引导项目设计实施，涉及规划的多个层面和工作方法，因此，理解并把握城市设计与其他相关规划的关系和地位尤为重要。

在《城市规划编制办法》中对城市设计有明确规定：“在编制城市规划的各个阶段，都应当运用城市设计的方法，综合考虑自然环境、人文因素和居民生产、生活的需要，对城市空间环境作

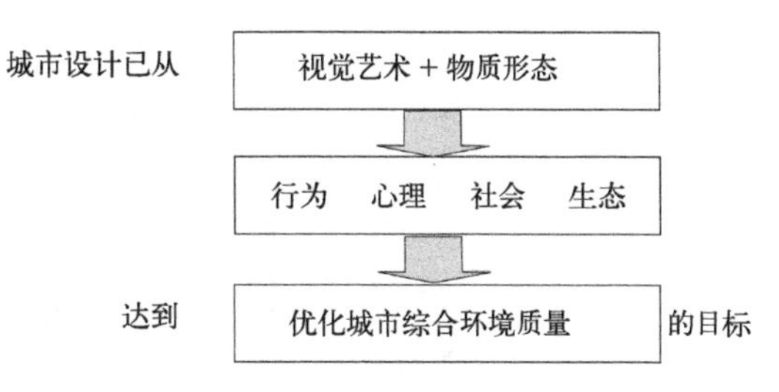

图1.2.1–1 城市设计概念的演化趋势

出统一规划，提高城市的环境质量、生活质量和城市景观的艺术水平"。城市设计已经成为贯穿于我国法定城市规划的各个阶段的工作内容（表 1.2.2–1），在不同的阶段中、不同的矛盾中，城市设计的研究对象、尺度、成果表达是不同的；它也必然侧重于城市的不同方面，作用于城市的不同要素，发挥着其相应的独特作用。城市设计的工作具有两种基本形式：对城市公共空间的形态设计，被看做作为结果的城市设计；对城市空间形态和景观风貌的公共价值领域的控制规划，被看做作为过程的城市设计。

其中，城市设计与城市规划的关系，是最常涉及的。如前文所述，城市设计贯穿于城市规划的各阶段及各层次，其既有分析与策划、研究内容，又有具体形体表达的内容。但根据我国目前现行的《中华人民共和国城乡规划法》（以下简称《城乡规划法》）等法律、法规，城市规划法定规划体系为：城镇体系规划、城市总体规划、分区规划、控制性详细规划和修建性详细规划，虽然城市设计未列入法定的规范，但其在恢复与保持城市中个体环境质量的连续性与一致性，改善城市的整体形象和环境美观，提高人们的生活质量方面具有不可替代的重要作用，因此它是对城市规划工作的深化、延伸和补充。虽然各层次的城市规划编制内容和工作重点有所侧重，但需要将"城市设计"观念、方法贯穿于法定规划体系中，在城市规划的不同阶段，往往包含以下具体的城市设计内容：

（1）城镇体系规划与区域城市设计。此阶段的城市设计工作一方面从区域的角度关注并结合城市区域性结构关系，如产业布局、空间结构、交通系统以及社会经济政策等因素；另一方面对于城市设计自身来说，则应注重从区域的视角对大范围自然环境特征、历史人文风貌、生态景观格局等系统加以统筹考虑。

（2）城市总体规划阶段与总体城市设计。由于城市总体规划是制订城市发展规划的最高层次，在此阶段的城市设计应主要着重于城市轮廓线、高度分区、密度分区、建筑风貌、道路街景、视线通廊、街阔尺度、肌理形式等方面内容具体研究。同时还应制定具体的市容景观实施管理条例，促进城市文化风貌与景观的形成，确定城市设计实施的保障机制。另外，分区规划作为大中城市总体规划对局部地区的土地利用、人口分布、公共设施配置等方面所作的进一步安排，该阶段城市设计工作与总体城市设计主要工作任务是基本一致的，只是深度内容会有所区别（图 1.2.2–1）。

（3）城市详细规划阶段与详细城市设计。详细规划是城市法定规划实施最为重要的阶段，并主要分为控制性详细规划和修建性详细规划。总体来说，控制性详细规划编制内容与详细城市设计之间是彼此渗透、相辅相成的。控制性详细规划对于地块划分、容积率、建筑密度、工程管线等方面都有强制性的引导内容，同时也会对建筑高度、建筑后退线、建筑间距等方面提出具体控制要求，本质上控规已经包含了城市设计部分内容，并成为落实城市设计控制的主要手段。同时，为了进一步补充城市空间环境设计分析研究内容，该阶段的详细城市设计还会通过设计导则和图则等成果形式将城市设计与城市规划衔接得更为紧密（图 1.2.2–2）。

此外，在战略规划、城市整体风貌设计、历史名城（街区）保护规划、

城市规划的公共参与等非法定规划工作领域中，城市设计也因其致力于处理城市空间结构关系、山水结构与生态景观的关系、城市肌理的塑造、场所精神的维系及社区归属感的建立等目标，而扮演重要的规划控制引导的实施管理角色，将城市规划二维平面功能布局与三维空间环境塑造加以全面整合。

我国各层次城市规划体系与城市设计衔接 表 1.2.2-1

城市规划体系	城市设计体系	各层次城市法定规划与城市设计衔接重点	
		法定规划工作重点	城市设计工作重点
城镇体系规划	区域城市设计	研究生产力布局、区域性基础设施，统筹城乡空间关系，协调城市间区域性结构关系	区域各城镇的风貌景观特色、区域交通走廊景观发展策略、重要历史文化遗产或人工景观资源设计对策等
城市总体规划	总体城市设计	研究城市规划期内的人口、社会、空间发展目标及关系。统筹城市各类土地利用及基础设施规划，协调城市近期、远期发展与目标	对城市土地利用、生态格局等提出总体策略和调控原则，针对物质形态空间、开敞空间和绿地景观、道路交通规划、城市历史文化与风貌保护等进行专题研究和设计导则编制
城市分区规划	总体城市设计	以城市各相对独立的各功能区为对象，研究落实总体规划的各项要求，处理好人口、土地利用与各类基础设施的相关内容	参照总体城市设计，进一步对风貌分区、开放空间体系、重点地段、城市建筑景观等提出较为具体的发展原则和控制指引
控制性详细规划	详细城市设计	对局部地区的建设所进行的规划控制确定土地利用、开发容量、建筑高度、覆盖率、绿化率、容积率及城市基础设施、建筑退让红线	对空间结构、交通组织、主要景观视线和节点、公共开放空间、建筑形态等提出具体设计建议和引导要求，并将该段的研究成果转化成设计导则、图则纳入控规体系中
修建性详细规划	详细城市设计	对局部地区建设项目进行的规划安排，确定土地利用性质、项目规模、开发容量、建筑形态及相互关系、空间的群体关系、建筑高度、覆盖率、绿化率	修建性详规阶段的城市设计内容与控规阶段的内容基本相同，特别针对城市重点地段应先编制城市设计再进行后续的修建性详规

城市设计与其他相关学科联系也是十分密切的，可以说，城市设计在各学科之间架起了一座知识性桥梁，并创造了平等对话的机会。对于建筑学而言，城市设计并不等同于建筑学的简单扩大，它不仅是对一个结果的描述，由于存在时间跨度的问题，它还是对一个过程的控制；同时，还涉及政策和社会要素等非物质的因素，超越了建筑学的范畴。城市设计与建筑学的联系可以总结为以下三点：①定位、定量、定形、定调的协调关系；②城市设计与建筑设计的指导、融合、反馈的关系；③建筑师树立“城市建筑观与城市设计观”，正是因此，巴奈特提出城市设计是“设计城市而非设计建筑物”这一著名论点。对于景观建筑学、交通工程等学科而言，城市设计也有密切配合，很多设计的观念、思维和方法都与工程系统内容相互依存；另外，由于自身的特点与复杂性，城市设计价值判断必须置于社会学、政治经济学背景下来考察。一方面，城市设计强调公共开放空间的场所精神应具有强烈的社会性，赋予

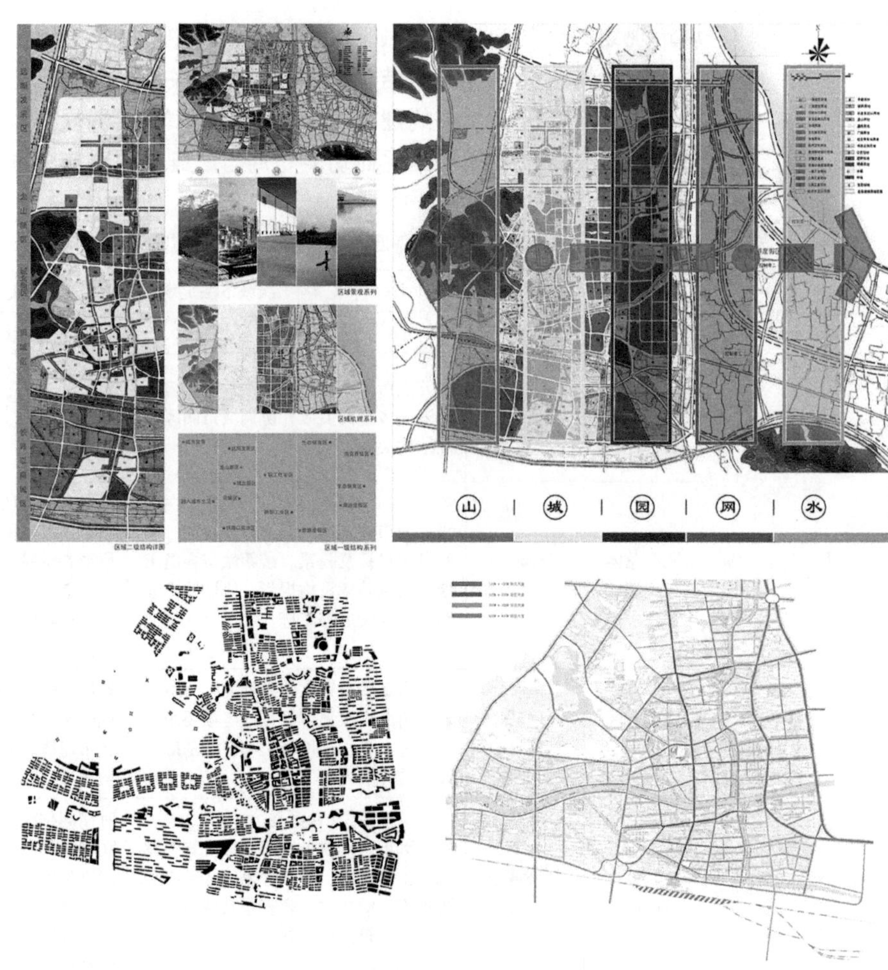

图 1.2.2-1　总体规划阶段的城市设计内容示例
（资料来源：同济大学城市规划系某课程设计作业）

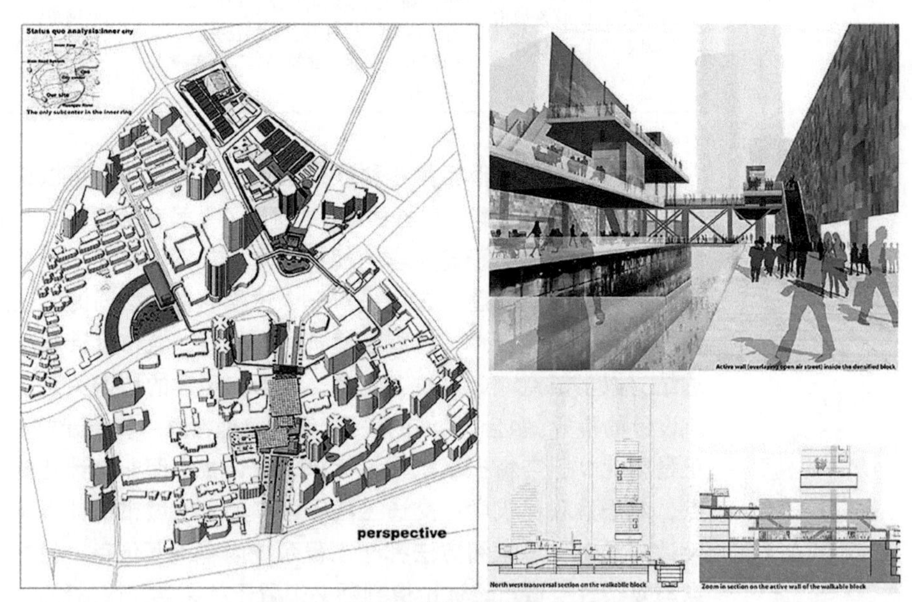

图 1.2.2-2　详细规划阶段的城市设计内容示例
（资料来源：同济大学城市规划系某课程设计作业）

城市空间更多的人文内涵和创造性想象力；另一方面，城市设计的参与者不仅仅有建筑师和规划师，还有市民、政府、企业家、投资家及业主等多种角色，各方利益产生的一系列博弈，使得城市设计与政治经济学不可分割。

1.2.3 城市设计的内容

哈米德·胥瓦尼（Hamid Shirvani）在《城市设计过程》（The Urban Design Process）一书中详细地把城市设计分为八类要素[18]：土地使用，建造形式和体量，交通和停车，开放空间，步行体系，对行为的支持，标志与信号，保护。但城市设计的内容不仅是这样多项要素内容的累加，更可看作是空间、时间和政策多维度内容的集合：

（1）空间内容。城市设计是在空间形态与风貌景观层面上，处理其主要元素之间的关系的设计。城市设计的对象既包含城市的自然环境、人工环境，也包含城市发展中涉及的人文环境。巴奈特在1982年就提出"设计城市而不是设计建筑"（Design City without Designing Building）的论述[19]，也就是说，在对环境的设计中，城市设计师并不能对所有的元素进行通盘设计，而应该把握能有效控制形态和环境质量的关键因素，制定明确的准则和标准，但不作具体的形态设计[20]。就空间内容而言，城市设计针对以下不同尺度的城市特征进行设计：①宏观尺度的城市特征，如整体意象、区域景观、空间结构、交通系统等；②中等尺度的城市组织特征，如街道的特征、地标和移动模式、焦点和视点等；③微观尺度的城市特征，如群体建筑空间、单体细部及周边环境、街道立面、停车等。

（2）时间过程。城市设计实际上是四维的：第四个维度就是时间。城市设计既与空间有关又与时间有关，因为它的构成元素不但在空间中分布，而且在不同的时间由不同的人塑造完成。一方面，由于人们在时空中的活动是不断变换的，所以在不同的时段、环境有不同的用途。因此，城市设计需要理解空间中的时间周期以及不同社会活动的时间组织。另一方面，尽管环境随着时间改变，但保持某种程度的延续性和稳定性仍很重要。城市设计需要设计和组织这样的环境，允许无法避免的时间流逝。另外，城市社会与环境每时每刻都在变化。城市设计方案、政策等具体内容也应随着时间逐步实施，具有调整的弹性。

（3）政策框架。作为一种管理手段，城市设计的目的是制定一系列指导城市建设的政策框架，具有公共政策的属性，在此基础上进行建筑或环境的进一步设计与建设。因此，城市设计必须依靠公共政策手段，反映社会和经济需求，需要研究社会矛盾、策划城市整体社会文化氛围，制定有关的社会经济政策，尤其是具体的风貌景观实施管理条例，促进城市文化风貌与景观的形成，确定城市设计实施的保障机制。

1.2.4 城市设计的层次性

一个城市形态形成的过程，是一连串的决策制定过程的产物。同样，城市设计是对城市形象的全方位设计，更应看作是思想与手法并蓄的过程。城市设计的层次性是由这些过程特性所决定的，主要表现为：

（1）城市设计的目标具有多重性：①达成一个环境优美的物质形态及有生机的城市空间；②制定完善的管理程序及设计实施导则；③振兴经济，并实现政治目标；④促进城市可持续发展。

（2）城市设计的工作范畴具有多重性：它不仅包含对城市物质形体空间的设计（Physical Space Design），所涉及大到整个城市或区域，小到具体的局部地段及场址的空间与社会问题，带有广义建筑学的色彩，将设计对象一一展开；还涉及对城市整体社会文化氛围的设计（Culture Atmosphere Design），偏重于城市文化的研究与策划，表现在城市设计思想中对传统文化的理解、尊重与把握，表现在城市设计手法中对原有的社会文化元素的有机组合，表现在城市设计操作中对其形成机制的促成，表现在城市设计形塑中对城市空间场所精神的培育；更涉及城市空间形态的形成与运作机制的设计（Opening Mechanism Design），包括对政策、法律、经济措施、社会手段制定必要的政策与法律条文，对城市设计准则和公共政策的制定，通过必要的经济奖惩措施以促成城市风貌的形成，并建立必要的监督与参与机构。

（3）城市设计的理论体系具有多重性：城市设计理论的发展已突破了功能性理论范畴，而形成三个部分。它们一起形成一个整体，三个理论的组成，侧重点不同，如不加区别则无法清晰地掌握城市设计的过程：①功能性理论（Functional Theory）。侧重于城市体系本身，解释城市形态、结构及内部机制，因而最具实践意义，这部分内容发展时间长、成果多。②规范性理论（Normative Theory）。主要侧重于人们的价值目标与城市的空间形态之间关系的研究，是针对功能理论不能解释城市的社会文化特征所造成的缺陷而提出的，它是关于人们主观意识中对于城市“好”“坏”的评价，及城市应该如何发展等问题的研究。③决策理论（Decision Theory）。主要是关于如何作出关于城市发展的政策，这个部分已经超越了传统意义上的城市规划理论范畴，与功能理论、规范理论不同的是决策理论并不是针对城市系统本身，而是针对整个规划决策过程。是关于规划如何制定，如何执行，在实践中的效用，以及规划为谁服务，谁来参与规划，等等。谁在决策过程中起决定作用，这是决策理论要回答的问题。一个好的城市规划不仅来自于一个好的规划理论，而且也来自于一个“好”的规划过程。

1.3 城市设计的主体

城市设计是多元主体的社会实践。作为社会实践的城市设计是政府部门、开发者、投资者、设计师、市民、使用者等所有参与城市设计过程的多元主体之间复杂的互动过程。参与城市设计过程的关系错综复杂，缺乏有力的协调就会出现割裂、就会降低实施效果。城市设计不是要排除某些方面的需要，抹煞差别和冲突，而是要尽可能地反映和平衡各方面的需要。因此，影响到城市设计的最终质量的各个主体之间的内在关系，是城市设计首先应当研究和发掘的内容。[21]

1.3.1 谁来做城市设计

巴奈特认为“今日的城市并非意外。城市形态可能并非有意为之，但也不

意味着就是一个偶然的结果。它是充分考虑了不同目的的相互关系与合力作用后的产物”。UDG（United Design Group，英国城市设计集团）也提出“每个身处环境中的人都是城市设计者，因为他们作出的决定直接影响城市空间设计的质量”。从谁来做城市设计的角度而言，城市设计者包括所有对城市形态的形成有影响力的人：政府及政治家；跨国企业及投资商；房地产商、营造商及相关企业；城市规划师与建筑师等专业人士；城市居民；开发商、投资者；承建商等。

不同的参与者在开发过程中扮演着不同的角色，他们有各自的目标、动机、资源和限制，并通过多种方式相互联系。开发商、投资者往往关心成本、收益等经济因素；城市居民则往往关注于生活环境，而不同的居民又有各自不同的要求及个人利益；地方政府与国家政府是重要的组成部分，他们既有自己的权益，也规范、调整着其他参与者的行为，但实际上，却也存在程度不同的各种偏向。在理论上，对于每种参与者都是单独考虑的，但实际上，单个参与者却经常会集数种角色于一身。典型的例子是住宅的开发商，他们是集发展商、资金提供者与建造商于一体的。除了确认参与者及其角色，还需要理解他们参与其中的原因（即动机）。开发过程中的每个角色可以根据经济目的、时间跨度、设计的功能性、外观、设计与环境的关系等几个普遍标准来衡量（表 1.3.1–1）。

开发参与者中“供给方”的动机 **表 1.3.1–1**

动机构成因素					
价格因素			设计因素		
开发参与者的角色	时间范围	财政策略	功能	外观	与环境的关系
土地所有者	短期	利润最大化	没有	没有	没有
开发者	短期	利润最大化	有 但基本上是为了达到经济目的	有 但基本上是为了达到经济目的	有 前提是新开发项目的外形具有积极或消极的影响
资金提供者	短期	利润最大化	没有	没有	没有
建造者	短期	利润最大化	没有	有	没有
专业顾问 1 例如：经纪人	长期	利润最大化或寻求利润	有	有 但基本上是为了达到经济目的	没有
专业顾问 2 例如：建筑师	短期	利润最大化或寻求利润	有	有 但间接的前提是该外观能够证明他们的能力并有助于未来事业的发展	没有

资料来源：(英) Matthew Carmona, Tim Heath, Taner Oc, Steven Tiesdell. 城市设计的维度[M]. 冯江，袁粤，万谦，等译．南京：江苏科学技术出版社，2005：218.

虽然每个参与者内在地在标准之间进行权衡，但是他们的相互影响及其不同权利也意味着标准会在各参与者之间互相协调。获得高质量的城市设计可能并不是所有开发过程参与者的评判准则，“质量”对于不同的参与者来说其含

义也未必相同。目标也许会被多种因素所限制，其中很多都在设计师或开发商的能力范围之外[22]。

1.3.2 为谁做城市设计

城市设计为谁服务？应该说，包括所有被城市形态所影响的人，也是参与城市设计的所有人：政府及政治家；跨国企业及投资商；房地产商、营造商及相关企业；城市规划师与建筑师等专业人士；城市居民；开发商、投资者；承建商。他们既是城市设计的设计者，又是城市设计所服务的对象（表 1.3.2–1）。

开发参与者中“需求方”的动机　　表 1.3.2–1

动机构成因素					
价格因素			设计因素		
开发参与者的角色	时间范围	财政策略	功能	外观	与环境的关系
投资者（资金投资）	长期	利润最大化	有 但基本上是为了达到经济目的	有 但基本上是为了达到经济目的	有 在建立与环境的积极联系能够带来利益的前提下
使用者	长期	支出最小化	有	有 但前提仅仅是该设计外观能够代表或象征他们或他们的业务	有 在建立与环境的积极联系能够带来利益的前提下
政府（调控）	长期	中立（原则上）	有	有 前提是他们能够与周边环境相协调而成为整体环境的一部分	有 前提是他们能够成为整体的一部分
邻近土地的所有者	长期	保护房地产价值	没有	有 前提是新开发项目的外形具有积极或消极的影响	有 前提是新开发项目的外形具有积极或消极的影响
公众	长期	中立	有 前提是建筑能够被普通公众使用	有 前提是其能够限定并形成公共空间领域的组成部分	有

资料来源：（英）Matthew Carmona，Tim Heath，Taner Oc，Steven Tiesdell．城市设计的维度 [M]．冯江，袁粤，等译．南京：江苏科学技术出版社，2005：217．

城市设计的施动者与受动者的一致性进一步揭示了城市设计的本质。城市设计不断权衡在各个群体的收益，是关乎于价值取向的问题。公共利益彰显公平，而私有利益往往代表了效率，公共利益与私有利益的碰撞，也就体现着公平与效率的权衡。由于我国处于经济高速增长、城市快速发展的阶段，因此我国城市设计注重效率优先、兼顾公平的原则。而在国外较发达城市，城市规划更注重社会公平。表面看来，好的设计提高的是开发者的个人利益，而实际上，却往往可以有益于所有参与者。

1.4 城市设计的原则与要素

1.4.1 城市设计的原则

要推动实现城市发展的目标，城市设计既要使城市达到各种设施功能相互配合和协调，以及空间形式的统一，更须兼顾社会效益、经济效益和环境效益相平衡的根本原则（图 1.4.1–1）。因此，城市设计除了要遵循规划发展的总体原则之外，还要在空间形态塑造上秉承以下设计原则。

（1）多样性与功能混合

早在 1950 年代，第十小组（Team 10）就指出，城市社会中存在不同层次的人类关系，城市的形态必须从生活本身的结构中发展起来。旧金山城市规划局在 1971 年的城市设计规划文件中专门指出，“城市设计必须首先处理人与环境之间的视觉联系和其他感知关系，重视人们对于时间和场所的感受，创造舒适与安宁的感觉”[23]。城市设计应当注重使用者从宏观到微观的需求，这样才能吸引人、在设计和维护管理上预先组织和防控。这一方面需要满足日照、通风、采光、防灾和安全等人们基本的生理需求，还需要扩大社会活动空间、塑造多样化的城市环境、构建有人情味的城市空间。

城市发展的历史经验告诉我们，多样性和多种选择的可能性对于建设人性化尺度的城市具有重要的空间意义，设计多样性的本质就是将人们的住所、就业、文化娱乐活动、视觉趣味、便利的医疗和教育设施等城市生活内容与产业发展综合在一起，生产性与生活性的各项活动高效混合并推动着城市全天充满活力地运行。土地混合使用的地块规模和功能类型必须能够符合高密度城市发展的基本特征，并反映出未来城市发展的功能性、社会性和经济性要求。例如，开放组团内部的交通公共服务设施、商业文化设施、休闲健身设施设置必须与密度和人口规模相对应，并能够也在一定的服务范围内支撑人口数量，与此同时也便于居民步行到各种服务设施。

①混合使用的可负担性

城市和区域的发展必须在保护土地资源的前提下，通过土地利用规划来保持特定使用功能的负担性。我们提出可负担性，是因为虽然大量城市建设的实际案例都证明了混合使用意味着生活、工作、购物、娱乐、文化、休闲等活动的多种选择，但混合使用却无法违背土地经济价值规律，因此确保土地混合使用的前提是保证中低收入群体能够与高收入群体拥有同样的选择机会。

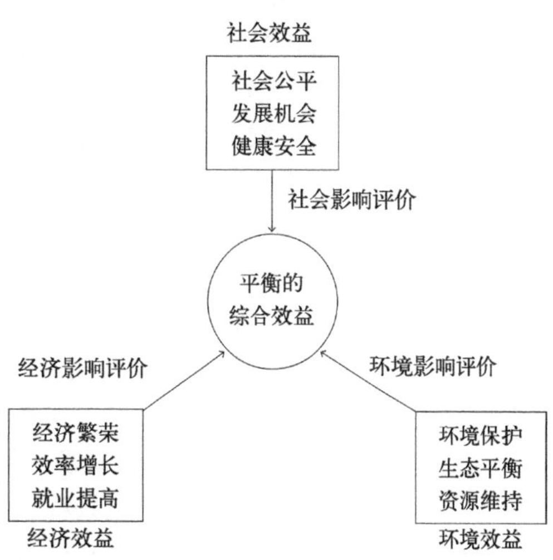

图 1.4.1–1　城市设计中的效益平衡
（资料来源：刘宛．城市设计实践论 [M]．北京：中国建筑工业出版社，2006：34.）

②水平与垂直混合使用

地块的混合使用可以在水平和垂直方向上加以实现。比如，在水平方向上可以将功能兼容性较强的建筑并列设置，城市商业中心区周边设置高密度住区，商务办公建筑旁边设置小型街头广场和餐饮休闲功能；在垂直方向上，可以在住宅底层增设商铺，也可以在高层建筑中将办公、酒店、住宅、零售商业等多种服务业用途加以混合。无论是水平方向还是垂直方向上的混合使用较于单一功能开发的地块，能够更有效地面对多样化的城市开发需求，同时还能整合城市功能结构。

③社会阶层多元混合

社会阶层的混合意味着不同职业类型、收入水平、教育程度、家庭特征等居住人群的本地多样化居住特征，与之对应的是城市设计需要将社会多样性与建筑类型选择相对应，我国当前的城市发展模式无论是空间尺度还是开发规模都使得社会多样性逐渐缺失，这使得城市活力无法被有效激活。未来最为合理的城市开发模式应当是，无论项目发展规模和开发速度如何，均应能够为不同社会阶层的人群提供在本区选择的机会，不能因为经济差异性将中低收入人群排除在外。

（2）文脉性与空间拼贴

城市设计的根本原则之一是尊重文脉。一个地段的城市设计一定要放在该地段所处周围地域的背景中去分析、思考，这就是文脉性[24]。巴奈特在他的每一本论城市设计的著作中反复强调："每个城市设计项目都应放在比该项目高一层次的空间背景中去审视"（Barnett，1984、1988、2000）。A·拉普卜特（A. Rapoport）重视研究环境与行为表达，更进一步把城市设计定位于各种关系的组织，认为"城市设计是一种空间、时间、意义和交流的组织，城市的形态应该建立在社会、文化、经济、技术、心理感受交织的基础上"。张京祥（1996）认为，城市设计是对城市整体社会文化氛围的设计，在城市设计思想中表达出对传统文化的理解、尊重和把握，在城市设计手法中应对原有社会文化要素的有机结合，在城市设计操作中对其形成机制的促成。

①尊重历史文脉

城市空间文脉性与文化包容程度之间是呈正相关的，一个好的城市应当尊重已存在的城市文脉环境。对于城市历时性发展过程来说，可以通过对现有空间肌理和历史建筑进行保留评估，在此基础上对其加以物质和功能上的更新，保留本区内部有历史意义和有空间情趣的历史建筑物，延续现有的城市空间格局肌理。上述方式不但可以保留城市景观的文化记忆，同时人们也可以通过比较旧有的和当代的建筑景观来获得场所教育。以德国的波茨坦－莱比锡广场改造项目为例，其是在继承柏林的传统空间特征和轴线结构基础上，采用50m×50m的街区尺度来统一不同建筑类型的体量，并通过统一的空间秩序来产生连续性的街道景观，并通过延续莱比锡大街和八角形的莱比锡广场来实现与周边城市环境的有机协调。

②空间有机拼贴

优秀的城市环境应当是由多样化的建筑物和场所环境组成的，文脉性关系

到一个城市能否激发市民想象力和空间主动参与性。以法国贝尔西地区为例，该项目规划设计最大的特点就是将当地本身的历史遗留的空间要素加以保护，例如对百年古树加以保留，对质量较好的酒窖库房加以管理利用，并沿用了传统的地面铺砌材料、保留了废旧铁轨等。

（3）自然性与设计结合

早在古希腊时期，柏拉图、亚里士多德等哲学家就提出“美是和谐”这一概念，中国古代哲学中也提出天人合一的和谐理念，推崇天人之和、社会与人的协调以及心物之统一。而工业革命以来，迅猛的城市化进程引发了城市设计对人类生存模式平衡性的探索，从新协和村、广亩城，到“设计结合自然”的设计思想，无不反映出与自然结合、生态和谐的理念。"世界是丰富的，为了满足人类的希望仅仅需要我们理解和尊重自然。人是唯一具有理解能力和表达能力的有意识的生物，其必须成为生物界的管理员，要做到这一点，设计必须结合自然"，I·L·麦克哈格（I.L.Mcharg，1969）这样认为。他运用生态学原理研究大自然的特征，从而更合理地来认识和改造人类的生存环境[25]。

城市形态与山水格局的结合，城市环境与自然生态的结合，都是城市设计最重要的考量因素，它对于生态效益、物种平衡，以及城市风貌、活动参与性都具有重要的影响。

①创造城市活动

优秀的城市设计需要结合规划范围内的人口规模和人群差异性特征对开放空间资源进行规划，景观街道和街头广场在城市开放空间中具有重要的承接作用。按照新城市主义的规划建议，每1000人则应当流出0.6hm^{2}的用地作为市民公共活动的开放空间，居民步行到小区公园只需3~5min。在城市多样性的活动客厅里，需要留有特定的体育锻炼和健身活动场地，同时还能够提供多种文化展示与教育的灵活性场所，最后还需要能够为市民提供散步、冥想、交流、野餐等相对私密性的活动空间。

②界定规模等级

开放空间按照用途、服务的人口规模、气候条件、地理区位等因素会呈现出等级规模的变化，事实上，世界上并不存在着一个开放空间系统的规模等级标准，例如欧洲城市的广场普遍尺度都比较小，法国巴黎的协和广场有8.4hm^2，俄罗斯莫斯科的红场有4.94hm^2，意大利罗马的圣彼得广场有3.36hm^2，意大利的圣马可广场有1.2hm^2，英国伦敦的特拉法尔加广场有1.21hm^2；相比之下中国的北京天安门广场的规模则有24hm^{2}之大。因此，城市开放空间规模设定应当基于人性化尺度和宜居标准，中国当前的城市广场设计普遍存在着尺度过大、缺少空间围合的问题，特别针对于城市小型街头广场的设计缺少细节研究。

③连接空间网络

世界大多数城市都建立在大海、湖泊和江河之滨，但现实却是城市的快速成长导致了大量自然水滨栖息地以及森林的面积减小，这在城市建设实践过程中是应该加以禁止的。城市开放空间是依靠这些水滨环境和绿地系统加以联系的，仅仅凭借城市道路实现开放空间系统的高效连续性是远远不够的。正因如此，城市设计需要将连接网络的空间属性和联系范围加以扩大，并通过多种步行选择路径来实现开放空间结构的网络连接。

(4) 紧凑性与密度协调

城市发展应当摒弃过分依赖小汽车为特征的蔓延发展模式。应该尊重土地价值、行人安全、出行的便利性以及公共设施集约使用的要求，未来城市建设必须创建一种紧凑并且利于步行的城市空间。

另外，城市紧凑发展与高密度概念密切相关，那么城市究竟有没有“适宜的密度”呢？要认识到，这里所提及的“高密度”发展，就中国内地目前大多城市的密度发展情况来看，其与欧洲、美国以及亚洲的中国香港、日本、新加坡等多诸多发达国家和地区的城市密度，具有很大的差异性。因此对于我国城市设计的密度模式选择，应置于紧凑发展理念背景下来加以理解。

①街区尺度规模

大型街区之所以产生诸多的空间问题其本质在于尺度的划分，很明显道路等级越高则其所围合的街区尺度会越大，但这并不意味着街区尺度划分至此就结束了。以人体血管作为城市路网系统的结构母体，我们可以发现街区就好比嵌在血管周围的器官和肌肉，而街区尺度的划分会随着道路等级的不断降低而不断被划分得更小。这个形象的比喻说明，街区尺度划分不仅反映在数值变化上，更为重要的是它必须和街道尺度相结合。近些年来，在国内外城市设计理论界和实践过程中，之所以强调小型街区的空间使用性以及活力之所以比大街区高，根本原因就在于相对狭窄的街道会使步行者感觉更为舒适和安全，除了能够鼓励步行之外，还可以帮助行人和车辆有更多的路径选择并提高街区渗透性。

②地块弹性划分

城市地块的基本模数决定了空间未来发展的基本框架，规划需要在此基础上组织交通流线、开放空间、建筑布局等方面要素。城市发展要建立一种弹性的空间框架，并提高地块开发的适应变化能力。正因如此，城市设计与单纯的建筑设计最大的区别就在于，规划本身的终极发展目标与具体实施需要采用更为灵活的空间营造手段，理想的城市设计应当能够随着时间推移而对土地使用和项目配置作出灵活性的调整，在明确建设形成一个充满吸引力的物质建成环境的框架内，允许其中的空间元素和使用功能加以变化，同时又能够满足城市空间功能结构塑造的一致性要求。

(5) 识别性与场所特征

当前我国城市发展的一个大问题就是城市风貌趋同化、空间品质劣质化。城市未来的演化方向与区域可识别性密切相关，同时这种可识别性还要与具体建设项目能够相互融合。因此城市设计需要从建筑、开放空间以及场所精神三个方面来展开，并最终能够形成令人难忘的城市环境。

①地标美感

城市的建筑地标需要结合空间主题和设计要求加以实现，但目前我国城市建设存在的最大问题在于地标塑造往往以一种强有力的视觉冲击力来吸引人们的注意，却忽视了与周边环境对话以及地标本身存在的历史意义。城市地标设计首先应当从环境协调的角度出发，过大的规模以及与周边建筑强大的反差则

是不可取的。但这并不是就意味着地标没有了自己的个性，地标的美感确实很难用一个固定的标准去加以规定，但需要说明的是好的地标建筑是应当接受公众评价以及历史批判的。

②肌理融合

城市地标系统的设定应当通过空间肌理塑造来实现其可识别性特征，当然对于具体建设项目来说，其未来的城市肌理发展需要找到一种切实可行的路径，来达成区域内部共性的特征。比如在很多老城空间肌理中，虽然各种要素分布较为混乱，但实际上却可以发现肌理内在是有分布规律的，比如绿地系统、建筑朝向、地表径流走向等。在城市设计中可以结合现有肌理条件，对其重新加以界定，并结合不同功能区域的建筑特征、景观环境、街道界面等肌理要素强化其空间独特性，与此同时各种特色的主题肌理又能够彼此通过空间网络拼合在一起。

③气候适应性与低碳发展

区域性的气候条件决定了城市设计未来的发展方向，同时也是积极采取主动式与被动式相结合的生态技术以实现城市低碳发展的空间路径。例如在我国南方城市，夏季炎热的气候下可以通过街区建筑的多种组合模式实现外部街道空间的遮荫效果，科学合理的建筑朝向以及窗墙比则可以有效降低室内温度并减少能源消耗，同时对于自然水环境特别是水面的利用也可以减少城市热岛效应。由此在城市设计中更应该强调建筑组合以及建筑设计与地域气候相结合，并通过适应性设计来实现空间能耗降低，并由此体现了未来城市的低碳可持续发展理念。

（6）公平性与实施效率

“利益是社会主体的需要在一定条件下的具体转化形式，它表现了社会主体对客体的一种主动关系，构成了人们行为的内在动力。”[26]公共利益的确定作为一种政策行为，其中心命题是如何有效地平衡公众的利益需求，使尽可能多的公众接受政府的政策选择。作为一种公共政策，城市设计需要从全社会的角度统筹公共利益，通过多种形式在总量上实现公众的付出与公众的利益之间的平衡，在规划设计和管理等多个层面平衡社会多方利益主体关系，以达到公共资源的合理配置以及市民利益的合理配给，从而促进社会的公平、公正，实现城市建设从追求外显的速度与规模向追求内在的环境品质、文化内涵和社会和谐的转化。

另外，城市的发展是一个非常复杂的动态过程，其自身的生长开发与凋谢衰退也具有周期性特征。正因如此，城市规划政策实施还需要采用奖励性手段，在保证城市能够实现自我有机更新与可持续发展的前提下，应尽量实现政策实施的空间激励效应。由于规划政策的制定往往具有时间滞后性特征，所以在城市设计中需要未雨绸缪，任何一个可能的城市触媒项目都是必须通过设计实施来实现与未来对话交流的。

1.4.2 城市设计的要素

城市设计的要素需要从：基本要素、设计要素、社会要素三个层面来加以分析。

（1）基本要素

胥瓦尼在《都市设计程序》一书中列举了八种城市设计要素，它们是：土地使用、建筑形式与体量、交通与停车、开放空间、人行步道、支持活动、标志、保存与维护[27]。美国建筑师协会（AIA）于1965年出版的《城市设计：城镇中的建筑学》一书中认为，“城市是由建筑和街道，交通和公共工程，劳动、居住、游憩和集会等活动系统所组成。”英国皇家建筑师协会（RIBA）也认为，“城市设计的主要特征在于对构成环境的物质对象和人类活动的布置安排。”卢济威通过对城市设计要素的研究，从实践经验出发，将城市设计的要素总结为：空间使用体系（包括三维的功能布局和使用的强调）；交通空间体系（包括车行、轨道、步行、停车、换乘等）、公共空间体系（包括广场、公共绿地、滨水空间、步行街、地下公共空间、室内公共空间等）；空间景观体系（包括空间结构、轮廓线、高度控制、地形塑造、建筑形式、地标、入口等）；自然和历史资源空间体系（包括自然山体、水体、林木、历史建筑、历史街区等）。

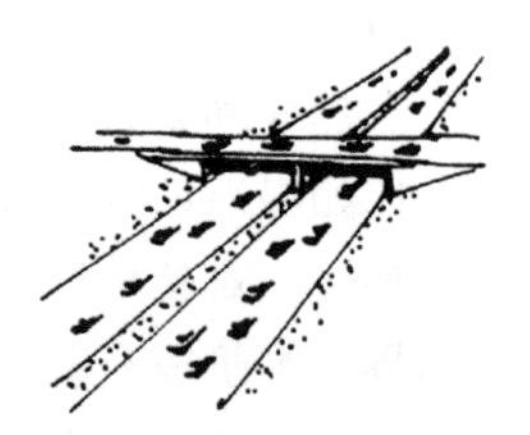

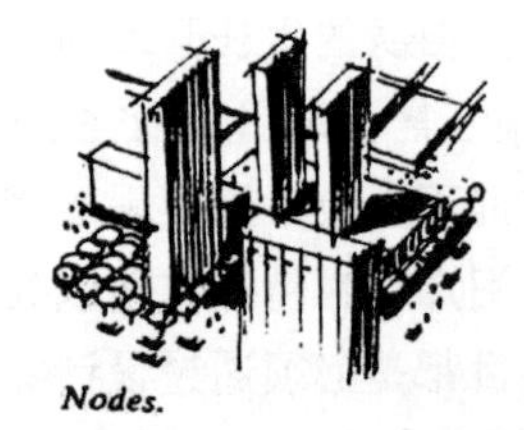

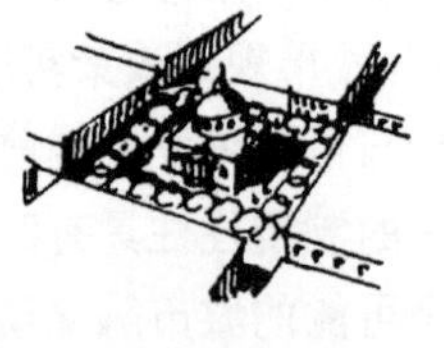

图1.4.2-1　Sprereigen根据林奇的概念绘制的城市意象五要素

（资料来源：Donald Watson，Alan Plattus，Robert Shibley．Time-Saver Standard for Urban Design[M]. McGraw-Hill Professional，2001：4.3~2.3）

结合以上的分类总结而言，城市设计的基本要素主要包括以下三大方面的内容：①自然环境。主要包括山、水、气候、植被；与城市形态、格局和发展有关的山、川、河、湖、瀑、泉等；城市土地，包括城市建设用地、荒地、废弃地等；城市中的天然植被（如森林、草地等）以及城市的气候变化，等等。②建成环境。包括建筑物、构筑物及其基本功能；道路、广场、停车场；人工栽培的各种树木、花卉，以及各类人工绿地；城市中的各种标志和小品、街道家具，等等。③人文环境（人类活动）。包括人际交往、历史传统、地方文化、民俗民习、社会风尚等。

（2）设计要素

应该说，城市设计的设计要素源自于基本要素，但是又不同于基本要素，它是把基本要素通过类型学化的提炼和处理。这样的提炼和处理有很多种方法，具有较大影响的当属凯文·林奇（K.Lynch）的《城市意向》（The Image of the City，1960）。他的研究通过对美国三个城市居民的访问，在每一个实例中都选择了1.5mi×2.5mi的区域进行研究[28]，并归纳提出五项要素来解析、归纳城市空间的设计

要素类型（图 1.4.2-1）。这五个要素分别是：

①路径：路径是城市中的通道，它们联系着城市的每个部分。但并不是每条道路都能成为路径，它所具有的联系某些重要区域，并具有体验的价值尤为重要（图 1.4.2-2）。②边界：边界是除路径以外的另一项线形要素。边界清晰和连续是城市可认知的另一要素。清晰的边界分隔出城市的区域，分辨清楚边界的两个侧面，同时造成一定的“领域感”，使城市形象明确而多样（图 1.4.2-3）。③区域：城市（除小城镇外）必定可以分成若干区域。捕捉并设定每个区域不同的物质特征、精神特质，也是城市设计在形象上的重要元素（图 1.4.2-4）。④节点：节点既是连接点，也是聚集点；既是功能的聚焦，也是视觉和感觉的聚焦。城市设计要善于找出每个城市的主要“节点”，或创造新的“节点”以丰富城市的形象（图 1.4.2-5）。⑤地标：地标一般是独特的“点”，它是城市中的突出形象，也具有统领空间的独特形式。具有独特性与唯一性的特征；它也往往具有历史纪念或文化价值的意义，并处在城市空间中极其“重要”的位置上（图 1.4.2-6）。

（3）社会要素

这个“社会”包含了经济、文化生活与体制等内容，尤其是要重视人文精神。因此，有学者强调现代城市设计的崛起正是因为它突出了以人为中心的价值取向。城市设计强调社会与文化在城市空间中的作用，可以看做是对城市文脉等

图 1.4.2-2 路径——美国旧金山诺布山
（资料来源：http：//vacations.ctrip.com/grouptravel/p1996809s12.html）

图 1.4.2-3 边界——荷兰阿姆斯特丹
（资料来源：http：//yc.ronguo.com/w/rg/article -099d4070-9816-4597-bd76-a45bef180087.html）

图 1.4.2-4 区域——捷克克鲁姆洛夫小镇
（资料来源：http：//selftrip.huixingke.com/routedetail.php?id=313#ad-image-2）

图 1.4.2-5 节点——巴黎的星形广场
（资料来源：http：//bbs.nbuc.net/forum.php?mod=viewthread&tid=91019）

图 1.4.2-6 地标——纽约的自由女神
（资料来源：http：//pic2.nipic.com/20090505/2566354_121350024_2.jpg）

"软件"的认识作用,"城市设计针对共同的生活环境,不仅包含可见的硬件部分,如广场、建筑、城市景观、基础设施,也包含看不见的软件部分,即共同遵守的公共原则和社会意识"[29],其中软件部分包括:社会组织系统、工作环境(就业)、生活环境(方便、愉快的日常生活)、市民自身的创造、事件的创造、制止不适宜建设项目的系统、对具体项目进行综合管理的系统,这些都可以说是广义的社会要素。R·拉伊指出,"城市设计包含所有影响到城市物质和美学特征的土地利用事项。除了设计城市形式和开放空间的布局和控制,城市设计者还必须考虑一系列相关问题:鼓励强化城市生命和活力的社会和功能要素;保持有助于提高城市生活质量的地域标志;净化有损城市生活质量的丑陋事物;促进有利于提高设计质量的公共规章和经济激励。实际上城市设计要考虑所有影响或反映城市物质特征的因素"[30]。

1.5 城市设计的基本理论与方法

1.5.1 城市设计的基本理论

R·特兰西克(Roger Trancik)在《找寻失落的空间——都市设计理论》(Finding Lost Space:Theories of Urban Design)一书中,根据现代城市空间的变迁以及历史实例的研究,归纳出三种研究城市空间形态的城市设计理论,分别为图底理论(Figure–Ground Theory)、连接理论(Linkage Theory)、场所理论(Place Theory)。同时对应地将这三种理论又归纳为三种关系,即形态关系、拓扑关系和类型关系[31](图 1.5.1–1)。

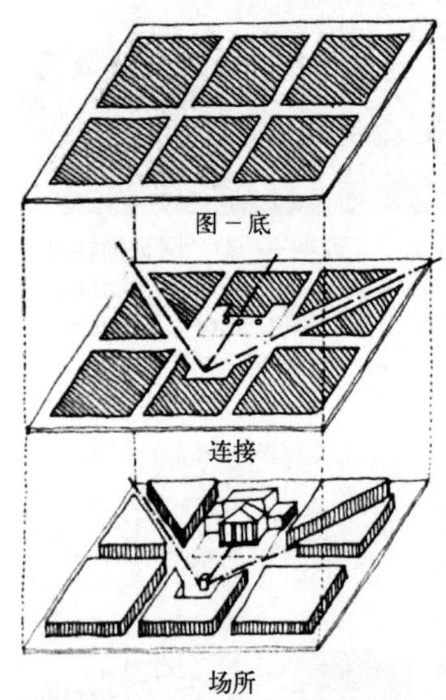

图 1.5.1–1 城市设计理论示意
(资料来源:(美) Roger Trancik. 找寻失落的空间——都市设计理论 [M]. 谢庆达,译. 台北:田园城市文化事业有限公司,2002:98)

图底理论从分析建筑实体(Solid Mass;图,Figure)和开放虚体(Open Voids;底,Ground)之间的相对比例关系着手,试图通过对城市物质空间的组织加以分析,明确城市形态的空间结构和空间等级,确定城市的积极空间和消极空间。通过比较不同时期城市图底关系的变化,从而分析城市空间发展的规律及方向。

空间设计中运用图－底法,可以借着操作模式实际形状的比例增减变化,决定其图－底的关系。图－底分析可以反映出特定城市空间格局在时间跨度中所形成的机理和结构组织的交叠特征,在界定城市肌理的纹理和形式、发现空间秩序的问题时是一个有效的工具,但也会导向静态和二维的空间概念。

与主要基于虚实格局的图底理论不同,连接理论则注重以"线"(Lines)连接各个城市空间要素(Elements)。这些线包括街道、人性步道、线形开放空间,或其他实际连接城市各单元的连接元素,从而组织起一个连接系统和网络,进而建立有秩序的空间结构,但将重点置于系统而非图底理论的那种空间图示。在连接理论中,最重要的是视动态交通线为创造城市形态的原动力,因此移动系统和基础设施的效率往往比界定外部空

间形态更受关注。但同时连接理论有时也会低估了空间界定的重要性。

场所理论比图底理论及连接理论更进一步地将人性需求、文化、历史及自然环境等因素列入考虑的范畴。场所理论结合独特形式及环境详细特性的研究，使物质空间的内容更为丰富。这是对包括历史和时间要素在内的文脉的回应，增强了新的设计与现状条件之间的适应性。在场所理论中使用者的社会文化价值及其视觉感受和个人对相关公共环境的驾驭，与空间的水平围合和连接的原则都同等重要。本质上，场所理论是根据实质空间的文化及人文特色进行城市设计的。

特兰西克认为这些理论各有各的用途，建议最好是综合这三种理论的优点：赋予虚实以结构，为建筑实体和空间虚体提供清晰的结构，建立各部分之间的联系，并且尊重人的需求和独特的文脉要素。

1.5.2 城市设计的过程与方法

城市总是处在不断的变化中，并没有一种最终的形态和结构。而随着城市设计思想的发展和成熟，人们也逐渐认识到城市设计作为一种过程的特性。城市设计中的“设计”不仅是一个“艺术”过程，也是一个研究和决策过程。设计是一个创造性的、探索性的，以及解决问题的活动，通过这个过程来权重和平衡设计目标、限制条件，研究存在的问题和解决的方法，最后得出最佳方案。它给每个单独组成部分赋予价值，使得最终的整体结果大于各部分之和。

所有“设计”活动都遵循一个基本相似的过程。John Zeisel[32]（1981）把它形容为“设计落选”，一个循环和反复的过程：通过一系列创造性的飞跃或者“概念转换”（图 1.5.2-1），方案日趋完善。这里，如果设计决策过程是循环的，则暴露出来的缺陷就可望在下一个循环中得到纠正。宏观上，城市设计过程则有两种不同的形式。

（1）不自知的设计。正在进行的相对较小规模的累积，通常包括试验和修正、决策和干预几个步骤。许多城镇以这种方式缓慢和渐进地发展，从来没有作为整体进行设计。这种情况所引致的环境受到今天的高度评价。由于城市变化的步伐相对缓慢和范围相对较小，因此这样也是可行的。目前还无法评论的是，许多当代城市环境也以这种特别和局部的方式发展，没有专门规划和设计。

（2）自知的设计。通过开发和设计方案，计划和政策，不同的关系被有意识地整合、平衡和控制。一般有以下阶段：简要定位—设计—实施—实施后评价。每一个阶段代表一系列复杂的活动。尽管这通常被概念化为一个线性的过程，事实上，它是不断循环和反复的；而且各种设计过程图比显示出来的活动更灵活和直观。在这个层面上，城市设计类似于其他设计过程[33]（图 1.5.2-2）。

而城市设计所采取的方法也是随着城市设计领域本身的发展演变逐渐完善的，发展到现今已经非常丰富多样。正如亚历山大阐述了一个完整事物的生长具备四个特征：其一，整体化是渐进的，一步步进行的。其二，整体化是不可预测的。其三，整体化是连贯的。其四，整体化是富于情感的。“经历了有机整体的城镇是一种历史现象。同时，也可以简单地在现时结构中感觉到它是

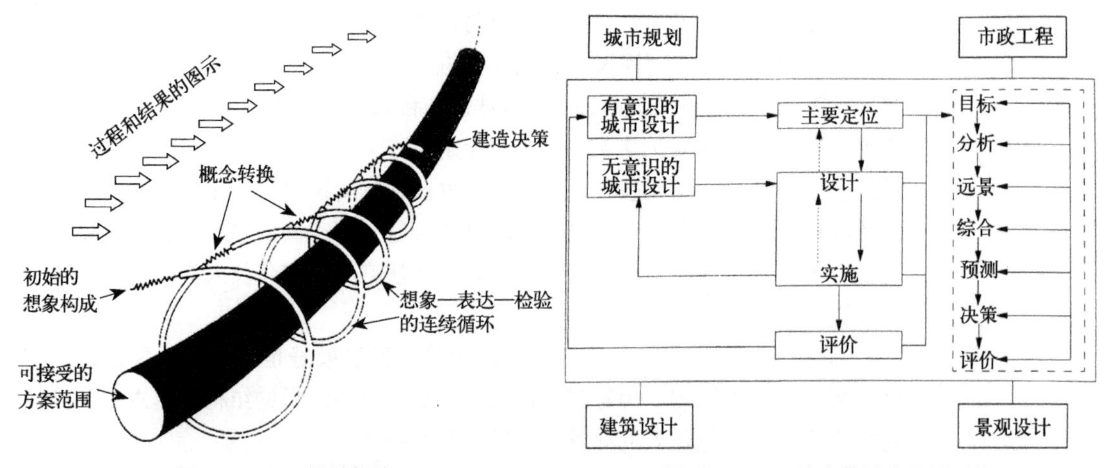

图 1.5.2-1　设计螺旋
（资料来源：（英）Matthew Carmona，Tim Heath，Taner Oc，Steven Tiesdell. 城市设计的维度 [M]. 冯江，袁粤，万谦，等译．南京：江苏科学技术出版社，2005：53）

图 1.5.2-2　综合的城市设计过程
（资料来源：（英）Matthew Carmona，Tim Heath，Taner Oc，Steven Tiesdell. 城市设计的维度 [M]. 冯江，袁粤，万谦，等译．南京：江苏科学技术出版社，2005：54）

一种历史的积淀”[34]。常用的方法主要涵盖了以下四个方面：①调查的方法。包括基础资料收集、视觉调查、问卷调查、硬地区和软地区的识别等。②评价的方法。包括加权法、层次分析法、模糊评价法、判别法、列表法等。③空间设计的方法。包括典范思维设计方法、程序思维设计方法、叙事思维设计方法等。④反馈的方法。政府部门评估、专家顾问方式、社会评论方式、群众反映等。

1.5.3　作为公共政策的城市设计

公共政策是指政府依据特定时期的目标而在对社会公共利益进行选择、综合、分配和落实的过程中所制定的行为准则。公共政策的本质是要解决利益分配问题，既包括物质利益的分配，也包括精神利益的分配；公共政策是建立在法律的基础上的，是政府意志的体现，是政府制定的行为准则，具有权威性和强制性；而且，公共政策对利益的分配是一个动态过程，其对社会利益的分配过程是有时间与空间限制的。城市设计的工作具有两种基本形式：对城市公共空间的形态设计，被看做作为结果的城市设计；对城市空间形态和景观风貌的公共价值领域的控制规划，被看做作为过程的城市设计，也就是一种设计管理政策制定的过程。

城市设计是一种公共政策。作为公共参与的媒介，它是一个多元参与决策的公共过程。巴奈特（J.Bamette）1974 年出版的《作为公共政策的城市设计》(Urban Design as Public Policy) 指出“设计城市而不设计建筑物”、“日常的决策过程，才是城市设计真正的媒介”，他认为城市设计是公共性规划控制管理的总和，提出“城市设计是一个城市塑造的过程，要注重城市形成的连续性，使城市设计成为一个既有创意又有发展弹性的过程”，“通过一个日复一日的连续的决策的过程创造出来，而不是为了建立完美的终极理论和理想蓝图”。

成功的城市设计，往往是不同利益集团各种需求折中与平衡的结果。城市设计在其中扮演服务角色，提供专业技术来支持市民对城市空间、环境的想法，并通过专业协作，落实到可操作的内容。因此，城市设计应体现公众的基本权利与价值。在编制与管理过程中，城市设计要处理好公平和效率的关系问题。

1.6 本章推荐阅读

1. 王建国．城市设计[M].3版．南京：东南大学出版社，2011.

3. 孙施文．现代城市规划理论[M]. 北京：中国建筑工业出版社，2007.

3. 刘宛．城市设计实践论[M]. 北京：中国建筑工业出版社，2006.

4.（美）亚历克斯·克里格，[美]威廉·S·桑德斯．城市设计[M]. 王伟强，王启泓，译．上海：同济大学出版社，2016.

5. Jonathan Barnett. An Introduction to Urban Design[M]. New York: Harper & Row，1982.

注　释

[1] Peter Hall. Urban and Regional Planning (second edition) [M]. London: George Allen and Unwin，1975.

[2]（法）让－保罗·拉卡兹．城市规划方法[M]. 北京：商务印书馆，1996.

[3]（美）亚历克斯·克里格，（美）威廉·S·桑德斯．城市设计[M]. 王伟强，王启泓，译．上海：同济大学出版社，2016.

[4]（美）伊利尔·沙里宁．城市：它的发展、衰败与未来[M]. 顾启源，译．北京：中国建筑工业出版社，1986.

[5]（英）F·吉伯德．市镇设计[M]. 程里尧，译．北京：中国建筑工业出版社，1983.

[6] E. Bacon. Design of Cities[M]. London: Thames & Hudson，1976.

[7] 简明不列颠百科全书[M]. 北京：中国大百科全书出版社，1986.

[8] 中国大百科全书（建筑·园林·城市规划卷）[M]. 北京：中国大百科全书出版社，1988.

[9] 王建国．城市设计[M].3版．南京：东南大学出版社，2011.

[10] 阮仪三．城市建设与规划基础理论[M]. 天津：天津科学技术出版社，1992.

[11] 孙施文．城市规划哲学[M]. 北京：中国建筑工业出版社，1997.

[12] K.Lynch. A Theory of Good City Form[M]. Cambridge, Massachusetts: The MIT Press，1981.

[13] J.Barnette. Urban Design As Public Policy[M]. New York: McGraw Hill，1974.

[14] David Gosling，Barry Maitland. Concepts of Urban Design[M]. Academy Editions. London: St. Martins Press，1984.

[15] 时匡，（美）加里·赫克，林中杰．全球化时代的城市设计[M]. 北京：中国建筑工业出版社，2006：23–24.

[16] Madanipour.Design of Urban Space: An Inquiry into a Socio–spatial Press[M].

New York：John Wiley and Sons Ltd. 1996.

[17] 李德华．城市规划原理 [M].3 版．北京：中国建筑工业出版社，2001.

[18] Hamid Shirvani. The Urban Design Process [M]. New York：Van Nostrand Reinhold，1985：7-8.

[19] Jonathan Barnett. An Introduction to Urban Design [M]. New York：Harper & Row，1982：13.

[20] 时匡，（美）加里·赫克，林中杰．全球化时代的城市设计 [M]. 北京：中国建筑工业出版社，2006：26.

[21] 刘宛．城市设计实践论 [M]. 北京：中国建筑工业出版社，2006：3.

[22]（英）Matthew Carmona，Tim Heath，Taner Oc，Steven Tiesdell 编著．城市设计的维度 [M]. 冯江，袁粤，万谦，等译．南京：江苏科学技术出版社，2005：216.

[23] Svirsky，Peter S.，ed.，The Urban Design Plan for the Comprehensive Plan of San Francisco. Report by the Department of City Planning，San Francisco California，1971.

[24] 张庭伟．城市高速发展中的城市设计问题:关于城市设计原则的讨论 [J]. 城市规划汇刊，2001（3）：5-10.

[25] I.L.Mcharg. Design with Nature [M]. New York：Nature History Press，1969.

[26] 张文显．法理学 [M]. 北京：法律出版社，1997：265.

[27] Shirvani Hamid. The Urban Design Process[M]. Van Nostrand Reinhold Company Inc.，1985.

[28] Kevin Lynch. The Image of the City [M]. Cambridge：M.I.T. Press，1960.

[29] 刘宛．城市设计实践论 [M]. 北京：中国建筑工业出版社，2006：44.

[30] Lai R. T. Law in Urban Design and Planning：the Invisible Web [M]. New York：Van Nostrand Reinhold，1988.

[31]（美）Roger Trancik. 找寻失落的空间——都市设计理论 [M]. 谢庆达，译．台北：田园城市文化事业有限公司，2002：99-100.

[32] Zeisel John. 研究与设计：环境行为研究的工具 [M]. 关华山，译．台北：田园城市文化事业有限公司，1996.

[33]（英）Matthew Carmona，Tim Heath，Taner Oc，Steven Tiesdell. 城市设计的维度 [M]. 冯江，袁粤，万谦，等译．南京：江苏科学技术出版社，2005：51-53.

[34] C·亚历山大，H·奈斯，A·安尼诺，等．城市设计新理论 [M]. 陈治业，童丽萍，译．北京：知识产权出版社，2002.

第2章 基于空间形态维度的城市设计

2.1 城市设计的历史演进

F · 梯勃兹（F.Tibbalds）（1988a）试图这样总结城市设计的适用对象——"窗外你能看到的所有一切"，这一概念有其基本事实和内在逻辑——如果"所有一切"都能看做城市设计，那么与之截然相反的，也可能什么都不是城市设计（Daganhart and Sawichi，1994）[1]。实际上，不管城市设计的外延边界是怎样的，确定城市设计的核心内容更为重要。"城市是人为的，而不是自发形成的"（Spiro Kostof，1991）[2]，虽然城市设计如今已经从最初的简单的城市体形环境设计逐渐扩展到更为宽泛的领域，但作为人类改造物质环境的手段之一，城市设计在历史上伴随城市建设逐步发展的脉络仍清晰可现。

2.1.1 城市设计的萌芽

（1）城市设计的缘起

城市设计是随着人类最早的聚居点的建设而产生的。大约一万年前第一次社会大分工时，人类进入了聚居生活的时代，某些聚居地表现出的特征已经称得上为城镇，其住所营造也有了明显进步，并结合了基地的自然和生物气候条

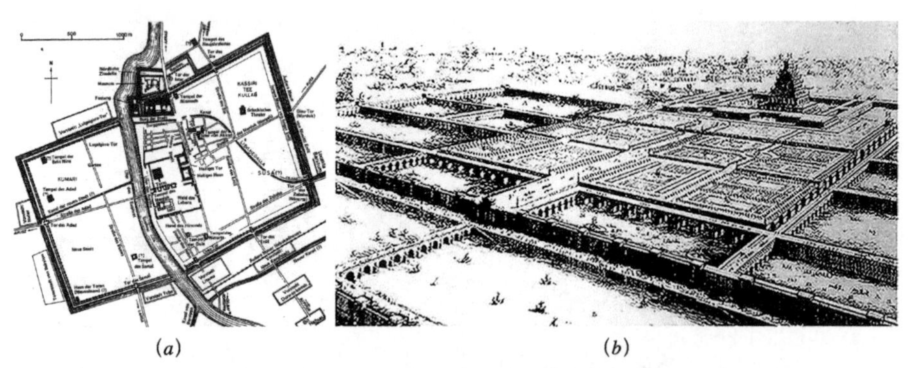

(a) (b)

图 2.1.1-1 新巴比伦城市平面图及空间景观

新巴比伦横跨幼发拉底河两岸，平面略似长方形，拥有 3 道城墙，9 个城门。通向城门的各条笔直的大道均匀地划分城市。中央的普洛采西大道从北到南串联宫殿、圣地、庙宇、城门及郊外庄园。拥有 8 层高的标志性建筑星象台的马图克神圣地位于城市中心。可以看出，新巴比伦已经具备一些基本布局形态，如矩形平面、中心的建构、连接城门和不同功能区的大道等，其形成和营造也是因循河道，依从自然环境条件。

(a) 新巴比伦城市平面图

（资料来源：(a) 贝纳沃罗 · L. 世界城市史 [M]. 薛钟灵，等译 . 北京：科学出版社，2000：34）；

(b) 新巴比伦城市景观

（资料来源：(b) Sophia S.Behling. Sol Power[M].Prestel，1996：81）

件。公元前 5000 年的埃及、美索不达米亚、伊朗和小亚细亚的聚居点也已经具有了村落形式。而随着手工业从农业中的分离，产生了第二次社会大分工；商品生产出现，货币开始流通，促使商人的出现，又产生了第三次社会大分工，城市在这样的情况下应运而生（图 2.1.1–1、图 2.1.1–2）。

而在史前人类聚居地形成和营造的最初过程中，大都依从自然环境条件的共同法则，如古埃及许多城镇都是沿着河道发展起来的，而且按照人们喜欢的风向，依据所在的位置、环境、海岸走向、河谷或山坡地势修建他们的城镇，并都建筑于自然高地或人工高台上以抵御水患。这时的城镇已具备一些基本布局形态，如古埃及城镇多用矩形平面，美索不达米亚则为椭圆形等。这一时期著名实例有埃及的孟菲斯、卡洪、底比斯以及印度的莫亨约—达罗等古城（图 2.1.1–3~ 图 2.1.1–5）。

图 2.1.1-2 美索不达米亚的阿贝拉城

阿贝拉城的城市形态十分完整，呈椭圆形。并依据所在山坡地势修建，建筑于高地之上，以抵御水患。

（2）中国古代的城市设计

在中国古代，城市的建设都严格遵守《考工记 · 匠人》营国制度。《考工记》中备载百工所作所为，都城的建设为一代大典，也在撰述之中。《匠人营国》就是为此而作，国即指都城。《考工记》说：“匠人营国，方九里，旁三门，国中九经、九纬，经涂九轨，左祖右社，面朝后市”。其中记述的西周初期王城建设表现出当时已经有完整的城市设计思想指导城市建设，王城、宫城、庙社、市里及道路的建造都有严格制式。如城市的规模，方九里，道路系统九经九纬，重要建筑布局左祖右社，面朝后市（图 2.1.1–6）。

上述中国古代建城模式反映了尊卑、上下、秩序和大一统思想，并深深影响着以后中国历代的城市设计实践。该建城设计手法应用到了明清北京城规划时达到了顶点（图

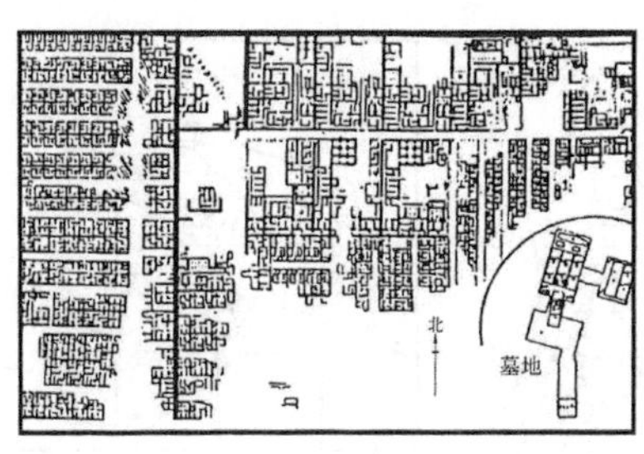

图 2.1.1–3 古埃及卡洪城平面示意
（资料来源：洪亮平．城市设计历程 [M]. 北京：中国建筑工业出版社，2002：4）

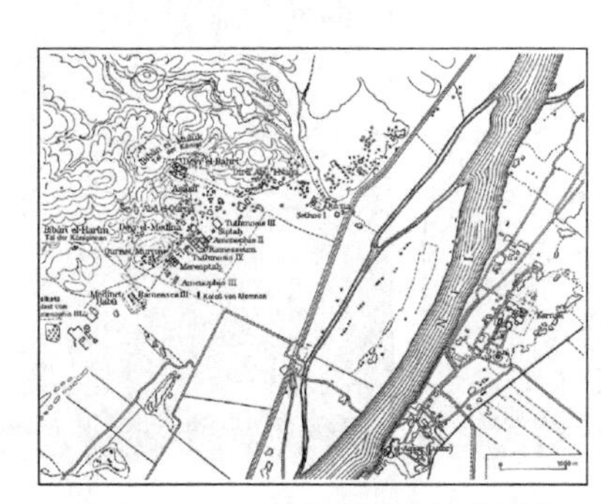

图 2.1.1–4 底比斯城总体平面图
（资料来源：洪亮平．城市设计历程 [M]. 北京：中国建筑工业出版社，2002：11）

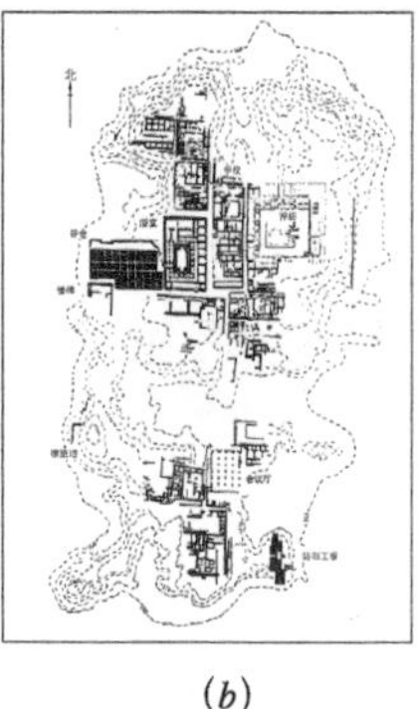

(*a*) (*b*)

图 2.1.1–5 印度的莫亨约—达罗古城
莫亨约—达罗分为两个部分，城西是类似于卫城的城堡，建在一个巨大的泥砖台基上，由一道 13m 高的砖砌厚墙抵御印度河的洪水，构成这座城市民事、宗教和行政活动的中心。城堡东侧较广阔的地带是经过一定规划的街市，由两层房屋构成，能容纳 3.5 万 ~4 万人口。街市依据所在山坡地势修建，与自然环境条件紧密结合，由棋盘状的主次道路划分为具有相当层次和结构的街坊，内部铺设精心设计的下水道系统及富有沉积渣滓的沉渣池。其城市设计和建筑技术达到了相当高的水平。
(*a*) 莫亨约—达罗平面图；
(*b*) 莫亨约—达罗卫城及街市
（资料来源：洪亮平．城市设计历程 [M]. 北京：中国建筑工业出版社，2002：13）

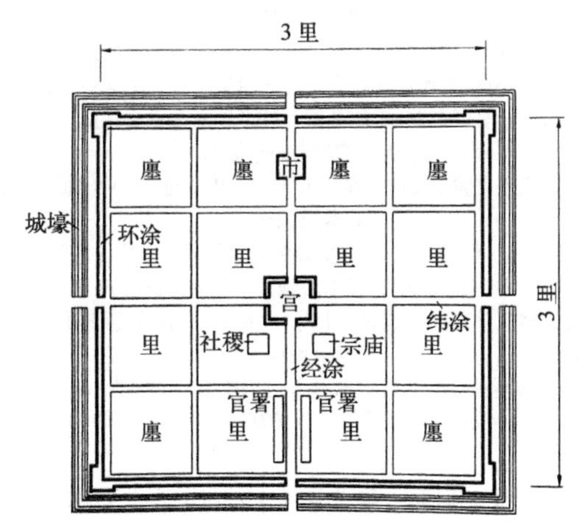

图 2.1.1–6 周王城布局示意
（资料来源：贺业钜．中国古代城市规划史 [M]．北京：中国建筑工业出版社，1996：195）

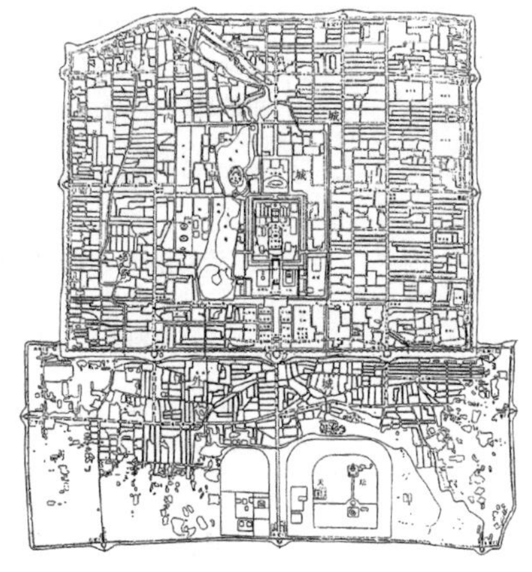

图 2.1.1–7 明代（1368~1644 年）北京城图
（转引自：李德华．城市规划原理 [M].3 版．北京：中国建筑工业出版社，2001：258）

2.1.1–7），明、清北京城平面的严谨布局和重要建筑群采用中轴线对称布置的手法，不仅能充分表现统治威严，而且形成了中国城市设计的独特传统 [3]。

（3）古希腊与古罗马时期的城市设计

欧洲城市设计思想与其文化渊源密切相关，古希腊是欧洲文化的摇篮，其城市设计思想和方法对后世的影响很大。西方城市建设力求体现人的尺度，城市和建筑追求与自然环境的协调，以视觉感受的和谐为构图的基础，以视觉联系为群体设计的手段。利用自然地形，重要建筑物置于显要地方，并考虑到远处及近处

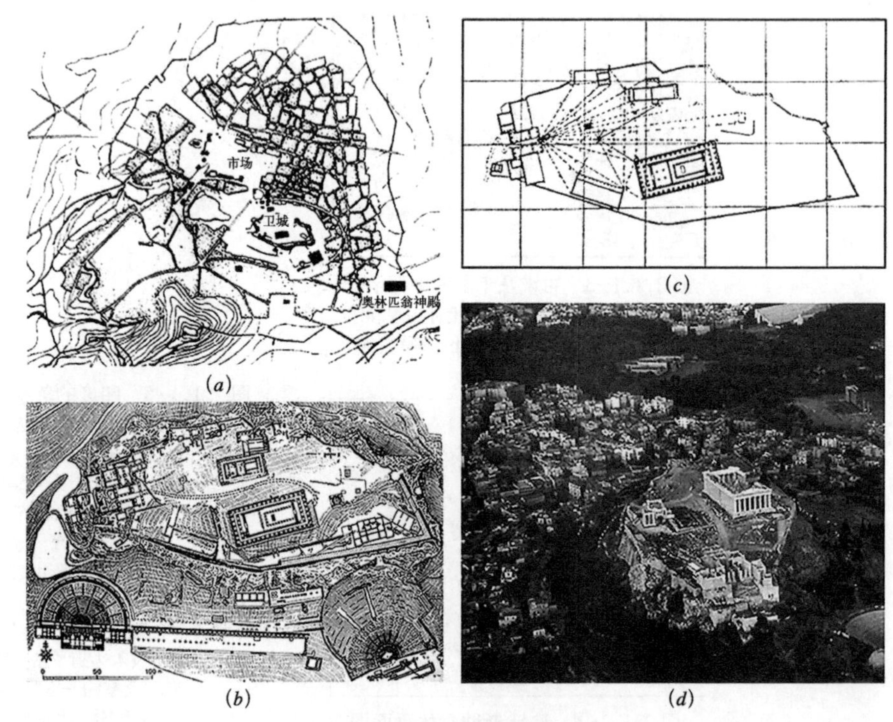

(*a*)　(*b*)　(*c*)　(*d*)

图 2.1.1–8　雅典及雅典卫城

雅典背山面海，城市布局呈一种不规则的自由状态，广场无定型，建筑排列则因地制宜。城市中心为雅典卫城，居民定居点和城市就是从卫城山脚下逐步向外发展形成的。卫城是当时雅典城宗教的圣地和城市公共活动的中心，也是雅典全盛时期的纪念碑。建筑群布局自由，巧妙地利用地形，高低错落，主次分明。卫城的中心广场上建造神庙，神庙既是人们公共活动的场所，又成为建筑空间的视觉中心。卫城南坡则是平民的群众活动中心，有露天剧场和敞廊。著名希腊学者道萨迪亚斯曾分析雅典卫城，发现其中的建筑布置、入口与各部分的角度都有一定的关系，并证明它合乎毕达哥拉斯的数学分析。

(*a*) 雅典城市总平面图

（资料来源：(*a*) 洪亮平．城市设计历程 [M]. 北京：中国建筑工业出版社，2002：16）；

(*b*) 雅典卫城平面图

（资料来源：(*b*) 贝纳沃罗・L．世界城市史 [M]．薛钟灵，等译．北京：科学出版社，2000：106）；

(*c*) 道萨迪亚斯对雅典卫城的分析

（资料来源：(*c*) 沈玉麟．外国城市建设史 [M]. 北京：中国建筑工业出版社，1989：28）；

(*d*) 雅典卫城现况鸟瞰

（资料来源：(*d*) 杨・阿尔蒂斯－贝特朗航空摄影作品 [EB/OL]，2008-03-07.www.godeyes.cn/news/2005/12/7/1207150151.htm）

的观赏，构成活泼多变的城市景观。最为著名的当属雅典及雅典卫城（图 2.1.1–8）。

公元前 5 世纪，"城市规划之父"希波丹姆斯（Hippodamus）最早阐述了"网格式"街道，并在规模的城市建设实践中予以实现。城市布局往往密切结合地形，重视实用和因地制宜，空间设计上追求几何形体的和谐、秩序、不对称的均衡。城市中心则布置由建筑物围合的公共活动广场（Agora），作为市民活动的中心。米利都城（Miletus）和普南城（Priene）都是出自希波丹姆斯的手笔（图 2.1.1–9、图 2.1.1–10）。当代美国著名城市规划与城市设计家埃德蒙・培根（Edmund N.Bacon），在《城市设计》一书中把这一时期的城市设计方法总结为："以空间、轴线、建筑实体、连锁空间、建立张拉力及延伸等连接发展模式"。

古罗马继承了古希腊晚期的城市建筑成就。但是由于古罗马军事扩张和技术进步，其城市设计的主导思想与古希腊的重视视觉效果不同，城市建设设突出体

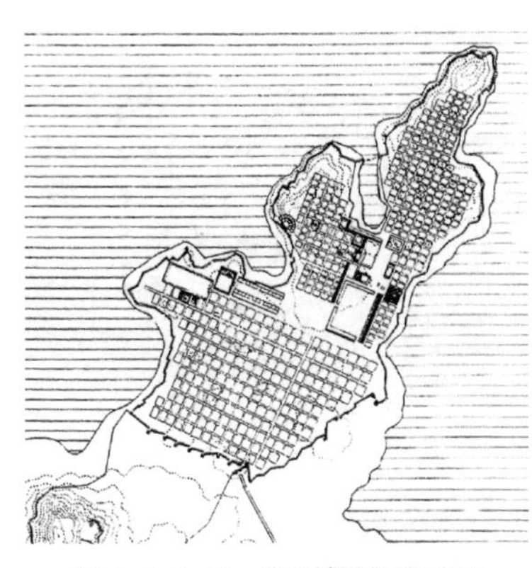

图 2.1.1–9 米利都城平面图

希波丹姆斯米利都城的规划设计，是西方首次系统地采用正交的街道系统，形成十字格网（Gridrion System），建筑物均被布置在网格内。这种系统被公认是西方城市规划设计理论的起点。不过，也有学者指出，这种格网系统是强加到位于丘陵地区的米利都城上的，所以许多道路不得不使用大量踏步。城市设计具有形式上封闭的广场、广场四周分布连续建筑、大街宽敞通衢、大街两侧成排布置建筑物等特点。（资料来源：（美）斯皮罗·科斯托夫．城市的形成——历史进程中的城市模式和城市意义 [M]．单皓，译．北京：中国建筑工业出版社，2005：106）

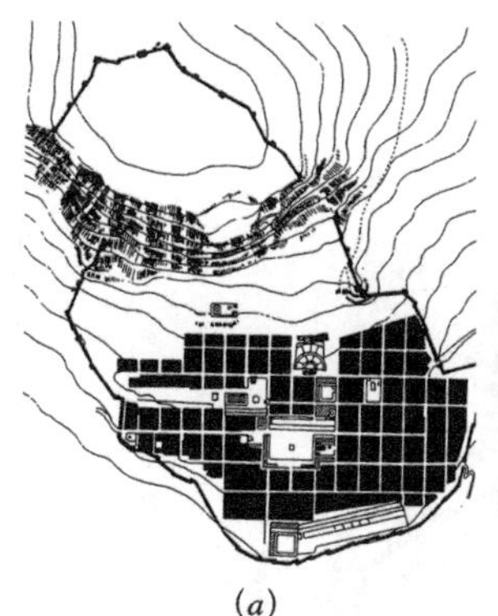

(a)

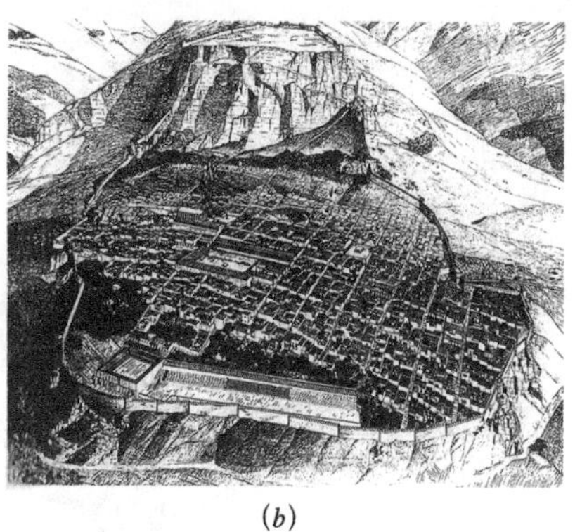

(b)

图 2.1.1–10 希腊化时期的普南城

普南城在几乎不可能的地形情况下对网格状规划方式进行了应用。城市背山面水，建在四个不同高程的宽阔台地上，从岩顶至南麓高差近 100m。中间两个台地上建有剧院、神庙、会堂、体育馆和中心广场，山坡上则建有神庙。其中，中心广场居于显著位置，是商业、政治活动中心，广场上设置有雕塑群。而广场东、西、南三面都有敞廊，廊后则分布店铺和庙宇。城内有 7 条 7.5m 宽的东西向街道，与之垂直相交的有 15 条宽 3 ～ 4m 的南北向台阶式步行街。街坊共计 80 个，面积都很小，每个仅容纳 4 ～ 5 座住房。住房以两层楼房为多，一般都没有庭院。

（a）普南城平面图

（资料来源：（a）洪亮平．城市设计历程 [M]．北京：中国建筑工业出版社，2002：19）；

（b）普南城复原鸟瞰

（资料来源：（b）（美）斯皮罗·科斯托夫．城市的形成——历史进程中的城市模式和城市意义 [M]．单皓，译．北京：中国建筑工业出版社，2005：125）

现政治、军事力量，强调街道布局，并引进了主要和次要干道的概念，公共建筑被作为街道的附属因素。城市广场则采用轴线对称、多层纵深布局，并发展了纪念性的设计观念。古罗马的广场是这一时期城市设计的重要内容（图 2.1.1–11）。

同时，罗马城市设计的最成功之处在于不仅强调和突出建筑个体形象，而且让建筑实体从属于广场空间，并照顾到与其四邻建筑的相互关系。因此，即使是在罗马城市中心最密集和巨大的建筑群中，也可以通过空间轴线的延伸、转合以及连续拱门与柱廊的连接，使相隔较长时间修建的具有独立功能的建筑物之间建立起某种内在的秩序。古罗马城市空间设计方法与建筑群体秩序的创造成为后世城市设计的典范 [4]。维特鲁威（Mareus Vitruvius Pollio）于公元 1 世纪末写的《建筑十书》（Ten Books on Architecture）中对古罗马城市设计建设思想，城市选址、形态、布局、广场设计、建筑物朝向、街头布置与风向的关系等方面均有较为系统的论述。

（4）中世纪的城市设计

古罗马消亡以后，欧洲城市文明也随之开始进入低潮。直到公元 11 世纪，城市建设在欧洲才开始逐渐活跃起来，该时期城市发展的核心便是城堡。城市中最突出的建筑物都是教堂或修道院，它们多位于城市中心，成为城市视觉焦点。中世纪时期，自然经济占据统治地位，城市往往规模小，空间封闭，尺度宜人。中世纪的城市有平面形状各异的生活广场，城市街道结合地形建造，广场作为公共生活中心，常与市政厅、修道院和教堂等公共建筑联合建造，并以

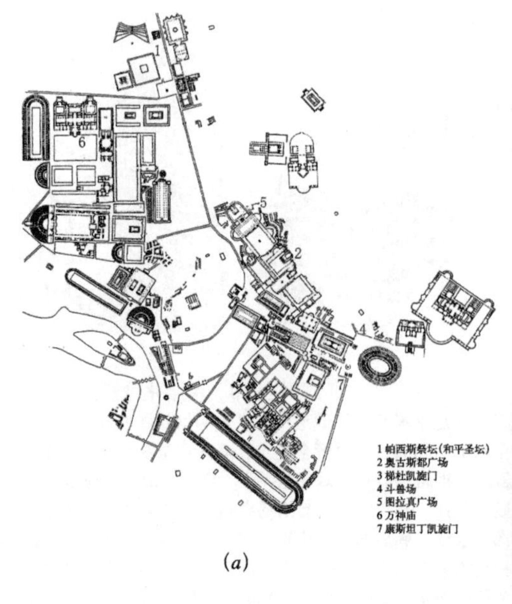

(*a*)

(*b*)

(*c*)

图 2.1.1–11　罗马城市中心广场群

广场一直是古罗马政治、经济和宗教生活的中心，最为著名的有罗曼努姆广场（Romanum Forum）、凯撒广场（Caesar Forum）、奥古斯都广场（Forum of Augustus）和图拉真广场（Form of Trajan）等，这些广场既相对独立又相互联系。尤其是以奥古斯都广场、图拉真广场等为代表的帝国广场群，布局严整，连续的柱廊、巨大的建筑、规整的平面、强烈的视线和底景，构筑起这些广场群华丽雄伟、明朗而有秩序的城市空间。后来墨索里尼时期打通的大道，则极大地破坏了古罗马广场群的完整性。

（*a*）罗马城市中心广场群平面图

（资料来源：(*a*) 洪亮平．城市设计历程 [M]．北京：中国建筑工业出版社，2002：26）；

（*b*）奥古斯都广场

（资料来源：(*b*) http://www.jeffbondono.com/TouristInRome/RomeImages/IMG_5356–20141002.jpg）；

（*c*）图拉真广场

（资料来源：(*c*) http://www.jeffbondono.com/TouristInRome/RomeImages/IMG_6587–20130922.jpg）

教堂钟楼作为城市建筑制高点。该时期的城市设计通过狭窄的街道与开阔的广场空间形成对比，通过时隐时现和有收有放的空间来构成丰富多变的城市景观。

由于城邦时代的城市经济实力有限，加之不时的军事骚扰，中世纪的城市设计并没有超自然的神奇色彩和象征概念，也没有按照统一的设计意图建设。这一时期的城镇形态总体上是通过自下而上的途径形成的。又由于城镇环境注重生活，并具有美学上的价值，所以有人称为“如画的城镇”（Picturesque Town）。虽然中世纪欧洲城市的意识形态是黑暗的，但其城市设计成就在西方城市建设史上却有着重要的地位。如佛罗伦萨（图 2.1.1–12）、威尼斯、锡耶纳（图 2.1.1–13）、比萨等城市的规划建设都是这一时期的重要成就。

(5) 文艺复兴与巴洛克时期的城市设计

14~15 世纪，始于意大利的文艺复兴时期，城市设计的思想也越来越注重科学性，规范化意识日渐浓厚。这时期的设计师们在人文主义旗帜下，通过总结古希腊、罗马的建城经验对城市广场和建筑群的设计提出了更为详尽的设计法则和艺术原则，并在实践基础上推进了城市设计理论，也为以视觉为原则的

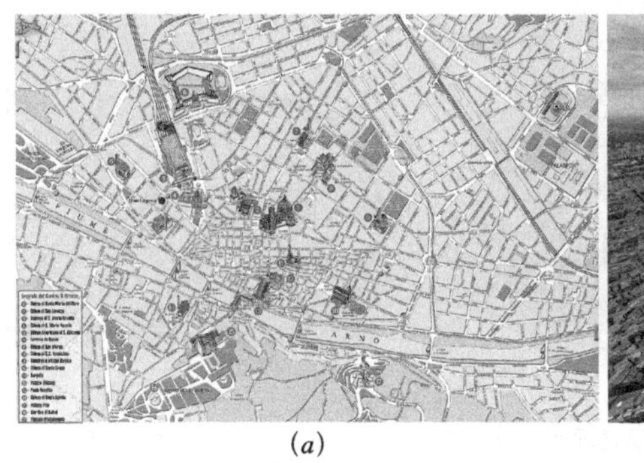

(a) (b)

图 2.1.1-12 佛罗伦萨城市中心区

佛罗伦萨是当时意大利纺织业和银行业比较发达的经济中心。城市平面为长方形，路网较规则。公元1172年在原城墙外扩展了城市，修筑了新的城墙，城市面积达 0.97km²。公元1284年又向外扩建，面积达到 4.8km²。到14世纪，佛罗伦萨已有9万人口，市区早已越过阿诺河向四面放射，成为自由布局。

(a) 佛罗伦萨城市平面；(b) 佛罗伦萨市中心鸟瞰

(资料来源：(a) http://www.yueworld.com/yuehtm/805.htm；
(b) http://tieba.baidu.com/p/2900662661)

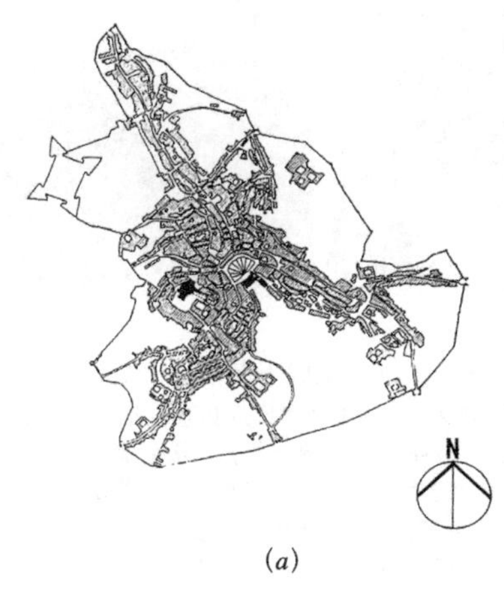

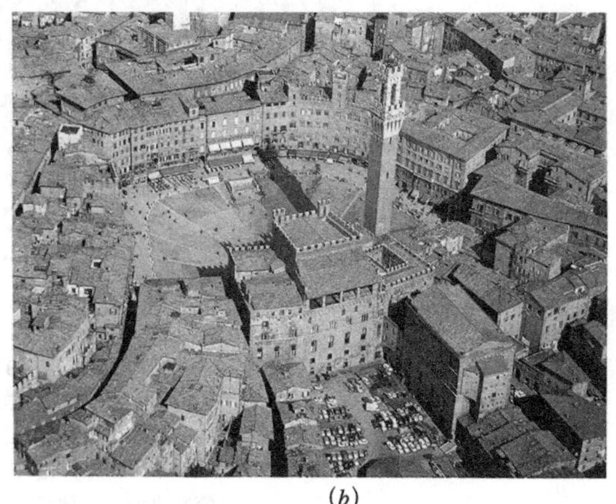

(a) (b)

图 2.1.1-13 锡耶纳城市及广场

锡耶纳城市是由几个行政区组成的，每一区都分别有自己的地形特点和广场分布。市中心的坎波(Campo)广场则是几个区在地理位置上的共同焦点。锡耶纳的主要城市街道均在坎波广场上会合。

(a) 锡耶纳城市平面；(b) 坎波广场区域鸟瞰

(资料来源：王建国．城市设计[M]. 北京：中国建筑工业出版社，2004：19-20)

学院派奠定了基础，如广场的高宽比例、雕像的布置、广场群的组织与联系等，这些法则与原则对后世城市空间设计具有很高的实用价值 [5]。

这一时期的地理学、数学等学科的知识对城市发展变化起了重要作用，并出现了正方形、八边形、多边形、圆形结构及格网式街道系统和同心圆式的城市形态设计方案 [6]。阿尔伯蒂（Leone Battista Alberti）的《论建筑》一书是文艺复兴时期建筑成就的总结。阿尔伯蒂继承了维特鲁威的思想理论，提出理想城市（Ideal City）设计模式（图 2.1.1-14~ 图 2.1.1-16）。文艺复兴时期的广场建筑群的设计成就十分突出，如威尼斯圣马可广场（Piazza San Marco）（图 2.1.1-17）以及米开朗琪罗（Buonarroti Michelangelo）设计的罗马市政广场（Piazza del Campidoglio）等都是该时期最为杰出的设计代表作。

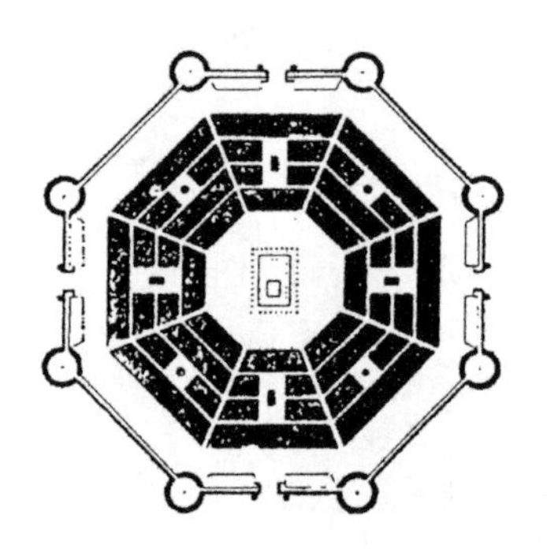

图 2.1.1–14 维特鲁威理想城市方案
(资料来源：王建国．城市设计[M]．北京：中国建筑工业出版社，2004：11)

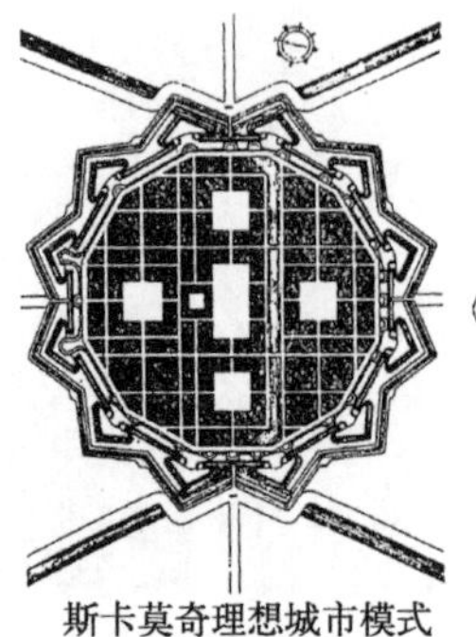

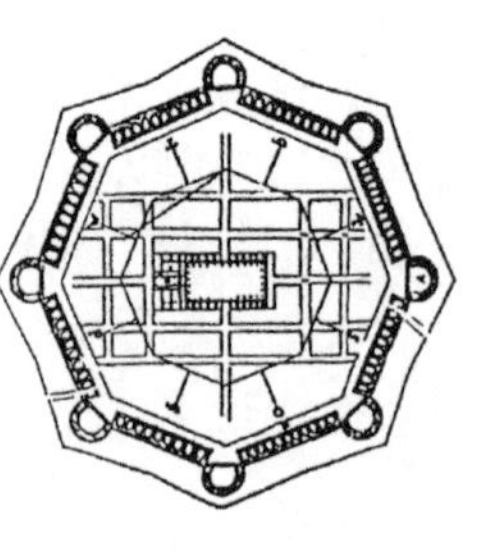

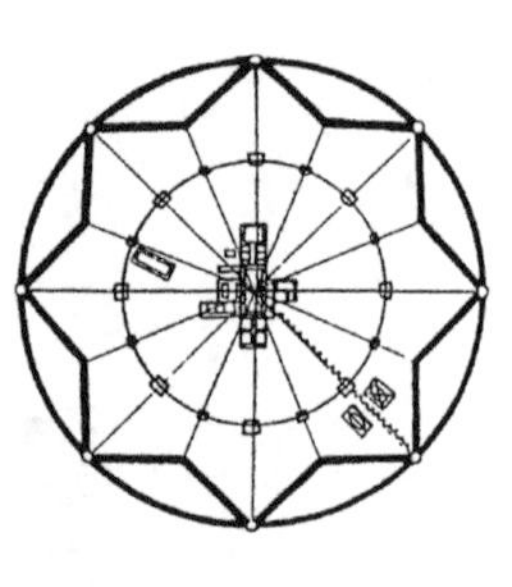

斯卡莫奇理想城市模式　　费拉瑞特理想城市模式

图 2.1.1–15 文艺复兴时期的三种理想城市模式
(资料来源：洪亮平．城市设计历程[M]．北京：中国建筑工业出版社，2002：56)

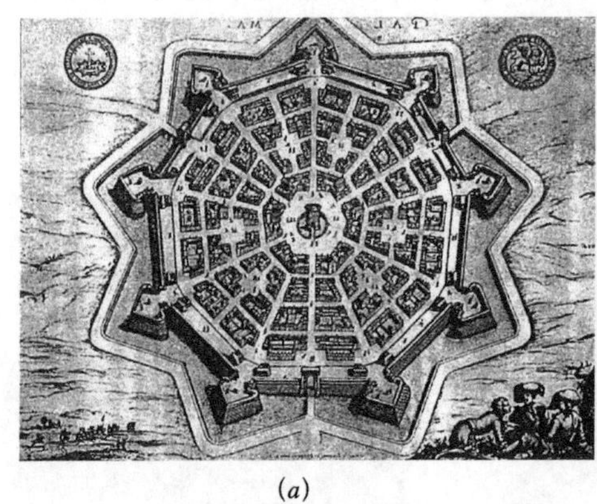

(*a*)　(*b*)

图 2.1.1–16 帕马诺瓦城平面及城市全景
开始于 1593 年的小型卫城帕马诺瓦的规划受到维特鲁威著作及其追随者阿尔伯蒂的追求完美形式的强烈影响。意大利建筑师斯卡莫齐按照费拉瑞特的设想，制定了帕马诺瓦城的规划。此城是边境设防城市，中心为六角形广场，放射形道路用三条环路连接。城市中心点设棱堡状的防御构筑物。
(*a*) 帕马诺瓦城平面；(*b*) 帕马诺瓦城城市全景
(资料来源：王建国．城市设计[M]．南京：东南大学出版社，2004：23)

在欧洲发展至工业革命前后，由于国家在政治上采用中央集权制和君主制取代教会统治，经济上出现商业资本主义和君主商业，城市规划和建设能力形成了前所未有的高度。新权贵的出现，加上文艺复兴之后带来的思想解放、古典建筑理论的兴起，使古典艺术成为附庸风雅的华丽外衣，并日趋雕琢和繁琐。为了保障统治者和新权贵的穷奢极欲，新的社会秩序成为城市规划最高的功能需要。在这样的社会思潮下，出现了一种新的城市设计模式——巴洛克式的城市设计。巴洛克时期强调对称轴线、主从关系，城市改建强调运动感和景深，利用几何图案和大尺度构成开阔、宏伟的城市建筑空间景观，该城市设计思想和美学观对后来的现代设计具有深远影响。欧洲许多国家首都重建改建都遵循于巴洛克城市模式的基本原理，如封丹纳（Domenico Fontana）对罗马的改建、绝对君权时期的巴黎城市改建、伦敦的改建等是这一时期的主要成就。同时，这一时期建筑的外观和内部装饰出现了利用透视幻觉和增加层次来产生戏剧化布景的效果，并采用波浪形曲线与曲面以及光影变化来产生虚幻与动感的气氛，城市和建筑都有一种庄严隆重而又充满欢乐的兴致勃勃的气氛。

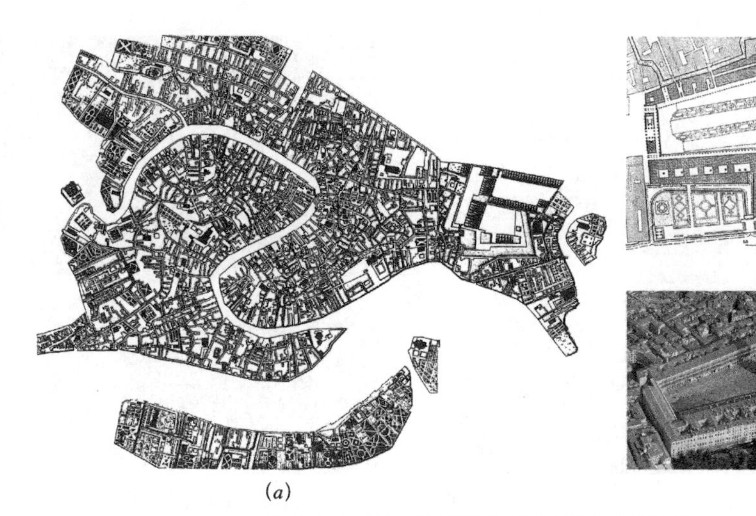

图 2.1.1–17 威尼斯城市平面及圣马可广场

圣马可广场是全威尼斯最大的广场，其最终建成是在文艺复兴时期。大运河环绕该区而流，广场四周均为文艺复兴时期精美的建筑，尤其突出的是圣马可广场东侧的圣马可大教堂和四角形钟楼。圣马可广场的空间是由三个梯形广场组合成一个封闭的复合式广场而成，主次分明；面海四周建筑底层采用外廊式做法，广场周围建筑物组合既统一又有丰富的变化。广场既考虑到人的比例尺度关系，又考虑到建筑群组合的关系。曾被拿破仑称为“欧洲最美的客厅”。

(a) 威尼斯城市平面图；(b) 威尼斯圣马可广场平面

（资料来源：(b) 洪亮平．城市设计历程[M]. 北京：中国建筑工业出版社，2002：30）；

(c) 威尼斯圣马可广场鸟瞰

（资料来源：(c) http：//www.yupoo.com/photos/malies/6897043/）

17 世纪封丹纳所作的罗马改建规划可以看做是巴洛克城市设计的典范：整齐的、具有强烈秩序感的城市轴线系统，强调纪念性与强权感，宽阔笔直的大街串起若干个豪华壮阔的城市广场，几条放射性大道通向巨大的交通节点，形成城市景观的戏剧性高潮（图 2.1.1–18）。另外，由法国造园大师勒·诺特（Le Notre）设计的巴黎凡尔赛宫花园也是这一时期的重要代表（图 2.1.1–19）。王宫由宫殿、花园和放射形大道组成。其中花园面积 6.7km^2，王宫中轴线的大道长 3km。次轴及所有道路均作对称放射布置，在交叉点上设对景，花圃、水池、树木、喷泉及亭，设计追求几何形态，并点缀雕像。它所确立的由纪念性地标、广场和景观所构成的星形规划，此后的几个世纪风行欧美，也成为后来许多殖民地国家城市设计的样板。

以朗方的华盛顿规划设计为例，在该设计中首先确定了华盛顿中心区主要建筑物和广场位置。中心区由一条长约 3.5km 的东西轴线和较短的南北轴线及其周边街区组成。首都的核心机构国会大厦位于东西轴线东端的高地上，南北短轴的两端分别是白宫和杰斐逊纪念堂，两条轴线的交会点上竖立华盛顿纪念碑统率整个空间。巴洛克式的放射形达到和整齐的城市网络系统叠加，联系各处标志性地标，进一步强化了华盛顿的城市秩序感与逻辑性。当然，巴洛克

图 2.1.1–18 封丹纳的罗马改建

（资料来源：洪亮平．城市设计历程[M]. 北京：中国建筑工业出版社，2002：61）

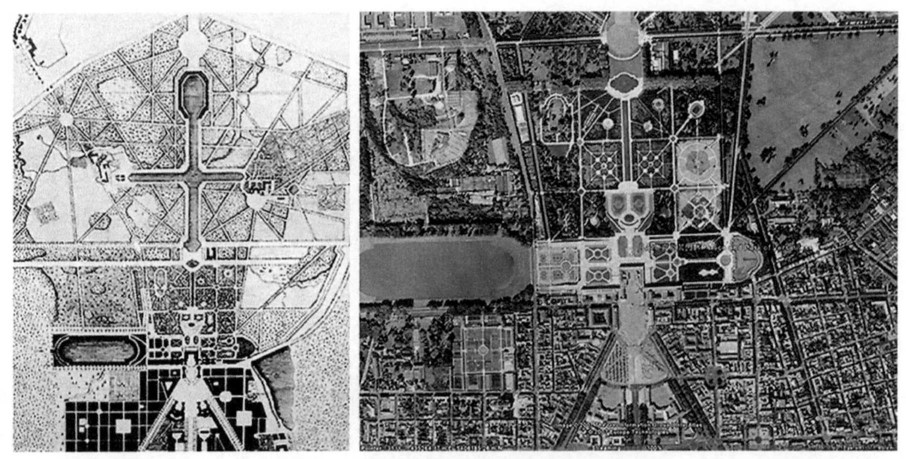

图 2.1.1-19　巴黎凡尔赛宫总平面

（资料来源：洪亮平．城市设计历程 [M]．北京：中国建筑工业出版社，2002：64-65）

式的规划设计也造成当时华盛顿的城市面积一半以上用于城市街道、广场和道路。在如今的华盛顿城市中，建筑、街道、广场、绿地、河流等历史要素均被悉心保护下来，传统的城市格局依然清晰明鉴（图 2.1.1-20）。

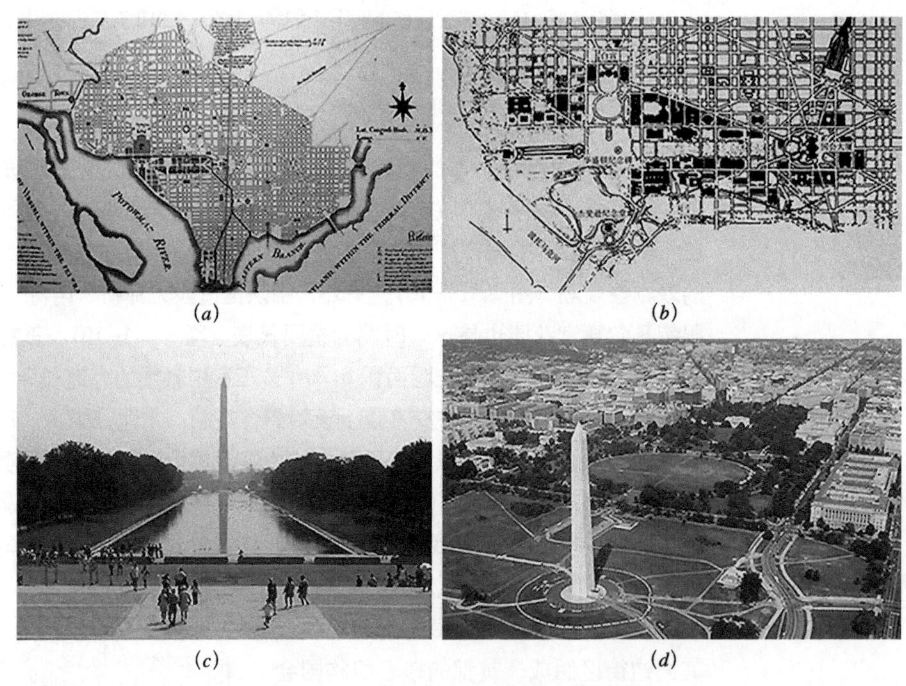

(*a*)　(*b*)　(*c*)　(*d*)

图 2.1.1-20　朗方规划设计的华盛顿

1780 年，华盛顿地区被定为美国首都。1790 年总统华盛顿聘请了当时在美国军队里服务的法国军事工程师皮埃尔·朗方（Le Enfant）为新首都作规划。朗方在巴黎长大，深受巴洛克放射形大道和凡尔赛轴线体系的影响，同时，他也了解"激动人心的"巴洛克式规划和具有强烈秩序感的古典主义构图正是美国这个新兴国家的首都所需要的。

(*a*) 华盛顿城市总平面设计（1791）（资料来源：(*a*)（美）斯皮罗·科斯托夫．城市的形成——历史进程中的城市模式和城市意义 [M]．单皓，译．北京：中国建筑工业出版社，2005：210）；

(*b*) 华盛顿中心区平面图（资料来源：(*b*) 洪亮平．城市设计历程 [M]．北京：中国建筑工业出版社，2002：71）；

(*c*) 城市空间的焦点：华盛顿纪念碑（资料来源：(*c*) http：//pic2.nipic.com）；

(*d*) 华盛顿纪念碑与白宫形成的南北轴线（资料来源：(*d*) http：//pic2.nipic.com）

2.1.2 近代18～19世纪的城市设计

工业革命以前，从封建社会发展起来的早期资本主义城市，在城市结构与布局上并没有根本变化，一些城市仍保持着中世纪或古典主义城市建设形态。然而到了18~19世纪时，工业革命给西方城市带来了城市经济结构的巨大变革，使得城市结构与城市形态发生了根本变化。同时，城市化的过程也产生了严重的城市问题，如人口急剧膨胀、城市建筑密集、居住拥挤、工业污染危害城市环境、城市设计缺乏整体观念等。为了寻求有效的解决途径，出现了城市改造美化和各种理想主义的城市设计思想。

(1) 伦敦和巴黎的城市改建

现代城市早期发展是基于旧城区改造而进行建设实践的，比较典型的案例是英国伦敦旧城改造和法国巴黎的城区重建和改造。

①英国伦敦旧城改造

随着英国工业革命的迅速发展，1850年的伦敦已经具有226万人口，是当时西方最大的城市。而这个城市却完全没有为如此庞大的居住人口设计的规划和设施，出现了城市生活品质急剧恶化、垃圾成山、瘟疫流行、犯罪率高等一系列问题，因此政府不得不考虑对旧伦敦进行改建。

17世纪末期的第一次改建是由克里斯托夫·伦（Christopher Wren）主持进行的，他采用古典主义手法，开拓了一条连接三个中心广场的大道，方便了整个城市的交通，同时利用大道把各个不同的区域和功能空间联系起来。他还参考了法国巴洛克时期的城市设计方法，在城市内部设计了大量的花园和绿化带，整个城市设计的核心思想是对城市经济职能的高度重视，而不是把权威象征性放在首位。

从1811年开始，约翰·纳什（John Nash）开始主持伦敦改建工程。他采用新古典主义和浪漫主义的方式，设计了一系列新的商业和公共建筑，特别是利用新开拓的大道，把摄政王大街、公园大道连成两公里长的主要轴线，所有交叉路口都设计了广场，路旁罗列商店、银行和公共建筑，形成伦敦的新中心，同时，这个规划还把伦敦的金融、商业与高级住宅区相连起来，并成为现代城市规划设计史上的出色案例（图2.1.2—1）。

图2.1.2—1 纳什改建后1851年的伦敦

约翰·纳什沿着摄政街（中心位置的南北向道路）部署其强有力的标志性形体，并在就成组织结构中建立整体性。（资料来源：(美)埃德蒙·N·培根．城市设计[M].黄富厢，朱琪，编译．北京：中国建筑工业出版社，2007）

②法国城区重建与改造

法国首都巴黎，不但是欧洲文化、艺术、经济、政治最重要的核心，也是工业化以来欧洲最大的都会之一。自从 1789 年法国大革命之后，巴黎城市经历了三次规模较大的改建和重新规划：

第一次是 1793 年法国革命后的雅各宾党专政时期进行的，因为革命的影响，这次改造的中心是为贫困的劳动阶级解决居住和交通问题，方式是从贫困区开拓几条大道，包括通往巴黎轴线的香榭丽舍大道，并通过增加供水井和街灯、建立垃圾中心、广泛进行市区绿化等手段完善市政设施建设。改造土地的面积占巴黎市总面积的 1/8，应该说是相当宏大的都市改造规划。但是由于雅各宾党很快被推翻，这个规划没有能够全部完成。

第二次城市改造是拿破仑时期（1804~1815 年），这一时期在文化、艺术和城市建设上的大规模投资，用来显示权利和国力鼎盛。完成的主要工作包括：大规模兴建五层楼为基础的住宅公寓；建立以大凯旋门—协和广场—小凯旋门为中轴线的市中心区域，把这个轴线作为整个巴黎发展的中心；建立了一系列以纪念碑为中心的公共广场，使整个城市具有一系列环境艺术的视觉焦点。

第三次城市改造是巴黎城建史上规模最大也是最重要的一次，主要是在拿破仑第三的第二帝国时期（1853~1870 年）完成的。具体负责大巴黎改建计划的是政府官员尤金·奥斯曼（Eugine Haussman，1809~1891 年）。奥斯曼从 1853 年到 1868 年期间，对巴黎市中心进行了史无前例的大规模改造和重建（图 2.1.2—2）。曾经用来设计法国凡尔赛宫和美国首都华盛顿的巴洛克城市设计规划方案在他的手中重新被启用。重建计划更加强调了城市公共中心和放射状城市轴线，明确地以道路系统构成城市整体结构，出现了大量的环形交叉口、标准的内庭院式住宅平面布局形式和标准的街道网格。这种整体上强调宏伟城市轴线和中心，局部又以小尺度内庭院式围合街坊为基本结构的布局模式为西方城市建设延续了基本传统，并成为 19 世纪末 20 世纪初欧美城市改建的参考样板，如后期的华盛顿规划、堪培拉规划、巴西利亚规划等新兴首都的整体规划中都具有这种模式痕迹。在巴黎城市改造重建中，城市设计是根据美学原则追求城市构图的均衡美感的，并通过强调城市的视觉轴线，如宽阔的林荫道、巨大的广场来形成城市的整体对称感，这种设计手法在奥斯曼巴黎改建之后得以迅速传播。

另外，奥斯曼在他的回忆录中特别强调，公园对城市居民的健康非常重要，在公园里市民可以享受到充分的阳光、新鲜的空气与开敞的空间，这个城市公园中的花草树木处处展现出高水准的地景专业与优秀传统。在密集的人造环境中，保留出一片绿地，也成为全世界城市规划者的共同目标。巴黎城市在一个半世纪前所规划出来的各种城市空间与巴黎市民的日常生活密不可分，一直到今天这些空间都仍然充满生命力。奥斯曼的城市规划不只注意到整体的层面，还包括街边的家具设计，街头的小品每一件都是城市设计的经典之作。

（2）工艺美术和新艺术运动

为了炫耀工业革命带来的伟大成果，1851 年国际博览会在工业革命的发源地——英国伦敦开幕。在本次博览会中，最令人震惊的建筑是由英国建筑师

(a)

(b)

(c)

(d)

(e)

图 2.1.2-2 法国第二帝国时期对巴黎的城市改造

19 世纪中期之前的巴黎街道，十分狭窄，两旁的建筑破旧，设施老旧。改建以形成强烈的城市轴线和中心感，建设新的水网、供气网以确保城市的现代化。改造的最主要重点体现为：

①开拓加宽了一系列道路，例如图中以粗黑线标明的是他改造的加宽部分。新建的道路均十分宽阔，视觉轴线强烈，轴线所经之处，往往整片的房子都被拆掉。由于进行了大量的拆建工程，在 1854 年的漫画中，主持巴黎改建的奥斯曼被讽刺为拆房能手。

②把街道两旁的住宅建筑高度、屋顶的坡度加以严格规范。新建的大街两旁同时新建一系列设施完备的公寓楼，因此使巴黎的建筑出现了比较统一的面貌。而随着奥斯曼改建，也产生了一系列的阶级分异，很多人不得不从改建区域搬离。

(a) 奥斯曼改造的巴黎

（资料来源：(a) 丹尼尔 H 伯纳姆．爱德华 H 本内特．芝加哥规划 [M]. 译林出版社，2017.）；

(b) 19 世纪中期之前的巴黎街道

（资料来源：(b) https://static.messynessychic.com/wp-content/uploads/2013/10/marvillebefore3a.jpg）；

(c) 在 1845 年的漫画中奥斯曼被讽刺为拆房能手；

(d) 奥斯曼改造后的巴黎街道

（资料来源：(d) https://static.messynessychic.com/wp-content/uploads/2013/10/marvillebefore3.jpg）；

(e) 新公寓中的阶级分异

约瑟夫 · 帕克斯顿（Joseph Paxton）负责设计的展览大厅“水晶宫”。而英国美术理论家、教育家约翰 · 拉斯金（John Ruskin）针对这次博览会的建筑和展品尖锐地提出了现代设计理论，他强调设计的重要性、社会功能性，并提出了现代设计的发展方向以及看法、观点，较为系统地总结了早期的功能主义设计原则、立场等，这也成为 19 世纪末的设计家、建筑家发展现代设计理论的依据和启示。

拉斯金和其他同代的英国思想家的理论，通过“工艺美术”运动得到充分的体现。“工艺美术”运动从 1864 年左右发轫，结束于 20 世纪初，精神领袖是拉斯金，设计领袖是威廉 · 莫里斯（William Morris）（图 2.1.2-3），主张在设计上回溯到中世纪的传统，恢复手工艺行会传统，主张设计的真实、诚挚，形式与功能的统一，设计装饰上从自然形态吸取营养。到了世纪之交，工艺美术运动作为一个主要的设计风格因素，影响遍及欧洲各国，也促使欧洲的另外一场设计运动——“新艺术”运动（Art Nouveau）的产生（图2.1.2-4）。“工艺美术”运动的设计领袖莫里斯强调对中世纪风格热衷和手工业爱好，反对矫揉造作风格以及对大工业化的强烈反感，这都成为了“新艺术”的基本特征。亚瑟·马克穆多（Arthur Heygate Mackmurdo）则是“工艺美术”运动的晚期代表人物和“新艺术”运动的开创人物，其对设计理解要求更加讲究装饰整体感，并具有更加强烈的自然主义特点。“新艺术”运动几乎席卷了设计领域的各个方面，是20世纪除了现代主义风格以外影响最广泛的一场设计运动。

到19世纪末，世界各国工业技术发展迅速，生产力得到迅猛发展，同时对社会结构和社会生活也带来了很大的冲击。现代都市如雨后春笋般地涌现，城市设计和建筑设计却还没有一个可以依据的模式。因此，必须有新的设计方式出现，来解决新的问题，来为现代社会服务，现代设计正是在这种情况下产生的[7]。但无论是“工艺美术”运动还是“新艺术”运动，都显然不是能够直接解决空间上的各种社会问题，它们的核心内容是逃避现实世界，乃至反对工业技术、工业化。设计中技术与艺术的平衡永远只能是一种动态的平衡，技术在不断发展，人的精神需要也是复杂多样化的，当技术的发展为这种多样化的需求提供了实现的条件后，设计思潮也就从以现代主义为主而走向了多元化。

（3）田园城市与城市美化运动

①田园城市运动

19世纪末严重的社会问题引起了全社会的关注，霍华德（Ebenezer Howard）认为国有化运动是实现规划的途径，并由此大胆描绘了理想中的城市模式。他于1898年出版了《明天——一条通向真正改革的和平道路》（Tomorrow：A Peaceful Path to Real Reform），该书是最早为创造更好的城市形态而提出的大胆纲要之一。1902年霍华德将书名改为《明日的田园城市》，书中淡化了社会改革的内容而突出了城市空间布局模式。霍华德认为理想的城市应当兼有城乡二者的优点，城市生活和乡村生活相互吸引、共同结合，即所谓的“城市—乡村磁力”（Town—Country Magnet）。

图2.1.2-3　英国的莫里斯住宅

莫里斯住宅是英国“工艺美术”运动的建筑代表作品，是由威廉·莫里斯、菲利普·魏布所设计，俗称“红屋”（The Red House，Bexley heath，England，1859~1860年）。这是英国乃至欧洲19世纪期间企图恢复乡村风格、民俗风格最突出的设计，代表了“工艺美术”运动的精神。（资料来源：王受之．世界现代建筑史[M]．北京：中国建筑工业出版社，1999：54）

图2.1.2-4　巴黎地下铁入口建筑

由法国建筑家赫克多·基马德（Hector Guimard）1900年设计，采用青铜金属铸造技术，使用曲线、自然形态构思，是“新艺术”运动作为一个设计运动的正式开始。（资料来源：王受之．世界现代建筑史[M]．北京：中国建筑工业出版社，1999：71）

霍华德的田园城市提出建立一系列布局紧凑并能够自给自足的社区，并提出清晰的城市设计模式，外围以绿带环绕，同时还设想了田园城市的群体组合模式——由六个单体田园城市围绕中心城市，构成城市组群，他称之为“无贫民窟无烟尘的城市群”（图 2.1.2–5）。有关田园城市的空间模式早以为人们所熟知，但田园城市绝不仅是一个理想的物质模式，霍华德的思想基础是通过改变城市形态格局来推进社会深层改革。

本质上来说田园城市构想是一种理想的社会结构在物质空间形式上的投影，并从人、社会和空间三者的关系出发奠定了现代城市规划的基础。霍华德在描述田园城市愿景的同时，对于田园城市建设的可行性与可能性也予以了详细分析，对其规划思想精髓需要在以下几方面进一步加以解读：

首先，田园城市不仅仅是要建设一个人口规模只有 30000 人左右的小城市，其核心思想是要强调“社会城市”。从霍华德图解出发，中心城市与外围城市距离约为 2ft（3.2km），外围各城市中心约为 4mi（6.4km），城市之间有铁路联系。这种多组团的城市发展模式可以适应人口不断增长的需求，而简单理解为限制城市人口规模是不够全面的，因为组团模式是具有自我生长调整机制的。

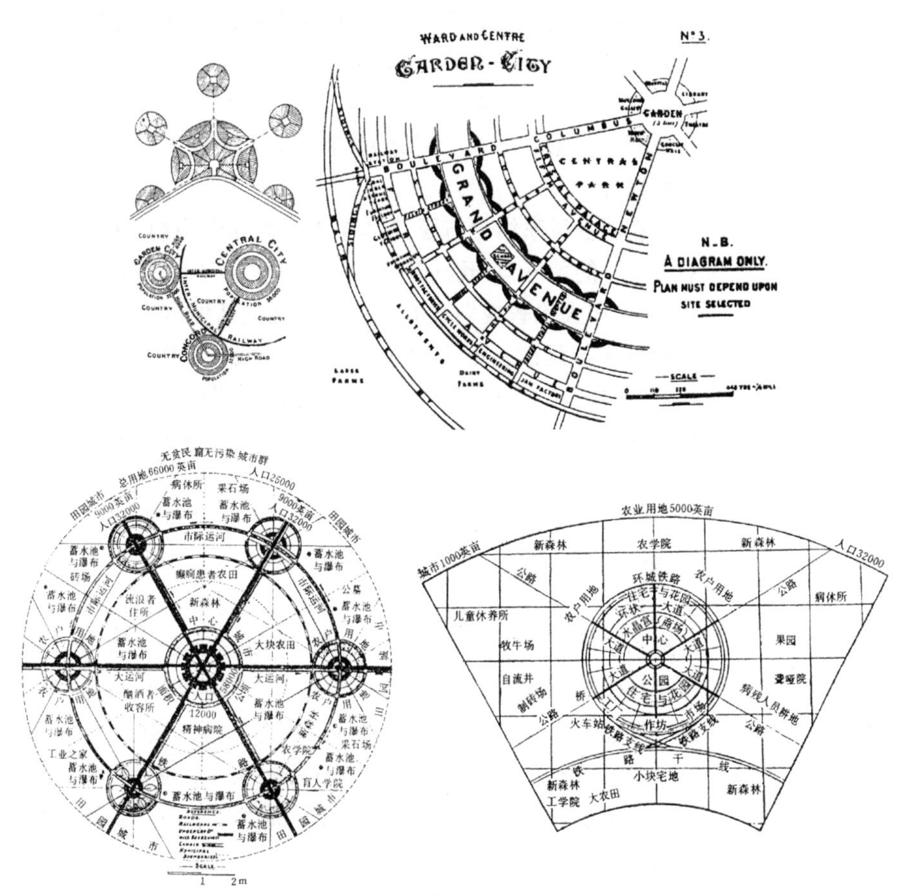

图 2.1.2–5　霍华德“花园城市”图解
（资料来源：王建国．城市设计 [M]．北京：中国建筑工业出版社，2009：34）

其次，霍华德对于田园城市密度特征是这样描述的，每个田园城市（即外围城市）用地为6000英亩（约24hm²），其中城市用地1000英亩（约4hm²），农业用地5000英亩（约20hm²）。如果我们将32000人口全部算入，则田园城市的人口密度约为7900人/hm²，人均用地面积约为127m²。这一数值表明并不是一座低密度的城市，因此田园城市绝不是倡导低密度发展模式。

最后，田园城市不仅是物质空间的一种愿景描述，霍华德对于如何获得土地、城市建设的资源与分配、城市财政的支出、城市经营管理等方面也都作了详细论证和描述了实现途径。从这一点来看，理想城市本身并不是一种乌托邦式的规划蓝图，它还是社会改造的行动纲领。他再次强调"……无论如何阻挡，无论一时怎样，都不能制止前进的潮流。那些拥挤的城市已经完成了它们的使命；它们主要是一个以自私和掠夺为基础的社会所能建造的最好形式，但是它们在本质上就不适合于那种正需要来审视我们本性中的社会化——无论哪一个非常自爱的社会，都会使我们强调更多关注我们同伴的福利。"[8]

霍华德田园城市思想对于后续城市研究和城市规划的影响是深远的，也为人们在当今社会经济条件下认识田园城市提供了思想理论基础，并分别在国家以及区域规划、城市与乡村关系重组、城市环境美化等方面均有所体现。

从区域乃至国家范围内进行人口与资源的合理布局是田园城市理论的出发点，霍华德认为人口不应向大城市集中，而应该在更广阔的范围内实现人口分布的合理化，并实现城市和乡村各自的优点。而现代城市规划中有关区域发展策略、城市与区域关系、城镇体系结构梳理等区域性宏观层面的人居环境研究实践，本质上都是对城市人口蔓延过程中产生的交通和居住问题的规划探寻。

在城乡关系结合方面，霍华德的"城市和乡村"结合体思想充分体现了"社会城市"的美好，其既具有城市生活的优越性又具备乡村生活的优美性。例如，在1944年大伦敦规划实施过程中出现的新城理论，其可以看成是田园城市的理论发展与延续。但不幸的是，"卫星城"将田园城市的理想模式片面化了，大量卫星城和建设结果最终演化成为了"卧城"，并成为以勒·柯布西耶为代表的现代建筑运动理论家的主要实践领域。各类城市建设和规划实践开始逐渐脱离了霍华德最初所设想的理想模式，即中心城与外围卫星城之间应该是一个整体协作的关系。在1960年代以后，出现了大量对现代主义城市规划理论和实践的批判，这又一次成为现代城市规划向城乡可持续发展的转折点。

从霍华德对田园城市的论述来看，城乡结合的基础是为了获得良好的城市环境，同时城市人口规模是相对集中且城市基础设施可以承担的，在城市中城市中央公园、林荫大道、居住区组织等方面都应保证城市整体的生活环境品质。这一思想在后来的邻里单位、超级街坊、居住小区以及当今的"都市村庄"、"新城市主义"等规划布局模式中均有所体现，尽管城市中人们的生活条件、社会的技术手段以及思想观念已经发生了很大的改变，但追求良好的城市居住生活环境却始终是现代城市规划与建设的重要议题。

因此可以说，霍华德的田园城市是现代城市规划的原型，同时也是现代城市规划的思想纲领和实践基础，在某种意义上来说，其后出现的大量城市规划

理论和实践活动，都是田园城市理想模式的逐步展开与深化发展。田园城市对现代城市规划的重要性就体现于，它所衍生的理论内容和实践范围是非常广泛的，它的思想基础和体系范畴也是被不断修正和完善的，更重要的是它对当前城市规划的理论思考和规划实践的指导作用依然还在持续着。

②城市美化运动

城市美化运动主要受到三种规划思潮影响，分别是“田园派”，以霍华德为代表；“景观派”，以奥姆斯特德（Frederick Law Olmsted）为代表；以及“综合派”，以伯纳姆（Daniel Burnham）为代表。其中田园派强调通过城乡结合来解决城市问题；景观派则主张以乡村作为解决城市问题的出路，将乡村、田园和自然景观融入到城市之中；[9] 而综合派的伯纳姆是芝加哥建筑学派的代表人物，他于 1907 年大胆宣称，“不要做小规划，它们没有让人热血沸腾的魔力……要做大规划，对期望和工作的定位要有高起点，记住，一个宏伟的、合乎逻辑的图形一旦成为现实将永不消失……”（引自 Hall，1988：174），显然伯纳姆的这一观点立场被当时的政府以及先锋规划师们所接纳。

虽然以上各学派对于城市美化价值的理解不一致，但其强调的美化运动内容却基本相同，即建立公园、林荫步道和城市中心。通过集中服务功能在土地利用规划中形成一个有序的城市格局，并由此实现城市良好的卫生环境。同时通过建成城市商业和行政核心区来创造空间焦点，城市公共空间成为城市组成的重要元素。城市美化运动最早始于 1893 年在芝加哥举办的芝加哥世界博览会并成为城市美化运动的经典案例。1909 年伯纳姆和贝纳特（Edward Bennet）编制的芝加哥规划推动了城市美化运动（图 2.1.2–6），其内容涉及了当时规划师关注的土地使用、住房、环境、交通、健康以及安全状况等因素。该规划中以纪念性建筑及广场为核心，采用欧洲古典城市中的巴洛克手法，宽阔街道组成的新道路体系，穿越了按传统方式设置的棋盘式道路系统，成为“恢复城市中失去的视觉秩序及和谐之美是创造一个和睦社会的先决条件”。

城市美化运动是对巴洛克式规划的复兴，设计师追求宏伟壮观的城市景观，以此激起人们对城市的自豪感。其基本设计元素是连接纪念性建筑的轴心大道，宽阔的广场和大街，庞大的古典建筑围合着城市的空间。这种纪念性城市的设计思想对后来的实践有很大的影响，特别是在一些首都的规划中，典型的例子是沃尔特·格里芬（Walter B.Griffin）规划的澳大利亚首都堪培拉和爱德华·勒琴斯（Edward Lutyens）规划的印度首都新德里（图 2.1.2–7、图 2.1.2–8）。1910 年克利夫兰市的街道美化从商业区拓展到居民区和郊区，且街道还实行了亮化工程，并使得该城市成为美国最早在城市公共空间安装点灯的城市。

尽管城市美化运动在城市物质环境方面取得了显而易见的成就，但也由此引发了大量的批判声音。芒福德认为伯纳姆的城市美化就是“城市化妆品”，简·雅各布斯（Jane Jacobs）在《美国大城市的死与生》中批评城市美化运动的目的是建立城市标志性建筑，在整个城市美化运动中的全部观念和计划都与城市的运转机制无关，缺乏研究与尊重，城市成了牺牲品。[10] 虽然城市美化运动具有历史发展的局限性，但其实现了一个最直接明显的效果：

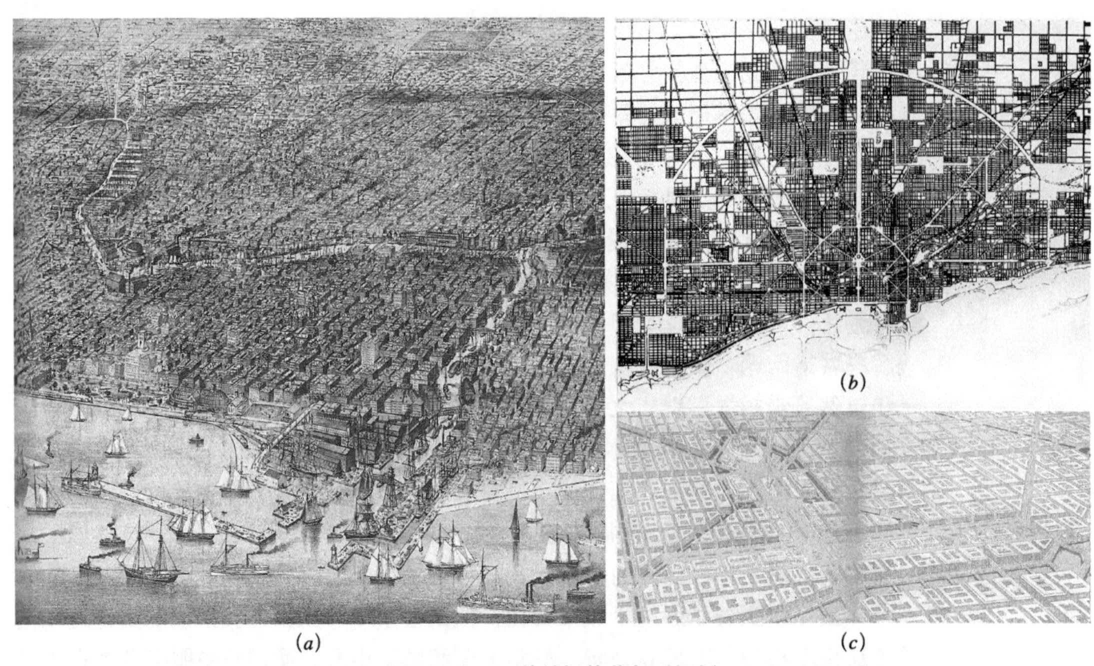

(*a*)　　(*b*)　　(*c*)

图 2.1.2–6　伯纳姆的芝加哥规划

(*a*) 1892 年的芝加哥　柯里尔和艾夫斯（Currier & Ives）所作的鸟瞰图局部，1892 年

（资料来源：(*a*)（美）斯皮罗 · 科斯托夫 . 城市的形成——历史进程中的城市模式和城市意义 [M].
单皓，译 . 北京：中国建筑工业出版社，2005：117）；

(*b*) 1909 年芝加哥规划平面图

（资料来源：(*b*) 洪亮平 . 城市设计历程 [M]. 北京：中国建筑工业出版社，2002：99）；

(*c*) 1909 年芝加哥规划局部

（资料来源：(*c*)（美）斯皮罗 · 科斯托夫 . 城市的形成——历史进程中的城市模式和城市意义 [M].
单皓，译 . 北京：中国建筑工业出版社，2005：234）

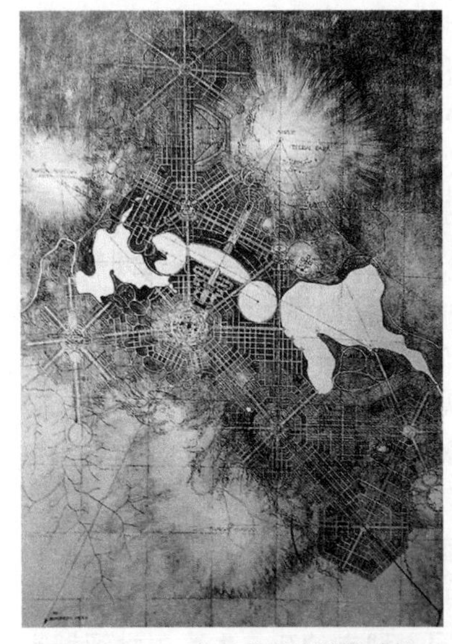

图 2.1.2–7　格里芬设计的堪培拉

（资料来源：Kostof Spiro. The City Shaped：Urban Patterns and Meanings Through History [M]. London：Thames and Huston Ltd.，1991：173）

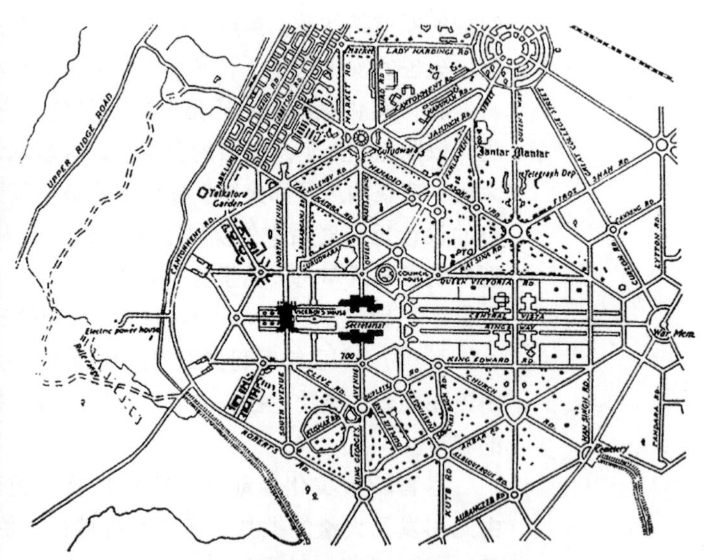

图 2.1.2–8　勒琴斯 – 贝克设计的新德里

勒琴斯 – 贝克规划，令人敬畏的统治力量的象征符号，与当地城市的有机生命没有任何关联。

（资料来源：（英）Peter Hall. 明日之城—— 一部关于 20 世纪城市规划与设计的思想史 [M]. 童明，译 . 上海：同济大学出版社，2009：209）

就是让原有拥挤破败的城市环境得以整治，城市形象发生了极大改变并使得公共空间变得清洁。从这一点出发，城市美化运动也成为了日后建造城市公园和城市中心的代名词。

虽然对城市美化运动的各种评价褒贬不一，但要看到在当时它是具有深远影响意义的。特别是对于美国来说，城市美化运动为这个年轻的移民国家留下了大量思想和物质上的财富。本质上来说，在19世纪末20世纪初，由美国一些受过良好教育的知识分子、商人、建筑师发起的城市美化运动，虽然有着缺陷和不足，但它是一项具有社会意义的城市改革实践活动，并希望实现各种阶层和公民都能自由、平等地生活在美丽的城市风景之中。

2.1.3 功能主义、视觉艺术与回归传统的思想

现代城市规划和城市设计思想的发展与1920年代的现代建筑运动有密切关系，荷兰在1918年开始的“风格派”运动（De Stijl）、1919~1933年成立和运作的德国的包豪斯学院（Bauhaus）等奠定了现代建筑、现代设计的思想与实践基础；1933年的《雅典宪章》成为现代城市规划和城市设计的理论基础。而在现代城市设计发展的初期，视觉艺术的思路成为城市设计理论和实践内容的一个重要组成部分。另外，作为对现代主义进程逻辑以及当代发展模式的反思，城市设计也已经在建成空间和城市空间的关系中发现一个新的兴趣点——参考传统的城市空间，把各部分功能结构组织起来，优先考虑创造积极性的空间模式。

（1）功能主义的设计

20世纪的城市空间几乎都与全球建筑界和景观建筑界认同的功能主义运动有关，这个运动基于纯形式的理想和无限定、民主或流动空间的理念，是20世纪初期技术与美学革命的建筑表现（图2.1.3–1）。这场革命同时也影响了几乎所有其他创作形式。而德国的包豪斯学院、荷兰的风格派和由著名建筑师勒·柯布西耶（Le Corbusier）领导的法国城市设计运动，这三个主要运动思潮催生了设计的功能主义，并对现代城市规划产生了不可估量的影响作用。

其中最有影响力的是包豪斯—— 一所始建于1918年的综合技术培训学校，由沃尔特·格罗皮乌斯（Walter Gropius）创建于德国的魏玛，后迁于德绍。包豪斯的目标是在纯美学的指导下将艺术与技术结合，即祛除所有形式上的装饰与过渡，强调表现功能的美，密斯·凡·德·罗设计的工人住宅便是最好的例证（图2.1.3–2）。作为综合技校的包豪斯，是功能主义设计理论的发源地，成为欧洲现代主义设计运动的中心，把欧洲的现代主义设计运动推到一个空前的高度。

但事实上，当建筑形式不再由外部空间设计来决定时，公共空间也就丧失了其功能。一些国际项目普遍采用这种模式作为城市形态的标准，从而出现了千篇一律的线形空间。但奇怪的是，包豪斯提出的建筑方案几乎完全忽视私有领域之外的社会互动问题（图2.1.3–3）。荷兰风格派在形式上与包豪斯学派特别相似，同样追求质朴与几何构图，但比包豪斯有更多的装饰，通常使用明亮的原色。其荷兰风格派的设计师追求以抽象的形式表达设计的灵感，而不是

图 2.1.3–1　由太阳方位确定的现代城市景观

柯布西耶的绘画。他在这张 20 世纪新城市观念的素描中，充分说明了功能主义者所追求的纯粹高层建筑形态、低建筑密度，及流动、开放的空间。（提供：Foundation Le Corbusier/ SPADEM）

（资料来源：（美）Roger Trancik. 找寻失落的空间——都市设计理论 [M]. 谢庆达，译 . 台北：田园城市文化事业有限公司，2002：22）

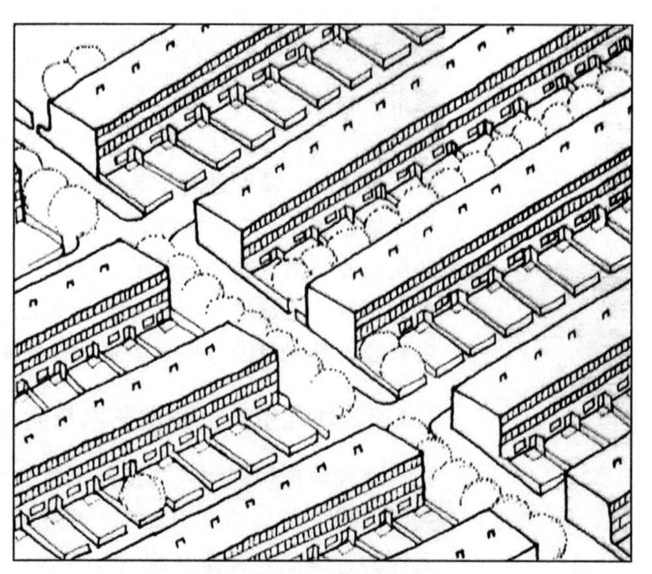

图 2.1.3–2　密斯 · 凡 · 德 · 罗（Mies Van Der Rohe）设计的工人住宅

1927 年德国斯图加特市 Welssenhof Slediungen 项目中的住宅设计。设计师密斯试图将这一概念应用于斯图加特的工人住宅之中。虽然曾企图为住户提供层级性空间，但是此种设计却导致了单调的线形空间。

（资料来源：（美）Roger Trancik. 找寻失落的空间——都市设计理论 [M]. 谢庆达，译 . 台北：田园城市文化事业有限公司，2002：26）

日常生活的实际需求。荷兰风格派成员的工作对 20 世纪西方文化的空间观产生了深远的影响 [11]。

在以现代主义手法进行建筑设计和城市设计方面，勒 · 柯布西耶应算是最具影响力的建筑师。以柯布西耶为代表的现代主义者主张通过功能秩序来解决复杂的现代城市问题，考虑社会的进步和大多数人的基本生理、生活需求。他认为在现代技术条件下，完全可以既保持人口的高密度，又形成安静卫生的城市环境，首先提出高层建筑和立体交通的设想（图 2.1.3–4、图 2.1.3–5）。柯布西耶的大规模城市设计项目，包括 1925 年的巴黎中心区改建规划（Plan Voisin in Paris），1934 年的光辉城市（La Ville Radieuse）以及始于 1930 年代阿尔及尔市（Algiers）的总体规划，对现代城市规划设计产生了深远影响（图 2.1.3–6、图 2.1.3–7）。

图 2.1.3–3　格罗皮乌斯设计的图登住宅小区

格罗皮乌斯在德绍附近设计了图登住宅小区，整个小区的规划设计和建筑设计都集中地体现了他的现代主义建筑思想：理性化、批量生产、无装饰、功能主义。这是 1927 年的照片，原照片由柏林“包豪斯档案馆”收藏。

（资料来源：王受之 . 世界现代建筑史 [M]. 北京：中国建筑工业出版社，1999：187）

CIAM（国际现代建筑协会）的城市设计思想可以分成两个阶段。第一阶段始于 1933 年 CIAM 第四次会议召开，并且编写了一个城市规划大纲——《雅典宪章》。雅典宪章的思想方法是根植于物质空间决定论的基础之上的，它依据理性主义的思想方法对城市中普遍存在的问题进行了全面分析，提出城市规划应当处理好居住、工

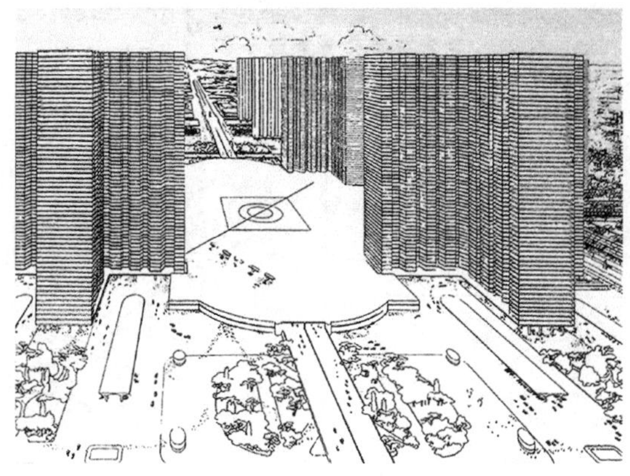

图 2.1.3–4　柯布西耶行人与机动车分离的构想
"100% 的土地提供给步行者，汽车沿着高出地面 16ft（5m）的机动车道上行驶，不可能变成了可能：实现了行人与机动车的分离。"
（资料来源：（美）斯皮罗·科斯托夫．城市的组合——历史进程中的城市形态的元素 [M]．单皓，译．北京：中国建筑工业出版社，2005：235）
转引自勒·柯布西耶 1942 年出版的《人类住宅》（La maison des Hommes）中草图的说明文字。

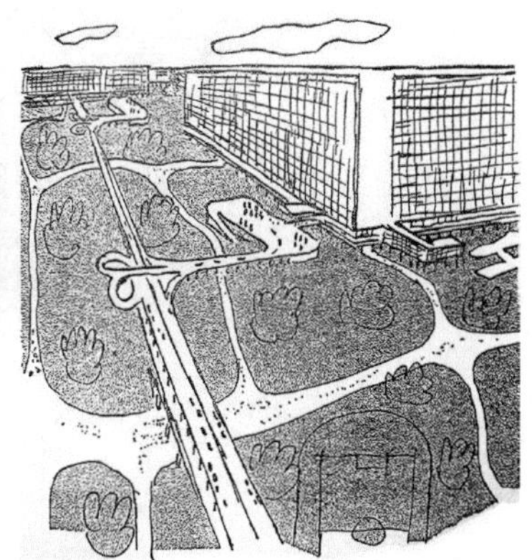

图 2.1.3–5　柯布西耶设计的现代城透视图，1922 年
柯布西耶倡导的摩天大楼和低建筑密度对现代城市设计造成深远的影响。与海伯希默尔一样，致力于交通分流系统和 20 世纪的交通运输科技。现代城是巴黎改建规划和光辉城市构想的先驱。
（资料来源：（美）Roger Trancik．找寻失落的空间——都市设计理论 [M]．谢庆达，译．台北：田园城市文化事业有限公司，2002：29）

作、游憩和交通四大功能关系，这也成为现代城市规划和城市设计的主要依据。但是人口的郊区化使得城市中心区生活逐渐失去活力，过分强调功能分区忽视了人们的精神需求。

1951 年，CIAM 会员开始采用有机动态的眼光来看待城市出现的问题，第八次会议就是在这一背景下召开的。会议以"城市的核心"（Core of the City）为主题，呼吁城市的人性化，并由此实现城市人文精神的回归和人口重新回归城市中心。之后十次小组（TEAM 10，CIAM 的分支）开始批评《雅典宪章》对城市设计的束缚，并提出了适应新时代要求的城市设计思想。十次小组认为城市是复杂多样的，任何事物的成长都依赖于原有的有机体，并在不破坏原有肌理的基础上实现自我更新，这一思想也是有机更新设计理论的主要来源。另外，十次小组提出了"簇群城市"的概念（Cluster City），其充分反映出关于城市流动、生长和变化的演化逻辑（图 2.1.3–8）。从上面 CIAM 和十次小组对现代城市设计的转变可以看出，功能主义的思想从原有物质空间形态逐步向人文精神、人性关怀的设计策略调整。

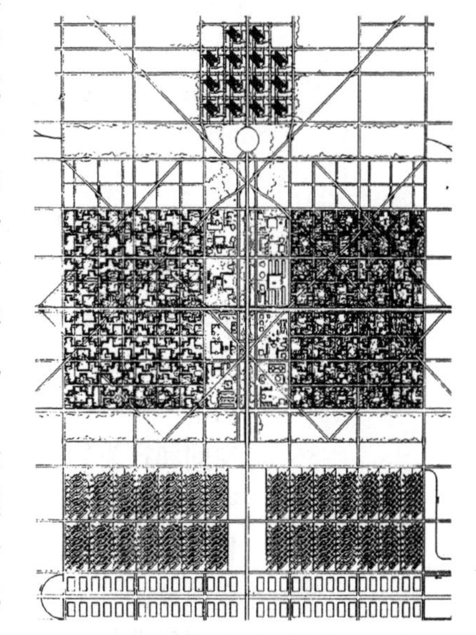

图 2.1.3–6　勒·柯布西耶的光辉城市，1934 年
（资料来源：（法）勒·柯布西耶．光辉城市 [M]．金秋野，王又佳，译．北京：中国建筑工业出版社，2010）

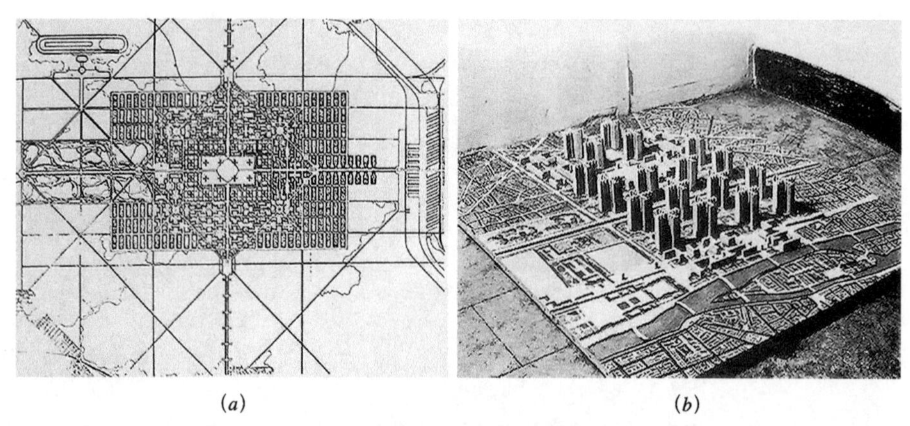
(a)　　　　(b)

图 2.1.3-7　柯布西耶规划设计的巴黎伏瓦生，1925 年

1925 年柯布西耶为巴黎市中心区改建提出了称为“伏瓦生”的规划设计方案，该方案贯彻城市功能分区的原则，线性和点状的建筑在开敞的地面上界定了城市片区或社会单元。采用高层建筑以减少建筑占地面积，增加游憩、体育活动用的城市绿地。道路按功能分级布置，有立体交叉等设施。但是，当时因为被认为带有空想性质并没有实施。

(a) 平面图；(b) 空间鸟瞰图

（资料来源：洪亮平．城市设计的历程 [M]. 北京：中国建筑工业出版社，2002：88）

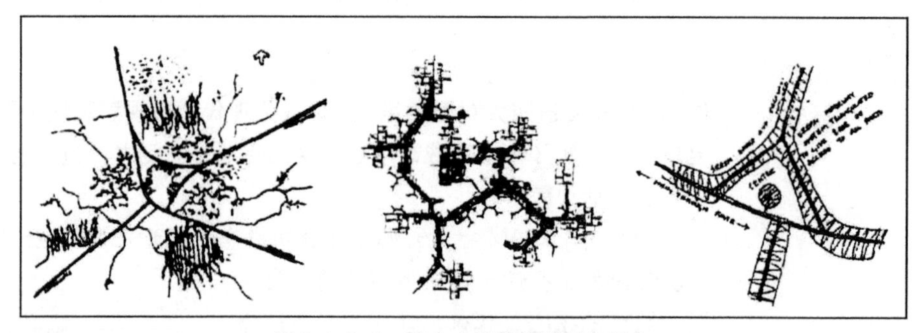
图 2.1.3-8　第十小组的簇群城市概念

（资料来源：刘宛．城市设计理论思潮初探（之三）：城市设计——城市文化的传承 [J]. 国外城市规划，2005，20（1）：43）

（2）视觉艺术的感知 [12]

城市设计在发展初期主要有两种传统：鲍伯·迦维斯（Bob Jarvis）在《城市环境：视觉艺术还是社会场景》(Urban Environments as Visual Art or Social Setting，1980）中，详细讨论了两种城市设计传统间的差别：一种作为“视觉艺术”——强调建筑与空间的视觉质量；另一种作为“社会使用”——与人、空间和行为的社会特征密切相关。上述两者融合出现了第三种传统：“制造场所”。“视觉艺术”的思路强调了城市设计的结果特征，注重城市空间的视觉质量和审美经验，而将文化、社会、经济、政治以及空间要素的形成等都置于次要地位。

奥地利建筑师卡米罗·西特（Camillo Sitte）1889 年出版的《城市建设艺术》一书是最早对城市形态设计进行系统论述的著作。西特呼吁城市建设者向过去丰富而自然的城市形态学习，并对城镇建设的基本规律进行了生动的探讨，主要目的在于促进城市建设的艺术质量。书中通过考察大量的中世纪和文

艺复兴时期经典的广场和街道，来总结了一系列城市设计的原则。他以广场和街道，而不是建筑物作为设计的主体，以人的活动和感知为出发点，倡导不规则、非轴线、适当尺度的城市空间设计，并提出空间形态之间组合的规律（图2.1.3–9）。

另外，工业革命给西方城市带来了城市经济结构的巨大变革，城市化的过程产生了严重的城市问题，如工业污染危害城市环境、城市设计缺乏整体观念等。1943年伊利尔·沙里宁（Eliel Saarinen）在其著作《城市：它的发展、衰败和未来》一书中，从建筑的角度看待城市环境，总结了中世纪城市设计的经验，倡议用建筑的方式恢复城镇建筑秩序，提出了“形式”表现，“相互协调和空间有机秩序”的城市设计原则。城市设计理论与它的“有机疏散”的规划理论紧密联系。这一时期的城市实践活动出现郊区化倾向，新城建设以疏散旧城的功能和人口为主，但却引起旧城的衰败。

对“视觉艺术”思路的充分阐述，则是在恩温（Raymond Unwin）的《城市规划实践》（Town Planning in Practice，1909）一书中提出的，并在《城镇与村庄中的MHLG设计》（MHLG Design in Town and Village，1953）中进一步强化。吉伯特（Frederick Gibberd）则从分析城市物质要素和平面布局入手，用于英国新城设计实践，对城市中心、广场、道路、工业区和住宅区的空间构成作了系统阐述，丰富了城市设计内容。他认为“城镇设计的目的在于，不仅将城市看做是功能的组合，而且还是欣赏的对象”，主张屋前花园的视觉组合优先于居民个人的审美意趣，这一观念正是视觉艺术思路的典型反映。

1940年代末到1960年代初，库仑（Gordon Cullen）的《城镇景观》（Townscape，1961）（图2.1.3–10），进一步继承了西特所采用的系列景象的研究方法，描绘了具有浪漫主义色彩的城市形态。《城镇景观》强调了对城市环境个人和富有表现力的回应，却忽略了公众对城镇景观和场所的认知。恰恰相反的是，同期的凯文·林奇则强调了后者。

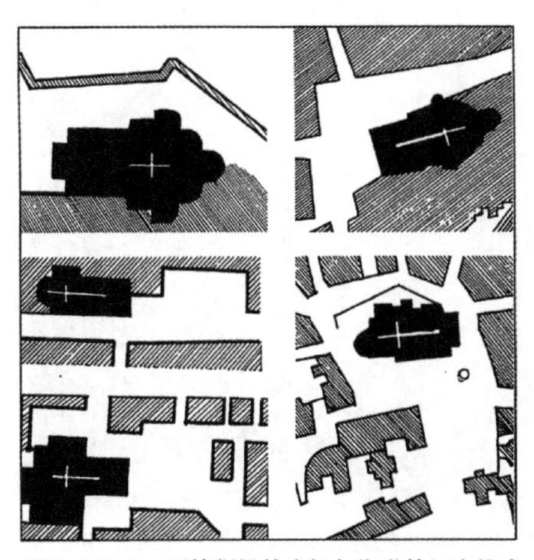

图2.1.3–9　西特倡导的广场与街道的组合模式
（资料来源：洪亮平．城市设计历程[M]．北京：中国建筑工业出版社，2002：103）

图2.1.3–10　城镇景观的透视次序
（资料来源：（美）斯皮罗·科斯托夫．城市的形成——历史进程中的城市模式和城市意义[M]．单皓，译．北京：中国建筑工业出版社，2005：92）

（3）传统城市空间的回归

从1960年代初期开始，柯林·罗（Colin Rowe）开启了城市历史结构和城市空间的传统类型相联系的设计方法之门。在其所分析的城市空间中，街区是由限定“积极”空间或被“积极”空间限定的、单个“背景式”建筑相互连接形成的集合体所构成的[13]。另外，建筑学和城市形态学上的类型研究，可以很有效地将已有的城市建设经验加以形式化和系统化。在《拼贴城市》(Collage City）一书中，柯林·罗和弗瑞德·科特（Fred Koetter）（1978）则将现代城市的“空间的困境”形容为“实体的危机”和“肌理的困境”。具体可以理解为：实体是在空间中自由挺立的雕塑式建筑，而肌理是界定空间的建成形式的背景基质。这里，图底关系有着特殊意义，建筑不仅仅被作为实体考虑，也被作为背景看待。运用图底关系，柯林·罗和弗瑞德·科特展示了传统城市与现代城市的肌理是如此的相反（图2.1.3–11）。

意大利新理性主义建筑师阿尔多·罗西（Aldo Rossi）1966年在《城市的建筑》一书中认为人类的城市与建筑之间的关系是基于类型学上的，他采用类型学方法设计建筑。罗西提出的城市空间的“加法法则”也超越了古典城市空间的“对称法则”和现代城市空间的“均衡法则”。1976年罗西所著《类推的城市》，使用传统的、习以为常的造型，并结合大量无名建筑形态的片断，描绘出作为有“类推”作用产生记忆场所的城市（图2.1.3–12）。阿尔多·罗西的著作《城市建筑学》(The Architecture of the City，1982）复兴了建筑学的类型和类型学的思想。

最后需要提及的是罗伯·克里尔（Rob Krier），他系统地研究了欧洲城市和建筑的构成要素及其组成原则，写出了《城镇空间》(Town Space）和《建筑构成》(Architectural Composition）两书，试图探索城市和建筑中的类型学构成原则。书中以大量的实例，分析研究了构成城市景观的两大要素：广场和街道。通过广场、街道等形成形态的要素的分类与变动解读城市，着眼于历史的

图2.1.3–11　韦斯巴登，图底平面（1900）（资料来源：(美)柯林·罗，弗瑞德·科特．拼贴城市[M]．童明，译．北京：中国建筑工业出版社，2003：82）

图2.1.3–12　类推的城市，阿尔多·罗西，1976年（资料来源：(日）矢代真己，等．20世纪的空间设计[M]．卢春生，等译．北京：中国建筑工业出版社，2007：163）

(a)

(b)

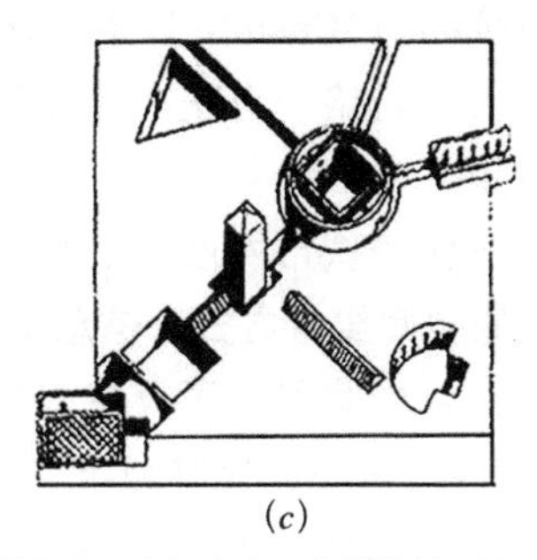

(c)

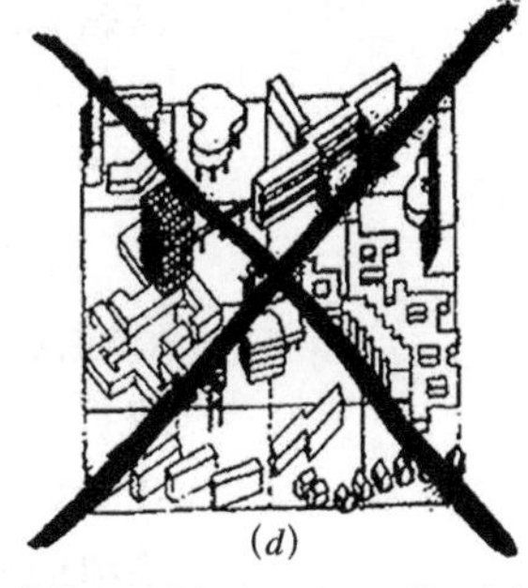

(d)

罗伯·克里尔提出的城市空间的四种系统：(a) 城市街区是街道和广场布置形式的结果：该形式是可以进行类型学分类的；(b) 街道和广场的形式是街区布置的结果：这些街区是可以进行类型学分类的；(c) 街道和广场是明确的形式类型：这些公共"房间"可以进行类型学分类；(d) 建筑是明确的形式类型：站立在空间中的建筑随机分布。

图 2.1.3-13 罗伯·克里尔区分的四种城市空间类型

（资料来源：(英) Matthew Carmona，Tim Heath，Taner Oc，Steven Tiesdell. 城市设计的维度 [M]. 冯江，袁粤，万谦，等译 . 南京：江苏科学技术出版社，2005：68）

脉络与关联性，在构成单位空间基础的街区、广场、开放空间等方面尝试城市的再生（图 2.1.3-13）。

从罗西和克里尔等新理性主义的作品中可以看出，城市本身作为类型学研究已经成为设计原型，只是他们所选择的范围多集中于 19 世纪欧洲城市的形态，虽然有批评认为这种新理性城市设计思想具有局限性。但不得不指出，新理性主义对传统城市空间回归的思想方法和工作过程是具有价值的，作为一种城市类型学研究和城市形式构成手法的总结，它对于城市设计实践过程中，设计师在面临复杂环境下采用形式上的设计方法依然适用。

2.1.4 信息化、全球化与可持续发展

(1) 信息化与虚拟城市

1960 年代末以来信息技术的发展对西方发达国家原有的社会经济系统产生了极大的影响，而由信息技术所带来的社会形态的变化则逐渐成为了西方学术界争论的热点。后工业化社会、第三次浪潮、通信革命、信息社会、数字城市、网络社会、虚拟现实等概念相继被未来学家及社会科学家们所提出。

信息时代的城市空间美学观念同样产生深刻的变革，产生了信息时代独特的城市空间形态及其生成理论。信息时代建筑空间形体的生成，在信息技术特别是计算机技术的影响之下，城市设计开始渐渐地由传统的"空间塑造"，发展为"空间诱导"的观念，即利用主客观的事物或数据等因素，循序渐进地引导或诱发出全新的空间类型。当代信息技术与环境技术设备的发展使得参数化城市设计和数字化的地理信息精确调控成为可能。而信息技术影响下的城市审美体验变化包括：注重交流、交互与大众参与的审美体验、注重数字图像冲击与瞬时性审美，并注重"沉浸式"体验与虚实的空间反转。

有关信息社会的概念最早是由日本学者提出的，以 1968 年出版的第一部关于信息社会的著作《情报社会入门》为标志。1973 年美国著名社会学家丹尼尔·贝尔（Daniel Bell）提出了后工业化社会的概念，约翰·奈斯比特（John Naisbitt）则认为后工业化社会就是信息社会[14]。1996 年曼纽尔·卡

斯特尔（Manuel Castells）进一步解释了信息社会对新的社会形态的塑造作用，并提出了网络社会正在支配和改变着社会，他的信息化城市概念也由此被广泛应用。

信息时代的城市发展模式与工业时代的本质区别在于，它不同于传统中心地模式的空间组合方式，信息城市的空间形态是基于快速交通和城市通信网络扩散的，且由此引发了大量有关未来城市的预测和相关概念，如电子村庄(Electronic Cottage)、比特城市（City of Bits）、实时城市（Real Time City）、虚拟城市（Virtual City）等诸多用来描述全新城市空间的新名词。同时信息技术的广泛普及也深刻地改变了人类的感知世界，运用虚拟技术和人工智能等手段，城市设计的美学观念拓展到数字化审美领域，虚拟时空观念把空间形式美拓展到非对称、反均衡、分形等解构主义领域，并实现了物质实体空间与信息虚拟空间（Cyberspace）的相互渗透。

虚拟空间也称网络空间、赛博空间，国内有学者认为虚拟空间是由信息技术、空间技术以及相应组织机制构成的新型空间，在空间上具有超越性和渗透性，在形态上则表现出不确定和蔓延等特点。[15] 虚拟空间的产生对于城市空间形态的影响作用是深刻的：

首先，互联网时代下的计算机信息技术将人们转变为城市电子公民，城市在物质空间的边界也被逐渐模糊化、概念化。国外也有学者认为，网络巨大的能力将使城市的形态破坏和传统社区文化崩溃，虚拟社区正在瓦解社区居民的联系空间，而仅存的只是一个被技术爱好者所幻想的空壳。其次，虚拟的网络空间不同于传统的城市公共空间，其使得原本稳定并具有约束性的公共空间变成了没有等级次序并具有非理性的交流平台，过多的信息将会阻碍一致性观点的形成。最后，虚拟空间的图像媒介呈现出空间位置的易变性，它和传统物质空间经过重叠之后产生出一种新型的、流动的复杂城市环境。信息城市的图像媒介相对于建筑、道路这些物质要素来说，其空间含义内容变化的周期会更频繁，并不断改变着城市的空间结构和功能性质，也由此加剧了城市多极化、区域一体化和社会多元化。

近些年随着全球物联网、云计算等新一轮信息技术迅速发展，信息化向着更高阶段的智慧化发展。2008 年，IBM 提出重大社会发展理念："智慧地球"。认为世界的基础结构正在向智慧的方向发展，可感应、可度量的信息源无处不在（Instrumented），互联网的平台让这一切互联互通（Interconnected），让一切变得更加智能（Intelligent）。[16] 因此，智慧城市既是赛博城市（Cyber–City）、数字城市（Digital–City）的思想延续，又是工业化、城市化与信息化深度融合的产物。世界各国各地对智慧城市将成为城市发展的必然方向已达成共识，越来越多的城市开始立足自身特色，制定战略规划与实施计划，如美国、新加坡（图 2.1.4–1）、瑞典（图 2.1.4–2）、日本（图 2.1.4–3）等国家均结合自身产业转型和社会发展，大力推动"智慧城市"发展战略。

对于城市规划设计来说，智慧城市空间设计则将依托信息网络，来实现城市功能组织优化、城市交通出行引导、城市空间形象优化等方面的全面整合，并应用于城市环境、公用事业、城市服务、产业发展等领域。充分利用信息通

图 2.1.4-1 新加坡“iN2015 愿景规划”
（资料来源：http：//www.egov.gov.sg）

图 2.1.4-2 斯德哥尔摩电子服务系统和绿色 IT 战略
（资料来源：Green IT and e-sthlm plan of Stockholm. http：//international.stockholm.se/）

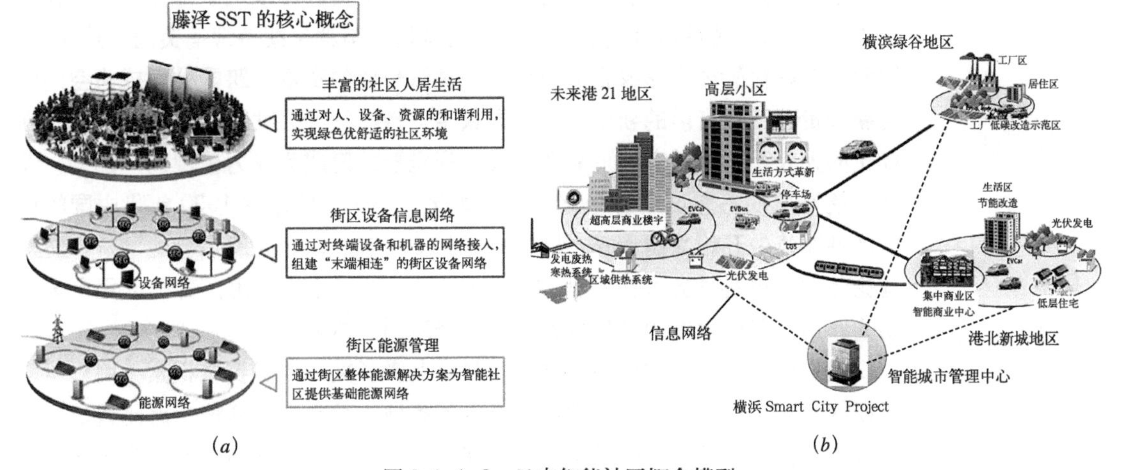

(*a*) (*b*)

图 2.1.4-3 日本智能社区概念模型
（资料来源：苗宇鑫，李洵，等．关于日本智能社区（Smart Community）发展动向的介绍[J]. 智能建筑，2012，6（4））

信技术，城市可以对大量信息数据进行智慧的感知、分析、集成，并为人们创造一个更便捷、更人性化的生活、工作、休息娱乐场所。

（2）全球化与消费主义图景

在经济全球化的大背景下，城市设计与城市物质空间塑造正在扮演着越来越重要的角色，其主要原因在于城市设计已经基本“政治化”，一个成功城市的重要标志之一是它在全球具有传播其优美城市形象的能力。随着奇观性社会（Society of Spectacle）的来临，城市美学生产作为标准的资本主义经济过程的一部分，反映了城市在世界市场中对提升竞争力的迫切需求。具有美感的城市物质环境和高品质的城市设计都有助于开拓城市在全球舞台上的发展前景，从而促进其经济发展。空间本身参与了整个资本主义生产过程，同时也参与塑造了城市形态的历史进程。与此同时，城市设计在城市形态的演变轨迹中不是一个封闭的自我运行体系，而是一个动态的开放过程。资本与市场的经济驱动力是城市设计存在与发展的主导因素。而政治作为经济利益的平衡机制，是干涉

城市设计与城市形态的职能手段。

相比于“城市设计生产”（Production of Urban Design），澳大利亚学者亚历山大·R·卡斯伯特（Alexander R. Cuthbert）则更倾向于从“城市形态生产”（Production of Urban Form）的角度来阐述建筑环境的生产以及城市空间形态的象征意义，并认为“城市形态”不能脱离其历史范畴而存在[17]。列斐伏尔（Henri Lefebvre）在《空间与政治》一书中也曾指出，“我们再也不能把空间构想成某种消极被动的东西或空洞无物了，也不能把它构想成类似‘产品’那样的现有之物，空间这个概念不能被孤立起来或处于静止状。”另外一位重要的新马克思主义经济地理学家哈维（David Harvey），他在批判性地吸收列斐伏尔的思想基础上，提出了城市的本质是一个建成环境（Built Environment），是一种包含许多不同元素和社会文化符号的复杂社会商品，是由各种各样的人造环境要素混合构成的一种人文物质景观，是人为建构的“第二自然”。

由此我们不难理解，在后工业时代消费社会，大众的消费方向越来越倾向于无形的休闲空间消费和旅游业，空间和服务消费已经取代了商品生产成为主要生产力，而制造城市壮观的消费主义图景就是刺激长期持续消费的有效途径。同时，全球化的公司形象正逐渐成为一种符号化的资本，跨国公司成为空间的显赫消费者。在当前的新公司主义国家中，传统社会公共建筑已被品牌化、商标化的大公司建筑与空间形象所淹没。视觉形象已成为权力景观的一部分，设计也逐渐被权力意识所符号化。正因如此，企业家理论在1990年代中国的城市体制改革中开始受到青睐，并成为中国1990年代以来大肆倡导的“城市经营”理论依据。这种地方政府行为的“企业化”，是要充分运用、善于运用市场机制的作用，促进地方的各项建设和社会经济的整体发展。

建造城市奇观的空间现象本质就是在刺激长期的消费资本积累，用以争取长期的利润。这种思路的开发项目在世界各地的城市空间建设中比比皆是。大量城市开发项目所塑造的不同景观正在对城市空间进行同质化，因为这些标榜创造独特地方特色的城市开发项目，是把当地历史和本土性中的元素变成了消费图景的符号。从这个角度来看，在现实生活中，有一些成功的案例都是我们值得研究和借鉴的。就具体的实践方式来说，在当下已经行之有效的空间再生产与城市品牌营销方式包括大型体育赛事（图2.1.4–4，2008年北京奥运会）、世界展览活动（图2.1.4–5，上海2010年世博会）、历史文化街区再生等。事实证明，根据这些方式对城市空间进行的设计实践能够有效促进空间消费，并为城市经济振兴和城市设计实践提供更为广阔的发展方向。

（3）面向可持续发展的城市设计

进入21世纪以来，人类社会和城市建设能否实现可持续发展成为各国政府关注的重要核心议题。所谓城市的可持续发展，是指在不危害后代人和其他城市发展的前提下，以满足当代人的福利需求为目的，以建设生态城市为目标，通过规划、监测和调控等手段引导城市生态复合系统向更加和谐、平稳、均衡和互补状态演进的定向动态过程，它体现了城市系统的一种状态或目标。可持续发展的城市设计则是要基于城市可持续发展的理论，以自然资源、环境保护和提高城市生态承载力和社会承受能力为最高宗旨，以提高社会、经

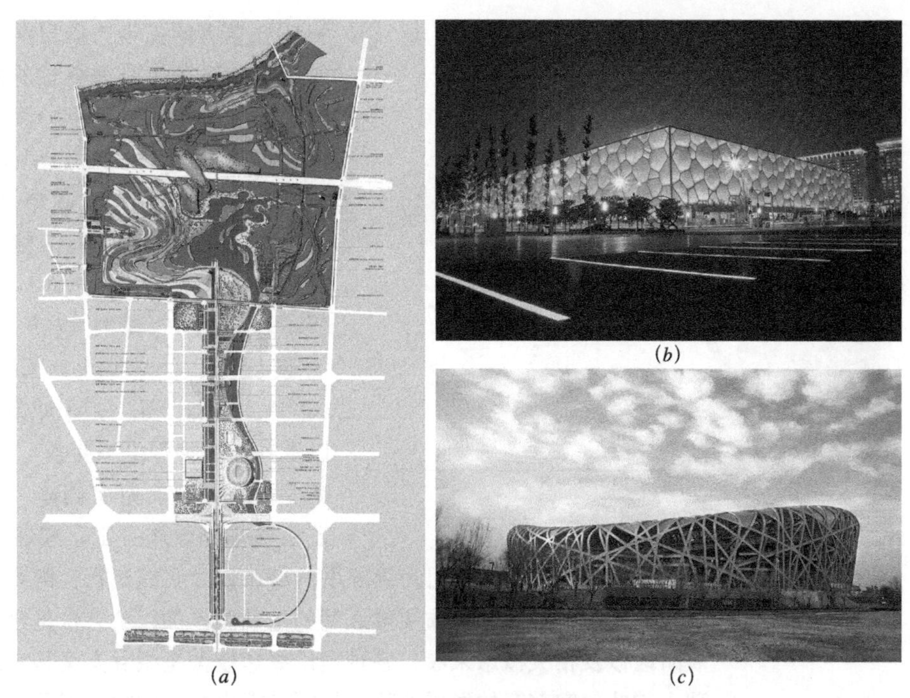

(*a*) (*b*) (*c*)

图 2.1.4-4 北京奥运场馆

（资料来源：(*a*) http：//design.yuanlin.com/HTML/Opus/2005-9/Yuanlin_Design_151.HTML；(*b*)(*c*) http：//photo.zhulong.com/proj/detail20250.html）

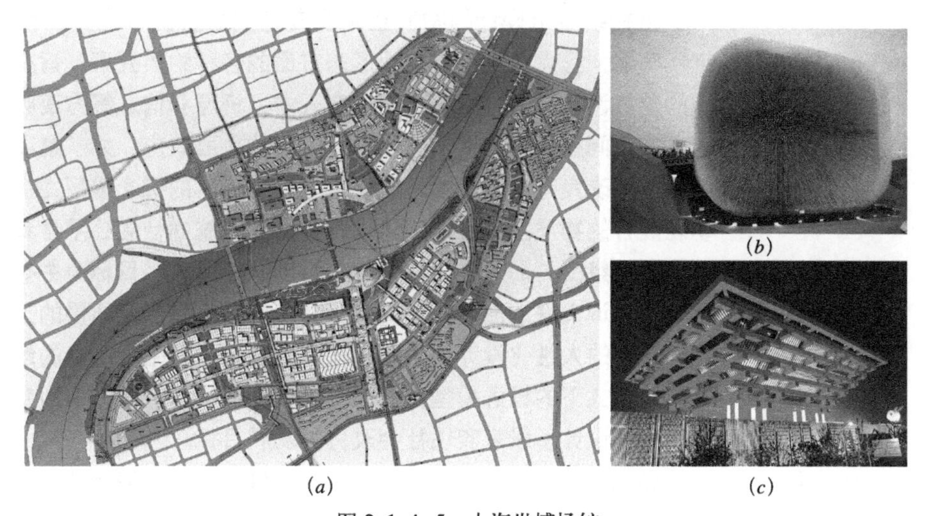

(*a*) (*b*) (*c*)

图 2.1.4-5 上海世博场馆

（资料来源：(*a*) http：//www.baidu.com/link?url=UNFDlxy16s0ASbv9DwwXS3v603tMXpp62CisvTplN3oiLGybDyUY69I8babCZsZv&wd=&eqid=9fed3ae900013f15ba2d73；(*b*)(*c*) http：//wo.poco.cn/myheaven520/post/id/1993070）

济和环境效益为最终目标。可持续城市作为一个重要的理论议题，与传统城市发展理念的本质区别就在于，它尝试超越城市自身的经济利益，旨在广阔的空间尺度当中、多维的价值诉求之下，探寻出能够满足可持续发展目标的城市理想运行模式。

由于可持续城市议题存在多维的价值目标和复杂的理论内涵，研究机构

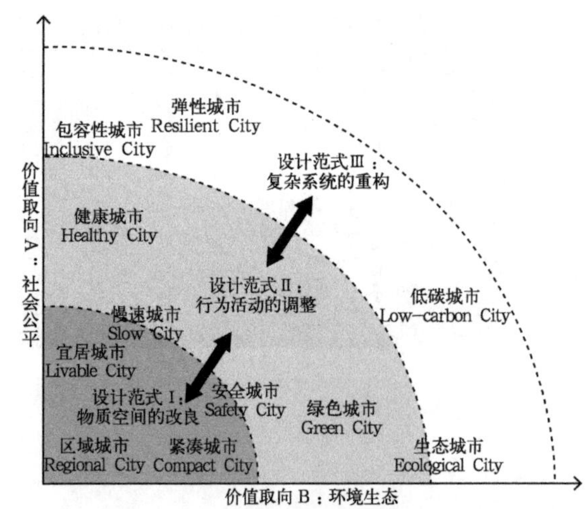

图 2.1.4–6 可持续城市概念模型的发展关系

和规划学者的探索方向日渐多元化，并逐渐形成了一系列极具差异性的概念模型。根据国内外相关领域的文献检索可以发现，这些模型包括了宜居城市（Livable City）、生态城市（Eco–City）、区域城市（Regional City）、慢行城市（Slow City）、健康城市（Healthy City）、紧凑城市（Compact City）、安全城市（Safety City）、弹性城市（Resilient City）、低碳城市（Low–carbon City）、海绵城市（Sponge City）等。由于城市地区既包括人类以及其他物种等生态要素，又包括各类组织、商业、政府机构、社会团体、家庭等社会要素，还包括基础设施、工厂和住房等各种人造的物质要素。要充分理解可持续发展的城市设计实施运行，需要将城市复杂系统当中的生态—社会—物质要素之间的互动关系加以全方位整合。从设计范式发展阶段以及相关概念来看，各种理论概念模型是相互交叉和渗透的，并日益呈现出彼此包容兼有的发展态势。根据其提出的时间阶段以及各自理论模型关注的重点，可主要将其分成三个设计范式（图 2.1.4–6）。[18]

①设计范式一：物质空间的改良（紧凑城市、宜居城市、TOD 模式等）

可持续城市设计的物质空间改良范式是将城市视为一种承载各种活动的空间容器，重点关注城市空间形态方面的各种物质要素，旨在通过城市空间形态的改良设计，在增强城市空间在人才、资源和信息等方面吸引力的同时，减少城市空间在污染、拥挤、犯罪等方面的负面效应。如“紧凑城市”作为一种物质空间改良范式下兼顾环境生态与社会公平的概念模型，主张通过形态紧凑、功能混合的物质空间设计，强化各类服务设施的社会公平性和创造丰富多样的居民生活氛围。而“宜居城市”则强调以社会公平目标为主导价值取向的概念模型，强调良好的形态、建筑和公共设施对市民生活质量的正面影响，以城市空间形态的人性化设计为手段，来达到提高市民生活质量的最终目标。物质空间改良范式下的概念模型在本质上延续了建筑学、城市规划专业长期以来通过物质形态设计手段来实现社会改良的发展目标。

②设计范式二：行为活动的调整（健康城市、慢行城市、绿色城市等）

可持续城市设计的行为活动调整范式是承认物质空间对可持续性是具有不可忽视的外在影响性的，但更关注社会层面的非物质性要素的内在作用，主张通过城市社会生产活动与消费行为的适度调整，来减少城市地区人类活动对外部资源环境的负面影响，并强调弱势群体的基本需求和发展机会，以实现城市的可持续发展目标。如“健康城市”作为一种行为活动调整范式下以社会目标为主导价值取向的概念模型，将健康的生活习惯和社会关系作为基本的保障环节，通过一系列促进城市居民健康生活的公共政策议题与环境支持行动的组合，来实现健康人群的终极目标。“慢行城市”则是为了应对跨国资本流动和经济全球化的严峻挑战，强调对地方城市传统生活价值的重新挖掘，通过传统

文化的保护和地方场所的营造，来恢复地方社会当中慢节奏的传统生活模式，最终实现地方城市的内生式发展。行为活动调整范式下的概念模型更强调社会行为活动方式调整对于提升城市可持续性的重要作用，并对城市增长方式的弊端加以修正。不过由于地域文化差异、国情经济背景等制约性因素，其很难最终形成整体性的理论框架，且对于一些尚处于发展阶段的发展中国家来说，其也未能建立一个灵活有效的规划设计应对之策。

③设计范式三：城市系统的耦合（低碳城市、生态城市、弹性城市、海绵城市等）

可持续城市设计的城市系统的耦合范式更关注于城市系统运行所涉及的各种构成要素，提倡通过城市复杂系统的全面转型与重构，来协调“生态—社会—物质”要素之间的相互作用方式，减缓城市地区对地方、区域乃至全球尺度的负面影响，使城市地区能够适应外部环境的长期变化态势。“低碳城市”作为一种关注于城市碳足迹减缓策略的概念模型，立足于全球气候变化的新兴议题，提倡通过城市生产组织、消费模式、技术手段和空间形态等诸多要素的转型重构，来降低城市系统运行过程中的整体碳排放水平，以减缓地方城市对全球气候变化的负面影响。“海绵城市”则是以“低冲击影响开发”为核心理念，强调城市通过分散的、小规模的源头控制机制和设计技术，来达到对暴雨所产生的径流和污染的控制，减少开发行为活动对场地水文状况的冲击（图2.1.4-7）。俞孔坚则认为海绵城市构建包含三个层面的承接，在宏观尺度上重点是研究水系统在区域或流域中的空间格局，并将水生态安全格局落实在土地利用总体规划和城市总体规划中；在中观尺度上重点研究如何有效利用规划区域内的河道、坑塘，并结合集水区、汇水节点分布，并形成有效的“海绵”结构系统；在微观尺度上则通过各种海绵技术让水系统的生态功能发挥出来。总之，城市系统耦合范式下的概念模型旨在超越上述两种设计范式，关注于城市系统当中的自然、社会和物质等诸多要素，强调地方—区域—全球之间跨尺

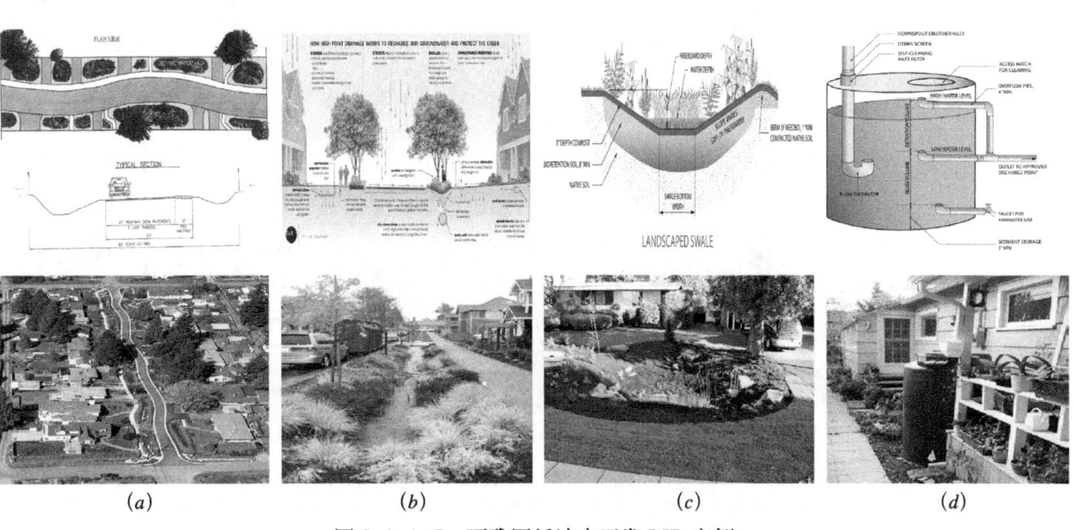

(a) (b) (c) (d)

图 2.1.4-7 西雅图低冲击开发 LID 实例

度的复杂影响机制，代表了可持续城市理论探索的未来发展方向。另外，弹性城市的理论倡导者，还提出在面对全球环境的风险性与不确定性情景下，应关注于城市地区在面对各种环境灾害事件时的动态适应性和恢复能力。该设计范式的理论观点和概念模型还处于发展完善阶段，也体现了发达国家主导下的国际政治话语权。

同时，我们也应该清醒地认识到，中国幅员辽阔，受地理位置、历史原因等因素影响，每个城市都有自己发展的背景。可持续城市作为一个复杂议题，其理论观点和概念模型需要因地制宜地加以选择应用。尤其是在面对全球化、区域一体化、本土化等复杂多变的发展背景时，与可持续城市相关的各种概念术语和政策主张在我国当前城市建设开发中层出不穷，如宜居城市、低碳生态城市（图 2.1.4-8）、海绵城市等，各城市对热点理念的盲目追捧和相互效仿却是值得深思的。未来我国面向可持续的城市设计，应该是从快速城市化进程当中最为迫切的现实问题出发，并探索出切实可行的本土化设计策略。

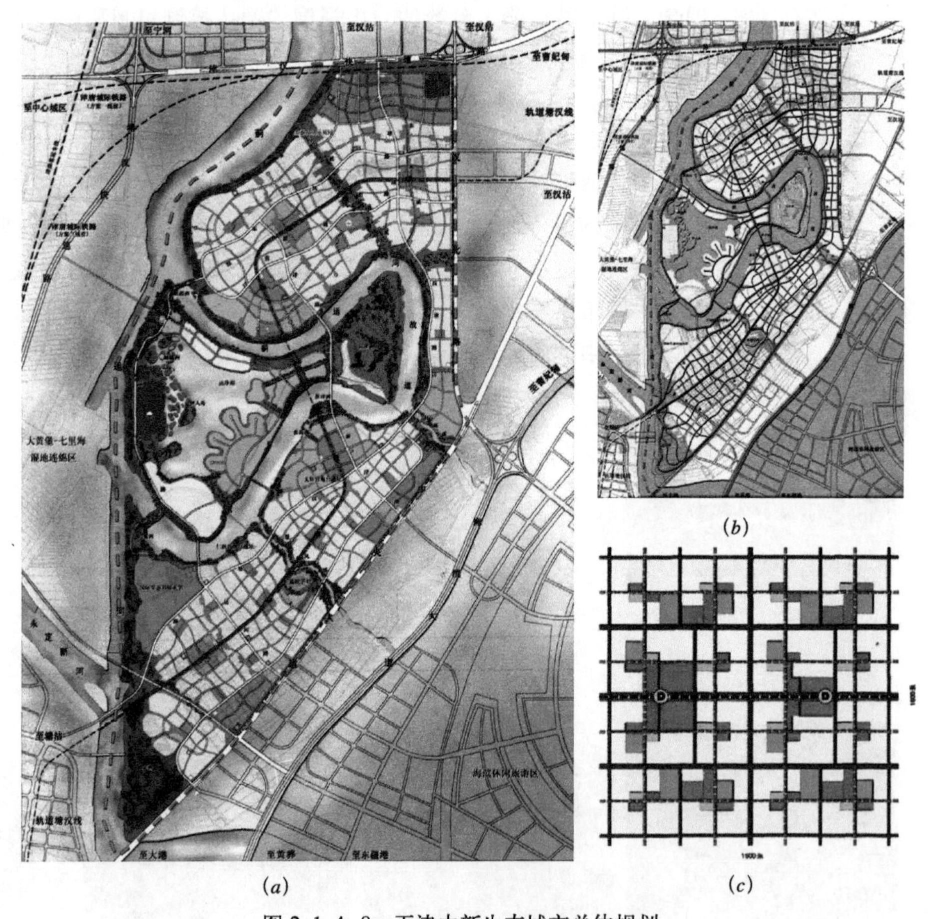

(*a*)　(*b*)　(*c*)

图 2.1.4-8　天津中新生态城市总体规划

（资料来源：杨保军，董珂．生态城市规划的理念与实践——以中新天津生态城总体规划为例 [J]. 城市规划，2008，3（8））

2.2　城市形态、结构与设计理论

形态学（Morphology）来源于生物学研究术语，同时带入的有一系列术语，包括形态演进（Morphogenesis）这个重要的理论概念，研究城市发展进程中的城市或者局部的尺度、结构、形式以及各组成部分的关系。正如凯文·林奇指出的那样："城市不是生物体……它们不会自然生长、自我改造，也不会复制和修补自身。"[19] 城市所呈现的形态，并不是一蹴而就的，本质上是特定时空范畴内长期复杂人类活动的结果。城市形态学（Urban Morphology）通过对经济、社会、文化、政治等非空间属性的社会功能在城市发展过程中对城市物质空间的作用和影响的历时性研究，其既是我们认识解释城市的一部分，也是寻找"好的城市形态（Good City Form）"过程中必不可少的补充的一部分，互为补充。城市形态研究包含了特定时空下人的活动以及反映这些活动的物质形态内涵。当代城市设计作为城市形态和空间发展的决策机制，借助其自身的观念特点，对城市形态、空间布局以及城市结构进行理性分析和系统认知，是具有重大发展意义的。

2.2.1　城市形态

城市形态不仅是一个自然地理和物质空间的实体，也是社会活动和行为知觉的场所，其内容包括空间、时间和活动。城市形态还反映出城市地域内的空间方式或某些要素的安排，如建筑物及其土地利用以及社会集团、经济活动与公共法规。对城市形态的研究则主要是运用历史、地理志分析法，通过建构城市形态演进中的社会、经济、政治及文化因素的历史演变，分析和解释它们如何影响城市空间结构的演进历程。通过对城市形态的深刻认识和正确评价可以帮助城市设计者意识到当地的开发模式和变化过程。城市的形态与肌理可根据一系列关键要素来把握。如从理想城市的原型建构，到方正形、放射形等形制的城市建构；从罗马开放性的、富有质感的公共空间形态，到巴黎的放射轴线和富含内涵的建筑形式，从阿姆斯特丹因循河道、低层低密度的发展模式，到纽约高层高密度的建设模式等。

城市形态学虽然理论分支较多，但基本来说各地、各派的城市形态学分析都是以城镇平面格局作为研究本底，一方面来源于建筑类型的分析，另一方面来源于城市平面的分析，并以此进行结构分析、类型分析和各种叠加信息的分类整理（图 2.2.1–1）。城市地理学家 M·R·G·康泽（M.R.G.Conzen，1960）认为，土地使用、建筑结构、地块模式和地籍（街道）模式是其中最重要的四个要素。康泽的理论强调对城市形态结构和变化过程的概念化理解，其主要通过分析研究城市结构和变化的一系列过程，来发现城市快速发展和萧条时期内的各种要素之间复杂和密切的关系。

（1）城市形态的关键要素

①土地使用模式

土地使用是城市设计关注的基本问题。土地决定了城市空间的二度基面。建筑群，特别是它们所属的土地的使用，通常是四个要素中弹性最小的。与其

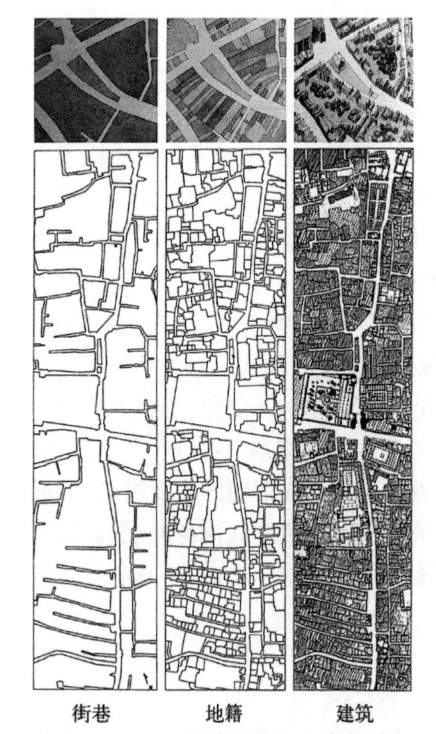

图 2.2.1-1 城市形态构成要素的图示
图示标明了街道体系、地块模式、建筑布局三个相互关联的要素。而“土地使用模式”表示的是地面和空间的各种用途，“建筑肌理”指的是在地块分属基础之上的、实际的三维物质结构。
（资料来源：（美）斯皮罗·科斯托夫．城市的形成——历史进程中的城市模式和城市意义[M]. 单皓，译．北京：中国建筑工业出版社，2005：26）

他要素相比，土地使用是相对短暂的。“土地规划领域并不是一个连续和稳定的过程，它实际上几乎总是处在变化的状态之中”（Innes and Booher，1999）[20]。新的使用常会引起再开发和新建活动，引起地块的合并，还有一种相对较小的情况，就是引起街道模式的细分和改变（图 2.2.1-2）。另外，土地使用趋势的变化、技术进步可以使得规划设计人员能够对当前现实和干预可能性进行可视化模拟，并促使城市设计领域中一些具有想象力的新想法的出现。例如，传统的低密度开发模式（或称城市蔓延）在历史上曾主导了美国的地域景观，但可持续发展、精明增长和新城市主义等概念的出现将会重塑城市空间格局，并致力于阻止城市蔓延的影响。

②建筑肌理

地块上发生的建筑开发通常会有一个循序渐进的进程或周期。在英格兰，中世纪的租地都是垂直于街道或者干道的窄长条，建筑的开发将它们改变成为如今城市里的地块。一个地块开发最先开始于毗邻街道的部分，之后通常以“街区周边”的形式蔓延。巴黎在 18 和 19 世纪也存在类似的城市开发现象。19 世纪的工业化城镇和 20 世纪的郊区建设同样对此适用。而像公共性、象征性的建筑，例如礼拜堂、大教堂、公共建筑等，会因为各种各样的原因，包括设计、建造和装饰等方面更多的投资，其将会比其他建筑存在得更久。那些经过岁月考验的建筑之所以会依然保持着空间肌理形式，是因为各种不同的用途或使用强度使其得以适应。

③地块模式

地块模式是由地籍单位（城市街区）被细分成的块场地或地块，是相对比较持久的要素。但即使较持久，地块的模式也会随时间而改变，正如独立地块会被再次分割或合并。当地块合并以容纳更大的建筑群建造的时候，地块的尺度也会随之变大。但这个过程往往是单向性的：地块被合并起来相对容易，但被细分却较为困难。在一些特殊的例子里，如中心区购物中心的规划建设，就会把整个城市街区合并起来，而任何介入其中的道路都会被私有化，并在上面建造房屋。虽然在欧洲很多城镇，地块和街区的合并改变了城市早期空间形态，但这种地块使用模式的痕迹还是从那个时期遗留了下来，并证实了建筑比地块模式更容易变化。

④地籍（街道）模式

地籍模式是城市形态中最为持久的要素。其稳定性来源于它是一项城市基础设施资产，由于所有权结构的相对稳定性和大规模改变的困难性，地籍模式会保持较为稳定的结构。同时，地籍模式也是城市街区之间的公共或活动通道，大多数聚居地的平面划分可看做是不同时代信息的叠加。20 世纪的道路通常

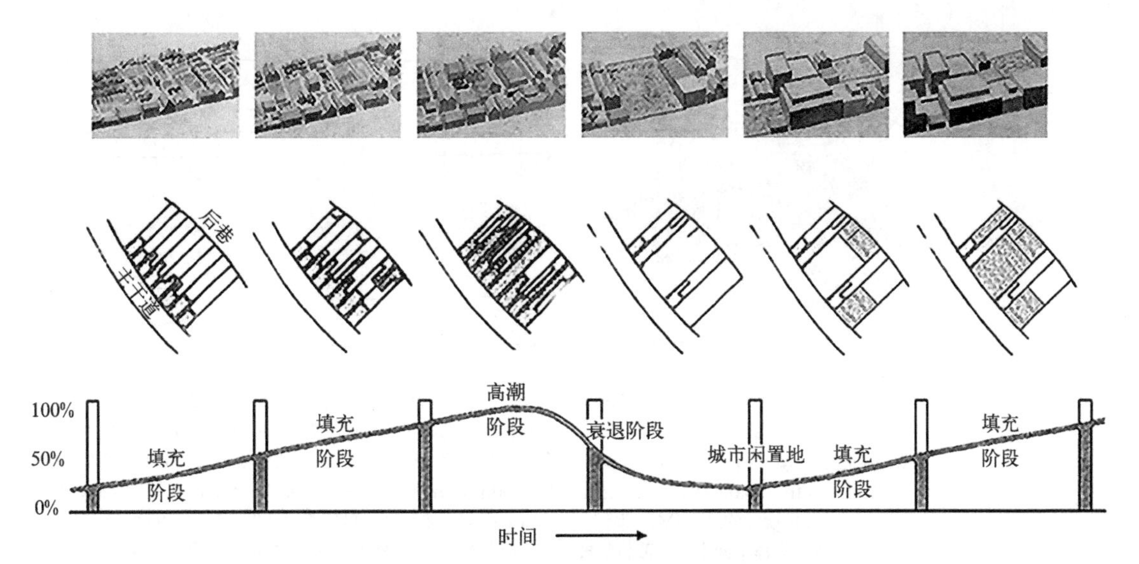

图 2.2.1–2 建筑肌理和土地使用模式转变示例

图中表明了为发掘接近步行交通及其到达和商贸方面的机会，第一栋建筑会摆放在街道的正面或者地块的顶端。随着时间推移，旧的建筑结构不断发展，则逐渐形成了建筑向上或者向地块背面延展的趋势。另外，随着地块背面的开发，地块尾部也开始有所建造。

这中间的空间往往会被发展成独立的建筑群，或者，更为典型地，附加到最初的或已存在的建筑群。新的更大、更高的建筑可能会取代最初的那些。地块中的开放空间会被缩减成小庭院。小块土地密集发展和结合，而当密度随房屋的不断建造而增大，又缺乏对街道的直接到达或者足够的阳光和空气，发展就处于它的“瓶颈点”上了。

一段时间之后，随着持续的发展，当所有的地块都被发展起来的时候，就到达了循环的高点或者称为“高潮阶段”。新街道的建立也迫使土地重新分配，最终从根本上改变了地块的土地利用模式，地块可能合并起来为更大型建筑的发展创造基地，或者用连续的街区中间的通道把地块分割成几个独立的地块。

（资料来源：(美) 斯皮罗·科斯托夫．城市的组合——历史进程中的城市形态的元素 [M]．单皓，译．北京：中国建筑工业出版社，2005：296；(英) Matthew Carmona，Tim Heath，Taner Oc，Steven Tiesdell．城市设计的维度 [M]．冯江，袁粤，万谦，等译．南京：江苏科学技术出版社，2005：59）

是穿越旧区的街道模式，留下片断的城镇景观。例如，佛罗伦萨中心的街道模式保留了最初罗马聚居地的布局，罗马时期的街道模式到现在依然清晰可辨（图 2.2.1–3）。

一个由地籍模式建立起来的重要的城市设计品质便是空间“渗透性”（图 2.2.1–4）。由很多小尺度的街道街区组成的地籍模式有一个好的城市肌理，而在较大型街区的模式中，其城市肌理看起来则比较粗糙单调。一片拥有较小街区的地段可以提供更多的路线选择，比起那些规模较大的街区，小尺度街区一般会形成更具渗透性的环境。

(2) 城市形态的演变逻辑

芒福德认为，城市是“权力与集体文化的最高聚集点”[21]。城市形成的原始基础是人们有聚集的需要，以便安全和防御、交易货物和提供服务、获取信息、接近他人和获取特殊的资源、参与需要相互或有组织的活动等。人们的聚集推动了重要的社交空间的发展，带来了随后文化意义上的城市本质（图 2.2.1–5）。概括而言，城市与聚居地的演变经历了三个历史阶段：起先作为最早的市场所在地；然后是作为产业中心；最后是现代服务供应和消费的中心（图 2.2.1–6~图 2.2.1–8）。

图 2.2.1–3 佛罗伦萨中心的街道模式

（资料来源：（英）Matthew Carmona，Tim Heath，Taner Oc，Steven Tiesdell．城市设计的维度 [M]．冯江，袁粤，万谦，等译．南京：江苏科学技术出版社，2005：60）

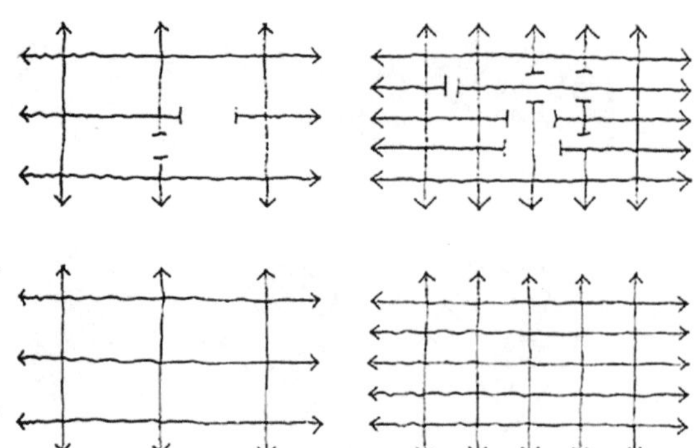

图 2.2.1–4 网络的渗透性

交织得很好的网络可以使人们在网格中以很多不同的方式从一个地方到达另一个地方，而粗糙的网格则只能提供很少的方式。如果网格因为连接被切断或尽端路的形成而变得不连续，渗透性就会减弱。这在交织粗糙的网格里会有激烈的冲突。

（资料来源：（英）Matthew Carmona，Tim Heath，Taner Oc，Steven Tiesdell．城市设计的维度 [M]．冯江，袁粤，万谦，等译．南京：江苏科学技术出版社，2005：60）

图 2.2.1–5 城市的特征

A—积极地聚集；B—城市组群；C—形体上的边界；D—功能的区分；E—城市资源；F—文字记录；G—城市和乡村；H—纪念物的结构；I—建筑和人

（资料来源：（美）斯皮罗·科斯托夫．城市的形成——历史进程中的城市模式和城市意义 [M]．单皓，译．北京：中国建筑工业出版社，2005：39）

图 2.2.1–6 城市的起源：市场

图中描绘了荷兰阿纳姆边上的一个集市，这种欧洲集市所提供的交易场所免除了在税收和经销权方面妨碍长途贸易发展的许多限制。最大型的交易市场常常表现为临时城市的样子，就像这幅罗米恩·德·霍赫（Romeyn de Hooch，1645~1708 年）所作的雕版画的局部所表现的那样。

（资料来源：（美）斯皮罗·科斯托夫．城市的形成——历史进程中的城市模式和城市意义 [M]．单皓，译．北京：中国建筑工业出版社，2005：31）

虽然早期的城市是以聚落形式的面孔出现的，但最终会形成具有相对稳定性、统一性的功能组织结构（图 2.2.1–9）。正如惠特利所言："无论经济、战争或技术引发了社会组织中的怎样的结构性变化，这些结构性变化一定要得到某种当政机器（Instrument of Authority）的支持才能获得制度化的持久性"。应该说，一个有利的生态基础，一个便利的贸易地点，一个先进的技术基础，一个复杂的社会组织体系，一个强有力的整体等——所有这一切都与城市的产生

图 2.2.1-7　19 世纪英国曼彻斯特城市图景

19 世纪，在工业革命的发祥地英国，利物浦、曼彻斯特、伯明翰、格拉斯哥等一些新兴工业或港口城市出现，并作为产业中心飞速发展起来。图中描绘了 19 世纪末利物浦圣乔治大厅(Saint Georges Hall)前的繁荣景象。

（资料来源：http：//www.zazzle.com/saint_georges_hall_liverpool_england_poster-228318763403528411，2010-01-22）

图 2.2.1-8　纽约曼哈顿中城（Midtown）中心商务区鸟瞰

（资料来源：http：//tieba.baidu.com/photo/p?kw=%E4%B8%AD%E5%8D%8E%E5%9F%8E%E5%B8%82&ie=utf-8&flux=1&tid=1427363847&pic_id=08b95f82b2b7d0a20925f02bcbef76094a369a21&pn=1&fp=2&see_lz=0）

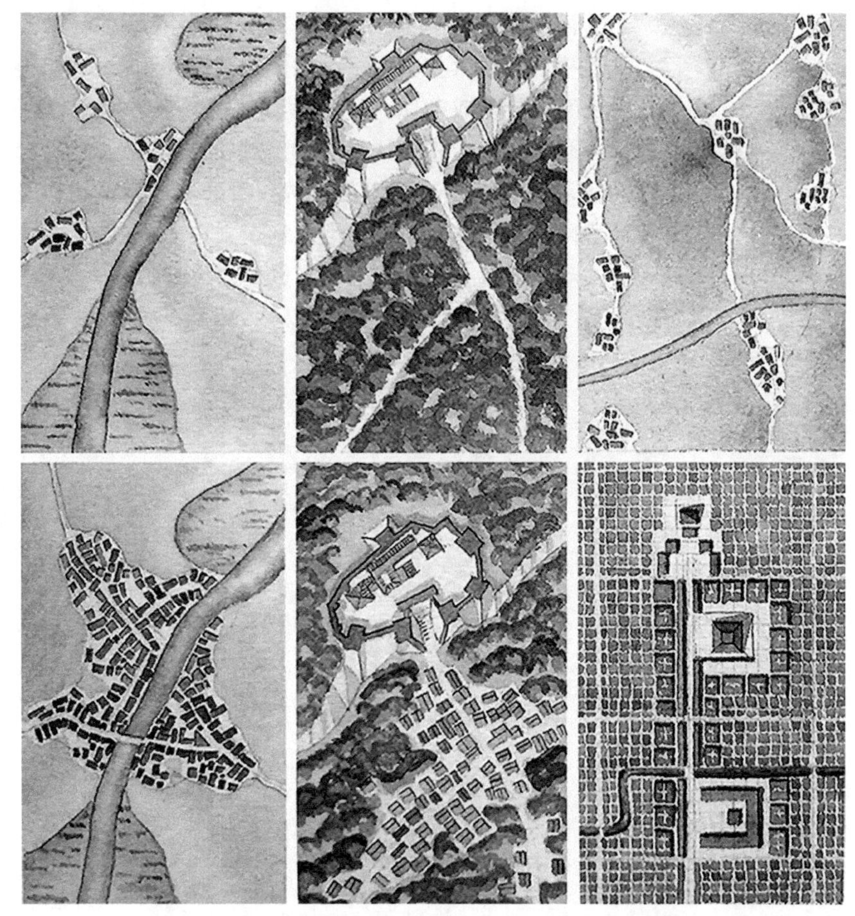

图 2.2.1-9　不同定居过程产生多样化的城市形式

左图，通过村镇联合，几个独立的村庄聚集成一个共同的社区；中图，在宫殿、庙宇和堡垒的附近，由于集中财富的吸引，形成服务性社区；右图，以哥伦布到达之前的迪奥提瓦干（Teotihuacá）（墨西哥）为例，宗教机构的行政力量如此之强大，它足以能够用一种正交体系将早先存在于那里的村庄模式彻底覆盖。

（资料来源：(美) 斯皮罗 · 科斯托夫．城市的形成——历史进程中的城市模式和城市意义 [M]．单皓，译．北京：中国建筑工业出版社，2005：32）

密切相关。关键在于，在某些城市的产生过程中，各种元素的作用是相互关联的，其中不同元素诱发了不同类型的城市。

到了后来，技术的使用则极大地影响了所有聚居地的形式和本质。因为交通出行方式的改变，如轮船、铁路、汽车等交通工具革新增加了空间灵活性，并成为再次改变空间活动分配和城市地区空间塑造的关键因素。由于这些革新压缩了时空（单位时间内可行进的距离），其使得城市范围也蔓延开去（图2.2.1–10）。彼得·霍尔（1998）认为信息技术没有把离散化带到任何“简单和决定论”的路上：“新技术革命带来机会，创造新产业，转变旧产业，为转变生活的潜力，提出整合社会和组织商业的方式，不过，他并没有强制推动这些改变”。另外，城市交流沟通技术革新更为显著，电报、电话、电子邮件和可视会议等沟通形式提供了参与交流的各种途径。虽然需要承认交通和通信技术的重要性，但却不能简单陷入一种技术决定论的设计价值观当中。

2.2.2 城市结构

（1）网络系统

街区模式和公共空间网络，加上基础设施和一个城市区域的其他任何相对耐久的元素，就组成了 David Crane 所说的“基本网络”的可见要素。Buchanan（1988a：33）认为，基本网络“形成城市的结构，及其土地利用和土地价值，开发密度和使用强度，和市民穿越、看到和记住城市以及遇见同伴的方式”。涉及基本网络时，城市设计师需要意识到在变化中的稳定模式。也就是，区分不改变或者缓慢改变的要素（他形成了对个性特征一贯性的量度标准）与那些

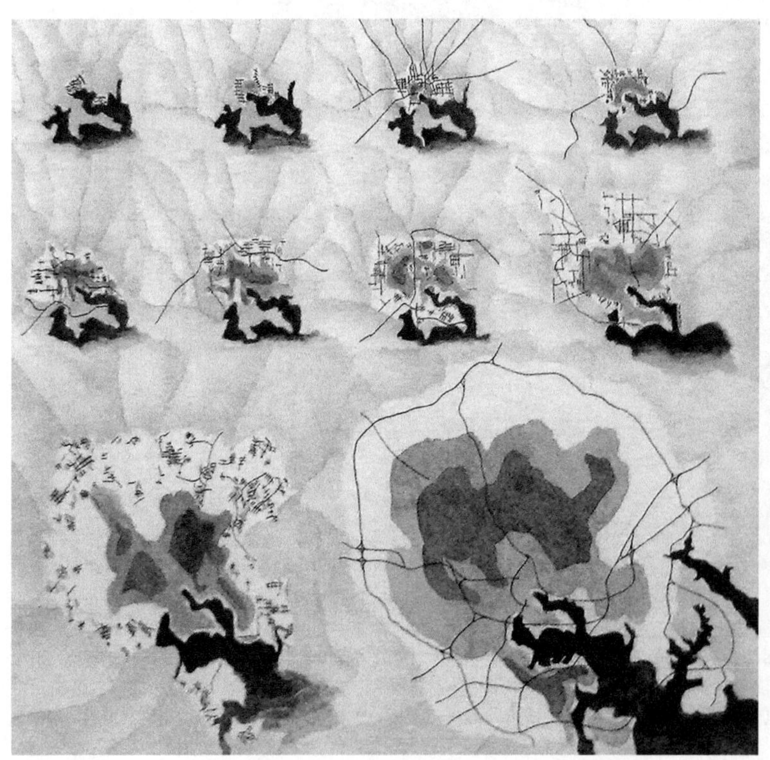

图 2.2.1–10 巴尔的摩：城市发展的 10 个阶段

顶部一排，第一幅图是 1745~1788 年间的街道；
第二幅图是 1789~1801 年间的街道；
第三幅图是 1802~1821 年间的街道和收费公路；
第四幅图是 1822~1837 年间的街道；
第五幅图是 1838~1864 年间的街道，已经延伸到海边码头；
第六幅图是于 1872 年建的连接到宾夕法尼亚州的铁路隧道；
第七幅图是 1878~1899 年间的街道；
第八幅图是 1900~1918 年间的街道；
第九幅图是 1918 年增加的版图；
第十幅图是 1988 年增加的版图，右边是 1935~1979 年间修建的高速路和码头。

（资料来源：（美）斯皮罗·科斯托夫．城市的组合——历史进程中的城市形态的元素[M]．单皓，译．北京：中国建筑工业出版社，2005：297）

在较短时间内就改变的要素。这个框架内，虽然单体建筑、土地使用和各种行为不断变迁，但城市特征的一些本质仍然得以保留[22]。

城市街区模式是形成网络结构的基本要素。街道模式建立了一个城市区域的公共空间网络，也是基础网络概念的关键因素。街区的模式和结构应该给予不同形态因素变化的不同等级的评定。城市街区结构的布局和配置对于决定交通模式以及设定接下来的发展参数都很重要。它带来了可能性——与形态要素基本的类型或规范或准则相关联——并且能够提供一致的和“良好”的城市形态，而不需要有确定的建筑形式或内容（图 2.2.2–1）。

以西班牙巴塞罗那扩展区为例，1859 年工程师伊尔德方索·塞尔达（Ildefons Cerda）提出了扩展区的规划方案（图 2.2.2–2）。该方案从交通、地形、建设、法规和城市发展的角度出发，综合地考虑了城市的技术需要，具有很强的可实施性。方案采用方格网的道路交通模式，以街坊作为组成城市的基本单元。塞尔达还通过技术测算，将街坊地块定为 113m 见方（地块面积约为 1.3 万 m^2），周边的道路为 20m 宽。在城市实际的发展中，方案中的城市街区模式作用于城市道路网布局和地块划分方式，在很大程度上决定了城市空间环境的发展，与此同时街坊地块内的建筑空间布局却遵循着城市建筑形态的自身发展规律。

公共空间网络则由城市广场、街道、滨水区、中心区、公园等共同构建，从“质的成分”而言，更多地涉及三维和设计层面，更注重公共空间“开放性”的外在形式和物质性功能，是对城市的体形环境特征的展示。如今，还出现了网络这样新型的公共空间形式，并对实体的公共空间产生着影响和冲击。佐金（S. Zukin）则将公共空间理解为包容物质安全、地理社区、社会社区、文化识别性多个内容的表现，并提出公共空间是城市活动的容器[23]。

1960 年代 Buchanan 在其报告《市镇交通》（Traffic in Towns，1964）中，提出把城市分成“环境的”区域——混合使用而不是专门的单一使用的超级街区的观点（图 2.2.2–3），他认识到提供流畅的交通流和保留街道的居住与建

图 2.2.2–1 街区网络类型的示例

（a）规则和具有秩序的街区；（b）传统有机类型的街区；

（c）在秩序型街区基础上扭曲变形的街区；（d）街道规模多种多样且扭曲的街区

（资料来源：（英）玛丽昂·罗伯茨，克拉拉·格里德．走向城市设计——设计的方法与过程[M]．马航，陈馨如，译．北京：中国建筑工业出版社，2009：166）

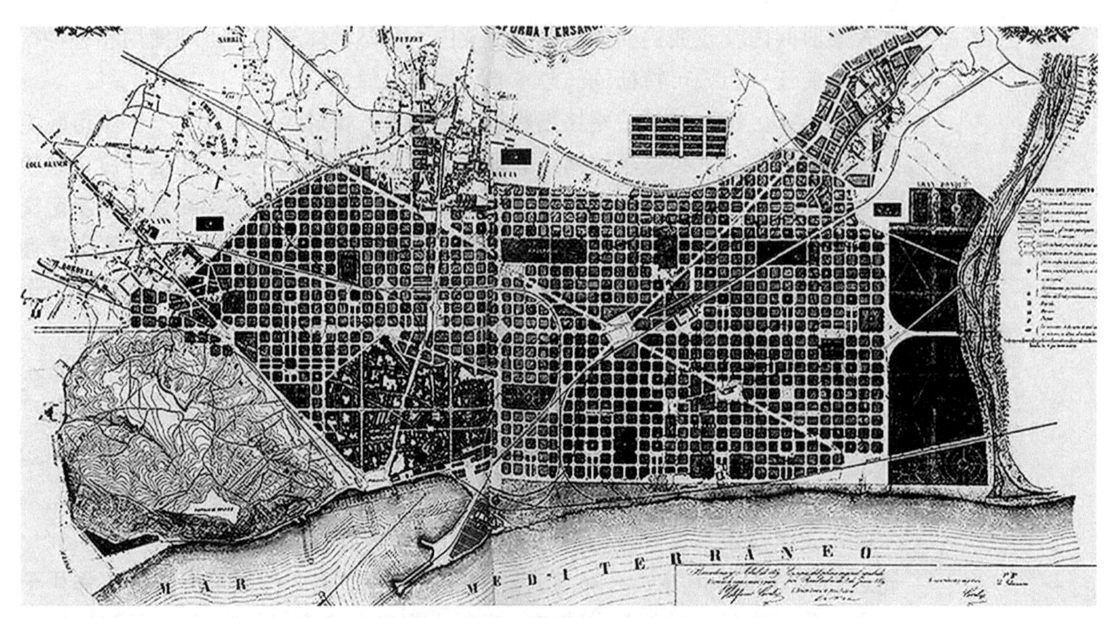

图 2.2.2–2　巴塞罗那街区模式

西班牙巴塞罗那 1858 年的城市平面，表现了伊尔德方索 · 塞尔达规划的扩建区。不规划的中世纪城市核心区（左下角）被巨型林荫道网格（未实现）切开。18 世纪建造的巴塞罗尼塔的网格位于一个三角形的半岛上。塞尔达规划的由八边形街块构成的网格覆盖了已建城市之外的整个海滨平原，同时规划还规定只能在八边形街块的两边建造房屋。

（资料来源：（美）斯皮罗 · 科斯托夫 . 城市的形成——历史进程中的城市模式和城市意义 [M]. 单皓，译 . 北京：中国建筑工业出版社，2005：152）

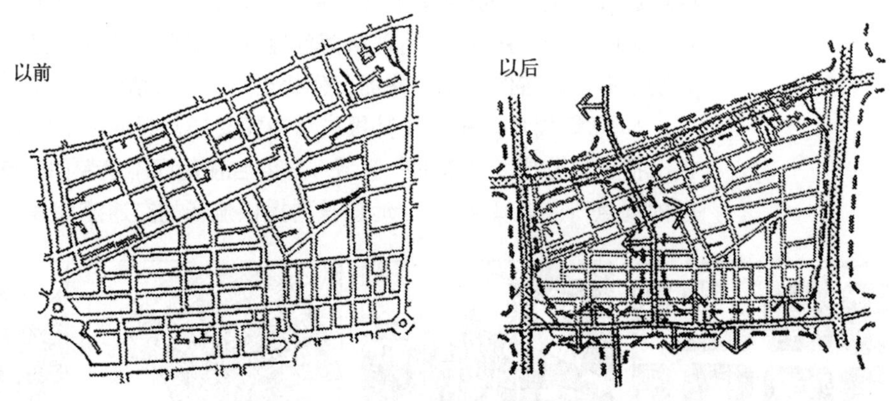

图 2.2.2–3　Buchanan 的“环境区域”概念

（资料来源：（美）Matthew Carmona，Tim Heath，Taner Oc，Steven Tiesdell. 城市设计的维度 [M]. 冯江，袁粤，万谦，等译 . 南京：江苏科学技术出版社，2005：70）

筑架构两者之间的冲突——以及与此相关的需要：达到容纳交通和维持城市生活质量之间的平衡。这当中一个突出的问题便是主要道路阻碍车辆横穿它们的倾向造成隔绝和破碎的城市区域。Appleyard 和 Lintell（1972）的研究比较了旧金山的三条街道（图 2.2.2–4），它们在很多方面类似，不同的是三条街道的交通量和社会用途的差异特征以及由此产生的街区活力也是显而易见的。在通行车辆较多的街道，人们倾向于将人行道仅仅作为家和目的地之间的路径。在通行车辆较少的街道，则通常有积极的社会生活。与通行车辆较少的街道相比，大容量的街道被看成是不太适宜生活的。

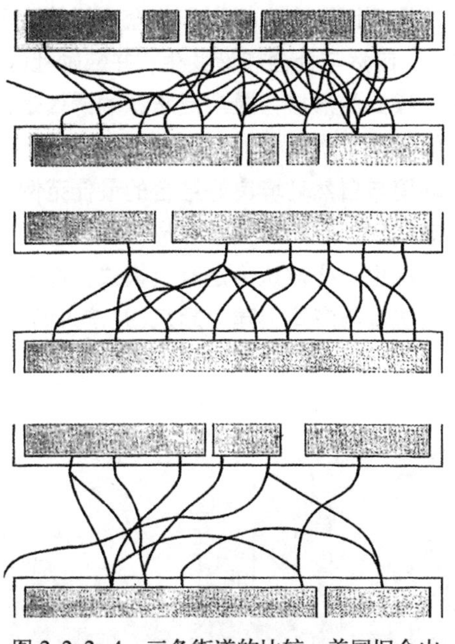

图 2.2.2-4 三条街道的比较，美国旧金山
（资料来源：（英）Matthew Carmona，Tim Heath，Taner Oc，Steven Tiesdell. 城市设计的维度[M]. 冯江，袁粤，万谦，等译．南京：江苏科学技术出版社，2005：74）

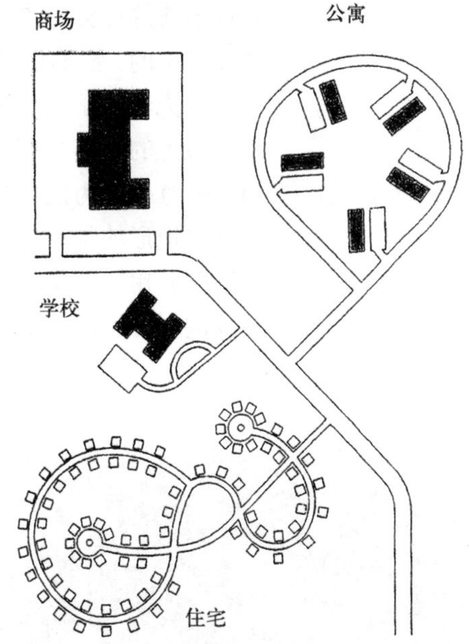

图 2.2.2-5 块状开发的概念示意
每处开发都是一个自我包含的“块”，与其他“块”互不联系，都有与集散道路的专门链接（Duany 等，2000：23）。
（资料来源：（英）Matthew Carmona，Tim Heath，Taner Oc，Steven Tiesdell. 城市设计的维度[M]. 冯江，袁粤，万谦，等译．南京：江苏科学技术出版社，2005：74）

有关城市区域在形态结构上的更进一步的改变则是从外向的城市街区变成内聚的建筑综合体，规划中经常以“块”(Pod)作为街区代名词而被提及(Ford，2000)。虽然单个的“块”可能或多或少地被设计得很好，但它们仍作为封闭性的空间区域并被主要道路或与大型停车场毗邻而被开发和识别。另外，“块”还通常会因与环境格格不入而被引述，即不同“块”有可能在地理区位上是靠近的，但是功能、交通、视线等其他方面却几乎没有联系。这样，代替了街区限定空间的系统，城市区域中的“块”成为了内涵式空间。例如，许多“块”开发是位于城市中心之外的综合体和边缘城市的住区形式，也会以块状开发的形式加以概念定义和空间设计（Garreau，1991）[24]（图 2.2.2-5）。

(2)“有机”结构[25]

认为城市是一种有机体的观念产生于 17 世纪中期早期，与现代生物学和生命科学的产生密切相关。然而，对真实生命体研究的结果证明，生命体各基本单位的分散行为是受到某种总体原则的强制性制约的，而在“有机”城市中却找不到这类绝对规律发生作用的任何痕迹。正是在这一动因的影响下，到了某个阶段，自然的城市布局相应地会获得一种自我意识，体现出某种形式的秩序。人们把运用有机体概念来分析城市当成是一种深刻的认识飞跃。一方面，有机原型理论解释了许多历史上悬而未决、难以诠释的迷津；另一方面，它又强化了许多以前只是直觉上感到正确的规范概念，如城市形态规模大小、人与自然的共生关系等。“有机”结构概念即指是在过去的使用情况、地形的特征、长期形成的社会契约中的惯例以及个人权利和公众愿望等诸多影响因素基础上建立起来的，能够保障人、自然与社会和谐共生、并鼓励社区精神的城市结构。

首先，对于“有机”模式的形成，最广泛承认的诱因是自然地形，使得产生河流上的聚落、自然的港口、防御性的军事重镇、山顶上的城镇等。意大利山城一直被认为是人为环境与自然环境良好结合的最佳范例，这些城市往往根据各自地形的特点，形成线形、触角形或阶梯形（图 2.2.2–6）。“改造”自然景观与利用自然景观的情况也一样被认为是有机模式，许多古老城市是在经过砍伐的树林和经过填埋的湿地与海湾上建立起来，并按人们的意志进行规划的，

(*a*)

(*b*)

(*c*)

图 2.2.2–6　意大利的山地城市

(*a*) 线形——意大利拉齐奥的 Casperia

如果地形呈山脊状，那么城市往往是线形，城堡和教堂等重点建筑常常位于线的一端或两端，有时也布置在脊线的一侧。其他的主要街道与主脊平行但随坡地下落。

（资料来源：(*a*) https://tse1-mm.cn.bing.net/th?id=OIP.h8CCniMY1qGiKhdfeYZ62gHaFj&pid=Api）；

(*b*) 触角形——意大利佩鲁贾（Perugia）

城市中有支路朝着临近城市的方向伸展，便趋向形成带触角的城市形式。佩鲁贾便是这种类型的代表。

（资料来源：(*b*) http://www.italien.de/images/Perugia_Umbrien_Italien-1200x700.jpg）；

(*c*) 阶梯形——意大利古比奥（Gubbio）

位于圆形山地并且以居住为主的城市，主要建筑常常位于山顶；街道是逐圈下降的同心圆。如果是处在较陡的坡地之上，城市呈现阶梯形。佩鲁贾便是其中的典型代表。

（资料来源：(*c*) http://www.oasiverdemengara.it/images/gridgallery/gubbio.jpg）

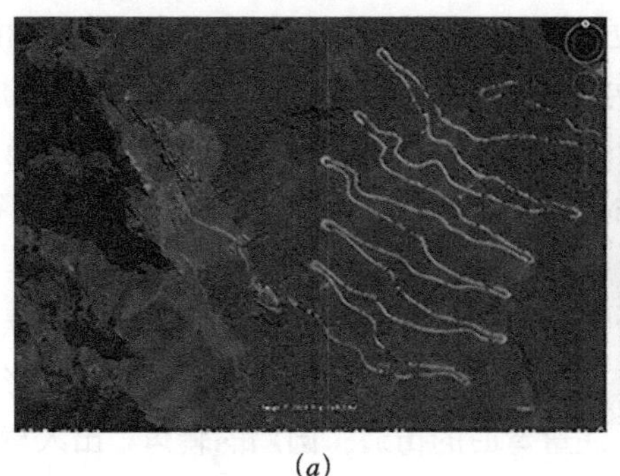
(a)

(b)

图 2.2.2-7　秘鲁马丘比丘古城

马丘比丘古城被称为印加帝国“失落之城”，建在乌鲁班巴河边 2500m 高的山脊上，整座城市大致分为以花岗岩巨石圈出的一级级梯田的农业区、贵族住宅与神庙齐聚的上城区、民居与仓库并存的下城区。整个城市格局呈现功能分明的区域划分。

(a) 马丘比丘古城平面；(b) 马丘比丘古城的居住区

（资料来源：http：//www.8ok.com/bbs/2007/travel/32638.shtml，2010-03-25）

威尼斯和马丘比丘（Machu Picchu）都以独特和极具创造性的方式重新设计了它们所在的环境——其中威尼斯强化了泻湖，而马丘比丘则创造了复杂的阶梯地形（图 2.2.2-7）。世界上对自然进行再设计最著名的城市便是荷兰，结合水网结构人们需要对土地进行规整与排水，在河、溪上筑坝之后形成的城市更具有活力，阿姆斯特丹就是力证[26]。

另外，村镇聚合成的城市由于组成单位的性质是传统村镇，由此产生城市形态的绝大部分会带有“有机”的特征。空间形态聚合可以表现为两种方式，一种是人们离开原来的聚居地，搬迁至吸引他们前往的新建城镇中，另一种则是村庄的集合。锡耶纳就是一个典型的案例，其最早聚落是分布在山顶上的社区，类似的地势条件产生出类似的城市形式：聚落之间的低凹地成为锡耶纳的中心广场——坎波广场的所在地。因此，村镇聚合形成城市是乡村向城市转化的最普遍的途径之一，其围绕城市某个重要的城市机构，如宗教中心或堡垒形成城市核心开始逐渐生长延伸，随着原有聚居区之间的开放空间渐渐被填充，保留下来的一部分开放空间日后成为城市的市场和公共中心。

最后，除了以上地形地貌、土地划分、村镇聚合形成的城市“有机”模式之外，还有一种模式就是在社会结构和公共控制权基础上突发性形成的。典型的是伊斯兰城市形成的空间秩序——其城市形式只要满足了习俗、所有权和视觉私密要求就能够按自己的方式任意发展，当它们接受了遗留下来的网格系统之后，便开始进行融合改造，形成自我封闭的巨型街区。

到了 1750 年代，整体型城市设计魅力与古典建筑语言的权威性受到了质疑。这种转变最明显地表现在英国，出现了画境式园林，强调在城市布局和自然景观中融入曲线形。然而最为关键的还是欧洲城市的哥特复兴，其使得英国出现画境式居住郊区和工业村，从此便推动了现代对永恒“有机”规划美学的再度确立。

1840 年伯恩茅斯的规划则强调了与后来的花园城市原则相一致的城市设计特点：完全居住性的街区、舒缓弯曲的道路以及对独立住宅的偏重（图

2.2.2–8)。1869 年位于美国芝加哥郊区的里弗赛的规划中借用了大量园林设计的语言，围绕小镇铁路两旁的弯曲的居住区林荫道成为新一代郊区的典范。1890 年代桑莱特港（Port Sunlight）是以画境原则为基础设计的工人住宅区的较早期的实例（图 2.2.2–9），只是对弯曲的街道作了有限的尝试。

在 1889，卡米洛·西特出版了《城市建设艺术》，该书强烈反对奥斯曼式的尺度、巨型广场、宏伟街景，并提倡城市设计应关注城市形式中活跃的不规则元素的视觉表现力，注重弯曲的街道、圆润的转角、出人意料的小绿地、不受几何体量干扰的连续沿街面等细腻手法的设计运用，并将之与整体的社会功能相联系。帕特里克·格迪斯则坚决提倡在任何形式的规划改造进行之前，先完成对城市“治疗前的诊断”，紧接其后的便是“保守性的手术”。1914 年其著作《发展中的城市》（Cities in Evolution）中写道：“我们应该首先寻求进入到我们城市的精神、它的历史本质和它不断延续的生命体当中……只有这样，我们才能以某种方式分辨和探查出城市的性格和城市的集体灵魂，只有这样，城市的日常生活才能够被全面地体验……”[27]

1945 年之后，“有机主义”通过德国的汉斯·伯恩哈德·莱乔（Hans Bernhard Reichow）展开。在战争年代，莱乔就开始将“有机”形式从乡村小镇扩展到后工业时期的大都市。他首先思考的是如何重建被炮弹摧毁的德国大城市。这是他 1948 年的著作《有机的城市规划、有机的建筑、有机的文化》（Organische Stadtbaukunst，Organische Baukunst，Orgnische Kultur）一书的主题。他谴责一切“非有机”的城市形式。认为作为对战后城市迫切性重建的配合，新城市可以完全现代化——建造标准单元、使用预制构件、功能分区明确，但不必彻底忘记“有机”的根源——绿带围绕城市、住宅大楼沿着稍作弯曲的大街布置（图 2.2.2–10）。

战后，现代主义的胜利回归则暂时结束了人们对欧洲城镇传统的画境风格的向往，原因在于只要是现代主义当道的地方就会将保留城市历史环境的可能性抹杀。针对这一情况，1960 年代的设计活动则采取了两种不同的道路与之反抗。其中一条导致了对现代主义城市思想的内部批判，另一条道路则指向历

图 2.2.2–8　英国伯恩茅斯风景
（资料来源：（美）斯皮罗·科斯托夫．城市的形成——历史进程中的城市模式和城市意义 [M]．单皓，译．北京：中国建筑工业出版社，2005：73）

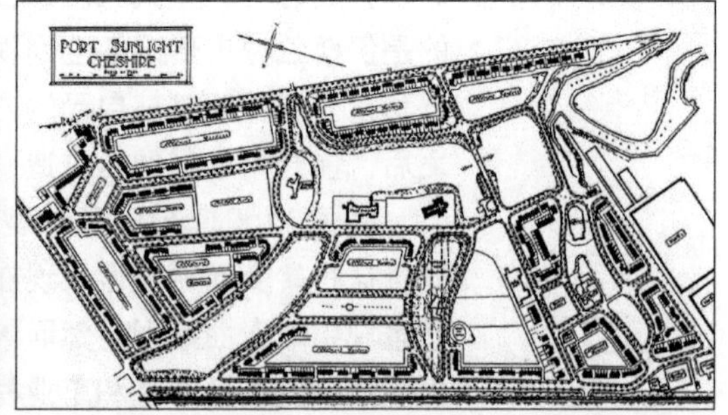

图 2.2.2–9　英国桑莱特港最早的规划图
（资料来源：（美）斯皮罗·科斯托夫．城市的形成——历史进程中的城市模式和城市意义 [M]．单皓，译．北京：中国建筑工业出版社，2005：73）

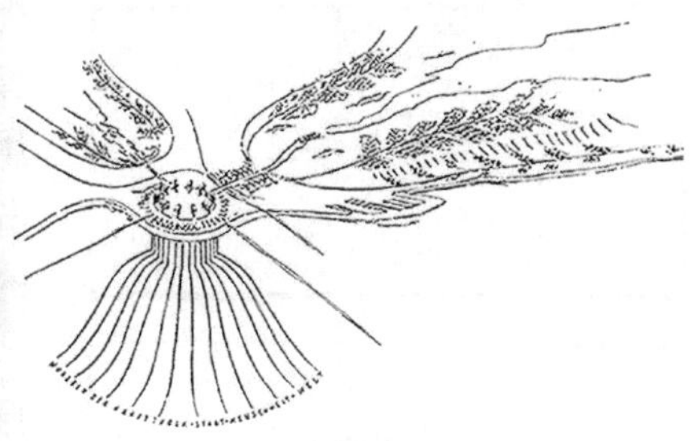

图 2.2.2-10 汉斯·莱乔所作的“有机城市”图解，1948 年

莱乔在战后提出的有机居住模式的观点将功能主义的逻辑和对“自然”形式几近神秘的信仰结合在一起。他所设计的理想城市图形出自含混的信条，“力量之根源：国家—政府—人类—世界”。

（资料来源：(美) 斯皮罗·科斯托夫．城市的形成——历史进程中的城市模式和城市意义 [M]. 单皓，译．北京：中国建筑工业出版社，2005：88）

史文脉性和城市片段的保留。两种方向都在各自的领域重新展开了对“有机”模式的历史性讨论，并重新确立了这些模式的重要性。首先，“十人小组”提倡将城市建设当做“有机过程”来看的新态度，规划目标是要建立起一个宽松的结构，让今后的发展能够在这个结构之上随时间的推移逐步产生。另一方面，是城镇景观（Townscape）美学思想的再度苏醒。吉伯德的《城镇设计》（Town Design，1953）与库伦的《城镇景观》（Townscape）是较早的著作，之后克里尔的《城镇空间》(Town Space，首版 1975 年) 以及柯林·罗的《拼贴城市》(Collage City，1978) 更是向传统空间的回归。

克里尔坚持认为，象征意义是短命的，功能也可能会改变，而不变的是“空间的诗意内容和美学品质”。但是城市形式是历史时间的累积表现。任何城市的发展都应该考虑历史条件、地理因素和新时代的要求。而“有机”是一种持久的思想原则，也是一种古老的设计思想体系，其出发点实际上在于对自然、生态、文化的多样性与地域性的注重，同时也体现了城市设计活动的未来不确定性和多元价值的特征。有机城市主义也是城市空间主体对于“空间民主”的宣言。它强调城市设计师和建筑设计师应该为城市有机环境创造一个有足够自由度的框架，这一框架应该可以适应各种不同的用途，允许自下而上的自主设计发生，这样设计和建造的权利才能回到居民手中。

（3）格栅结构 [28]

网格——也叫格栅（Gridiron）或棋盘（Checkerboard），可以说是“正交规划”（Orthogonal Planning）的代用词，是至今为止人为规划设计城市最常用的模式。作为一种能够适用于任何地形的一般性的城市方案，或者说一种最为简便的土地平均划分和土地交易方式，没有哪种结构形式能优于网格。网格的优点就在于它的可适应性——网格最适合中等尺度的城市，但它也能够承受现代大都市的超级街块。认识网格结构的形式、性质、功能、发展目标和演变过程，可以对我们更好地理解、并将之运用于城市设计，起到关键而有益的作用。

对于网格性质的体现，则离不开街道网与具体的用地分割网的相互关联度、相互依存。另外，网格还可以爬上山坡，或者随河流的走向而调整线条。

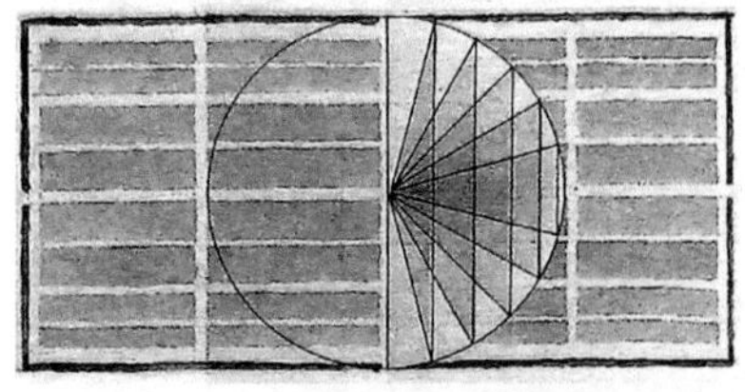

图 2.2.2–11　佛罗伦萨特拉诺瓦的街块网格

意大利佛罗伦萨的新城特拉诺瓦建于1337年，其街块网格表现出一种进深递减的几何特征。（资料来源：（美）斯皮罗·科斯托夫．城市的形成——历史进程中的城市模式和城市意义[M]．单皓，译．北京：中国建筑工业出版社，2005：130）

街道网格的普遍原则是在不规则的自然地形与严格抽象的直角关系之间寻找折中点。例如佛罗伦萨新城的平面就运用了星盘仪和泼图兰航海表中的正弦图表，以及1220年左右莱昂纳多·斐波那契（Leonardo Fibonacci）在比萨所著的《实用几何学》中的弦长表（图 2.2.2–11）。

就功能而言，一般来说，网格状城镇能够满足城镇本身的大部分要求：如防御、农业发展、商业贸易等，因此历史上某些时代规划新城市采用的一种最实际的方式也恰恰与这一原因所关联。另外，网格还能够满足大部分集权制政府和国家权威的象征需求，例如中国唐长安和日本平城京等（图 2.2.2–12、图 2.2.2–13）。而在长安和平城京之后的许多世纪，通过公共建筑的特殊布局和其他的一些规划措施，网格依然可以被毫不含混地用来支持集权性的政治结构。认为城市网格代表了平等主义土地分配系统的最牢固的观点出自现代的民主社会，主要是美国[29]。

从历史上看，网格服务于两种目的。第一种是帮助建立有条理的聚居区和殖民地，这是一种广泛意义上的实践目的。比如古希腊时期希腊人在殖民地的情形，或者大约1800年之后美国中西部地区发生的情况。第二种作用是将网格作为一种促进城市现代化的措施，以改造已有的、不够条理的城市现状。像古罗马人就以这种方式清理了伊比利亚和日耳曼的居住区，而现代欧洲在其殖民帝国的土著城市旁边用网格的方式

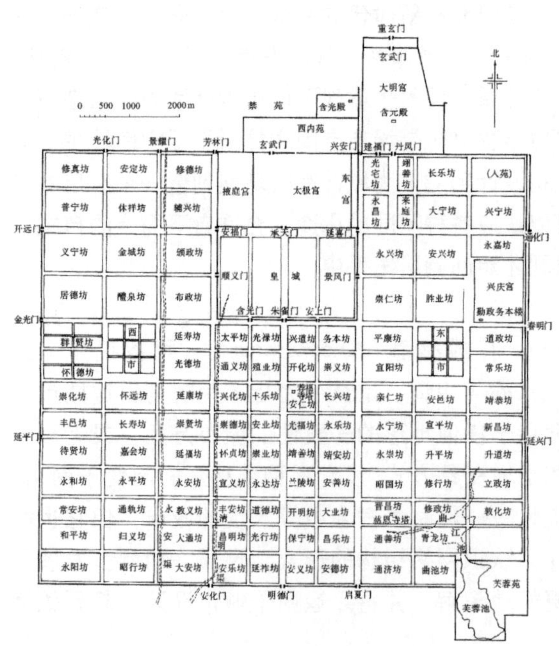

图 2.2.2–12　唐长安平面图

（资料来源：李德华．城市规划原理[M].3 版．北京：中国建筑工业出版社，2001：258）

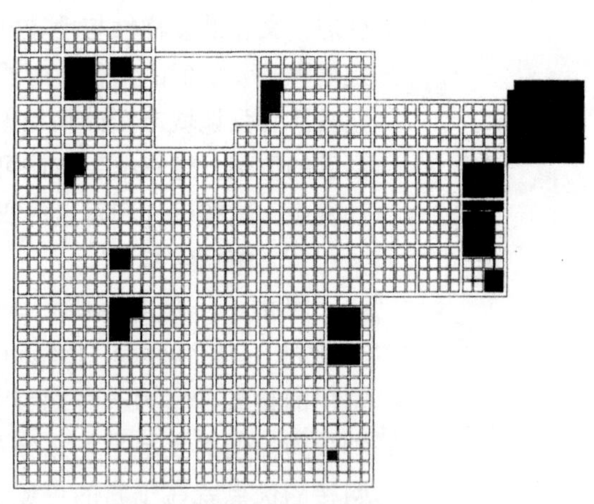

图 2.2.2–13　日本平城京平面图

日本平城京建立于公元710年。平城京以中国古代的都城长安为样板，街区的大小和比例可能也受到当时已有耕地网格的影响。

（资料来源：（美）斯皮罗·科斯托夫．城市的形成——历史进程中的城市模式和城市意义[M]．单皓，译．北京：中国建筑工业出版社，2005：140）

建造新区，等等。但网格平面可以容纳多样性的功能也导致了人们对网格的众多非议，并将造成城市体验贫乏和生硬模式的原因也归咎为是格栅形式所致。

古罗马时期是拥有方格网城市的悠久传统的，这种方格网形式也被不断地加以严格应用。大约公元前1世纪以后，罗马网格已经发展出了自己的特点——更为统一的平面，街区呈大的方形，城墙结构与网格紧密结合，广场位于两条正交中心轴的交点或交点附近的位置。而公元1世纪左右建立的提姆加德（阿尔及利亚）是其中形式最为纯粹、也是保存最好的一个城市（图2.2.2–14）。在1500~1700年间的两个世纪，欧洲的新城建设活动并不十分突出。城市发展集中在大城市或者扩大中的城市里。其中扩建网格与早先的城区网格之间流畅连接最清晰的例子要数都灵（图2.2.2–15）。

值得关注的是，当巴洛克华丽的美学与稳妥的网格之间曾发生公开冲突时，政治中心至上的巴洛克模式占领了上风，并在伦敦得到了完美实践。而在此一百多年后，就华盛顿的设计也展开了一场类似的有关恰当性的争论。一方面是杰斐逊著名的严谨网格，另一方面是对这种网格系统所表现出的不满。最后，法国人放弃了网格，而杰斐逊的网格系统在美国的其他地方得到了全部贯彻，并持久影响着美国城市日后的空间结构。

纽约委员会在1811年的规划中作出不提供任何公共空间的决定，开放性的网格成为城市创立者、商人们获利的手段（图2.2.2–16）。规划确定的2000个街坊还被进一步分成每个8m×30m的单位用地，进行高密度的开发。直到1900年纽约市开始意识到单位用地已经无法在承受如此高建筑密度的同时满足最起码的通风和采光标准，唯一的解决方法就是将无数个用地单位集中起来以建造大型建筑。英格兰在美洲大陆的殖民过程中同样也发挥了网格的作

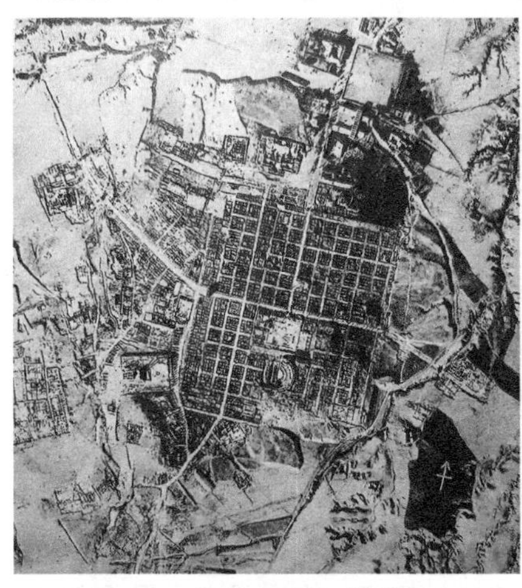

图2.2.2–14 提姆加德总平面

提姆加德具有正方形的街区和长方形的外边。城市网格尺寸大约为每边355m。它由4个大块组成，每块各含36个街区，总共有144个街区，其中11个街区被广场占用，6个用于剧院，8个用于浴场。（资料来源：（美）斯皮罗·科斯托夫．城市的形成——历史进程中的城市模式和城市意义[M]．单皓，译．北京：中国建筑工业出版社，2005：106）

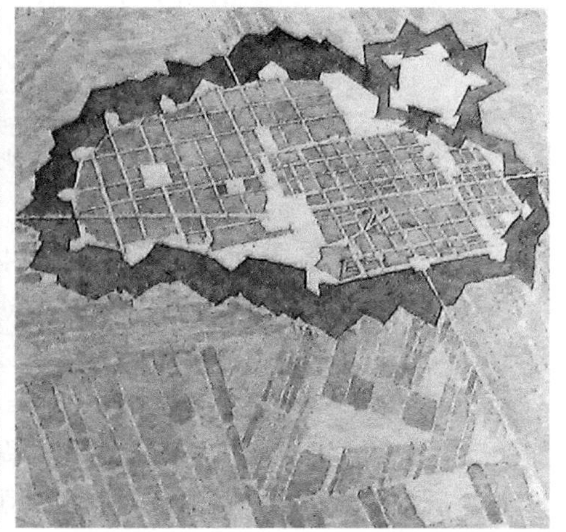

图2.2.2–15 17世纪末的都灵

图中表示了古罗马时代的核心区（位于城墙内的区域）以及后来的网格状扩建区域。

（资料来源：（美）斯皮罗·科斯托夫．城市的形成——历史进程中的城市模式和城市意义[M]．单皓，译．北京：中国建筑工业出版社，2005：136）

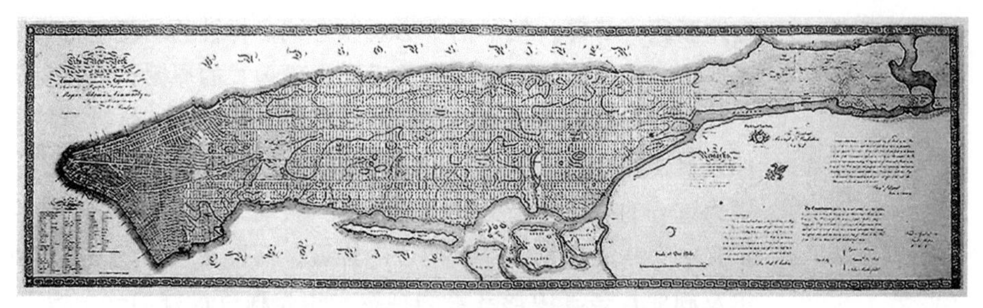

图 2.2.2–16　1811 年纽约市委员会规划的纽约

虽然在当时看来，将比城市已有建设范围（图中左端）大得多的地域预先用网格的方式划分起来的想法似乎相当武断，但在对纽约发展潜力的掌握方面委员们却显示了远见卓识。不过，这一规划在其他领域发生的失误，如缺乏公共开放空间和公共建筑用地，缺乏贯穿整个曼哈顿岛的道路等，却为这座城市制造了不易纠正的难题。

（资料来源：(美) 斯皮罗·科斯托夫．城市的形成——历史进程中的城市模式和城市意义 [M]．单皓，译．北京：中国建筑工业出版社，2005：122）

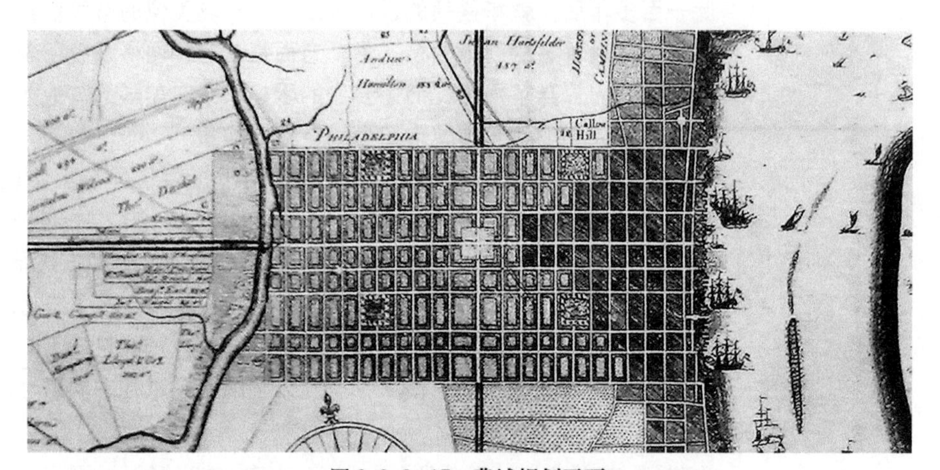

图 2.2.2–17　费城规划平面

图中为宾夕法尼亚州的费城，为 1774 年约翰 · 里德（John Reed）绘制的城市平面。费城的规划于 1683 年由彭威廉制定，它是第一个以方格网形式布局的美国大城市规划案例。

（资料来源：(美) 斯皮罗·科斯托夫．城市的形成——历史进程中的城市模式和城市意义 [M]．单皓，译．北京：中国建筑工业出版社，2005：145）

用，费城（图 2.2.2–17）以及 18 世纪的查尔斯顿（Charleston）等是其中的代表。

依靠严格控制来推动无止境的、网格状的城市扩建区成为现代都市的概念模型，这一概念最早可以追溯到 1860 年代两个获得实践的规划方案——詹姆斯 · 霍布雷希特（James Hobrecht）所做的大柏林规划（图 2.2.2–18），以及伊尔德方索 · 塞尔达所做的巴塞罗那规划。而在 1930 年代之后，美国巨型街块规划的概念越来越向国际建筑师协会（CIAM）的理论靠拢，将交通和交通设计作为现代城市形式的决定性因素。在实践中，现代主义的手法是将一栋栋独立的建筑物分布到由疏松的快速干道网组织起来的绿色环境当中。

1951 年勒 · 柯布西耶设计的昌迪加尔（Chandigarh）是第一个从零开始的现代主义城市（图 2.2.2–19），它的居住区模式的特点是相互穿插的绿地系统和限定巨型街区的高速交通网。巨型街块的大小是 800m × 400m，采取了黄金分割的比例。每个巨型街块都是一个内向性的、集中管理的社区，所有周边的

图 2.2.2–18　柏林城市平面图
1865 年 F · 勃姆（F. Boehm）所作的石版画，表示了詹姆斯 · 霍布雷希特规划的扩展区的柏林城市平面图。图中已有城市为深灰色，包括城市的历史核心区，核心区旁边为 17、18 世纪的网格状扩建区。穿越网格的宽阔的东西向道路是林登大街，它将宫城（Schloss）和巨大的蒂尔加藤公园（Tiergarten）联系起来。
（资料来源：(美) 斯皮罗 · 科斯托夫 . 城市的形成——历史进程中的城市模式和城市意义 [M]. 单皓，译 . 北京：中国建筑工业出版社，2005：151）

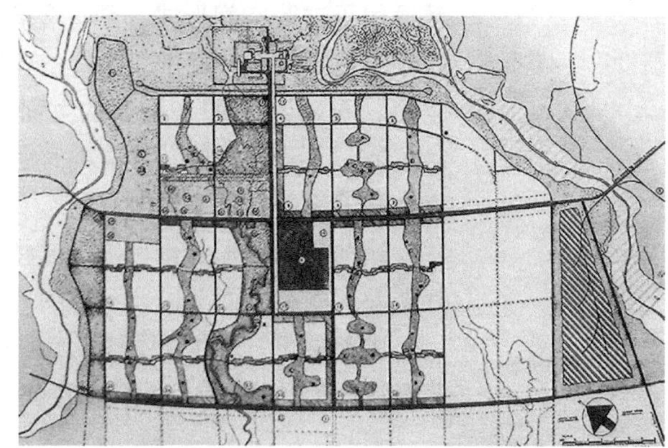

图 2.2.2–19　印度昌迪加尔规划平面图
（资料来源：(美) 斯皮罗 · 科斯托夫 . 城市的形成——历史进程中的城市模式和城市意义 [M]. 单皓，译 . 北京：中国建筑工业出版社，2005：155）

交通干道上几乎不发生任何街道生活。市场街和公园系统分别在水平和垂直方向穿越街区，两条主要轴线十字交会的地方是市民中心，相当于古罗马网格中的城市广场。1965 年在巴西中部平地上规划新建的首都巴西利亚，也被其设计者卢西奥 · 科斯塔（Lucio Costa）认为就是现代主义原则的完美例证。

相对于“有机”的城市景观以及巴洛克城市景观的经验而言，格栅结构的巨大优点在于它恒久的有效性。网格在被赋予任何特定的内容之前，作为一种概念性的形式秩序它是中性的、没有等级层次的，这正是它的优点。它重复、单一，甚至冗余。正因为此，网格系统需要在尊重其构图原则的基础上，进一步加以完善和优化。网格本身不带有任何内在的束缚，它的实现则依靠的是不同的设计者和开发商。

2.2.3　设计理论

（1）类型学方法及其应用

类型学的过程，是经由被称为形态时期的显著时间所间隔，一种类型的变化与重构过程（A.Vidler，1998）。在建筑与城市的领域中，历史呈现的过程不是以后一阶段来格式化前一阶段，而是每个阶段经验的累积，并在形态的两个连续一贯类型中体现出明显差异性。这些累积的痕迹保持至今，并影响着我们看待世界的方式。柯林·罗、阿尔多·罗西、罗伯·克里尔等人探索了将开发与城市历史结构和城市空间的传统类型相联系的方法，城市空间的类型学思想得以构建。其中，克里尔在其《城镇空间》(1979) 这部著作中，将欧洲的城市空间在形态学上进行了分类：从正方形、环形和三角形三种基本的几何形态来进行归纳 (图 2.2.3–1)。而罗西的形态类型学方法则以类型的概念表现居民对城市历史的普遍心理结构，即“集体记忆”和“集体无意识”。

方形、环形和三角形这三种基本形态受到角度、分割、附加、合并、元素的重叠或融合、变形等调节型元素影响，可以发生于自身或与其他形状结合，产生各种不同的平面类型的矩阵 (图 2.2.3–2)。可以通过改变角度、尺度和在基本型基础上增减调整；可以通过四周街道的墙、拱廊或柱廊来围合，或者向环境开敞；等等。以上所有这些变化过程都表现出规则或者不规则的构形。同时，大量的建筑断面会在调节的每个过程中影响空间品质。所有断面基本上都适用于这些空间形式。图 2.2.3–3 则给出了 24 种会显著改变城市空间特征的不同建筑断面。每一个这样的建筑类型都有与其功能和建造方式相对应的正立面 (图 2.2.3–4)。建筑的立面形成了空间的框架而且可以有很多种形式：从实体、无开洞的砖石建筑到有各种开口的砖石建筑；窗、门、拱廊、柱廊和完全是玻璃的立面。

这些基本的形状也可以通过持续改变空间品质的各种片断来调整，每一个片断都可以在立面上进行不同的处理，这些反过来影响空间的品质。

内部空间与外界气候与环境相隔绝，是私密性的生动体现；外部空间则被视为开敞、无阻碍的空间，包括了公众区域、半公众区域和私人区域，适合开展各

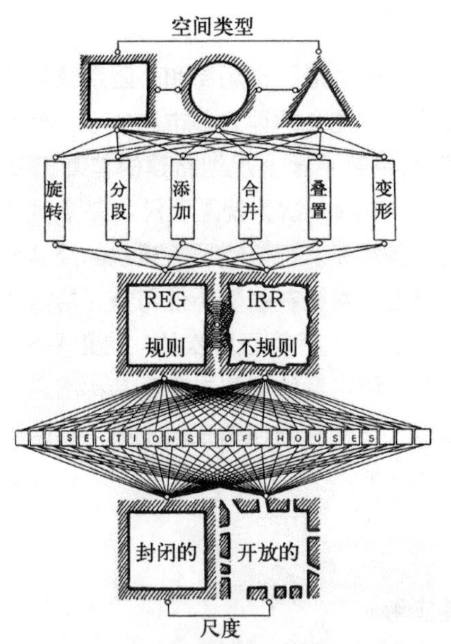

图 2.2.3–1　基本城市空间类型及其组合

（资料来源：（英）Matthew Carmona，Tim Heath，Taner Oc，Steven Tiesdell. 城市设计的维度 [M]. 冯江，袁粤，万谦，等译 . 南京：江苏科学技术出版社，2005：67）

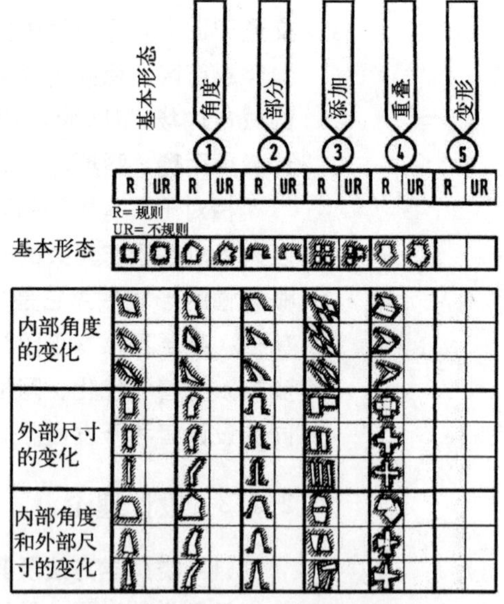

图 2.2.3–2　平面类型的矩阵

（资料来源：（美）唐纳德·沃特森，艾伦·布拉特斯，罗伯特·G·谢卜利 . 城市设计手册 [M]. 刘海龙，郭凌云，俞孔坚，译 . 北京：中国建筑工业出版社，2006：282）

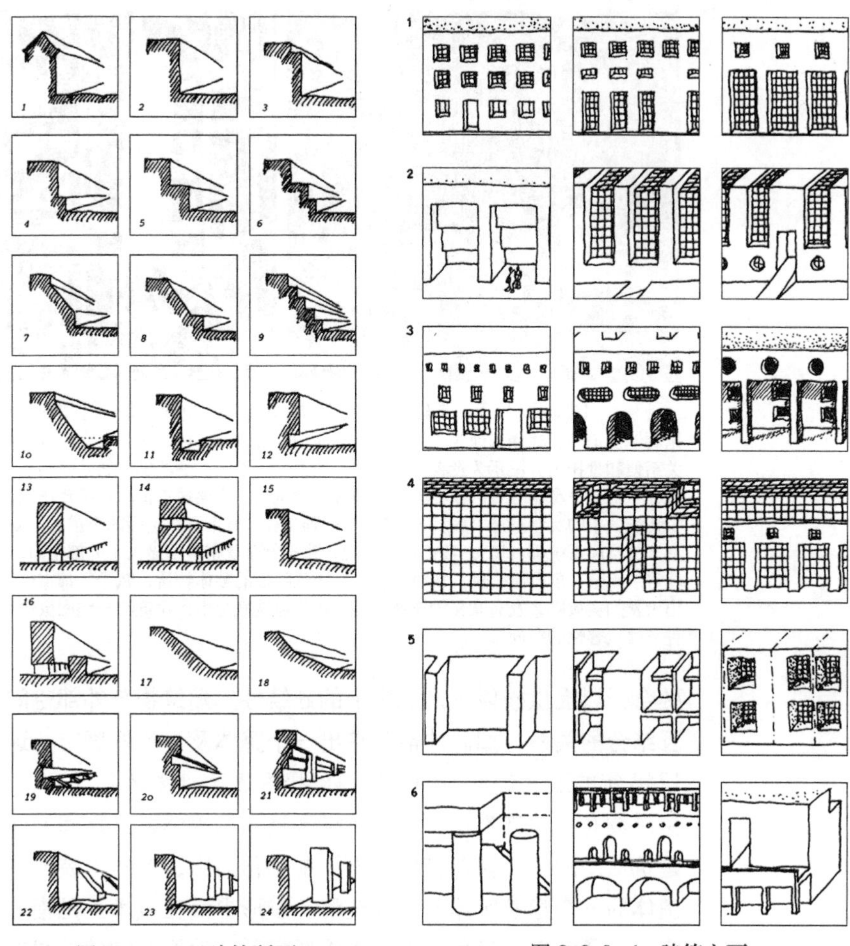

图 2.2.3-3 建筑断面
（资料来源：(美) 唐纳德·沃特森，艾伦·布拉特斯，罗伯特·G·谢卜利．城市设计手册[M]．刘海龙，郭凌云，俞孔坚，译．北京：中国建筑工业出版社，2006：283）

图 2.2.3-4 建筑立面
（资料来源：唐纳德·沃特森，艾伦·布拉特斯，罗伯特·G·谢卜利．城市设计手册[M]．刘海龙，郭凌云，俞孔坚，译．北京：中国建筑工业出版社，2006：284）

项室外活动。城市空间的各种元素的美学品质都通过其细节的结构关联而得到体现，这无论是在面对何种有关空间本质的物质特征时都是必需的。对于外部空间，街道和广场是两个最基本的元素，而人们在“内部空间”中也许会谈及走廊和房间，二者的不同点在于限定它们的围墙的尺度以及体现其特征的功能与交通流线。

另外，在所有的空间形式中，尺度的差异起着极为重要的作用，正如不同的建筑风格对城市空间所起的作用一样。城市空间的尺度与其几何特性息息相关。而只有通过类型学研究，才有可能提及尺度。外部空间尺度和比例的重要性不会影响对类型的归纳。[30]

（2）图底理论及其应用

图底理论是基于建筑体量作为实体和开敞空间作为虚体所占用地比例关系的研究，在本书 1.5.1 节中已经作过简单介绍。接下来将就这一理论作更为深入的分析和例举。图底理论指出城市的实体与虚体是一组对应的二元关系，虚实相生，共同构成为有机的整体。城市虚体必须可以和城市实体空间分割及

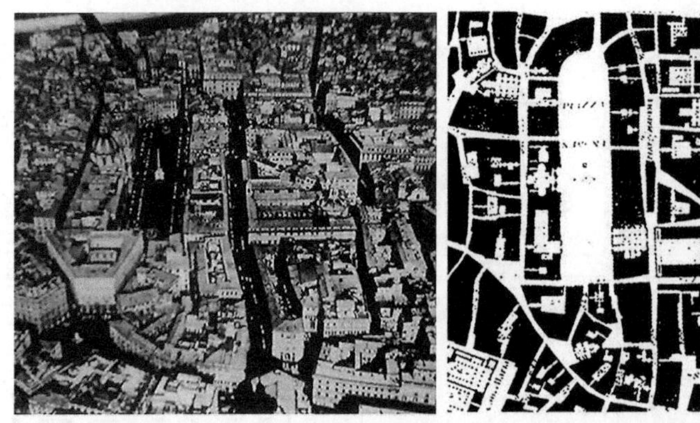

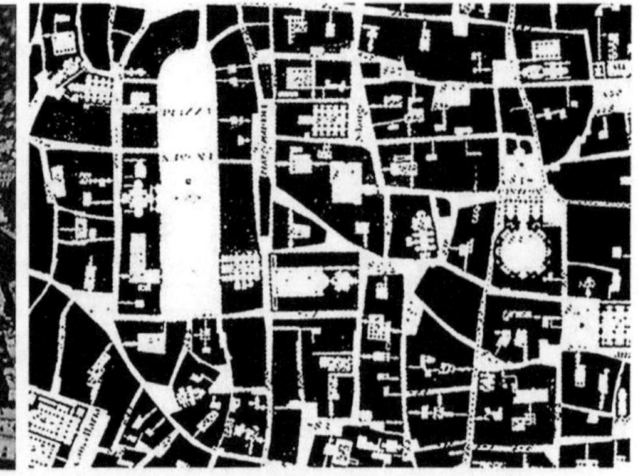

图 2.2.3–5　罗马纳沃纳（Navona）广场地区的诺利地图（Nolli Map）

诺利地图把墙、柱和其他实体涂成黑色，而把外部空间留白。于是，当时罗马市容及建筑与外部空间的关系便和盘托出。图示为意大利罗马的纳沃纳广场地区。纳沃纳广场是罗马最华丽的广场之一，该区域现在也仍然呈现着昔日的模样。界定边缘的建筑物、主要城市街坊外廓及场地、公共纪念物或机构构建了传统城市的实体形态（图），与其相对的则是容纳城市公共生活的街道和广场网络、公园及庭园、线形开放空间系统等（底）。我们可以发现，建筑物覆盖密度明显大于外部空间。因而公共开敞空间很易获得“完形”创造出一种“积极的空间”一气呵成的整体特质，赋予了都市生活方向感及延续性，创造出大量的实质联系及有意义的场所；而在现代建筑概念中，建筑物是纯图像化的，独立的，空间则是一种“非包容性的空间”。

融合，以提供技能上及视觉上的延续性。建筑物与外部空间形成密不可分、相互结合的关系，如此才能创造出一个整体及人性的城市。这一分析途径在诺利 1748 年的罗马诺利地图中曾得到极好表达（图 2.2.3–5）。诺利地图中的图底关系具有整体连贯性，描绘了街区格局和单体建筑之间的网格关系，图中公共建筑从周围的“城市袋形界面”中脱颖而出。这里，袋形界面是明确外部空间虚体的一个建筑实体的空间范畴。袋形界面在技术上是指墙、柱以及其他建筑实体，通常在建筑平面图上以涂黑标示。然而在室外，城市袋形界面是一个支撑结构，它“标志”着空间景观，使建筑融入周围的空间中，在平面上创造一种连续。在空间处理方面，就是将公共领域的设计与单体建筑的设计融合。

空间是城市体验的媒介，它提供了公共、半公共和私人领域之间的序列。构成城市片区和邻里的街区决定了空间的方位，空间虚与实的明确性与差异构成了城市的肌理，并且建立了场所间的空间序列和视觉导向。图底分析在揭示这些关系时尤其有用（图 2.2.3–6）。街道空间的更大范围的组合方式形成城市片区，其中所有空间整体创造出一个主导和统一各个孤立空间的城市特征。图底研究揭示了作为空间虚实结合的各种城市空间形态，这种空间虚实组合方式多种多样，如垂直／斜交复合型（修正的格网）、随意有机型（由地形和自然特征确定）和节点中心型（具有活动中心的线形和环绕形）等（图 2.2.3–7）。

除了表达城市的特征与复合形态之外，图底分析还可以明晰城市空间虚实之间的差异，并提供了对其进行分类的方法。对于都市环境实体与虚体的模式，可以作如下划分。传统城市的三种实体形态分别是：①公共纪念物或机构；②占主导地位的城市街区；③界定边缘的建筑物。城市外部空间则具有五种机能各异的主要城市虚体形态：④私密空间和公共通道上的入口前庭；⑤作为半私密性过渡空间的街坊内廓虚体；⑥与街坊外廓相对的容纳城市公共生活的街道和广场网络；⑦与城市建筑形式形成对比的公园及庭园；⑧与

图 2.2.3–6　城市局部的典型图－底平面

图底研究不仅能揭示街道空间的组成类型，在指出各片区的特色上也能起到作用。

（资料来源：（美）Roger Trancik. 找寻失落的空间——都市设计理论 [M]. 谢庆达，译 . 台北：田园城市文化事业有限公司，2002：102）

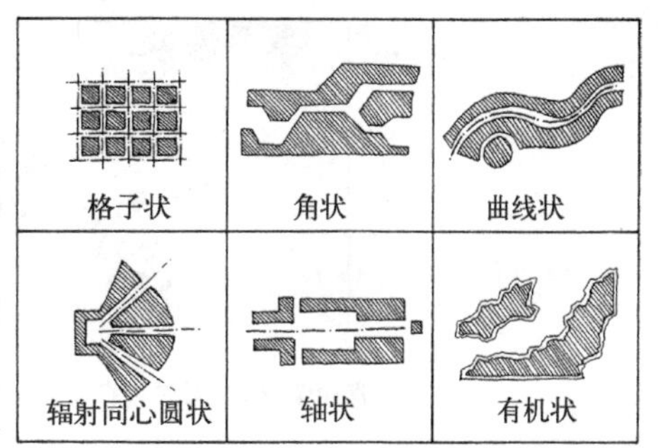

图 2.2.3–7　建筑实体和空间虚体的六种类型

实体－虚体之间的联系由以下要素所决定：建筑的形状和位置、地段要素的设计（植物、围墙）以及交通路线。其结果有六种类型：格子状（grid）、角状（angular）、曲线状（curvilinear）、辐射同心圆状（radial/concentric）、轴状（axial）和有机状（organic）

（资料来源：（美）Roger Trancik. 找寻失落的空间——都市设计理论 [M]. 谢庆达，译 . 台北：田园城市文化事业有限公司，2002：103）

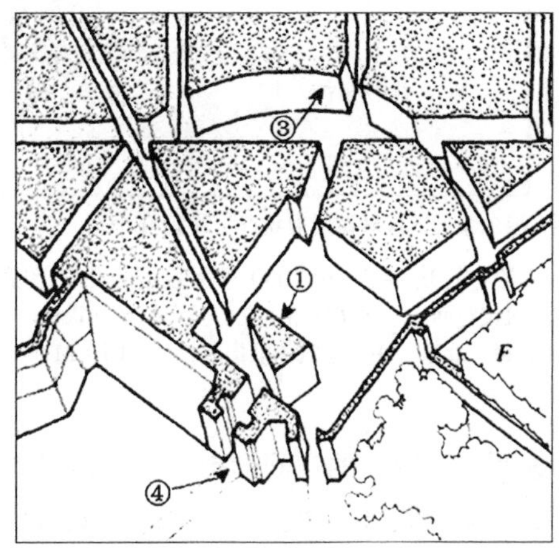

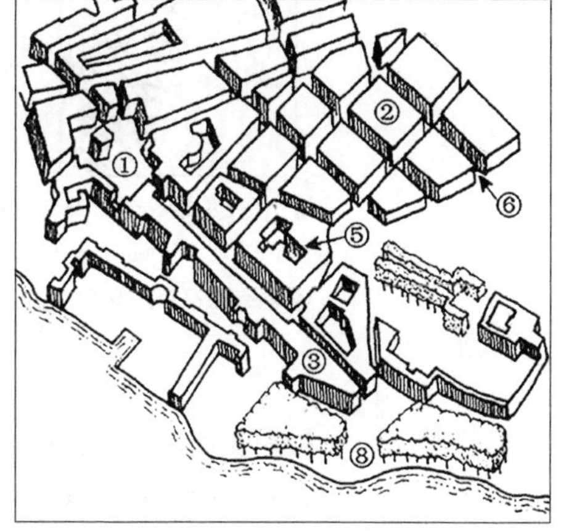

图 2.2.3–8　城市建筑实体和虚体类型的示意

（资料来源：（美）Roger Trancik. 找寻失落的空间——都市设计理论 [M]. 谢庆达，译 . 台北：田园城市文化事业有限公司，2002：104）

河流、河岸、湿地等主要水域特色有关的线形开放空间系统（图 2.2.3–8）。

国外的很多建筑设计分析研究都有浓重的城市图底研究意识。如在 1983 年法国巴黎歌剧院设计竞赛中，加拿大建筑师卡 · 奥托的中选方案用了图底分析理论方法，确定了依循并尊重原有巴黎城市格局的设计原则，结果获得成功。特兰西克运用此法分析了华盛顿、波士顿、歌德堡的城市空间。莫里士据此分析西方古代城市的形态也获成功。罗伯·克里尔更是借助城市图底分析的方法，对城市空间的构成进行了解读，并应用于具体的规划设计实践[31]（图 2.2.3–9）。

（3）连接理论及其应用

连接理论是 1960 年代最受欢迎的设计思潮。槙文彦（Fumihiko Maki）对此理论亦作出重要贡献。他在论著《集体形态的调查研究》（Investigations into Collective Form，1964）中，将这种连接关系视为外部空间的最重要的特征及法则。他认为连接是城市室外空间最重要的特点："连接就是城市的凝聚力，

海尔蒙德南部城镇现存建筑状况

第一阶段发展状况：2025 年前后　海尔蒙德地区城镇发展状况：2050 年前后

图 2.2.3-9　荷兰布拉班特 2000~2050 年远景规划中的图底分析
（资料来源：（卢）罗伯·克里尔．城镇空间——传统城市主义的当代诠释（Town Spaces）[M]．金秋野，王又佳，译．北京：中国建筑工业出版社，2007：21）

以组织城市各种活动，进而创造城市的空间形态……城市设计关心的问题就是在孤立的事物间建立可以理解的联系，也就是通过连接城市各个部分来创造出一个易于理解的极端巨大的城市整体。"[32] 根据连接理论的这些重点，槙文彦提出将城市空间分为三种不同形态，即：组合形态（Compositional Form）、超大形态（Megaform）及组群形态（Group Form）（图 2.2.3–10）。

另外，在组合形态中，建筑自身比开敞空间的周边更加重要；而在超大形态中，空间则连接组成一种结构，利于在简单的基础设施上有效组织各种功能并节约投资，是以一个非人性尺度的巨大空间来创造一个自身的环境；组群形态则是沿着骨架空间元素逐渐增加累积的结果，是很多历史城镇空间组织的典型方式，其连接是作为一个有机生长机构中不可缺少的部分自然形成的。在上述这三种形态类型中，槙文彦强调连接是一种设计组织，并将建筑和空间的控制性想法植入到城市形态中。康迪利斯等设计的法国图卢兹·勒米拉伊便很好地体现了这一置入性思想（图 2.2.3–11）。

丹下健三（Kenzo Tange）是连接理论探索应用的另一位重要人物。在 1960 年的东京规划中，他提出了一种结构上的改革，把城市形式从封闭的放射形结构改变为开放、舒展的带形结构，由此产生出"都市轴"的概念，对以后的城市设计有很大的影响。他还提出了垂直交通网（用垂直交通枢纽把城市

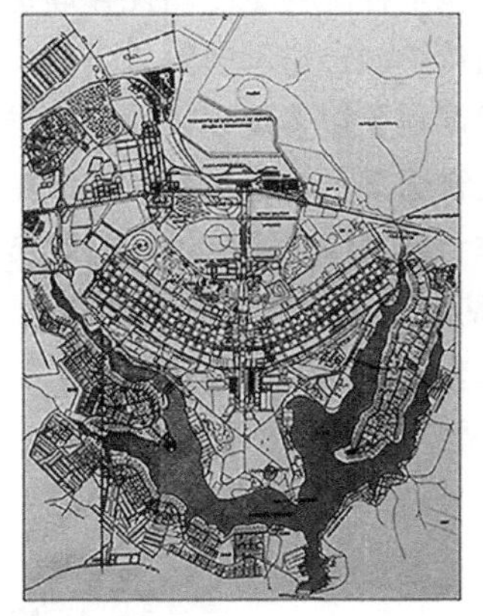

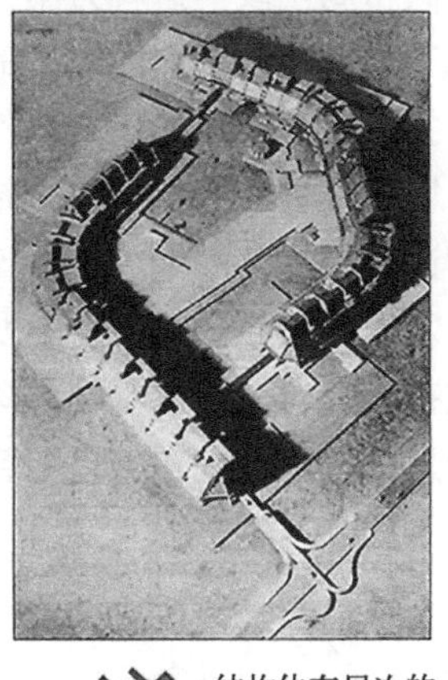

日本村庄街道

在二度平面上组合个别建筑物。空间的连接是内敛而非外显。

(*a*)

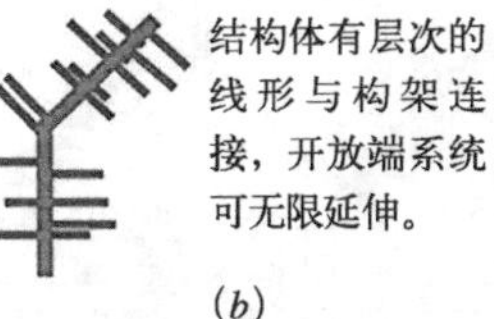

(*b*)

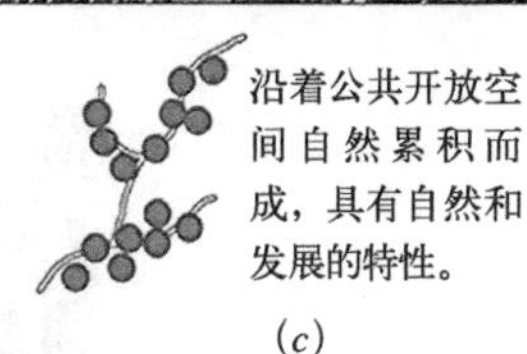

(*c*)

图 2.2.3-10 城市空间连接的三种形态及实例

(*a*) 组合形态

（资料来源：(*a*) 洪亮平．城市设计历程[M]．北京：中国建筑工业出版社，2002：95）

(*b*) 超大形态

（资料来源：(*b*) School of Architecture, Washington University, St.Louis, Missouri）

(*c*) 组群形态

（资料来源：(*c*)（美）Roger Trancik．找寻失落的空间——都市设计理论[M]．谢庆达，译．台北：田园城市文化事业有限公司，2002：111）

图 2.2.3-11 康迪利斯等设计的法国图卢兹·勒米拉伊，1961 年

图中为图卢兹老城和新城镇的平面，以及从建筑内部的一条街道看到的住宅板楼。堪第里斯（Candilis）和伍兹设计的城市扩展新区可容纳 10 万人口，面积几乎和老城一样大。在这个现代主义后期“开放式”的规划实例中，带有分支的超大形态延伸到了乡村，模糊了农村和城市空间的界限。图卢兹·勒米拉伊的规划对城市设计的连接理论是一大贡献，但它的外部空间是次要的，不过是形态的衍生品而已。

（资料来源：(美)斯皮罗·科斯托夫．城市的形成——历史进程中的城市模式和城市意义[M]．单皓,译．北京：中国建筑工业出版社，2005：91）

交通和建筑物的内部交通联系在一起）的概念。在 1970 年的世博会中，丹下健三创造了一个连接的、未来主义式的综合体构筑物，它拥有多个楼层，楼层之间的连接依赖于一个完善的交通系统。

对连接理论的更加实验性与概念化的诠释是彼得·库克（Peter Cook）在 1964 年所提出的嵌入式城市（Plug-in City），连接成为联系水平和垂直交通的

一种非空间布局手段，这种方案强调了社区再生的乌托邦理想，却忽略了对由城市建筑实体和空间虚体所构成的传统城市空间的需求（图 2.2.3–12）。尽管如此，有关交通和连接的研究仍然得到了很多规划设计师的推崇。连接理论在大尺度环境中最著名的应用之一是埃德蒙·培根对费城城市更新所做的设计导则，他尝试以城市范围内的连接作为恢复城市连贯性和向城市发展方向引导城市新区开发的方法，这样的规划也能成为刺激投资的有效方法（图 2.2.3–13）。特兰西克在其针对美国波士顿和华盛顿、瑞典哥德堡等城市的案例研究中，也表明了大尺度连接系统在创造完整城市形态中的重要性[33]。

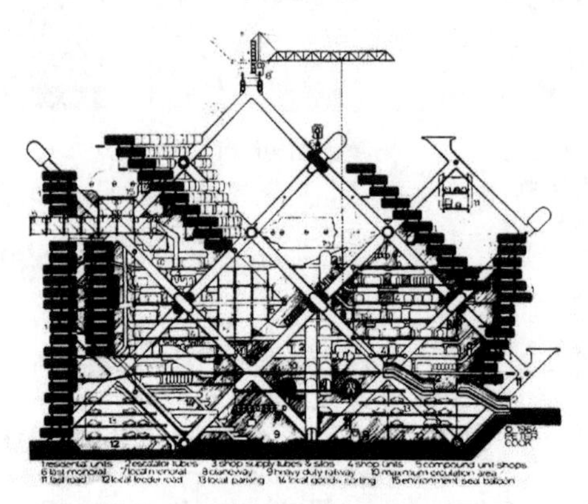

图 2.2.3–12　彼得·库克设想的“嵌入式”城市方案

它反映所处的环境，并融入周围环境之中，建立独特形式，成为一个特殊的场所。

（资料来源：（美）Roger Trancik. 找寻失落的空间——都市设计理论 [M]. 谢庆达，译 . 台北：田园城市文化事业有限公司，2002：112）

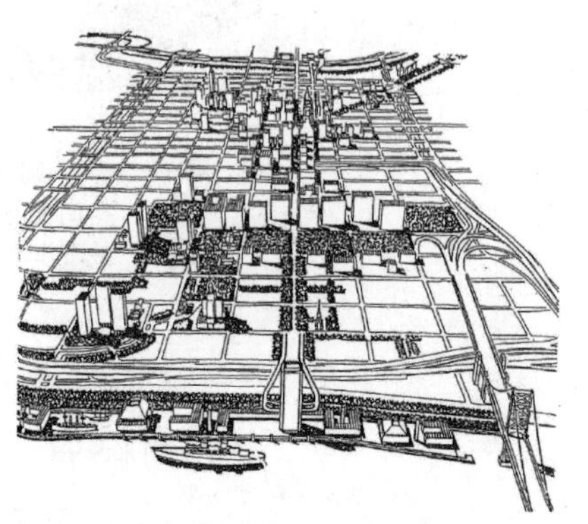

图 2.2.3–13　埃德蒙·培根设想的费城中心区再开发计划，1964 年

（资料来源：王建国 . 城市设计 [M]. 北京：中国建筑工业出版社，2009：102）

（4）场所理论及其应用

场所理论是城市设计理论的一个重要类别，同时也是对物质空间和人文感知关系的深刻理解。空间既是物质的也是精神的，是有具体边界的又是有思想内涵的，当空间被赋予文脉意义的时候它能被称为“场所”。人们对于场所的理解源于建立社会生活和延续文化，当相对稳定的场所系统被创造的同时，也将情感、记忆随之融入到“虚体”之中，并超越了物质性存在的意义。正如马丁·海德格尔（Martin Heidegger）所说的“边界不仅仅是事物发展停止的地方，也是如同希腊人所认识到的，是事物开始表现出它之所以存在的地方。”[34]

C·诺伯格·舒尔茨（Christian Norberg–Schulz）作为场所理论的重要奠基者，他对于场所是这样描述的，“场所是具有独特性格的空间。自古以来，场所精神就被视为人们在日常生活中不得不面对和妥协的有形事实。建筑的意义就在于将场所特征视觉化，而建筑师的任务就是为人们创造有意义的居住场所。”[35] 从上述对于场所的定义来看，城市设计师不仅是对空间形式的把握，同时也需要在物质空间与文化环境之间找到对话交流的途径，并由此将使用者的实际需求与理想状态加以平衡。这正如 1950 年代第十小组所指出的“房屋是特定场所的特定建筑，也是社区生活的一部分。”当然，这是对建筑和城市设计师提出来的更高的要求，其不仅需要了解历史文脉、社会情感、传统工艺及材料等

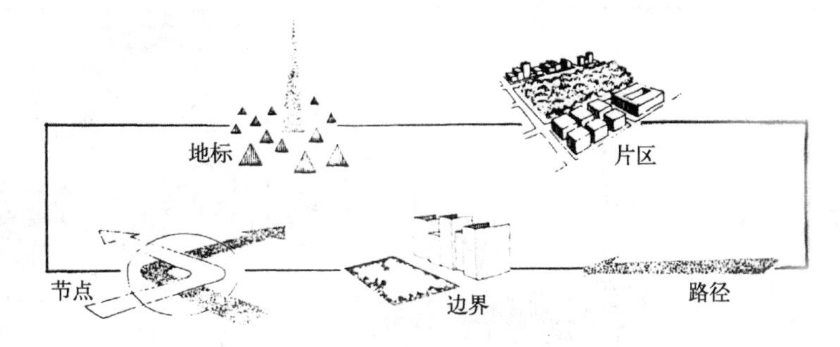

图 2.2.3-14 凯文·林奇的城市空间五要素示意

林奇把城市看作是一个完整的系统，包含了具有心理意义的组织结构。他认为每个人都基于其所生活的环境会形成“心智地图”，其中的路径、边界、片区、节点和地标为个体的场所体验提供了心理提示。

（资料来源：（美）罗杰·特兰西克．寻找失落空间——城市设计的理论 [M]．朱子瑜，张播，等译．北京：中国建筑工业出版社，2013：121）

具体内容，同时也需要对社会的政治、经济、文化状况充分考量，后者对设计师来说往往是最为迫切的。

凯文·林奇进一步阐述了场所理念：“空间和时间的概念很早便开始出现并发展。两者在形成和特点方面是有很多类似地方的……尽管它是隐含的，当空间和时间是我们安排自己经历的宏伟架构时，我们生活在时间的场所中。”[36] 很显然，从林奇的观念来看，场所是具有时空发展逻辑特征的，在空间层面随着时间延续，而具有了自我演化机制。在凯文·林奇的著作《城市意象》中，他提出了设计城市空间的主要原则——“易读性”、“结构和特征”、“意象性”，并总结了城市形态的五大要素，包括路径、边界、片区、节点和地标，按照五要素城市空间可以由此被解读并成为设计的基础（图 2.2.3–14）。

场所理论的倡导者虽然在价值观上是较为一致的，但其对于空间理解和表达手法却是多样化的。如拉尔夫·厄金斯（Ralpf Erskine）在瑞典维斯特维科城中心复兴项目中，就大胆尝试了本土化的有机更新形式（图 2.2.3–15）。汉斯·霍莱茵设计的德国门兴格拉德巴赫市博物馆同样生动地诠释了设计是如何与现状空间秩序呼应，并对历史环境加以重构的（图 2.2.3–16）。

除此之外，场所理论使用者还包括以下方面，如新古典主义者，他们会关注建筑形式上将新建筑与现状建筑加以整合；而法国文脉主义则强调以怀旧的拼贴来模仿城市演变；凯文·林奇则采用心智地图的方式形成对城市空间认知的理解；斯坦福·安得森（Stanford Auderson）则研究街道生态学等。在此之前我们曾讨论过城市的现代性问题，并多次提到了城市是具有历史延续性和空间生长性的，场所理论的设计师是从历史文脉和人本需求角度来尝试建立与空间的呼应的，并考虑如何把新旧建筑融合在城市现有的空间肌理中。

总体来说，通过对类型学及城市设计的三种主要理论：图底理论、连接理论和场所理论的简单回顾，我们需要避免沉迷或强调某一理论却忽视了理论系统性和应用过程中的综合性。例如，若对某一城市建筑或片区进行设计，只强调图底理论而忽视连接理论和场所理论，将很有可能导致设计区域之外的空间失去发展机会，同时也会导致空间变得冷漠而没有归属感。而只考虑场所理论却不考虑空间图底关系，也会使得设计陷入唯意识论的误区，缺少了物质空间

图 2.2.3–15　拉尔夫·厄金斯设计的瑞典维斯特维科城中心复兴草图，1971 年

厄金斯是 20 世纪最为著名的文脉主义设计师之一，他在瑞典这个复兴项目中表现出了对乡土建筑、有机空间结构和自然环境的敏锐感觉。

（资料来源：（美）罗杰·特兰西克．寻找失落空间——城市设计的理论 [M]．朱子瑜，张播，等译．北京：中国建筑工业出版社，2013：117）

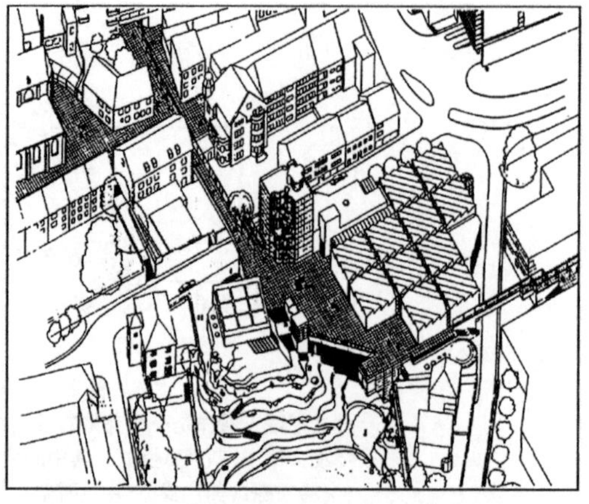

图 2.2.3–16　汉斯·霍莱茵设计的德国门兴格拉德巴赫市博物馆，1972~1980 年

霍莱茵设计的市博物馆很好地呼应了城市空间文脉，并展现了重组历史性。

（资料来源：（美）罗杰·特兰西克．寻找失落空间——城市设计的理论 [M]．朱子瑜，张播，等译．北京：中国建筑工业出版社，2013：121）

的系统有效支撑，甚至会带来泛空间化的种种问题。因此，需要根据区域社会发展阶段、使用者的不同需求以及项目自身的可能预期，来恰当并综合运用不同理论。

2.3　城市空间形态的组织手法

2.3.1　空间设计方法

建筑设计的基本方法里包括遵从建筑基本功能、遵循形体与空间形态的基本法则、尊重地域传统、追求建筑的经济性、尊重多层次环境与文化内涵等。建筑理论家维特鲁威认为“……建筑取决于秩序、安排、比例协调、匀称、适当和经济……”。对以上这些基本设计概念进行分析，有利于我们界定优良建筑、理解构图特质、建构城镇景观。虽然这些基本设计概念的使用方法及其关联性往往不尽相同，但却都是相互联系、重叠和补充，共同创造一致的组合。城市空间与建筑形体是互为依存、不可分割的矛盾双方，建筑物的外部形体是其内部空间合乎逻辑的反映，建筑的外部空间形态又是建筑形体与城市周围环境要素所共同构成的基本特征。舒尔茨提出的“场所精神”促使人们去思考人与环境之间的各种复杂关系以及空间意义，人本主义思潮则一方面继承了“以人为中心”的传统，同时又进一步拓展了设计认知中的自我感性和非理性因素。以上理论观点说明即使当今城市发展已经进入到后工业时代和数字化时代，人类对于空间秩序最本质的认识和审美观点却是永恒不变的，本节将要着重讨论的是城市建筑空间中常用的四个基本设计原则，它们分别是：秩序统一、对称平衡、比例尺度、节奏韵律。

（1）秩序统一

秩序（Order），作为维特鲁威列举的第一个特质，已经受到全世界的认同。其定义因人而异，但维特鲁威认为“……由于作品中每个部分的度量是可以分开考虑的，并且是依照整体比例的对称配置，这是一种依据总量而产生的调整动作，也就是说，从作品本身的某部分挑选模矩，并且以此部分的各种构件为基础，建构一个协调的作品。”城市的秩序与人们感觉、解读、了解环境的方式有很大关系。这种可感知的秩序和环境的易识别性，或与将片段整合成完整形式的容易程度有关联。由于大部分的建筑都是存在于街道、广场、公共开放空间里，统一性（Unity）在公共空间中的面貌便成为设计的主要考量，这是公共领域的空间，也是建筑物依循一个纪律性的架构来建立秩序的场所。

虽然追求统一往往是设计师的共识，所以一般会忌讳将其划分为两个相等部分的不同构图；但是，重复原型有时也会取得良好的效果（图2.3.1–1）。而位于罗马蒙特利欧(Montorio)的坦比哀多(圣彼得小神庙,The Tempietto of S.Pietro)（图2.3.1–2）是对统一的经典表述。阿尔伯蒂曾经这样评述道：“我所认为的美就是物体各构件间所展现的和谐效果；无论它以何种面貌呈现，这样的比例与组合关系不容许任意添加、减少或改变，否则就破坏了美。”不可否认地，统一的概念是所有规范的支柱之一。在城市设计中，空间统一性的寻求是对城镇整体或城市空间而言的，正如瓦尔特博所指出的：“设计师的任务是将地面和墙体统一到空间当中，以满足所有的功能要求，并使之具有愉悦的吸引力。”[37]

因此，城市设计师与建筑师是秩序统一体的两面，一方面他们认为有机秩序是被运用在都市或公共空间设计的自然秩序；另一方面，他们也认同秩序性设计是整体宇宙中扩大秩序的一部分。设计所扮演的角色是将混乱变得有秩序。利用零散的建筑或城市设计元素随意组合的成品，自然呈现出脆弱与不完整的概念。而只有全盘了解建筑或城市设计中的秩序概念，才会表现出完全的统一性。

（2）对称平衡

所谓对称（Symmetry）是指轴线两侧元素具有相同的配置方式。维特鲁

图2.3.1–1 诺丁汉的双拼式住宅
（资料来源：（英）克里夫·莫夫汀．都市设计——街道与广场[M]．王淑宜，译．台北：创兴出版社有限公司，1999：57）

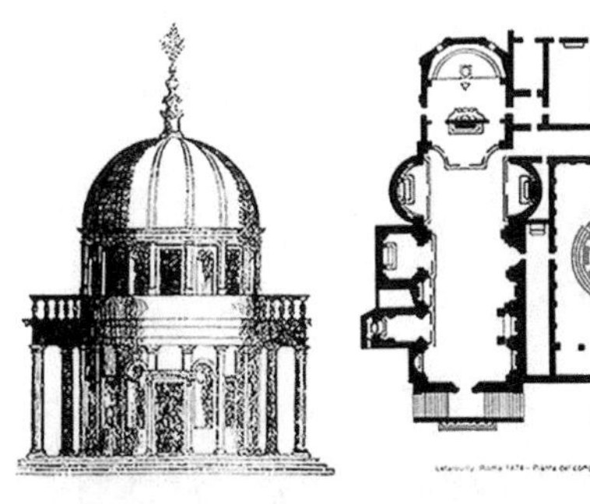

图2.3.1–2 罗马蒙特利欧的坦比哀多
坦比哀多由多纳托·伯拉孟特（Donato Bramante）设计，其建成形式就是阿尔伯蒂哲学的缩影，以全部的尽善尽美的形式表达了一种雕塑化的形式
（资料来源：（英）克里夫·莫夫汀．都市设计——街道与广场[M]．王淑宜，译．台北：创兴出版社有限公司，1999：31）

威提供了理解建筑中对称这个特别概念的关键："对称是作品自身各部分间适当的一致，是不同部分间以及和整体框架之间，依据选择的确定部分作为标准的相互间的联系。因而在人的身体中，在前臂、脚、手掌、指头以及其他小的部分空间，具有一种对称的协调。"现在将对称这个古典概念，解释成为术语"平衡"（Balance）也许是当前最简单、清楚的表达。

对称的现代用途是轴向形式的建筑或者城市设计组群的平衡。对称平衡，暗示了一根运动的轴线，沿着这个中轴，是欣赏对称构图建筑的最佳途径（图2.3.1—3）。两个相等的建筑物构成的构图是平衡的，但也形成了视觉上的双中心。引入第三个要素将视觉联系在一起，有助于在一个对称的构图中建立统一（图2.3.1—4）。当然，不对称形式则是一种非轴线建筑的非正式平衡，与人体的侧面效果一致。与一般较稳定的正面对称形式相比，这种不对称在非常复杂的情况下，仍能达成一种视觉景象上的平衡稳定状态。

(3) 比例尺度

比例（Proportion）的概念是指局部本身和整体之间均匀的关系，历史上产生了大量基本几何形、黄金分割、矩形、模数、算术比等理论。同时比例是各部分数量关系之比，它是相对的，而尺度（Scale）则不然，尺度指的是要素给人感觉上大小与真实大小之间的协调关系。建筑或城市设计中的元素，必须经过组合的过程，形成整体视觉效应才有意义。

比例和尺度本质上是有一定区别的，比例是一个确定的值且有着理性的计算方式和结果，但尺度是人对物大小比较后的体验，因此人们常常用图示的方式来表达比例关系和尺度大小。在建筑设计方面，比例是指各部分之间以及部分与整体的关系，是运用在建筑整体或建筑群的一种系统。在城市层面对于尺度来说，则是一个整体的度量与比例与另一个整体的比较结果。芦原义信提出的 D/H 其实就是在解释高宽比例关系对于街道尺度的决定性作用。

在环境中欣赏尺度是感觉的也是心灵的，恰如佛罗伦萨大教堂带给我们的感受（图2.3.1—5）。城市设计的艺术就是合适地使用这些尺度，为尺度间的顺利转换创造机制，以变换尺度达成优美，避免视觉的混乱。对建筑之间的距离与高度、广场的宽度与主体建筑的高度之比、人与墙体的高度或宽度之比等这些比例的掌握理解，可以让我们从一个理性的角度来创造一个充满活力的城

图 2.3.1—3　泰姬陵对称构图

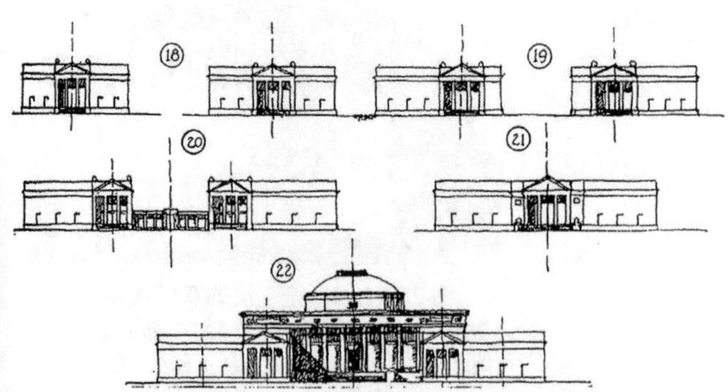

图 2.3.1—4　正式的对称

（资料来源：(英) 克里夫·莫夫汀．都市设计——街道与广场 [M]. 王淑宜，译．台北：创兴出版社有限公司，1999：81）

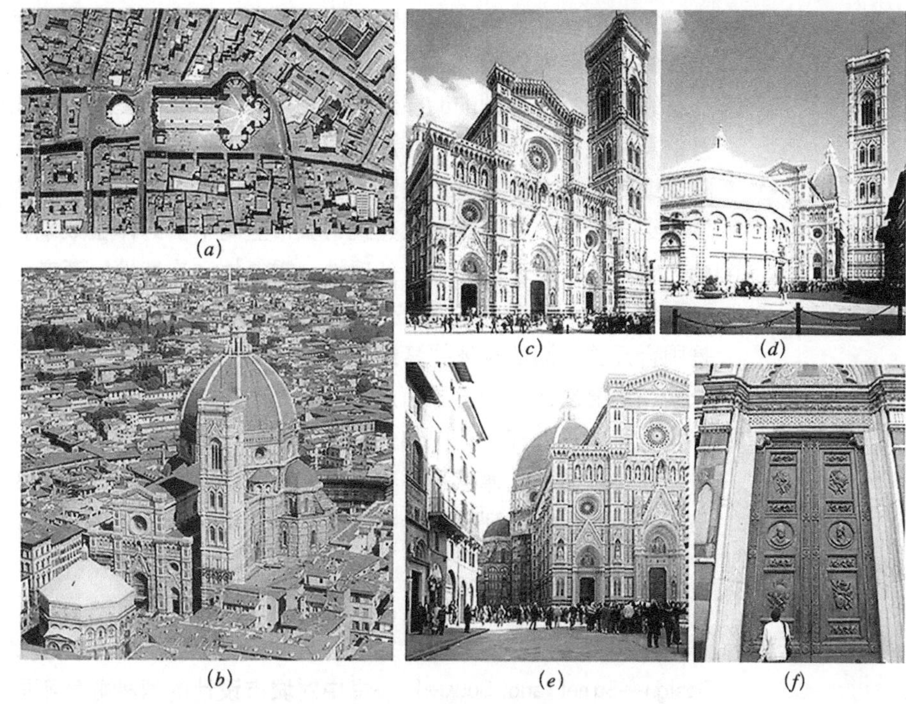

图 2.3.1-5 佛罗伦萨圣母百花教堂（S. Maria del Fiore）

佛罗伦萨大教堂（圣玛丽亚·德尔·斐奥雷），坐落于意大利佛罗伦萨市中心，是一个纪念性尺度上的城市设计，它橘黄色的穹顶已经成为佛罗伦萨最著名的标志。绕行建筑体四周，只能看见建筑体的一角，而非全部。然而，它的延伸和布置也限定在街道框架之中，将城镇的尺度带回到地面、带回到人的水平。

(a) 圣母百花教堂区域平面；

(b) 圣母百花教堂区域鸟瞰；

(c) 圣母百花教堂；

(d) 洗礼堂与钟楼；

(e) 教堂北侧的街道；

(f) 教堂入口——天堂之门

（资料来源：http：//www.poliark.it/images/Vedute/SMFiore1993.JPG）

市空间。正如亚历山大在《建筑模式语言》中提出的“四层以下”模式：“在三至四层楼上，你仍然能舒服地走下楼梯，上街去逛逛：你依旧能凭窗远眺，感到自己置身于街景中；你能看到街道上的一切细节，熙来攘往的行人；你能从三层楼上大声呼喊，引起下面人的注意”。[38]

（4）节奏韵律

节奏（Tempo）原为音乐上的术语，在音乐中，音符时值的长短、快慢，强弱的持续与重复便形成节奏，但节奏是一种简单的重复并是以基本元素为基础的。但韵律（Rhythm）却是对节奏的升华，在节奏的基础上赋予一定的情趣、变化等感情色彩，它的奥秘是需要经验体会。建筑中的韵律是元素群化的产物，包括强调、间隔、强弱，以及方向。同时，韵律也是一种节奏感，由这些形成组合体的单元结合而成。

节奏韵律是建筑的脉搏，是建筑及城市设计在美学上成功的必要条件。建筑中，复杂与平淡之间的正确平衡，是达成秩序性的重点所在。一个好的组合就是一种协调性的组合，使经由比例的运用达成一致性的结果。良好的设计应

该避免单调，应具有趣味和特色。进入锡耶纳坎波广场的明亮圆形剧场，便是绝妙的城市空间体验。

在建筑物中规则的韵律形式首先体现在形状的重复上，如窗、门、柱等元素的重复（图 2.3.1–6），除了上述设计元素的重复之外还有尺寸的重复，如柱间或跨距尺寸的重复。建筑师和规划设计师往往通过规则的重复和渐变的重复相结合运用，并由此形成建筑与城市空间丰富的体验效果。另外，节奏韵律的艺术特征主要表现在设计条理性、重复性、连续性、渐变性和交错性。

城市空间的解读主要是通过空间界面变化来实现的（图 2.3.1–7），无论是围合开放空间的实体要素还是建筑内部空间，界面都是表现空间意义的重要元素和主要设计手段。界面是一个无处不在的空间元素，它可以把内部空间外部化也可以将外部空间内部化，或者形成一种介于室内与室外的过渡空间。同时，建筑群节奏韵律感是一种更为宏观的韵律系统，其包括变化与统一、对称与不对称、情感序列等设计手法的组织运用（图 2.3.1–8）。

2.3.2 城镇与建筑组合

克里夫·莫夫汀（Cliff Moughtin）在《都市设计——街道与广场》（Urban Design—Street and Square）一书中对城市设计的两种截然不同的概念进行了区分：第一种概念认为城镇可以被视为一个开放空间，建筑体是存在其中的三维实体，犹如安置在公园里的雕塑物；第二种概念则认为城镇里的公共空间，如街道广场等，是从原始材料块体中挖雕出来的。这与区分为“传统的”和“现代的”城市空间体系的本质相对应。第二种概念似乎源自于几个美丽城市，如意大利的佛罗伦萨、阿西西（Assisi）及英国的牛津等，认为第二种概念具有欧洲都市生活形态的发展潜力，一旦成为未来开发的模式，将使得这个优秀且

图 2.3.1–6　格拉纳达阿尔罕布拉宫（Alhambra）宫殿柱廊
（资料来源：zh.wikipedia.org–file：alhambra2001.jpg）

图 2.3.1–7　瑞士伯尔尼富有韵律的空间
（资料来源：www.duitang.com）

图 2.3.1–8　罗马斗兽场
（资料来源：www.ctps.cnctps.cn——罗马斗兽场）

杰出的文化特质继续流传。

城镇与建筑，要达到创造一个整体或一致的组合的城市设计目标，首先，涉及前一章节中说明过的建筑形式的一致性。城镇与建筑形式的一致性，部分来自于类同建筑材料的使用、建筑细部的重复出现，以及人性尺度的适当利用。例如英国许多城镇，林肯（Lincole）、京斯林（Kings Lynn）以及寇斯沃德等市镇的老旧地区，这些城镇无论建筑是城市空间的组成要素，还是建筑体块围合出来的空间，城市设计的主要目标都旨在创造一个整体或一致的空间组合，而非被割裂的、失落的空间。[39] 而在大规模的城市设计项目中，采用以下三种空间处理方式可以有利于一致性的产生，其分别是景观与建筑、角度与轴线、密度与类型。

（1）景观与建筑

景观与建筑的起源和发展，是人类与自然和谐相处的需要，是人的物质要求和精神要求的体现；由于人类的集体潜意识和时代文明等因素，地球上不同区域的人们对建筑和景观都有相似的理解，同时由于气候、环境、种族、宗教信仰、经济政治等不同，不同区域和时代的建筑和景观又有不同的特征。但根本上来说，都是人类文明发展到一定程度的产物，受时代的控制和影响。根据西特的城市发展理论做建筑设计，景观成为更为重要的事物，而建筑归入辅助性的支撑作用，空间中独立的建筑物立面，以一个外部角度相交会，被观察者看做一个体块。过程颠倒，建筑环绕空间布置，立面以一个外部角度相交会，产生一种容积的效果。

景观和建筑有时是对同一事物的不同表述，比如钟楼、方尖碑，可以称为景观，因为它的功能性没有一般建筑那么强，但代表了一种权利、力量等精神要素；也可以称为建筑，因为其材料、构造、比例完全是建筑的，而且其产生的空间感也是建筑的本质体现。一般地，景观载体表现为植物、山、水的自然或人工组合，建筑载体表现为砖、石材、木材的序列组织。两者没有根本性的冲突，而且很多方面是相通的。

造景是塑造建筑组合一致性的重要工具，尤其是当一系列巨大的建筑体配置在一起时。造景变成整个组合体的重要元素，而建筑物则扮演了次要且对立的角色。例如在英国，一般独栋建筑的配置方式会沿着乔木、灌木丛中的车道，并在临道路面稍作退缩，每栋房子都拥有属于自己的独立世界，以浓密的栽植群将房子隐藏起来，与街坊邻居隔离。这些几乎没有关联性的建筑体就是以造景的手法，透过庭园设计将建筑物、车行道、步道，融合成一个整体。

在北美城市的近郊，例如巴尔的摩的罗兰公园地区（图 2.3.2–1），其大型孤立的别墅各自矗立在庭园中，面对共同的草原，院内密植的植栽如同建筑体之间的衬托物。园林要素是大面积蔓延的整齐修剪过的草地，用来统一不同的建筑形式和风格。这种配置形式需要广阔的土地，才能成功地实行。而在较高密度的规划中，只有像兰彻沃斯（Letchworth）、韦林（Welwyn）这样的田园城市，或汉普斯特德（Hampstead）这类的庭院郊区，才能突显造景在整合高密度住宅区的角色（图 2.3.2–2、图 2.3.2–3）。这些早期住宅的实验为英国人理想家园的形式——原野中的田园住宅设立了典范，但仍在一般人可购买的范围内。而后期的高密度开发，并未规划造景的空间，降低了当初构想的美意。

图 2.3.2-1　巴尔的摩的罗兰公园地区

（资料来源：http：//i0.wp.com/www.baltimorefishbowl.com）

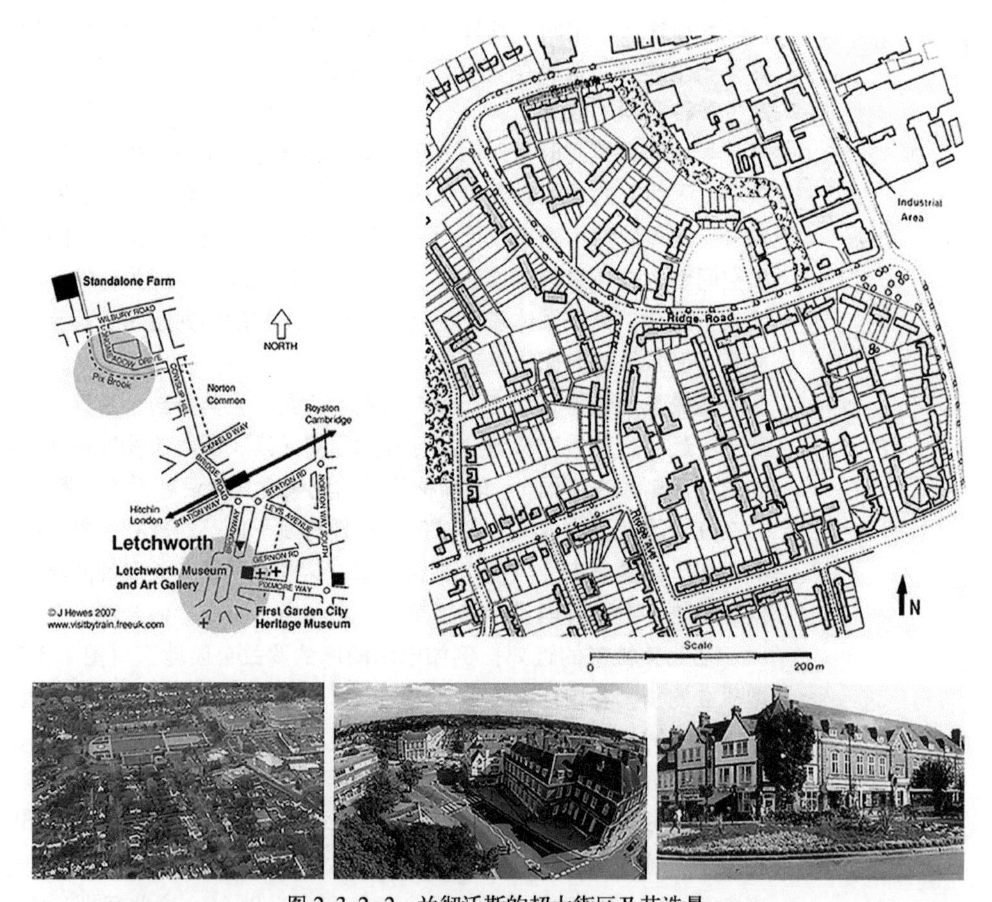

图 2.3.2-2　兰彻沃斯的超大街区及其造景

（资料来源：平面图：（英）克里夫·莫夫汀．都市设计——街道与广场[M]. 王淑宜，译．台北：创兴出版社有限公司，1999：102；

实景图片：http：//www.tomorrowsgardencity.com/system/files/images/LGC_ariel_1.jpg）

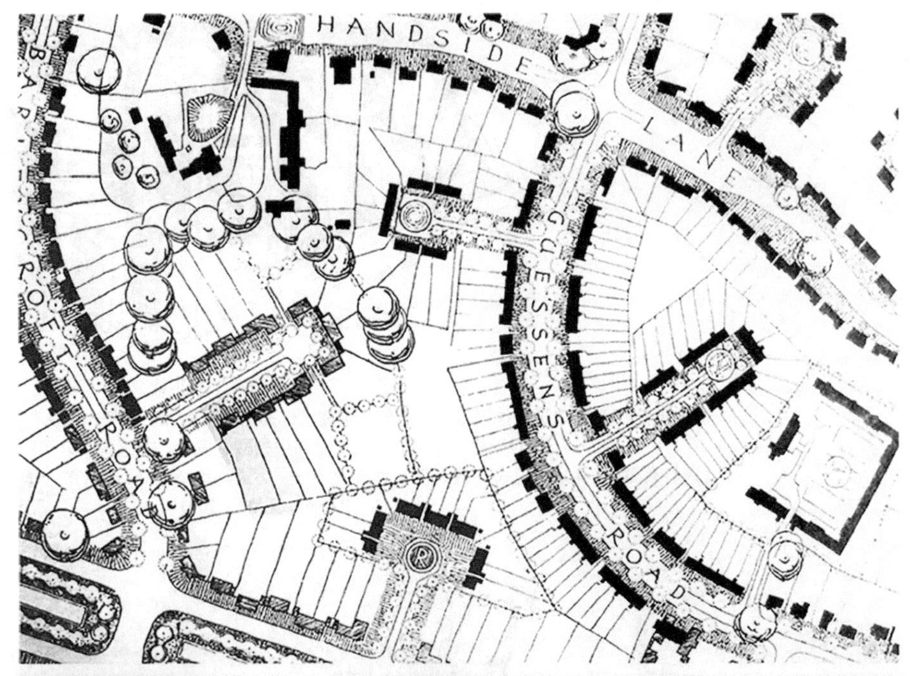

图 2.3.2–3 韦林的超大街区及其造景

该街区具有完善设计的社区空间，以及作为主要休憩场所的公共景观。建筑物沿街道两侧兴建，住宅建筑嵌在大片绿茵之中。绿地与城镇广场成为界定社区景观的明确界限。

（资料来源：实景图片：http：//www.booking.com/city/gb/welwyn-garden-city. html）

（2）角度与轴线

使用恰当的角度可以将不同功能及不同时期的建筑物在空间中联系起来，并保持空间上整体形式相互协调。运用直角串联建筑群，一直都是城市规划与设计最普遍的手法之一，尤其是对于平坦基地上的开发或者是新区的规划。例如英国战后的居住项目，泰晤士河畔的丘吉尔花园，街区形成了一系列的庭院，空间中独立的、清晰表达了三维体积特征的街区（图 2.3.2–4）。利物浦大学是另外一个很好的例子。由于利物浦大学校园内早有许多当地重要的建筑作品，因此在规划设计中大胆引用适当角度的原则，来整合这些形式广泛的建筑设计。很多建筑物跨入原有街道打破了街道的连续性，但却和街道保持平行关系，它原本的几何记忆被保留下来（图 2.3.2–5）。

这种使用恰当角度作为设计准则的城市建设方法，要求有足够的空间才能突显出建筑群体的优点。当不一样高度的建筑群配置得相当接近时，在建筑体的较低层部分采用工整的建筑设计手法，如廊道的形式，有助于维持视觉的连

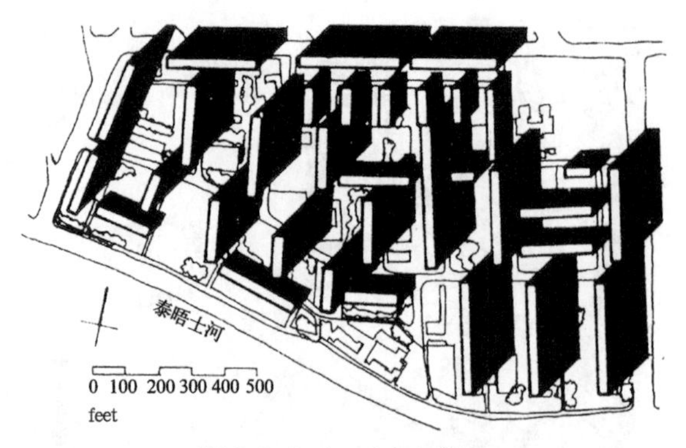

图 2.3.2-4　丘吉尔花园

丘吉尔花园利用建筑块体围塑出一系列的中庭，作为庭园、植栽、草坪，以及儿童游戏场使用；但住户对于建筑体孤立在三度空间中的醒目设计，却感到十分满意。

（资料来源：（英）克里夫·莫夫汀．都市设计——街道与广场 [M]. 王淑宜，译．台北：创兴出版社有限公司，1999：109）

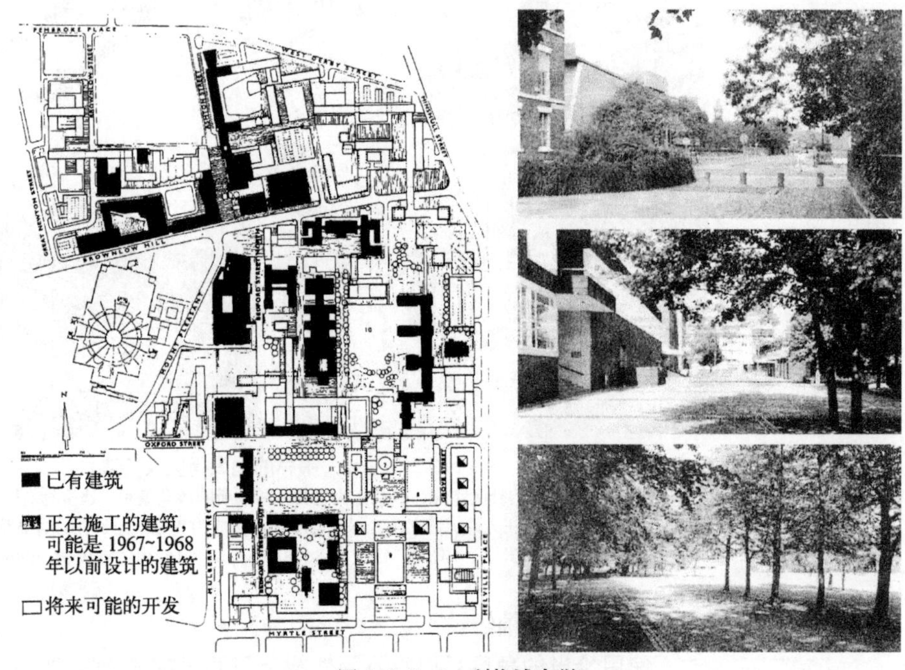

图 2.3.2-5　利物浦大学

（资料来源：（英）克里夫·莫夫汀．都市设计——街道与广场 [M]. 王淑宜，译．台北：创兴出版社有限公司，1999：110-111）

续性。当建筑的所有权非常复杂，或单栋的设计者坚持己见时，角度引用也将会是组织具有一致性空间特质的有效方法。

而以一条有力的轴线作为建筑群体的组织准则，是空间布局的另外一种普通方法。凭借这种普通的布局方式，建筑物和景观要素的布置对称地围绕一条轴线；通过向观察者表达沿着轴线景象中预设的视线焦点，空间整体感由此将被建立起来。

轴向构图的方式在罗马、柏林（图 2.3.2-6）、巴黎（图 2.3.2-7）、北京（图 2.3.2-8）等城市均得到十分清晰的体现。明北京城在元大都的基础上吸取了明初中都和南京的布局和形制的特点，使“左祖右社，面朝后市”的格局更加

图 2.3.2–6　柏林东西城市轴线鸟瞰
（资料来源：王建国 . 城市设计 [M]. 南京：东南大学出版社，2004：156）

图 2.3.2–7　巴黎城市轴线鸟瞰
（资料来源：http：//news.xinhuanet.com/foto/2013–07/18/c_125028112_14.htm.）

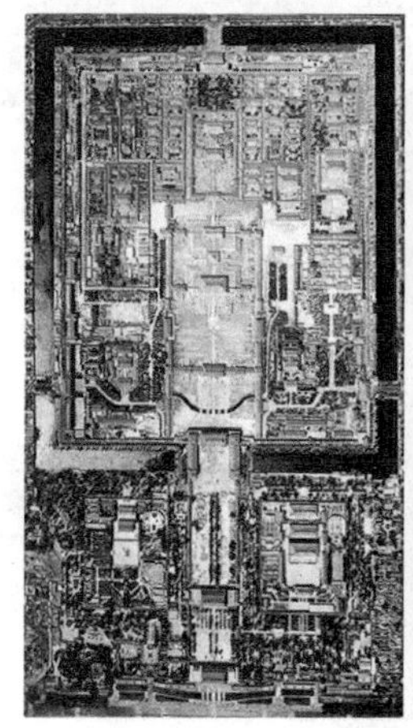

图 2.3.2–8　北京城市主轴线
（资料来源：(*a*) 王建国 . 城市设计 [M]. 南京：东南大学出版社，2004：26；
(*b*) http://img.blog.voc.com.cn/jpg/200912/15/3162_2db12865e4b8394.jpg）

突出，城市轴线也延伸到外城，形成了长达 8km 的雄伟庄严的南北中轴线，以金、红二色为主色调与四合院灰与绿营造的安谧，构成强烈的视觉反差，给人极具震撼的审美感受。

正交格网是采用轴线方式最好的城市基底，由于格网上具有较多空间意义的点，由此可以通过主要轴线和次要轴线来确定构图要素的位置。在这种方式中，整个城市或者城市的一部分，通过使用一种特别的正交格网形式，取得了秩序。当超过四条轴线集中在一个终点的时候，浮现出一种全新的空间模式：从中心的终端放射出来的街区肌理结构。而数条轴线的交点处，通常会是纪念物或地标物的最佳位置。

另外，可以通过使用街景作为城市结构的引导准则，如西克斯图斯五世所构建的罗马城市模式。即在每个宏伟视觉景象的端点都设有方尖碑，方尖碑的周边或交通节点处后来形成了很多精彩的广场（图 2.3.2–9）。而在封丹纳的

1 波波洛广场

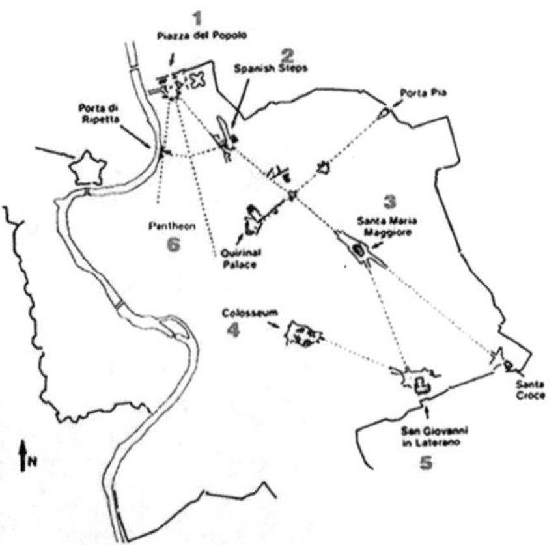

2 西班牙台阶

4 斗兽场

5 圣乔万尼

3 圣玛利亚

6 万神庙

图 2.3.2-9 西克斯图斯五世构建的罗马城市模式

（资料来源：(英) 克里夫 · 莫夫汀 . 都市设计——街道与广场 [M]. 王淑宜，译 . 台北：创兴出版社有限公司，1999：78）

城市设计中，也同样强调采用了具有秩序感的城市轴线系统，并由此建立了强烈的视觉系统。

（3）密度与类型

空间密度是社会资源和空间资源在土地利用结构中的分布强度。地域社会结构和主体活动结构、土地利用用途、功能组合以及开发强度决定了城市空间

形态结构，而密度是空间资源和其他与土地和空间相关的社会资源配置的核心。就城市设计而言，需要将密度与城市结构、城市形态、建筑形式相联系。作为空间模式特征主体——密度所承载的社会意义是深刻的，密度可以反映街区活力、就业环境、生活交往、出行选择等一系列社会现象，并根据社会、经济和文化等背景因素调整而产生关联属性的变化。

对于城市设计来说，作为城市现象的密度，既是某一时期城市建设模式特征的呈现（图 2.3.2–10），也是集体文化意识、时代特征、空间规范等方面的特征关联。因此，当我们提到密度时，常常会与其所在区域的诸多相关影响要素相关联，近些年来西方很多国家在规划政策制定与实施中开始逐渐淡化对"高密度"或"低密度"的概念，并转向于从城市发展、设施供给、土地混合使用等方面来增加区域发展的城市密度。这说明对于密度的研究不能仅限于密度指标本身，而是应当从城市整体系统概念中寻找能影响密度要素变化的相关机制，并通过优化密度指标来指导城市设计并实现可持续发展。

阿尔甘在 1963 年发表的《建筑类型学》中澄清了将"模式"（Model）或"原型"（Prototype）作为"类型"的错误观点和态度，他认为"模式"的概念是

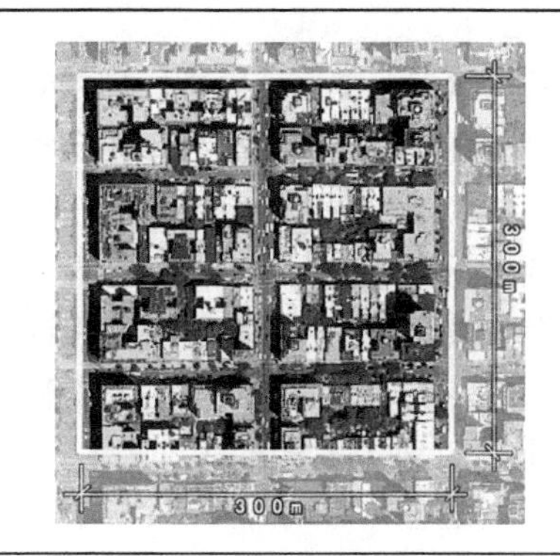	
纽约曼哈顿	西班牙巴塞罗那
建筑形式：高层建筑　功能：商务区 建筑密度（%）：47　建筑平均层数：9 容积率：4.8	建筑形式：低层建筑　功能：商住混合区 建筑密度（%）：39　建筑平均层数：5 容积率：1.9
	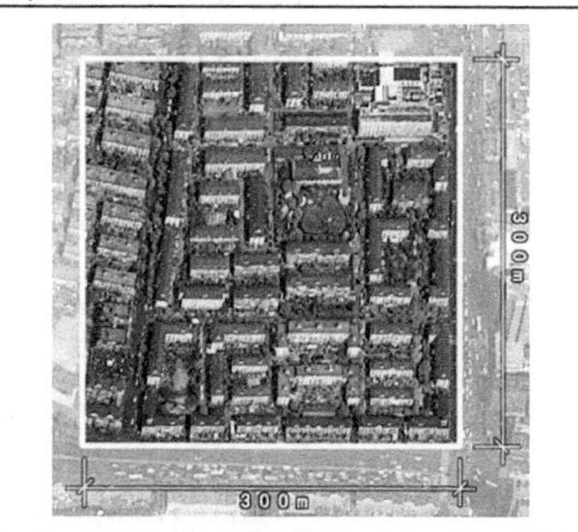
日本人形町	上海曹杨新村
建筑形式：多层建筑　功能：商业区 占地率（%）：36　建筑平均高度（m）：4.8 容积率：1.6	建筑形式：多层建筑　功能：住宅区 占地率（%）：48　建筑平均层数：6 容积率：1.2

图 2.3.2–10　不同城市的街区密度与类型比较

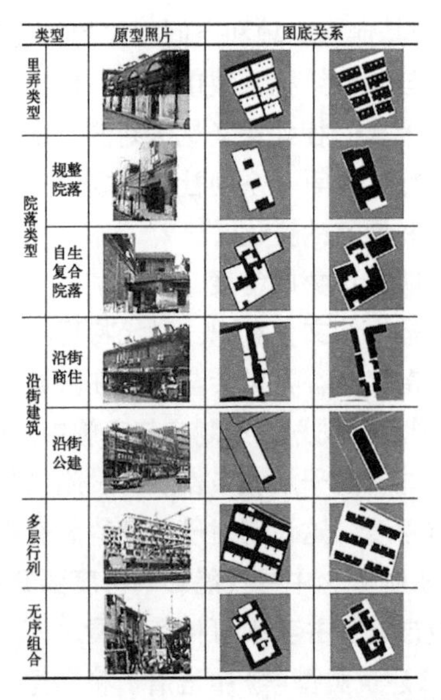

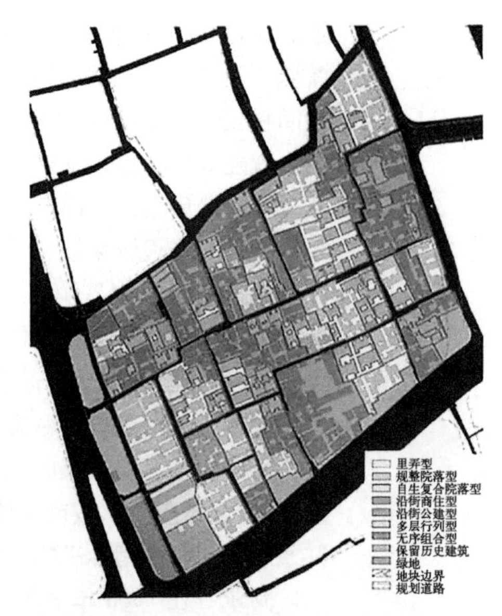

图 2.3.2–11　上海老城厢方浜中路街区城市设计中的类型学研究方法

（资料来源：周俭，陈亚斌．类型学思路在历史街区保护与更新中的运用——以上海老城厢方浜中路街区城市设计为例[J]. 城市规划学刊，2007（1）：61–65）

不容变化的，而“类型”则可以以一种灵活的方式加以变化和传承。从上述理论观点来看，城市组织本身由既是纯粹的又有各种组合类型的变体构成，其变化方式可能有插入、分解、附加、贯穿、重合或变形，城市空间形式可能是规则的、精确的几何体，也可能是不规则的。它们可以被墙、连拱廊或廊柱所封闭，也可以向环境开敞。以上海老城厢方浜中路街区城市设计为例（图 2.3.2–11），其运用类型学思想对里弄、院落、沿街商住楼等建筑类型进行了归纳，并通过类型学设计法应用抽象出上述四种空间要素的“原型”，将新的形式与历史街区形成了有机的整体[40]。

城市设计处理空间形式的特点不仅在于密度，更在于要明确空间形式与使用方式。一方面通过探究城市空间类型与建筑类型，将类型加以比较和转换来实现城市形态的连续和谐，另一方面需要将城市片段有机组合，通过历时性的城市片段在空间上叠合实现市民对历史的记忆，让人们感受到城市是有序、连续和充满意义的场所。在设计中可以通过类型选择、类型解析、类型评价和类型转换来为设计工作提供有力依据，由此更好地体现城市地域特色。

2.4　城市公共空间的主要类型

城市设计实践所针对的物质环境是宏观尺度还是微观尺度，在目前理论界一般有两方面认识。一类是沿袭传统的城市设计，认为城市设计主要涉及微观尺度上的城市空间，如城市的局部地区、建筑的公共立面、城市中的公共空间等。另一类则认为城市设计涉及范围更广的物质环境，是从整个城市的空间和功能组织上设计城市。我们认为城市设计会涉及多种尺度的城市空间，尺度变化也会产生设计功能与重点的差异性，因此需要用一种整体的空间概念来整合

不同层次、不同尺度下的城市设计工作。另外在空间属性上，城市设计应以公共空间塑造为主，同时又能够将私有空间加以引导控制，能够将二者有效平衡。

城市公共空间类型具有以下三种功能承载意义。首先，它可以作为城市活动的设施与场所，承载交通、商业交易、表演、展览、体育竞赛、运动健身、消闲、观光游览、节日集会及人际交往等各类活动。其次，它有利于促进文脉的传承与发展，承载城市文化底蕴和精神风貌，结合人文背景、自然资源、传统景观、公共艺术等来深层次地塑造城市建成环境。最后，它有利于价值的创造与提升，提高环境品质、提升城市形象、加强城市活力，也是对城市价值的延伸与放大。这些物质性空间要素的规划设计在本质上属于城市设计的范畴，有利于促进功能良好、形态优美、具有特色、富有活力的城市空间的形成与发展。本章将城市公共空间主要提炼为广场、街道、公共绿地、滨水区和中心区等五种类型，并从功能、形式、设计控制要素等角度对其物质与社会属性加以阐述。

2.4.1 广场

广场是城市设计最重要的空间形态类型之一。广场可以作为城市的人潮聚集的焦点与开放的空间，更是布设公共建筑或商业建筑的最佳位置。因此，广场的规划设计，尺度必须大小适中，以免在视觉和感觉上有荒芜感。如威尼斯圣马可广场、罗马圣彼得广场以及巴斯的广场群等，其空间、建筑及天穹之间的关系都是独一无二的。这需要一种情感上与思考上的回应，是与其他艺术形式互相比较的结果。

早在古希腊、古罗马时期，广场就已经成为公共交往的场所，市民可以在此发表讲演、互相争论，宣扬话语权。广场往往不仅仅是在城市生活、公共空间中，同时在城市政治中也扮演重要角色。如今，网络作为新型的公共空间形式，使得人们可以在其上进行讨论、发表看法，甚至影响到国家的政治生活，网络成为空间的延续。这一点与广场也是相似的。一般来说，广场的归类方式主要是依照功能或形式来分。

（1）广场的功能类型

一个广场中的活力是很重要的，并且，对其视觉吸引力也很重要。尤其是围合广场的建筑，其高度、形式、功能，都是非常重要的。维特鲁威在写到古罗马城镇的广场设计时，说它“应该与居民数量成比例，以便它不至于空间太小而无法使用，也不要像一个没有人烟的荒芜之地。”古罗马的广场数量非常之多，这与古罗马的发展机制相联系。而当下城市的广场往往非常大，数量又非常少。实际上，小而多的广场，可能尺度更好、人们使用更加方便、也给人们更多的选择，因此，提供的生活质量也就更高。当然，也不能太小造成无法使用。

从空间尺度相对性来看，像天安门广场这一类的广场（图 2.4.1–1），虽然空间尺度较大，缺少围合感、安全感、界定性等，但却具有非常重大的政治意义，与中国近代许多重大的政治生活紧密相关。另外，像上海人民广场（图 2.4.1–2），是在英国人跑马场空地上建设起来的，拥有一定的历史发展背景与意义，布局具有特色，也对人们的生活产生了很大的影响。

(*a*)

(*b*)

图 2.4.1-1　北京天安门广场

60 多年前，当五星红旗在天安门广场上升起，"中国人民从此站起来了"的洪亮声音传遍神州大地的时候，天安门广场便成了举世闻名的广场。广场在布局上，所有的建筑物都必须陪衬天安门城楼这一主体建筑，纪念性与政治性密切联系。

（资料来源：(*a*) http：//bbs.oppo.cn/thread-6847463-1-1.html

(*b*) http：//www.quanjing.com/share/mhrf-dspd16541.html）

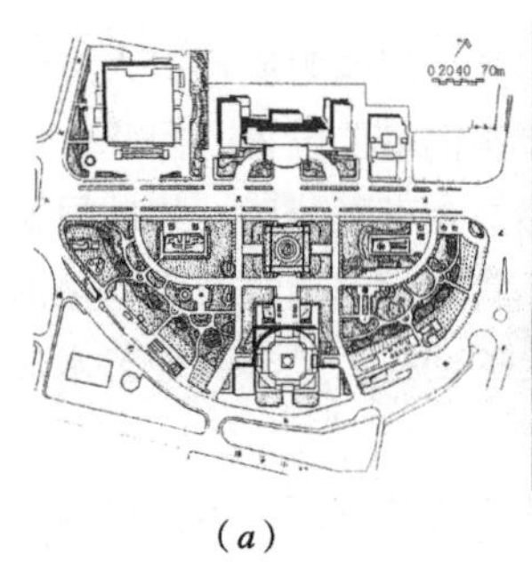

(*a*)

(*b*)

(*c*)

图 2.4.1-2　上海人民广场

人民广场位于上海市黄浦区，原是上海跑马厅；抗日期间，这里也曾被日本侵略军当做兵营；解放时期，又成为美军的聚集场所；直到中华人民共和国成立后，上海市政府收回这块地，逐渐修建成今日的人民广场及人民公园，当时的跑马厅大楼改建成现在的上海博物馆。历经改建后，现在的人民广场是一个开放式的广场，总面积约 14 万 m^2，成为上海市的经济政治、文化娱乐中心和重要的标志性区域。

(*a*) 人民广场平面图

（资料来源：(*a*) 李德华．城市规划原理 [M].3 版．北京：中国建筑工业出版社，2001：505）；

(*b*) 人们广场中心区域

（资料来源：(*b*) http://you.ctrip.com/sight/mardelplata1679/107864-dianpingCategory4.html）；

(*c*) 人民广场夜景

（资料来源：(*c*) http://a0.ifengimg.com/autoimg/distributor/81913_news_1445404138783.jpg）

实际上，从城市设计物质形态的角度而言，考量尺度、界面、周边建筑的围合和功能及其可参与性，是高质量的广场必须具备的。而西特所倡导的中世纪和文艺复兴时期的广场往往是极富活力、功能合理，广场与周围公共建筑物关系协调，则是从城市设计的角度对什么是好的广场提供了指导原则。广场的空间作用主要体现在中心性、入口性、边界性三方面。

①广场的中心性

广场很重要的一个方面，是其中心性。任何一个广场都会有中心性，理论上讲，可以通过广场的图形，而实际上还可以通过公共艺术品、通过建筑来限定。而另外一个重要方面，则是广场作为入口的意义，也就是广场的可达性。与此同时，广场还会承担很多交叠的功能，成为心理的认知地。成功的城市广

场，拥有主要功能的同时，也经常支持周围建筑物多样性的用途。通过优秀的设计，广场也能够很好地提高周边地产的价值。

在我国，宋朝之前城市主导格局为里坊制，整体上在街道格局、连续性上相对缺乏，公共空间也相对缺乏。宋朝开始城市建设秩序发生了改变，城市格局转变为街巷式，形成了今天的街道格局。这是我国城市发展的一个重要特点。但西方城市中往往首先是形成了广场，以及街巷，这种格局一直保持到了今天，成为现代城市的一个雏形。俯瞰并发现中心部分在西方古代城市生活中如何重要是很容易的，很多城市生活就是露天的，在这里交换思想和产物。目前欧洲一些城市中，仍然存在社会生活的集聚点和大量不同性质活动的场所，人们在广场上跳舞、活动，餐厅酒吧布置的延伸等，这些都是广场存在价值的体现。

广场对城市的意义，就像家园的中庭一样；它是一个装备完好、设备齐全的主要大厅或待客室，罗马市的圣彼得广场就是一个极佳案例（图 2.4.1—3）。一方面，圣彼得广场跟它的宗教性非常匹配，广场上有占主导地位的建筑物圣彼得大教堂，与广场相协调，都具有十分宏大的尺度。广场也成为一个精神场所，世界各地的信众都会在圣诞节跑到教堂来做弥撒。而广场形状设计为梯形的，从梯形长边的角度看，可以矫正矩形使之产生透视的效果，造成近大远小，从短边看过来，则会加强。类似这样的设计手法在古典的广场设计中利用得是非常充分的，当今的城市设计也应该吸收和延续这些传统的精华。

②广场的入口性

入口是一个具有双重功能的场所。它因为是一个目标而成为一个中心、一个朝圣的窗锁，或者更为世俗的，如购物休闲的处所。向心力和离心力之间的张力在入口处最为突出。入口可能有很多形式，像一个门，一座桥，一条在两栋紧邻的建筑物中间的通道，一条林荫道，或是一条直接穿透建筑物的门廊。

罗马波波洛广场（Piazza del Popolo）是一个城市入口的优秀范例（图 2.4.1—4）。波波洛广场又称人民共和广场，位于罗马北端波波洛城门南侧。在铁路出现之前，它一直是罗马市北来北往的门户。今天，它是平裘花园的一个漂亮入口和三条街道的交会处。1586 年为罗马教皇西克斯图斯五世竖立的红色花岗石的埃及方尖碑位于椭圆形的广场空间中央，并置于科尔索大道、巴布诺大道与里培塔大道三条轴线的交会处，是广场上的视觉焦点。广场南侧为 1662 年开始建造的双子教堂，由于教堂坐落在中心轴线科尔索大道两侧，更加强调其重要性。同时教堂也是广场与街道的一部分，并且将方尖碑、街道、广场紧紧串接在一起。门的位置成为广场成形的基础，且创造了属于自己不变的精神[41]。

③广场的边界性

卡米洛·西特（Camillo Sitte,1889）则提倡城市空间设计的"图画式"途径。从对一些欧洲城镇广场的视觉和美学特点的分析来看，西特得出了一系列的艺术原则[42]（图 2.4.1—5）。对西特来说，围合是作为广场的先决条件。另一方面，组群广场却比较吸引西特的注意，他没有考虑将之作为一种分类形式，而是看做一种空间对话的方式，以这种方式各个广场能够相互联系并和城市肌理相联系。

R · 克里尔的城市广场类型学，认为广场的空间类型通常可以归纳为三种

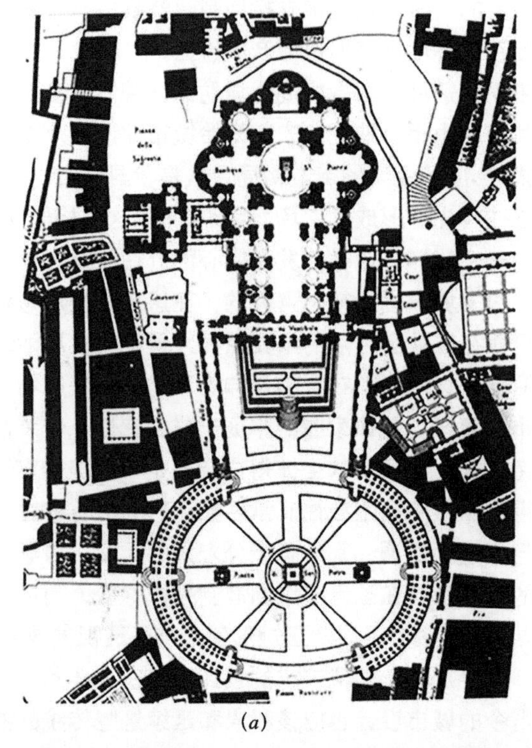

(*a*)

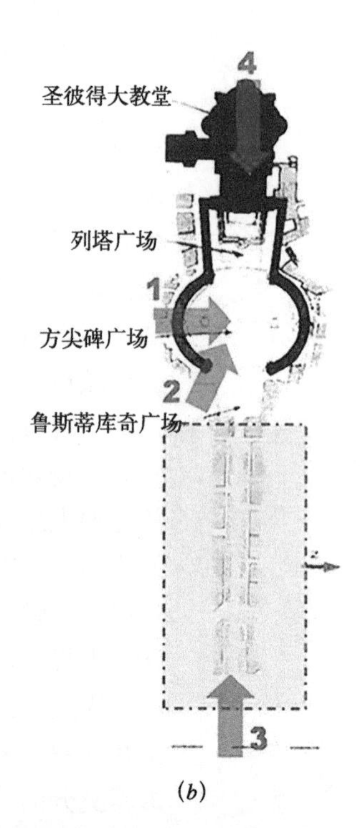

(*b*)

1　方尖碑广场

2　从广场上看圣彼得大教堂

3　通往广场的主要道路

4　城市轴线

图 2.4.1–3　罗马圣彼得广场

(*a*) 罗马圣彼得广场区域平面图；(*b*) 解读罗马圣彼得广场

（资料来源：http：//www.nipic.com/show/1/48/6112534ka052a54d.html）

图 2.4.1-4 罗马波波洛广场

(*a*) 作为罗马门户的波波洛广场及结构轴线

(资料来源：http：//instruct1.cit.cornell.edu/lanar524/renaissance.html)

(*b*) 解读波波洛广场

1—波波洛教堂及方尖碑

(资料来源：http：//instruct1.cit.cornell.edu/lanar524/524STOREHOUSE06HD/Piazza/Popolo3.jpg)

2—波波洛广场鸟瞰

(资料来源：http：//media-cdn.tripadvisor.com/media/photo-s/01/53/69/1a/view-of-piazza-del-popolo.jpg)

3—入口

(资料来源：http：//www.francescodebenedetto.it/roma/Foto/piazzadelpopolo.jpg)

4—波波洛广场全景

(资料来源：http：//enriquevidalphoto.com/photoblog/images/20091104180840_20091031_1410-piazza-popolo-pano2-2.jpg)

主要的平面形状：方形、圆形、三角形。这些图形的旋转、合并、叠加等，产生或规则或不规则的空间类型。相交的街道的数量和位置决定了广场或"封闭"或"开敞"的性质（图 2.4.1-6）。保罗·朱克（Zucker）将广场区分为五种原型形式：封闭的广场，其空间是独立的，例如巴黎的旺多姆广场等；支配型广场，其空间是直接朝向主要建筑的；核心广场，其空间是围绕一个中心形成的；组群广场，其空间单元联合构成更大的构图；无组织广场，其空间是不受限制的。综上所述，根据广场界面封闭性特点以及广场与建筑的空间关系，可以将

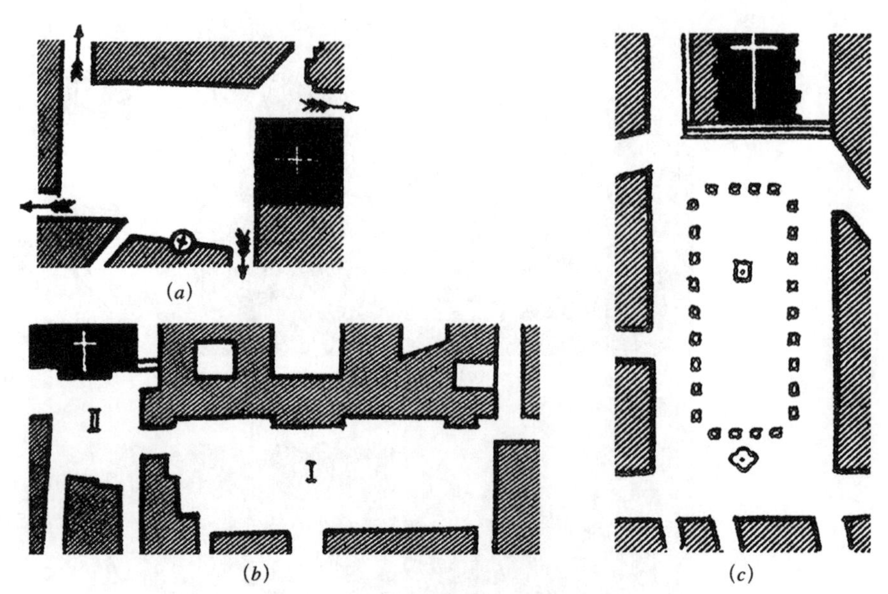

图 2.4.1-5　西特的广场艺术设计原则
(a) 涡轮形平面，
拉文纳的 Dumo 广场；
(b) 宽阔类型，
莫代纳的 Reale 广场；
(c) 纵深类型，
佛罗伦萨的圣十字教堂广场
(资料来源：Collins and Collins，1965：34，39，40)

R · 克里尔的对公共空间的系统分析与类型学分类，他给出的实例均来自各种各样的场所，并且与时间没有任何关系，主要包括图示的五种类型

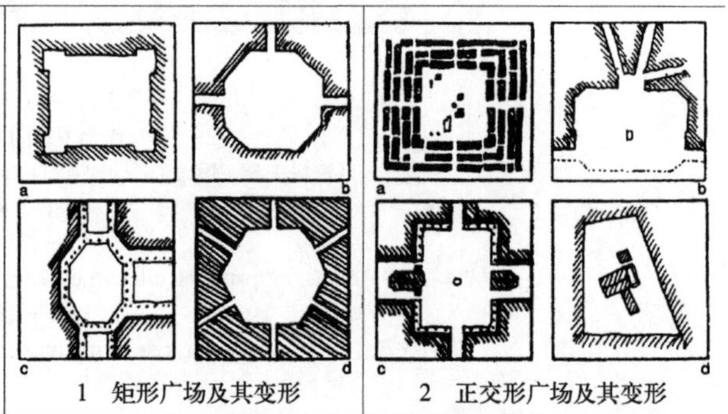

1　矩形广场及其变形

2　正交形广场及其变形

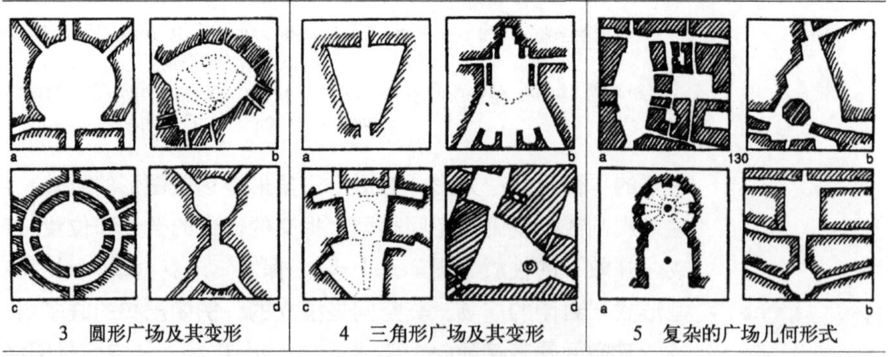

3　圆形广场及其变形

4　三角形广场及其变形

5　复杂的广场几何形式

图 2.4.1-6　R · 克里尔的城市广场类型学
(资料来源：(美) 斯皮罗 · 科斯托夫 . 城市的组合——历史进程中的城市形态的元素 [M]. 单皓，译 . 北京：中国建筑工业出版社，2005：147)

其分成四种空间类型，即围合型广场、支配型广场、连接型广场和其他形式。

a）围合型广场

围合广场的关键是其角部的处理。总体而言，角部的开敞越多，广场围合的感觉就越弱；建筑物越多或者建成度越高，围合的感觉就越强。广场的其他重要品质和周围的建筑物也影响围合的程度，这些包括周围建筑屋顶轮廓线的特征，与空间尺度相关的周围建筑物高度，有没有一个统一的建筑学主体以及空间本身的大致形状；等等。

佛罗伦萨的安农齐阿广场（Basilica Santissima Annunziata）就是一个典型的围合广场（图 2.4.1–7）。这个广场是一个小型的亲密矩形空间，建筑构图的强烈视觉结构将空间拢合在一起，保持了极大的围合和完整的感觉。广场的三个角部是开敞的，不过，出口很窄，而建筑物的视觉联系非常紧密，在两个出口上使用了拱廊，围合得以保持并且使得眼睛不会游离于空间之外。广场面对着圣母大教堂这一佛罗伦萨最具代表性的建筑。巴黎浮日广场（Place de Vosges）（图 2.4.1–8）、巴黎旺道姆广场（Place de Vendome）也属于围合型广场。

b）支配型广场

根据朱克的理论，支配型广场“是表现为一个个别建筑、或者一组建筑物的朝向指明了开敞空间的方向，并且周围其他的建筑物相互关联的特色。”西特只将公共广场区分为“纵深”和“宽阔”广场，两者都可以归为“支配型广场”——“一个广场是属于纵深型还是宽阔型，通常观察者站在主要建筑物、即支配整个布局的建筑物对面的时候就变得很明显。”

意大利佛罗伦萨圣十字教堂广场（Piazza Santa Croce）为纵深类型的广场提供了一个很好的例证（图 2.4.1–9）。所有的主要视线都指向教堂，通常教堂也是从这个方向被看到；主要街道通向教堂，雕塑和街道小品也是按这个思

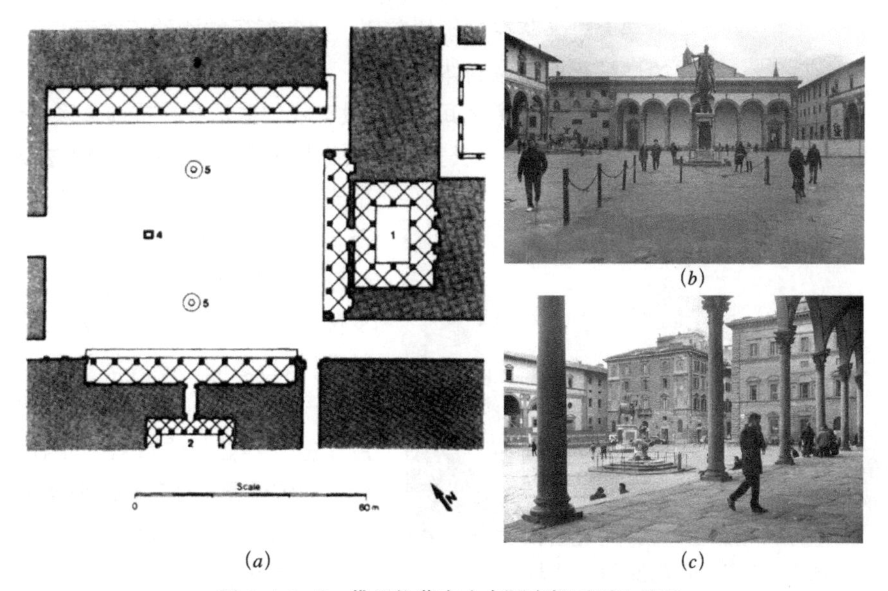

(*a*) (*b*) (*c*)

图 2.4.1–7 佛罗伦萨安农齐阿广场平面及景观

（资料来源：(*a*)（英）克利夫·芒福汀．街道与广场[M]．张永刚，陆卫东，译．北京：中国建筑工业出版社，2004：113）

(*a*) (*b*) (*c*) (*d*)

图 2.4.1–8 巴黎浮日广场

巴黎的浮日广场是法国第一座经过规划设计的城市广场。建筑师是克莱芒·梅特佐（Clé ment Mé tezeau，1581~1652 年）。广场正中分布法国式的园林，布置修剪整齐的树木和大面积的草坪。广场四周有 36 栋连在一起的住宅，建筑底层有回廊连通，多为餐厅、酒吧、画廊等。维克多·雨果的家也位于此地。

（资料来源：(*a*) http：//blog.sina.com.cn/s/blog_ced371c80101o9qk.html；(*b*)（*c*)（*d*) http：//scenery.nihaowang.com/scenery2256.html）

路来安排。在这里，广场的支配要素是一座宫殿——和其高度相比立面很长。圣十字大殿坐落在广场的东侧，拥有新哥特式的正立面，建筑物的体积与其所在的广场有着相似的体积。

在广场的长宽之间，西特没有找到显示存在首选关系的证据，不过他认为："在过长的广场中，长宽比率如果超过 3 ：1，就开始失去吸引力。" 阿尔伯蒂的理想形式是一个 "广场的长度是宽度的两倍"，而其老师维特鲁威提出的比率的是 3 ：2。罗马纳沃纳广场是一个受到伟大艺术家所设计的喷泉支配的广场，是一个挑战了所有这些规矩特例的特例，其各边的比率大约是 1 ：5（图 2.4.1–10）。

图 2.4.1–9 佛罗伦萨圣十字教堂广场

（资料来源：（英）克里夫·莫夫汀．都市设计——街道与广场 [M]．王淑宜，译．台北：创兴出版社有限公司，1999：152）

一个公共广场可以被一个街景或者空间支配，胜于被一座建筑物或者一个伟大的雕塑作品所支配。而位于葡萄牙首都里斯本塔格斯河上的科梅西奥广场（Praca do Comercio，又称黑马广场），拥有一个巨大、平坦的开敞街景。同时是里斯本市交通的枢纽，大部分的巴士及电车均会经过此地，同时亦是里斯本人每日必经之地（图 2.4.1–11）。

(*a*)　　(*b*)

(*c*)　　(*d*)

图 2.4.1−10　罗马纳沃纳广场
(*a*) 纳沃纳广场平面；
(*b*) 纳沃纳广场
(资料来源：(*b*) http://upload.wikimedia.org/wikipedia/commons/2/25/Piazza_Navona_1.jpg)；
(*c*) 支配广场的喷泉
(资料来源：(*c*) http://heartrome.com/index.php/2017/02/24/the-great-beauty-piazza-navona/)；
(*d*) 纳沃纳广场鸟瞰
(资料来源：(*d*) http：//www.chauffeurs-italy.com/uploads/images/Image/Roma%20-%20Piazza%20Navona.jpg)

c) 连接型广场

朱克则将一个广场系列比作一个巴洛克宫殿中连续房间的关系。有众多方法可以用来构成广场之间的连环，一个公共广场也许具有复杂的形状，以便可以包含两个或更多个相互交叠或相互渗透的空间。威尼斯的圣马可广场，巴斯的皇后广场与新月广场，佛罗伦萨的德拉·西尼奥拉广场 (Piazza Della Signoria) (图 2.4.1−12) 等都属于连接型广场的经典代表。

以德拉·西尼奥拉广场为例，几个世纪以来，它一直扮演着佛罗伦萨市政

图 2.4.1-11　葡萄牙里斯本商业广场

里斯本商业广场曾经是世界上最繁忙的港口和交易中心，其所在位置在 16 世纪的时候曾经是皇宫，1755 年的大地震使宫殿夷为平地。现在的商业广场一带是由葡萄牙庞贝尔总理于 1755 年大地震后所规划设计的。广场中心是约瑟一世的骑像，纪念胜利的奥古斯塔拱门位于广场北侧。广场周边分布政府的办公机构、股市交易中心、邮局等，商店林立，是里斯本名副其实的商业中心。古老的有轨电车在宽阔的广场两侧穿梭着，成群的鸽子在自由飞翔。连接商业广场向北的是奥古斯塔文化街。从商业广场到罗西欧广场之间的地区是里斯本著名的商业区 Baitxa。在西面有一座铁塔叫圣朱斯塔，它的出名是因为和巴黎的埃菲尔铁塔同出于一个设计师埃菲尔。广场东面的山丘是古老的阿法玛区，这里都是老房子，街道陡峭狭窄，圣乔治城堡就在山顶。

(*a*) 里斯本商业广场平面；

(*b*) 商业广场及周边街景；

（资料来源：(*b*) http://gallery.hd.org/_exhibits/places-and-sights/_more2001/_more04/Portugal-Lisbon-Praca-do-Comercio-2-BG.jpg)；

(*c*) 从中心商业街望向广场北侧的奥古斯塔拱门；

(*d*) 从海面北望商业广场街区的开敞水景

（资料来源：(*d*) http://media-cdn.tripadvisor.com/media/photo-s/01/62/32/97/praca-do-comercio.jpg)；

(*e*) 南望商业广场的开敞景象

（资料来源：(*e*) http://farm3.static.flickr.com/2003/2266600890_8b88a16562.jpg?v=0)

中心的角色。在 13 世纪哥韦尔飞斯（Guelphs）和齐伯里尼斯（Ghibellines）之间的内战之后，齐伯里尼斯被征服，其佛罗伦萨德拉·西尼奥拉广场的住宅和塔被夷为平地，这个区域被设计为一个开敞空间，临近的场地被聚积起来完善这个空间并容纳新的宫殿。广场一侧的韦基奥宫为中世纪政府所在地，其主要部分在 1288~1314 年间建成。

与德拉·西尼奥拉广场的连接街道可以从不同角度进入，然而，却没有任何一个视野可以直接穿透广场。在这个城市中心有三座重要的建筑物：韦基奥宫广场，洛贾·阿德拉兹（Loggia dei Lanzi，佣兵凉亭）和广场北部的乌菲齐宫（Palzzo Uffizi）。而主要广场是由两个独特但相互交错的空间所组成。在两个广场空间的边界中心点上放置了骑马雕像，作为广场分界，其轴线平行于韦

(a)

1 从大教堂穹隆顶向广场远眺

2 海王星喷泉

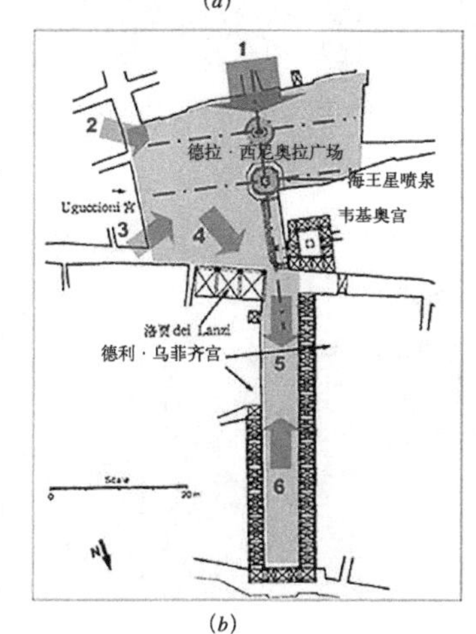

(b)

3 海王星喷泉与骑马雕塑

4 佣兵凉亭

5 在第三个广场内北望乌菲齐宫

6 在第三个广场内南望乌菲齐宫及韦基奥宫

图 2.4.1-12 佛罗伦萨的德拉·西尼奥拉广场

(a) 德拉·西尼奥拉广场场景，1742 年

（资料来源：(a) https://www.wikiart.org/en/bernardo-bellotto/the-piazza-della-signoria-in-florence）

(b) 德拉·西尼奥拉广场平面及连接的视觉体验

1—从大教堂穹隆顶向广场远眺 2—海王星喷泉 3—海王星喷泉与骑马雕塑

（资料来源：https://upload.wikimedia.org/wikipedia/commons/e/eb/Piazza_Signoria_-_Firenze.jpg）

4—佣兵凉亭 5—在第三个广场内北望乌菲齐宫

（资料来源：http://upload.wikimedia.org/wikipedia/commons/thumb/6/69/Galleria_degli_Uffizi.jpg/250px-Galleria_degli_Uffizi.jpg）

6—在第三个广场内南望乌菲齐宫及韦基奥宫

（资料来源：http://www.bluffton.edu/~sullivanm/italy/florence/vasariuffizi/d10072.jpg）

基奥宫的轴线，并延续到大教堂的穹顶。

同时，两个十字的中心性限定被雕像、喷泉等其他环境要素进一步强化。而洛贾·阿德拉兹凉亭作为空间过渡，是通往乌菲齐宫的开口。乌菲齐宫围合的长条形小空间，则是空间组群中的第三个广场，原本的设计是作为佛罗伦萨市民中心面前一点活动的舞台，后来变成了美丽雕塑的展示空间，广场平面跟周边建筑紧密结合，具有良好的组合关系。而广场不规则的形式，起到了连接性的作用，强调了进入狭长的长廊，一直过渡到河边，整体的建筑界面非常连续[43]。

d）其他类型广场

朱克还认为核心广场是空间围绕一个中心形成的。在此，中心特征强烈到足以在它周围创造空间感（辐射），给予空间以维系整体的张力。“一个实体，即使没有连续的建筑物行列框架或者是没有正面结构的支配作用，只要有一个

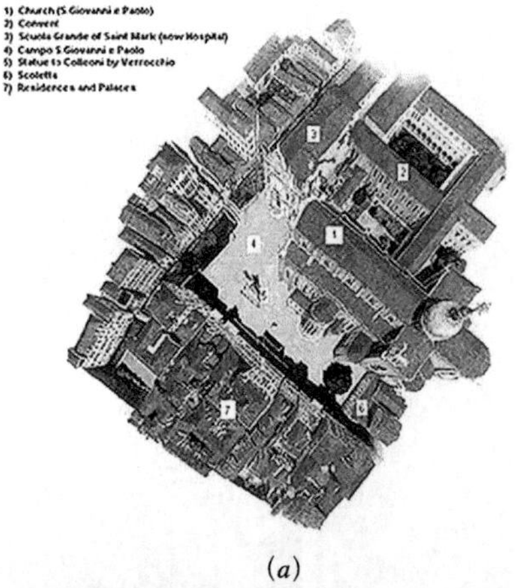

(*a*)

(*b*)

1

2

3

(*c*)

图 2.4.1-13 威尼斯的迪斯 · 乔瓦尼广场

(*a*) 迪斯 · 乔瓦尼广场及周边建筑；

(*b*) 迪斯 · 乔瓦尼广场整体景观

(资料来源：(*b*) http：//www.pbase.com/phsan/image/82784529/original.jpg)

(*c*) 克利奥尼雕像对无定形空间的聚合作用

1—克利奥尼雕像与广场东侧（资料来源：http：//pics.livejournal.com/innamorato1979/pic/0002x0hp)

2—克利奥尼雕像与圣若望及保禄大殿（Basilica di San Giovanni e Paolo)

(资料来源：http：//soloscatto.blog.kataweb.it/files/2008/08/carnevale-venezia-campo-ss-giovanni-e-paolo-1.jpg)

3—克利奥尼雕像与 Scuola Grande di San Marco

(资料来源：http：//www.trekearth.com/gallery/photo821686.htm)

核心，一个强烈的垂直音符——一座纪念碑、一个喷泉、一座方尖碑——足够有力来支配空间、对周围形成张力并将空间聚合在一起，就将唤起一个广场的印象。”在威尼斯的迪斯 · 乔瓦尼广场（Piazza di Ss Giovanni e Paolo）中（图 2.4.1-13），韦罗基奥（Verrochio）的克利奥尼雕像（Colleoni），将无定形的空间聚合在一起成为一个可识别的空间单元。设计程序需要形成一个这种类似核心的空间，即一个分开的向心景物足够大或者足够被强调，以支配周围的空间。

另外，无组织的广场则拥有无限制的空间，表现得无组织或形状不明确。例如：伦敦的特拉法加广场（图 2.4.1-14），虽然不具有国家美术馆明显的主导效果，但却充分创造了与广场相关的空间尺寸，即使其周围建筑的立面没有提供一种更为突出的空间围合感。大型的广场则如纽约的华盛顿广场（图 2.4.1-15），其每一边都是由建筑物构成的。而位于大都市繁忙交通汇合点的纽约时代广场（图 2.4.1-16），只是名字叫做广场罢了。

(*a*) (*b*)

图 2.4.1-14 伦敦的特拉法加广场

（资料来源：(*a*) http://www.caneis.com.tw/link/info/europ_info/England/London-025.html；(*b*) http://www.quanjing.com/share/top-663719.html）

(*a*) (*b*)

图 2.4.1-15 纽约的华盛顿广场

（资料来源：(*a*) http://www.zhihu.com/question/24300247/answer/52977776；(*b*) http://www.quanjing.com/500.htm）

(*a*) (*b*)

图 2.4.1-16 纽约的时代广场

(*a*) 时代广场鸟瞰

（资料来源：(*a*) http://bbs.photofans.cn/thread-661401-1-1.html）；

(*b*) 时代广场剖面示意

（资料来源：(*b*) 刘念雄．环境魅力与社会活力的回归——欧美以购物中心更新旧城中心区的实践与启示[J]．世界建筑，1998（6）：20-24）

（2）广场的几何形式

由几何状有秩序地布局于城市规划和城市扩展区中的公共空间，将采用的是一种具有规则化的设计，而“有机”城市则顺应开放空间的布局，从而他们能够适应历史而形成即兴式的城市激励。从克里尔的观点来看，分门别类地对待两类公共场所并没有什么重要意义。那些看起来庞大而不规则的各式各样的广场，只以规划分析这一单一目的来看，其基本的几何形态与其组合结构之间存在偏差；同时，最纯粹的圆形或方形，只有在其建筑墙壁整齐统一，并且其开放空间简单整洁时，才具有严格意义上的视觉形态[44]（图 2.4.1–17）。

矩形广场
巴黎，皇家广场 /Vosgos 广场

矩形广场
一个美国司法大厦广场

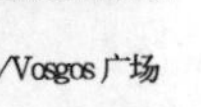
矩形广场
带有突出纪念碑的矩形广场

L 形广场

三角形广场
交叉路口

三角形广场
巴黎，王储广场

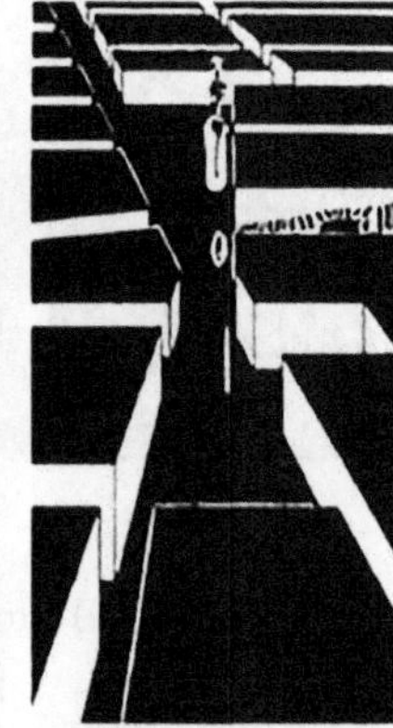
三角形广场
罗马，Spagna 广场

梯形广场
Pionza 广场

圆形和椭圆形广场
巴黎，星形广场

圆形和椭圆形广场
巴斯，圆形广场

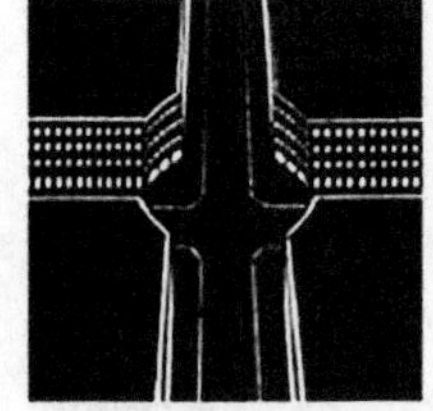
圆形和椭圆形广场
英国的圆形广场

圆形和椭圆形广场
米兰，Foro Bonaparto 广场

半圆形广场
开放式：巴黎，奥得龙广场

半圆形广场
封闭式：罗马，图拉真广场

半圆形广场
布赖顿，坎姆城广场

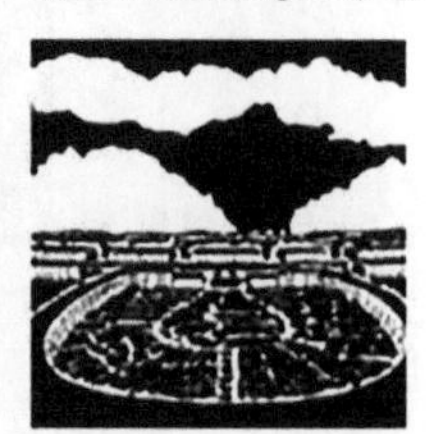
半圆形广场
柏林，Siedlung Britz 广场

图 2.4.1–17　克里尔对广场的分类
（资料来源：（美）斯皮罗 · 科斯托夫．城市的组合——历史进程中的城市形态的元素 [M]. 单皓，译．北京：中国建筑工业出版社，2005：148）

广场因内容要求、客观条件的不同往往呈现不同的形状。中世纪平民广场的形状，通常与开放空间及存在的交通模式具有明确的关联性，也与其所限定的空间结构历经时间岁月而形成的密度及活力的错综复杂性密切地相关。相反，巴洛克式广场则采用了某些设计理论的逻辑，即可以视其形状为正统美学的多种变体。“这些距离之间应建有精确一致的、强感染力的并带有美观的正立面的建筑群。但是，广场也不一定要全部采用方形，其中有些是长方形、圆形及椭圆形，从而更好地适合自己在风格和空间容量上的需要”[45]。我们将广场形式分成规则型广场、不规则型广场、组合型广场三大类，规则型广场主要包括矩形广场、圆形广场、椭圆形广场、半圆形广场等广场类型，不规则型广场则主要包括三角形广场、梯形广场、L 形广场等广场类型。

①规则型广场

a）矩形广场

理想的正方形广场，这种形态相对少见。由于每边相等，所以这种类型不容易使建筑自身成为视觉焦点，而使人们注意力集中于开放空间。而普通的矩形往往是公共广场最常用的形状。它的优势之一是可以使一条笔直的轴线朝向其终点高潮。矩形广场最有名的实例包括巴黎浮日广场以及巴斯的皇后广场（图 2.4.1–18）等。

在普通矩形广场的平面上，有纵横的方向之别，能强调出广场的主次方向，有利于分别布置主次建筑。但如果长宽过于悬殊，则使广场有狭长感，成为广阔的干道，而减少了广场的气氛。这类广场的形式特征可以与西特所划分的广场纵深类型、宽阔类型相对应。过去欧洲历史上以教堂为主要建筑的广场，因配合教堂的纵向高耸而形成此类型。如意大利威吉瓦诺城的杜卡广场（Plazza Ducale）就属于一个较长的矩形广场（图 2.4.1–19）。

b）圆形与椭圆形广场

圆形广场、椭圆形广场四周的建筑，面向广场的立面往往按圆弧形设计。偶然形成的中世纪椭圆形广场，是古罗马圆形露天剧场的遗留物。这种圆形剧

(*a*)

(*b*)

图 2.4.1–18　英国巴斯的皇后广场

(*a*) 皇后广场鸟瞰

（资料来源：(*a*) http://www.tours2escape.com/wp–content/uploads/2017/11/Queen–Square–1.jpg）；

(*b*) 皇后广场景貌

（资料来源：(*b*) http://www.bailbrooklodge.co.uk/wp–content/uploads/2016/06/queen–square–obelisk.jpg）

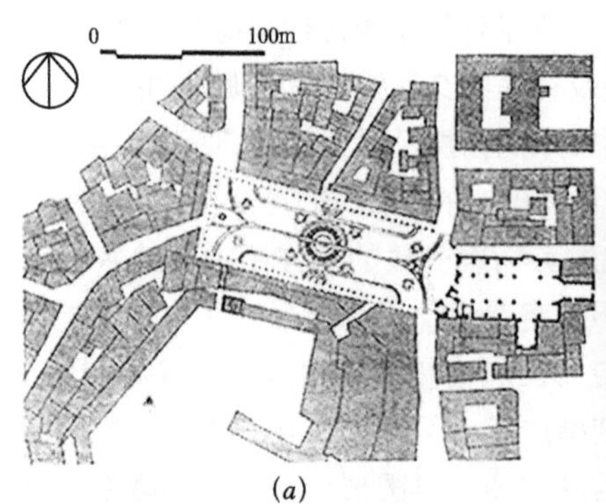

(a)

(b)

图 2.4.1-19　威吉瓦诺的杜卡广场

杜卡广场建于 15 世纪文艺复兴时期，长 124m，宽 40m。广场三面被 2 层建筑围合，仅一侧有道路通过，封闭感好。建筑的底层为券柱廊，呈长条形，与高塔形成强烈的透视效果。该广场在使用上能满足现代城市生活的要求，具很大的吸引力。（资料来源：李德华．城市规划原理 [M]．3 版．北京：中国建筑工业出版社，2001：518）

（a）公爵广场平面图

（资料来源：(a) http：//www.castit.it/media/castellodelmese/vigevano1.jpg）；

（b）公爵广场

（资料来源：(b) https://upload.wikimedia.org/wikipedia/commons/thumb/6/6b/2012-04-28_Vigevano_Piazza_Ducale.jpg/1200px-2012-04-28_Vigevano_Piazza_Ducale.jpg）

场的中央空间被完全开放成为社区广场；广场的边缘也变为一圈防御物，房屋按同心圆方式建造于原层层排列的座位上方。当独立的城市环境不再允许这种设置时，就要拆除防御物，开放空间变为了公共广场。在一些西班牙城镇中，市政广场呈现出椭圆形或卵形的形态趋势，是公共场所的概念回到了用作演出的用途——斗牛、露天剧场等，比如在马德里和帕得拉萨（Pedraza）附近的 Chinchón 广场。文艺复兴使这些用于公共场所的弧线广场类型重新流行起来。

圆形形态，作为一种纯粹的形式，是新古典主义的宠儿。拿破仑时代的建筑师和工程师们建议为许多城市建造巨型的圆形广场，并设想将其作为整个城市的系统。围绕于米兰斯福尔扎古堡（Castello Sforzesco）外部周边的波拿巴（Foro Bonaparte）也是一个巨大的纪念性广场和新的城市管理中心。这个直径为 1860ft（570m）的圆形广场本身，即被包裹于柱廊和官方建筑物所界定的空间之中，但得以实施的部分也只是一处延续古罗马圆形剧场模式的圆形广场——圣皮诺广场（Piazza Sempione）、一个胜利拱门（Arco della Pace）和一条蜿蜒伸展的大街（图 2.4.1-20）。

c）半圆形广场

半圆形广场的自然源起，是因重要公共建筑所界定的建筑基线，向后退并形成凹形界面的广场形态。基于广场是否因汇集交通而打断了其弧形界面线，还是保持这条线完整的这两方面，具体还可以分为开放式和封闭式。

以意大利的锡耶纳坎波广场（图 2.4.1-21）为例，广场上的建筑尺度适中、富有特色，建筑细部则经过了细致的设计。广场周边分布餐馆、酒吧、商店等，吸引人们停驻，也保有了广场的活力。而广场功能的另外一个重要方面，则是广场的政治意义。广场可以像一个论坛一样影响到国家的政治生活，举行阅兵、仪式、礼仪、国庆庆典，等等。广场上重要建筑物的细部处理均考虑从广场内

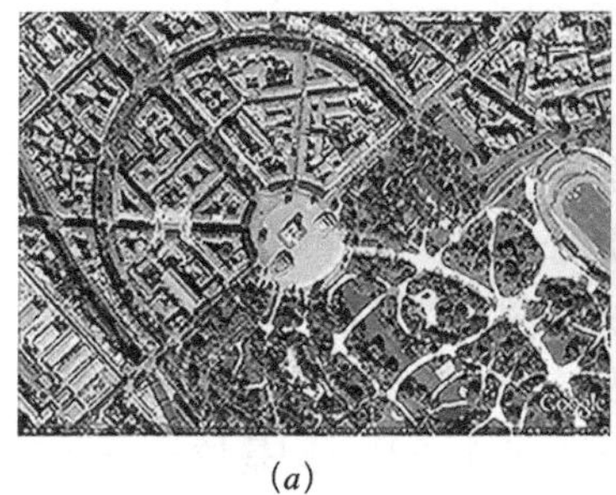

(*a*) (*b*) (*c*)

图 2.4.1-20 米兰圣皮诺广场

(*a*) 圣皮诺广场平面；

(*b*) 俯瞰皮恩扎广场及皮恩扎主教堂 (Duomo di Pienza)

(资料来源：(*b*) http：//www.travel-tuscany.net/images/Pienzap.jpg)；

(*c*) 皮恩扎广场及市政大厅、皮科洛米尼宫殿 (Palazzo Piccolomini)

(资料来源：(*c*) http：//www.paradoxplace.com/Perspectives/Italian%20Images/images/Siena%20&%20South/Pienza/900/PzPioII-PienzaC-Oct06-DE1109sAR900.jpg)

(*a*) (*b*)

(*c*) (*d*) (*e*)

图 2.4.1-21 锡耶纳坎波广场

坎波 (Campo) 广场位于锡耶纳市中心，是锡耶纳几个区在地理位置上的共同焦点。广场呈不规则型，是一个全部被建筑围合的广场，拥有非常好的界面。广场上有一座显著的、处于中心位置的市政厅和高耸的钟楼 (Palazzo Pubblico)，广场的建筑景观由这幢钟楼控制，高塔对面则布置加亚 (Gaia) 喷泉。直到今天，它仍然是该城市的一个巨大的生活起居室。如今坎波广场仍保留了传统的赛马活动，吸引着全世界的旅游者前往观光欣赏。

(*a*) 坎波广场平面 (资料来源：王建国．城市设计[M]. 南京：东南大学出版社，2004：19)；

(*b*) (c) (*d*) (*e*) 坎波广场景观 (资料来源：(*b*) (c) (*d*) (*e*) http：//farm6.staticflickr.com/5103/5741911515_d817e22f29_b.jpg)

不同位置观赏时的视觉艺术效果。广场周边的建筑既包含城市历史性的要素，又有城市生活的发生，因此活动性很强。锡耶纳的主要城市街道均在坎波广场上会合，经过窄小的街道进入开阔的广场，使广场具有戏剧性的美学效果。

②不规则型广场

a）三角形广场

“有机”城镇的三角形公共场所，几乎总含有扩大的十字路口，即露天市场的布置特征。而在几何化的广场形态中，三角形是很少见的。这方面最著名的实例是巴黎的多菲内广场，它具有足够的理由采用这种形状，因为它的位置位于船形的斯德岛（Ile de la Cité）的西北部岛尖处。多菲内广场东南方向不远的圣米歇尔广场（La place Saint-Michel）（图 2.4.1-22），则是位于一个三叉路口的三角形广场，其知名度来自广场上的圣米歇尔喷泉。

b）梯形广场

由于广场的平面为梯形，因此会具有明显的方向性，并容易突出主体建筑。当广场只有一条纵向主轴线时，主要建筑布置在主轴线上，如布置在梯形的短底边上，容易获得主要建筑的宏伟效果；如布置在梯形的长底边上，容易获得主要建筑与人较近的效果。还可以利用梯形的透视感，使人在视觉上对梯形广场有矩形广场感。罗马市政广场、罗斯里诺（Bernardo Rossellino）设计的皮恩扎的皮奥 II 广场（Piazza Pio II）（图 2.4.1-23）、圣彼得的贝尔尼尼（Bernini）广场等都是这种类型。

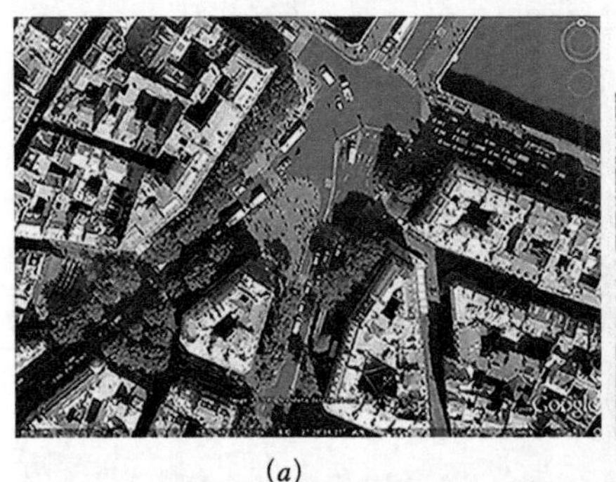
(a)

(b)

(c)

图 2.4.1-22　巴黎的圣米歇尔广场

(a) 圣米歇尔广场三角形平面；
(b) 圣米歇尔广场场景（资料来源：(b) http://www.panoramio.com/photo/32202903）；
(c) 圣米歇尔喷泉（资料来源：(c) http://www.panoramio.com/photo/20266962）

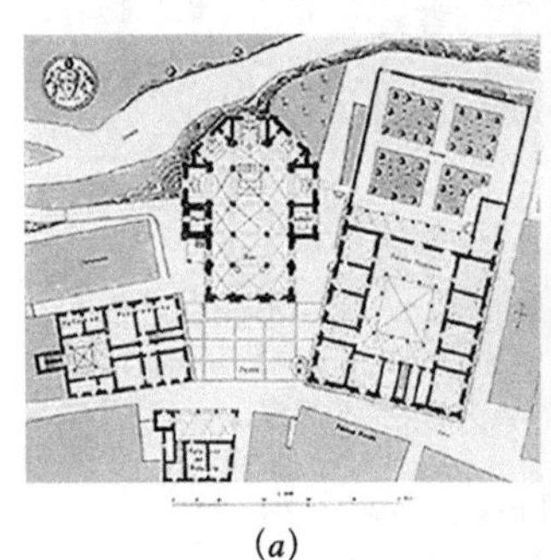
(a)

(b)

(c)

图 2.4.1-23　皮恩扎的皮奥 II 广场

(a) 皮奥 II 广场梯形平面；
(b) 俯瞰皮奥 II 广场及皮恩扎主教堂（Duomo di Pienza）；
(c) 皮奥 II 广场及市政大厅、皮科洛米尼宫殿（Palazzo Piccolomini）
（资料来源：http://www.travel-tuscany.net/images/Pienzap.jpg）

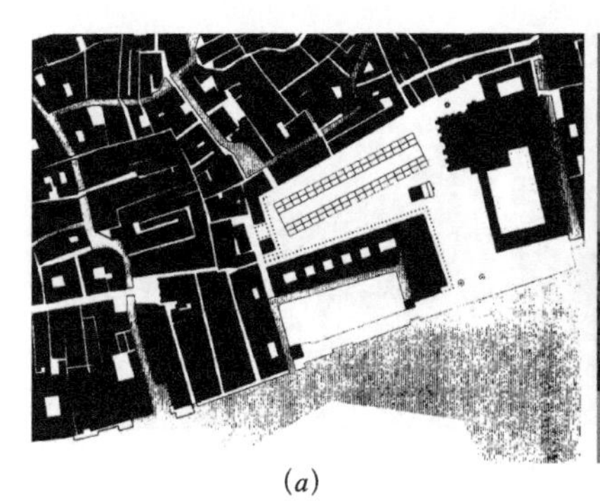

(*a*) (*b*) (*c*)

图 2.4.1-24 威尼斯的圣马可广场（一）
(*a*) 圣马可广场 L 形空间平面；
(*b*)(*c*) 广场钟楼所形成的视觉焦点
（资料来源：http：//jlkr-jlkr.i.sohu.com/blog/view/271750686.htm）

c）L 形广场

许多中世纪的样本就是这种类型的集中体现。这类广场是以一种预先规划的方式，使空间预先确定了公共建筑的一个特殊视景，而非在城市开发中的偶然巧遇。在威尼斯，这一转角的视觉焦点被固定于圣马可的独立钟楼上（图 2.4.1-24）。而文艺复兴时期则更崇尚雕塑，像位于帕多瓦（Padua）的圣安东尼奥广场西北转角处的 the Gattamelata of Donatello 雕像。

③组合型广场

城市广场可以通过一系列广场组合来创造富有空间趣味和序列连续的广场群。在组合方式上，既可以通过尺度大小来控制广场群的空间组织，也可以通过交通流线将不同形式的广场以某种主题串联起来，并结合使用功能、场地条件、景观艺术处理来塑造出具有特色的组合型广场群。组合型广场是城市开放空间体系中的重要组成部分，它还反映出城市环境的时空延续性和变化协调性，特别是在改造更新历史遗留的城市广场时，要处理好新老广场之间的时空连续性问题，并取得一个统一的广场群整体效果。比较有代表性的当属威尼斯的圣马可广场（图 2.4.1-24、图 2.4.1-26）。

英国爱丁堡的月牙街区也是组合型广场的很好例证，它首先出现在巴斯，之后月牙形街区成为了英国规划的标准配置。始于 1767 年的爱丁堡新城建设，到 1829 年已繁衍出 13 个月牙形街区和 4 个圆形广场（图 2.4.1-25）。这些广场提供了一种从密集的城市建筑到开放式广场的空间序列，每座广场的四周都是由四层的联排住宅围绕，由于这些房屋的立面形式都是一致的，这也使得广场群看起来像一座宫殿。巴斯城市建设的重要启示在于，城市广场不仅仅是一种形式上的连续，更重要的是对地形的利用和空间体验的创造。

（3）广场设计的控制原则

①控制广场的尺度规模

广场面积的大小形状，取决于功能要求、观赏要求及客观条件等方面的因素。首先，交通广场、集会游行广场、大型公共建筑前集散广场等不同功能的广场，对广场面积都有各自具体的要求或规定，比如可容纳的活动、集聚和疏散时间以及相应的附属设施的场地等；就观赏要求而言，广场面积则应考虑人

图 2.4.1-25　爱丁堡新城的广场群

(a) 爱丁堡新城广场群平面图；

(b) 爱丁堡新城广场群景观

1—夏洛特广场（Charlotte Square）（资料来源：http://www.richardx.co.uk/wp-content/uploads/2011/02/DSC4208-2011-02-15-at-10-16-18.jpg

2—Randolph Crescent 街区（资料来源：http://media.rightmove.co.uk/49k/48755/49389271/48755_EDD150022_IMG_09_0001.JPG）

3—安斯利广场（Ainslie Place）（资料来源：https://upload.wikimedia.org/wikipedia/commons/1/1e/1_to_10_Ainslie_Place%2C_Edinburgh.jpg）

4—莫雷广场（Moray Place）（资料来源：https://i2-prod.dailyrecord.co.uk/incoming/article6537109.ece/ALTERNATES/s1227b/13-Moray-Place.jpg）

5—皇家圆形广场（Royal Circus）（资料来源：http://www.edtaylor.co.uk/wp-content/uploads/2015/07/Royal-Circus-Bath-2.jpg）

6—爱丁堡城堡（Edinburgh Castle）资料来源：http://www.telegraph.co.uk/content/dam/Travel/2016/October/castle-edinburgh-AP-TRAVEL-xlarge.jpg）

们在广场上，对广场上的建筑物及其纪念性、装饰性建筑物等有良好的视线、视距；另外，广场面积的大小，还取决于用地条件、环境条件、历史条件、生活习惯条件等客观情况。如山地城市的广场，或在旧城市中开辟广场，或由于广场上有历史艺术价值的建筑和设施需要保存，广场的面积就受到客观条件的限制。又如气候暖和地区，广场上的公共活动较多，则要求广场有较大的面积。

②界定广场的人性尺度

广场的用地形状、各边的长度、广场上建筑物的体量、广场上各组成部之

间相互的比例关系、广场周围环境等都影响到广场的比例尺度。广场的比例关系也不是固定不变的，会随着以上这些要素内容的变换而有所不同。而广场的尺度应根据广场的功能要求、广场的规模与人的活动要求来确定，大广场中的组成部分应有较大的尺度，小广场中的组成部分应有较小的尺度。而广场中踏步、石级、栏杆、人行道的宽度，则应根据人的活动要求处理。车行道宽度、停车场地的面积等要符合人和交通工具的尺度。

③塑造广场的界面围合

界面围合是广场空间的重要品质。广场的角部越少开敞、周围建筑物越多，其界面往往越连续，广场围合的感觉就越强。而广场周围建筑屋顶轮廓线的特征、高度的统一性以及空间本身的形状等也影响着广场的界面围合。佛罗伦萨的安农齐阿广场、罗马的波波洛广场等都是具有良好界面围合的广场实例。一般来说，三面以及四面围合的广场是较为多见的广场界面形式，而两面围合的广场则多在现代城市中使用。广场界面围合的元素除了建筑实体之外，还包括柱廊、树木、地形等其他要素。此外广场的开口位置与界面塑造也是密切相关的，特别是在角部开口则广场的界面连续性就会被打破。

④组织广场的多样活动

广场空间组织既要满足人们动、静态观赏的需要，又要考虑动态活动空间的组织要求，其总体的安排要与广场性质、规模及广场上的建筑和设施相适应。广场空间的划分，应有主有从、有大有小、有开有合、有节奏地组合，以衬托不同景观的需要。如有纪念性质的烈士陵园的广场空间，一般采用对称、严谨、封闭的处理手法，并以轴线引导人们前进，空间的变化宜少，节奏宜缓，希望造成肃穆的气氛。游息观赏性的广场空间，可多变换，快节奏，收放自由，并在其中增设小品，造成活泼气氛。有的广场还须考虑广场内的交通流线组织，以及城市交通与广场内各组成部分之间的交通组织。其目的在于促进观赏适宜、车流通畅、行人安全、有效管理。

（4）案例分析

①最美的客厅：威尼斯圣马可广场

圣马可广场（Piazza San Marco）是全威尼斯最大的广场，建于14~16世纪，南面迎海，是城市中心广场及城市的宗教、行政和商业中心。在空间组合上，是由三个梯形广场组合成一个封闭的复合式广场，主次分明，借用透视、构图、功能关系，各个广场被串联在一起。

广场四周的建筑都是文艺复兴时期精美的建筑，尤其突出的是圣马可广场东侧的圣马可大教堂和四角形钟楼。其中，圣马可教堂是广场中心建筑。教堂正面是主广场，广场为封闭式，长175m，两端宽分别为90m和56m。次广场在教堂南面，朝向亚德里亚海，南端的两根纪念柱既限定广场界面，又成为广场的特征之一。教堂北面的小广场是市民游憩、社交聚会的场所。广场的建筑物建于不同的历史年代，虽然建筑风格各异，但能相互协调。建于教堂西南角附近的钟楼高100m，在城市空间构图上起了控制全局的作用，成为城市的标志。广场既考虑到人的比例尺度关系，又考虑到建筑群组合的关系。曾被拿破仑称为“欧洲最美的客厅”（图2.4.1—26）。

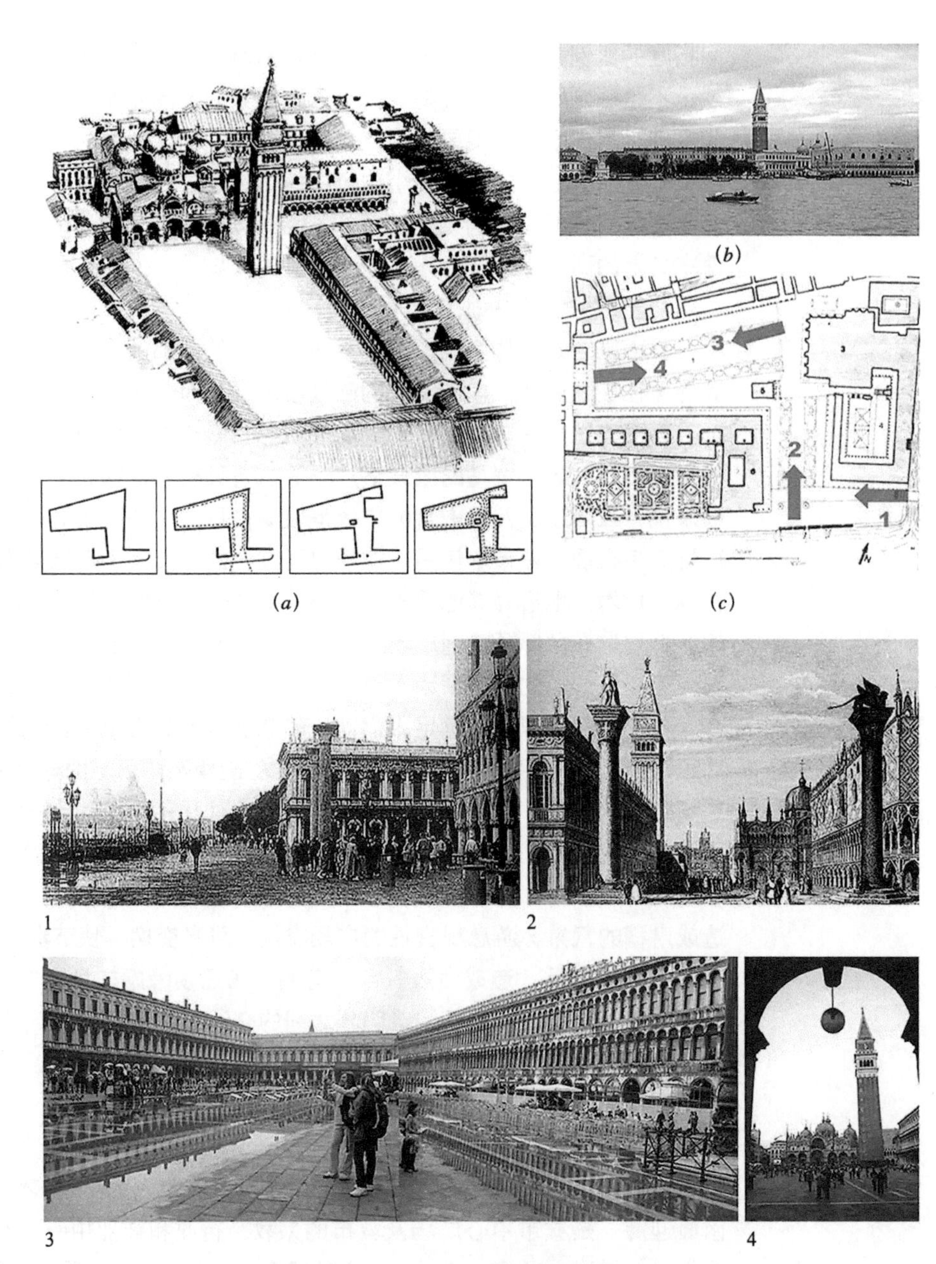

(a)　(b)　(c)

1　2　3　4

图 2.4.1–26　威尼斯的圣马可广场（二）

(a) 广场鸟瞰及平面分析；(b) 大运河界面景观；(c) 流动视线景观分析

1—入口　2—从 Piazzete 进入　3—广场建筑界面　4—钟楼与教堂

（资料来源：(a) (b) (c) （英）克利夫·芒福汀著．街道与广场[M]．张永刚，陆卫东，译．北京：中国建筑工业出版社，2004：92；

1、2、3、4　http：//jlkr-jlkr.i.sohu.com/blog/view/271750686.htm）

②时光的典藏：巴黎旺道姆广场

巴黎旺道姆广场（Place de Vendome）（图 2.4.1–27）始建于 17 世纪，平面接近方形（长 141m，宽 126m），有一条道路居中穿过，为南北轴线；横越中心点有东西轴线。中心点原有路易十四的骑马铜像，法国大革命时被拆除，后被拿破仑为自己建造的高 41m 的纪功柱所代替。广场四周是统一形式的 3 层古典主义建筑，底层为券柱廊，廊后为商店。广场为封闭型，建筑统一、和谐，中心突

(a)

(b)

(c)

(d)

图 2.4.1-27　巴黎旺道姆广场
(a) 旺道姆广场平面
(资料来源：(a) http：//plumblines.wordpress.com/2009/03/06/urban-form-as-spiritual-allegory/)；
(b) 旺道姆广场景观
(资料来源：(b) https://travelrightway.com/img/2017-04/place-vendome-1492671008.jpg)；
(c) 旺道姆广场鸟瞰
(资料来源：(c) https://www.raconteur.net/wp-content/uploads/2016/06/place-vendome-1280x720.jpg)；
(d) 旺道姆广场上的建筑细部
(资料来源：(d) https://chicpresets.com/wp-content/uploads/2016/08/Place-Vendome-Paris-7.jpg)

出。纪功柱成为各条道路的对景[46]。旺道姆广场虽然与浮日广场有很多相似之处，但其带有斜角的矩形广场比后者会显得更长。另外，通常来说旺道姆广场更多地是被当做一条通道，而不是一个目的地，从空间使用的有效性来看似乎也不及浮日广场，但它依然延续了巴黎城市广场传统并成为高级酒店和商店的所在地。

③城市的中心：萨拉戈萨皮拉尔广场

皮拉尔广场是萨拉戈萨城市的中心广场，它汇集了城市最灿烂的建筑物和特色元素，历史与现代完美交融。作为城市有机的公共核心，皮拉尔广场区域具有协调的内外交通组织、丰富的空间结构层次，地域文化特色尤其显著，整个广场空间充满着张力，也为城市发展带来了生机和活力，是萨拉戈萨城市名片的重要代表之一。皮拉尔广场本身呈长方形，这不同于西班牙常见的正方形拱廊围绕的防御广场 Plaza Mayor。广场布局实际上呈现出了三段划分，但又被自然地连接为一体。

皮拉尔广场部分区域在旧时曾经被树篱和柏树覆盖、分隔，但历经 1990 年代的改造，现已成为一个大型的以硬质铺地为主的开放空间。身处其间，皮拉尔广场就像一幅长长的画卷，将皮拉尔圣母大教堂、龙加宫、市政厅等萨拉戈萨最著名的古建筑一一呈现在我们面前，空间连续而有机。与这些古建筑形成鲜明对比的，则是主要位于广场南侧的一些现代化新建筑，经由广场的连接，它们和谐地成为一体。旧城的商业中心区即位于广场南部，中心商业街正对皮拉尔圣母教堂，可将人们从广场自然地引入到老城的商业空间。这里的商业街区繁华热闹，吸引了来自世界各地的人们，与广场及其周边的建筑一起，发挥着旧城中心的城市功能[47]（图 2.4.1–28）。

(a) (b) (c) (d) (e) (f) (g)

图 2.4.1–28　萨拉戈萨皮拉尔广场

(a) 皮拉尔广场区位

（资料来源：(a) http：//mappery.com/maps/Zaragoza–Tourist–Map.jpg）；

(b) 皮拉尔广场区域平面图；

(c) 皮拉尔广场改造前风貌

（资料来源：(b)(c) http：//zaragozando.blogia.com/upload/20081019131747–plaza–del–pilar–antigua.jpg）；

(d) 皮拉尔广场白天风貌；

(e) 皮拉尔广场夜晚风貌；

(f) 皮拉尔广场两侧的新老建筑对比；

(g) 对景为皮拉尔圣母大教堂的中心商业街

（资料来源：(d)(e)(f)(g) http：//www.infohostal.com/img/193/2008_09/37562_150044.jpg）

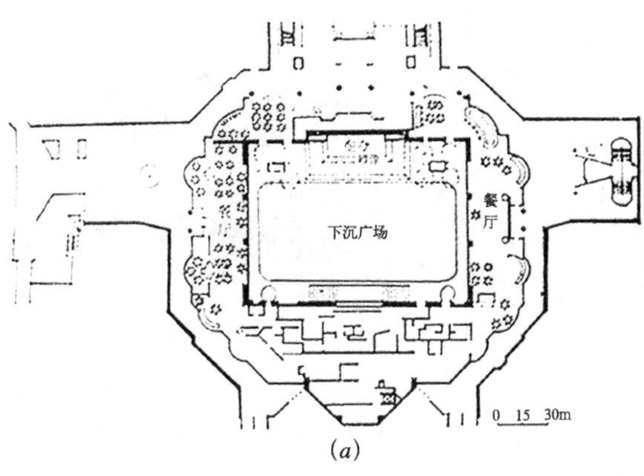

(a)

(b)

图 2.4.1–29　纽约洛克菲勒中心广场

洛克菲勒中心广场的户外溜冰场处于曼哈顿商区中央，不受冬日寒风影响，非常受人们的欢迎。而与溜冰场同层的餐馆和食品柜台为这一特殊的场所带来额外的方便。

(a) 洛克菲勒中心广场平面图

（资料来源：(a) http：//www.essential–new–york–city–guide.com/images/rockefeller–center–ice–skating–rink4.jpg）；

(b) 洛克菲勒中心广场景象

（资料来源：(b) https：//tse1.mm.bing.net/th?id=OIP.BZKAcJg17nK15rq9Rigu–AHaE8&pid=Api）

④功能的复合：纽约洛克菲勒中心广场

洛克菲勒中心广场建成于 1936 年，是美国城市中公认为最有活力、最受人们欢迎的公共活动空间之一（图 2.4.1–29）。中心由十几栋建筑组合而成，空间构图生动，环境外部富于变化，中心布局上同时满足了城市景观和人们进行商业、文化娱乐活动的需要，被称为城中之城。在 70 层主体建筑 RCA 大厦前有一个下沉式的广场，广场底部下降约 4m，与中心其他建筑的地下商场、剧场及第五大道相连通。该广场的魅力是由于地面高差而产生的，采用下沉的形式能吸引人们的注意。广场的中轴线垂直进入广场的道路成为“峡谷花园”。

从城市设计角度看，广场下沉式处理可以躲避城市道路的噪声与视觉干扰，在城市中心区为人们创造出比较安静的环境气氛。广场虽然规模较小，但使用效率却很高。每逢夏季就支起凉棚，棚下支起咖啡座，棚顶布满鲜花；冬季则又变为溜冰场。环绕广场的地下层里均设高级餐馆，就餐的游人可透过落地大玻璃窗看到广场上进行的各种活动。洛克菲勒中心创造了繁华市中心建筑群中富有生气、集功能与艺术为一体的新的广场空间形式，是现代城市广场设计走向功能复合化的典型案例，其成功经验为许多后来的城市广场设计提供了参考[48]。

⑤场所的构建：波士顿市政厅广场

波士顿市政厅广场及其周边地区是随市政厅的建成而改建的（图 2.4.1–30）。波士顿市政厅是通过国际建筑设计竞赛，由意大利建筑师卡尔曼(Kallman)和麦金奈尔（Mckinnell）设计的。广场的规划设计由著名建筑师贝聿铭承担，总规划范围为 $0.24km^2$。其主要特点是与市政厅及其周边建筑结合得很好，并以市政厅为中心带动周边地区的建设开发。

在城市设计方面，对周边地区的建筑密度、体块和风格等提出了控制要求和设计引导，促进并保护了这一地区的空间模式。广场规模则通过对欧洲典型城市广场原型的分析来确定，进而确定了广场的空间界面和良好比例。广场地面采用了富有地方特色的红色地砖和白色花岗石分格线组合，一直从市政厅室内铺至

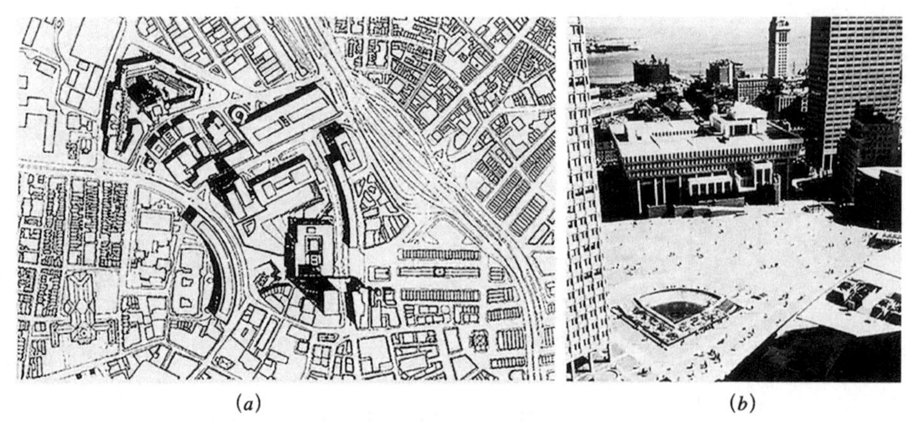

(a)　　(b)

图 2.4.1-30　波士顿市政厅广场

(a) 波士顿市政厅广场平面

(资料来源：(a) Garvin A. The American City，What Work，What Doesn't [M]. McGraw-Hill Co.，1996：82)；

(b) 波士顿市政厅广场鸟瞰

(资料来源：(b) Halpern，Kenneth S.Downtown USA：Urban Design in Nine American Cities[M]. New York：Whitney Library of Design，1978：190)

整个广场。在空间处理上利用了地段的坡度，从广场中心向坎布里奇大街和梅明马克大街呈台阶状跌落处理。加强了广场空间与城市空间的渗透，广场一角则布置了一扇形下沉式小广场等作为空间过渡的元素，增加了空间的层次和丰富性。《纽约时报》在其建成时曾发表过一篇评论，认为它是"20世纪最优秀的广场之一"。

⑥成功的再设计：里昂沃土广场

公共空间质量的提高能成为城市开发或再开发的促进剂。1980 年代期间，法国第三大城市里昂的城市当局启动了一系列规划和设计的倡议——里昂 2010 计划。这一系列的公共工程由许多国际知名的建筑师承揽，是针对市内七个公共空间，诸多配套规划公共空间管理大纲的组成部分。沃土广场是其中的一个项目，坐落在里昂最市中心的地区。它有很长的历史，但是它现在的形式是在 17 世纪建造的。广场曾经用作市场、法场以及行政管理中心。它所含元素的性质和植根于它们的历史赋予了沃土广场独特的个性。

1990 年，经过铺砌的广场直接与三面的建筑物紧靠在一起，第四面有一条窄街道把广场与建筑物隔开。有轨电车仍然沿着这条街道行驶，为广场注入活力。包围广场的建筑物本身就是伟大历史的记录：圣彼埃尔修道院、里昂 Ville 旅馆、博物馆、银行和商业建筑等。广场的南边是喷泉"自由水池"，它象征着流淌的加伦河。然而，1990 年代，车流如织的里昂市中心地区机动车停车成为尖锐的问题，因此有了在广场地下建一个停车场的决策。设计的目标是创建一个新的场所，代表着 1990 年代风貌的同时也代表着广场的遗产价值。不动一砖一瓦而改变了一切是设计的原则；水体和灯光是设计的元素。

沃土广场仍是一个铺砌的空间，但是发生了巨大的改变。为了安装 69 个小水柱和照明喷泉，"自由水池"被移到了广场的对面。圣彼埃尔修道院外立面的对面竖立起一排立柱，是广场所含元素的唯一变化。广场南面的街道有一条边界线，不同的表面材料把街道与广场的其余部分区分开。沿着这一侧持续

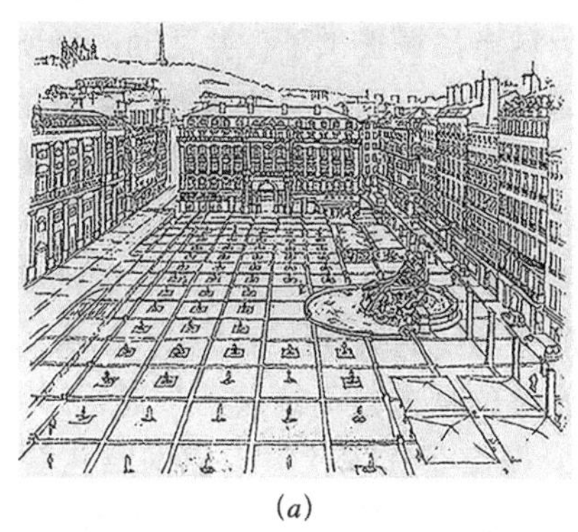

(*a*)

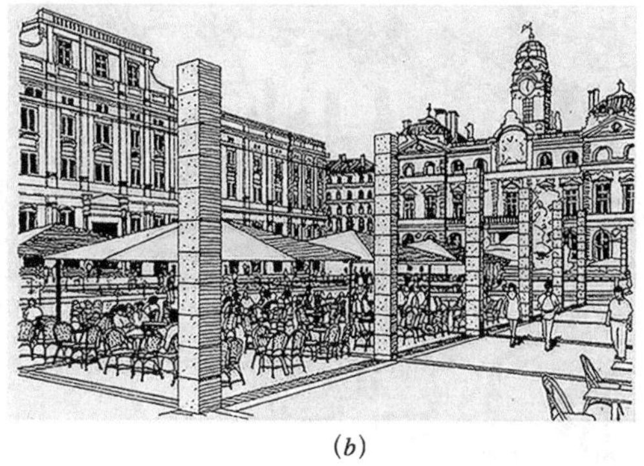

(*b*)

图 2.4.1–31　里昂沃土广场

(*a*) 从 Ville 旅馆俯瞰广场的草图；(*b*) 广场日间功能草图

（资料来源：(澳) 乔恩 · 兰．城市设计 [M]．黄阿宁，译．沈阳：辽宁科学技术出版社，2008：96）

不断的交通，为广场增加了匆忙的气息。停车场的入口在广场的封闭元素之外，对广场不产生影响。外围的咖啡馆和饭馆直接把门开向广场。广场是旅游的中心，这里的咖啡馆和餐馆是吸引游人的主要因素，而这里的游人本身又成为吸引他人的因素。评论家认为广场的再设计是伟大的艺术成功（Broto，2000）。它已经是，并将永远是里昂的中心，因此在该市的公共区域中成为重要的，或最重要的元素，因为它给了城市一个身份的象征 [49]（图 2.4.1–31）。

2.4.2　街道

街道，是建筑在相对的两侧围合而成的线性三维空间，可以指公路、大街、里弄、小径、林荫大道、巷道、步行道、商业街，等等。通常，街道可以按照维特鲁威描绘的三种街景来区分："庄严的"、"欢快的"、"激情的" [50]（图 2.4.2–1）。其中，"庄严的" 场景是权威性的表征、纪念性和仪式性的，往往具有正式、笔直的雄伟街道，也包括发生在街道上的公共展示与游行活动等；而 "欢快的" 场景往往呈现的是市民景象、宅前道路、小尺度的步行街等；"激情的" 场景则是乡间道路、田园大道以及呈现自然风貌的道路。

(1) 街道的功能作用

街道是一种基本的城市线性开放空间，它既承担交通运输的任务，同时又

庄严的景象。以古典建筑描绘公共展览、游行场景

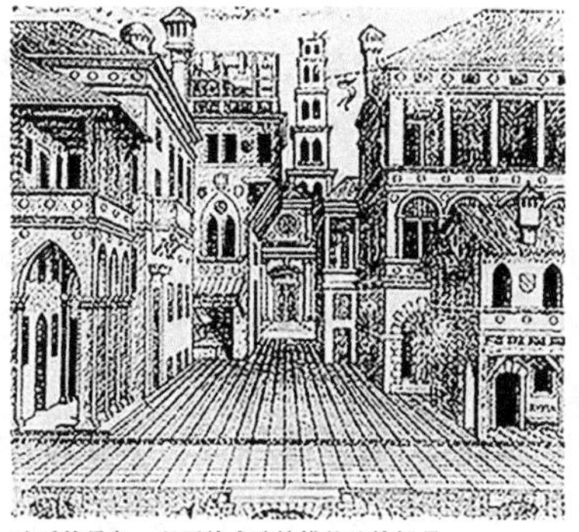

欢乐的景象。以哥特式建筑描绘欢快场景

激情的景象。以城市外的景象描绘世外桃源

图 2.4.2–1　维特鲁威描绘的三种街景

（资料来源：(英) 克里夫 · 莫夫汀．都市设计——街道与广场 [M]．王淑宜，译．台北：创兴出版社有限公司，1999：182）

图 2.4.2-2 Team 10 的“空中街道”设想
（资料来源：Donald Watson，Alan Plattus，Robert Shibley. Time-Saver Standard for Urban Design[M]. McGraw-Hill Professional，2001：4-5）

为城市居民提供了公共活动的场所，不同类型的街道往往有不同的功能侧重。街道是我们生活环境中很重要的组成部分，街道设计和街景设计从来都是城市设计关注的基本客体对象。

街道往往会被视为汽车的动线，而被忽视了其成为场所的功能。亚历山大认为“街道应该是提供停留的地方，不该只用于通行。”1950 年代，Team 10 提出了在现代城市空间结构背景下的“空中街道”设想（图 2.4.2-2），试图恢复被人们所遗忘的街道概念。简 · 雅各布斯认为“街道及其两边的人行道，作为一个城市的主要公共空间，是非常重要的器官……如果一个城市的街道看起来充满趣味性，那么城市也会显得很有趣；如果街道看上去很沉闷，那么城市也是沉闷的。”

街道除了是城市的自然构成元素之外，还是一种社会因素。可以从多种方式出发对街道进行分析，例如谁拥有、谁使用、谁掌控；建造它的目的以及它的社会和经济功能的转变。街道作为两栋建筑物的联系纽带，方便了步行者的运动，也方便了进货及一些特殊使用。街道也可以作为一个相互交流的场所，包括娱乐、对话、表演和举行典礼仪式等。同时，街道的功能也是制约着人与车相互作用的明确的形式。

按其空间内涵，可以将街道分为：①符合工程标准的街道。②值得纪念的街道。③具有场所或外部空间功能的街道。按其交通组织，可以将街道划分为：①交通的街道。可以划分为主干路、次干路、支路。TRD、大运量交通、公共交通专用线等也都属于交通类型的街道。②社会交往的街道。③商业型的街道。④兼容的街道。⑤步行街。

（2）街道的尺度比例

街道尺度是指街道客观空间距离和街道空间大小感知在人脑中的反映，因此其不仅包括空间因素还包括时间因素，同时其不仅包括空间大小高低的研究，还包括空间秩序的分析。在交通技术日益发达的现代社会，人们对空间距离的心理认知随着时间长短而变化，但街道对于人的尺度意义却从未变过。人的尺度是指城市空间形态中合乎人的生理和心理感受的特征，并是在人长期的社会性活动基础上对其基本规律加以总结和认知的。影响人对街道尺度体验的因素主要包括生理因素、功能因素、交通因素、政策因素等方面。

其中，生理因素主要包括视野、视角、视距，布鲁曼 · 菲尔德对视角与距离进行了分析研究，并认为视角因素比距离更为重要，一般来说在 24m 以内、45° 视角观看物体会给人较为舒适的感受。另外，人的步行行为是受到人自身生理机能影响并存在疲劳极限的。西特建议街道的连续不间断长度的上限大概是 1500m（约 1mi），认为超出这个范围人们就会失去尺度感。而较长的街景是常常用于特殊街道或纪念性事件的，巴黎的香榭丽舍大街即属于这一类型的街道（图 2.4.2-3）。

(*a*)　　　　　　　　　　　　　　(*b*)

图 2.4.2-3　巴黎香榭丽舍大道

巴黎香榭丽舍大道的长街景十分宏伟壮丽，是世界上最著名的街道之一。街道利用宽阔的人行铺面、列植植栽，将人行与车行分开，同时也划分出慢车道或停车的地点。地下停车占用一部分人行道的宽度。

(*a*) 香榭丽舍大道改建后，两侧各 24m 宽的人行道和两排行道树

（资料来源：(*a*) http：//www.mypsd.com.cn/detail/?2325502)；

(*b*) 地下停车占用一部分人行道的宽度

（资料来源：(*b*) http：//bbs.xmhouse.com/thread-781805-1-1.html

http：//www.nipic.com/show/1/73/3558487kbcccdcdc.html)

街道功能因素对于街道宽度、设施设置、活动空间大小有不同的需求，而这也必然会对街道两侧建筑的高度、体量、形态、长宽比等产生影响。一般来说生活性的街道往往是为人们日常生活服务的，因此该类街道应当尽量设计成近人尺度的。而商业性街道会集中大型商业、娱乐休闲、产品展销等活动，所以商业性街道的设计首先应当满足人的活动以及安全疏散要求，并处理好街道步行空间与车行交通之间的关系。

凯文·林奇曾这样说："城市是在运动中被感知的，因此这些性质是稳定的。在它们有秩序和连贯的地方都可以用作结构手段，甚至于产生特征的手段。这些性质加强和发展了观察者解释方向和距离以及在运动中的能力。"[51] 因此城市街道交通就是一个产生感知特征的系统，而交通系统中的交通方式、交通速度、交通量、动静态交通衔接等都会对街道尺度感知产生影响。以交通速度为例，人们在同一条街道中走路、骑自行车和开小汽车的尺度体验是完全不同的，运动速度增加意味着在同样的距离下要保持人的辨认能力，则必须加大物体体量。

芦原义信对此也进行过十分详细的阐述分析，其中最著名的是他关于空间街道比例的分析（图 2.4.2-4）。他在人类感知的统计基础之上，用比例的方式描述空间围合与三维体量对人的意义，并强调了街道比例尺度对于人空间感知是起主导性作用的，并完全不同于符号或其他象征性元素。在《街道的美学》

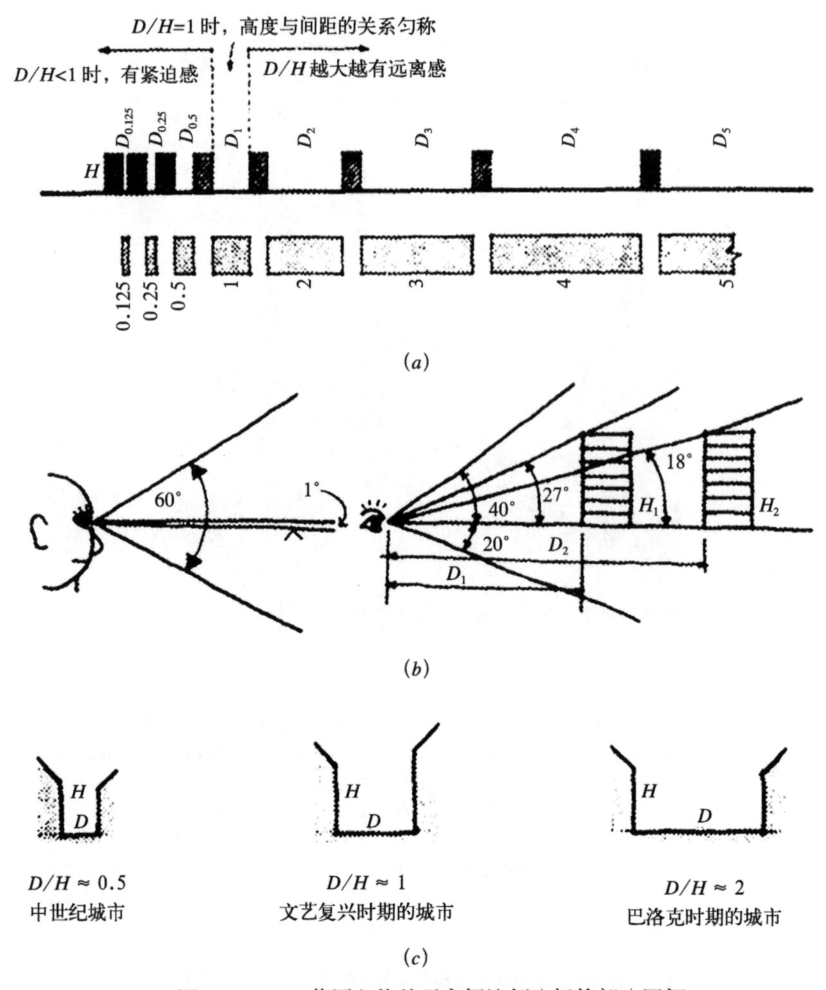

图 2.4.2-4 芦原义信关于空间比例分析的部分图解

(a) 建筑中 D/H 的关系；(b) 建筑与视野的关系；(c) 意大利街道的 D/H

(资料来源：(日) 芦原义信 . 街道的美学 [M]. 尹培桐，译 . 天津：百花文艺出版社，2006：47，49)

一书中以意大利街道为例进行高宽比研究，即假定街道的宽度为 D，建筑外墙的高度为 H，那么当 $D/H>1$ 时，随着比值的增加会产生远离之感，超过 2 时会产生宽阔之感，当 $D/H=1$ 时才会存在一种匀称之感。[52] 他还认为，城市空间秩序主要就是解决内部和外部的关系，它们是明确的、不能混淆的，否则就是失败的城市空间；在这二者之外没有其他秩序存在，而建筑师与规划师所要做的就是去理解二者的关系。

街道比例尺度还与街道界面有着密切的关系。街道界面是指人们在街道空间行进过程中的直接感知面，形成有序的街道界面是建立城市街道尺度秩序的基础。街道界面具有层次化和连续性的特征。层次化是指街道中的建筑与周边环境形成的水平和垂直维度的结构关系，如当街道弯曲时，两侧的建筑物会成为一种对景；而当街道竖向高度出现高低变化时，建筑体量大小会对人的视觉感官产生强化或者减弱的影响。而街道的连续性则主要依靠某一片段或者某一母题进行有序重复来加以实现，而这种重复与建筑面宽、开窗比例、建筑屋顶、

入口形式等建筑设计元素相关，同时广告、招牌、铺装、灯光色彩等也会对界面特色产生影响，街道空间的连续性是由上述各种要素通过形式选择和排列组合的合理组织实现的。

另外，除人们的活动需求感知对尺度比例起到影响作用外，天气及其建筑物的形式也是非常重要的。如果城市处于寒冷地带，街道应设置得稍宽，以使街道的两边都可以沐浴到阳光；如果城市处于暖热地带，街道应该狭窄，两边建筑物应该高，这样形成的阴影和街道的狭窄可以调和当地的炎热，更加有利于人们的健康[53]。

（3）街道设计的控制原则

①街道步行的连续性

普林茨曾对街道空间进行过较为系统的分析（图 2.4.2–5），同时街道的空间设计还需满足以下基本要求：无论是街道，抑或是城市主要道路，首先是作为联系通道或土地分隔利用而出现的，因此保证人和车辆安全、舒适地通行就很重要。应处理好人、车交通的关系，以及道路设施各组成部分之间的关系。

街道设计还需要按多维空间考虑，要尽量使人们在同一层面上运动，并尽可能地将主要目标安排在街道内人的流动线上，减少过分曲折迂回（图 2.4.2–6）。还应将街道分成不同段落，并对其进行功能、人流和车流疏密程

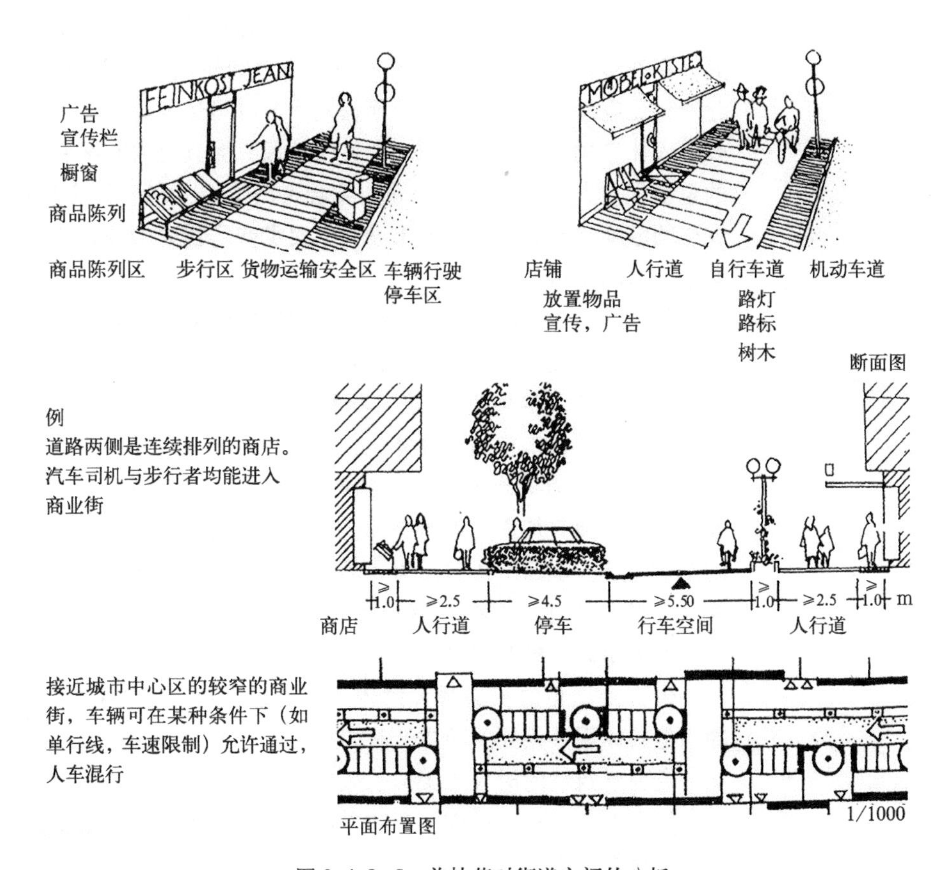

图 2.4.2–5 普林茨对街道空间的分析
（资料来源：普林茨 · D. 城市景观设计方法 [M]. 李维荣，译. 天津：天津大学出版社，1992：128）

图 2.4.2–6 拉德芳斯的多层交通
（资料来源：http：//www.fangchan.com/tech/111/2014–11–11/377011.html）

度的研究，并相应决定其宽窄变化。

优秀的街道可以容许人们以优雅而合理的速度从城市的一处移动到另一处，不论步行还是驾车。而街道的可达性则是指：人们必须能便捷到达街道。此外，还应考虑到对于残疾人而言的另一种可达性。很多最出色的街道都有供残疾人休息的场所。在城市中的许多地段，尤其是中心区和商业区、游览观光的重要地段，要充分发挥土地的综合利用价值，创造和培育人们交流的场所，就必须鼓励步行方式并在城市设计中贯彻步行优先的原则，并由此建立一个具有吸引力的步道连接系统。

1980 年，在日本东京召开的“我的城市构想”座谈会上，人们提出了街道建设的三项基本目标：“①能安心居住的街道；②有美好生活的街道；③被看做是自己故乡的街道。”这三项目标都是与人的步行方式密切相关的。而在香港，伴随着城市空间的立体化，交通空间出现立体化的现象，地面的城市道路网密布，成为机动车交通的主要使用空间。同时为了使人行交通便捷流畅，很多街道都拥有加宽的人行空间。建筑的地面一层可以作为交通换乘的接驳空间或者建筑的地面出入口，为人们搭乘机动车提供方便。而城市的商业、娱乐等空间集中在地上二层，与人行的主出入口和高架步道紧密结合（图 2.4.2–7）。

②街道风格的和谐性

世界上出色的街道最大的特点就是建筑物彼此很和谐。它们并非千篇一律，但却体现了相互的尊重，在高度和外观上尤其如此。沿街建筑的协调性并不一定由建筑物的时代或相似的风格决定。事实上，决定因素是一系列的特征，它们很少在任何一条街道上全部出现，但在每条街道上足以体现相互之间以及对街道整体的尊重。

影响街道设计的一致性的因素有许多种，其中以沿街的建筑物形式最为重

图 2.4.2–7 香港步行交通的细致考虑
(资料来源:http://tomyxiaochouchou.blog.sohu.com/139734543.html)

要。当建筑的三维形式感很强烈的时候，建筑体量成为视觉景象的主角，空间就会丧失其重要性。吉伯特这样认为："街道不是在建造正面，而是营造一个空间；同时，街道也可以扩展成较宽的空间如广场、围场"。

圣·吉米尼亚诺(San Gimignano)就是其中的典型代表(图 2.4.2–8)。圣·吉米尼亚诺最早为古希腊文化全盛时期的一个村庄，在 13 世纪末成为佛罗伦萨的属地。在这个城市里，主要的公共空间被 3~4 层的建筑立面所包围，从一个空间向另一个空间，完全处于西特所描绘的如画般美的状态之中。城市建筑的底部几层作为主体遵照的是同一式样，但公共空间的轮廓线被成组的中世纪尖顶戏剧化地强调了；从普通的屋檐部分升起的尖顶到达了具有挑战性的高度，这既给毫无变化的内部透视增加了强烈的切割对比，又增加了远景的突出效果。

另外一个值得学习的例子是伦敦的牛津大街（Oxford street）(图 2.4.2–9)，这是一条曲线形的街道，与其他几条主要道路一起，在卡尔菲斯处以直角相交。从卡尔菲斯开始，这条街是笔直的，但自圣玛丽至麦达伦桥开始则变成弯曲的。牛津大街优美的曲线，可能是为了方便连接一个设计好的社区终点和一条横穿的重要河流，或者是为了小心穿越沿着古代人行道两侧的现有私人产业。无论导致目前街道空间一致性的理由是何缘故，其结果是产生一连串美丽的街景画面，到处都有尖塔、塔楼从低矮的建筑中窜出。汤玛士·夏普（Thomas Sharp）认为这条街道"是英国最为典型的伟大艺术作品"。[54]

③街道界面的层次性

最出色的街道是舒适的，至少在界面围合上做到尽可能舒适，并善于利用

(a) (b) (c) (d)

图 2.4.2–8 圣·吉米尼亚诺的街道与空间

（资料来源：(a) http：//www.quanjing.com/share/y5m–1634507.html；
(b) http：//www.quanjing.com/share/psf00235.html；
(c) http：//wlk.lzhongdian.com/M/HdMazDetail3149.html；
(d) http：//blog.sina.com.cn/s/blog_8a983dbd01012miz.html）

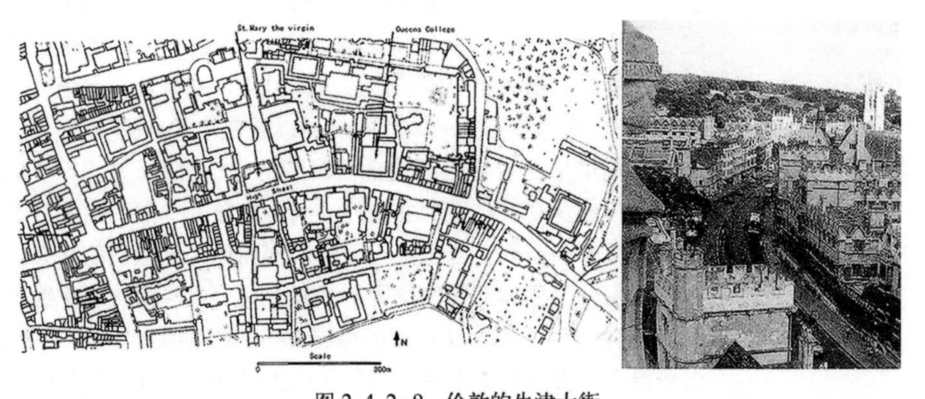

图 2.4.2–9 伦敦的牛津大街

（资料来源：（英）克里夫·莫夫汀．都市设计——街道与广场[M]．王淑宜，译．台北：创兴出版社有限公司，1999：217）

各种要素提供适宜的保护。街道的界定体现在两个方面：垂直方向与水平方向，前者同建筑、墙体或树木的高度有关，后者受界定物的长度和间距的影响最大。也会有些界定物出现在街道的尽端，既是竖向的又是水平的。竖向的界定既与比例有关，也受绝对数量的影响。一条街道越宽，用来界定它的体量和高度也越大，直到某些街道宽阔到不管边界建筑高度如何，都不再有真正意义上的街道感。而许多出色的街道都是绿树成行的，并且它们在界定街道中的作用与建筑是同等重要的。沿街建筑的间距对街道空间的界定也很重要，密集的建筑往

往比稀疏的建筑更能有效地界定街道空间。

其次，使用通用的建筑材料、细部和设计元素能加强街道整体感。而更重要的是，通过共同屋檐线的指定，以及相似性间距尺寸的引用可以确保街道景观的整体性，并且避免单调无聊。然而，对于组构街道的个别建筑物，并不需要绝对的相似，通常只要地面层有一个强烈的主题能组合整体就足够了。典型的方法是在建筑的较低层，引用柱廊或二层阳台出挑，可以使购物者免受风雨之苦，同时具有建筑元素的功能，将混杂凌乱的建筑体整合在一起。

最后，好的城市街道还能够提供避风作用，在城市街道上风力只占城外开阔地的25%~40%，除非建筑的布局和高度加快了风速。而与气候相关的舒适度特征是可以合理量化的，可以成为出色街道的组成部分。过去出色的设计者在规划街道时了解到这种需求，不过常常是出于直觉，但现在设计可以通过各种技术手段使得未来街道环境的量度和预测比以前做得更好[55]。

英国伦敦摄政街的设计为城市街道设计留下了卓越的典范。伦敦摄政街是由约翰·纳什等人所设计的（图2.4.2–10），联系了摄政公园到圣詹姆斯公园，再沿着林荫道，到达白金汉宫，这个区域的开发成为了欧洲城市设计的杰作。波特兰广场是这条新街道的最北端起点，并预告了摄政街街道序列的壮丽入口。往南，纳什让这条路通过一个圆环横穿了牛津街，圆环不仅定义了一个重要结点，而且便于转向。而从四分区开始，街道以90°在波卡地里的圆形广场处再次转弯，在此街道转为直线，再越过滑铁卢宫的新广场，直通卡尔顿官邸。自从纳什完成了这条街道以后，已经经历了很多改变，但从摄政公园到白金汉

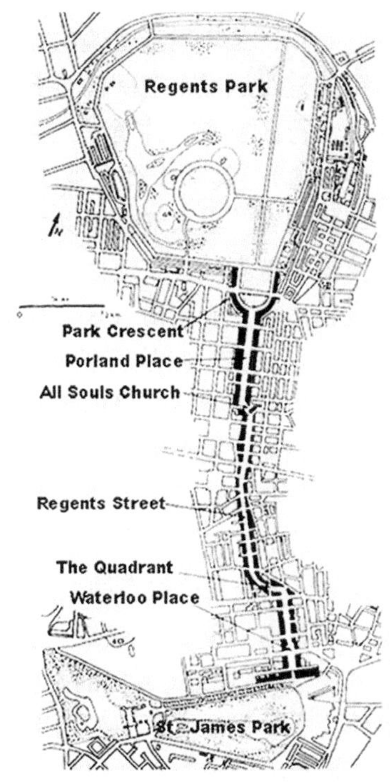

图2.4.2–10 伦敦摄政街

（资料来源：（英）克里夫·莫夫汀．都市设计——街道与广场[M]．王淑宜，译．台北：创兴出版社有限公司，1999：229）

宫的道路主体上保持了其原有路线和城市风貌。[56]

④街道景观的软硬性

地面景观是和谐、有机整体的重要组成部分。在街道空间中有两种主要的地面类型——“硬质”元素和“软质”元素。

硬质的地面景观是“硬质”元素的核心内容。地面硬质景观能明确地被设计来增强空间的审美特征，其尺度感可以来自所用材料的尺度、不同材料的式样，或者两者的结合。地面景观的式样常常起着打破大尺度、把硬的表面变得更易于管理、更符合人体尺度的重要美学功能；地面景观的图案则能强化街道的线形特征，通过以视觉上动态的图案提供方向感来强调其“路径”特征，还可以强调空间“场所”特性。

街道家具则是与地面景观不同的“硬质”元素，可以包括灯柱、电话亭、长椅、喷泉、公共汽车站等，公共艺术也是街道家具的一种形式。除了有助于个性和性格，街道家具的质量和组织是衡量城市空间质量最基本的标准。

“软质”元素则是创造街道特色和个性的决定性因素之一。软质景观是与硬质景观的一种对比和衬托，并增加了人体尺度感。树木以及其他植物表现季节的变化，可以提高城市环境在时间上的可识别性，在提供或增强连续性和围合感、增加不同环境的一致性方面也起着重要的美学引导作用。在城市环境中应积极合理地配置树木，并通过提高城市景观的整体效果来进行树木植被的种类选择和功能定位[57]（图 2.4.2—11）。

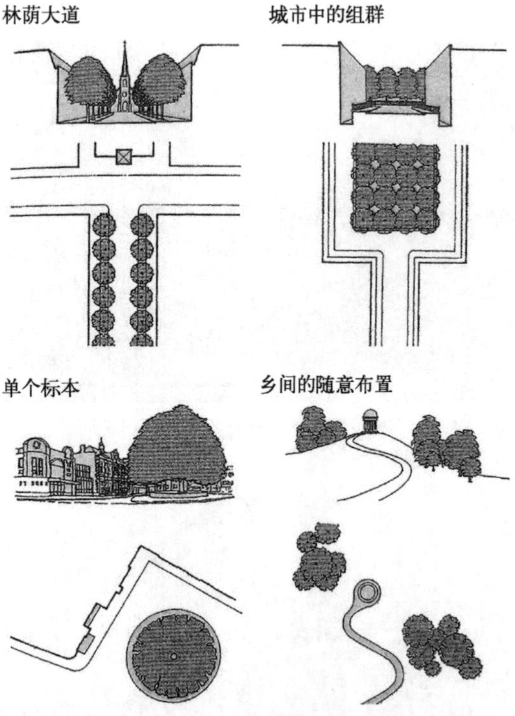

林荫大道

城市中的组群

单个标本

乡间的随意布置

图 2.4.2—11　街树的设计策略

（资料来源：（英）Matthew Carmona，Tim Heath，Taner Oc，Steven Tiesdell. 城市设计的维度[M]. 冯江，袁粤，万谦，等译. 南京：江苏科学技术出版社，2005：159）

（4）步行街（区）

①步行街（区）的功能特征

步行是市民最普遍的行为活动方式。步行系统是组织城市空间的重要元素。步行系统包括步行商业街、林荫道、空中的和地下的步行街（道），其中步行商业街是步行系统中最典型的内容。当人们在公共场所擦肩而过，是最重要的基本社会交流之一，而步行街就隐含了这种功能。步行街（区）是城市开放空间的一个特殊分支，它从属于城市的人行步道系统，是现代城市空间环境的重要组成部分。步行街不仅是美化规划的一部分，而且是支持城市商业活动和有机活力的重要构成。同时，步行街建设的成功与否还关系到城市中某特定地段的发展，乃至整个城市的生活状态。

街道空间自古就是“步行者的天堂”。而今天，随着对街道回归的更多重视，步行街（区）作为一种最富有活力的街道开放空间，已经成为城市设计中最基本的构成要素之一[58]。步行街区对城市中心也起着很重要的作用。概括起来主要包括社会效益、经济效益、环境效益和

交通方面：在社会效益方面，它提供了步行、休憩、社交聚会的场所，增进了人际交流和地域认同感；在经济效益方面，它能够促进城市社区经济的繁荣；在环境效益方面，它可以减少空气和视觉的污染，减少交通噪声，并使建筑环境更富于人情味；最后，在交通方面，步行道可减少车辆，并减轻汽车对人活动环境所产生的压力。[59]

②传统步行街（区）的发展历史

步行街的发展经历了漫长的历史演变。早在古希腊和古罗马时期，就出现了步行街的雏形。古希腊时期希波丹姆斯规划重建的米利都城，在城市中心就分布有公共集会广场、集市广场和公共活动区。在罗马的埃斯奎利尼山上还完整地保留着古罗马时期的图拉真市场（Mercati Traianei，公元 2 世纪）的遗址。这是一个有顶盖的市场，两层铺面，空间关系相当复杂。可以说是历史上最早的步行街。

在 19 世纪前半叶，巴黎卢佛尔宫北面的里沃利街，由建筑师柏西埃和方丹设计了沿街的住宅，底层都是供步行的柱廊。位于米兰市大教堂广场旁的艾曼纽尔二世拱廊（Galleria Vittorio Emanuele II，1877 年）（图 2.4.2–12）是新古典主义时期步行街的典范，拱廊上面有玻璃顶，两侧的建筑立面相互对称。除了前面列举的以外，最著名的还有英国伦敦的伯林顿柱廊（Burlington Arcade）、比利时布鲁塞尔的圣胡伯特拱廊（Galeries St.Hubert）等，这些拱廊已经成为现代室内步行街的原型。

③现代步行街（区）的演化阶段

在 1960 年代以后，由于现代城市主义的功能分区思想，导致了城市与历史的割裂和城市人性空间的失落。鉴于上述问题，欧洲大陆的荷兰、德国、丹麦等国家最早设立了“无车辆交通区”。德国埃森市（Essen）的林贝克大街（Limbecker Street）在 1930 年建成林荫步行街，是现代步行街的雏形。另外，荷兰鹿特丹中心区林邦（Lijnbann）步行街，英国考文垂（Coventry）旧城中心步行区（图 2.4.2–13），瑞典斯德哥尔摩卫星城魏林比（Vällingby）中心步行广场（图 2.4.2–14）等，都是 1950~1960 年代兴建的具有创造性和有特色的步行商业街区。

(*a*)

(*b*)

图 2.4.2–12　艾曼纽尔二世拱廊，1877 年

（资料来源：(*a*) http：//vacations.ctrip.com/cruise/p3030681s0.html；(*b*) http：//m.mafengwo.cn/photo/10051/scenery_3114360/36513207.html）

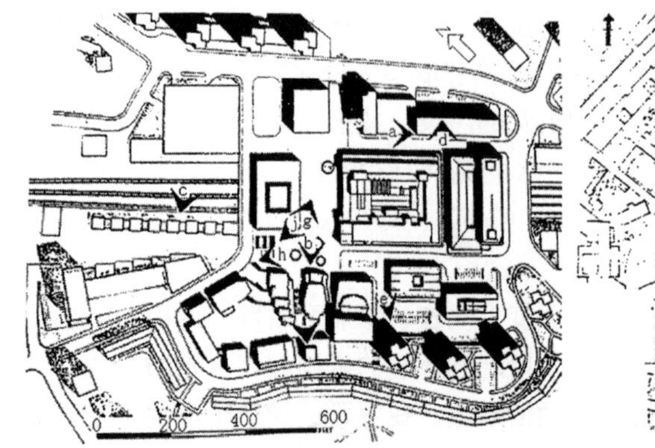

图 2.4.2–13　英国考文垂中心步行区
英国的考文垂市，在第二次世界大战中遭到很大的破坏，在战后开始了重建计划，设计建造了步行街区。设计构思源于 1942 年，1950 年代末和 1960 年代初兴建。步行街的周围设置了 1700 辆汽车停车位，中心广场在步行商业区的一端。广场把商业区与文化中心连接起来。广场不仅环境优美，而且组织了二层平台的步行交通。
（资料来源：李德华．城市规划原理 [M]．3 版．北京：中国建筑工业出版社，2001：497）

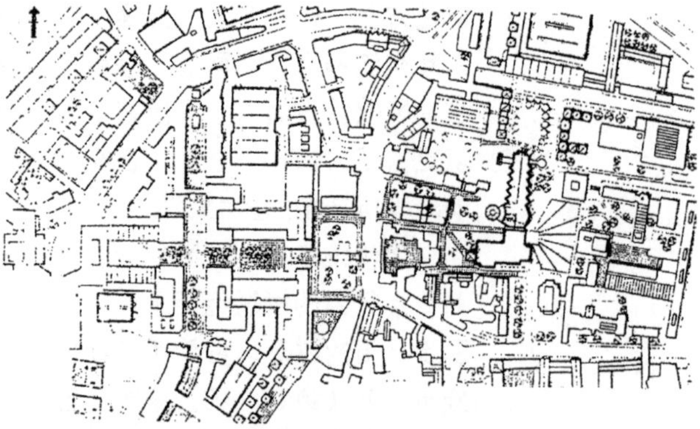

图 2.4.2–14　瑞典斯德哥尔摩魏林比中心区
瑞典斯德哥尔摩魏林比中心区的性质和功能与哈罗新城中心属同一种类型，但在设计手法上扩展到两层空间的利用，中心区结合铁路车站布置，地面层形成一个 700m × 800m 的步行平台，这种手法对许多城市旧区改建有深远影响。
（资料来源：李德华．城市规划原理 [M]．3 版．北京：中国建筑工业出版社，2001：497）

现代步行街区的发展，大致经历了三个发展阶段。

a）第一阶段的步行街区：以吸引顾客为目标

第一代步行街区产生的根本原因是为了加强城市中心区的交通管理，在由此实现刺激中心商业零售区的经济发展。在 1960 年代后期，西欧和北美城市以机动车交通作为主导交通方式的发展模式对于城市活力以及居民生活方式产生了很大改变，与此同时城市无限制蔓延和中心区衰败也使得商业中心功能衰退。为了维持中心区的吸引力，步行街区开始逐渐盛行起来，并成为刺激中心区经济再次振兴的主要手段。

但第一代步行街区也有很多不足之处，虽然其为中心区复兴作出了贡献，但却导致了一些不良后果。比如步行街区商业吸引了大量顾客，而使步行区附近的商店营业额大量下滑，且在规划步行街过程中没有处理好街区本身与城市周边交通衔接的问题，而使城市整体交通管理非常混乱。

b）第二阶段的步行街区：对步行者的人性关怀

第二代的步行街区在延续第一代街区空间形态的基础上，在步行网络、设施布置、活动组织等方面有所完善。如在步行街区中置入座椅、街头雕塑、彩色铺装等，为人们提供购物后可以进行休憩的街头设施，这也充分体现出步行环境的人性关怀思想。虽然第二代步行街区仍然是以商业利润为根本目标的，但是对于环境的塑造明显要好于第一代。

c）第三阶段的步行街区：社会活动交往的中心

第三代步行街区区别于第一代和第二代街区最显著的特点就是其不仅仅是关注街道设计，而是将步行街形成完整的网络系统，将商业的点、线、面要素全部整合在一起，并采用地下步行购物中心、空中步行天桥等手段使得步行网络连续化且更富有场所精神。在城市中心的步行街区规划建设，往往也和交

通管理、城市更新、历史建筑与文物保护等相关内容统筹考虑，而购物活动不仅仅是一种消费性行为，同时也成为社会文化体验和市民活动交往的载体。第三代步行街区的社会效益加强了人们对于地域场所的认同感，并成为城市中名副其实的社会活动中心。

当今的步行街区已经成为城市空间品质的一个标准，也成为复兴城市中心区的良策。现代步行街以商业街为主，但欧洲的许多城市也有将历史保护区作为步行街区规划设计的。如德国慕尼黑的步行区就是商业街与历史保护区的结合，以市政厅所在的玛利亚广场为中心，向周围地区辐射。西班牙城市巴塞罗那将中世纪形成的历史街区开发为一大片步行街区，形成了丰富多彩的城市空间（图 2.4.2–15）。现代城市交通的发展使城市更加多层次，形成了空中步行街和地下步行街。例如香港的中环，连续 2km 长的空中步行道将中环与金钟地区连在一起。而日本大阪和加拿大蒙特利尔，在 1960 年代结合地铁车站的开发，将整个城市中心区建成一座地下城，也是这方面成功的实例；再如日本横滨的步行街（图 2.4.2–16）。

④现代步行街（区）的设计原则

从步行街区的发展历史和演化阶段梳理中可以看出，步行街区设计应遵循以下几个主要原则：

首先，要注重对交通流线的组织，提高步行街的运转功能，减少步行者与机动车之间的冲突。步行街区需要创造一个步行优先的空间环境，并恢复人在交通中的核心地位，使得人们有更多机会在步行区休闲，参加各种公众活动。步行街建设应形成网络状步行系统，通过广场、购物街、街头绿地、立体步行通道等空间元素实现步行系统的安全性与连续化。

其次，要实现经济效益、环境效益和社会效益的统一。步行街区代表了城市的社会形象，同时也是人们场所感知和社会认同的重要载体。反观我国的步行街区规划建设，以南京路步行街、北京王府井大街为代表的成功案例具有很

(*a*)

(*b*)

图 2.4.2–15　巴塞罗那哥特区历史街区

（资料来源：(*a*) http://nixin2001.blog.sohu.com/140027283.html；
(*b*) http://www.mafengwo.cn/photo/14383/scenery_2973988/28981271.html#105）

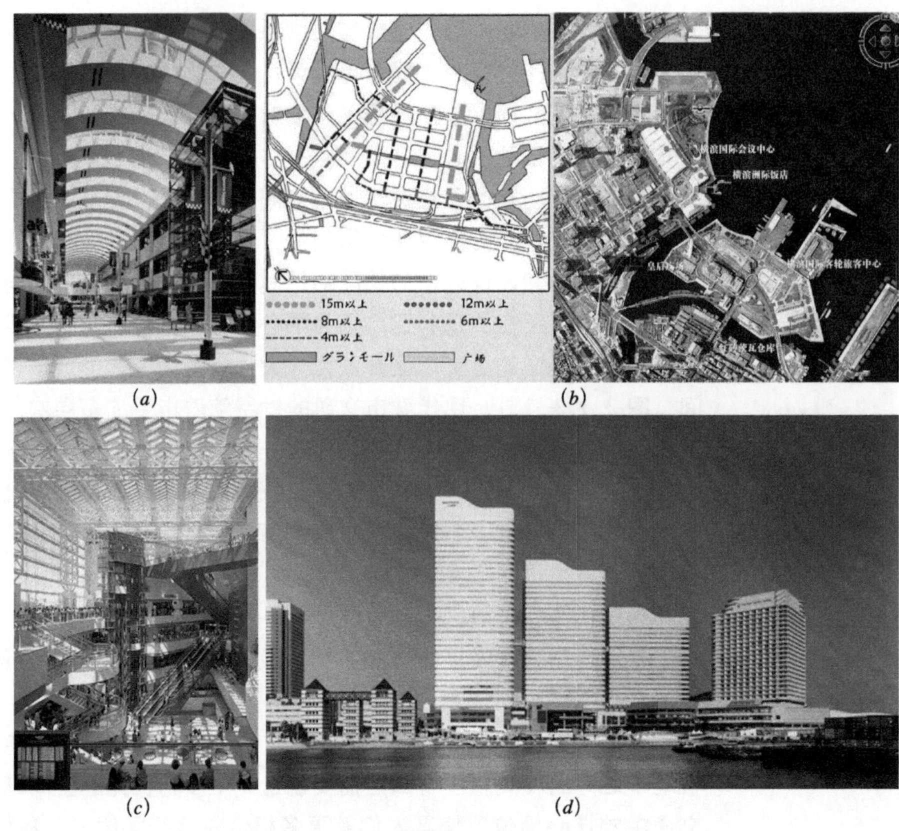

(*a*) (*b*)

(*c*) (*d*)

图 2.4.2–16　日本横滨的 MINATO MIRAL21 地区

日本横滨 MINATO MIRAL21 地区的开发，将传统的港口贸易文化与新世纪信息时代的商业、商务、旅游活动相互并存，从而成为迈向 21 世纪的国际都市核心；地块面积 180hm²，主要功能用途包括步行商业街、饭店、银行、办公楼、美术馆、会议中心、展示中心等。在布局上，以封闭式空中商业步行街（Queens Mall）串接横滨标志塔、24 号地块商业综合体、和平会馆，转而连接国际会展中心。

（*a*）皇后步行街内景；

（*b*）横滨 MINATO MIRAL 21 地区平面图及步行系统；

（*c*）皇后步行街内景；

（*d*）横滨 MINATO MIRAL 21 地区外部风貌

（资料来源：(*a*)（*c*）http：//www.nikken.co.jp/cn/projects/retail/queen-mall-at-queens-square.html；

（*b*）http：//wenku.baidu.com/link?url=s3BVmY2aalGvtWhGLvjL2ArwDZLxuEWHL-lVVMur5JpwKBR7Oq1ApYbAcX-rwl22d653w-9v2uJDFKz8C4kxqHSdRNAHQ_1Q0-oSx4g7D9q；

（*d*）http：//image5.tuku.cn/pic/renwenjingguan/dongjinghengbin/150.jpg）

好的示范性作用，且在经济效益方面取得了显著成绩，但对于环境效益和社会效益还是需要进一步加强。

最后，要创造一个人性关怀的空间场所。在步行街区中应通过地面铺装、座椅小品、广告标识、灯光照明、无障碍设计等手段为人们创造高品质的步行环境，并从设计细节当中体现出城市步行街区对于人性的关怀。

（5）案例分析

①历史空间的体验：自由小道（美国波士顿）

自由小道是一条穿过波士顿的市中心、4km 长的人行路线，连接了市内 16 处历史遗迹（图 2.4.2–17）。这些遗迹主要是美国独立运动的重要景点。小道起始于波士顿公地，曾经的牛场，然后一路经过一些重要的建筑物、重要

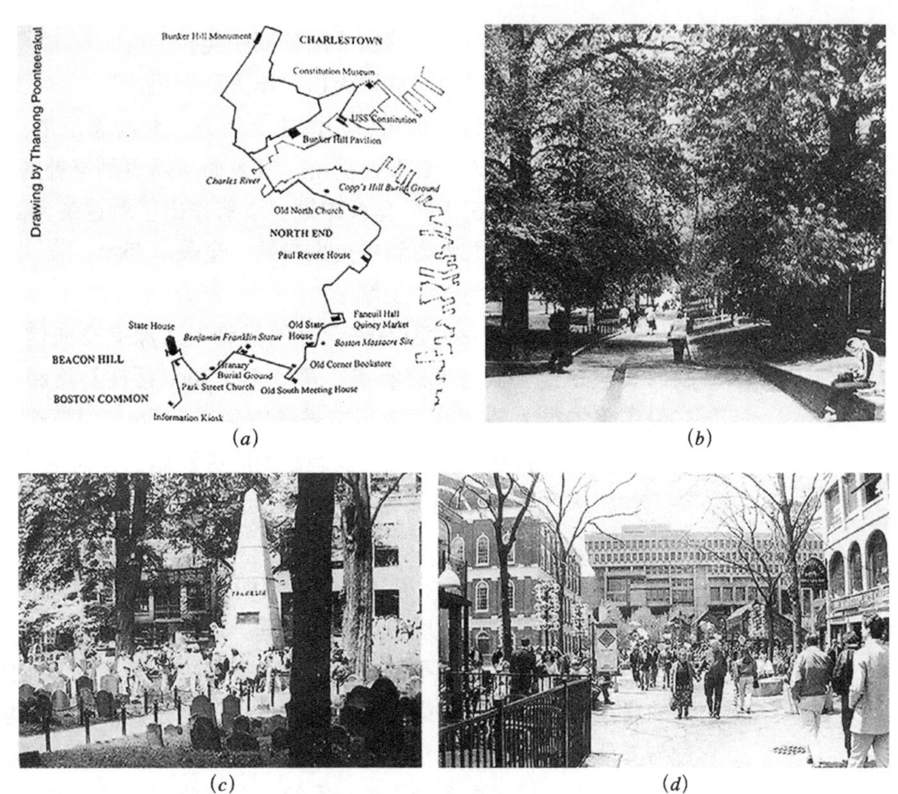

(a)　(b)

(c)　(d)

图 2.4.2-17　波士顿自由小道

（资料来源：(澳) 乔恩·兰．城市设计[M]．黄阿宁，译．沈阳：辽宁科学技术出版社，2008：85）

事件的发生地、重要文化遗迹，墓地、昆西市场／法纳尔大厅地区，穿过查尔斯河到达终结点 Bunker 山纪念碑。[60]

波士顿市政府提供基金并主持修建小道。自 1976 年以来，国家公园服务局花费了 5000 多万美元资金对沿着小道的景点进行改造。其实，这个项目是由于波士顿《先驱论坛报》记者 William Schofield 引起的公共压力，致使政府于 1951 年开始进行的，并得到了波士顿市长 John Hynes 的政治支持。小道的开发表现出权利的微不足道，以及鼓励对各种公共区域设计的切实可行的想法。

多年来，虽然小道是在不断地扩充，但其发展可以说是发生在两个阶段。第一个阶段似乎是为了引导行人从一个景点走向下一个景点，而临时性地在地面涂上了一条红线。这条线从美学角度是不可接受的。在第二个阶段更注重小道的景观质量。红线被换掉了，改由红色石子铺砌，修建了人性坡道，增强了标志系统的质量，悬挂了青铜圆雕饰的位置指示牌。小道被看作是一个重大的成功。每年走过它的人超过了 400 万，投入使用后立刻增加了沿路每个景点的参观人数。估计为波士顿每年 90 亿美元的旅游业收入作出了 4 亿美元的贡献。

对有爱国心的美国人和许多国际游客来说，走在小道上同样都会有一种情感的体验。它增强了波士顿市民对本市历史的认识，特别是对重要建筑物的历史保护一事。小道的存在间接地提高了城市的收益。它可能被看作是后来昆西市场再开发的促进剂，因为它表明了，利益的各方围绕着一项事业季节能够成就他们想要做的事情。2000 年，自由小道是美国 16 条同类获奖小道之一，它

们作为白宫保护国宝计划的组成部分而获奖。

②传统街道的升级：乔治大街（澳大利亚悉尼）

乔治大街是穿过悉尼市中心的主要街道。北起悉尼港，南至中央火车站。直到翻修之前它的人行道窄而拥挤，其表面从沥青到修补的混凝土和各种其他铺砌材料都有。而在1990年代中期，政府作出了对这条大街进行升级的决策，从港口的阿尔弗雷德大街到中央火车站，全长2.6km。[61]

项目的开发分为三个工期：

第一个工期包括对原有安全岛的拆除，对原有交通信号灯的挪移，设置临时交通路线和其他道路标志。第二个工期包括在马路和人行道之间对机动车设置保护行人的路障，人行道被拓宽到了2.5m。第三个工期即最后一个工期，包括原有服务设施归位，安装新的服务设施，并为重建人行道的区域做准备工作，人行道铺设青石路面，朝向大街的排水沟嵌入新的花岗石路缘（图2.4.2–18）。

所有工程结束之后，有了一条整洁的街道，铺设材料和街头设施协调统一。混乱的地段在整改后呈现出广阔的空间，人行道拓宽了，街头设施更加简约现代。但是，这些变化还不足以使乔治大街成为一条名副其实的大街道。乔治大街的店铺翻新对街道升级起到了促进作用，特别是火车站广场一带的店面。通过与其他类似项目的结合，以及悉尼中心商业区（CBD）公寓单元数量的增加，城市的街道上开了更多的路边小餐馆，并因此引发了各种活动的连锁反应，并为辖区注入了生机。它还引起了其他城市对街道的重新设计。

现行的市中心开发管理规划对乔治大街的目标是继续保持：①街道边界线和现行建筑物—街道的关系；②紧靠街道的建筑物的高度，和将要建设的建筑物的高度；③沿街种植成行的树木。根据此规划，对任何新建筑的门户和入口应该“重点强调”。

③城市文脉的延续：王府井步行商业街（中国北京）

王府井步行商业街南起东长安街，北至金鱼胡同，在金鱼胡同口向北、东、西三个方向各延伸100m左右，全长约1000延米。由于全市公共交通组织的需要，王府井商业街仍保留公共交通车辆行驶的专用道，对原有道路进行改建，加宽步行道。在道路两侧新建各种环境设施，有座椅、雕塑、花坛、电话亭、售货亭、宣传栏、垃圾筒、指路牌、候车亭、栏杆、路灯及树木等。人行道路面铺钢砖，采用浅灰、浅黄色调，整体效果较好。

改造后的商业街对文化性和观赏性作了专门强调，街头公共艺术是主要的媒介，如采用现实主义风格的具象雕塑。另外王府井商业步行街具有独特的历史文化价值，同时也为人们创造出了舒适的公共活动空间。它作为一种城市公共生活方式、一种恢复城市文脉特征、复兴人文景观的设计方法，是具有典型意义的（图2.4.2–19）。

④历史地段的提升：南京东路步行商业街（中国上海）

南京路是上海最热闹、最繁华的商业大街，被誉为“中华商业第一街”。东起外滩、西至延安西路，全长5.5km，以西藏中路为界，分东西两段。南京路步行街指西藏中路以东至河南路的南京东路段，全长约1050m。南北分别以

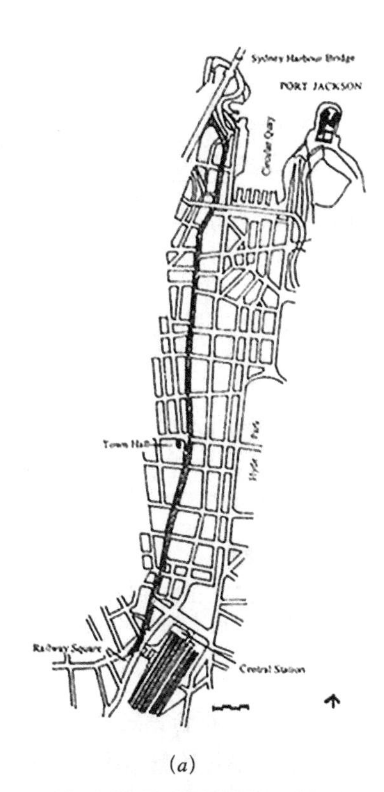

(*a*)

(*c*)

(*b*)

(*d*)

(*e*)

图 2.4.2-18　悉尼乔治大街的发展

(*a*) 乔治大街的位置；(*b*) 北乔治大街的设计；(*c*) 典型交叉路口的细节；

(*d*) 向南看的街景；(*e*) 大街南端的巴士车站

（资料来源：(澳) 乔恩·兰．城市设计[M]．黄阿宁，译．沈阳：辽宁科学技术出版社，2008：99）

平行于南京东路的九江路、天津路为界，两侧纵深约 200m。

a）改造背景

1980 年代以后，经过多年透支发展的南京东路已面临着物质性老化、市政

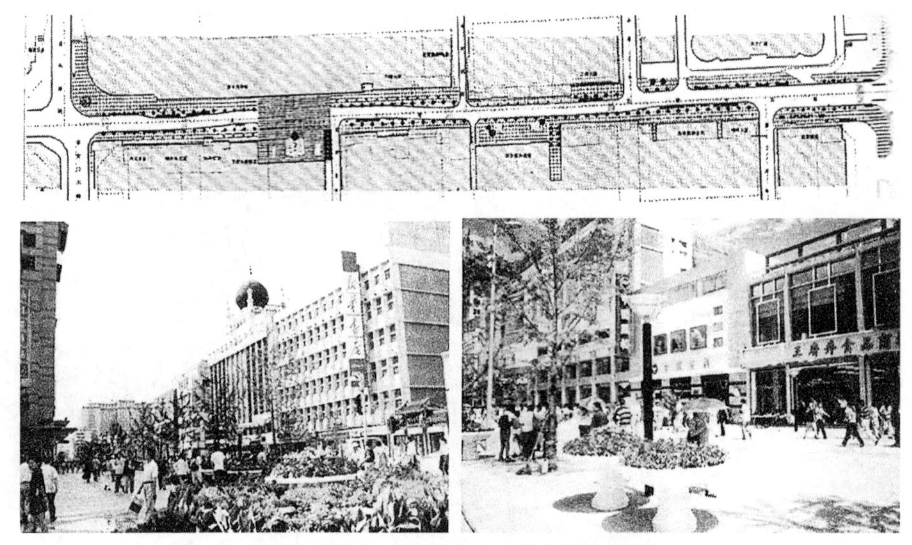

图 2.4.2-19　北京市王府井步行商业街

（资料来源：李德华．城市规划原理 [M]．3 版．北京：中国建筑工业出版社，2001：498）

等基础设施陈旧、商业结构不合理、不符合第三产业经营与发展需求等多重矛盾，为此曾进行了一些局部改建，希望通过改善沿街立面的手段来刺激商业发展。这是改革开放后南京路面临的第一次建设发展高潮。1990 年代后，以浦东开发建设为契机，上海城市建设迅速发展。随着土地有偿制度的确立，南京东路沿线改造全面展开，出现历史上第二次建设发展高潮。此次改造规模大、时间短，是上海市中心区功能结构调整、土地利用优化、旧城更新的有机组成部分。

然而至 1998 年，在各项改建工程已基本完成后，发现并没有取得预期的经济社会效益，这是因为单纯地扩大商业规模以及过度追求经济效益的大容量土地开发，并未彻底改变商业结构。而且 1995 年以后，上海市区其他商业街相继再开发，也加速了南京东路吸引力的下降。这时的南京东路，一方面，面临功能性衰退：主功能结构不合理、业态单一、商业经营徘徊不前、客流量连年下跌；另一方面，还面临新一轮物质性老化：街区整体环境老化，购物环境拥挤恶化，人车混流问题突出，公共服务设施也不能满足人们日益增长的物质、精神需求。百年老街南京东路与其核心地位及未来发展定位已严重不符，改造势在必行[62]。

b）改造概况

1998 年南京东路步行街改造建设正式启动，在把上海市逐步建设成一个国际、国内经济贸易中心为根本目标的指导下，以保持上海市商业在全国的领先地位、促进都市文化旅游、推动消费层次多样化为具体目标，试图通过将南京东路建设成为具有国际水平的商业步行街，体现上海国际大都市的风范、适应现代商业发展要求、提高环境质量、提升城市形象。

改造工程以商业功能结构调整与街区整体环境改善为核心，涉及周边及沿线交通组织、优化土地利用、商业调整、改善市政设施等多个方面，是集规划、建设、管理于一体的综合性改造工程。其中，南京东路地区交通组织的重新调整为全天候商业步行街的建设奠定了物质保障。南京路步行街全长 1052m。设

计以深红色花岗石铺筑的设施带——“金带”作为步行街的骨架贯穿始终，在金带上布置照明和休憩设施，并提供良好的街具设施。

步行商业购物街的城市设计中努力体现“以人为本”的核心设计观，力图在城市空间塑造中探寻城市文脉的延续，通过贴近人的细微尺度空间元素的推敲实现对人们日常生活的关怀，创造出细腻而又富有人情味的城市空间，再现上海的都市魅力。

c）改造重点

南京东路改造需要重点解决的问题是商业街商业业态的结构调整。由于当时很多商家以单纯扩大规模来提高经济效益，并通过自筹资金（主要向银行贷款）扩大经营规模，且主要倾向于百货经营，这导致了大量百货业态在短期内迅速增加，但市场供需矛盾差距却进一步拉大。由此出现了多数商业店铺因为经营不善，不得不停业或频繁更换门庭租户，同时也使得南京东路的商业结构极为不合理，商业经营项目较为雷同且业态单一。

经过改造后的南京东路对商业结构进行了较大调整，购物从之前的71.42%降低到了58.59%，而餐饮服务和文化娱乐则分别增加了4.43%和8.40%（表2.4.2–1）。通过对商业业态结构的调整，南京东路实现了人群购物活动的多样化和街道活力的有效提升，其既为人们提供了简单易行的消费方式，同时又可以让人们品尝美味、思想交流、休憩娱乐，增强了商业街区的社会吸引力和人们的社会交往参与欲望，并由此形成了惬意的街道生活，成为市民引以为荣的城市象征。

步行街商业规划调整前后经营结构比较表（营业面积）　　表2.4.2–1

比较内容	百货	服装	文化娱乐	餐饮	客房	服务	其他
调整前（%）	48.97	14.10	0.73	4.70	22.34	0.81	8.36
调整后（%）	23.84	15.11	9.13	11.09	19.97	1.22	19.64
变化量	−25.13	1.01	8.40	6.39	−2.37	0.41	11.28

比较内容	购物	餐饮服务	文化娱乐
调整前（%）	71.42	27.85	0.73
调整后（%）	58.59	32.28	9.13
变化量	−12.83	4.43	8.40

资料来源：郑时龄，齐慧峰，王伟强．城市空间功能的提升与拓展——南京东路步行街改造背景研究[J]．城市规划汇刊，2000（1）：13.

d）改造意义

南京路步行街于1999年竣工落成以来，受到各界人士好评，取得了巨大的经济、社会效益和环境效益。步行街区改造以商业功能结构调整与街区整体环境改善为核心，涉及了周边及沿线交通组织、土地利用优化、商业结构调整、市政设施改善、城市环境品质提升等诸多方面，其本身也是集规划、建设和管理为一体的综合性改造工程（图2.4.2–20）。该步行街的城市设计体现出人本主义以及对市民日常生活的关爱，也反映出社会各界对具有人文传统的历史街区的重视。

(*a*)

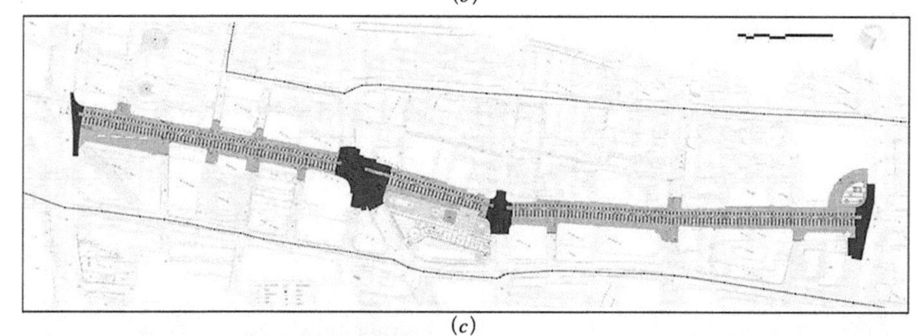

(*b*)

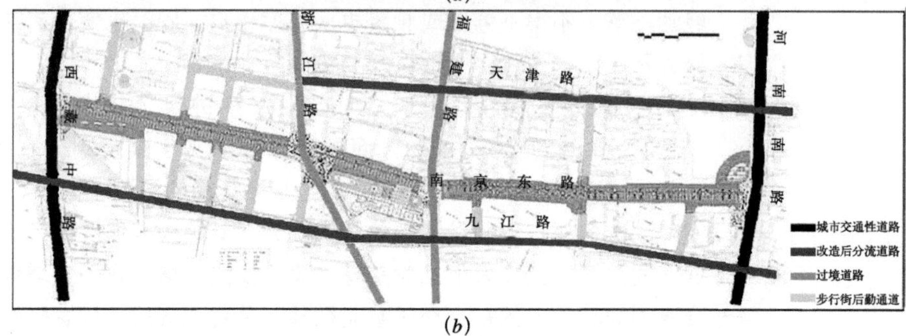

(*c*)

(*d*) (*e*)

图 2.4.2-20 上海市南京东路的规划设计与建设

(*a*) 上海市南京东路的 1930 年代、1980 年代、1999 年面貌；

(*b*) 交通组织；(*c*) 规划总平面；(*d*) 黄金带；(*e*) 街道景观

（资料来源：同济大学建筑与城市空间研究所．南京路商业步行街城市设计[Z]）

今天，南京路步行街已成为上海市标志性的公共空间、繁华的产业空间、城市开放和国际化的形象空间，是展现城市历史文化底蕴的历史街区，也是城市中央商务区的核心组成部分。其以“中华第一街”的品牌与地位成为了我国商业步行街的成功典范，并成为集购物、旅游、商务、展示、文化等多功能于一体的、具有世界一流水准的步行商业街。

⑤产业更新的表率：重庆市杨家坪步行商业街区

重庆杨家坪地区地处成渝经济走廊的前沿阵地，是重庆西部的重要交通枢纽，工业基础雄厚，交通便捷，人口密集，辐射面宽。杨家坪商圈是重庆五大商圈之一，而杨家坪步行街所在地区属于杨家坪商圈的核心部分。如今，该区域已成为重庆市主城区现代金融商贸副中心，也是市民购物、游憩、休闲的城市标志性公共空间。

2001 年开始的杨家坪步行街的规划和改造建设，是当时九龙坡区城市化战略的一号工程[63]。一方面，承担着塑造城市副中心和九龙坡区“退二进三”产业结构调整的重任。当时，重庆的五大商圈中四个商圈变化都很大，杨家坪中心地带的商业业态和购物环境亟需进一步提升和改善[64]。另一方面，改造也是缓解交通环境的迫切要求。杨家坪商圈虽然拥有浓厚的商气和人气，但由于中心地段被 5 条交通干线隔断，交通条件差，商圈发展受到了极大限制。

杨家坪步行街的城市设计范围为 18.9hm^2，步行区环境景观设计范围为 6 万 m^2。整体城市设计结构为：“三元步行系统 + 内聚结构核心”，三元步行系统包括城市型步行系统、生态型步行系统、购物廊步行系统。杨家坪步行街在设计上注重城市环境的整体连续性、人性化、类型选择和细部的设计，系统组织步行要素，以强有力地构建街区的空间环境和行为格局。

杨家坪地区在改造建设中力图完美体现购物与生态、休闲和文化的和谐统一，不仅为该区人民提供一个集旅游、休闲、购物、生态于一体的生活环境，还使得重庆杨家坪从传统工业区提升为重庆副中心，提高了重庆市的商业、第三产业的总体水平，为产业结构转型作出了贡献。同时，也美化了城市形象，扩展了城市功能，提高了城市的知名度（图 2.4.2–21）。

2.4.3　公共绿地

（1）公共绿地的功能作用

城市公共绿地是指“在满足规定的日照要求下，向公众开放并适合于安排游憩活动设施的、供居民共享的游憩绿地。”[65] 其主要包括供游览休息的各种公园、动物园、植物园、陵园以及花园、游园和供游览休息用的林荫道绿地、广场绿地，但不包括一般栽植的行道树及林荫道的面积。按照《城市用地分类与规划建设用地标准》GB 50137—2011，公共绿地用地代码为 G1，主要分成公园绿地（G11）和街头绿地（G12）两个小类。而从公共绿地与城市空间结构以及位置关系来看，一些大型综合公园、社区公园、街头绿地等主要位于城市内部，而专类公园如动物园、植物园、历史名园、风景名胜公园则位于城郊或远郊区域。

公共绿地作为向社会公众提供公共活动的特定的开放空间，它是城市绿地

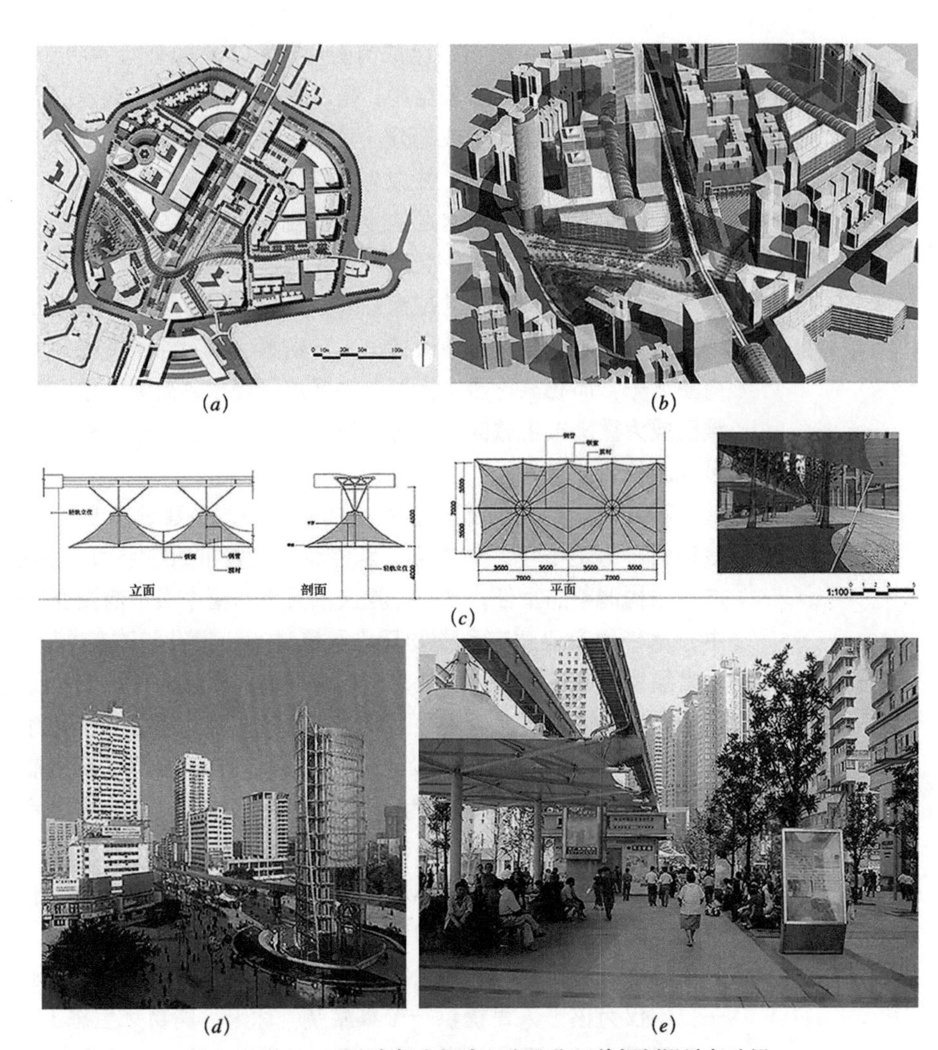

图 2.4.2-21　重庆市杨家坪步行商业街区的规划设计与建设
(*a*) 规划平面图；(*b*) 街区整体效果图；(*c*) 街具设计；
(*d*) 玻璃标志塔区域鸟瞰；(*e*) 商业街景象
(资料来源：同济大学建筑与城市空间研究所．重庆市杨家坪步行商业街区城市设计 [Z])

系统的组成部分，也是城市生态系统的有机组成部分。特别是城市化速度日益加快的今天，城市绿地更是显示出其塑造城市景观、净化空气、减缓人们工作压力、促进生态环境建设、防火和避难等方面的优势。公共绿地主要具有生态价值和景观价值两大功能作用。

其一，就生态价值而言。城市公共绿地作为城市的"肺"，有助于净化空气、减轻大气污染、改善城市气候和热平衡，还有助于减弱和消除城市噪声、防风固沙、改善城市水环境。而作为城市规划师，则应该努力去了解绿地长期以来自然演进的生态规律，在绿地空间的生态保护价值与经济利用价值之间作出适当的利益选择，引导城市和区域的用地空间布局朝着符合人居环境生态平衡的方向发展[66]。

其二，就景观价值而言。城市公共绿地能够提高公共空间的环境景观品质，有助于提高地区活力，同时也是对历史空间复原的契机。公共绿地应与城市景观紧密结合，沿街带状花园绿地的景观特色应被突出[67]。同时，应注重公共

绿地设计中的植物配置与选用，以求最大限度地发挥植物的环境保护功能；注重在设计中巧妙运用自然要素和人工要素来共同营造舒适宜人、能充分满足使用者需求的公共绿地空间[68]。

从过去到现在，世界上有很多城市都已经十分重视公共绿地的建设，并取得了卓有成效的建设成就。以巴黎为例，巴黎对城市公园和公共绿地的记载可以上溯到法国第二帝国时期，如杜勒里公园（Les Tuileries，1666年）（图2.4.3–1）、皇家花园（Le jardin du Palais Royal，1679年）。到了1920~1930年期间，大规模的城市改造运动更为后代留下了圣·朗贝尔公园、红帽子公园等无比珍贵的造园艺术精品。而在现代主义盛行时期，又增加了雪铁龙公园（Parc Andre Citroen，1992年）（图2.4.3–2）、拉维莱特公园（La Villette

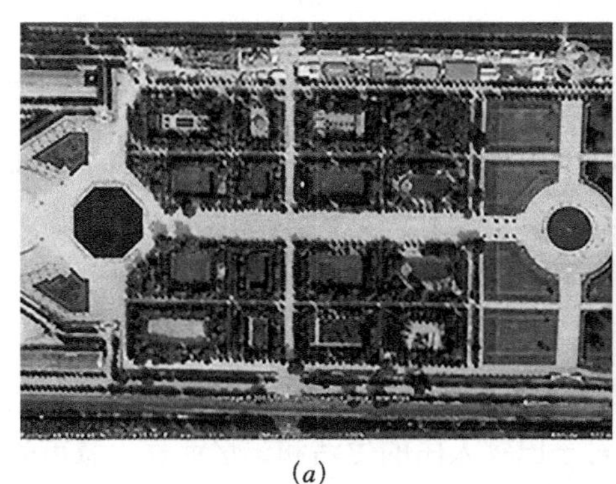

(a)

(b)

图2.4.3–1　巴黎杜勒里公园

巴黎杜勒里公园是个典型的欧式皇家花园，中间是个大水池，里面有漂亮的喷泉；四周围绕着一块块方方正正的大草坪，碧绿苍翠；两旁是参天大树和许多名家雕塑。整个园子布局严谨，讲究对称，充满几何学的美感。它的设计师也是著名的凡尔赛宫和枫丹白露宫的设计者勒·诺特。

（资料来源：(a) http：//travel.yesfr.com/fra/uploads/allimg/121203/28_121203090358_1.jpg；(b) http：//travel.yesfr.com/fra/uploads/allimg/121203/28_121203090418_1.jpg）

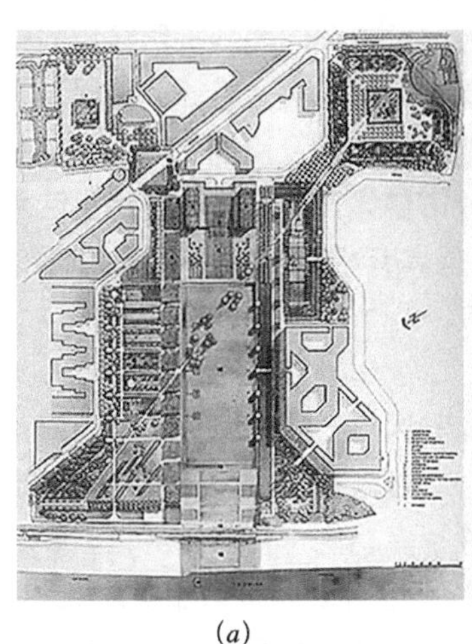

(a)

(b)

图2.4.3–2　巴黎雪铁龙公园

位于巴黎市西南角的雪铁龙公园原址是雪铁龙汽车厂的厂房。公园占地45hm²，由南北两个部分组成。北部有白色园、两座大型温室、六座小温室和六条水坡道夹峙的序列花园以及临近塞纳河的运动园等。南部包括黑色园、变形园、大草坪、大水渠以及边缘的山林水泽仙水洞窟等。

(a) 雪铁龙公园平面；(b) 雪铁龙公园鸟瞰

（资料来源：(澳) 乔恩·兰．城市设计[M]．黄阿宁，译．沈阳：辽宁科学技术出版社，2008：105）

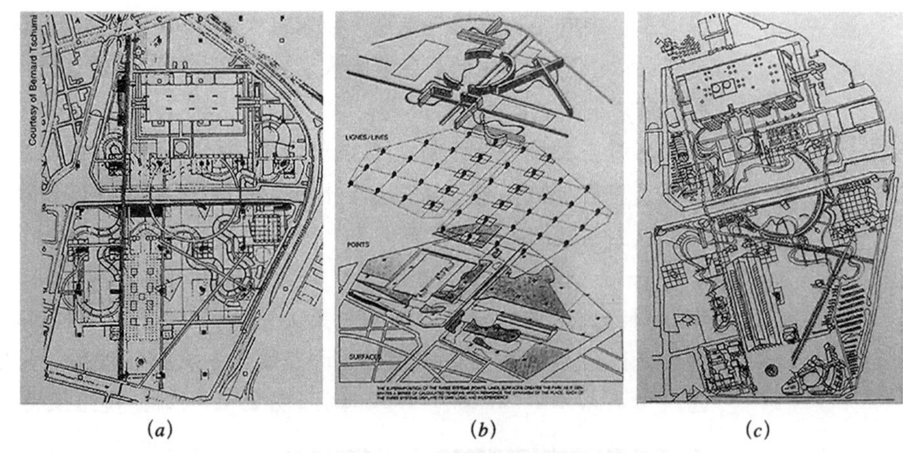

(*a*) (*b*) (*c*)

图 2.4.3–3 巴黎拉维莱特公园

拉维莱特公园的开发和设计过程启动于 1979 年，其特定的目标是：创建一个国际知名的产品，建设一座全国科学和技术博物馆，创建一个都市“文化”公园。1982 年举办的公园设计竞赛中，建筑师屈米（Bernard Tschumi）的方案中奖。屈米通过一系列手法，把园内外的复杂环境有机地统一起来，并且满足了各种功能的需要。

(*a*) 屈米团队的胜出投标方案；(*b*) 设计的结构；(*c*) 完工后的公园

（资料来源：(澳) 乔恩 · 兰 . 城市设计 [M]. 黄阿宁，译 . 沈阳：辽宁科学技术出版社，2008：105）

Park，1995 年）（图 2.4.3–3）和贝尔西公园（Parc de Bercy，1997 年）等公共绿地的著名案例。对于巴黎人民的生活和记忆而言，城市的公共绿地承载着丰富而深远的空间意义[69]。

（2）公园绿地的内容形式

虽然城市公园绿地和街头绿地共同组成了城市公共绿地，但公园绿地与街头绿地是有所区别的。城市公园绿地是城市中向公众开放的、以游憩为主要功能，并兼有生态、美化、防灾等作用的公共开放空间，其主要包括综合公园、社区公园、专类公园、带状公园。城市公园绿地按照区域的空间位置则可以分成三类，第一类是中心城公园绿地，第二类是近郊公园绿地，第三类是郊区公园绿地和环城绿化带。公园绿地是城市建设用地、城市绿地系统和城市市政公用设施的重要组成部分，也是城市整体环境水平和居民生活水平的一项重要指标[70]。在城市设计中公园绿地是具有相对独立性和主题性的，而尺度规模也与其服务范围和功能需求相适应。

①城市公园

我国的城市公园按主要功能和内容，大致可以划分为三类：综合公园、社区公园、专类公园。其中，综合公园是在市、区范围内为城市居民提供良好游憩休息、文化娱乐活动的综合性、多功能、自然化的大型绿地。其用地规模一般较大，园内设施活动丰富完备。综合公园按照服务对象和管理体系的不同，其可分为全市性公园和区域性公园两类。社区公园则主要包括居住区公园、小区游园，服务于特定居住区域，具有一定活动内容和设施，为居民最常利用的公园。专类公园则是指具有特定内容或形式，有一定游憩设施的绿地，包括了儿童公园、动物园、植物园、历史名园、风景名胜公园、体育公园、游乐公园等多项内容。[71]

a）综合公园

城市公园的出现，是随着社会的蓬勃发展，近一二百年才刚刚开始的。17世纪中叶，英法相继发生了资产阶级革命，在“自由、平等、博爱”的口号下，新兴的资产阶级统治者没收了封建领主及皇室的财产，把大大小小的宫苑和私园向公众开发，并统称为公园。1810年，由设计师约翰（John）规划设计的雷金斯公园(Rezents Park)就是建造在王室的地产上,著名的伦敦海德公园(Hyde park)（图2.4.3–4）、摄政公园也是这样产生的。它们使得许多长期居住在城市中的市民，有机会分享到一份大自然景色的情趣。

而真正完全意义上的近代城市公园，则是由美国景观规划师奥姆斯特德(Frederick Law Olmsted）主持修建的中央公园[72]（图2.4.3–5），公园于1873年建成，历时15年。19世纪中，公园的概念开始风靡北美大陆，对奥姆斯特德来讲，纽约那网格状的街道的布局，不仅困乏单调，还十分缺乏美感。与城市高速运转的生活和拥挤肮脏的街道不同，中央公园则代表了一个令人精神得到愉悦放松的自然天地。中央公园占地344hm^2，通过把荒漠、平坦的地势进行人工改造，模拟自然，体现出一种线条流畅、和谐、随意的自然景观。如今，它不只是纽约市民的休闲空间，更是全球人民所喜爱的旅游胜地，是纽约最大的都市公园，也是纽约第一个完全以园林学为设计准则建立的公园。

奥姆斯特德在规划构思纽约中央公园中所提出的设计要点，后来被美国景观规划界归纳和总结，称为“奥姆斯特德原则”。其内容为：①保护自然景观，恢复或进一步强调自然景观。②除了在非常有限的范围内，尽可能避免使用规则形式。③开阔的草坪要设在公园的中心地带。④选用当地的乔木和灌木来造成特别浓郁的边界栽植。⑤公园中的所有园路应设计成流畅的曲线，并形成循环系统。⑥主要园路要基本上能穿过整个公园，并由主要道路将全园划分为不

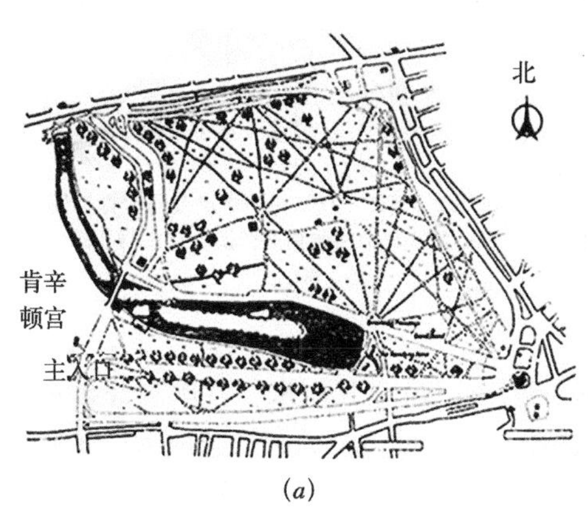

(*a*)

(*b*)

图2.4.3–4 伦敦海德公园

海德公园位于伦敦市中心，是英国最大的皇家公园，西接肯辛顿公园，东连绿色公园，占地达到160万m^2。1851年，维多利亚女王首次在这里举办伦敦国际博览会。在骑马道、纪念碑、大理石凯旋门等传统名胜的基础上，海德公园2004年又增添了戴安娜王妃纪念喷泉。每年夏天这里都举行世界著名的古典音乐节“逍遥音乐会”。而公园每年最热闹的活动，当属英王的生日庆典。古老的英国皇家文化在这片皇家公园的绿地上年复一年地再现，代复一代地延续。

(*a*) 海德公园平面

（资料来源：(*a*) 李铮生．城市园林绿地规划与设计[M]. 北京：中国建筑工业出版社，2006：300）；

(*b*) 海德公园

（资料来源：(*b*) http://www.zshid.com/data/uploads/2017/02/15/1487152416.jpg）

(*a*)

(*b*) (*c*)

图 2.4.3–5 纽约中央公园

(*a*) 纽约中央公园平面图

(资料来源：(*a*) 中央公园——城市绿地与中产阶级化 [J]// 城市园林绿地规划与设计．城市中国，2009 (36)：82)；

(*b*) 纽约中央公园鸟瞰；(*c*) 纽约中央公园植物景观

(资料来源：(*b*) (*c*) 钟元满．美国中央公园与中国颐和园营造文化差异比较 [J]. 中外建筑，2009 (8)：39，40)

同的区域[73]。

1949 年后，特别是进入 1990 年代以来，我国的公园建设日益蓬勃，类型更为多样，活动设施愈益完善。城市公园越来越成为市民的都市花园。以上海延中绿地为例，它就充分体现出了市民性、公共性的特点（图 2.4.3–6）。延中绿地位于三区交界处的“申”字形高架道路的中心点，面积 23 万 m^2，由 19 块相互呼应的绿地组合。延中绿地中保留了中共二大会址、平民女子学校等历史纪念性保护建筑，并建有大型瀑布、曲折深潭、北美风格的凉亭等。绿地布局分为三部分：南部是展现历史文化的空间，中部为城市森林空间，北部则为自然山水空间。值得关注的是，在延中绿地这块曾密匝挤挨的高密度“黄金地段”上，先后动迁居民和单位 4837 户，拆除房屋 170600m^2。曾几十年居于此，并憧憬黄金未来的市民从这里走出去，而后却有更多的市民进入。

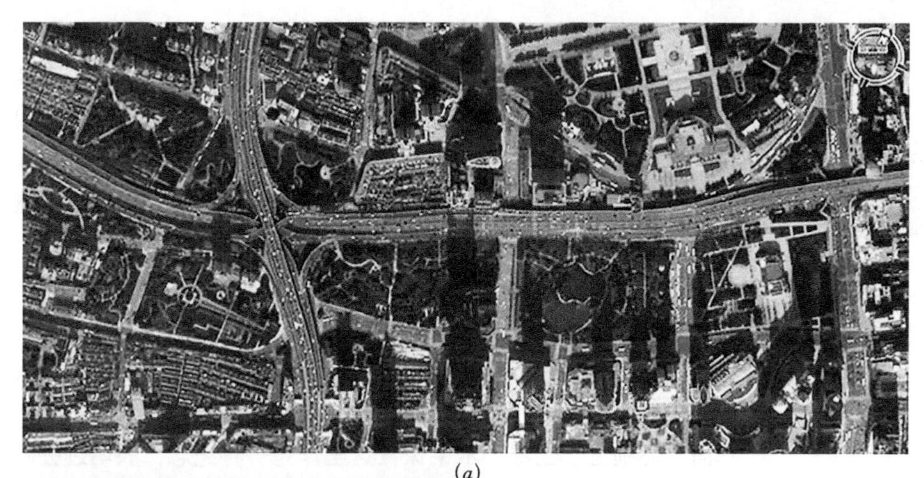

(*a*)

(*b*)

(*c*)

图 2.4.3-6　上海延中绿地

(*a*) 上海延中绿地平面

(资料来源：(*a*) http：//google.cn/maps)；

(*b*) 上海延中绿地鸟瞰；

(*c*) 上海延中绿地景观

(资料来源：(*b*) (*c*) http：//www.pkucn.com/viewthread.php?tid=250579&page=6)

b）社区公园

社区公园指为一定居住用地范围内的居民服务，具有一定活动内容和设施的集中绿地（不包括居住组团绿地）。我国在城市发展中，除了少数大规模集中开发的社区外，居住区规划中所定义的“居住区—小区—组团”三级社区公园体系，很难在实际的城市建设中得以实施。即使少数建成的社区公园体系，也由于许多社区的封闭式管理，社区中的小游园公共性较差，得不到充分的利用。而且，在现存的城市肌理中，尤其是在老城区，社区级公园绿地缺失现象是比较严重的。

社区公园在国外的研究兴起于 1970 年代，研究者采用调查问卷的方法来确定社区公园的使用模式。1970 年代末至 1980 年代初，一些研究报告强调了社区公园所存在的独特问题。1980 年代，研究人员把注意力放在公众对植被的感受、公园与花园的审美差异性上，并倡导通过集会、工作日等方式使社区居民参与到社区公园的规划设计过程中[74]。

社区公园的空间设计强调人性化、居民使用的公平性和安全性。扬 · 盖尔

在《交往与空间》中指出，在住宅边上建立起一系列的户外空间，精心安排各种活动设施，形成半公共及相对亲密的交往空间。美国的克莱尔·库伯·马库斯（Clair Cooper Marcus），卡罗琳·弗朗西斯（Caroline Francis）在《人性场所》中提出了社区公园设计的具体操作性导则。另外，国外近些年在社区公园建设方面对生态性十分关注，并着力通过社区公园来调节雨水径流、区域温度、保护物种多样性，同时也通过社区公园丰富居民的休憩游乐活动与提升健康水平。

以日本川口木元町社区公园为例，该公园占地面积 11.8hm²，开发商计划在此建设集住宅、商业设施和社区公园为一体的“丝带城”（图 2.4.3–7）。公园内部有非常完善的步道系统，且设计师为了增加空间的透视性，选取了一些低枝低冠的树木。另外，为了方便举办一些室外艺术展览之类的市民活动，地面上还铺上了土层。水平板在这里作为一种纪念，表明过去啤酒厂在此拥有丰富的水资源。主要人行道由平整的石块铺成。值得关注的是，这里的每项景观材料都是由川口市本地人自己制作，并赋予了社区公园独特的个性。

而丹麦哥本哈根的 Superkilen 项目是一个与公共交通系统、自行车交通系统还有步行系统无缝连接的具有文化多样性的社区公园。整个项目成为一个展示居住在该区域来自 60 多个不同国家的市民生活元素的巨大容器。概念规划的原点是将该慢行空间分成 3 个各具特色又相互关联的区域，每个区域各自以红、黑、绿 3 种颜色区分，以不同的形式和色彩组合在一起构成展示各种日常生活元素全新的互动环境。在设计的过程中，让当地居民充分参与。避免先入

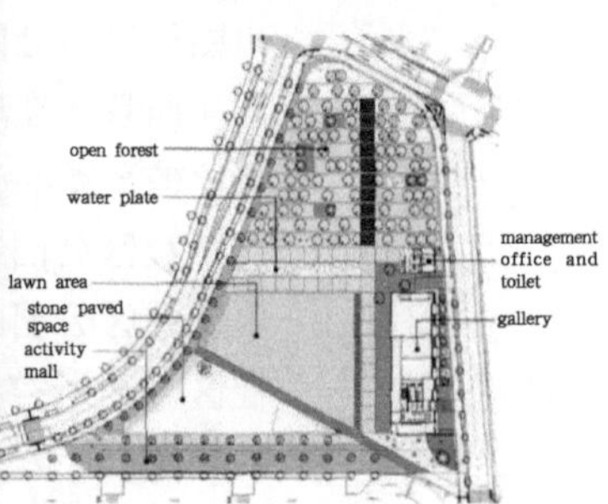

图 2.4.3–7　日本川口木元町
（资料来源：日本川口木元町 [J]. 风景园林，2008（6）：116）

为主而实现了最大的公共性。BIG 认识到这个项目不仅仅是一个城市设计，更是一个全球城市最佳展示区。除了公共家具，在植物的选择上也强调物种多样性：日本的樱花、落叶松；中国的棕榈；黎巴嫩的雪松等（图 2.4.3–8）。

在城市化进程中，国外的社区公园建设充分发掘社区公园的特色，建设了不同类型的社区公园以满足居民的需求。当前国外对社区公园空间设计方面的研究已比较完善；近几年的研究热点则是更多地转向社会性议题以及生态性方面，例如社区公园使用的公平性和健康性。社区公园也渐渐跳出了“广场＋绿地＋健身器材”的简单模式，城市设计的创作思维在科技高速发展和信息不断更新的现实面前也发生着巨大的变化，生态的、人文的、极简主义的、后现代的各种思潮正在这个广阔的平台上各放异彩，设计者和使用者越来越注重个性化、文化性、参与性、保健性和经济性在设计中的体现。社区公园设计应融入到城市整体的绿地系统中，积极引导居民的各种户外交流、休闲、娱乐活动，创造一个良好的人性化空间。

c）专类公园

考古证明，在 6 万年前，人类逐渐学会豢养动物。人类有记载的第一个动物园是公元前 2300 年美索不达米亚南部苏美尔的乌尔动物园，1662 年凡尔赛猎囿成为当时最华丽的动物园。18 世纪，随着国际贸易的发展，大城市出现小型猎囿，并很快发展为动物园（动物公园），为市民展示动物，并收取门票。在欧洲，5~8 世纪基督教僧侣以实用庭园和装饰庭园组成了修道院庭园，其中有菜园、药园和观赏植物园等，被公认为西方植物园的起源。

17 世纪初的欧洲城市化进程中，大量农业人口涌入城市，人们对新娱乐形式迫切需求，在娱乐花园的发展过程中加入机械类游乐器具，演变为以机

图 2.4.3–8　丹麦哥本哈根的 Superkilen 项目
（资料来源：http：//www.gooood.hk/_d275465385.htm）

械游乐设施为特色的游乐园。德国的汉斯公园、荷兰的 Efteling 公园及丹麦的 Tivoli 公园，都是 18、19 世纪由小游乐场或儿童公园发展起来的。其他类型的专类公园则是伴随着城市公园的发展而发展起来的。

近些年来，专类公园发展逐渐开始呈现多元性，随着人们的精神生活以及生活品位的提升，主题逐渐日趋多元化。城市专类公园发展的新类型主要包括雕塑公园、盆景公园、文化公园、宠物公园、老年公园等。专类公园已经成为体现城市景观特色、彰显历史人文资源的载体，并受到世界各地人们的重视。

在俄国，1917 年十月革命胜利后，政府除了将宫廷和贵族所有的园林全部没收为劳动人民使用外，还采取了保护和扩大城市绿化的全面措施。1921 年，公布了关于保护名胜古迹和园林的第一道国家法令，出现了城市公园的新形式——能满足大量游人多种文化生活需要的、真正属于人民的文化休息公园以及专设的儿童公园。捷尔任斯基文化休息公园便是专类公园之一。

静安雕塑公园是上海市中心唯一的专类雕塑公园，兼有生态功能、艺术功能、文化功能。其位于成都北路以西、北京西路以北、石门二路以东、山海关路以南，面积达 $6hm^2$。雕塑公园二期分为四大景区，分别是梅园景区、小型景观区、入口广场和带形广场。其中，梅园景区是最大的亮点，运用了传统造园的理念，以现代园林表现手法，并自然融汇于整个雕塑公园之中。静安雕塑公园还通过雕塑入选机制和公众参与的形式，逐步将来自海内外的优秀雕塑作品引入园内（图 2.4.3–9）。

②带状公园

“城市带状公园”是公共绿地的一种类型，公元前 10 世纪，在喜马拉雅山麓，连接印度加尔各答和阿富汗的主干道中央与左右，栽种了三行树，这或许是人类历史上最早的道路绿带。但由于中西方的历史、语言、文化和地域条件的差异，西方的“城市带状绿地”与中国的发展历史和含义理解是有区别的。英文

图 2.4.3–9　上海静安雕塑公园

（资料来源：http：//you.ctrip.com/photos/sight/shanghai2/r111287–37903812.html）

中的 Greenbelt 中文译为“绿带”，但其含义却要比中文的绿带广泛得多。而中国园林史上记载的多是皇家园林、私家园林、庙观园林等，对公众开放的公共园林却处于非主流地位。

中华人民共和国成立后中国的公共园林建设才开始有了较大规模发展，至1950年代末期，全国县以上的城市基本都建立了公园。在1980年代中期，许多城市绿地系统框架中突出了绿带的作用，如西安环城公园（图2.4.3–10）、合肥环城公园（图2.4.3–11）等。21世纪以后，我国各城市开始注重对水环境的保护，在滨水绿带建设方面较为突出，如天津海河两岸带状公园（图2.4.3–12）、上海北外滩带状公园（图2.4.3–13）、沈阳南运河带状公园等，北京市在主环路两侧、河道两侧规划建设了100多个带状公园。

带状公园的基本特征体现为：①空间形态呈线性带状。一方面可以为生物物种的迁徙和取食提供保障；另一方面，这种线性空间鼓励步行、骑自行车、慢跑等活动。②连接性较高。可以用来连接孤立的自然斑块，构筑城市绿色网络，优化城市的自然景观格局。③可达性良好。城市带状公园与集中型开敞空间相比具有较长的边界，可以提供更多的接近绿色空间的机会，更为有效地满足人们的休闲游憩等需要。意大利卢卡环城公园便是一个很好的例证（图2.4.3–14）。④安全性较好。大多数的城市带状公园的宽度相对较窄，视线的通透性较好。

图2.4.3–10　西安环城公园景观
（资料来源：http://baike.baidu.com/picture/616001/616001/0/f11f3a292df5e0fe6a9c1e175f6034a85edf7224.html?fr=lemma&ct=single#aid=0&pic=f11f3a292df5e0fe6a9c1e175f6034a85edf7224）

图2.4.3–11　合肥环城公园景观
（资料来源：http://www.nipic.com/show/1/27/1ebf96ee88e163bd.html）

图2.4.3–12　天津海河两岸带状公园
（资料来源：http://blog.sina.com.cn/s/blog_5212609c0100fm91.html）

图2.4.3–13　上海北外滩带状公园
（资料来源：http://blog.sina.com.cn/s/blog_560597c00101837p.html）

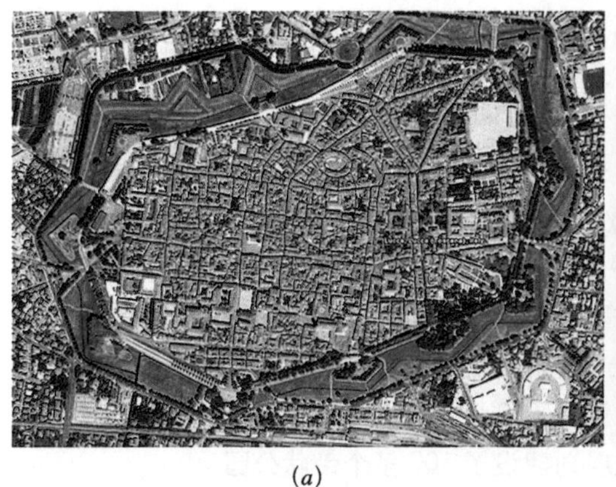

(a)

(b)

图 2.4.3–14　意大利卢卡环城公园

(a) 卢卡环城公园平面；(b) 卢卡环城公园景观

在整个欧洲，意大利卢卡市是迄今唯一完全被城墙包围的，而且在从防御工事用途改为公共场所的转变过程中维持了其原本风貌的城市。它被坚固的城墙围护着，城墙内有宫殿、教堂、广场和年代久远的房屋，所有的一切，都见证了这座城市长达几个世纪的历史。

（资料来源：(a) http：//cinesi.blog.163.com/blog/static/6940030200801688342/）

滨水绿地则是沿城市水体岸线进行绿化。除与城市其他地段的绿化建设具有相同的功能外，滨水地带的固有景观构成有水体、岸线、堤坝、桥梁等水环境及水工构筑物以及植被、鱼、鸟等自然生态。经过规划设计还可以将人工植被、园林小品、建筑景观，甚至四季、阴晴雨雪、车船人流等都组织到绿地景观之中[75]。

对于道路绿化，一般认为主要是指道路红线之内的行道树、分隔绿化带、交通岛以及在范围内的游憩林荫道等。考虑到道路绿化的整体性，还可以将位于道路两旁或一侧的街边绿地、滨河绿带以及游憩景观带等纳入道路绿化的范畴。道路绿化应以提高道路的通行能力，并保证安全为前提，对道路空间进行必要的分隔是规划考虑的首要问题。因此，在规划中还需要引入社会的审美时尚、人的行为分析以及环境心理研究等方面的内容，以期使道路绿化成为城市怡人环境的组成部分。

(3) 公园绿地设计的控制原则

①公园绿地的生态优先性

规划师的工作首先是应当从自然系统中收集各种数据，并针对这些数据通过千层饼的地图叠加方式来实现各种信息的有效评估。根据这一工作方法，公园绿地的景观格局应采用适宜性分析，并建立可以建设和保护自然系统为目标的景观系统，而使用功能和美学功能的要求要首先服从于生态要求。另外，在公园绿地的规划设计中，还需要运用生态景观元素来建构结构格局，即景观生态学常采用的“斑块—廊道—基质”的类型学方法，景观格局常用的空间构成类型则包括散布形、指状、网络形、棋盘形等[76]（图 2.4.3–15）。

②公园绿地的功能承载性

多用途混合使用是城市设计中重要的实践经验，也是提高土地使用效率、维持多样性和创造有活力场所的有效途径，公园绿地设计也同样适用。但与城市街区设计有所区别的是，公园绿地既要保护生态环境的安全性，同时也要兼

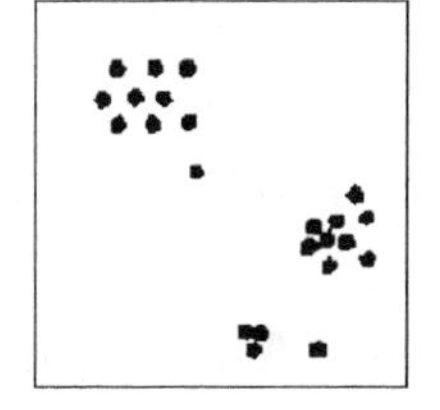

散布或团聚形

指状型

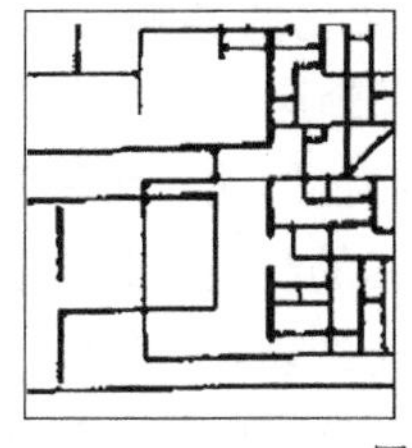

网络型

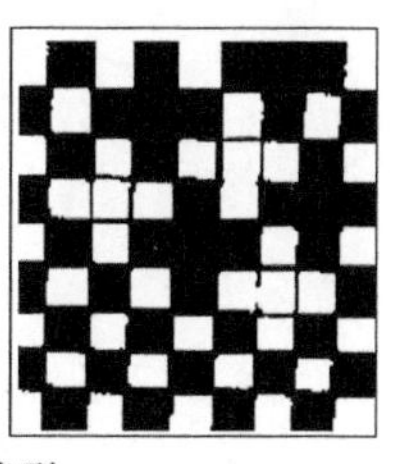

棋盘型

图 2.4.3-15　生态景观的四种基本空间类型

（资料来源：邓毅．城市生态公园规划设计方法 [M]．北京：中国建筑工业出版社，2007：155）

顾对人群适用的吸引性，二者之间需要根据公园主题、区位、规模等具体条件来加以平衡。同时，公园绿地的功能承载与四类指标相关，其分别是生态容量、社会文化容量、心理容量和管理容量。

③公园绿地的美学和谐性

公园绿地的美是一种价值存在，其包括了生态美、自然美、艺术美等。美学研究是提升设计文化内涵的重要方法，对于建构有精神特征的场所具有重要意义。公园绿地设计的美学应遵循和谐性，并能够体现空间的生机感与参与性。在主体审美过程中，一方面要注重功能的安排，创造多样化的观赏体验活动；另一方面，在空间形式系统中要创造有利于激发使用者的感悟的空间和界面。

④公园绿地的资源可持续性

一般来说，设计场地可以利用的自然资源主要包括土地资源、水资源、动植物资源等，这些自然资源是公园重要的物质环境基础要素。对于资源利用，一方面要减少对自然生态系统的干扰和破坏，另一方面，要通过合理组织以降低建设和使用中对于能源材料的消耗。对一些生态性公园绿地来说，植物资源利用、暴雨控制和雨水收集、可再生能源使用、生态建材等技术因素要以可持续性发展作为标准，在公园绿地生命周期内实现建设和使用过程对环境负面影响最小化。

（4）案例分析

①艺术的瑰宝：奎尔公园（西班牙巴塞罗那）

在如今全球趋同形势下，如何能更好地体现和发扬地域文化，展现和塑造城市精神，越来越成为我们应该深入思考的问题。而在这一点上，巴塞罗那做得非常成功。无论是巴塞罗那的过去还是今天，我们从中都可以得到对于地域文化和城市精神的连续体验。安东尼奥·高迪（Antonio Gaudi）设计的圭尔公园（Park Güell）就是其中的典型代表之一。

圭尔公园建于1889年，原本是圭尔伯爵委托高迪设计的花园城，在

$20hm^2$ 的土地上要建造 60 栋花园洋房。只可惜这项造镇规划让当时的人兴趣缺失，只造好“公共设施”的部分，并发展成为今日以炫目的碎马赛克拼贴及入口的糖果屋闻名的公园，只有高迪自己搬了进去。公园建在一座山坡上，可以鸟瞰巴塞罗那城景，眺望辽阔的地中海。公园地面镶嵌的马赛克图案对后来的绘画大师米勒产生了巨大的影响。高迪以建筑表现出一幅立体的、充满儿童式的思想与天真的立体绘画。

奎尔公园的设计深受加泰罗尼亚地域文化的影响，极其富有特色（图 2.4.3–16）。高迪作为西班牙南部及巴塞罗那地区“新艺术”运动的最重要的代表人物，其早期的设计深受阿拉伯摩尔风格的影响，而后又长期钟情于哥特风格，从中年开始逐渐摆脱了单纯的哥特风格的影响，形成他自己的有机的而又神秘的特征。高迪把设计变成是高度个人化的表现，其设计具有强烈的雕塑感和艺术表现特征。整体设计以大自然诸如洞穴、山脉、花草动物为灵感，石柱也被赋予了生命主题。高迪曾经说：“直线属于人类，而曲线归于上帝。”圭尔公园中的建筑以螺旋、双曲线、抛物线各种变化组合设计而成，充满韵律动感。奎尔公园代表了巴塞罗那的加泰罗尼亚特性，也凝结着描绘和升华的欲望。也正是因为这些与传统地域文化产生深刻共鸣的建筑的存在，巴塞罗那的城市精神得到了不断延续和伸展。

②活力的塑造：贝西公园（法国巴黎）

法国贝西地区在 17 世纪时是巴黎东面孔弗朗斯平原乡村景色的一部分。那个时期兴建了大量的私人庄园，所附带的花园也向塞纳河延伸。19 世纪初贝西地区成为葡萄酒批发商的集中地，也是巴黎最大的葡萄酒仓库所在。1859

(*a*) (*b*) (*c*) (*d*) (*e*)

图 2.4.3–16　巴塞罗那奎尔公园

(*a*) 奎尔公园平面；(*b*) 马赛克拼贴与糖果屋；(*c*) 座椅；(*d*) 对称的台阶；(*e*) 以洞穴为灵感的石柱

（资料来源：http://www.barcelonaconnect.com/wp-content/uploads/2017/10/BARCELONA-3.jpg）

年，作为奥斯曼对塞纳地区重组计划的一部分，贝西最终被并入巴黎市。发展到1970年代初期，葡萄酒贸易停止了，贝西不再是一个旧葡萄酒仓库，而成为一个幽静的盛产葡萄酒的小镇。1973年，巴黎塞纳东南地区规划方案提出了在这一中心地带建立一个新的公园区的想法。

1979年建立的贝西ZAC（全面发展地区）项目占地约40hm^2，和巴黎其他的ZAC项目一样，提出的区域发展目标，简单来说就是创建新的混合住宅区和有吸引力的露天活动场所。对贝西的发展造成重大影响的事件，是它的东北边和东南边被铁路围起来。西南边被塞纳的右河岸限制着。由于周围受到这种限制，贝西举办了各种活动来增强这里的活力。这包括修建各种文化设施，写字楼、餐馆和1500间公寓。

1984年对外开放的巴黎贝西公园（Parc de Bercy）体育馆、新建的财政部大楼以及作为商业开发的保留葡萄酒仓库赋予了贝西新的特性，使它开始成为一个城市开发区。如今，在贝西公园相隔塞纳河的对岸，屹立着四栋像展开书本的大厦，是由贝劳尔（Dominique Perrault）设计的建筑物——新国立图书馆。

贝西公园用纵横交错的几何轴线来连通及区分各个园区，而各个园区都有自己的主题或者特色，提供给人们充足的活动空间和绿化（图2.4.3–17）。贝西公园沿平行于塞纳河的公园长轴可以分割成五个区域：A. 在巨大的体育馆底部的钻石形喷泉，以及周围呈梅花形排布的鹅掌楸树阵。B. 平坦的大草坪区域，其间保留了原有道路网和不规则的成排的树木，九个新建石亭在其中叠加出新的规则网格。C. 公园的核心——花圃。中心的广场上保留了18世纪庄园改造而成的花园展示和教育中心。D. 约瑟夫·克赛尔大街一侧的过渡区域，横跨大街的两座步行桥把花圃和浪漫花园连在了一起。E. 东南部的浪漫花园区域[77]。

③公私的碰撞：千禧公园（美国芝加哥）

千禧公园（Millennium Park）被誉为自1893年哥伦比亚博览会后，芝加哥历史上最重要的工程，并获得了多个世界设计大奖。千禧公园取代了伯明翰1909年规划中创建的“大公园”中的最后一个死角—— 一片充斥着停车场和铁道线的城市低洼地带，成为新世纪的一次“城市美化”运动。公园从1997年开始规划，到2004年基本建成。自2004年7月正式开放以来吸引了大量的市民和游客，带动了周边发展，促使地产快速升值，并为城市带来了旅游业的繁荣和巨大的税收财政收入，成为芝加哥新的城市亮点[78]。

尽管千禧公园是一个公园项目，但它具备了与城市发展与开发相同的特点，即城市作为一个逐渐演变的有机体。SOM的规划方案（1998年）延续了大公园的古典风范和芝加哥的文脉，但经济环境和人文因素的介入使这个城市的结晶体折射出更多光色的变化。SOM重新设计了一个可容纳2500辆车辆的地下停车场，在这个巨大的地下空间上是一个容纳了溜冰场、大草坪、室外剧场、餐厅、花园和画廊的公园。公园基本上延续了大公园的巴黎美术学院派传统布局，以矩形分区和轴线为特征。接下来的几年中，千禧公园还对几个主要的大型公共艺术和景观举行了数次国际设计竞赛，其风格也从原本的古典园林转向兼容并蓄，成为前卫设计师的舞台。尽管古典与前卫的并存让人感觉到风

(*a*) (*b*) (*c*) (*d*)

图 2.4.3–17　巴黎贝西公园

(*a*) 贝西公园地图

（资料来源：(*a*) https://fr.map-of-paris.com/img/1200/plan-parc-de-bercy.jpg）；

(*b*) 贝西公园核心区花圃

（资料来源：(*b*) http://www.aviewoncities.com/img/paris/kvefr1573s.jpg）；

(*c*) 贝西公园大草坪

（资料来源：(*c*) https://upload.wikimedia.org/wikipedia/commons/d/d2/Les_Prairies_de_Bercy1.jpg）；

(*d*) 连接贝西及新国立图书馆的散步桥

（资料来源：(*d*) http://img.over-blog-kiwi.com/1/56/18/89/20150420/ob_3ce4ea_paris-parc-de-bercy-b.JPG）

格上的一些不协调，但是千禧公园所展示的复杂性和多元性也许正体现了新千年的精神（图 2.4.3–18）。

与公共绿地由政府投资管理的运作模式不同的是，千禧公园创造性地采用了公私合营的融资方式。千禧公园的支持者宣称，此项工程之所以伟大，是因为它“用私人的钱实现了大众的梦想”。而早在 1989 年，备受少数裔中产阶级拥护的就曾发誓，要将芝加哥变成“美国的绿色城市”。然而到了 2002 年 12 月，当千禧公园的建设者们宣布将超出预算整整 2.5 亿美元的时候，同一时间进行的市长选举统计显示，城市中低收入人群的投票率达到了历史新低。在这座号称“用私人的钱实现了大众的梦想”的城市里，为什么穷人的政治声音竟然从芝加哥消失了？更加受到争议的是，在 2005 年和 2006 年，千禧公园都曾以举办企业活动为由将整个公园对外关闭一天。公共绿地使用权的可买卖性，似乎越来越远地违背了公园存在的初衷，再一次引发了“谁才是公园真正的主人”的争论。[79]

④财产的复兴：百年奥林匹克公园（美国亚特兰大）

举办 1996 年奥运会为亚特兰大市提供了一个城市复兴的契机，点燃了城市建设的热情，留下了令这座城市引以为荣的财产：百年奥林匹克公园。它的兴建将一个原为空地和废弃建筑的衰败区域变成了一个独具活力的城市公共空

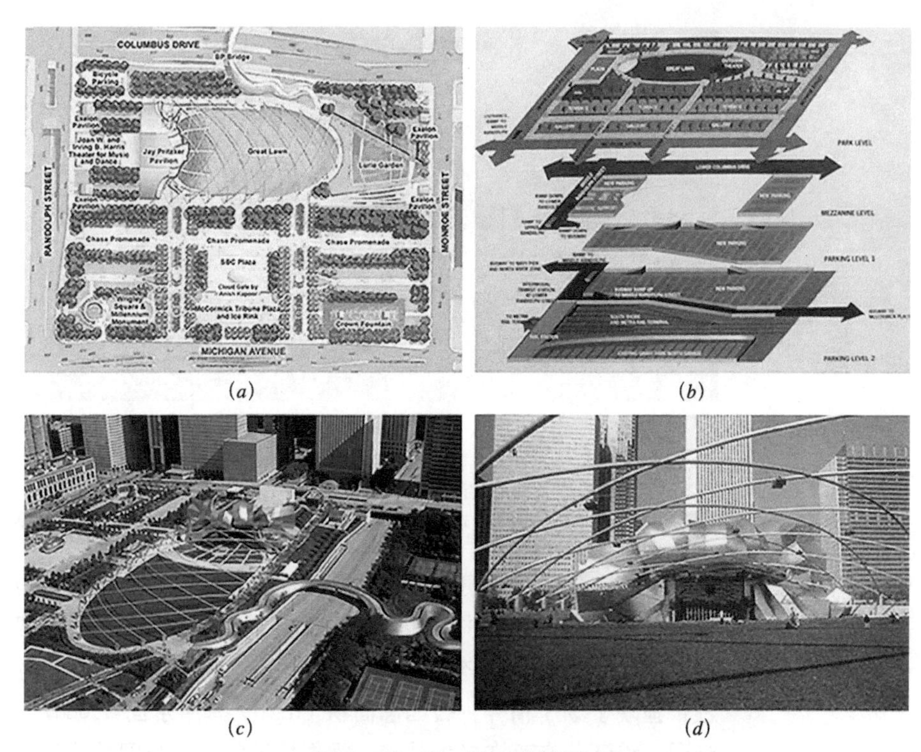

图 2.4.3-18 芝加哥千禧公园

（*a*）千禧公园总平面图。千禧公园传统的轴线式构图，与芝加哥的城市网络呼应

（资料来源：http：//files.meetup.com/244933/Millennium%20Park%20Map.jpeg）；

（*b*）千禧公园竖向规划

（资料来源：时匡，等．全球化时代的城市设计 [M]. 北京：中国建筑工业出版社，2006：107）；

（*c*）千禧公园鸟瞰

（资料来源：http：//z.about.com/d/gochicago/1/0/x/-/-/-/millparkarial.jpg）；

（*d*）千禧公园内的杰·普立兹克音乐广场

（资料来源：时匡，等．全球化时代的城市设计 [M]. 北京：中国建筑工业出版社，2006）

间。1996 年奥运会期间，占地 21 英亩（约 8.5hm^2）的奥林匹克公园是主要的庆典场所，接待参观人次达 550 万。奥运会后进一步将其建设成为美国首例城市州立公园，植树 750 棵，灌木 5 万丛，草坪 33 万 ft^2（约 30700m^2）。

百年奥林匹克公园将城市的会议设施与桃树街的旅馆和广场区联系起来，并形成富有特色的设计要素，包括百年广场、圆形剧场、多层水体和水池、展示各国国旗的场地、刻有纪念铭文的地砖。公园成为城市肌理中的一道重要景观，表现了美国南部文化及亚特兰大作为树木之城的特征（图 2.4.3-19）。公园的平面与原有街道形式相融合，成为散步的好去处 [80]。公园设计以奥运为主题，以简洁造型为基本原则，将体育功能与其他功能相结合，将纪念性与实效性、平民性相结合，是一个尊重场地个性与场所精神的人性化和生态化的现代景观设计 [81]。

⑤场地的再生：中山岐江公园（中国广东）

岐江公园获得了 2002 年美国景观设计协会年度设计奖，成为第一个获得该奖项的中国项目。岐江公园是对广东省中山市区粤中造船厂旧址的改造和再利用。船厂旧址内遗留了大量残破的船坞和厂房、机器、水泥水塔等实物，也

(*a*)　　　　　　　　　　　　　　　　(*b*)

图 2.4.3-19　百年奥林匹克公园

(*a*) 百年奥林匹克公园鸟瞰；(*b*) 百年奥林匹克公园景观

（资料来源：http：//www.globetourguide.com/wp-content/uploads/2009/04/1336815b15d.jpg）

沉淀了真实且弥足珍贵的城市记忆。而公园注重历史的保留与时间的积淀，结合新的语言和形式，恢复了湿地，重建了水岸线，并吸取了现代西方景观设计特别是城市更新和生态恢复的手法[82]，在满足新功能需求的同时，艺术地为我们显现了场所精神。公园总面积 11hm^2，其中水面 3.6hm^2，水面与岐江河相连通，沿江分布有许多大叶榕。根据场地特色，公园总体设计可分为南北两部分，北部具有明显的城市肌理和功能性，集中体现设计的文化内涵；南部则为自然的水、草、疏林空间，南北对比，而又有呼应，中间的阔大水面成为南北两部分的分隔和联结，一阴一阳，一虚一实（图 2.4.3-20）。[83]

2.4.4　滨水区

（1）滨水区的概念与作用

水，是构成城市自然环境的最宝贵的因素之一。大都会往往位于大江大河

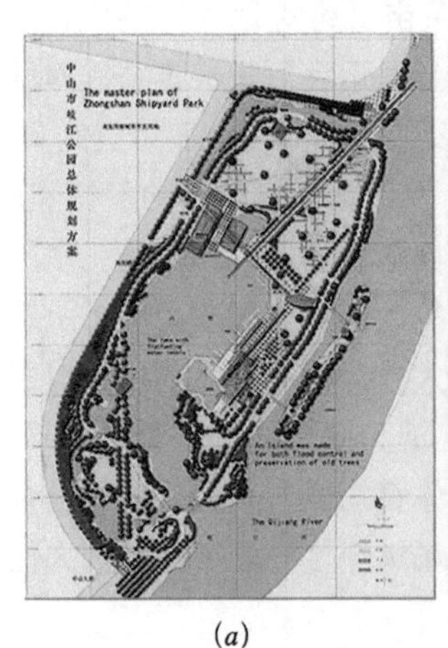

(*a*)　　　　　　　　　　　　　　　　(*b*)

图 2.4.3-20　中山市岐江公园总体规划方案及景观

(*a*) 岐江公园规划总平面；(*b*) 岐江公园景观

水中的挺水植物与远处的高秆茅草和保留的旧码头与船坞渲染着历史的气氛

（资料来源：俞孔坚，等．足下文化与野草之美——产业用地再生设计探索，岐江公园案例 [M]．北京：中国建筑工业出版社，2003：18，54）

或河海交汇之处，多元文化在此碰撞、融合，并因此而在滨水区留下不少历史遗迹。城市滨水区作为“城市中陆域与水域相连的一定区域的总称”，一般由水域、水际线、陆域三部分组成[84]。城市滨水区是城市独特的资源，在一定的时期和条件下，它往往是城市活动空间的核心，也是城市空间结构的重要组成部分[85]。一般来说，城市滨水区开发建设可以分成开发、保护和再开发三种类型。日本在1977年制定的第三次全国综合开发计划中，提出了岸域开发、滨水区开发和水边开发三种概念。

城市滨水区揭示了海岸边缘的传承，也证实了经济的发展机遇与科技的变革，应实现多种交通功能模式、城市的发展、开放的用地以及公众的参与等多重目标。而城市滨水区的重建，则意味着为水体自身找到一个新的功能，即找到水体自身所提供的、城市重建的推动力或者是存在的目的和理由，完善滨水区功能、提升滨水区形象，解决当前滨水区存在的冲突性、提高滨水区的竞争力，如2010年上海世博会的规划建设（图2.4.4–1）。丹麦首都哥本哈根是北欧最具魅力的海滨城市之一，2007年6月至10月举办了名为“哥本哈根正在改变”的城市规划展览，主题分别诠释了新滨水区——连接传统与现代的景观、新生活——滨水景观住宅、新交通——走进滨水景观的新方式，这也为现代城市滨水景观规划理念提供了发展的新思路。

（2）滨水地区的结构形式

①滨水地区的空间结构

很多城镇和城市都是临水而筑，围绕水来组织城市空间。在我国古代城市，很多滨水区都曾经是异常繁华之处，恰如清明上河图中的场景（图2.4.4–2）。

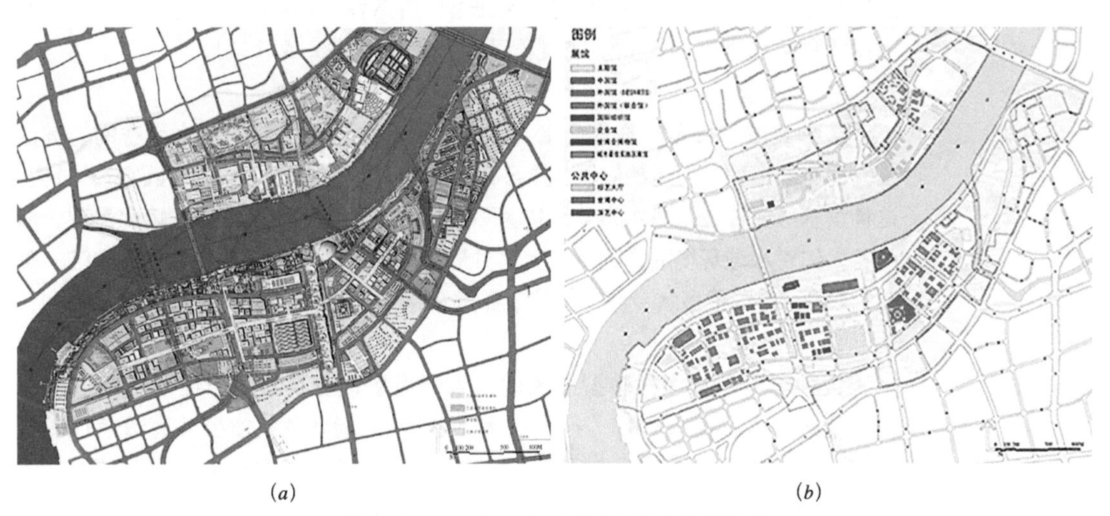

(*a*)　　(*b*)

图2.4.4–1　2010年上海世博会的规划建设

（*a*）2010年上海世博会总平面图；（*b*）2010年上海世博会场馆布局图

（资料来源：中国2010年上海世博会官方网站 http：//www.expo2010.cn/ghjs/ghjs_sbgh/index.htm）

案例解析：2010年上海世博会

主题定位：“城市，让生活更美好”是2010年上海世博会主题。这一主题从一个新的角度来审视和研究人类文明进步与城市发展的关系。规划方案提出了“园、区、片、组、团”5个层次的结构布局。一轴四馆包括世博轴、中国馆、主题馆、世博中心、世博演艺中心。

功能作用：上海以世博会为契机，创建两岸的标志性景观，形成城市新的形象区域，实现两岸功能、空间、景观和文化的整合与互动发展。

（资料来源：费定．2010世博会与上海城市的功能性发展[D].上海：同济大学，2004：151–152）

图 2.4.4-2 清明上河图中热闹的城市滨河景象

（资料来源：http：//www.nlc.gov.cn/newgtkj/shjs/201109/t20110923_52115.htm）

当水被视为结构性元素时（图 2.4.4-3），它具有构建城市的作用，从而成为城市设计的重要内容，苏黎世便是最好的例证。滨水区往往成为商业、工业和交通的焦点，可以唤起历史的记忆，并在城市肌理中将之强调出来。和街道、广场、公园以及主要的公共建筑物一起，滨水区往往成为城市设计师用来创造一个视觉精彩的城市的重点区域。

②滨水地区的基本形式

就城市的滨水形式而言，基于不同的处理手法和类型，可以归纳为六种主要的滨水类型[86]。分别为背水型、生长型、自然型、临水型、围合型以及嵌入型，上述六种滨水地区的形式演变过程及特征如下（表 2.4.4-1）。

a）背水型

该种类型来自建筑临水而筑，建筑之间会形成较为封闭的水岸空间。其往往会拥有一个朝向河道的立面，并归私人使用，没有到达水边的公共通道。过去，这种滨水形式往往是将水渠单纯作为下水道或排水渠，影响城市环境和景观。而随着人们对水域环境治理的重视，这种形式的滨水也已越来越多地呈现整洁、美观的景象。中国很多水乡城市的建筑布局都采用了这样的处理手法(图 2.4.4-4)。

b）生长型

该种类型是从渔村转型而来的，人们可以沿着狭窄的小径或小路进入水边，欧文将这种类型称作“打孔的水体边缘”。指状的狭窄公共通道通往码头和海滨。不适合运用于城市河滨、海滨、运河。但当这种形式运用于伸展的滨水时，则可以保证公众滨水的通达性，提高地区“渗透性”。佛罗伦萨狭长的乌菲齐广场就属于这一类型，广场由长而狭窄的走廊围合，连接阿诺河岸边和 Signoria 广场（图 2.4.4-5）。

c）自然型

该种类型是水陆交会的岸或滩，是软质的，是自然的岸边或者是舒缓的斜坡。很多海岸线以及城市水体中都有这种类型，城市公园或者绿色走廊的软质休闲娱乐园林景观有的也是这种形式，可以带给公众亲水的感觉(图 2.4.4-6)。

图 2.4.4–3 苏黎世，注重将水体引入城市的空间构图

苏黎世，在克里特语里的意思是"水乡"，该城市是欧洲重要的金融和贸易中心，中心城区人口约 36 万，曾在 2008 年被评为世界"生活质量最好的城市"。苏黎世注重将山水环境引入城市空间。从城市北面的山体开始，通过利马河流经城市中心，直至苏黎世湖收尾的核心景观空间得到了充分的保护与提炼。大型公共设施依河布局，使之成为重要的滨河景观，同时最大限度地保证市民对于滨水游憩环境的可达性与景观共享。

（资料来源：http：//lvyou.baidu.com/sulishi/fengjing）

d）临水型

该种类型是在码头前沿构建的硬质形式的堤岸或斜坡。水体边缘通过一定的处理手法构成海堤，这个海堤被海岸线平行的码头所环绕，在码头的空地上是建筑物，建筑物之间的公共通道通向城镇或城市的内部地区（图 2.4.4–7）。

e）围合型

该种类型是水体边缘围合成一个湾或者开敞广场的形式。利物浦的艾伯特 · 多克就是一个利用建筑物围合大面积水体的良好实例，现在是一个休闲娱乐活动的场所。围合建筑物首层是柱廊，统一了构图（图 2.4.4–8）。

f）嵌入型

该种类型是和岸线成直角的码头伸入水面。利用码头或防波堤，伸出水面的建筑物应该具有漂浮的形式。它是世界很多地方很多城市开发最为常见的类型之一。青岛栈桥便属于这种滨水形式（图 2.4.4–9）。

（3）滨水区设计的控制原则

滨水区对于城市发展长期的主导地位来源于它在执行城市发展战略中表现出的独特价值、弹性和适应能力。通过对滨水区的开发活动可以更科学合理地配置资源、建立秩序、营造氛围，并对周边地区产生强大的带动作用，从而使城市形成自己的特色，提升城市竞争力。

①滨水区街坊的开放性

水体本身是不可建设的，其空间具有开放性，这使得滨水区自然地成为城市重要的公共空间。在城市设计方面，应力求用一个开敞空间体系，在空间和时间维度

六种滨水地区的形式演变过程及特征　　表 2.4.4-1

类型	图示	说明
背水型	(a)　(b)	图 2.4.4-4　背水型的滨水形式及案例 (a) 背水型滨水模式 (b) 苏州水巷的建筑布局
生长型	(a)　(b)	图 2.4.4-5　生长型的滨水形式及案例 (a) 生长型滨水模式 (b) 乌菲齐广场滨水角度图景
自然型	(a)　(b)	图 2.4.4-6　自然型的滨水形式及案例 (a) 自然舒缓的滨水形式 (b) 沈阳主河道浑河的河岸
临水型	(a)　(b)	图 2.4.4-7　临水型的滨水形式及案例 (a) 硬质码头的滨水形式 (b) 宁波老外滩
围合型	(a)　(b)	图 2.4.4-8　围合型的滨水形式及案例 (a) 围合边缘的滨水形式 (b) 利物浦的艾伯特甲板
嵌入型	(a)　(b)	图 2.4.4-9　嵌入型的滨水形式及案例 (a) 深入水域的滨水形式 (b) 青岛栈桥

资料来源：(英) 克里夫 · 莫夫汀 . 街道与广场[M]. 张永刚等译 . 北京：中国建筑工业出版社，2004：187-188.

上与城市整体衔接，空间上应注重用地功能、交通、绿地、景观等方面的衔接，保持通向水边的视线走廊的通畅，使滨水区与城市主要功能区域的发展实现有效互动。另外，切忌在没有“地段”层面的大的构思和指导的前提下，把滨水地区切成小块各自零散设计。这样很可能会造成滨水区整体协调性和空间开敞度的丧失。“每个城市设计项目都应放在比该项目高一层次的空间背景中审视。”(Barnett，2000) 多层次衔接地来整体设计城市滨水区，是保持滨水区整体景观与活力的必要条件。

②滨水区岸线的共享性

滨水地区往往是一个城市中景色最优美、最能反映出城市特色的地区，因此在规划时确保滨水地区的共享性是一个重要原则。让全体市民共同享受滨水地区不仅有社会效益上的考量，而且有经济效益上的考量。在城市设计中，将连续的公共空间沿整个水边地带布置，是保证滨水地区的共享性的好方法。而短视的做法则是将滨水区岸线划开并出让给滨水区的投资者，造成人们的公共活动与滨水区域的隔离，降低滨水区的活力和品质。而芝加哥在构建滨水区的共享性方面树立了一个全球性的典范（图 2.4.4–4）。[87]

③滨水区交通的可达性

滨水区往往是陆域边缘，而在有轮渡、码头的滨水区，还有水陆换乘的功能。因此，滨水区的交通组织就显得尤为重要。如果处理不好，会影响整个区域的可达性以及活力的营造。在滨水区交通系统的组织上，应布置便捷的公交系统和步行系统，将市区和滨水区连接起来。另外，在城市设计中考虑滨水区水上活动的组织，是将陆上和水上项目结合在一起的有效办法，可以吸引更多的陆上游客，丰富旅游的内容，因为水上活动项目本身也是陆上游客观赏的对象，反之亦然。

④滨水区活力的文化性

滨水区由于其空间具有开放性，可以充分、完整地展示城市天际线，对于城市整体形象的塑造具有非常重要的作用。例如，香港维多利亚湾就勾勒出了城市美丽且富有特色的天际线，自身也成为了城市名片。另外，文化也是保持滨水区魅力和竞争力的不竭源泉。滨水区的历史建筑、文化遗产甚至历史地段，浓缩了时代印记，具有重要价值，有助于滨水区特色的建构。在增强滨水区活力的同时，还可以促进旅游和经济发展。

⑤滨水区工程的生态性

滨水地区由于紧靠水体，往往会受到湖水、洪水等自然灾害的威胁。开发滨水地区，必须和水文部门密切合作，认真研究开发工程可能对海水、湖水的潮汛及泄洪能力的影响。滨水地区开发中可能遇到的工程问题，如防洪、防腐蚀、滑坡、地耐力过低等问题，也使得开发滨水地区比在一般地区需要更多的工程技术支持。由于在大多滨水地带都建有防洪堤、防洪墙等抗洪工程，在规划中多采用不同高度的台地的做法。

（4）案例分析

①图示的研究设计：泰晤士河战略（英国伦敦）

城市设计的核心领域是城市中的公共空间设计以及城市片区的特别构建。英国的泰晤士河战略，图示了在规划战略的发展中城市设计的技巧。这个战略是为大伦敦一个广阔的次区域组成部分而作的。1994 年，伦敦市政府委托欧

(a)

(b)

(c)

图 2.4.4-4　芝加哥滨水区城市设计导则

在 19 世纪末 20 世纪初，芝加哥已发展成为美国最大的钢铁中心、制造业基地，但同时工业的发展也使得芝加哥滨水地区的城市环境日益恶化。伯纳（D.Burnham）于 1909 年完成了著名的《芝加哥规划》，并对芝加哥滨水区整治改造提出了很好的主张，对芝加哥湖滨地区发展与保护的公共决策起到了重要作用。

1974 年的《芝加哥河沿岸地区规划》，虽然描绘了芝加哥河两岸的秀丽景色，但一直未有实际的实施计划来进一步开发。直到 1990 年，市政府推出《芝加哥河两岸城市设计大纲》规范了芝加哥和两岸的规划与开发，芝加哥河两岸的一系列公共空间得到规划与开发，才使芝加哥河逐渐开发成为城市的"橱窗"。《大纲》涉及芝加哥河流经市中心的 9.6km 的滨水区，是芝加哥市政府、市规划委员会及市民团体之间成功合作的成果结晶。该导则将与已经实施的《芝加哥区划法》协同作用。其中详细规定了"必须"、"推荐"的相关内容条款。"必须"的内容包括了建筑后退距离、向河道的开口大小、应受到鼓励和不鼓励的功能清单等。在"推荐"的内容条款中，包括了沿河建筑的体量，推荐的滨河界面处理方式、景观建设等。导则的第三部分则说明了如何实施贯彻导则的内容。

如今，芝加哥市已形成一系列的管理机构、规划与法规大纲以及实施办法，以管理和开发城市的公共空间，尤其是湖湾地区以及芝加哥河两岸的公共空间，以维持和不断改善城市的生活和工作环境，促进经济的增长。

（a）芝加哥河（主流）两岸鸟瞰；

（b）芝加哥河（主流）滨水景观；

（c）上下分层设计的芝加哥河河岸

上层位于城市道路等高线，下层临近水面作为滨河步行道、室外咖啡座和游船码头等功能。

（资料来源：张庭伟，等．城市滨水区设计与开发 [M]．上海：同济大学出版社，2002：144）

亚那事务所承担泰晤士河的详细分析、准备总体设计原则并推荐规划条例案例草案，以促进泰晤士河沿岸高质量的设计及园林绿化。

具体的规划分析包括泰晤士河沿岸的建设历史、开发决策、河流管理以及规划文脉。信息被以地图的形式聚合起来，分别归类为河岸的土地利用、沿岸的可达性、河流的腹地交通，以及环境的定性研究。此外，还以连续照相的方式记录了河道。欧亚那事务所为改进泰晤士河沿岸 48km 环境而提出一系列建议，建议应该给予清晰视觉标注的节点[88]（图 2.4.4-5）。

②精细的宁静设计：查尔斯顿海滨公园（美国南卡罗莱那州）

查尔斯顿海滨公园是处于 Cooper 河与 Charleston 历史老城区的过渡区

的绿色空间，公园被设计成一个自然景观优美、宁静的场所，与附近拥挤的商业区形成鲜明的对照。总用地面积为 5hm²，散步道占用岸线长 366m，码头占用岸线长 122m，面向公园的住宅约 50 套，艺术馆用地 0.75hm²（图 2.4.4–6）。

查尔斯顿公园原址为船运公司，1955 年大火后一直空闲作为停车场地。1970 年代后期一地产商投资，欲将该地区兴建为商业居住综合开发区。1976

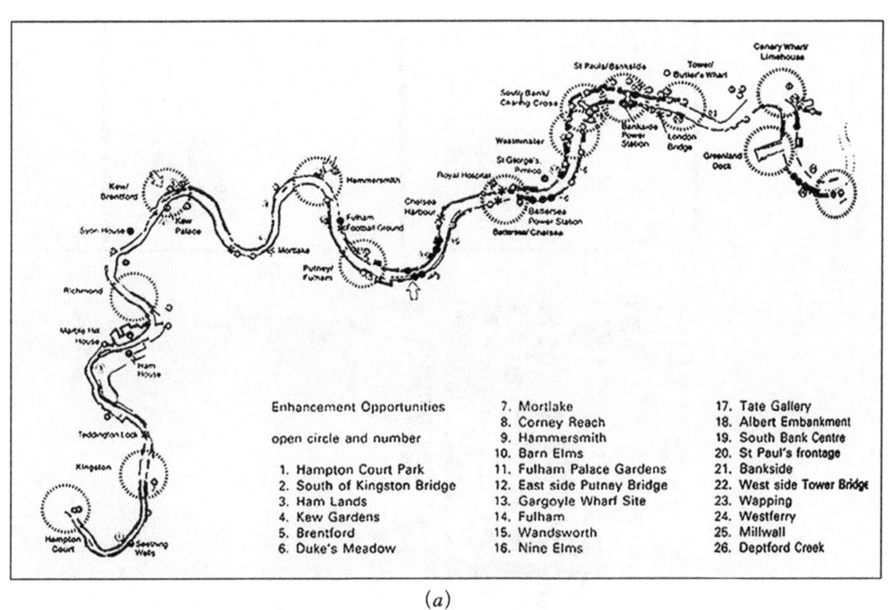

(*a*)

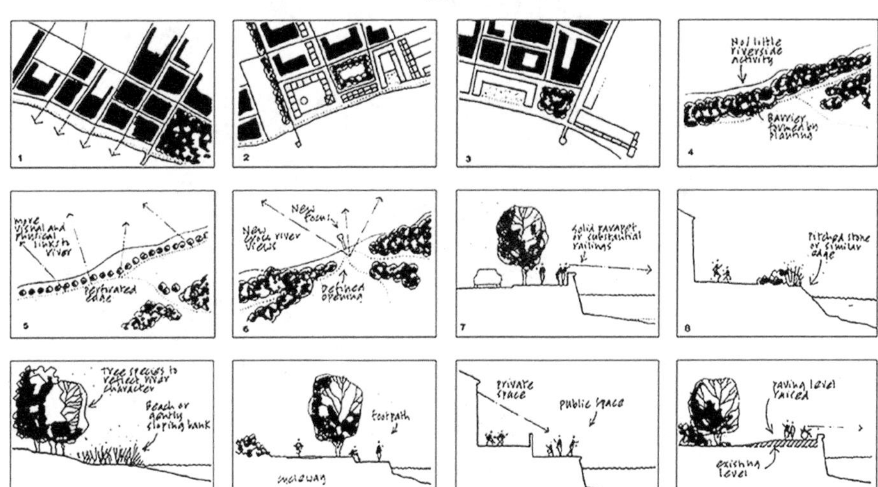

1. 渗透性的布局；2. 创造一种和河流的积极关系；3. 加强河流边界的形式；4. 篱笆式的栽植；5. 打孔式的边界；6. 活动性的点；7. 城市区域的石质墙；8. 碎石水体边界；9. 自然边界处理手法；10. 自行车和步行路线的排列；11. 公共与私有空间的分隔；12. 为观景而抬高的散步道

(*b*)

图 2.4.4–5 英国泰晤士河战略

(*a*) 欧亚那事务所的泰晤士河战略；(*b*) 泰晤士河战略中的详细设计概念

（资料来源：(英) 克里夫 · 莫夫汀 . 街道与广场[M]. 张永刚，等译 . 北京：中国建筑工业出版社，2004：194–196，图 6.36~ 图 6.47）

年该市市长 Joseph Riley 计划将其改造成为安静和谐的充满自然魅力的公园。而在长达四年谨慎的规划设计中，市政府、公园附近的业主以及其他关心查尔斯顿未来发展的人士参与了多次公众会议和工作会议。

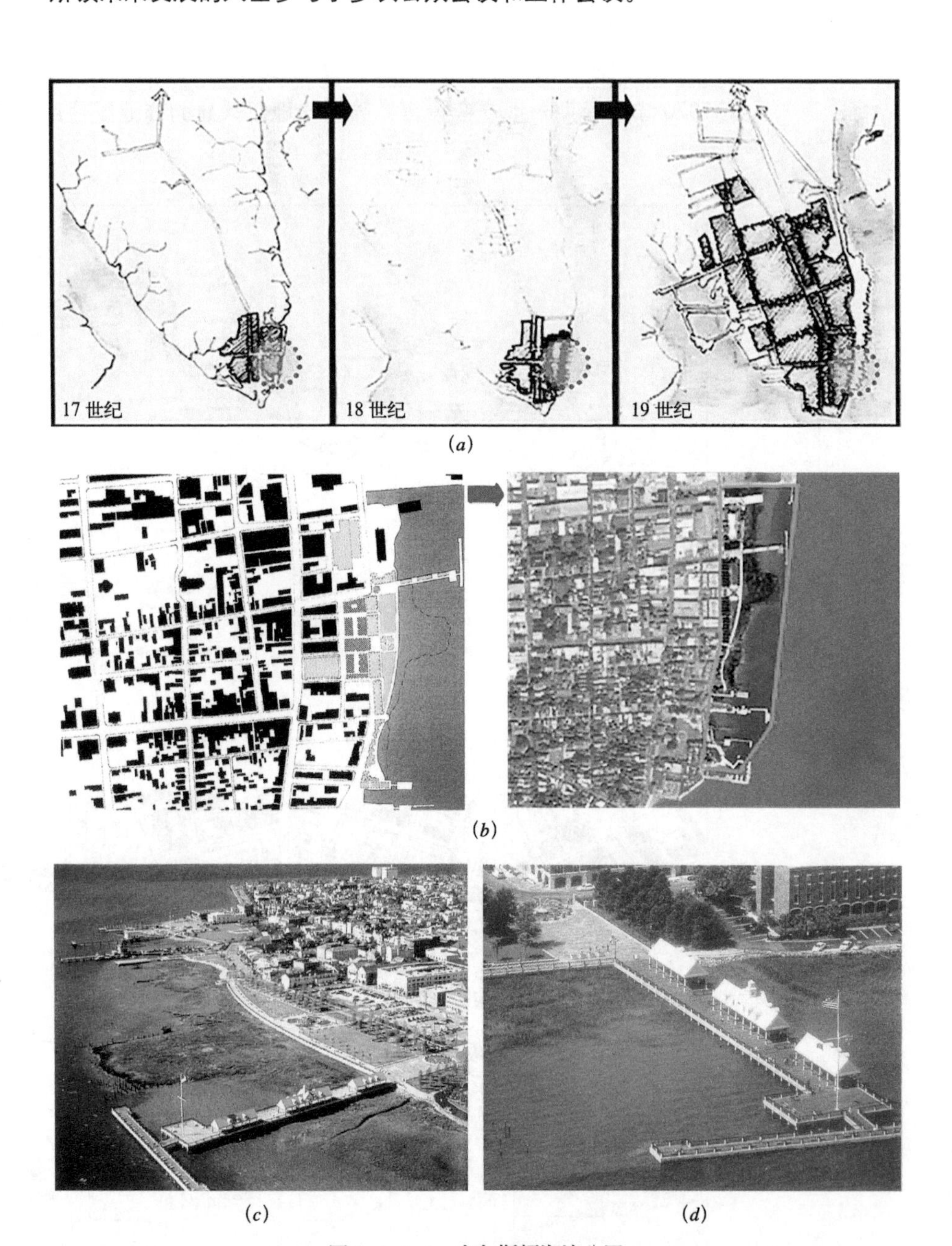

(*a*)

(*b*)

(*c*)　(*d*)

图 2.4.4-6　查尔斯顿海滨公园

查尔斯顿是一个规模适宜并保存着大量传统建筑的城市，是美国南卡罗莱那州最具吸引力的城市之一。随着旅游者、中小公司、旅馆、饭店和商店的增多，改造废弃的城市滨水地区成为城市发展的一个重要问题。滨水地区重建的意图是通过更新和引进一系列项目为该地区带来活力，成为城市中具有吸引力的一个滨水环境，从而吸引居民、旅游者、购物者和商人来到查尔斯顿。

(*a*) 查尔斯顿海滨公园的历史；(*b*) 查尔斯顿海滨公园的发展；

(*c*) 查尔斯顿海滨公园的整体鸟瞰；(*d*) 查尔斯顿海滨公园滨水景观

(资料来源：美国城市土地利用学会．都市滨水区规划[M]. 马青，马雪梅，李殿生，译．沈阳：辽宁科学技术出版社，2007：144)

查尔斯顿海滨公园设计中的考虑因素有：自然灾害：洪水、潮汐、飓风；融入自然元素，保护野生动物栖息地；清晰的水陆边界：通过规整的树木与路灯塑造；加强城市步道系统：无围墙作边界，通过人行道将人从主要道路引入；座椅设计：以传统公园座椅为雏形，设计舒适的高度；材质选择：当地典型材料（如老式蓝色石材、石砾）；艺术作品成列：安排一系列基座。其投资者包括私人捐款、财政补贴、县基金、市基金以及其他来源。维护费用则由城市总资金成本负担[89]。

③融合的文脉设计：纽约炮台公园区（美国下曼哈顿）

纽约炮台公园区（Battery Park）是美国下曼哈顿区西面填海而成的37hm^2的用地。该区涉及办公面积55万m^2，住宅14000户，高级酒店与影城综合体、高中、图书馆各一个，博物馆若干。1969年炮台公园区项目启动时规划方案的概念为“巨构城市”——纪念性尺度的建筑、清晰的结构、宏伟的城市景观和开阔的公共空间。但考虑到交通设施造价高昂、巨型结构与原有城市肌理格格不入、市区街道被阻挡通往河面等，因此方案不断被修改。

1979年填河工程结束，库珀和埃克斯塔制定其规划设计，标志着城市设计史上后现代主义的城市设计理念成为主流，提倡融入既有城市结构并延续其设计灵感的文脉主义。炮台公园区采用回归传统的城市设计方法，即以街道和广场为中心元素形成混合功能街区。滨水区条件被充分利用，设置河滨步行道、港湾以及众多绿地公园。每处公共空间不求大但求实用，分散于各个分区，通过滨水步行道相联系，并由不同地块的不同景观建筑师与艺术家根据不同主题设计，展现出丰富的景观效果。

另外，严格贯彻设计准则控制建筑体量、尺度和材料，但准则本身又具有足够的灵活性。城市设计的准则要求它的建筑高度不能超过其后面的世贸中心的一半，并按照纽约摩天楼传统在竖向上收分。在25年的建设期内炮台公园管理局的管理和详尽的规划设计一起为此作出了巨大的贡献，使炮台公园区获得了市民的认同感[90]（图2.4.4-7）。

④内港区的成功改建：巴尔的摩内港区（美国马里兰州）

第二次世界大战之前，巴尔的摩港作为美国主要的工业港口之一，其市中心布局是沿着主要港口周围展开的。二战后，由于经济结构转型，重工业衰退，巴尔的摩市中心逐渐衰落，其内港区也日益萧条，码头仓库空闲，许多业主将生意迁出市中心区，城区的楼宇空置，贫困率逐年增加，街道上也呈现出颓败的景象。

在这一时代背景下，1957年费城的华莱士规划设计公司受聘进行巴尔的摩市中心区的总体规划编制，并于1964年完成巴尔的摩发展概念性规划。这一城市复兴计划规划范围为内港区沿海岸线范围，规划年限为30年，总投资为2.6亿美元。城市开发项目由以下几个部分组成：①政府大楼的重建；②查尔斯中心向内港区海边的扩建；③高层和底层居住建筑的兴建；④将内港区的海岸线向公众开放。尽管在当时规划中并未把公众如何进入滨水地区作为优先考虑的因素，但是，规划预留了沿海岸线地区作为公共用地。规划还包括建设从市中心到滨水地区的步行街、沿内港的海滨散步道，改造水边公园和观景点。

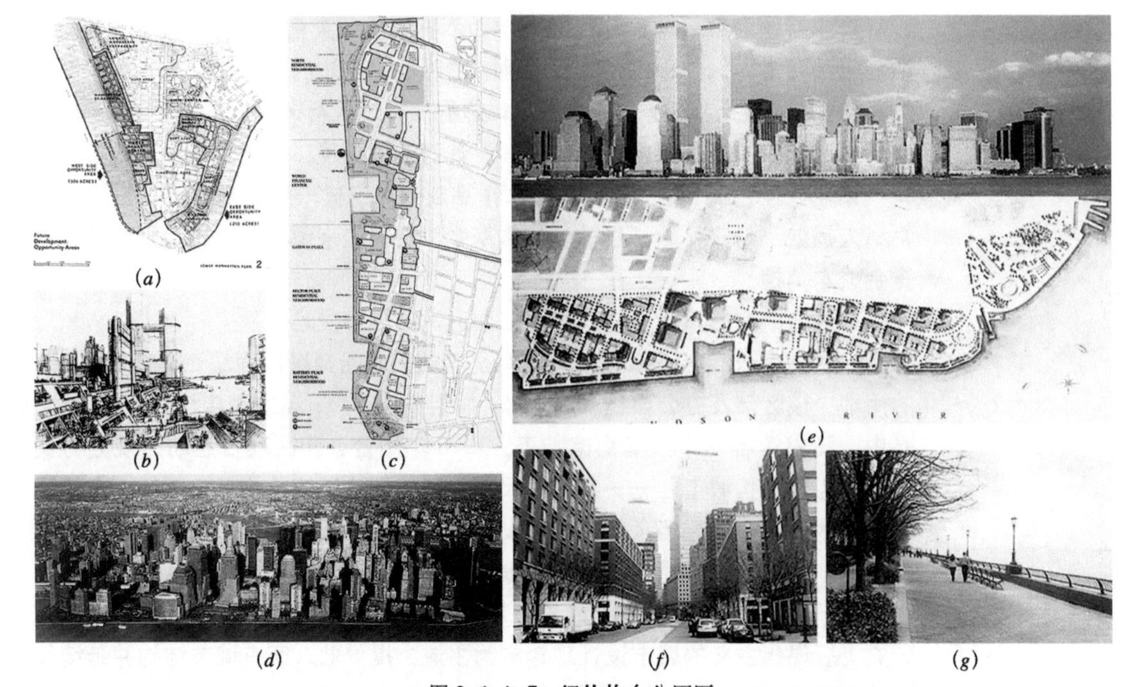

图 2.4.4-7 纽约炮台公园区

(*a*) 炮台公园区所处区位；(*b*) 1969 年"巨构城市"的规划概念

图面中央是处于地块南端的超高层办公楼，左侧为贯穿基地的脊梁。

(*c*) 炮台公园区总平面图

现在的总平面规划图是在 1979 年规划方案的基础上发展起来的。商务中心被置于地块中部与世贸中心比邻，并留出大量滨水开放空间。

(*d*) 2004 年炮台公园区全景

背后是下曼哈顿金融区的摩天楼群

(*e*) 炮台公园区沿河天际线。其建筑物融入纽约历史建筑的背景中

(*f*) 对纽约街道空间的延续；(*g*) 炮台公园区的滨水步行道

滨水步行道包括纽约公园的传统元素，如路灯和座椅设计。

（资料来源：时匡，等．全球化时代的城市设计 [M]．北京：中国建筑工业出版社，2006：56-61）

巴尔的摩内港区本身的更新开发（图 2.4.4-8），则以商业、旅游业为磁心，吸引游客和本地顾客，在商业中心周围布置住宅、旅馆和办公楼。在项目布置上，最接近水面的是大型购物中心、休憩和旅游设施，离市中心较远的水边布置高层公寓，主要对象是单身的专业人士。作为主干工程的大型购物中心，设在市中心和滨水地区相接的切点上，将二者连接起来，相互促进。

如今，巴尔的摩内港区的改建仍在继续，并成为了滨水地区改建的经典范例。巴尔的摩内港区的城市改造以吸引投资和改善环境为重点，设想发展远景，利用公共和私人联合投资将合理的规划变为现实。政府重视在重点地段项目的城市设计指引，同时，允许开发商和建筑师充分表达自己的创作意愿。

项目本身在经济上和城市形象的提升上都是成功的。但从社会发展的角度来看也存在着不足，巴尔的摩内港区空间品质的改善并没有带来整个城市的繁荣和社区环境的改善。由于城市更新计划忽略了改善低收入群体生活品质的需求，再加上经济结构上的调整，大批工厂从市区迁出，城区就业机会大量减少，城市人口随之大幅度下降[91]。

⑤新旧区的协调亮点：达尔哥诺马公园（西班牙巴塞罗那）

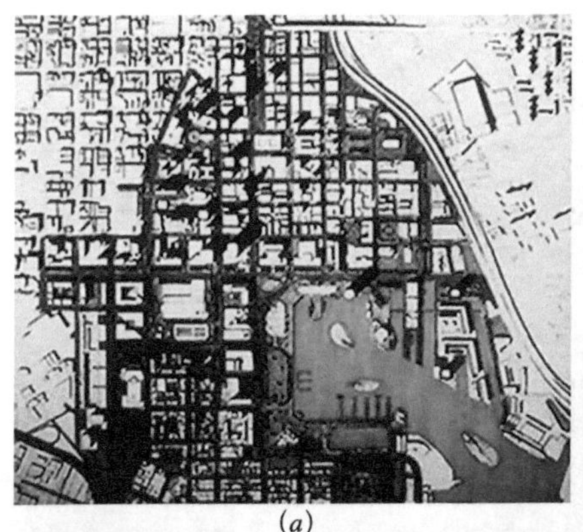

(a)

(b)

(c)

图 2.4.4–8　巴尔的摩内港区

(a) 巴尔的摩内港区平面图　(b) 巴尔的摩内港鸟瞰　(c) 巴尔的摩内港区的滨水休闲空间

（资料来源：理查德 · 马歇尔，沙永杰 . 美国城市设计案例 [M]. 北京：中国建筑工业出版社，2004：112–113）

早在 19 世纪中期，巴塞罗那就被称为欧洲最有发展潜力的商业城市之一，但其沿地中海的滨水区被大量工业厂房和铁路设施占据，多年来并没有得到很好的利用。而借助 1992 年的夏季奥运会，市政府决定重新开发城市的滨水区。

1999 年“对角线大道”延伸至海边，巴塞罗那有史以来最大规模的空间开发由此开始。达尔哥诺马的选址位于对角大道与海滨环城道之间的空地。当时，这片占地 $34hm^2$ 的土地看上去还只是一片工业废墟，然而汉斯公司却从市政府的发展规划和它周边的新交通设施中看到了它的潜力，并于 1996 年取得了土地的开发权，且对地块进行了新的规划设计 [92]。

达尔哥诺马的规划最早由建筑师里卡多 · 波菲尔（Ricardo Bofill）提出并通过城市审批，方案是由 33 座办公楼和一座大型购物中心组成的商业建筑群，而公园置于基地的一角，成为新区与旧住宅区之间的缓冲区，密集的高层建筑阻挡了朝向海滨的视觉景观。而汉斯公司接手后组织的第一个规划保留了原方案的基本格局，主要把开发的性质转变为以住宅为主的综合开发；第二个方案则对规划结构作了重大调整，使公园处在建筑群中央，购物中心南面的地块安排了若干酒店和办公楼。它有效地整合了建筑群和周边城市肌理的关系，并把公园作为一个契机把城市和海滨自然景观联系起来。而 1999 年年初批准的最终规划方案中，公园的设计方案则给整体带来自由的形态（图 2.4.4–9）。

图 2.4.4-9　巴塞罗那达尔哥诺马

(a) 达尔哥诺马整体鸟瞰；(b) 达尔哥诺马空间景观；(c) 达尔哥诺马的规划方案

(资料来源：时匡，等．全球化时代的城市设计 [M] 北京：中国建筑工业出版社，2006：171-173)

总体而言，达尔哥诺马的城市设计在两个方面对巴塞罗那有积极的意义：首先是大面积城市绿地的建设，对周边市区起到凝结作用，也使得海洋景观得以通过它向城市内渗透；其次，规划和开发过程中，可持续性发展的原则以协议和设计框架的形式确定下来，并在设计中得到推广，生态保护成为公园的特色[93]。当然，达尔哥诺马的规划设计也存在一些问题，比如，规模庞大的购物中心就被广泛批评为设计和运营模式太美国化，也有人认为五组高层公寓楼对城市景观造成不少影响。

2001 年巴塞罗那终于实现了把对角大道延伸至海滨的长期规划，打通了

城市中心和滨水区的关键连接。达尔哥诺马这样一个超大型工程成为激发城市复苏和城市更新的催化剂。公共利益和开发者利益之间的合理协调造就了一个成功的城市发展项目，可以说实现了城市更新发展的双赢结局。

⑥外滩源的发展契机：上海外滩综合改造（中国上海）

a）改造背景

上海外滩（The Bund）东临黄浦江，是上海城市的象征，浓缩着百年中国政治、经济和文化的变迁。外滩东临黄浦江，西面则是风格各异的建筑，被称为“万国建筑博览群”。上海的开埠从外滩开始，有外滩助推，在一个多世纪时间里，上海一跃成为远东最大的都市，被称为“东方曼哈顿”。在1840年以后，上海作为五个通商口岸之一，开始对外开放。1845年起今天所见的外滩地带被划为英国租界，被作为码头使用，并铺设了马路和加固了江岸。1849年，法国殖民者也抢占外滩建立了法租界。19世纪末开始，上海外滩渐渐成为各个入侵的殖民国争夺的肥肉，各国租界区管理机构、银行、旅馆等纷纷在此建立，外滩成为了鼓励财政投资的场所。发展至1940年代，基本形成了2007年上海外滩改造前的格局。

1988年12月，上海市政府确定外滩改造方案，首要任务是防汛，其次是改善交通，再次是打造“外滩风景带”。而在1992年国庆节前，外滩综合改造一期工程完工，设置了厢廊式的外滩防汛墙，还可领略外白渡桥与吴淞路闸桥的风姿，道路则比先前拓宽一倍，发展成为8快2慢10个车道。2002年启动的“外滩源概念设计”项目，则将奢侈品引入了外滩，外滩3号、外滩18号顿时成为上海新地标[94]。2007年7月，外滩再次出发——外滩综合改造工程启动。工程历时3年，2010年3月28日外滩重新开放。

b）改造概况

改造工程始于2007年8月18日，包括外滩地下通道建设、滨水区改造、防汛截渗墙改造、排水系统改造、地下空间开发、外滩公交枢纽等多个工程项目。其中，外滩地面原先的11车道改为地下两层隧道加地面4条车道，另有2条备用车道用于设置公交站点和临时停车，分流到达交通与过境交通。“上海第一湾”也于2008年2月拆除；人行过街以地面为主，路中央设安全岛，并保留现有的过街地道。规划人行道适当加宽，最宽处达12m。沿街设置寄存、应急救助、便餐及书报亭等服务设施，通道以缓坡为主，并设置无障碍电梯。这样，将外滩地面由以车为主的空间转变为以人为主的空间，从而促进外滩金融中心、旅游地标、休闲空间功能的发挥，全面提升上海CBD核心区功能[95]。

外滩综合改造工程，使得该区域绿化面积达到23239m^2，而且公共活动空间增加40%。黄浦江畔，从北至南的“四大广场”将成为新外滩的特色。拆除了大门、围墙的“黄浦公园”，与外滩原绿地连接成了一片春意盎然的外滩花园；陈毅广场将成为观赏外滩历史建筑和举办节庆活动的新场所。另外，沿着黄浦江的1700m防汛墙，曾是20世纪上海“最浪漫的角落”，被称为外滩“情人墙”。改造后的新外滩，当年情侣们倚靠的混凝土建筑已经换成了颇具现代浪漫气息的镂空栏杆。亲水栏杆高1.2m，向内倾斜30°，组成了一个个“阳台”，注重亲水功能。

c）改造重点

外滩改造工程主要在滨水公共空间、历史风貌保护与文脉延续、滨水多样性活动创造三方面实现了外滩区域的整体城市形象塑造和公共空间品质提升。

首先，在滨水公共空间方面，外滩改造前的地面公共空间存在着诸多问题，如地面交通割裂了水岸与腹地的联系、公共空间缺少对市民、游客的观景需求和舒适性考虑、防汛墙阻隔了人与水滨的互动等。经过改造之后的外滩缝合了城市与滨水区之间的割裂，将消极的滨水空间转化成了城市最具魅力的步行区域，通过不同坡度以及长度的坡道为人们提供步移景异的观景体验效果。

其次，在历史风貌保护方面，规划设计采用了一种更为"谦逊"的设计手法，建筑立面以及细部设计完全融入到外滩区域的整体风貌当中。改造通过梳理外滩历史建筑前的人行步道空间，来提升人们游览、观看历史建筑的空间环境品质，对于一些历史建筑、雕塑等空间元素，改造采用保留和修复的方式，使城市历史文脉得到了保留与延续。

最后，改造还将公园、庆典广场、文化广场、滨江步道等空间节点与廊道与多样性的新的休憩娱乐活动结合起来，使外滩重新绽放出滨水区的空间活力。新外滩不仅保持了上海旅游景点的重要地位，同时也成为市民休闲活动、庆典演出活动的活力场所。

d）改造意义

外滩滨水区综合改造的意义在于：一方面，它方便了市民、游客的使用需要。外滩滨水区是市民最重要的公共活动场所，不仅是游客观赏黄浦江两岸美景、外滩老建筑、陆家嘴新建筑的地方，也是游客歇足休闲之地。通过改造最大限度地释放公共活动空间活力，并为市民和游客创造优美舒适的滨水休闲区域，把外滩打造成高品质的活力街区。另一方面，外滩滨水区综合改造也是更好地展示老外滩经典形象的需要。外滩作为上海金融业的发源地，曾经是远东第一金融街，沿线荟萃了世界各国不同时期、风格迥异的"万国建筑博览群"，历史文化底蕴深厚，通过改造全面提升了外滩滨水区域的环境品质，并更好地与历史文化风貌特色融为一体，成为上海最具标志性、最经典的城市景观区域（图 2.4.4–10）。

2.4.5 中心区

（1）中心区的基本概念

中心区是城市中经济功能高度集中的、空间物质载体集聚的、空间交通交结的、信息流汇聚的地区，承担着一个城市、甚至一个地区、全球的主要经济职能。中心区的主要功能包括办公、行政机关、文化中心、零售业、娱乐场所、高密度住宅、会展中心及其附属旅馆业以及其他混合使用（Complex Use）。

城市中心从 18 世纪到 20 世纪中期一直是一个地区经济和社会生活的中心，人们在此聚集，从事生产、交易、服务、会务、交换信息和思想等活动。

(a) (b) (c) (d) (e) (f)

图 2.4.4-10 上海外滩的综合改造

(a) 1928 年的上海外滩

（资料来源：http://baike.steelhome.cn/uploads/200906/1246354303aSRD1ASP.jpg）；

(b) 1979 年的外滩。外滩边有延安路摆渡口

（资料来源：上海外滩结束 33 个月施工改造竣工亮相[N/OL]. 中华网，2010-03-28

http://club.china.com/data/thread/3212956/2711/11/46/5_1.html）；

(c) 2007 年综合改造前的外滩

（资料来源：Mat Booth 摄，2007-02-05. http://www.flickr.com/photos/matbooth/380494440/）；

(d) 拆除前的上海外滩“第一湾”夜景

（资料来源：http://news.xinhuanet.com/video/2008-02/23/content_7652579.htm，2008-02-23）；

(e) 外滩滨水区城市设计规划总平面及鸟瞰

（资料来源：上海市规划和国土资源管理局 . 外滩滨水区城市设计[EB/OL].2008-05-27.

http://www.shgtj.gov.cn/hdpt/gzcy/sj/200812/t20081225_174998.htm）；

(f) 综合改造工程后的外滩整体风貌

（资料来源：上海外滩结束 33 个月施工改造竣工亮相[N/OL]. 中华网，2010-03-28.

http://club.china.com/data/thread/3212956/2711/11/46/5_1.html）

中心区作为市民和文化的中心，是社会群体存在的象征。在19世纪初，所有社会及商业活动都在中心区内进行，它是交通与工商业的枢纽。发展到19世纪晚期的"马拉车"与20世纪初的"电车"时代，工作与居住地分离，中心区的居住功能降低，但仍保留商业、游憩休闲和政府的功能。

到了20世纪中期，自用汽车普及，中心区无法容纳如此多的交通量，大众交通系统不完善，新兴地区的发展迅速，出现中心区的衰弱。在20世纪中后期，一些老中心区逐渐衰败，同时许多中心区开始复兴（Renaissance）。而20世纪末，对能源问题的关注、经济形态的转变以及其他问题促使特具"经济性资产（Economic Fortunes）"的中心商业区复兴。目前，随着技术的进步、城市的发展、城市规模的扩张，一些高等级的城市拥有一个以上的中心区，如国际性城市（如纽约、伦敦等）。

而有关中心区的理论，最重要的莫过于CBD概念的提出，即1923年美国社会学家E·W·伯吉斯以芝加哥为研究对象，提出的有关城市土地利用的"同心圆模式"（图2.4.5–1）。其主要内容是城市的社会功能环绕中心呈同心圆结构，其中的核心区叫CBD，由此向外的圈层依次为转运区、低收入阶级居住区、中产阶级居住区和高收入阶级居住区。位于圆心的CBD被伯吉斯定义为零售、办公、俱乐部、金融、宾馆、剧院等高度集中地，城市商业活动、社会活动、市民活动和城市交通的核心。这一概念对今天CBD的开发建设仍有影响。

根据区域理论，可以将城市分为全球性城市、区域性城市、一般城市与小城镇。就规模而言，国际大都市CBD所在城市市中心的用地大多在40~60km²，CBD用地面积约3~5km²，总体建筑容量规模在1500万~2200万m²之间（表2.4.5–1）。同时由于不同规模城市的中心区所承担的职能不同，其在城市中的空间模式以及各自的空间形态特征、尺度和功能也大相径庭（图2.4.5–2）。

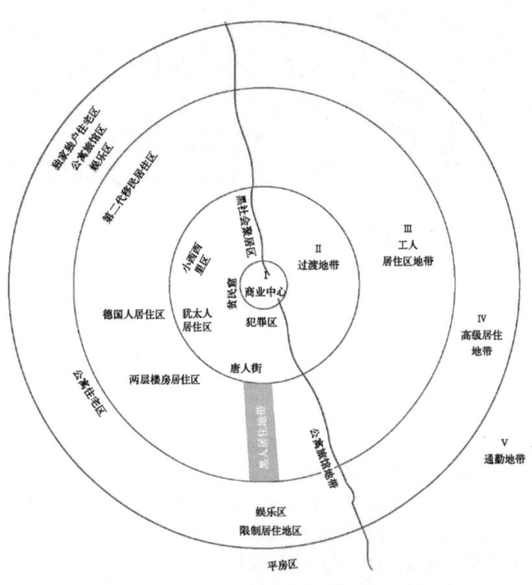

图2.4.5–1　伯吉斯的"同心圆模式"
（资料来源：(美) 保罗·诺克斯，史蒂文·平奇．城市社会地理学导论[M]. 柴彦威，张景秋，译．北京：商务印书馆，2005：201）

（2）中心区的主要特征

城市中心的建筑群以及由建筑群为主体形成的空间环境，不仅要满足市场活动功能上的要求，还要能满足精神和心理上的需要。因为城市中心创造了具有强烈城市气氛的活动空间，为市民提供了活跃的社会活动场所，以感受城市的性格和生活气息，形成城市独特的吸引力。同时，城市中心也往往是该城市的标识性地区。对其主要特征，我们可以从以下三个层面分别来进行分析。

首先，在城市建成环境层面，传统中心区处于地理区位中心或中心边缘，现代中心区考虑易达性，是城市大运量公共交通的节点，并配建足够的社会停车场；中心区的建筑布局紧凑，建筑外观具时代特征；公共空间则具有空间封闭感与视觉连贯性；体现城市建设的高层次和高品质。

中心区的规模　　表 2.4.5–1

城市	市中心区面积 (km^2)	CBD 用地面积 (km^2)	CBD 建筑面积 (万 m^2)	平均容积率	备注（范围）
纽约	60	4.3	2200	7.1	下曼哈顿、中城
伦敦	47	2.8	1496	5.3	金融城、加纳利
东京	41.5	4.5	2200	5.5	丸内、新宿、临海等
巴黎	39	3.6	1850	5.3	金融中心、拉德芳斯
香港	—	1.1	—	—	中环
上海	20	3.3	630	1.9	陆家嘴、外滩、北外滩

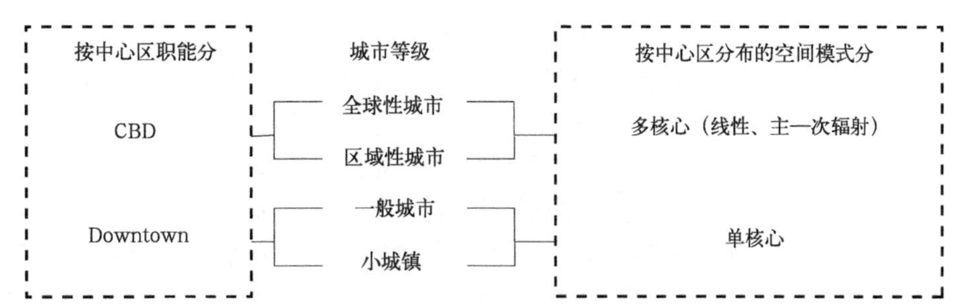

图 2.4.5–2　中心区的分类形式

（资料来源：王建国．城市设计 [M]. 北京：中国建筑工业出版社，2009：102）

其次，就城市社会学层面而言，多样化的用途一方面可以创造经济活力，其中包括功能在建筑中的竖向重叠；同时可以使各不相同的人在一天中的不同时间进入同一条街道，确保非正式的相会机会，增加社会活动，创造广场、步行街等场所。因此，中心区是个人活动的重要空间，它促进信息和思想的交换，强化城市经济和社会的活力。纽约市洛克菲勒中央广场上的人们的活动、交流及其所产生的热力和氛围，就深深地感染了曼哈顿商业中心多个街区的商业、娱乐和办公区域，也给城市中心带来了生机和活力。

另外，从政治经济学的层面来看，城市空间具有空间生产的属性，其生产利润高度集中于城市中心区，即单位面积的土地产出率高。城市经济产出高度聚集的中心区土地价格高昂，城市开发密度高。城市的经济发展与物质建设间存在相互关联的演进趋势。

而好的城市中心区则主要具有以下两方面特征。首先是综合的使用功能：城市独特的特点是由多样和集中的补充用途所确定的。这些用途创造出步行活动和生动的社会环境，这种环境反过来又维持这种混合的用途。其次则是优质的环境场所：视觉上既具有吸引力又舒适安全的物质环境将长期在社区中创造信心、责任和投资机遇。

（3）中心区的开发原则

中心区的开发建设应主要遵循以下几个原则。

(*a*)

(*b*)

(*c*)

图 2.4.5–3 巴塞罗那兰布拉大街上多样的活动
(*a*) 兰布拉大街的室外休闲设施
(资料来源：(*a*) http：//shopping.onlylady.com/2012/0616/2234002.shtml)；
(*b*) 兰布拉大街的市场；(*c*) 兰布拉大街上的街头艺人
(资料来源：(*b*) (*c*) http：//blog.sina.com.cn/s/blog_8001328c0102vh9o.html)

a）促进土地复合使用

中心区的精髓就在于它的多元性。所谓多元性就是在中心区拥有广泛的用途与功能，除了零售商店和餐厅外，还包括办公、住宅、娱乐等功能，而且这些功能之间还必须有效连接、相互提供支援性的服务，从而为人们制造各种不同的原因来此游访逗留（图 2.4.5–3），奠定多元化和活跃的商务和休闲环境，吸引城市核心经济、科技和文化力量，发挥多元性市场的群体效益。

b）强化空间紧凑连续

中心区应是紧凑而且适合步行的，必须具有紧密的实质环境架构和有效率的空间安排（图 2.4.5–4）。只有密集、连贯、紧凑的空间布局，才能保障行人流量以及经济活动的协调性，使中心区成为一个充满活力的地方，避免因空间过于扩散而使各类活动稀疏、缺乏集群效应。当然，如果因过于密集或安排不当，而妨碍了人们的自由穿越，那么也会带来负面的影响。

c）适度提高开发强度

必须防止一味地提高开发强度，导致大规模的新的开发毁损城市尺度、对中心区既有个性和市场潜能造成不协调的压迫感、降低中心区品质的现象。规模适当的填补性开发或是充分利用建筑物楼上部分的空间，也可以有效地增加土地使用效率。尤其应当注意到建筑与街道以及街面层空间品质的塑造，应注重其水平方向的连续性、连贯一致的街道空间形成的封闭感等。

图 2.4.5–4 芝加哥北密歇根大街密集的商业区
(资料来源：http：//www.quanjing.com/share/iblimw01678841.html)

d）合理利用地下空间

中心区地下空间的开发利用具有明显的实用价值和经济价值。整合发展中心区地下空间，进行城市立体化开发，可以有效缓解中心区土地紧缺、发展空间不足问题，对提升中心区综合功能、商业和投资环境也十分有利（表 2.4.5–2）。

e）完善捷运与步行系统

城市捷运系统的完善则是中心区经济活动持续、稳定运转的必要保障（图 2.4.5–5）。然而，

不同城市中心区地下空间开发功能与规模　　　　表 2.4.5–2

	城市	中心区名称	面积（hm^2）	地下空间主要功能	地面空间开发量（万 m^2）	地下空间开发量（万 m^2）
旧城中心区	纽约	曼哈顿地区华尔街	<100	地铁、步行街、商业办公	1.5 万套公寓	19 条地铁线形成大规模地下步行街区
	北京	王府井地区	165	地铁、地下停车、商业等	346	60（现有）
	南京	新街口地区	<100	地铁、停车、商业等	145	20（商业空间）
	蒙特利尔	Downtown	5 个街区	地铁、步行系统、商业、停车场等	580	580（其中商业 90）
新建城市中心区	北京	中关村西区	51.44	停车系统、共同沟、中水雨水循环使用系统、商业、娱乐等	100	50（其中商业 12）
	深圳	中心区	413	地铁、停车场、商业街等	800	40（商业空间）
	杭州	钱江新城核心区	402	地铁、隧道、停车系统、步行系统、共同沟、变电站、商贸街、中水雨水循环使用系统、休闲娱乐设施等	460	200~230
	巴黎	拉德芳斯	750	公交换乘中心、高速地铁 2 条、高速公路、地下步行系统等	200 多万 m^2 商务区，住宅 2.5 万套	步行区域 67hm^2，集中管理的停车场 2.6 万个车位
	东京	新宿	16.4	地铁、步行系统、停车系统、共同沟、商业、娱乐等	写字楼 200 多万 m^2	9 条地铁线穿过，日客流量超过 400 万人

资料来源：汤宇卿，周炳宇．我国大城市中心区地下空间规划控制——以青岛市黄岛中心商务区为例[J]．城市规划学刊，2006（5）：89–94．

在确保捷运系统高效率且方便的同时，还应在中心区内鼓励步行及街面活动，注重行人活动的规划与设计。步行系统能够产生一套完整的网络，组织街景、联系空间、连贯活动。一个良好的交通模式应当兼顾捷运系统和步行系统二者的整体协调，才能为中心区提供便利的出入交通，确保中心区的可达性、渗透性，并有效维护中心区的活力与功能性。

f）注重环境品质与营销

只有建立一个令人印象深刻的形象、创造一个令人舒适愉悦的环境，提供场所的视觉和活动的焦点，才能使中心区成为一个吸引投资并适于开发的场所。这一方面依靠包括经济、政治、文化、社会多维度的综合的活动设施和服务空间的构建，也离不开社区和居民对中心区的影响、支持与维护。中心区具有很大的集聚能力，可以展现城市风貌，塑造城市品牌，是提高城市竞争力的重要载体。

（4）中心区的场所创造

一个城市在公共环境上的投资可以改进人们对它的观感并提升其市场竞争力，一个公共环境的改建工程可以带动周边地区的私人投资，而舒适的步行环境鼓励人们以步行方式生活，好的步行环境体现在每个环境细节。中心区场所创造的意义便在于此。

中心区场所的创造，可以借助以下方式和内容：①建立组织框架：以凯文·林奇的五要素为基础，理清框架结构；②培养独特的风格：以可识别性为目标，利于产生中心区的吸引力；③鼓励多样性和趣味性：规划设计应鼓励小

(*a*)

(*b*)

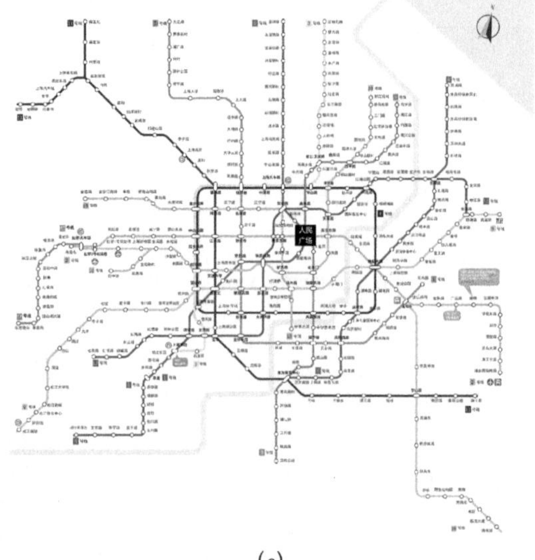

(*c*)

图 2.4.5–5　上海人民广场地下空间的利用

上海人民广场位于上海市中心，是一个融行政、文化、交通、商业为一体的园林式广场。其地下囊括了地铁车站、地下商业中心、下沉式广场、变电站、地下车库等多项庞大的市政、交通、商业设施。人民广场的地下空间作为轨道交通枢纽的节点、步行系统的公共区域、商业与市政设施的综合空间、活力四射的消费场所，是合理利用中心区地下空间的良好场所。

(*a*) 便捷的交通换乘；(*b*) 地下商城商业空间；

(*c*) 作为轨道交通核心的人民广场站

（资料来源：http://www.suadi.com.cn/uploadImage/pic_20144291364.jpg）

尺度范围内的变化和创意；④确保视觉外观和使用功能的连续：要求大尺度范围内的秩序性和一致性；⑤力求方便：在高密度开发的中心区，着重考虑可达性与易达性原则；⑥提供舒适的环境：考虑行人生理上和心理上的舒适度和安全感（图 2.4.5–6、图 2.4.5–7）；⑦强调环境设备的品质：同样重视街具设计与维护保养（图 2.4.5–8）。

（5）案例分析

①金融中心的重塑：曼哈顿（Manhattan，美国纽约）

曼哈顿是纽约的市中心。1615 年荷兰人占领了曼哈顿岛的南端，该岛两侧为开阔的水面，为货物装卸提供了便利条件。早期的仓储业和批发业自然而然地聚集在这小小的三角地带，为航运人员服务的金融保险业也在此发展起来。到 1776 年，曼哈顿已发展成纽约的市中心。约在 1880 年，许多金融业托拉斯未选在市中心的金融区及其北面人口稠密的高楼区，而是选在曼哈顿中城成立办事处。中城的形成虽晚于曼哈顿老城，但却有后来居上的势头。进入 20 世纪后，许多非营利的办公机构，如工会、研究部门、专业团体、政府机构等，也都集中于此，许多相关的专职事务所如房地产、广告业、税务部门等也迅速聚集在其周围，原来设在岛南部的保险业及银行也被中城良好的环境吸引而来。与此同时，商店、服务业等也渐渐聚集在周围。

然而，进入 1950 年代，过度的开发造成下曼哈顿交通问题严重，建筑密

图 2.4.5–6 旧金山设计得像传统街道的步行天桥

旧金山的步行天桥设计得像传统街道，带给人们亲切、舒适的步行感受。同时，咖啡桌、座椅和色彩缤纷的植物的设置，进一步为行人增加了积极的步行体验。

（资料来源：（美）西里尔·鲍米尔．城市中心规划设计[M]．冯洋，译．沈阳：辽宁科学技术出版社，2007：89）

图 2.4.5–7 美国丹佛市的公交商业街

通过改善靠近路缘的人行道乘客站排等车的环境，城市可以提高乘客量。丹佛市的公交商业街提供了舒适的座椅和宜人设施，鼓励乘客使用公交线路。

（资料来源：（美）西里尔·鲍米尔．城市中心规划设计[M]．冯洋，译．沈阳：辽宁科学技术出版社，2007：63）

度过高，缺乏公共空间等一系列问题。在另一方面，北面靠近纽约中央公园的一片区域由于具有良好的开敞环境，受到人们的喜爱。于是，下曼哈顿面临写字楼租金下跌，且一到晚上就变成中心区的“死城”。针对这些问题，洛克菲勒决定通过规划手段复兴下曼哈顿，使之重新成为纽约金融中心。到 1965 年，曼哈顿 CBD 已经不再单属于下曼哈顿地区，北部的纽约公园促使了北侧新 CBD 的崛起。

曼哈顿复兴采取的主要手段是通过调控手段使地区健康均衡发展。各产业部门向中心集聚的过程中，有明确的功能分区，除开通穿越中心区的地铁外，其他主要规划政策包括：A. 扩展办公空间，增加内部交通；B. 提供有力的住房市场，拓展针对年轻家庭的市场，提供步行上班的居住条件，并充分利用现有未能充分利用的地铁资源；C. 促进就业的多样化；D. 利用中心区的优美滨水区域；E. 在商务核心区分流到达与通过交通，缓解步行机动间的矛盾；F. 在各处提供日常宜人的服务设施，提高公共空间的质量和品质（步行线路、地铁出入口、内部大众交通等）；G. 保留部分工业货运功能，保存目前蓝领的工作岗位；H. 将主要的中心区项目（市民中心、世贸大厦、巴特利）融合到目前及将来的下曼哈顿网络中；I. 提高下曼哈顿与其他区域项目（尤其是东部和北部）之间的大众交

图 2.4.5–8 高迪设计的路灯增加了巴塞罗那格拉西亚大街的艺术氛围

（资料来源：http://you.ctrip.com/sight/barcelona381/54680–badge.html）

通的可达性。

发展至1970年代中期，由Downtown以及Midtown共同构成的曼哈顿中心区逐渐形成，包括著名的Wall Street、Broadway、The 5th Ave.，占地约6.1km^2，总建筑面积2700多万m^2。令人遗憾的是，原为美国纽约的地标之一的世界贸易中心，在2001年9月11日发生的"9·11"恐怖袭击事件中倒塌，这也造成纽约市曼哈顿的天际线回到1970年代初期的光景。如今在双塔原地，重建工程正如火如荼地展开，建成之后标高1776ft的"自由塔"将是纽约除了曼哈顿中城的帝国大厦及艾利斯岛上的自由女神之外的另一个重要地标（图2.4.5–9）。

②城市复兴的触媒：金丝雀码头（Canary Wharf，英国伦敦）

伦敦城（The City of London）是伦敦的传统城市中心。与北美城市不同，该地区受到强大的欧洲历史城市保护传统的影响，严谨对待高层。因此，对伦敦在全球经济一体化时代吸引私人资本投资的竞争带来不利影响。为满足发展需求，英国政府促成了泰晤士码头区等新城市化中心区的发展。这场于1970年代英国新城运动停歇之后进行的大规模城市建设试验，与之前政府占主导作用的运动不同，它是撒切尔夫人政府的自由市场政策的体现：借助市场机制，利用财政刺激因素和削弱规划控制功能的办法来达到引进私人投资到旧城改造领域来的目的。

金丝雀码头作为英国自1970年代的新城运动之后最具影响的城市建设项目，是大型城市商业开发的典型案例，也是通过城市设计重塑城市空间、带动城市复兴的代表作。金丝雀码头位于伦敦城以东的码头开发区的狗岛区中部，距伦敦市区4km，三面被泰晤士河环绕，面积35hm^2。它是伦敦市在1980年代末1990年代初在原废弃的泰晤士河港区基地上建设的全新的国际中央商务区。业主与开发商为奥林匹克与约克公司／金丝雀码头发展公司，主要的规划设计者为SOM公司。

金丝雀码头的规划设计要点主要包括：A.空间结构：强调严谨的构图和轴线关系；中央三幢超高层办公楼作为地标；而率先建成的是西萨·佩里设计的加拿大广场1号，它位于区域自身轴线与从伦敦市区延伸来的交通轴线的交点上，成为视觉的落点，同时加强了空间节奏感；沿河为整齐的中高层办公和金融交易建筑，两排建筑之间为一系列公共空间，空间封闭且内聚。B.交通系统：双层林荫大道环绕全岛，分隔人行系统；与伦敦相联系的地铁与轻轨南北向从基地中央穿过。C.开放空间：林荫大道从中央东西向贯穿地块，形成主轴线，并串联起4个不同形状的城市广场。轴线两侧建筑对外部空间限定十分严谨。D.规划的多样性：规划的26个地块分别由不同的建筑师在SOM制定的总体规划和立面建议方案的基础上进行设计。1990年业主委托弗瑞德·科特（Fred Koetter）对总规作补充：利用对角线元素打破过于严谨的几何性；在建筑立面上要求底层变得丰富，并特意引入码头区原有的典型建筑元素。规划制定详细的规范，如规定柱廊、拱廊、庭院等空间形态，以及建筑的尺度、后退、材料和立面处理等细部。

金丝雀码头是利用公共政策引导私人投资进行城市改造的大胆尝试。在城

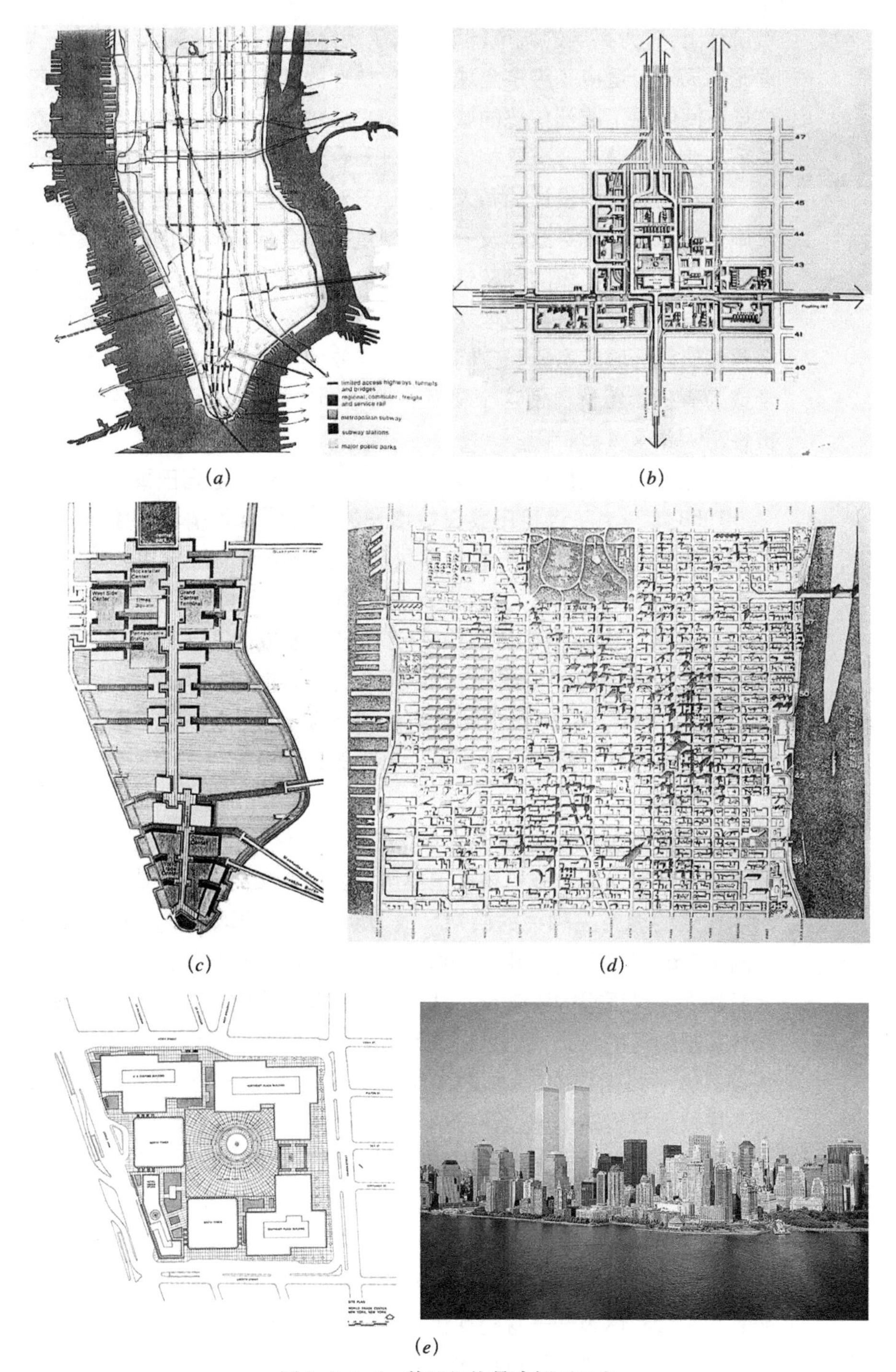

(*a*) (*b*)

(*c*) (*d*)

(*e*)

图 2.4.5-9 美国纽约曼哈顿再开发

(*a*) 曼哈顿中央商务区现状分析；

(*b*) 设置水平和竖向交通体系，缓解步行和机动的矛盾；

(*c*) 曼哈顿中央商务区概念设计；

(*d*) 中城区增加办公空间

（资料来源：(*d*) Regional Plan Association. Urban Design Manhattan[M]. The viking press. 1969）；

(*e*) 世贸中心方案与实施效果

（资料来源：(*e*) https://www.archdaily.com/504682/ad-classics-world-trade-center-minoru-yamasaki-associates-emery-roth-and-sons）

市设计上，它为英国的城市发展带来了观念性的变化。突破了原有“城镇景观”理论的局限，适应了经济全球化时代快速的城市扩张的需求。它整齐的街道和广场空间体现了欧洲传统的城市形态，但轴线、绿地、摩天楼等元素使其比例关系与北美的城市形态更相似。但是，金丝雀码头的开发建设也曾一度陷入困境，由私人规划师设计的私人项目缺乏对城市整体框架结构的考虑，城市基础设施建设滞后数年导致建设一度受到重挫。金丝雀码头的规划设计也存在一些缺陷，例如河滨区域的可及性不强，沿河景观没有得到充分利用，城市功能偏单一，与周边狗岛区其他地块的景观缺乏呼应。但整体而言，总体规划展示了金丝雀码头的城市意象和空间特质，有效地协调了个体建筑间的关系并将其整合成为有机的组群，使这个项目在 10 多年的建设过程中能保持其形态上的连贯性[96]（图 2.4.5-10）。

③城市轴线的延续：拉德芳斯（La Défense，法国巴黎）

1958 年，为了满足巴黎日益增长的商务空间的需求，缓解巴黎老城区的人口、交通压力，保护巴黎古都风貌，巴黎市政府决定在拉德芳斯区规划建设现代化的城市副中心。政府计划用 30 年时间将包括 Courbevoie、Manterra、Puteaux 三镇，面积 750hm^2 的拉德芳斯区建设成为工作、居住、娱乐设施齐全的现代化商务中心。先期开发 250hm^2，其中商务区 160hm^2，公园区（以住宅区为主）90hm^2。20 世纪中叶西方大城市提出城市副中心（Sub-CBD）的建设规划，拉德芳斯虽然在开发规模、管理经营等方面受到大量争议，但仍属于较为成功的案例。

拉德芳斯区位于巴黎市的西北部，巴黎城市主轴线的西端，于 1950 年代开始建设开发。新凯旋门处在巴黎历史城区协和广场方尖碑、香榭丽舍、凯旋门等构成的城市主轴线的西端，成为新建地区的地标，共占地 5.5hm^2，两侧塔高 110m，长 112m，厚 18.7m。两个塔楼的顶楼里是巨大的展览场所，顶楼上面的平台是理想的观景台。从顶层平台向远方眺望，既可以看到近处布劳涅森林和塞纳河的风光，也可以看到远方巴黎城区的景色。拉德芳斯的规划设计强调斜坡（路面层次）、水池、绿地、树林、广场、雕塑等组成的街道空间，而不是很重视建筑个体设计。这些城市设计的元素错落有致地布置在汽车通道、人行道等多层平台上。拉德芳斯区的总体设计体现了现代和未来城区的多功能设计思想，总体设计别具匠心，是法国对美国曼哈顿摩天大楼的建设的一种时代回应（图 2.4.5-11）。

经过 16 年分阶段的建设，拉德芳斯区已是高楼林立，成为集办公、商务、购物、生活和休闲于一身的现代化城区。众多法国和欧美跨国公司、银行、大饭店纷纷在这里建起了自己的摩天大楼。面积超过 10 万 m^2 的“四季商业中心”、“奥尚”超级市场、C&A 商场等为人们提供了购物的便利。拉德芳斯既有像新凯旋门那样具有象征意义的地标，也有随处可见的火烈鸟等抽象雕塑，还有住宅、展厅、商场，甚至小孩玩耍的旋转木马。建筑的大尺度、建筑的艺术性，都是值得称赞的。然而拉德芳斯与其他城市综合体最大的不同在于，它把这些非人性化的因素变成了最大的人性化，更让它成为至今也难以超越的具有艺术、生活特质的城市综合体经典之作。

(a)　(b)　(c)　(d)　(e)　(f)　(g)　(h)

图 2.4.5-10　英国伦敦金丝雀码头

(a) 金丝雀码头的区位；(b) 金丝雀码头范围与地铁路线；(c) 改造前的金丝雀码头

改造前的金丝雀码头是废弃的工业码头，地块被水面环围，远处为伦敦市中心。

(d) 远眺金丝雀码头；(e) 金丝雀码头带动了整个伦敦码头区的发展；(f) 凯巴特广场夜景，轴线经一系列公共空间指向泰晤士河；

(g) 建成的金丝雀码头；(h) 花旗银行和汇丰银行大楼建设中

（资料来源：时匡，等．全球化时代的城市设计 [M]．北京：中国建筑工业出版社，2006）

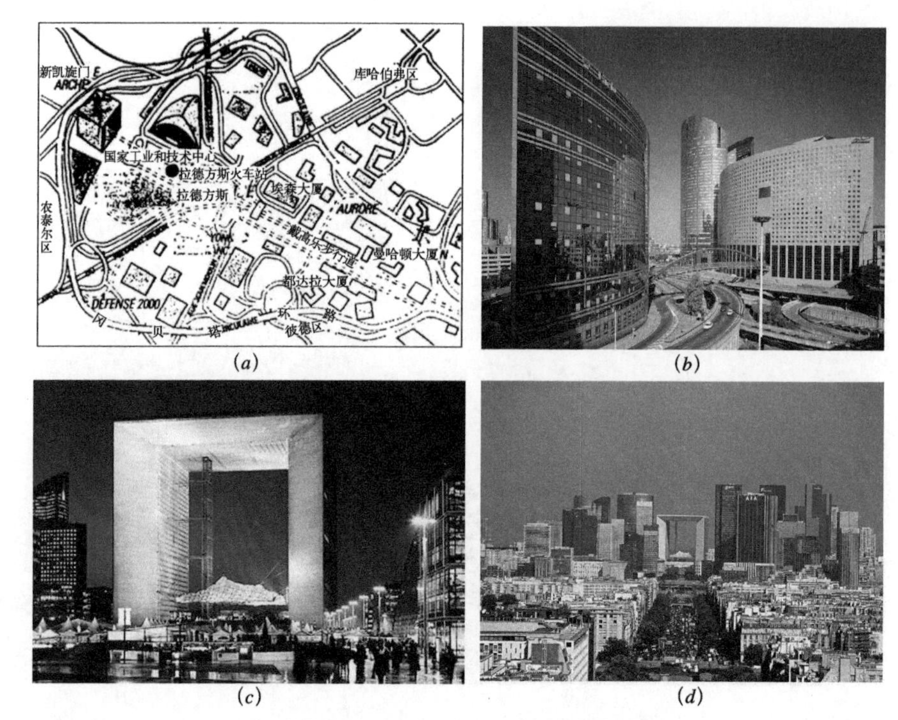

(a) (b)
(c) (d)

图 2.4.5-11　法国巴黎拉德芳斯

（资料来源：(a) 乔继明．法国巴黎拉德芳斯区规划简介 [J]. 国外城市规划，1992（3）：26；
(b) http：//www.quanjing.com/share/estrm91-11385a.html；
(c) http：//www.quanjing.com/share/top-393215.html；
(d) http：//www.quanjing.com/share/sps1269-691.html）

拉德芳斯可借鉴的开发建设经验主要包括：兼顾政府与市场的土地开发模式，建立合理的开发机制，保证有效实施：EPAD（开发公司）；采用人车分离的交通规划，遵循高架、地面、地下以及人车分离的交通原则，以建设便捷的交通系统，保证人流、物流畅通；设计多元的写字楼来适应不同企业的要求，设计了多样化的商务空间；注重建筑外形、室内空间设计和设施配套的多样性，同时推广节能技术，强调城市发展与环境保护之间的协调关系；建设完善的配套服务设施，如购物中心、零售业、会展中心、宾馆、旅行社、快递公司、餐厅、影剧院等；营造良好的城市景观与文化氛围，丰富 Sub-CBD 的城市内涵。拉德芳斯作为欧洲最完善的商务区，是法国经济繁荣的象征，它拥有巴黎都会区中最多的摩天大厦。建区 50 年以来，拉德芳斯不再局限于商务领域的开拓，而是将工作、居住、休闲三者融合，环境优先的拉德芳斯也正在逐渐成为一个宜居的商务中心区。

④历史空间的缝合：波茨坦广场（Potsdamer Platz，德国柏林）

德国柏林的波茨坦广场是欧洲大陆几十年来规模罕见的多功能城市再开发工程。早在 17 世纪末，波茨坦广场就是柏林的一个重要门户。随着现代交通工具和现代城市设施在这里相继出现，它成为现代化柏林的枢纽。但在第二次世界大战中，波茨坦广场在炮火轰炸下成为一片废墟。1961 年建成的柏林墙从中间穿过，从此波茨坦广场被一分为二，成为冷战中民主德国、联邦德国

乃至东西欧分裂的标志，给这个场所带来又一层历史和政治的记忆断层。1989年，柏林墙轰然而倒，这里再次成为国际关注的焦点。1991 年民主德国、联邦德国合并后，波茨坦广场成为新政府在城市建设乃至国家形象建设方面的重大举措[97]。

波茨坦工程包含了一系列大型的建筑和城市设计项目，并带动其他地区的开发，许多国际知名建筑师参与其中，柏林再次成为世人瞩目的中心。1990 年，柏林议会为波茨坦广场项目成立了特别的工作小组，并沿用以前的传统——举办设计竞赛，来解决建设地块可能产生的冲突。同时，为了防止失去波茨坦广场开发的控制权，而使城市面貌成为私营公司和自由市场的牺牲品，"严肃的重建"（Critical Reconstruction）这一纲领被制定，内容涉及对街道模式、建筑的控制等多项内容。

1991 年下半年，慕尼黑建筑师希尔姆和萨特勒（Hilmer & Sattler）事务所的方案成为中选方案，用来指导各个地块的建设。这一方案以柏林的历史街区模式和柏林政府的重建纲领为指导原则，摒弃在全球泛滥成灾的美国城市摩天楼和商业中心的模式，试图重新找回欧洲传统的紧凑而丰富的城市空间形式。以传统的"街道／街区／广场"构成的建筑肌理协调波茨坦广场的各个地块，采用 50m×50m 的标准尺度统一不同建筑类型的体量，还规定建筑的高度为35m。新的建设与周围的城市脉络联结紧密，产生有连续性的街道景观，并强调保护区内的历史建筑。规划还建议各个地块均容纳多种功能。这个方案的城市结构重点放在两条从波茨坦广场反射出去的大街上。南北向的莱比锡大街得到修复并保持传统林荫大道的形式，两边建筑有平整的界面，平行于街道有一片宽阔的带形公园和运河，复兴了柏林绿地与水体结合的城市空间传统。东西向的波茨坦大街从戴姆勒—奔驰和索尼的用地间穿过，在波茨坦广场和西面的文化广场建筑群之间建立起直接的联系。

在此基础上，奔驰公司还为波茨坦广场举行了国际城市设计竞赛，以获得更深入的方案。最后伦佐·皮亚诺的城市设计方案得以采用，并由福斯特、罗杰斯、矶崎新、莫尼欧等大牌建筑师合作完成建筑设计。在制定城市方针的基础上，皮亚诺的规划针对传统的城市街区进行，将大规模的办公空间与居住、零售商业以及休闲娱乐设施相结合。在"现代化不能破坏城市风貌"的前提下，他为这个区域设计了密度大而视觉多变化的城市广场，以此来平衡公共与私密的区间。设计中还关注可持续性原则，建筑能源和水处理方面体现了生态理念。到目前波茨坦广场上已有一大批建筑和公共设施相继建成，包括索尼中心、戴比斯中心、ABB 中心等。这些项目各自创造了新的城市空间和场所，带来丰富的现代城市活动，但它们以不同的方式对周边的环境和柏林的城市文脉作出呼应。当这三幢高度相近但形态迥异的高层建筑汇集在波茨坦广场上时，形成了有趣的景象（图 2.4.5—12）。

另外，波茨坦广场还是德国雨水利用的典范，由于柏林市地下水位较浅，因此要求商业区建成后既不能增加地下水的补给量，也不能增加雨水的排放量。为了防止雨水成涝，城市开发对雨水利用采用了如下方案：将适宜建设绿地的建筑屋顶全部建成"绿顶"，利用绿地滞蓄雨水，一方面防止雨水径流的产生，

图 2.4.5-12　德国柏林波茨坦广场 / 索尼中心

(*a*) 完全建成后的波茨坦广场总平面图；

(*b*) 2002 年建设中的波茨坦广场鸟瞰；

(*c*) 规划方案与建筑设计完成后的实际总平面比较

一个为希尔姆和萨特勒的方案；一个为加入皮亚诺等人的建筑方案后的总平面。

(*d*) 索尼中心设计草图

中心广场从若干方向与街道建立联系。

(*e*) 索尼中心罩在巨型屋顶下的中心广场；

(*f*) 索尼中心和外部街道之间的通道把行人引导到广场；

(*g*) 建筑单体间的步行空间

（资料来源：时匡，（美）赫克，林中杰．全球化时代的城市设计 [M]. 北京：中国建筑工业出版社，2006：141-148）

起到防洪作用，另一方面增加雨水的蒸发，起到增加空气湿度、改善生态环境的作用。德国水资源充沛，不存在缺水问题，但为了维持良好的水环境，德国制定了严格的法律、法规和规定，要求对污水进行治理，同时还要求对雨水进行收集利用，德国这样的做法很值得借鉴和学习（图 2.4.5–13）。

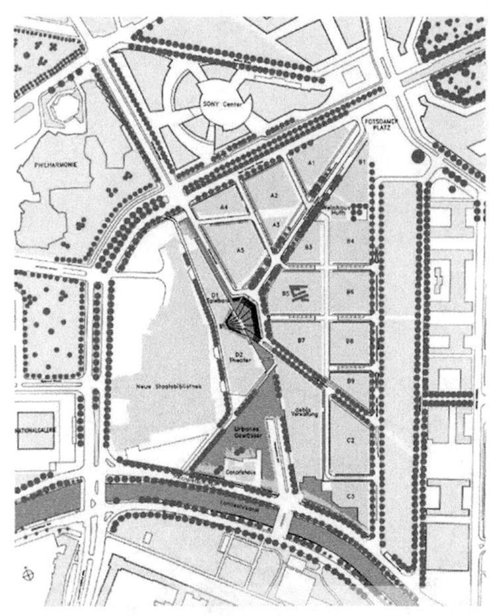

图 2.4.5–13 德国柏林波茨坦广场水系规划
（资料来源：http：//blog.sina.com.cn/s/blog_5457179d0101hhjf.html）

⑤改革开放的象征：陆家嘴金融中心（中国上海）

a）战略背景

早在 1984 年上海市人民政府就上报中央政府，在《上海经济发展战略汇报纲要》中首次提出开发浦东议题。1990 年 4 月，国务院决定开放、开发浦东新区并在陆家嘴设置金融中心，随即上海市人民政府浦东办公室、陆家嘴金融贸易区开发公司相继成立，这标志着浦东新区的开发进入实质阶段。陆家嘴金融中心区是由黄浦江、东昌路、浦东南路围成的扇形区域。经过 20 多年的开发建设，它不仅是上海 CBD 的重要组成部分，同时也是国际著名的金融中心之一。

b）规划过程

第一阶段：陆家嘴金融中心区规划国际咨询

1992 年 11 月，经挑选的英国罗杰斯、法国贝罗、意大利福克萨斯、日本伊东丰雄、中国上海联合设计小组五家正式提交了有关陆家嘴中心地区（CBD）规划国际咨询设计方案。方案深化之后确定了核心区、高层带、滨江区、步行结构和绿地共五个层面的空间层次。在核心区结合 88 层金茂大厦的选址，设置了“三足鼎立”的超高层建筑区，同时结合高层建筑和中心绿地形成中国传统的“阴阳太极”美学概念对比，共筑陆家嘴 CBD 特有的城市标志性景观（图 2.4.5–14）。

第二阶段：陆家嘴金融中心区规划方案深化审批

1992 年年底，成立上海陆家嘴中心区规划深化工作组，按照“中国与外国结合、浦西与浦东结合、历史与未来结合”的原则，进行陆家嘴中心区的规划深化工作。1993 年 8 月由上海市人民政府正式批复《上海陆家嘴中心区规划设计方案》。最终批准的陆家嘴中心区占地 171hm^2，规划建筑面积 418 万 m^2，毛平均容积率 2.44。

c）开发阶段

陆家嘴金融中心区经历了 1993 年国家宏观调控、1998 年东南亚金融风暴等经济影响，其主要经历了五个开发阶段。

第一阶段：1993 年以前

1988 年国家土地有偿使用制度的实施为城市建设带来了巨大机遇，陆家

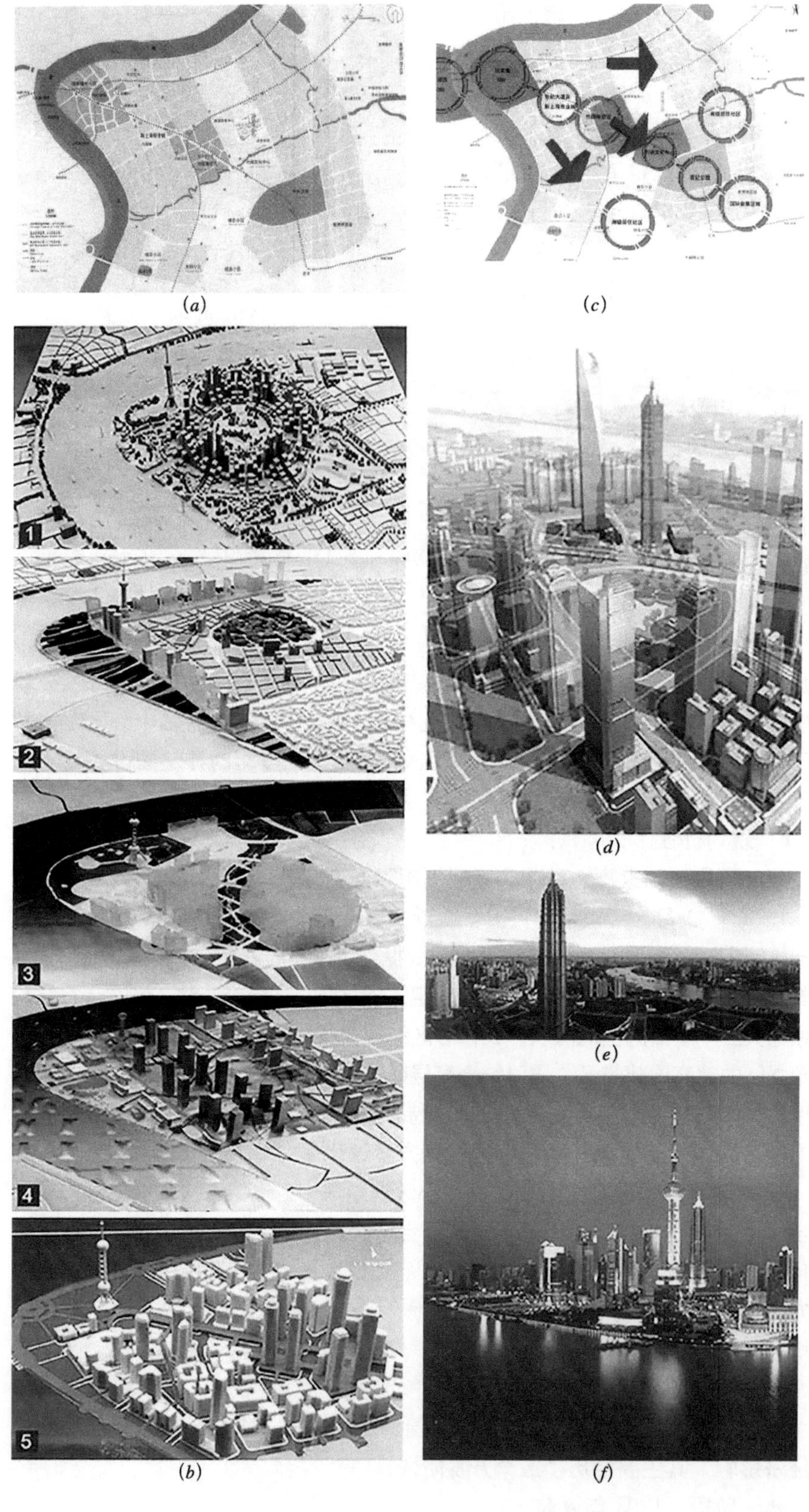

图 2.4.5–14　上海陆家嘴

(*a*) 陆家嘴金融贸易区规划图 ($28km^2$)；(*b*) 陆家嘴中心地区规划国际咨询设计方案

1—英国罗杰斯方案

2—法国贝罗方案

3—意大利福克萨斯方案

4—日本伊东丰雄方案

5—中国上海联合设计小组方案；

(*c*) 陆家嘴 CBD 区域发展示意 (2004 年 6 月)；(*d*) 陆家嘴 CBD 标志性景观设计；(*e*) 上海市陆家嘴区域鸟瞰；(*f*) 上海市陆家嘴区域夜景

(资料来源：上海陆家嘴中央商务区规划开发回眸[J]. 城市管理,2004(6):9)

嘴金融中心区首先引入了中国人民银行上海分行、建设银行、工商银行、农业银行等一大批国内银行证券公司，并通过建设总部大楼来初步形成中心区内楼宇群经济的规模效应。

第二阶段：1994~1996 年

在该段时间，陆家嘴土地价值开始不断提升，除了聚集国内银行、证券、保险企业以外，一些国际公司通过合资形式与国内集团一起参与浦东开发建设，如日本森大厦株式会社与陆家嘴集团开创了外资房地产在中国从事土地开发建设的先例。此外，香格里拉酒店、正大广场、震旦大厦等也都相继进入了陆家嘴金融中心区。

第三阶段：1997~2000 年

1997 年亚洲金融风暴使得上海陆家嘴 CBD 建设遭遇了一定的冲击，不少批租土地进行再转让并延迟建设周期。但陆家嘴集团公司在经济形势低迷的情况下，依然对滨江大道、中心绿地、世纪大道等重点项目筹资建设，并保证了中心商务区旧房拆迁、市政配套、公共空间等开发项目的齐头并进。

第四阶段：2001~2003 年

这一时期上海住房制度进入全面改革时期，陆家嘴 CBD 沿黄浦江区域的公寓开发进入了快速发展阶段，同时以办公、商业零售、酒店为一体的商业综合体开发成为 CBD 新模式，结合轨道交通站点的 TOD 开发也进一步优化了城市交通系统组织和土地复合使用。

第五阶段：2004~2008 年

CBD 内形成了五大功能组团：以中国人民银行、汇丰银行等项目为重心的国际银行楼群组团；以金茂大厦、上海证券交易所为主体的中外贸易机构要素市场组团；以东方明珠、香格里拉酒店为核心的休憩旅游景点组团；以仁恒、世茂、汤臣等滨江小区为代表的顶级江景住宅园区组团；以陆家嘴中心区西区地块为重心的跨国公司区域总部大厦组团。

d）主要经验

陆家嘴金融中心规划和建设经验主要包含三个方面：首先是规划实施层面对规划设计总体与局部、长期与近期、国际与国内的有效衔接；其次是政府成立开发公司来保障启动资金和初始土地使用权获得，并通过土地抵押来获得后续的建设资金；最后是开发实施以招商、组织和管理模式作为保障，获得了政府、投资主体和开发公司的“共赢”局面。

2.5 本章推荐阅读

1.（英）Matthew Carmona，Tim Heath，Taner Oc，Steven Tiesdell. 城市设计的维度 [M]. 冯江，袁粤，万谦，等译. 南京：江苏科学技术出版社，2005.

2.（美）罗杰·特兰西克. 寻找失落空间——城市设计的理论 [M]. 朱子瑜，张播，鹿勤，等译. 北京：中国建筑工业出版社，2008.

3.（英）克里夫·莫夫汀. 街道与广场 [M]. 张永刚，等译. 北京：中国建筑工业出版社，2004.

4.（美）斯皮罗·科斯托夫著．城市的形成——历史进程中的城市模式和城市意义[M]．单皓，译．北京：中国建筑工业出版社，2005.

5.Hamid Shirvani. The Urban Design Process [M]. New York:Van Nostrand Reinhold, 1985.

注 释

[1] 转引自：(英) Matthew Carmona，Tim Heath，Taner Oc，Steven Tiesdell. 城市设计的维度[M]. 冯江，袁粤，万谦，等译．南京：江苏科学技术出版社，2005：4.

[2] Spiro Kostof. The City Shaped[M]. London：Thames and Hudson Ltd.，1991：34.

[3] 李德华．城市规划原理[M]. 3版．北京：中国建筑工业出版社，2001.

[4] 洪亮平．城市设计历程[M]. 北京：中国建筑工业出版社，2002：25.

[5] 洪亮平．城市设计历程[M]. 北京：中国建筑工业出版社，2002：60.

[6] 王建国．城市设计[M]. 第二版．南京：东南大学出版社，2004：21.

[7] 参见：王受之．世界现代建筑史[M]. 北京：中国建筑工业出版社，1999：52，69–70，95.

[8] 转引自：(英) 埃比尼泽·霍华德．明日的田园城市[M]. 金经元，译．北京：商务印书馆，2000：116–117.

[9] 参见：曹康．奥姆斯特德的规划理念——对公园设计和风景园林规划的超越[J]. 中国园林，2005 (8).

[10] 参见：简·雅各布斯．美国大城市的死与生[M]. 金衡山，译．南京：译林出版社，2006.

[11] 参见:(美) 罗杰·特兰西克．寻找失落空间——城市设计的理论[M]. 朱子瑜,张播,鹿勤,等译．北京：中国建筑工业出版社，2008：27.

[12] 参见：(英) Matthew Carmona，Tim Heath，Taner Oc，Steven Tiesdell. 城市设计的维度[M]. 冯江，袁粤，万谦，等译．南京：江苏科学技术出版社，2005：6.

[13] 参见：(英) Matthew Carmona，Tim Heath，Taner Oc，Steven Tiesdell. 城市设计的维度[M]. 冯江，袁粤，万谦，等译．南京：江苏科学技术出版社，2005：65.

[14] 参见：信息化空间观念与信息化城市空间发展的趋势研究[D]. 天津大学，2006.

[15] 张苏梅，顾朝林，葛幼松，甄峰．论国家创新体系的空间结构[J]. 人文地理，2001 (2)：51–55.

[16] 陈柳钦．智慧城市:全球城市发展新热点[J]. 青岛科技大学学报(社会科学版),2011(3)：8–15.

[17] 参见：(美) Alexander R. Cuthbert. 城市形态——政治经济学与城市设计[M]. 孙诗萌，袁琳，翟炳哲，译．北京：中国建筑工业出版社，2011：7–17.

[18] 参见：杨东峰，殷成志．可持续城市理论的概念模型辨析：基于“目标定位—运行机制”的分析框架[J]. 城市规划学刊，2013 (2)：39–45.

[19] 参见：K. Lynch. A Theory of Good City Form[M]. London：Cambridge，1981：95.

[20] 参见：Philip R. Berke，David R.Godschalk，Edward J.Kaiser，Daniel A. Rodriguez. Urban Land Use Planning [M]. Fifth Edition. Urbana and Chicago：University

of Illinois Press，2006：4.

[21] 参见：L. Mumford.The Culture of Cities [M]. London，1983：3.

[22] 转引自：(英) Matthew Carmona，Tim Heath，Taner Oc，Steven Tiesdell. 城市设计的维度 [M]. 冯江，袁粤，万谦，等译．南京：江苏科学技术出版社，2005：63.

[23] 参见：Zukin Sharon.The Cultures of Cities [M]. Oxford：Blackwell，1995.

[24] 参见：(英) Matthew Carmona，Tim Heath，Taner Oc，Steven Tiesdell. 城市设计的维度 [M]. 冯江，袁粤，万谦，等译．南京：江苏科学技术出版社，2005：64，69-71.

[25] 参见：(美) 斯皮罗·科斯托夫．城市的形成——历史进程中的城市模式和城市意义 [M]. 单皓，译．北京：中国建筑工业出版社，2005：43-93.

[26] 阿姆斯特丹最初是阿姆斯台尔河（Amstel）入海口一个堤岸式的聚居地。之后人们在这个小型聚居地的上游筑造了水坝，原先的下游变成了外港。建有堤岸的运河将水流分出两条，上游成为内港，同时在河道和运河之间形成了一块稳定的可供城市扩展的用地。1570 年阿姆斯特丹上升为地区性重要港口，于是产生了扩建的压力。1607 年的扩建规划提出在低地上填筑建设用地，以网格结构为基础将城市地表面积扩大了 4 倍。

[27] 参见：J. Tyrwhitt，ed. Patrick Geddes in India [M]. London：Lund Humphries，1947：17.

[28] 参见：(美) 斯皮罗·科斯托夫．城市的形成——历史进程中的城市模式和城市意义 [M]. 单皓，译．北京：中国建筑工业出版社，2005：95-157.

[29] 人们一般提出的观点是，网格除了是一种“土地勘察、记录和相应的所有权转让的渐变手段之外”，还“支持着地产市场参与的基本民主性。这并不是指个人财富不能占有大量土地，而是指基本的初始土地几何分块意味着某种单纯的平等主义原则，便于人们进入城市土地市场。”参见：T. R. Slater，ed. The Built Form of Western Cities [M]. Leicester，1990：146.

[30] 参见：(美) 唐纳德·沃特森，艾伦·布拉特斯，罗伯特·G·谢卜利．城市设计手册 [M]. 刘海龙，郭凌云，俞孔坚，译．北京：中国建筑工业出版社，2006：277-285.

[31] 参见：(卢) 罗伯·克里尔．城镇空间——传统城市主义的当代诠释 [M]. 金秋野，王又佳，译．北京：中国建筑工业出版社，2007.

[32] Fumihiko Maki. Investigations in Collective Form[M]. A Special Publication No.2.St. Louis：Washington University School of Architecture，1964：29.

[33] 参见：(美) Roger Trancik. 找寻失落的空间——都市设计理论 [M]. 谢庆达，译．台北：田园城市文化事业有限公司，2002：108-112.

[34] Albert Hofstadter.Martin Heidegger，Portry，Language，Thought [M]. New York，1971.

[35] Norberg-Schulz Christian. Genius Loci [M]. New York：Rizzoli International Publication Inc.，1975：5.

[36] Kevin Lynch.What Time Is This Place [M]? Cambrige：MIT Press，1972：99-241.

[37] 参见：(英) 克里夫·莫夫汀．都市设计——街道与广场 [M]. 王淑宜，译．台北：创兴出版社有限公司，1999：43-94.

[38] 参见：(美) 亚历山大 · C. 建筑模式语言 [M]. 周序鸿，王昕度，译. 北京：知识产权出版社，2002.

[39] 参见：(英) 克里夫 · 莫夫汀 . 都市设计——街道与广场 [M]. 王淑宜，译 . 台北：创兴出版社有限公司，1999：73-94.

[40] 参见：周俭，陈亚斌 . 类型学思路在历史街区保护与更新中的运用——以上海老城厢方浜中路街区城市设计为例 [J]. 城市规划学刊，2007 (1)：61-65.

[41] 参见：(英) 克里夫 · 莫夫汀 . 都市设计——街道与广场 [M]. 王淑宜，译 . 台北：创兴出版社有限公司，1999：138-142.

[42] (英) Matthew Carmona, Tim Heath, Taner Oc, Steven Tiesdell. 城市设计的维度 [M]. 冯江，袁粤，万谦，等译 . 南京：江苏科学技术出版社，2005：138.

[43] 参见：(英) 克里夫 · 莫夫汀 . 都市设计——街道与广场 [M]. 王淑宜，译 . 台北：创兴出版社有限公司，1999：162-165.

[44] 参见：(美)斯皮罗·科斯托夫 . 城市的组合——历史进程中的城市形态的元素 [M]. 单皓，译 . 北京：中国建筑工业出版社，2005：149-152；李德华主编 . 城市规划原理 [M]. 3 版 . 北京：中国建筑工业出版社，2001：517-521.

[45] 参见：J.Evelyn. Diary. London Revived, ed.E.S.de Beer (Oxford 1938/New York 1959)：37. 转引自：(美) 斯皮罗 · 科斯托夫 . 城市的组合——历史进程中的城市形态的元素 [M]. 单皓，译 . 北京：中国建筑工业出版社，2005：149.

[46] 参见：李德华 . 城市规划原理 [M]. 3 版 . 北京：中国建筑工业出版社，2001：258.

[47] 参见：莫霞 . 空间的张力——记西班牙萨拉戈萨皮拉尔广场 [J]. 理想空间，2009，35.

[48] 王建国 . 城市设计 [M]. 南京：东南大学出版社，2004：141.

[49] 参见：(澳) 乔恩 · 兰 . 城市设计 [M]. 黄阿宁，译 . 沈阳：辽宁科学技术出版社，2008：94.

[50] 参见：(英) 克里夫 · 莫夫汀 . 都市设计——街道与广场 [M]. 王淑宜，译 . 台北：创兴出版社有限公司，1999：182.

[51] 参见：(美) 凯文 · 林奇 . 城市的印象 [M]. 项秉仁，译 . 北京：中国建筑工业出版社，1990：103.

[52] 参见：(英) 克里夫 · 莫夫汀 . 都市设计——街道与广场 [M]. 王淑宜，译 . 台北：创兴出版社有限公司，1999：43-94.

[53] 参见：(英) 克里夫 · 莫夫汀 . 街道与广场 [M]. 张永刚，等译 . 北京：中国建筑工业出版社，2004：152.

[54] 转引自：(英) 克里夫 · 莫夫汀 . 都市设计——街道与广场 [M]. 王淑宜，译 . 台北：创兴出版社有限公司，1999：216-218.

[55] 参见：(美) 唐纳德 · 沃特森，艾伦 · 布拉特斯，罗伯特 · G · 谢卜利 . 城市设计手册 [M]. 刘海龙，郭凌云，俞孔坚，译 . 北京：中国建筑工业出版社，2006：594-595.

[56] 参见：(英) 克里夫 · 莫夫汀 . 都市设计——街道与广场 [M]. 王淑宜，译 . 台北：创兴出版社有限公司，1999：223-232.

[57] 参见：(英) Matthew Carmona, Tim Heath, Taner Oc, Steven Tiesdell. 城市设计的维度 [M]. 冯江，袁粤，等译 . 南京：江苏科学技术出版社，2005：151-156.

[58] 参见：王建国 . 城市设计 [M]. 南京：东南大学出版社，2004：107.

[59] 参见：甄明霞．步行街：欧美如何做[J]. 城市问题，2001（1）：59-61.

[60] 参见：(澳）乔恩·兰．城市设计[M]. 黄阿宁，译．沈阳：辽宁科学技术出版社，2008：84.

[61] 参见：(澳）乔恩·兰．城市设计[M]. 黄阿宁，译．沈阳：辽宁科学技术出版社，2008：98-101.

[62] 参见：郑时龄，齐慧峰，王伟强．城市空间功能的提升与拓展——南京东路步行街改造背景研究[J]. 城市规划汇刊，2000（1）：13-18.

[63] 参见：九龙坡区：城市化战略的龙头位置[N/OL]. 重庆经济信息网，2005.http：//www.cq.cei.gov.cn/content.asp?fcode=320709.

[64] 据统计，2001年九龙坡区GDP中第一产业占4.8%，第二产业占59.3%，第三产业占35.9%，三产的滞后既影响总量的增加，又影响整个竞争力，所以九龙坡区要加大第三产业的发展。九龙坡区：城市化战略的龙头位置[N/OL]. 重庆经济信息网，2005. http：//www.cq.cei.gov.cn/content.asp?fcode=320709.

[65] http：//baike.haosou.com/doc/6582665-6796433.html.

[66] 参见：李敏．城市绿地系统与人居环境规划[M]. 北京：中国建筑工业出版社，1999：46.

[67] 参见：中国城市规划设计研究院．城市规划资料级第9分册（风景·园林·绿地·旅游）[M]. 北京：中国建筑工业出版社，2007：186.

[68] 参见：刘晓明．当代城市景观与环境设计丛书——公共绿地景观设计[M]. 北京：中国建筑工业出版社，2003.

[69] 参见：于一凡，李继军．公共绿地与一座城市的四个世纪——巴黎城市公共绿地发展综述[J]. 上海城市规划，2007（2）：56-58.

[70] 根据我国《城市用地分类与规划建设用地标准》GB 50137—2011对公园绿地的定义，其中位于城市建设用地范围以内的以文物古迹、风景名胜点（区）为主形成的具有城市公园功能的绿地属于“公园绿地”，而位于城市建设用地范围以外的其他风景名胜区在新版城市用地分类中归属到“非建设用地”（用地代码E）的水域、农林用地以及其他非建设用地。

[71] 参见：中国城市规划设计研究院． 城市规划资料级第9分册（风景·园林·绿地·旅游）[M]. 北京：中国建筑工业出版社，2007：85.

[72] 参见：李铮生．城市园林绿地规划与设计[M]. 北京：中国建筑工业出版社，2006：300-305.

[73] 参见：李铮生．城市园林绿地规划与设计[M]. 北京：中国建筑工业出版社，2006：301.

[74] 傅玮芸，骆天庆．国内外社区公园研究综述[A]// 中国风景园林学会2014年会论文集(下册)，2014.

[75] 参见：李铮生．城市园林绿地规划与设计[M]. 北京：中国建筑工业出版社，2006：417-419.

[76] 参见：邓毅． 城市生态公园规划设计方法[M]. 北京：中国建筑工业出版社，2007：155.

[77] 参见：(加）艾伦·泰特．城市公园设计[M]. 周玉鹏，肖季川，朱青模，译．上海：同济大学出版社，2003.

[78] 参见：时匡，(美) 加里 · 赫克，林中杰 . 全球化时代的城市设计 [M]. 北京：中国建筑工业出版社，2006：102.

[79] 参见：城市中国，2009 (36)：82.

[80] 参见：(美) 理查德 · 马歇尔，沙永杰 . 美国城市设计案例 [M]. 北京：中国建筑工业出版社，2004：149.

[81] 参见：张燕玲 . 场所精神——以亚特兰大百年奥林匹克公园为例 [J]. 规划师，2005，21 (8) .

[82] 参见：俞孔坚 . 足下的文化与野草之美——中山岐江公园设计 [J]. 新建筑，2001 (5)：17-20.

[83] 参见：俞孔坚，庞伟，等 . 足下文化与野草之美——产业用地再生设计探索，岐江公园案例 [M]. 北京：中国建筑工业出版社，2003：11-16.

[84] 参见：王建国 . 城市设计 [M]. 南京：东南大学出版社，2004：164.

[85] 参见：孙施文，王喆 . 城市滨水区发展与城市竞争力关系研究 [J]. 规划师，2004，8 (20)：5-9.

[86] 参见：(英) 克里夫·莫夫汀 . 街道与广场 [M]. 张永刚，等译 . 北京：中国建筑工业出版社，2004：187.

[87] 参见：张庭伟，等 . 城市滨水区设计与开发 [M]. 上海：同济大学出版社，2002：20.

[88] 参见：(英) 克里夫 · 莫夫汀 . 街道与广场 [M]. 张永刚，等译 . 北京：中国建筑工业出版社，2004：194-197.

[89] 参见：(美) 城市土地研究学会 . 都市滨水区规划 [M]. 马青，等译 . 沈阳：辽宁科学技术出版社，2007：142.

[90] 参见：张庭伟，等 . 城市滨水区设计与开发 [M]. 上海：同济大学出版社，2002：38.

[91] 参见：理查德 · 马歇尔，沙永杰 . 美国城市设计案例 [M]. 北京：中国建筑工业出版社，2004：110.

[92] 取得土地开发权后，汉斯公司立即着手进行了三方面的准备：首先和政府进行谈判，说服他们同意对地块性质和规划进行修改，原先的规划方案建造大量的办公楼，而市场调查表明巴塞罗那对办公楼的需求远没有那么大，汉斯希望新的开发以高级住宅为主；其次是制定有吸引力的商业计划吸引本地和国际的资金参与这个巨型工程；接着就是对地块进行新的规划设计。参见：时匡，(美) 加里·赫克，林中杰 . 全球化时代的城市设计 [M]. 北京：中国建筑工业出版社，2006：167.

[93] 参见：时匡，(美) 加里 · 赫克，林中杰 . 全球化时代的城市设计 [M]. 北京：中国建筑工业出版社，2006：167.

[94] 外滩，一个半世纪的上海画卷 [J/OL]. 生活周刊，2010 (3)：23-29. http：//www.why.com.cn/epublish/node3689/node29537/node29540/userobject7ai215517.html.

[95] 主要参考：上海外滩综合改造竣工 以更亮丽的新貌迎接世博会 [N/OL]. 中央政府门户网站 www.gov.cn，2010-03-28.

[96] 参见：时匡，(美) 加里 · 赫克，林中杰 . 全球化时代的城市设计 [M]. 北京：中国建筑工业出版社，2006：123.

[97] 时匡，(美) 加里 · 赫克，林中杰 . 全球化时代的城市设计 [M]. 北京：中国建筑工业出版社，2006：135.

第3章　基于整体环境关系的总体城市设计

3.1　总体城市设计的概念

3.1.1　总体城市设计的概念及作用

经济全球化、快速城市化是当前中国城市发展的两大动力。而与此同时，全球变暖、生态环境恶化、资源和能源短缺等全球性问题，也成为中国发展中不可回避的障碍，使城市及其决策者们遇到了前所未有的机遇与挑战。如何将城市作为一个整合的系统来进行综合考量，以提升城市的建成环境、改进城市的空间格局、优化城市的资源配置，并最终改善生态环境质量和人们的生活质量，成为当前城市发展面临的重要议题。

而总体城市设计，也称整体城市设计，是城市整体（全局）层面的城市设计。总体城市设计是在对城市历史文化传统深入提炼的基础上，根据城市性质、规模，对城市形态和总体空间布局所作的整体构思和安排；是把握城市整体结构形态、开放空间、城市轮廓、视线走廊等要素，对城市各类空间环境如居住、商贸、工业、滨水地区、闲暇游憩等进行塑造，并形成特色，对全城建筑风格、色彩、高度、夜间照明、遗迹、环境小品等城市物质空间环境要素提出整体控

制要求。

总体城市设计可以促进从城市全局层面为城市空间发展制定战略与框架，对自然、经济、社会、环境、政策等问题进行综合梳理，并寻求在法规层面对于城市建设的控制与引导作用，是解决当前城市发展所面临的诸多问题的重要手段。虽然并不存在一种单一的规则体系或目标体系能够完全准确地符合城市发展的各项目标，但是，总体城市设计能够在突出体现城市设计整体性、过程性的同时，其核心更多地聚焦在城市空间模式与整体框架的适应性与可控性，对城市进行总体的策划和控制，可以更好地与我国现有的法规体系相结合、更为有效地控制城市空间形态和可持续发展建设。而基于总体城市设计的框架，每个具体地块的建设又具有相当的灵活性，在不违背基本原则的前提下可以适当变化和调整，以适应市场和城市在新形势下发展的需要。总体城市设计是"关系"的设计，有利于整合城市与自然环境的关系、整合城市内部各功能区的关系、把握空间发展近期与远期的关系。

3.1.2　总体城市设计与其他规划的关系

在我国，总体城市设计一般是对应于城市总体规划（包括城市分区规划，下同）阶段的。总体城市设计以城市总体规划为基础和指导，又作为它的有益补充。城市总体规划关注城市经济、社会发展的战略与原则；总体城市设计旨在为城市空间发展与城市整体环境的和谐制定发展框架与控制导则。从这个意义上说，二者都是站在全局的高度，为城市发展制定总体思路与目标，只是二者各有侧重，总体规划更强调土地使用在经济上的合理性，总体城市设计则注重城市空间与山水格局的整体和谐，二者相得益彰，在城市发展中缺一不可[1]。

在我国，1980 年代后期，山东、辽宁、吉林、黑龙江等地较为普遍地开展了城市风貌特色规划，其主旨是运用城市设计的方法，深化城市总体规划，加强城市特色。风貌特色规划包容进了城市设计的几乎全部领域。1996 年以后河北省开始推动城市设计工作，有些提的是城市景观风貌规划，其内容与城市风貌特色规划基本一致。台北市开展的总体的城市设计，名称为城市景观规划，并且规定"都市景观计画和都市设计有相同的内涵"[2]。这些总体层次的城市设计都没有使用城市设计的名称，但属于"总体城市设计"的范畴。

3.2　总体城市设计的内容与方法

总体城市设计的内容结构体系，可以从自然资源、活动资源、空间结构和公共环境四个主要方面来进行建构，关注生态环境、市民活动、整体控制以及场所体系的有机组织等，来促进整体的社会、经济、环境效益的发挥。尤其，城市设计师需要借助有效的城市设计方法，为城市发展设计更具指导性和前瞻性的开发平台。而总体城市设计操控对象的复杂性也决定了其实现过程的复杂与漫长。在这一过程中，总体城市设计应试图建构一个特色的、发展的、动态的框架，以促进城市规划与建设的科学决策与持续效用。

3.2.1 总体城市设计的主要内容

(1) 自然资源

自然资源与人类生产生活相互交织、密切关联。然而，当今全球的自然资源遭到严重破坏，生态环境趋于恶化、人类与环境对抗性增强。尊重区域内的自然资源，用最小的损失来最大限度地利用自然资源，并在设计中保护未破坏的资源、尽可能地修补已破坏的资源，以保护生态环境和生物多样性、改善空气和水体质量、减少固废的危害、提升景观质量，已成为城市设计策略的必选路径。从设计内容而言，则可以着重从以下方面来把握自然资源要素：

①地形与地貌。地形与地貌是地表的综合形态，在环境资源中起着基础的作用，在城市发展之初就决定了城市空间的拓展方向，为城市未来的空间发展奠定了基础背景，同时，是营造城市特色、丰富城市空间的重要元素，对城市用地的发展极限、日照、温度、湿度、风向、噪声和污染物质的传播、地方的环境卫生状况也都具有决定性作用，是总体城市设计需要考量的首要内容（图3.2.1–1）。

②水岸资源。天然的水岸区域是城市发展的重要资源，有利于建构城市特色景观、调节城市微气候、稳固沿岸土壤、涵养河域水源、孕育野生动植物、平衡城市人造景观、提升游憩品质等。对水岸区域进行整体城市设计，构建良好公共性、可达性、景观性的滨水空间，对促进城市功能与社会、生态、文化、

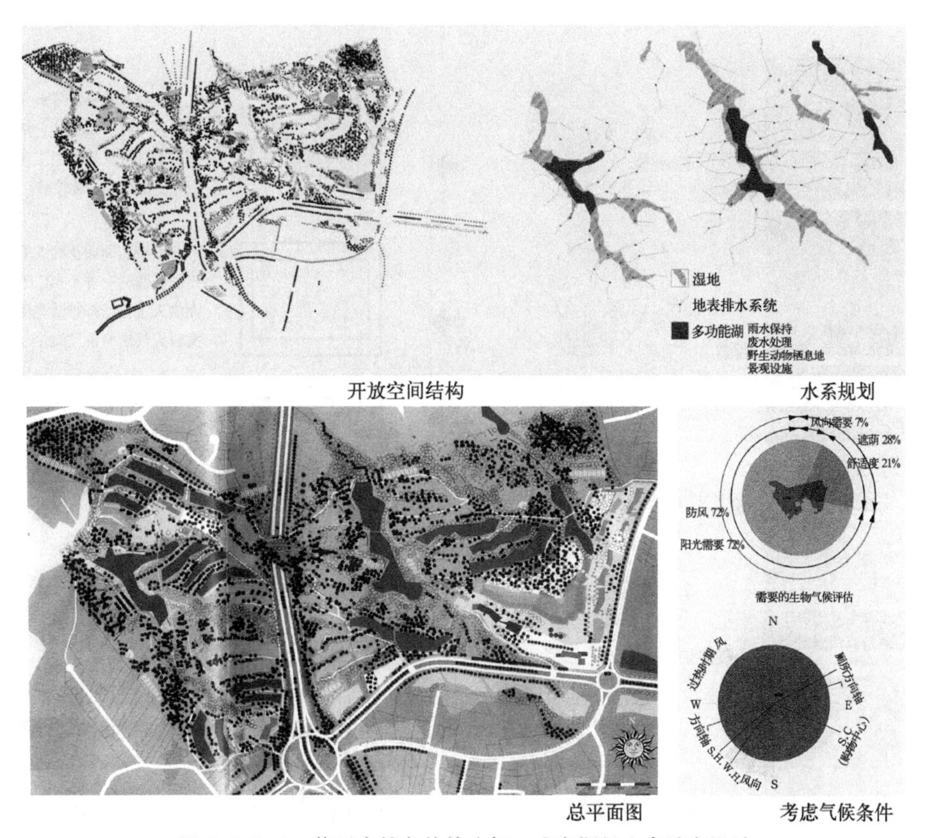

图 3.2.1–1 基于自然条件的分析，威廉斯堡生态城市设计

景观建设协调发展、构筑高品质人居环境、塑造城市形象具有重要意义（图3.2.1–2）。

③山岳景观。山岳是构成大地景观的骨架，具有绝佳的生态、景观和旅游资源禀赋，还有利于形成开放视景、鸟瞰据点，并在城市各个方位形成指引和标识。在城市设计中如何利用山岳资源，在城市发展错综复杂的关系中最大限度地整合山岳禀赋特点，在保护和恢复的基础上适度开发利用，是总体城市设计策略中必须面对的课题（图3.2.1–3）。

④风景区。风景区是由自然或人文历史组成的名胜古迹，是供人参观游览的场所。在人们日益崇尚自然、亲近自然的今天，地缘借势，风景区已成为城市发展所依托的重要资源。然而，风景区在对依托地产生推力、拉力的同时，也可能产生干扰力与摩擦力。在总体城市设计中有必要对风景区进行整体的组织与考量。

（2）活动形态

城市的公共空间及公共场所的规划与设计，最终的目的也就是市民的使用和活动。活动的形态、性质使市民对各种场所产生认同，活动的气氛和空间不应千篇一律去塑造。应研究活动的分布与强度，勾画活动领域圈的特性和范围。借助总体城市设计的调查分析（图3.2.1–4、表3.2.1–1），可以从整体上有机组织富有意义的行为场所、建立各个有活力的场所之间的有机联系，发挥场所系统的整体社会效益。具体可以分为平日活动、假日活动、庆典活动、交通活动、商业区与住宅区以及夜市活动。

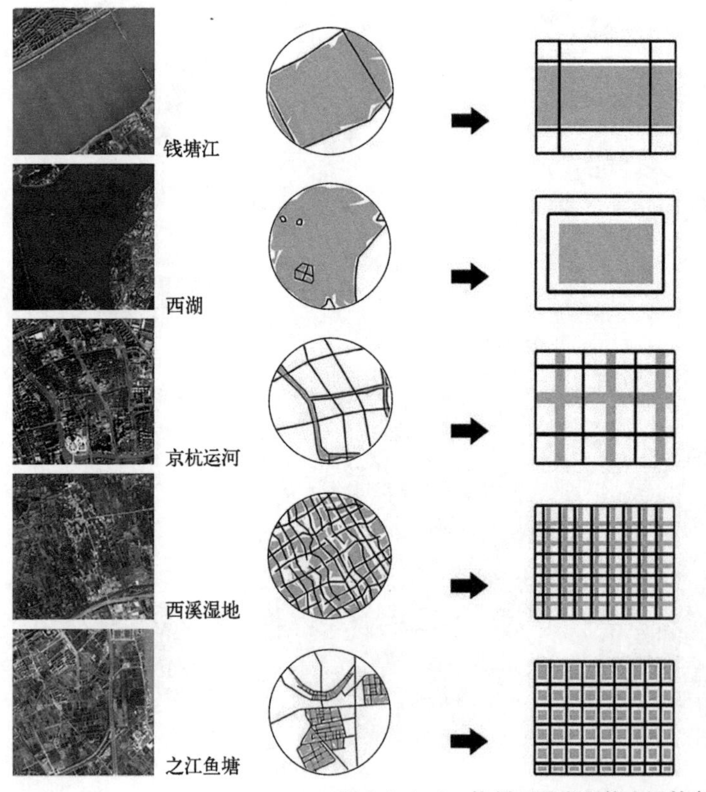

钱塘江是浙江省最大的河流，杭州城区河流断面宽度约为1500m。主要用于生产性的发电、航运、灌溉等功能。从游憩上主要用于观赏性的活动，如观潮。游憩参与性较差。

西湖水面面积约5.66km^2。除通过人工造园的手法营造的一些小水面外，主要依赖其大尺度的水面供人进行泛舟等游憩活动。观赏性强，展现杭州秀丽大气的城市气质，但游憩参与性活动较为单一。

京杭运河杭州段，穿越繁华的杭州城区。水面宽度约70~100m。已规划或开展的游憩活动有：自行车、漫步，水上巴士，水上餐厅等。而两岸现代建筑林立，是极具城市性的线型游憩空间。

西溪湿地，是偏于市区一隅的天然生态湿地公园。其自然景观质朴，文化积淀深厚。园内开展了多样化的游憩活动，空间幽静，适宜步行、漫游，如观鸟、赏花、泛舟、品茶等。其滨水岸线曲折蜿蜒，极具乡野特色。

基地所在的之江南部片区，现状鱼塘密集分布，肌理特征明显。其田埂网络尺度较小，易于步行，适合引导对于亲切空间尺度要求较大的参与类活动的展开；鱼塘形态较为方正，建议保留并营造不同于杭州其他成熟的旅游景点的特色性开放空间。

图3.2.1–2　杭州不同类型的水网特色分析

敦化南路信义路段北向山景被高林荫道挤压

重庆南路南向插天山、卡保山及科学馆焦点

敦化北路八德路口蒋公铜像

新生南路忠孝东路南向菜刀仑

敦化北路八德路口蒋公铜像

新生南路忠孝东路南向菜刀仑

敦化南路复旦桥北向七星山

新生南路辛亥路口南向小观音山

(*a*)

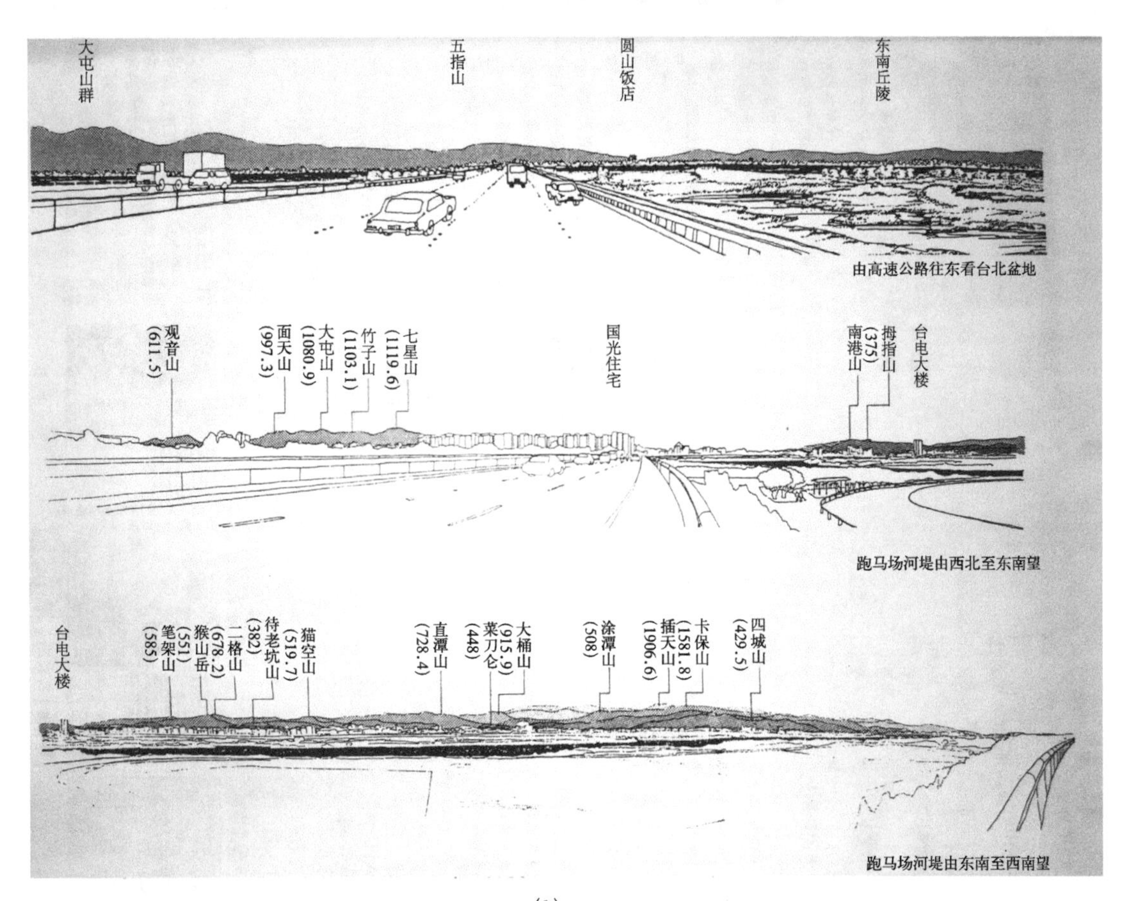

(*b*)

图 3.2.1-3　台北市山岳景观分析

(*a*) 现状道路轴线山体透视示例；(*b*) 台北市三面环山广角图

（资料来源：胡宝林，喻肇青．台北市都市景观计画研究 [M]. 台北：台北市政府工务局，1984：74-77，79）

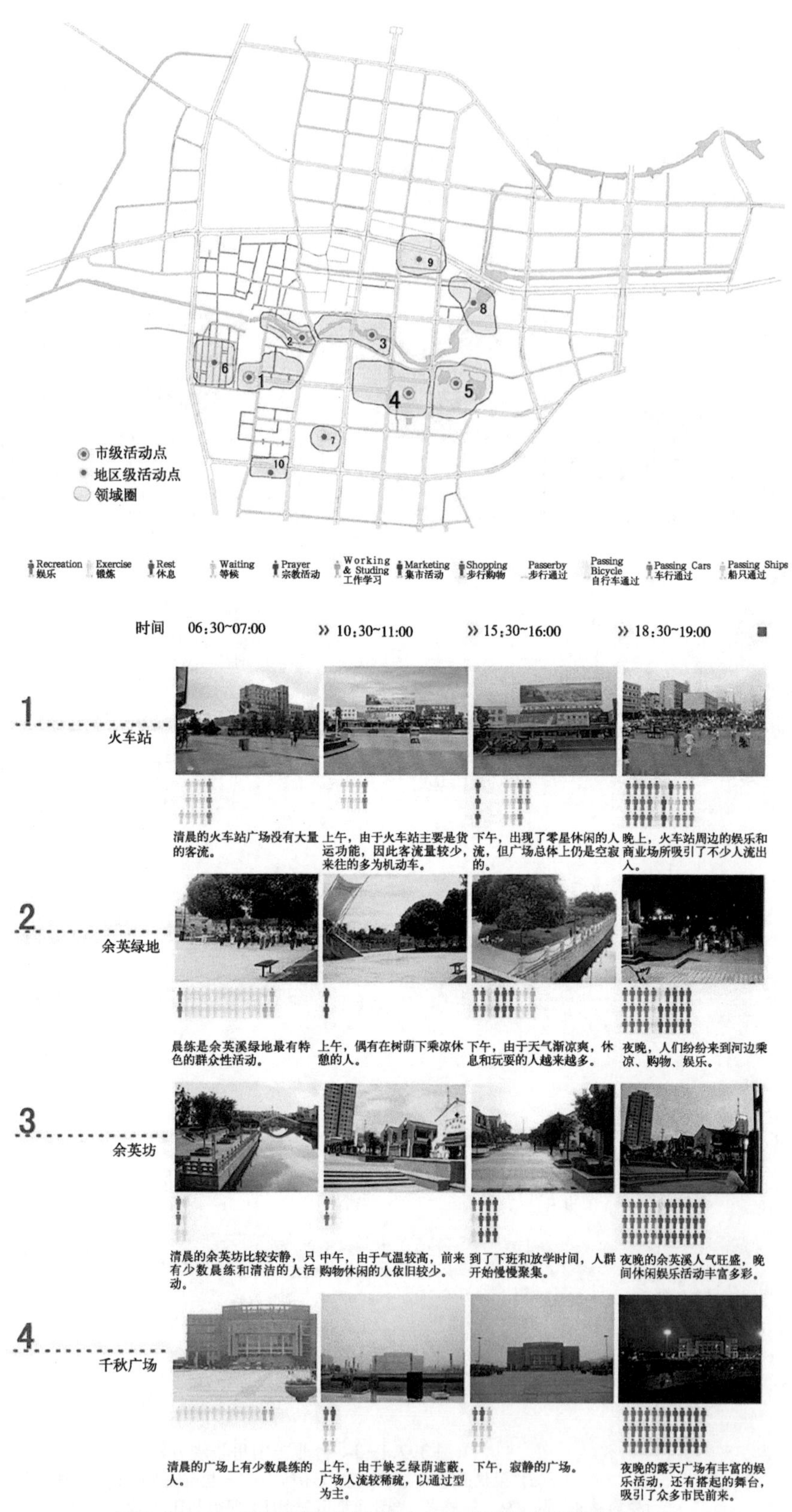

图 3.2.1-4　开放空间活动强度分析，某小城市总体城市设计

台北市民休闲生活及其空间研究 表 3.2.1-1

倾向于开放性空间者 O 倾向于封闭性空间者 CL 需有众多人群者 P						
休闲活动名称	休闲活动地点	空间特征	空间之形成	活动时间	活动者	对社会之影响
国术	公园、绿地、人行道、安全岛	不受交通干扰，为群体活动	OP 个人 CL	晨、傍晚	老年人、中年人	促进活动者身体健康外，为社交活动之一
晨操			OP 个人 CL	晨间		
跑步	公园、学校、运动场、沿街	需具备安全性	CL	晨间、下午	青年人、中年人	
散步		需具备安全性、安静	CL	晨间、晚间	老年人、中年人	
游泳	游泳池	有场地限制		晨间、夏周末	少年	
球类	运动场、绿地、安全岛、公园	有场地限制、羽毛球不受限制		晨间、周末	青年人、中年人	
溜冰	骑楼、学校、公园、溜冰场	平坦水泥或磨石地	CL	下午、周末	少年	带给街道两旁一些色彩
土风舞	公园、孙中山纪念馆	广阔草地	O	晨间	中年人、青年人	社交活动
登山	郊外			周末、晨间		
棋艺	骑楼					
电影	戏院	有场地限制	P	晚间、周末	青年、青少年、家庭	戏院附近饮食娱乐业兴盛，交通因之阻塞
饮茶						
谈天			CL			
逛街	商业中心、副商业中心	骑楼人潮汹涌处	CL · P	夜间、周末	家庭妇女、青年人	
儿童游戏	路旁公园、骑楼、动物园		CL	下午、周末	儿童	
逛夜市			CL · P	晚间		
聚餐	餐厅		P		家庭、中年人	台北市随处可见餐厅
摄影						
风筝	公园、绿地、孙中山纪念馆	广阔活动地	O	周末	家庭、儿童、青年人	
野餐	公园、绿地	广阔草地	OI		家庭	
郊游	郊外	名胜古迹处			青少年人	每逢节假日火车站前、台大附近、山附近
骑马						
跳舞						
戏曲	河岸公园	不受交通干扰			老年人	
遛鸟	公园、校园				中年人	

资料来源：胡宝林，喻肇青．台北都市景观计画研究 [Z]．台北市政府工务局计画处委托，中原大学建筑系都市设计研究室，1984：93．

①平日活动。举例而言，可以按晨间、上午、下午、黄昏、晚间的不同时段进行划分。晨间活动主要是晨运和交通集散等；上午则往往以场地活动和交通活动为主，同时也包括一部分商业活动；下午一些地方中心性的商业区开始活跃，交通集散、休闲据点等活动往往在继续；黄昏时活动往往出现在社区邻里公园及社区巷弄中，多属社区性活动;晚间则商业活动蓬勃，夜市开始活跃，此为亚洲地区夜间活动特色。当然，不同的地域特点，具体的时间结构也应有不同的设定与调整，以促进设计内容的调查与落实。

②人文活动。是城市活力的源泉。城市公共空间的设计本身就是为了吸引人们来度假、庆典、观赏、娱乐、休憩、交往等。不同的人文活动具有不同的特点，例如假日活动往往包含较多的商业、旅游地点;假日里商场和百货公司，也成为市民的活动中心；同时，交通活动也是假日活动的必要组成部分，往往集中在对外交通的车站、换乘点等区域；庆典活动，则大多集中分布在宗教场所、行政机关以及一些大型的休憩、运动设施等地方。而一些城市特色公共空间，例如中心广场、滨水区等，也往往被用来举办各式各样的庆典。城市人文活动体系的设计任务就是，基于细密、有针对性的调查，分析城市主要人文活动的特征及规律，将其合理分布于相应的城市空间之中，并制定相应的设计对策和导则。

③交通活动。这一类活动往往在市中心格外拥挤。在上下班高峰时段尤其密集。总体城市设计重视疏解市中心区的交通集散，设计良好的城市结构以促进交通的合理组织。

④商业区与住宅区活动。大型步行商业街区往往汇集了大量的人流，而小型的零售商业的活动尺度往往更具人文性。住宅区在旧城区混合程度往往比较高，但住宅品质往往较低。而新建住宅区的公共服务设施方面则面临分布不均甚至短缺的情况。如何强化商业区的类型特征和检讨住宅的公共服务设施设置，以及维护全市中心性设施的品质，都是当前城市中商业区与住宅区活动平衡的研究课题。

⑤夜市活动。夜市的分布如在住宅区所形成的中心区域，则反映出该地区商业设施配备的不足或有待补充；与夜市活动发生的同时，也往往会出现交通阻塞和摊贩管理问题，但如果不好好利用这种非正规活动，并促进其环境品质的改善，而是以扫荡的方式去解决，那样就失去了以城市设计研究来作出响应的机会[3]。

（3）空间结构

总体城市设计研究应该由整体入手，把握城市整体的空间形态，建立对城市的整体印象。应从城市空间的结构整理来推究与人在活动中的认同和指认的关系。因为市民活动和空间结构的关系，一个城市形式和市民的生活内容紧密地结合，找到这种结合的因子和元素，才能掌握到市民对一个都市的真正意象。研究的思路和内容可以包括整体考量城市平面结构、街廓空间、开敞空间结构，注重高度结构、景观轴线的设计。

①城市平面结构。研究城市的“图底关系”，即城市的整体自然生态背景和城市建设区的关系，它反映的是自然的“图形”和人工建设的“图形”关系，也体现了城市和周边自然的融合程度（图 3.2.1–5）。

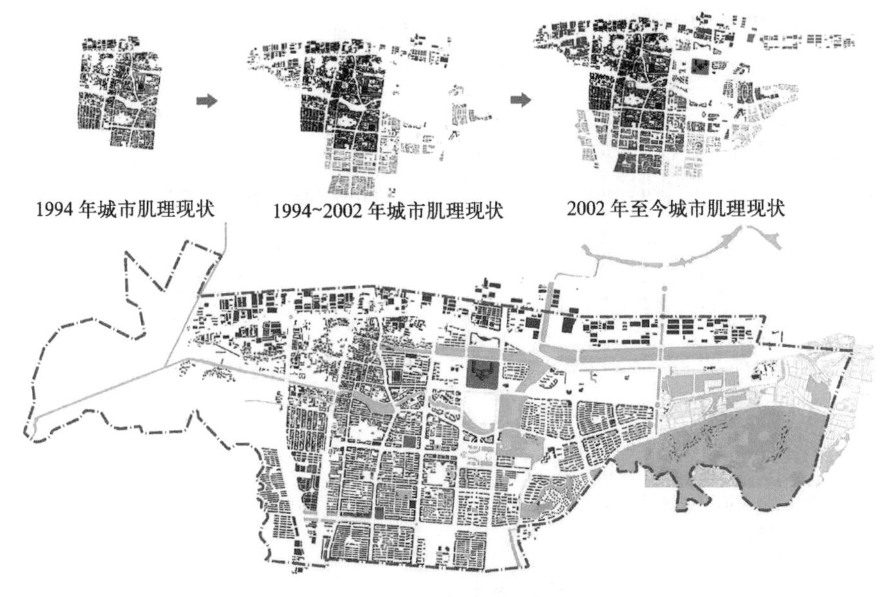

图 3.2.1–5　某中心城区肌理分析

②街廓空间。一个城市中的街廓发展，通常有旧街廓更新及新街廓局部开发之两种趋势。棋盘式结构城市的街道大都很长，能把一段街统筹规划更新，使街面成为一致性面貌的机会是少有的。如何把街廓的类型、尺度加以规划作为更新及新建的一致准则，是城市设计的课题，可以从街道密度（图 3.2.1–6）、街道街面连续性（图 3.2.1–7）、街面活动特性（图 3.2.1–8）、街面类型（图 3.2.1–9）等方面来着手。

③开敞空间结构。开敞空间可以包括自然生态空间、广场、街道、公园绿地、游憩空间、林荫道的连接和结构、交通空间等，是城市空间特质发生变化的“区域”或“节点”（图 3.2.1–10）。开敞空间的设立不仅可以促进城市建筑的实体和虚体的平衡、让城市的空间节奏发生变化、为城市居民的休闲游憩提供重要的场所，还可以调节空气、阳光、自然生态，促进公共活动的滞流和流通以及邻里关系的认同与交流。

④高度结构。总体城市设计在高度结构方面应有整体的架构。结合城市中不同片区的建筑功能与体量，对建筑高度进行总体的设计，有利于形成由建筑

现在我国城市建设具有两点不良表现：封闭性和大尺度。在城市中形成了一个独立的大型街区，造成城市街坊尺度过大，城市交通缺乏微循环。国外像旧金山、巴塞罗那等地区街坊尺度在 100~200m 之间，有利于交通分流与循环。德清中心城区老区的街坊尺度多在 200~300m 之间，尺度较为适宜；新建设地区的街坊尺度多在 450~500m 左右，尺度偏大。

德清东部新区

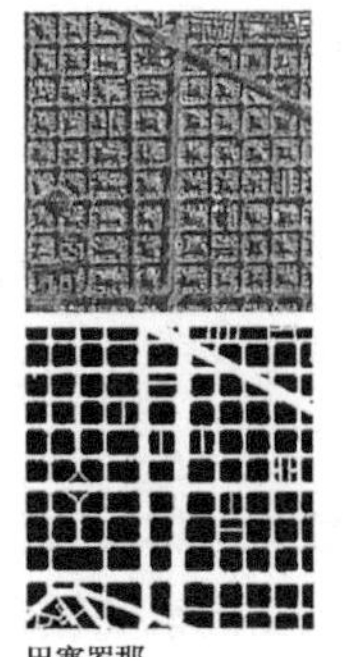

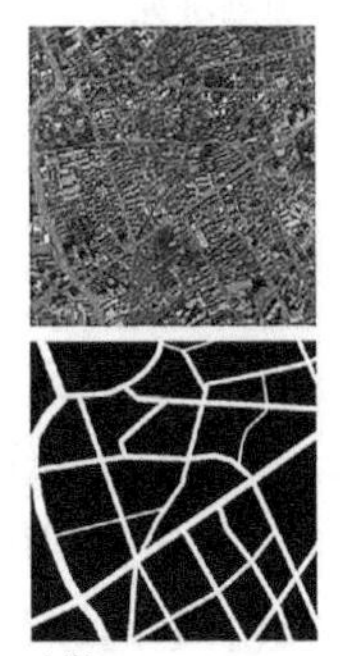

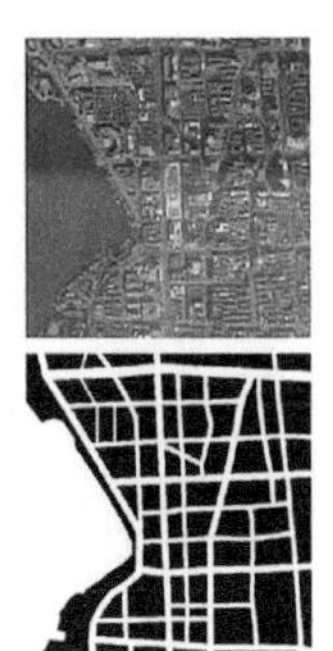

图 3.2.1–6　路网密度的对比分析

（资料来源：（美）阿兰 · B · 雅各布斯 . 伟大的街道 [M]. 王又佳，金秋野，译 . 北京：中国建筑工业出版社，2009：204，207）

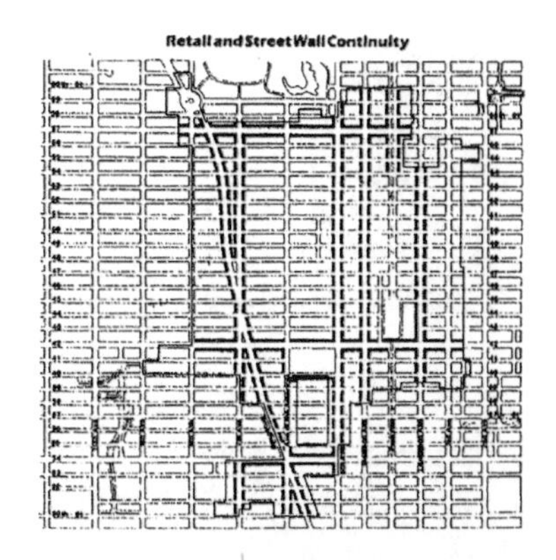

图 3.2.1-7 纽约曼哈顿对零售商业及街道墙线界面延续性的规定
（资料来源：（美）Hamid Shirvani．都市设计程序 [M]．谢庆达，庄建德，译．台北：创兴出版社，1979）

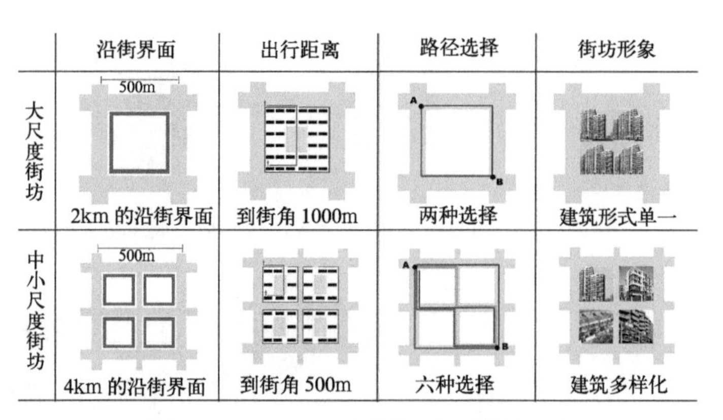

图 3.2.1-8 不同尺度的街面活动特性比较

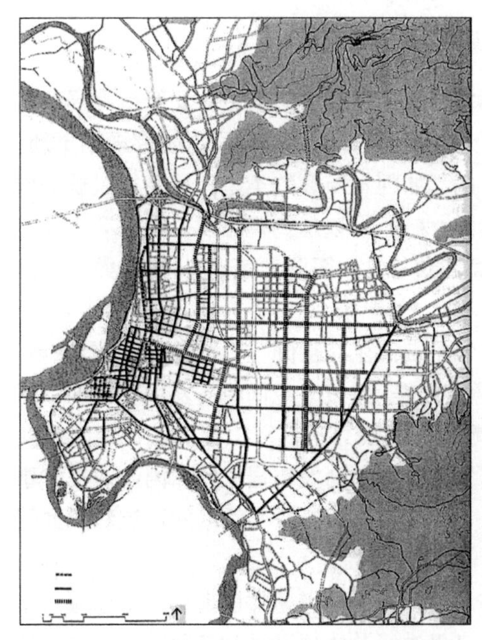

图 3.2.1-9 街面类型分析，台北市都市景观规划研究
（资料来源：胡宝林，喻肇青．台北市都市景观计画研究 [M]．台北：台北市政府工务局，1984）

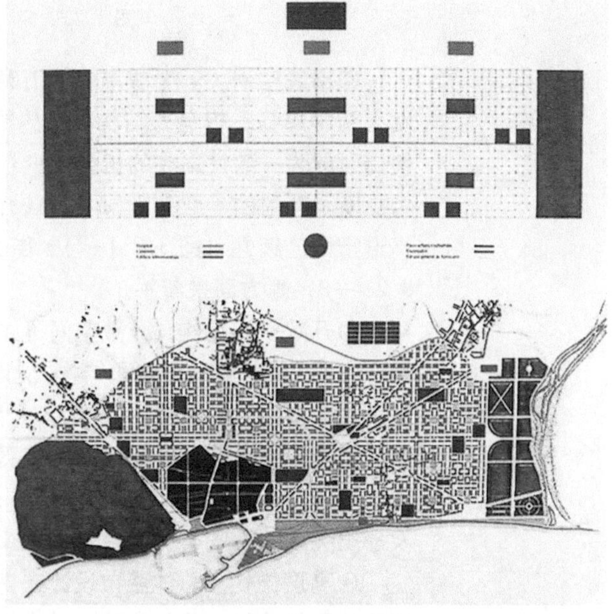

图 3.2.1-10 巴塞罗那“扩展区”的公共空间改善理念
（资料来源：司徒娅．从“微观整治”到“整体转型”——巴塞罗那城市公共空间发展策略研究 [M]// 王伟强．理想空间：文化、街区与城市更新．上海：同济大学出版社，2006：128-134）

物、构筑物、山体、绿化、开敞空间等所构成的城市空间结构，塑造城市良好的天际线与尺度系统，丰富空间层次，形成优美的、协调的城市风貌与景观格局（图 3.2.1-11）。

⑤空间轴线。总体城市设计应明确总体城市空间中起着构架作用的主要轴线。它可以是人工建设的城市街道，形成地标轴线、交通轴线等；也可能是由山脉、水系等自然因素构成的景观带，如沿河地带或绿带、生态走廊等；或是历史文脉形成的历史性景观轴线，等等。城市景观轴线是联系城市各个功能区

域的纽带和“骨架”。通过对其分布与类型的合理安排，可以使城市景观富于整体感，形成一个有机的系统。

⑥标志系统。一个城市结构应具备可见的方向指认与感觉的体系，包括可见元素与非可见元素两个方面。可见元素包括高楼地标、名胜古迹、界面特质、活动领域特性、日照方向、街道广告招牌、雕塑、视觉走廊与远眺景观等，非可见因素如道路名称、公共交通路线、个人认同地区意义、社会结构阶层等认同。总体城市设计应从总体上对具有标志意义的要素进行发展方向和对策措施上的研究，并根据城市发展和城市设计目标的需要完善标志系统，突出城市景观特质与城市特色。

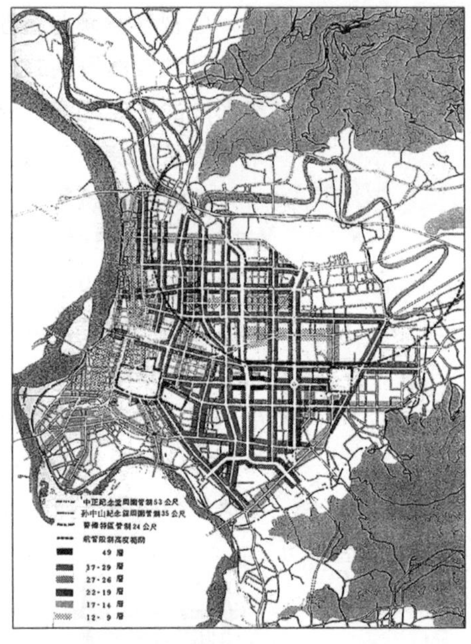

图 3.2.1–11　高度结构趋势，台北市都市景观规划研究

（资料来源：胡宝林，喻肇青．台北市都市景观计画研究 [M]．台北：台北市政府工务局，1984：109）

（4）环境景观

城市环境景观涉及自然、人文环境特征以及城市发展格局，其质量好坏是城市特色与品质外显的重要体现。要保证高质量的城市空间环境，需要对这些因素进行综合建构与组织。其内容重点如下：

①街道、广场、公园、滨水区及中心区。这些内容构成了城市开敞空间结构的主体，其公共空间内容的品质，正如前文已列举的诸多案例所展示的，是城市环境景观质量的重要体现，可以对城市发展产生极大的提升作用（图 3.2.1–12）。在总体城市设计中，应针对其路径、场所进行整合的设计，从环境品质、功能品质、场所特质、交通状况、意义的展现等视角综合考量。

图 3.2.1–12　纽约中央公园成为促进周边地区开发的催化剂

②视线通廊与远眺系统。是对路径或主要街道的穿透性视觉特性的控制，尤其是和自然景观轴向之关系、鸟瞰景观类型等品质，是促成城市良好视觉环境形成的重要元素。建立视线通廊与远眺系统应该根据城市中的自然条件及城市布局特征综合考虑。

③城市建筑景观。城市建筑是城市环境与景观中影响最大的要素，城市建筑艺术在城市环境艺术中占重要地位，城市建筑特色和风格是构成城市整体环境特色和风格的很重要的方面。总体城市设计应对建筑风格、色彩、材质使用等提出相应的设计策略（图 3.2.1–13）。

④城市绿化体系。城市绿化分为自然的和人工的两部分，二者共同构成城市的绿色空间并成为良好城市景观的基础。自然绿化指原生的山体绿化、江河流域绿化及自然的林地等；人工绿化指在城市建设中有选择地建设的绿地、公园及各种林带。城市绿化中的人工绿化与自然绿化应成体系并实现有机结合。

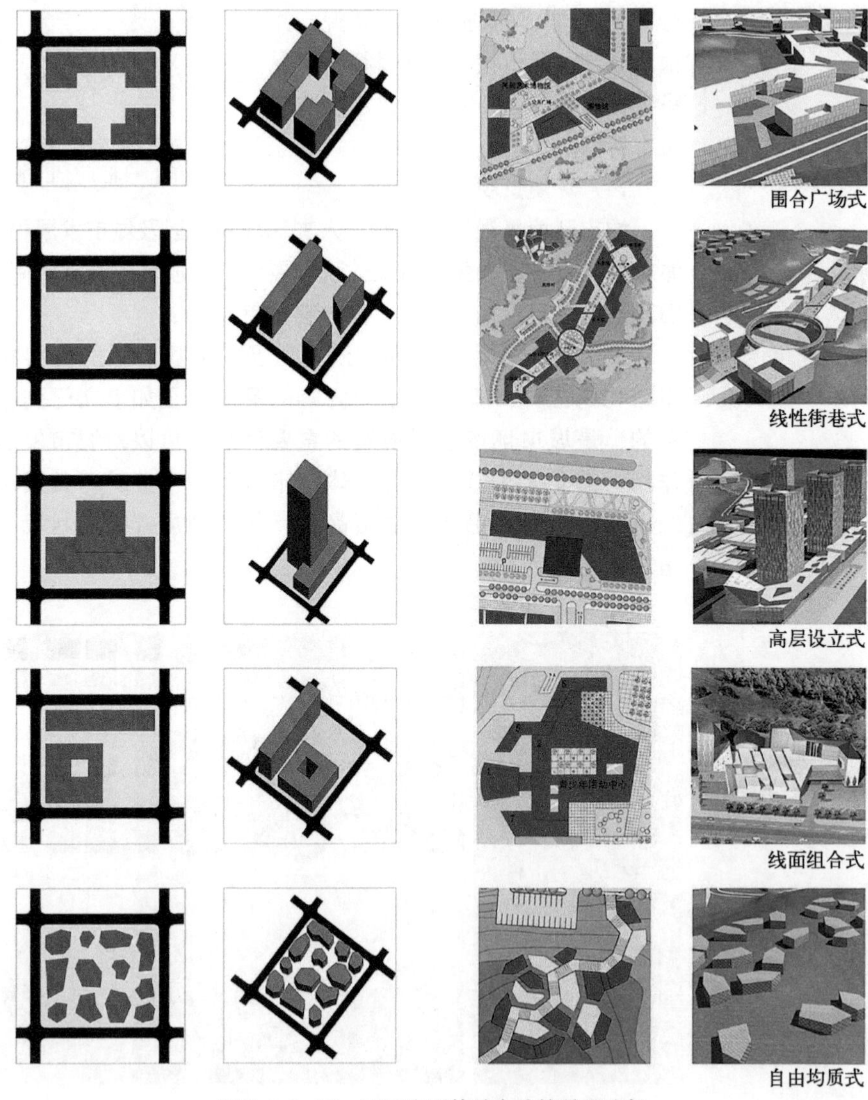

图 3.2.1–13　不同类型的城市建筑景观分析

图 3.2.1-14 街道色彩的整体协调性分析

⑤城市色彩构成。由于城市地理环境、自然环境、习俗、文化等的不同，会因不同的建筑材料色彩（图 3.2.1-14）、土地斑块特点等使城市呈现不同的整体色彩，并形成独具特色的环境氛围，恰如冷色的东京或暖色的佛罗伦萨。总体城市设计可以借助不同的色彩构成，丰富城市的各组成部分的空间特色，并促进城市整体美感和个性魅力的形成。

⑥城市认知空间组织。城市认知空间组织涉及公共活动的开敞空间形态、景观轴线、活动特性区系统、路径系统、都市天际线尺度系统、街廓空间系统、行为界面等的组织骨架，它是赋予城市整体感和居民认知感的重要因素。这些内容可以作为实施及制定城市设计管理条例的参考方向。

（5）节点空间 [4]

城市中的各种节点空间主要指能反映城市形象、地段特色、重要空间特征的小型空间，既是在整体环境中的活跃的“标志”，也是城市特色集中展示的“区域”，主要反映在具体的城市围合空间、建构筑物或环境小品中，往往成为一个城市精神的象征。

①空间景观节点。空间景观节点是城市整体景观的核心与重心，它体现的是城市核心景观。既包括各层次的城市中心、城市副中心、组团中心等，也包括一些地标性的建、构筑物，反映城市文化的历史地段、城市公共生活中心等。同时，在城市的自然生态环境中，一些富于特征性的景点也是城市设计中重要的景观节点，如突入城市的山头、河流转弯、汇流、分流等发生变化的地方、集中水面及其中间的小岛、其他一些自然地质突变景观等也是城市重要的空间景观节点（图 3.2.1-15）。

②城市出入口与门户节点。城市主要出入口和门户空间是城市的缩影和窗口，是城市形象、实力、活力和品质的完美展示。城市的各主要对外交通出入

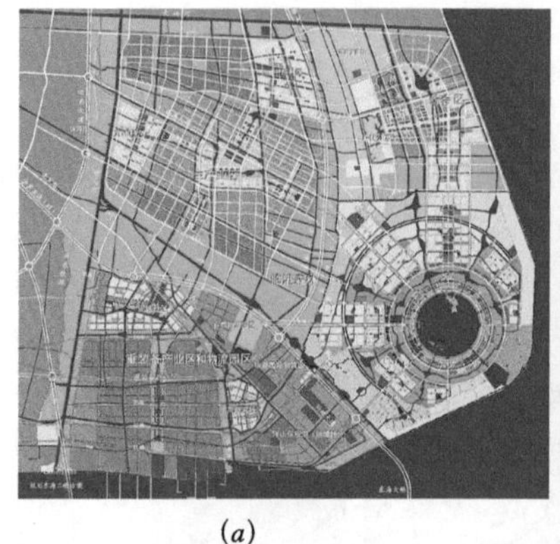

(*a*) (*b*)

图 3.2.1-15 上海市浦东新区临港新城的滴水湖

(*a*) 上海临港新城总体规划

（资料来源：http：//www.lgxc.gov.cn/UploadFile/200691914217580.jpg）；

(*b*) 临港新城主城区效果图

（资料来源：http：//sh.eastday.com/qtmt/20100719/u1a775467.html）

图 3.2.1-16 西班牙“欧洲之门”

“欧洲之门”位于南北纵贯西班牙首都马德里的卡斯蒂略大道上。其设计出自美国著名的建筑师约翰·布奇和菲利普·约翰逊之手。无论在建筑上还是在美学上都令人叹服。两座对称的平行四边形塔楼分别坐落在高速路的两侧，向对方剧烈倾斜。这是为在马德里召开的欧盟会议兴建的建筑，显示出一种勇敢无畏的豪气。也成为从北部进入马德里城市的重要门户。

（资料来源：http：//img2.zol.com.cn/product/111_940x705/574/ceZDI3T69OYnw.jpg）

口是由外围进入城市的重要节点，包括各方向、各类型的主要交通路径和城市道路、城市空间的交界点等（图 3.2.1-16），同时，多种交通集散的枢纽场所也是人流进入城市时建立对城市第一印象的重要节点和门户空间，在总体城市设计中应该重点、精练地反映城市的景观、形象特征、历史文化特色或时代新面貌等，应该把属于城市内涵的自然特征的文化特质反映出来。

③城市标志节点。城市标志节点指在一定的地域范围内集中反映该地域特征、历史文化特色，或与背景形成鲜明对比的形体要素，是强化城市特征的一种手段（图 3.2.1-17）。在总体城市设计中应根据具体内容形式来分别体现，对于物质类的标志可以通过对比的手法使之从城市背景中脱离出来，达到强调、强化标志的作用；对于具有一定内涵的精神标志可以通过物质化的手段加以反映，如通过雕塑、小品、广告等多种手段向人们传达信息，使其作为一种精神体现在城市物质环境中。

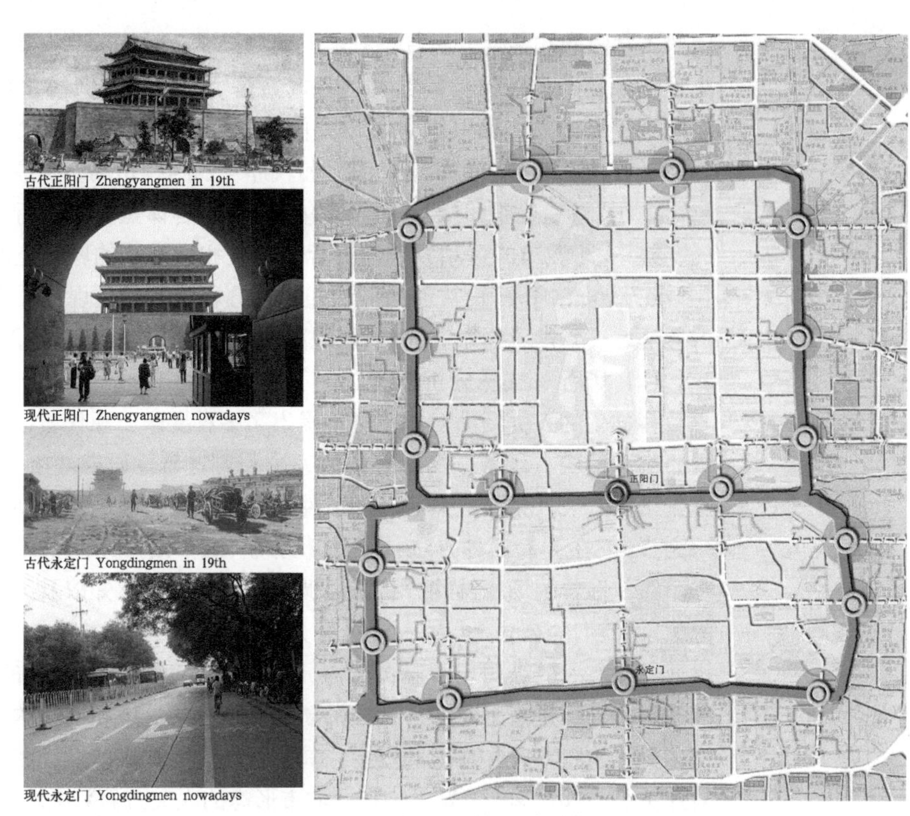

图 3.2.1-17　北京主要城门形成的标志节点网络

（资料来源：郑时龄，王伟强．北京市中轴线城市设计 [M]// 王伟强．理想空间：文化、街区与城市更新．上海：同济大学出版社，2006：48-55）

（6）开发管理

在对以上内容进行合理规划与设计的同时，总体城市设计还应借助图则、导则等内容，建立引导与管理体系，实施控制、激励与保障；应制定行动计划，建立良好的参与机制，合理组织与决策；并借助城市设计的法制化内容予以实践与落实（具体举措参见第 4 章内容），以全面促进城市的整体建设与发展。

3.2.2　总体城市设计的方法 [5]

总体城市设计应体现的是城市更为整合的发展过程与规律。总体城市设计在方法运用上也应该符合这样的特点，更加注重宏观控制性、整体性、综合性的把握，这样才能保证设计过程组织和设计成果实施的更具效率、更趋合理。发展至今，主要的分析方法概括起来主要包括以下四个方面：空间分析、场所－文脉分析、景观分析以及生态分析。其中一些分析方法我们在前文中也已经有所论述。

（1）空间分析方法

城市设计的重要对象是城市空间，因此对城市空间进行科学分析和合理组织是城市设计的关键。最古老又最常用的空间分析法是视觉秩序（Visual Order）分析，它主要通过空间的序列、轴线、对称等美学方面的要求来分析研究空间构成，其优点是注重空间体验的艺术质量，缺点是掩盖了城市实际空间的丰富内涵和活性，尤其是社会、历史、文化等方面[6]。其中，图底分析是处理错综复杂的城市空间结构的基本方法之一，在今天已发展为一种实用的空间理论和方法。而联系是城市空间的重要特征之一，现代城市的效率应表现为“各种流动形态的和谐交织”和秩序化的结构布局。关联分析法（Linkage Approach）就是着重研究这一问题的，其分析客体是城市各行为场所之间联系的“线”，即城市的运动系统，目标是建立和谐有序的城市空间结构。由林奇（Kevin Lynch，1960）首创的“认知意象分析法”也是现代城市空间结构研究的方法之一，常见的形式有：认知地图法、晤谈或书面描述以及做简单模型等。

（2）场所－文脉分析方法

多样化的人类活动对城市环境提出了多种要求，现代城市设计必须对此加以研究和解决。场所—文脉分析的理论和方法着重研究城市空间与人的需要、文化、历史、社会和自然等外部条件的联系，它比单纯的空间形体分析前进了一大步。它主要有三种方法：场所结构分析、城市活力分析和文化生态分析。“第十小组”倡导的场所结构分析法强调了人对场所的感知以及人与环境有机共存的关系，他们的公式是“人＋自然＋人对自然的观念”，并建立起“住宅—街道—地区—城市”的纵向场所层次结构，以代替原有《雅典宪章》的横向功能结构。城市活力分析是基于对城市人文活动的多样性的认识和判断的基础，来满足创造多元化的城市人文环境的需要。其分析的重点是人的活动和公共场所之间的对应关系。1977年，拉普卜特在《城市形态的人文方面》中对“文化生态分析”作出了探索尝试。该分析理论综合了文化人类学和社会生态学的研究成果，认为：城市设计所能驾驭的物质环境变化与其他人文领域之间的变化（如社会、生态、心理、宗教、习俗等）存在一种关联性：城市环境的本质在于空间的组织方式，而不是表层的物质方面，其中人文领域方面扮演了重要角色。它对今天研究和保护城市文脉、民族保护区、古迹区和历史建筑遗产等仍有理论意义和方法意义。

（3）景观分析方法

构筑整体而又连续的城市景观体系也是总体城市设计研究的重点内容，因此在设计过程中也要应用各种景观分析的技艺。现代景观规划设计的观点认为，城市的景观规划设计应包含三方面内容，即视觉景观形象、环境生态绿化和大众行为心理。这三方面内容基本体现了人与景观环境的一种互动，也符合城市设计以人为本的原则。在景观分析中应用最广泛的方法是序列景观（Serial Vision）分析法，它由英国学者库伦（G. Cullen，1961）发现和总结。库伦认为，城市空间体验的整体是由运动着的多视点景观印象复合而成的，因此在景观设计中应对连续的景观进行分析。该方法主要是：选择适当的线路对空间视觉特点和性质进行观察，并标注在图纸上，然后重点分析其空间艺术和构成方式，以此来改善和提高城市景观的连续、协调。

（4）生态分析方法

保护自然生态环境，促进城市的可持续发展，已是当今城市发展的必然选择。总体城市设计尤其应重视这方面的内容。1960年，美国学者麦克哈格（I. L. McHarg）在《设计结合自然》中第一次把生态学用在城市设计上，他强调分

析自然为城市发展提供的机会和限制条件并提出著名的价值组合图（Composit Mapping）评估法。他专门设计了一套指标去衡量自然环境因素的价值以及它与城市发展的相关性，这些价值包括物理、生物、人类、社会和经济等方面的价值，每一块土地都可以用这些指标来评估，其评估结果作为大型项目（如公路、公园、开发区等）的选址依据（麦克哈格，1992）。荷夫（M. Hough，1984）从自然进程角度论述了现代城市设计的失误和今后遵循的原则，并引入了城市自然过程的概念和分析方法，在今天的总体城市设计仍可借鉴。在城市设计中首先应从本质上理解城市的自然过程，做好生态调查，并将其作为一切城市开发工作的基础，另外还要协调好城市内部结构与外部环境关系，在空间利用方式、强度、结构和功能配置等方面与自然生态系统相适应。

3.3　总体城市设计的支撑与协作

3.3.1　总体城市设计的技术支撑

城市人口、经济、社会文化、空间布局以及技术成果内容，可以为总体城市设计的推展提供现实依据、研究基石以及行为标准等，是总体城市设计的重要技术支撑。

（1）人口与资源

城市人口是估算未来各种功能空间需求、市政公用设施能力、评价公共服务设施配置、选择交通工具和建筑类型等的重要基础，也构成城市发展对自然资源需求的基础，是造成环境压力的根源。人口的规模、结构以及空间分布对总体城市设计的架构具有重要的导向作用。

就人口的统计而言，主要概念涉及户籍人口、流动人口、暂住人口、常住人口、非农业人口和农业人口等。而城市人口的增长值则是指自然增长与机械增长的总和。城市人口可以采取综合增长率法、时间序列法、增长曲线法、劳动平衡法等多种方法来进行预测。另外，城市人口的状态是在不断变化的。可以通过对一定时期城市人口的各种现象如：年龄、寿命、性别、家庭、婚姻、劳动、职业、文化程度、健康状况等方面的构成情况加以分析，反映其特征。在总体城市设计中，涉及的研究主要包括人口的空间结构、年龄结构、职业结构、家庭结构等的构成情况。

当前，随着人口数量的不断增长和人们生活水平的不断提高，人类对资源的开发利用强度愈来愈高，已经造成了资源短缺和环境恶化。这也促使总体城市设计必须把资源和环境问题放在首要位置进行考量。土地资源、水资源等自然资源的发展条件，对总体城市设计的用地布局、设施配置等起着决定性的作用。另外，人力、信息、技术等社会资源在今天也已经成为影响总体城市设计内容的重要因素。

（2）经济与产业

经济活动直接影响城市的发展形态，也是推动和塑造城市化的核心动力。技术、产业、市场和制度的变革有赖于空间资源的合理配置和整体优化，也

不断催生和改变城市间的复杂联系和城市职能，而产业转型、产业经济的规模不断扩大、产业持续升级等也成为推进城市空间变革的主导力量。因此，作为战略、综合手段的总体城市设计，绝不能仅仅停留在物质形态设计的层面，而脱离人们真实的社会经济背景。应力求对城市内的经济活动与相关因素作出更为准确的分析与判断，制定更为适合城市和区域发展的设计策略。经济发展可以体现于经济结构、经济效益、经济推动力、就业技能、消费模式等诸多方面。

不同城市有着不同的产业结构及发展模式。就产业分类而言，出于统计的需要，国家标准《国民经济行业分类》GB/T 4754—2002 对产业分类作出了规定，主要划分为第一产业、第二产业和第三产业；而从要素角度进行分类，则可以划分为劳动密集型、资金密集型以及技术密集型（知识密集型）产业三种；按城市产业功能分类，大致可以分为主导产业、辅助产业与服务产业三类；就城市经济和产业发展模式而言，主要包括增长极模式、点轴开发模式、梯度模式与反梯度模式、进口替代和出口导向模式[7]。

（3）社会文化

社会文化不同会产生不同的城市设计方法和途径。城市社会文化的发展，应能体现出社会需求与经济、生态等各方面要素的协调性，承载城市历史文脉、文化特征，满足人们的精神文化需求，代表着社会群体内部公共资源的公平分配、社会底层群体基本生活空间的保有，以及规划制定与实施中的民主决策。尤其，城市文化本身就是经济力量，直接影响着城市的综合竞争力，对保存城市记忆、展示城市风貌、塑造城市精神起关键作用。具体而言，社会文化发展可以体现于城市的社区建设、教育文化、人们的生活质量、社会安全等诸多方面，通过城市人均住房面积、社区休闲设施、教育经费占 GDP 的比例、研究与开发经费占 GDP 的比例、万人拥有图书馆藏书数、人均年用电量、千人拥有医生数、城镇失业率、社会保险覆盖率等一系列指标来反映。

当代的城市设计已经越来越注重对城市历史、传统、制度、文化的考量，并通过城市肌理诠释城市文化，借助优化的功能布局体现社会公平，通过城市软硬环境的塑造体现城市内涵与精神等，从实践上对社会文化维度进行了很多有益的尝试。而总体城市设计对社会文化内容更为细致和深入的发掘，势必孕育出城市更强的经济发展态势，促进城市整体发展的可持续性。

（4）空间环境

城市空间环境特征是总体城市设计的重要支撑。可以从区域和城市两个层面来考察。而其中最能反映文化底蕴、城市特色的特定空间应作重点考量。这是整体地把握城市环境的本质特征，进行总体城市设计的基础。

其中，区域空间环境可以从该城市所在的区域位置关系和气候、地理、人文特征，在国土范围、大区域范围的城市主体职能、交通情况，周围广阔地域内的自然环境特征等视角来考察。而建成区空间环境主要包括对城市景观、居民生活有影响的各种因素，包括城市自然生态环境、地域历史文化环境、城市总体空间结构、有价值的景观、城市道路交通布局等。

对于城市特定空间环境，即能反映和代表城市文化、城市特色景观的物质

空间，可以进一步从城市、重点地段（片区）、重要节点三个层面来认识，每个层面内部都有塑造城市综合环境的组成要素，一般对上一层级的总体把握均对下一层级的构成要素起着引导与控制的作用。考察的内容视角包括：空间的自然环境和人文环境构成、建设状况、道路交通组织分析、公共活动的内容与形式、景观特征及发展趋势等[8]。

（5）技术成果

对城市总体规划、土地利用规划、基础设施专项规划以及国家或地方上制定的法律法规等具体的技术成果进行综合考察，有利于拓展总体城市设计的思路，落实必要的衔接与转承，并通过对土地使用、空间、产业、交通、设施、景观等城市各项组成要素的深入认识，把握城市的发展阶段、发展节奏以及发展特点，达成与政府政策的相互匹配、相互促进，实现总体城市设计更为合理和有效的制定与施行。

3.3.2 总体城市设计的协作平台[9]

（1）城市空间发展战略研究

城市空间发展战略研究是对城市空间发展进行战略层面的思考，对城市区域竞争优势、城市特色进行整体策划，是总体城市设计过程中的首要阶段。总体城市设计不仅要处理城市与自然、城市局部与整体、城市内部空间环境以及城市开发的近期与远期的关系，还要把城市作为一个整体，从历史的、区域的角度研究城市发展的内外部环境、区域比较优势以及城市特色，从历史的、区域的宏观角度把握城市空间发展的脉络和方向，明确城市定位，为确定城市空间发展的整体框架和塑造城市内部空间环境提供依据。在该项研究中可以运用比较研究的方法，从时间和空间两个维度，进行纵向和横向比较，定性和定量分析。城市空间发展战略的研究可以从以下两个方面来着手：

①区域比较优势分析。区域比较是城市综合竞争力的比较，需要遵循经济学原理，是优势资源的比较，包括自然资源、社会资源、交通、产业规模等；同时，区域比较还应遵循动态发展原则，应挖掘潜在的城市优势资源。区域比较可以采取立体分析法，按照战略关系、政治经济关系、地缘关系从宏观、中观和微观三个层次对城市的区域优势进行定位和比较。

②城市特色研究。城市特色具有时间和空间的双重特质，是城市物质形态特征和社会文化特征的综合反映，有利于树立城市形象，提高城市品位，促进城市的可意象性以及可驻留性，提升城市竞争力。对城市特色进行准确定位是首要的，不仅可以避免与其他城市的雷同、同质竞争，同时有利于加强区域合作、优势互补。其次，应建构城市特色的辨识体系，选择城市特色资源比较的要素和对象。例如“山、海、港、滩”等自然环境特色的体现，或者如“赌城”拉斯维加斯、“汽车城”美国底特律抑或我国以私家园林为特色的苏州古城，等等。再者，应加强城市特色的塑造与维育，建立与城市特色定位相适应的城市空间框架、公共空间系统、景观环境、城市色彩以及标志系统等，保护城市的特色资源与人文景观。

案例：陆家嘴金融贸易中心区："楼宇经济"的时空演变

1990年代以来陆家嘴金融贸易中心区的规划与建设实践，构成了上海振兴经济和重建中央商务区、突破政治社会瓶颈的重要举措。

1980年代世界经济出现了新一轮全球化浪潮，金融国际化和世界生产向新兴工业化和发展中国家的其他地区全面转移，而外资开始大规模进入中国。而中国1980年代的改革开放使得以广东为中心的沿海特区开发开放及迅速发展，上海这个传统的工商业中心却开始落后。1980年代的10年间，上海GDP占全国的比重从7.1%下降到4.1%，其经济发展遇到了前所未有的困难和挑战，不仅落后于亚洲"四小龙"——中国香港、新加坡、韩国和中国台湾，而且在经济发展速度和经济活力方面甚至落后于许多东南沿海的城市和地区[10]。在此政治经济时代背景下，开发浦东的理念从1986年开始得到不断加强，并在党的十四大报告中作为国家战略得到明确，进而促成了陆家嘴金融中心的发展与浦西黄浦区的再开发。在1990年，国务院作出开放、开发浦东的重大战略决策，使上海中心区面临构筑21世纪国际经济中心城市中央商务区的重任，陆家嘴金融贸易区就在此阶段开始了大规模的建设，并迅速跃升为城市重要的商务地区。

上海城市总体规划在1991年上海市人民政府召开的会议上确定进行修订，以明确上海市规划在1990年代重点研究的问题在于优化城市布局结构、土地使用功能、城市生态环境及基础设施。并于1993年编制了浦东陆家嘴金融贸易中心区的规划设计，借助国家战略驱动、产业转型与楼宇经济支撑、行政管理体制大幅调整，以形势的发展引领我国区域经济的发展，也为浦东和上海建成环境以及城市空间结构的跨越型发展奠定了基础。正如凯伊·奥尔兹（2002）一针见血所指出的，"20世纪末经济全球化进程的力量就是通过陆家嘴这样有名的、具有象征意义的窗口推动着现代化大都市日新月异的建设步伐。"

陆家嘴金融贸易区总规划面积28km^2，其中陆家嘴金融贸易中心区占地1.7km^2。1992年11月，经过挑选的5个国家著名设计大师和设计联合体正式提交了有关陆家嘴中心地区（CBD）规划国际咨询设计方案，并进行了严格的国际专家评审。1992年年底则进一步组建多团队的规划深化工作组，确定"以上海方案为主，英国罗杰斯方案作为主要结合吸取的方案，同时吸取其他方案的优点"作为总原则进行规划深化，针对其城市交通、空间组织、功能分区和用地规模等重要技术要素进行专项论证，形成面向实施的优化方案（图3.3.2-1）。优化方案在城市空间的设计中确定了核心区、高层带、滨江区、步行结构和绿地几个层面的空间层次；在核心区设置"三足鼎立"的超高层建筑群，结合中国传统的"阴阳太极"美学概念，构筑特有的标志性景观。

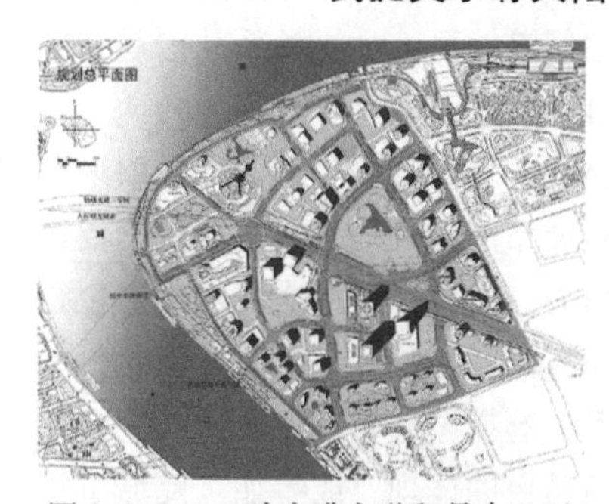

图3.3.2-1　陆家嘴金融贸易中心区规划总平面图

（资料来源：上海陆家嘴（集团）有限公司，上海市规划和国土资源管理局．梦缘陆家嘴（1990-2015）第一分册总体规划[M]．北京：中国建筑工业出版社，2015）

《上海陆家嘴中心区规划设计方案》于1993年编制完成并得到批复，确定陆家嘴中心区占地171hm^2，规划建筑面积

418 万 m^2，毛平均容积率 2.44，包括形态布局、综合功能、城市设计、道路交通、基础设施和控制与实施等重要内容。在这一规划的引导下，国内外资本大量流入陆家嘴。而集中、高强度的土地利用状况，也充分体现出陆家嘴金融贸易中心区在土地集约使用、功能集聚方面的经济效应，并逐步推进陆家嘴金融贸易中心区内五大功能组团的形成（图 3.3.2–2）。

由于政府投入浦东城市开发的财政资金有限，开发启动阶段陆家嘴、金桥、外高桥、张江等重点开发小区实行的都是“土地滚动”模式，采取“土地空转、批租实转、成片规划、滚动开发”，而浦东也在这一过程中由“陆地上的孤岛”主动地加入到了经济全球化的进程之中（图 3.3.2–3）。

今天的陆家嘴金融贸易区早已发展成为中国内地金融机构密集、要素市场完备、资本集散功能强劲的经济增长极，是浦东奇迹的象征，也是 1990 年代上海乃至中国经济腾飞的重要标志。然而，城市中心除了作为城市的标识性地区、集聚资本和人气、满足市场活动等功能之外，还应该具有如下特质：同时满足精神和心理上的需要，并创造具有强烈城市性格与气氛的、活跃市民社会活动的场所；在开发上应体现土地使用的多样性与互相支持、空间安排的紧凑，以及捷运与步行系统的完善等；同时，陆家嘴金融中心区呈现为一系列单幢建筑物的内向式的孤立存在；其地下公共空间缺乏有效利用，地面交通连接组织效率不高；部分公共空间和设施的利用效率低，出现了一些“失落的空间”。

（2）城市总体定位

城市空间发展战略研究，目的就是要站在区域乃至国家的高度，高屋建瓴，找到城市在区域经济与城镇体系中所处的位置及应发挥的独特作用，从而确定自身恰当的定位。“所谓的城市定位，简单地说，就是充分挖掘城市的各种资源，按照唯一性、排他性和权威性的原则，找到城市的个性、灵魂与理念。”[11]

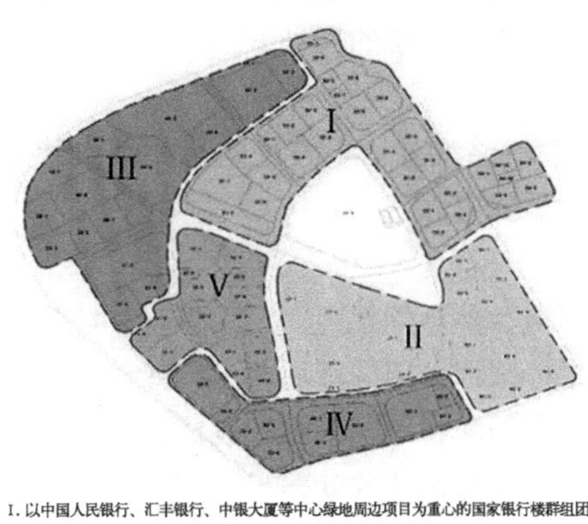

Ⅰ. 以中国人民银行、汇丰银行、中银大厦等中心绿地周边项目为重心的国家银行楼群组团
Ⅱ. 以金茂大厦、上海证券交易所为主题的中外贸易机构要素市场组团
Ⅲ. 以东方明珠、香格里拉酒店、正大广场为核心的休憩旅游景点组团
Ⅳ. 以仁恒、世茂、汤臣、鹏利等滨江地带为代表的顶级江景住宅组团区组团
Ⅴ. 以陆家嘴中心区西区地块为中心的跨国公司区域总部大厦组团

图 3.3.2–2 陆家嘴金融贸易中心区五大功能组团结构分析图（2004）
（资料来源：王伟强．和谐城市的塑造——关于城市空间形态演变的政治经济学实证分析 [M]. 北京：中国建筑工业出版社，2005：84）

图 3.3.2–3 陆家嘴金融中心区建设阶段图
（资料来源：王伟强．和谐城市的塑造——关于城市空间形态演变的政治经济学实证分析 [M]. 北京：中国建筑工业出版社，2005：84）

很多城市在确定城市定位时，往往只从自身出发，以自己的主导产业或现存优势资源为确定基础，而这些优势放到区域范围中去考察，往往毫无比较优势可言，以此作为城市总体定位，则可能会失去自身的独特优势，容易丧失城市发展的良机。因此，应把城市放在更大的区域城镇体系的格局中去考虑，充分考察大的区域经济环境和分工协作的格局，实现思维方式的转变。

需要指出的是，城市的总体定位不同于城市总体规划所确定的城市性质，可以说，城市总体定位是城市性质中最关键、最灵魂的部分，是对城市性质的高度浓缩和提炼。而且，城市的定位不能仅仅停留在表象层次，必须有优势技术要素的支撑。同时，还应充分利用城市事件的推动与促进作用，恰如 2008 年奥运会之于北京、2010 年世博会之于上海、2010 年亚运会之于广州。"城市定位不是给城市贴上一个美丽的标签，不是给城市一个具体的说法，而是如何用科学的方法论把握城市发展的规律，如何在动态的环境中真正寻找到既符合城市个性，又有着无限前景的坐标。"[12]

案例：东滩生态城：设计理想与实践困境

①东滩生态城案例的研究落点

1990 年代初以来经济和空间的巨变促使高密度、土地稀缺的上海的土地和劳动力价格快速上涨，使得跨国公司开始向上海周边寻求发展。而在上海辖区内，崇明东滩占有独特的发展区位、优越的农业和自然生态条件，并有潜力和上海、长三角乃至全球经济发展不同层级的经济体相结合。随着 2005 年"崇明生态岛建设"科技重大专项——《崇明岛生态岛建设科技支撑方案（2005—2007 年）》正式启动，崇明建设现代化综合性生态岛的系列举措陆续开展，目标是把上海东滩建设成为全球首个生态城市。

东滩生态城的开发在规划之初就强调了环境、经济、社会的多学科建构视野，从建立生态足迹模型，到制订商业投资计划、进行城镇设计，对基础设施、环境体系、产业体系、社会体系等都进行了整体系统的规划。

②东滩生态城的可持续战略建构与设计导向

东滩生态城规划提出高标准的可持续战略设想、多维度的可持续设计建构，以及可持续的目标与指标体系等三个重要方面。

一是高标准的可持续战略设想。

东滩生态城位于崇明岛东部地区，区域自然环境优良，三面环水，地势平坦。在崇明东滩概念规划国际方案征集中，采用了美国菲利普·约翰逊建筑设计事务所的概念规划，提出以生态维护为主题，将崇明东滩建设成为一个高科技现代化的生态港，以对外展示上海生态文明建设的成就。

在 2004 年 12 月《上海陈家镇东滩城镇总体规划》得到上海市政府批准之后，2005 年上实邀请英国奥雅纳规划工程国际咨询公司（ARUP）按可持续发展理念与上海市规划院合作，又深化编制《东滩控制性详细规划》。确定东滩土地开发面积总量为 86km^2。而 ARUP 在《上海崇明东滩总体结构规划》的基础上，试图为其提供一个开放、灵活的长期规划战略设想，确定其主要发展目标为：营造多元化社区环境和城市环境；使人们享受到机会、

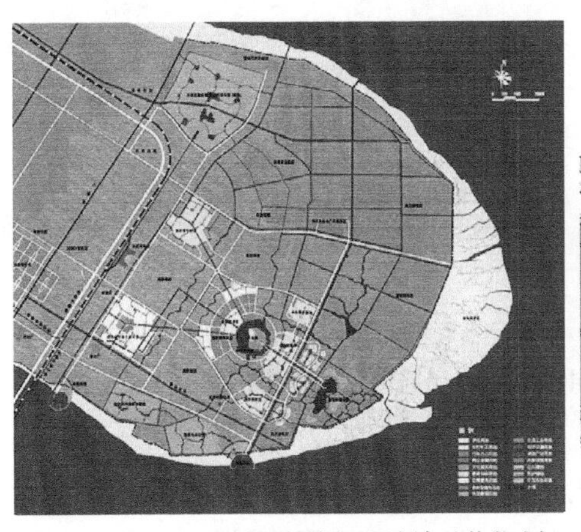

图 3.3.2-4　上海陈家镇东滩城镇总体规划
（资料来源：崇明县政府网站 http：//www.cmx.gov.cn/）

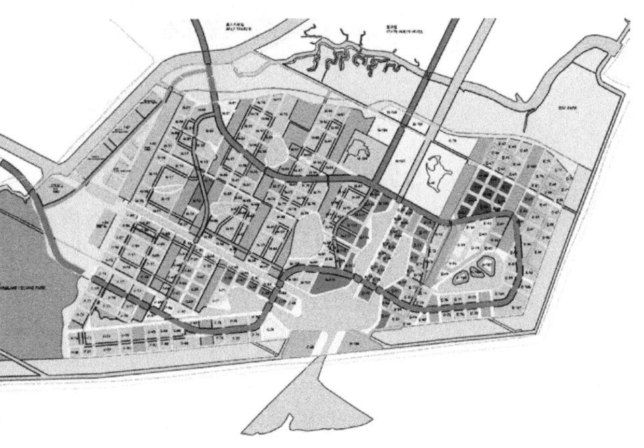

图 3.3.2-5　东滩生态城土地利用规划
（资料来源：ARUP．东滩启动区控制性详细规划补充报告 [Z]，2006-11）

服务和健康生活；保证能源和资源的高效利用以及环境保护；设计将使人们与自然及野生生物亲密接触；建筑将广泛采用可再生能源；大部分食物本地供给；城市遍布由自行车道和公交线路相连接的行人活动中心；还将在"市区"建立集水以及水处理与再利用系统，循环利用 80% 的固体废弃物；等等 [13]。

二是多维度的可持续设计建构。

首先，关于土地利用与交通模式的关联互动。紧凑布局构成了东滩生态城土地可持续利用的重要策略。东滩放弃了沿袭上海周边卫星城镇所采用的传统低密度开发手法（Gutierrez，2006），试图将开发规模设定在足够支撑一个城镇及其所有活动的临界人口数量，并推行更高的环境可持续发展标准，来避免少量开发和低密度城市所引发的社会功能单一、经济依赖明显和环境危害严重等问题。其规划设计采取了尊重和重塑空间肌理的紧凑布局的土地利用模式（图 3.3.2-5），对原有的陈家镇东滩城镇总体规划作了观念性的改变。其所采取的密集路网则更像一个"微循环"体系，具有更为良好的渗透性、可达性，往往也具有可靠性更高的服务水平，有利于促进步行范围内站点的设置、促进公共交通系统的建设，低技术地保证可达性、促进公共交通的使用、保障城市资源的优化使用。

其次，关于能源、废弃物、景观及住区模式。在能源利用方面，东滩生态城的城市设计提出降低能源需求，并将转变能源利用模式列为重要手段：更有效地使用能源；以及促进可再生能源的开发利用。东滩生态城的目标图表显示了各个耗能领域所降低的耗电量，是与当前常规模式（BAU）的基准值进行的直观比较（图 3.3.2-6）。东滩还计划依靠可再生资源满足现场交通运输的能源需求，并试图通过多种方式从战略上降低能源需求 [14]。东滩生态城的规划设计将废弃物视为一种资源、视为城市原料循环中一个不可分割的部分，提倡循环经济的理念和废弃物分级的原则等，尽量减少需求、减少浪费。东滩生态城针对环境景观资源的建构，提出了"绿城"的概念。试图通过连接生态园、坝山、

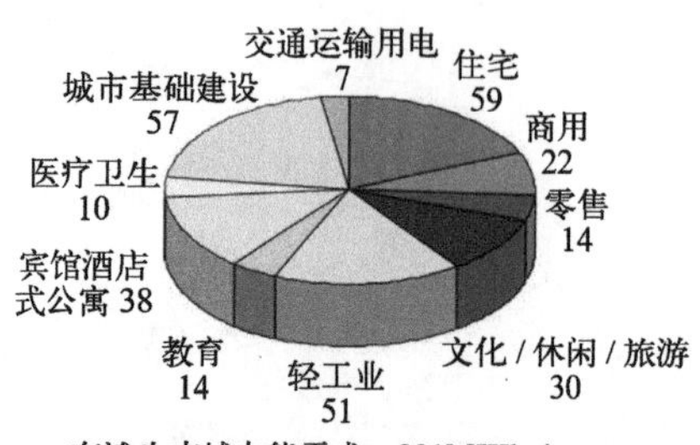

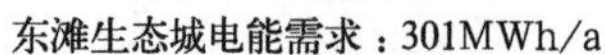

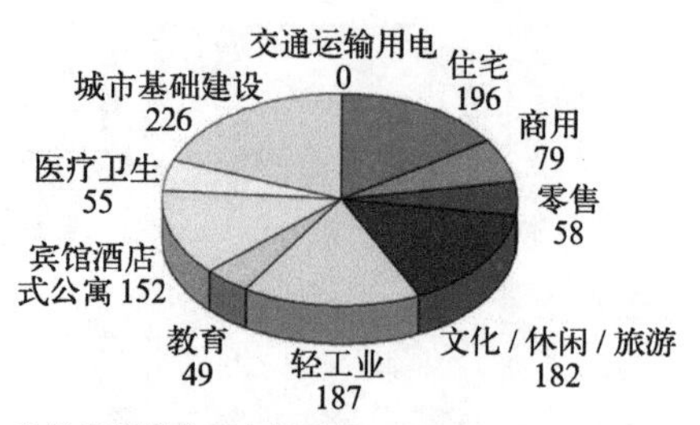

图 3.3.2-6　东滩生态城电能需求与当前常规模式的比较
（资料来源：ARUP. 东滩启动区控制性详细规划补充报告 [Z], 2006-11）

公园和生态农庄，建构连续的生态缓冲区，保护野生动物活动、保持生态的连续性。在住区模式上，东滩生态城强调在促使人们更公平地享有公共资源的同时，也避免居住用地对城市资源的圈占，因而布置了成体系的绿地与公共空间等。并提出，为了使城市生活与绿色开放空间和自然环境和谐共生，城市区域还应以一定的密度进行开发[15]。东滩生态城还提出采取多种类型的混合用地模式、提供多种房型和面积的住宅、并加强人口密度和多样化的设计标准等举措，来灵活适应不同的建设发展需求，促进开发平衡的土地使用组合，支持可持续发展投资和所有居民，促进产业的繁荣和发展。

三是可持续的目标与指标体系。

及时有效地综合衡量可持续发展的程度，对于社会、经济、环境健康持续地发展具有十分重要的意义。东滩生态城采取了以包括社会、环境、经济、自然资源的四象限模型为基础的 SPeAR（可持续项目评估程序）系统[16]，来分析城市在不同时期和阶段对于这四个象限发展的要求。同时，结合东滩未来可持续发展的总体愿景，广泛而综合的可持续发展目标还被进一步过滤为七个优先主题：保护湿地生态环境；创建完整、活跃和不断发展的社区；改善生活质量，创建理想的生活方式；提供易达性；综合管理资源的使用；努力实现零碳排放；利用治理实现上述目标。

（3）城市空间发展整体框架

制定城市空间发展整体框架，依赖于设计师对城市现有空间形态格局的深刻理解，以及对城市空间发展、演变趋势的正确把握，并掌握城市中各类活动在这种格局和发展中所具有的三维特征，通过对这些三维特征的提炼和概括，在城市全局层面上建立一个清晰的空间形态框架，从而为城市空间格局建立内在的秩序与逻辑，并以此引导、促发并规范空间形态的发展。E·培根指出，好的城市设计，能在城市的空间形态方面产生一种逻辑和内聚力，一种对赋予城市及其地区以性格的突出特征的尊重。而这种空间形态的逻辑和内聚力，正是来源于空间发展整体框架的确立和发展。

城市空间发展整体框架是城市空间发展的组织机制与规范机制，具有中心和统率地位，具体的空间形式则从整体框架中衍生出来。关于空间发展整体框架需强调两点：第一，整体框架的建立，应该是在城市整体的层面上完成，以使其具有统摄全局的能力，为城市空间的总体格局及其发展建立内在逻辑框架。局部地区也可以有自己的发展框架，但不能与整体框架相违背，

而应当是它的延续、推演、深化、丰富和发展。当然，这是一种内在的一致性，而不只是形式上的雷同和重复。第二，空间发展框架强调的是对空间形态中本质要素的把握，即从根本上去把握空间格局及其发展趋势，而不拘泥于细节和形式。空间发展整体框架的确立应依据城市固有的空间格局与形态特征，建立空间秩序（图 3.3.2–7），并表达一定的设计理念（图 3.3.2–8）或政治、宗教意图等。

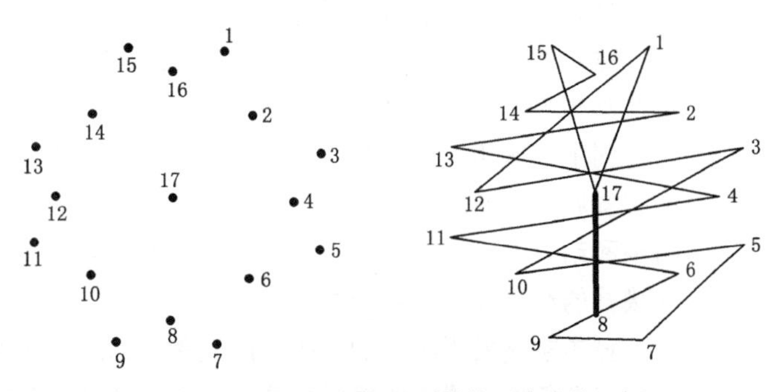

图 3.3.2–7　Paul Klee 所做的形态设计图解

可以解释罗马改造所采用的整体框架的组织作用。空间中的点的建立可能与过去存在的纪念物或建筑有着情绪上或精神上的联系（具有形态表现上的一致性），它们最初在空间中的散落分布表现为一种无序的状态，而如果用能量的渠道或力线把这些点连接起来，则不仅可以创造出自然形态美学设计的统一体，而且可以在各种独立功能分布杂乱无章的情况下产生一种结构关系的意识，从而在混乱中建立了秩序。

（资料来源：田宝江．总体城市设计理论与实践[M]．武汉：华中科技大学出版社，2006：46）

规划新城结构

规划中的嘉定新城是一个完全平地而起的城市，城市的结构组织几乎可以完全不受现状的约束，在功能分区上，结构清晰且分区明确。

规划的新区结构是一个分散型组团发展的模式，地块被明确地划分成几个区块，大片的水道和绿化带被保留下来。

城市中心被设置在城市的几何中心位置，一条河道穿过将其与西北部的四个方形的居住社区分开。城市东部则是以居住和职教为主体功能的三个条形区块。在建设区内进行较大尺度的高强度开发，而在大面积的开放空间中适当开发地方性娱乐场所。

结构模式分析

此种模式为提升城市的物质空间品质提供了很多的可操作性。一个真正充满活力的城市，应是一个拥有丰富市民活动的城市，而这类城市通常是经过一定历史时期的洗炼，已具有一定的复杂性和综合性，形成有地方性的城市文化，并通过自发的或诱发性的城市公共空间的建设，进而才形成具有“场所”意义的城市公共活动空间。

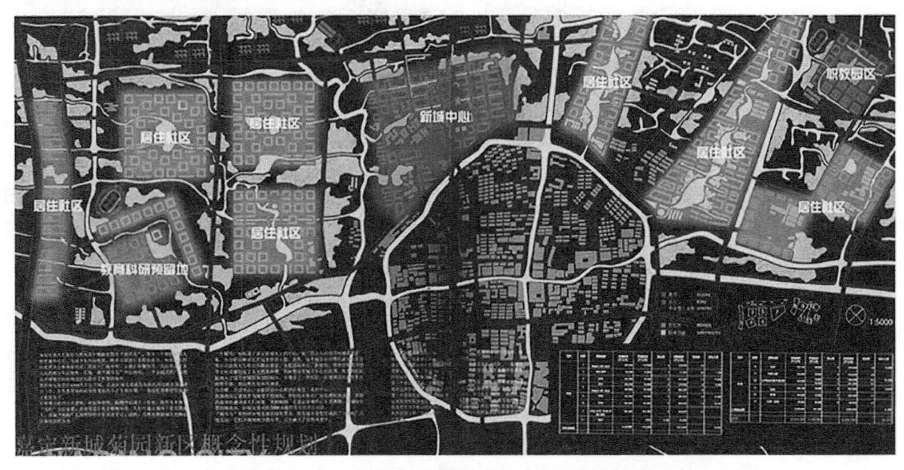

图 3.3.2–8　上海嘉定新城菊园新区结构模式分析

城市空间发展整体框架确立以后，要以该整体框架为指导，对相关专项内容进行控制与引导，以使空间整体框架的原则、理念、意图得到切实的贯彻和落实，体现总体城市设计的核心作用与价值。在我国，相关专项内容涉及城市风貌分区、城市公共空间系统、城市绿地水系景观系统、城市道路与空间界面组织、城市竖向形态、城市密度分区、城市色彩控制、城市雕塑及城市夜景灯光景观系统等。

（4）城市空间发展模式选择

城市的发展大多呈现出明显的阶段性特征（图 3.3.2–9），各个历史阶段都有其相应的发展机制和内在动因（图 3.3.2–10）。而每个阶段总会有某个因素起到主导作用，城市空间也体现出与之相应的发展模式和形态。通过对城市空间发展历程阶段性的梳理，理清城市空间发展的脉络，找到城市空间发展的机制和动力因素，以此作出城市空间发展趋势的判断，可为城市未来的空间发展模式的选择提供有益的参考。

城市空间发展模式的选择不能轻率地判断，必须充分分析城市现有的可获得性资源条件、现实的发展需求以及在可预见时期内的重大战略机遇，进行大胆假设、小心求证。应把握影响城市空间发展的因素，这包括城市空间历史演变脉络、自然地理因素、城市职能与规模、产业布局因素、人口因素、社会文

图 3.3.2–9　上海浦东陆家嘴的空间演变

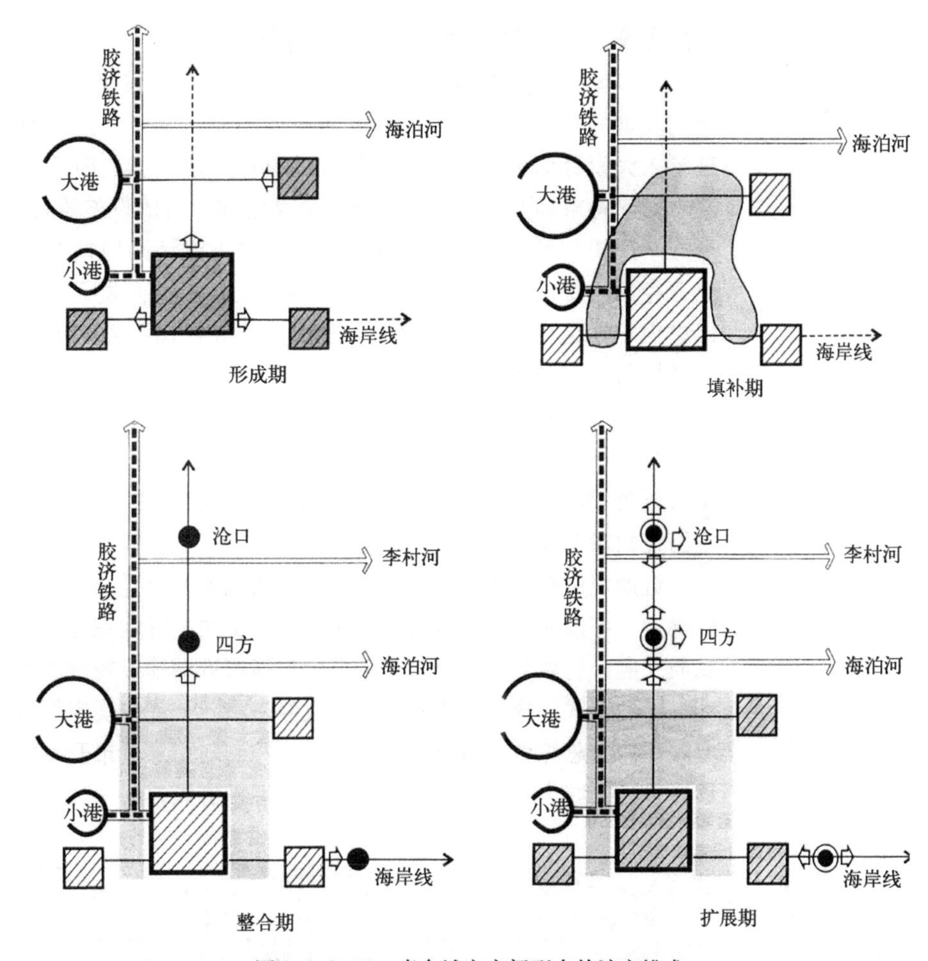

图 3.3.2–10 青岛城市空间形态的演变模式

区域分析基础上的城市定位和发展目标是城市产生与发展的依据。在城市形成过程中，城市规划则根据特定的自然条件，通过尽端式城市布局，决定了城市空间发展方向，引导了城市发展，使城市功能的多元化合理地沿轴向带形展开。在城市空间扩展过程中，又通过在发展方向上选择合适的增长节点，使城市空间形态表现为更为有序的“形成、填补、整合和扩展”的演变模式。城市规划还通过城市布局、功能分区、路网形式等手段，对城市形象、城市经济活动和城市社会结构等方面发挥具体的影响。

（资料来源：李东泉．近代青岛城市规划与城市发展关系的历史研究及启示[J]. 中国历史地理论丛，2007，22（2）：133）

化因素、政府政策与规划控制等。其中，自然地理与产业布局往往是引导城市空间拓展的主要因素。

传统的城市空间发展经过了不同阶段的演进，其动力主要是城市各种功能活动的转变，这种变化促进了空间的位移和扩张。一般认为城市空间结构演化有五种空间形态的演化方式，即同心圆式扩张、轴线带状生长、飞地跨越式生长、跳跃式组团生长、用地形态的整体生长。

（5）实施策略

实施策略为总体城市设计提供实施建议和行动指南，它是一个不断变化和调整的过程。借助城市开发策略，可以使城市在近期建设和远期发展的整体过程中，落实设计构想，并保持优化发展。城市开发策略是总体城市设计从理念走向实践、从图纸落实到空间的重要手段。

总体城市设计按实施项目内容主要可分为开发型、保护型和社区型[17]。不同类型的项目实施策略的侧重也有所不同。其中，开发型总体城市设计往往要求为设计区域的开发创造最佳的整体增值效应，因而在实施方面更加关注于如何将市场要求与开发环境、公共空间、市政设施等具体要求联系起来，形成所期望的增值效应。而保护型总体城市设计则包括对城市自然风貌、历史遗存的维护及其邻近地区有限合理的更新或再开发（图 3.3.2–11），以此促进保护地区（街区）的活力，在实施上往往借助建筑高度、体量、轮廓线多项执行内容的细致规定来对相关要素进行引导与限制。社区型总体城市设计由于突出居住功能，在实施中则应更加注重市民参与和社区调查，将居住功能与城市环境、公共设施及所在地区的社会等级、经济水平、文化层次等多项要素相综合来形成居民所需求的社区。目前在我国，在居民参与设计等方面还相对欠缺。

近期建设重点以及城市营销是实施策略的两大重点。其中，近期建设重点的确定，可以使城市在有限的资源条件下更快更好地完善城市功能、提升城市品质。应分析城市空间整体框架要求与城市近期建设需求的关系，确定建设时序与开发模式；根据城市现有资源及经济状况，优先确定能促进形成城市整体空间和体现总体城市设计意图的项目；控制与引导城市开发时序，使近期建设项目、远期城市发展与城市空间整体框架相协调。

广场建设
哥本哈根将用以运动的街道和用以休憩的广场很好地结合起来，是城市如此受欢迎和被使用者都喜爱的主要因素。

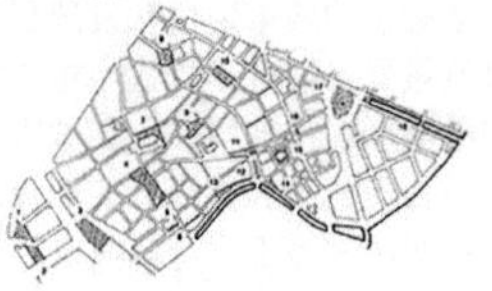

城市街巷
哥本哈根市中心的街道至今仍保持着中世纪的格局。

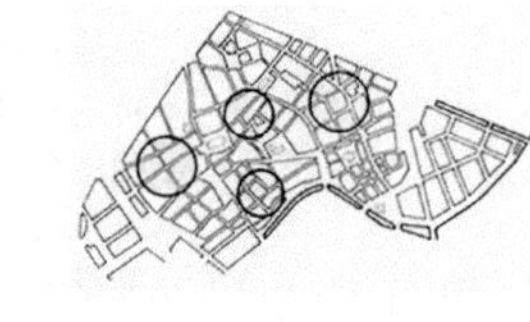

旧区空间的新旧对比

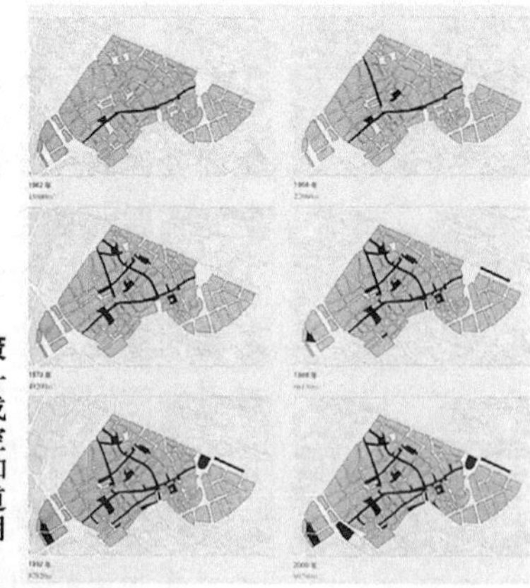

哥本哈根的公共空间政策
哥本哈根市类似一座由公共街道和广场组成的单层的城市，其公共空间政策包含两点：以温和手段控制交通；整治街道并创造高质量的公共使用的空间。

图 3.3.2–11　哥本哈根的城市公共空间整治策略

（资料来源：（丹麦）扬·盖尔，拉尔斯·吉姆松．公共空间·公共生活 [M]．汤羽扬，王兵，戚军，译．北京：中国建筑工业出版社，2003：15，20，23–27）

对于经营城市而言，其核心是对城市的各种资源进行科学有序的整合运作。如何将这些资源在城市空间中进行合理的配置与安排，也是总体城市设计实施的任务重点和难点，是真正落实总体城市设计构想的关键内容。可以说，城市经营与管理是落实总体城市设计构想的有效途径，而总体城市设计又为城市经营、管理提供了思路、框架和技术保障。与城市经营、管理相结合，总体城市设计在实施策略方面应着重为政府的土地控制提供空间依据，为城市的资源配置提供时序安排，以及为城市的要素整合提供技术支持。

3.4 总体城市设计的实践案例

3.4.1 美国旧金山市城市设计总体规划

旧金山市被认为是美国最美的城市之一，这里的眺望角度、山岗、雾、水边、维多利亚式的建筑风格、缆车、唐人街、金门海峡大桥、金门公园以及文化的多样性、城市空间的温馨性等，这一切构成了旧金山特有的城市形象，旧金山的市民对于如此美好的生活空间充满了自豪感与幸福感。但是1960年代初开始的城市更新与再开发，使旧金山的环境形象发生了急剧的变化，市民十分担忧原有的城市景观将被破坏，1963年市民对在水边传统低层建筑区不断冒出的高层建筑与市区高速公路的建设表示了严重的关切。尤其面对陆续发生的一个个开发项目造成的问题，为维持旧金山的环境魅力与舒适性，如何从城市整体的层次去妥当地应付、控制这类问题，就成为急待解决的课题，城市设计成为旧金山市民共同关心的大事。

1968年，当时旧金山市城市规划局局长艾伦·雅各布斯（Allan Jacobs）在局内组织了城市设计小组，开始了长达3年的调查、分析与规划提案工作。其研究的方法与程序非常严谨，研究内容包括背景、现有规划及政策、目标及政策、现有城市形态与形象、城市设计准则、社会性调查、实施方法步骤、全市的城市设计图、街道可居性研究、室外空间的研究、邻里社区研究共11项内容。这些研究除了以城市规划局城市设计小组为主之外，还聘请了许多民间规划顾问共同参与。经过3年的调查研究之后，其成果"城市设计总体规划"（图3.4.1–1）被正式纳入旧金山总体规划付诸实施，使旧金山的城市设计成为政府的施政政策，而且涵盖了全市域。其中，将市民对生活环境质量的企求按以下分类分别提出对策，涉及城市风貌特色、城市保护、大型开发项目以及邻里环境。

1983年旧金山市政府城市规划局继承以往的成果，又以公元2000年为目标，对市中心区金融贸易区本着城市设计整体控制的观点编制了"城市中心区规划"。该项规划对地区内办公、零售、旅馆、住宅空间和开放空间，以及历史建筑保存、城市造型、交通设计与管理等予以探讨，提出旧金山市应采取集约型的土地利用形式，保存具有历史价值及独特风格的建筑与城市格局，创造具有特色的世界都市形象。此外，这项中心区规划也限定了

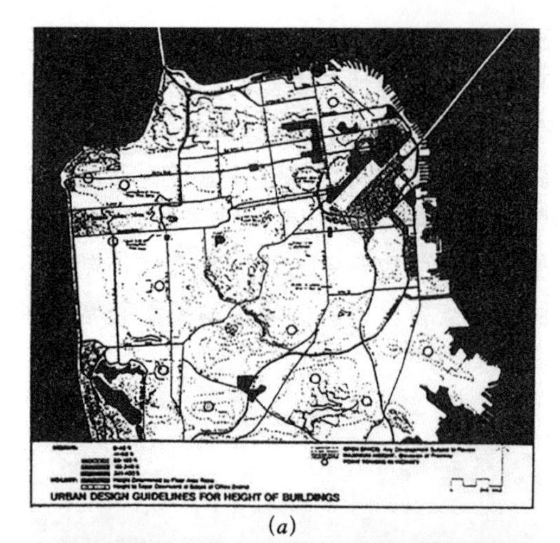

(a)

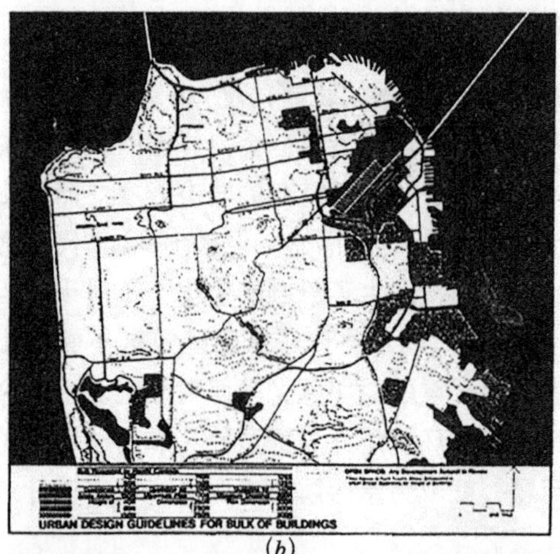

(b)

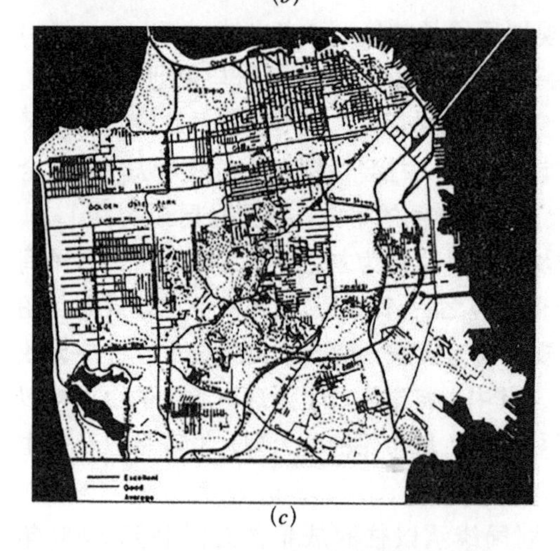

(c)

图 3.4.1–1 旧金山市城市设计总体规划图
(a) 建筑高度的城市设计控制图；
(b) 建筑容积的城市设计控制图；
(c) 优良景观街道维护控制图
(资料来源：吕斌. 国外城市设计制度与城市设计总体规划[J]. 国外城市规划，1998 (4)：2–9)

市区每年允许开发的办公楼总建筑面积的上限，以避免城市形态的转变过激。1986 年又进一步降低其上限，使其开发许可更为苛严。1987 年又将控制区域扩大至全市，同时对建筑的体量造型、物质环境及外观均作了详细规定。另外，为了提高城市住宅的供给量，指定了"连锁开发规划控制措施"，规定办公楼建设须配合住宅开发以提供就业人口的居住需求。此后，旧金山市还拆除了 1989 年大地震被毁的部分市区高架道路，使市区和海湾水边不再受到阻隔，从而提高了整体公共活动亲水性空间的品质。

如今，旧金山的总体城市设计根据其自然环境条件和建成环境特征，选择了城市形态格局 (City Pattern)、自然和历史保存 (Conservation)、大型发展项目的影响 (Major New Development) 和邻里环境 (Neighborhood Environment) 作为城市设计的策略领域。在阐述人与环境之间关系的基础上，分别制定了城市设计目标 (Objectives) 以及达到目标所需采取的实施策略 (Policies)。其中，城市设计目标为强化具有特征的形态格局，建构城市及其各个邻里的形象，以及目标感和方向性。主要实施策略则包括：①识别和突出城市中的主要视景，特别要关注开放空间和水域；②识别、突出和强化既有的道路格局及其与地形的关系；③识别对于城市以及地区特征能够产生整体效果的建筑群体；④突出和提升能够界定地区和地形的大尺度景观和开放空间；⑤通过独特的景观和其他特征元素，强化每个地区的特性；⑥通过街道特征的设计，使主要活动中心更加显著；⑦识别地域的自然边界，促进地域之间的联结；⑧增强主要目的地和其他定向点的视见度，增强旅行者路径的明晰性；⑨通过全市范围的街道景观规划以及街道照明规划，表示不同功能的街道。

除了总体城市设计策略，旧金山还分别制定了滨水地带、中心城区、市政中心和唐人街的地区城市设计策略。其中，公共开放空间的城市设计导则是十分详尽的，几乎可以称为专项的城市设计策略 (表 3.4.1–1、图 3.4.1–2)。

旧金山公共开放空间的城市设计导则（以城市花园、公园和广场为例） 表 3.4.1-1

	城市花园	城市公园	广场
面积	1200~10000ft^2	不小于 10000ft^2	不小于 7000ft^2
位置	在地面层，与人行道、街坊内的步行通道或建筑物的门厅相连	—	建筑物的南侧，不应紧邻另一广场
可达性	至少从一侧可达	至少从一条街道上可达，从入口可以看到公园内部	通过一条城市道路可达，以平缓台阶来解决广场和街道之间的高差
桌椅等	每 25ft^2 的花园面积设置一个座位，一半座位可移动，每 400ft^2 花园面积设置一个桌子	在修剪的草坪上提供正式或非正式的座位，最好是可移动的座椅	座位的总长度应等于广场的总边长，其中一半座位为长凳
景观设计	地面以高质量的铺装材料为主，配置各类植物，营造花园环境，最好引入水景	提供丰富的景观，以草坪和植物为主，以水景作为节点	景观应是建筑元素的陪衬，以树木来强化空间界定和塑造较为亲切尺度的空间边缘
商业设施	—	在公园内或附近处，提供饮食设施，餐饮座位不超过公园总座位的 20%	在广场周围提供零售和餐饮设施，餐饮座位不超过公园总座位的 20%
小气候（阳光和风）	保证午餐时间内花园的大部分使用区域有日照和遮风条件	从上午中点到下午中点，保证大部分使用区域有日照和遮风条件	保证午餐时间内广场的大部分使用区域有日照和遮风条件
公共开放程度	从周一到周五为上午 8 点到下午 6 点	全天	全天
其他	如果设置安全门，应作为整体设计的组成部分	如果设置安全门，应作为整体设计的组成部分	—

资料来源：唐子来，付磊．发达国家和地区的城市设计控制[J]．城市规划汇刊，2002（6）：1-8．

尺度

建筑物的尺度是一个建筑物自身元素的尺寸和其他建筑物元素的尺寸之间的相对关系所给人们的感觉。新建或改建项目的建筑尺度应与相邻建筑物保持和谐。为了评价和谐程度，应当分析相邻建筑物的尺寸和比例。

尺寸

尺寸是指建筑物的长度、宽度和高度。与相邻建筑物相比，一个建筑物是否显得尺寸过小或过大？有些建筑元素与其他建筑元素相比，是否显得尺寸不当？建筑尺寸是否可以调整，与相邻建筑物保持更好的关系？

尊重邻里的尺度

如果一个建筑物实际上大于它的相邻建筑物，通常可以调整立面和退界，使其看上去小一些。如果这些手段都无效的话，就有必要减小建筑物的实际尺寸。

建筑物的比例也许与相邻建筑物保持和谐，但尺度还是不当的。右图中的 3 号建筑物就是太高和太宽了。

在下图中，3 号建筑物的尺寸仍然大于相邻建筑物，但在尺度上是保持和谐的，因为立面宽度已被分解和高度也被降低。

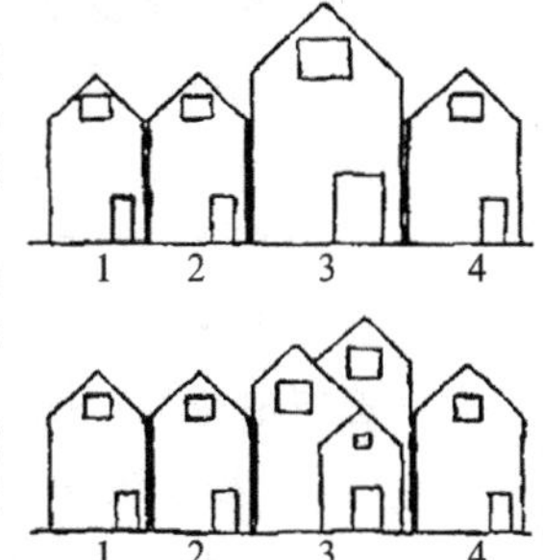

图 3.4.1-2 旧金山的居住区设计导则（以尺度为例）

（资料来源：San Francisco City Planning Department. Residential Design Guidelines [Z], 1989）

3.4.2 法国大巴黎城市发展计划[18]

2009 年 4 月，萨科齐推出旨在使巴黎摆脱“博物馆城市”之名成为世界都市的“大巴黎城市发展计划”（Grand Paris），这是一个自拿破仑三世改造巴

黎以来最为浩大的城市改造计划。该计划旨在打破目前大巴黎城市化地区因行政划分过细造成的城市空间发展的分散与失衡，试图通过促进国家与地方以及大巴黎各市镇之间的联合，以更具统一性的发展目标促进城市化区域的和谐与整体发展，从而形成对内协调对外竞争的城市发展战略。

"大巴黎计划"所涉及区域原指巴黎大区，即包括凡尔赛、枫丹白露、戴高乐机场以及迪士尼乐园等巴黎周边地区，居住人口达 1500 万，GDP 约占法国 GDP 总量的 30%。而现在人们所说的巴黎，则是指巴黎环线之内的中心城区，其人口只有 200 万左右。这次设计师们绘制的"大巴黎蓝图"已不止于巴黎大区，而是要将巴黎无限扩大。有关方案建议，通过修建高速铁路和提高塞纳河的航运功能，让大巴黎一直延伸到法国北部诺曼底港口城市勒阿弗尔。大巴黎计划的期望是在未来 10~20 年间将巴黎建成一座全世界仰慕的城市，即一座创造的城市、一座革新的城市、一座充满凝聚力的城市。在当今全球化的时代，"大巴黎计划"给巴黎提供了一次难得的机会：构想和创造共同的"世界之城"——21 世纪的巴黎。

"这是一个非常了不起的想法。"法国建筑师罗兰·卡斯特罗表示，"大巴黎计划"在全世界范围内都是一个榜样。"作为参展建筑师，我们不仅仅是在改造巴黎，更重要的是改写规则，见证一个历史性的时刻。"但就像 150 年前的奥斯曼一样，萨科齐和受邀团队面临的是一个庞大、混乱的超级大城市的整治问题。譬如让·努维尔为搜集资料，拍了几百张巴黎空中鸟瞰图，他也非常困惑，也许改变一个城市是件过于庞大的事情。

分析师们称，"大巴黎计划"提供了一个重新审视巴黎的机会，建筑师们努力想把单一而古板的巴黎打造成一座开放的、多元文化并存的城市。不管谁是最后的赢家，结果都值得期待。法国华裔建筑师邱治平认为，"借鉴巴黎的做法，要珍视我们的民族传统，中国很多城市化进程破坏了这一平衡。"而数位建筑学者一致认为，这次"大巴黎计划"中，有几个议题颇值得关注。比如建筑师与规划师在面对城市历史的议题时，如何借由创造论述的方式提出打动人心的城市发展远景，一方面引导公众舆论，另一方面也催生创造性的都市政策与机制？同时，面对大量外来移民的议题，如何借由城市改造的机制融合不同移民文化，保有文化多样性，进而形成新的城市文化？如何借由城市空间机能调整来强化城市在区域整合中的重要性？回望我们的城市，同样面对城市历史、外来人口、区域整合、与不同社会群体的都市空间权利等议题，要采取什么样的立场？提出什么样的策略？

"我喜欢在巴黎漫步，这里有很多记忆和思考。"描述自己眼中的巴黎时，罗兰·卡斯特罗表示，那是"一个带着思想的历史性城市，像诗一样美，有着外表和内涵极大的统一，文化和政治交锋的地方"。而此时，人们遗忘了那个曾在巴黎街头游手好闲的天才诗人波德莱尔——巴黎是一座沉陷的城市，与地下相比更似沉落到海底。忧郁的巴黎背后，或许就是巴黎重建的种种悖论和反思——这亦是全球化浪潮中的中国城市化运动的现实困境，不过是硬币的一个反面。

值得关注的是，2010 年 5 月 27 日，该计划获得法国议会与参议院的通过，

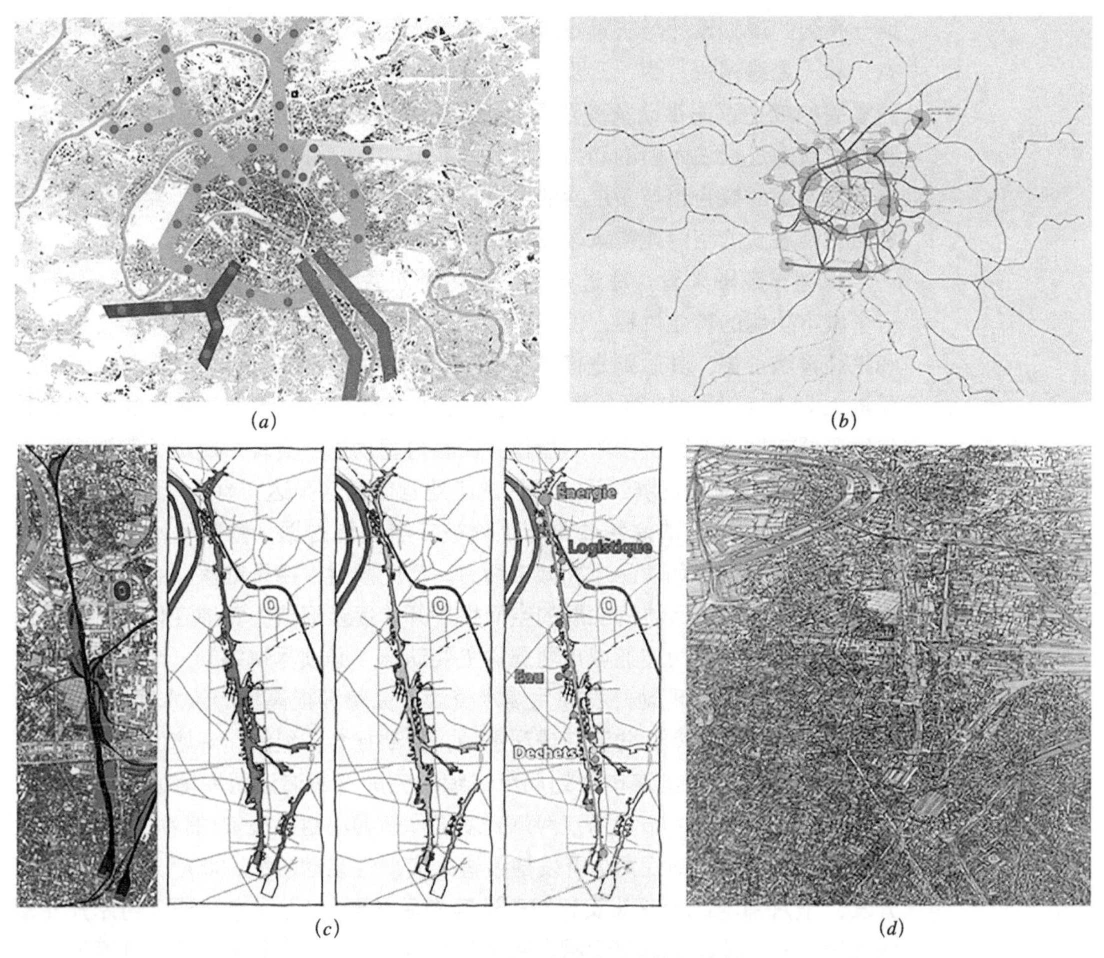

图 3.4.2-1　法国大巴黎城市发展计划

（*a*）大巴黎框架结构；

（*b*）大交通网络规划——加强郊区交通运输；

（*c*）多元化中心——新的北轴线

从左至右：现下卫星图、带状公园、新发展区、基础设施。北轴线是一个新的公共场所，也是未来城市一个枢纽的例子。地处北部花园和丹尼斯大街之间，新的带状公园长达 7km，包括新的公共场所、横向道路、一座基础设施（能源、可再生能源、垃圾、综合回收和物流中心）。全新的设施有助于未来巴黎西北部的资源合理利用、高速发展、市民集会。

（*d*）主动脉式的铁路系统

利用主动脉式的铁路系统调整地区密集程度和促使不同种族人群共生。带状公园、新城乡道路、城市新技术（能量、垃圾、回收、综合物流）、新设备和加强的交通系统让巴黎都市的人们拥有一个资源合理的未来。

（资料来源：http：//www.guandian.cn/article/20091207/89370.html）

进入公开辩论阶段。但是法国 1995 年曾通过一项法案，任何重大的城市基础建设都要通过公开辩论才能最后获得通过。而经验证明，法国迄今进行的几十场公开辩论结果都难以如愿。此外，即使“大巴黎计划”最终得以通过，政府能否在今后数年拿出巨额经费来实施计划，也是个不确定因素（图 3.4.2-1）。

3.4.3　中国上海黄浦江两岸综合开发城市设计

（1）黄浦江两岸综合开发案例的研究落点

进入 21 世纪以来，上海黄浦江两岸地区的改造与综合开发持续发酵，借

助一系列的规划设计与决策推进，强调滨水区综合环境的改善和整体功能的建构，从“金线精用”到“三步走”的战略，再到作为“四个中心”核心功能区的重要构成，试图推动黄浦江两岸地区实现跨越式发展，以为上海创新驱动、转型发展的过程注入新的动力。而其间新旧冲突、环境及资源危机、公私冲突等多元冲突的聚合也与多层次的发展目标与战略指向相互交叠，共同呈现出一种历史延展式的空间建构策略图景。

从世界范围来看，在进入后工业化时期后，很多国际上的发达城市面临一个城市功能的转化过程。例如巴塞罗那沿地中海的滨水区曾被大量工业厂房和铁路设施占据，其后则是借助1992年夏季奥运会举办的契机得以重新开发。而进入21世纪后，随着上海步入新的经济转型阶段，黄浦江两岸的发展也体现出了城市发展变迁进程中的规律，面临再塑功能、重现风貌等关键需求。据2001年统计，黄浦江滨江沿岸地区的工业仓储用地高达25km^2，而对外交通用地约为5km^2，沿岸的岸线资源与土地被二者大量占据，割裂了城市功能向江边的渗透，影响了环境品质和城市活力。与此同时，由于陆家嘴金融贸易区的迅速崛起，浦东浦西协同发展的空间格局开始逐步形成，黄浦江作为“城区边缘线”开始一跃成为连通城市两翼的主要动脉，必须尽快编制一个完整的开发设想和总体规划合理地开发利用滨水资源、完善和提高核心滨水区整体功能，以促进并形成城市南北向滨江景观主轴，带动社会、经济、环境的共同发展。

2001年7月，上海市规划局组织编制完成《黄浦江两岸地区规划优化方案》。2002年1月上海市黄浦江两岸开发工作领导小组办公室（简称“市浦江办”）成立，则标志着黄浦江两岸开发建设进入实质性启动阶段。此后，上海外滩源开发、十六铺地区大码头及岸线改造等先后启动，《上海市黄浦江两岸开发建设管理办法》、《关于黄浦江两岸综合开发的若干政策意见》、《黄浦江两岸开发范围内非居住房屋拆迁补偿规定》、《黄浦江两岸滨江公共环境建设标准》等也先后出台，《黄浦江两岸地区规划优化方案》亦在2004年4月得到上海市政府批复同意，强调黄浦江两岸地区综合开发“三步走”战略的实施。可以发现，这一时期黄浦江两岸的综合开发，更多地落于两岸的改造及建设优化，并为世博会区域未来的开发奠定物质空间与政策层面的发展基础。

随着2006年世博园区工程建设正式开始，外滩综合改造工程于2007年正式启动，徐汇滨江前期规划研究也推展开来，这一系列重要的实践建设与规划研究也进一步提升了两岸的综合环境、促进了功能转变。2009年4月，《黄浦江沿岸环境综合整治城市设计》获得原则通过。此后外滩的重新开放、世博会的建设竣工与成功举办等社会行动实践，则更具现实意义地体现出黄浦江两岸的综合开发在有机联系浦东和浦西城市功能与产业集聚、在激发城市中心区和滨水地区的活力上的重要价值与关键作用。

（2）黄浦江两岸综合开发的设计谋略与实施战略

2000年，上海市城市规划管理局在近20家国内外设计机构中邀请了SASAKI&BAZO联合设计组、美国SOM公司、澳大利亚COX设计集团三家设计单位参加黄浦江两岸规划设计方案的征集，并确定了三项规划总体目标：强化上海国际化大都市形象，提高城市生活环境品质，构建黄浦江沿岸地区可持

续发展框架。2001 年 1 月，上海市城市规划管理局组织国内外数十名专家学者对三个设计方案进行了评选，聚焦黄浦江两岸的“金线精用”，使其对旧城改造形成强大的良性辐射效应，突破区域和土地权属的界限，统一开发。在之后的近一年时间里，又进行了四五轮的方案优化，以促使国际理念进一步与上海实际默契融合，对功能布局、绿地与城市开放空间、道路交通、防汛、历史文化保护、沿江景观、开发容量等方面作了优化和落实。

上海市规划局组织编制完成《黄浦江两岸地区规划优化方案》（图 3.4.3-1），规划范围从北部的五洲大道翔殷路直至南部的卢浦大桥，规划陆域面积 2261hm^2。其内容则分为总体规划和重点地区详细规划两个部分。

2002 年 1 月黄浦江两岸综合开发建设进入实质性启动阶段，开发范围则进一步扩展至从吴淞口至徐浦大桥的范围之内、涉及上海 7 个行政区的区域，总面积约为 74km^2。而对于黄浦江两岸功能的调整，推进综合的开发建设，有利于增强城市综合竞争力、提升城市形象、延伸城市历史文脉、提高人民生活水平和质量等重要发展目标的建构。黄浦江两岸的综合开发在 21 世纪的第一个十年中，重点集中于老企业的搬迁、基础设施改造以及滨江公共环境建设，并取得了良好的建设成效：①通过对原有工厂、仓库、码头进行搬迁改造，腾出了约 14km^2 的滨江空间，改造了工业岸线，并初步形成以十六铺、吴淞、北外滩为代表的旅游功能；②大量提升人们生活水平与质量的市政基础设施陆续

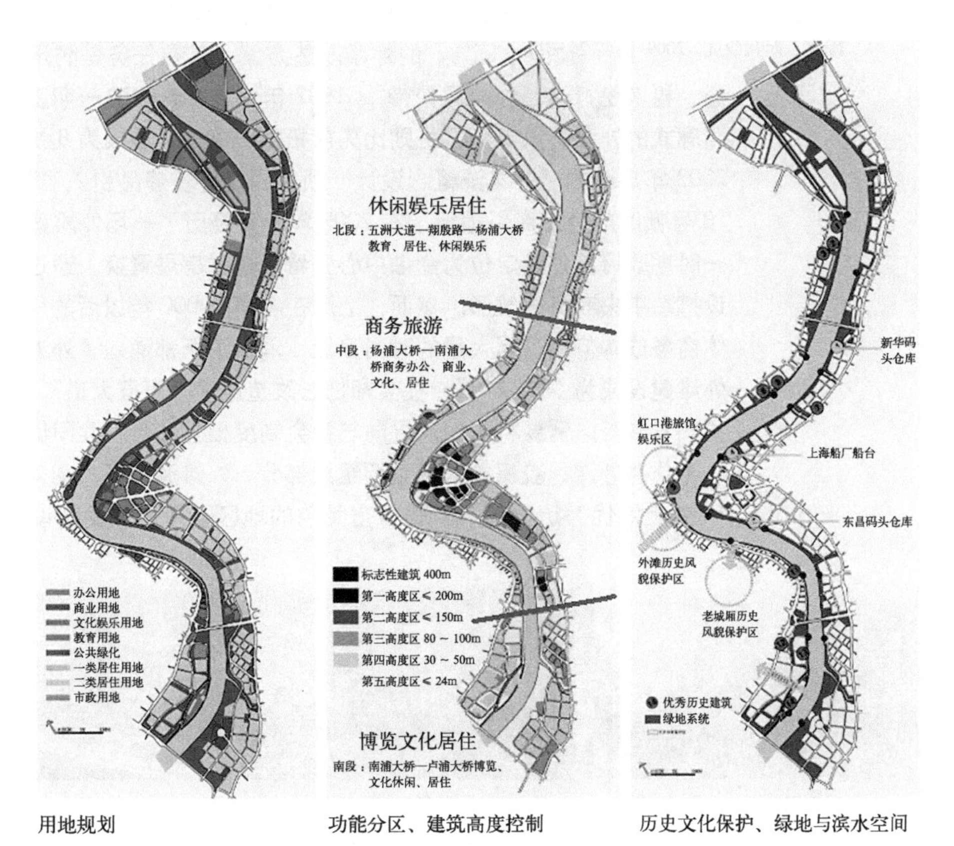

用地规划　　功能分区、建筑高度控制　　历史文化保护、绿地与滨水空间

图 3.4.3-1　黄浦江两岸地区规划优化方案

（资料来源：根据《黄浦江两岸地区规划优化方案》（2001 年）整理）

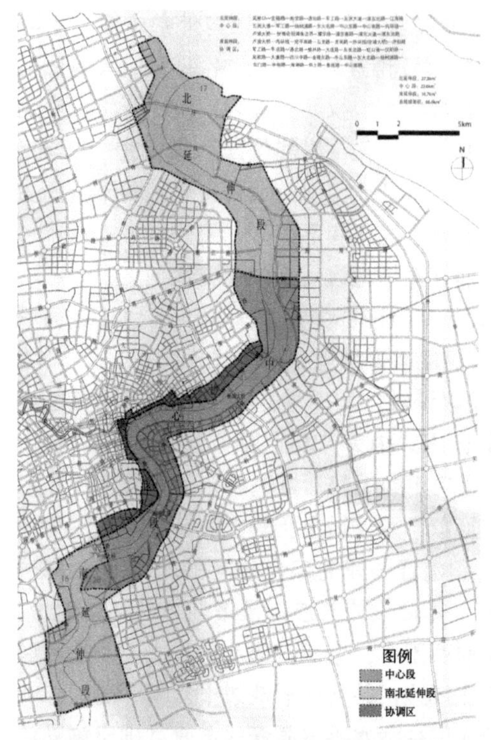

图 3.4.3-2　黄浦江两岸综合开发的战略范围
（资料来源：李萱．走向市民：黄浦江两岸综合开发历程[J]．时代建筑，2009（6）：26-31）

建设竣工，包括隧道、旅游码头、桥梁、交通枢纽等；③南码头体育休闲园、吴淞口炮台湾湿地公园、徐汇滨江等的建设，在为黄浦江生态环境的修复创造条件的同时，大大增加了为市民服务的公共空间。[19]

总体来看，黄浦江两岸地区综合开发实施“三步走”的战略（图 3.4.3-2）：第一步，落于杨浦大桥和卢浦大桥之间、4 个重点地区的确定，朝向建构多层次、分领域的规划体系；第二步，是连贯两桥之间的区域，促进从重点地区延伸至非重点地区；第三步，卢浦大桥向南延至徐浦大桥，杨浦大桥向北延至吴淞口。其中，强调划分重点区域与项目；并紧密结合世博园区的规划建设——而事实也证明世博会对黄浦江两岸综合开发起到了重要的推动作用。

外滩历史文化风貌区的开发建设则构成了其中核心而关键的部分。上海外滩浓缩着百年中国政治、经济和文化的变迁，也是上海城市的象征（图 3.4.3-3）。而外滩历史文化风貌区实际上从改革之初就一直处在争论之中。上海市政府 1988 年确定的外滩改造方案，首要任务是防汛，其次是改善交通，再次是打造“外滩风景带”；1992 年外滩综合改造一期工程完工，设置了厢廊式的外滩防汛墙，道路则比先前拓宽一倍，发展成为 8 快 2 慢 10 个车道；2002 年启动的“外滩源概念设计”项目，则将奢侈品引入了外滩，外滩 3 号、18 号顿时成为上海新地标；在 2005 年，又经历了一场外滩建设的大讨论。这一时期政府把外滩定位为金融中心，希望通过房屋置换、通过金融一条街的建设打造中央商务区雏形。然而，上海在 1990~2000 年以后的房价高涨，造成整体商务成本偏高，而大量的时尚产业、消费场所都涌入了外滩——政府希望将外滩建设成为“华尔街”，社会却把它改造成了“第五大道”。而外滩未来的保护和发展势必需要将政治的导向与社会制度相互融合、共同促进。

作为外滩风貌保护区的重要组成部分，外滩源地区（图 3.4.3-4）分布有 14 处上海优秀历史建筑，是极富特色的地区。而其开发建设的过程也体现出

(*a*)

(*b*)

(*c*)

图 3.4.3-3　上海外滩风貌变迁
（资料来源：(*a*)(*b*) 俞斯佳．迎接申城滨江开发新时代——黄浦江两岸地区规划优化方案简介(上)[J]．上海城市规划，2002(2)：28；(*c*) http：//news.xinhuanet.com/photo/2006-12/25/content_5529021.htm）

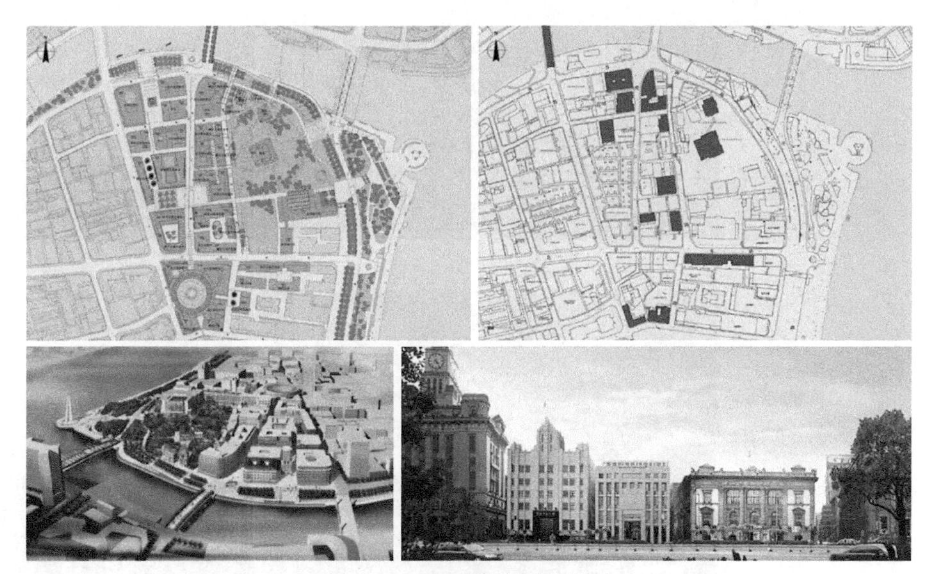

图 3.4.3-4 外滩源城市设计

（资料来源：同济大学建筑与城市空间研究所．外滩源地区城市设计导则[Z]，2006）

了各方利益的激烈博弈：既有国际资本的施力、开发集团追求近期利益的要求，也有政府形象，以及城市功能提升与街区保护的要求。2009 年年底，上海外滩半岛酒店正式营业；后期又推出住宅类产品——五星级酒店式公寓。而同样位于该风貌区的外滩十五号甲案例，则以一种“镶牙齿”的模式，着重从新与旧、政府形象和市民空间的协调上进行了建构。

2007 年 7 月，为了保护和延续上海的历史文脉，促进浦江两岸的功能转变，优化上海中心城交通结构，并与 2010 年上海世博会的举办相结合，外滩综合改造工程启动。工程历时 3 年，2010 年 3 月 28 日外滩重新开放（图 3.4.3-5）。工程包括外滩地下通道建设、滨水区改造、防汛截渗墙改造、排水系统改造、地下空间开发、外滩公交枢纽等多个项目。而改造后该区域绿化面积达到 23239m^2，公共活动空间增加 40%，从北至南的“四大广场”成为外滩新的特色。外滩地面由以车为主的空间转变为以人为主的空间，公共空间的数量和整体环境的品质大大提高，促进了外滩金融中心、旅游地标、休闲空间功能的发挥。

在 2012 年 4 月，浦江两岸综合开发规划控制范围又进一步增加闵行区和奉贤区，由此黄浦江两岸地区两岸的滨江岸线总长度由原来的 85km 延长至 119km，规划总控制面积则由原来的 74km^2 增长到 144km^2。规划控制将上述两个区的沿江地区纳入进来，更多的是为了加强控制而非加快开发，是为了做减法而非加法，以在未来条件成熟时进行再开发。在“十二五”期末，黄浦江边的世博园区及周边地区，也将积极促成上海现代服务业集聚带的形成，构建上海“四个中心”建设的核心功能区，建构功能性轴线，更为有机地联系浦东、浦西。黄浦江两岸将进一步由基础开发向功能开发积极转变。

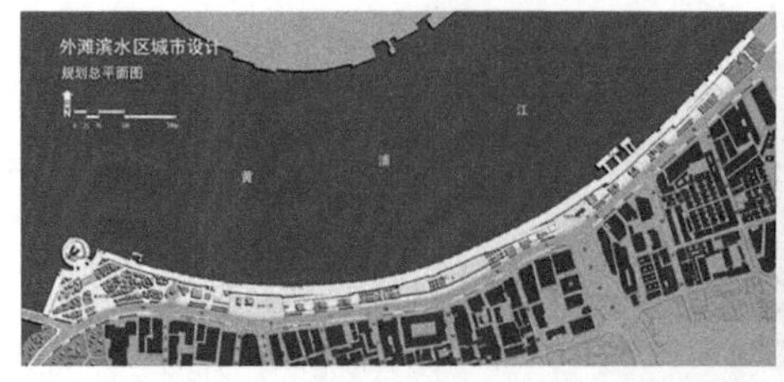

(*a*)

(*b*)

图 3.4.3-5 上海外滩的综合改造

(*a*) 外滩滨水区城市设计规划总平面及鸟瞰（资料来源：上海市规划和国土资源管理局．http：//www.shgtj.gov.cn/hdpt/gzcy/sj/200812/t20081225_174998.html.2008-05-27）；
(*b*) 综合改造工程后的外滩整体风貌（资料来源：上海外滩结束 33 个月施工改造竣工亮相[DB/OL]，2010-03-28．http：//club.china.com/data/thread/3212956/2711/11/46/5_1.html）

3.4.4 台北市都市景观计划研究 [20]

台北市在 1982 年拟定的为期 15 年的主要计划书中，对于“都市形态及品质”提出了四个发展目标。第一个目标为“创造台北市成为具有独特风格与符合人性尺度的都市，并增进都市生活之丰富内涵”。其中述及的相关策略有：维护自然、历史、社会之特性，建立步行为主之开放空间，地区都心多元发展，建立都市设计决策程序，改进都市景观及都市空间功能等。第二个目标：“强化旧市区中心意象”，作为更新的课题。第三个目标：“建立和谐发展的邻里社区生活环境”，为地方性群社意识及建设的课题。第四个目标：“保持优美的山川林泽，建立开旷空间体系与改进都市景观及视觉品质”，属于自然生态维护与人造环境改善的课题。

（1）计划目标

①都市人文化：建设有高度人文价值的台北市；加强都市高度公共性和多样性的活动；加强多中心有主从的领域圈发展；确保都市行人的价值；都市公共空间以都市活动景观为重要课题。

②历史轨迹的显现：维护台北市之名胜古迹；维护台北市有理式轨迹的街道和建设；保存传统活动的特性，强调具有民间活力的景观。

③自然资源的珍惜：重拾台北市历史与水岸活力的关系；换回台北被高楼及不恰当林荫道挤压的山岭；合理补充休闲及静态的都市公园绿地。

④和谐的都市空间意象：控制台北市建筑体量的膨胀；控制台北市中心区大尺度的新建工程；避免台北市都市空间完整的切割；加强台北市广场空间的

完整性；加强台北市都市空间的节奏性；加强台北市都市建筑的人文尺度品质；加强台北市街廊和谐的视觉品质。

⑤都市计划策略：加强规划单位与决策单位之间的执行配合；加强市政府都市规划处的编制和权力，能担负配合和执行的全权责任；早日订立台北市都市设计计划书，并以此为主要计划和细部的依据；加强公共参与性的决策程序与宣传。

（2）景观课题

①一般发展的都市景观设计策略：环境改善计划——市容的改善；徒步计划——市中心区步行优先策略；建筑立面管制策略——特定区及一般管制；地方特色保护策略。

②更新区的都市景观设计策略：历史特区及有历史古迹的更新区加强特定保护条例；历史风貌维护、修复、重建、迁建之准则；有历史价值的邻近地区尺度、色彩、结构、设计的配合；制止市中心更新地区的大尺度膨胀发展。

③新建地区的都市景观设计策略：分单元计划实施，编制都市设计细部计划条例；以“场所性格”为前途的公共设施及邻里单位设计；列管与都市设计审核委员会；新建地区的发展以都市景观的模型及空间架构为实质计划纲要指导原则。

（3）计划构想

台北都市景观的问题，有很多是交通混杂的因素。而台北市大众捷运系统逐步完成后，将能配合室内公共交通计划而实施都市景观改善计划的措施。研究的计划策略和实施有很多是在此假设的前提下产生的，在此将本研究目标下的计划指导原则与构想分述于下。

①领域圈认同意象

以领域圈模型确定地区的特色和意义作为都市景观计划架构的指导原则；确定“活动路径”的性质和品质，作为街廊设施品质的指导原则和改善措施的重点范围；强化领域圈开口特色认同意象。

②历史轨迹意象

利用象征式设计元素强化台北市旧城墙的历史意义；保存火车站的历史意义，火车站地区避免大尺度、大规模的新建工程；重新规划改建北门交通，复原北门的历史尊严；建议调查有历史纪念品质的散存建筑清单，确立保护条例；划定特定历史保护区，确保历史和地方传统、产业、生活风貌。

③自然与都市开放空间意象

增加市中心都市公园及公共广场；制止及减少市区内高架桥道，包括人行路桥，规划全市天际线空间计划；管制城市高密度建设区的空间开发尺度，控制建筑退缩高度、面宽、密度和大型广告，保留台北市周边山岭唯一鸟瞰市区的视觉通廊；结合台北市周边自然山岭，规划设计全市远眺望塔；配合水岸区设施利用计划，将提防改造为缓坡绿化，用以诱导都市与水岸的关系；改善夜间照明设施与气氛特色；增加绿化栽植的树种、造型、层次和季节性变化的设计；宣导住宅区市民阳台绿化多以小花景代

替杂乱灌木植物；改善不分使用目的层次的公园设计，使之符合活动、遮荫、游乐的功能。

④人文性的交通计划

规划设计市中心区的徒步区和住宅区的徒步区；建议研究一个可行的交通配合计划，调节市中心区内的公共交通、出租车交通、私家车交通、停车场货运以及服务交通，用以支持徒步区计划；尽量不再增加切割空间的高架式交通系统；建议规划地面巴士旅游线路作为观光专线。

(4) 空间架构

①活动特性系统

从活动特性区系统可以读出台北市的活动特性领域分布情况。除南北各有一个大型的文化及休闲活动特性区外，大部分的活动特性区集中在西侧旧市区，少部分集中在东侧新市区，文化休闲区在旧市区中极少分散于全市，东西两区各有一行政活动区。

此系统可以清楚地看出旧市区所提供的活动是密集的、多样的、富有传统风貌的；而东侧新开发区则提供了范围较集中的商业及休闲活动，分布在广大的住宅区之中；中部的发展却因为在新旧发展的过渡期中缺少了有计划的引导，以至于很难形成有活动特性的领域圈，但反而更衬托出东西区特有的个性。这样一个有机的活动领域圈分布状况，不但诉说了台北市发展的历程，同时也显示了台北市的潜力，成为一个富有生命及丰富都市生活经验的大都市。而其重点则在于如何使各个领域圈明确地展现出其独有的特性，并同时保持其他住宅区的安详、宁静、可居的日常生活气氛。

活动特性区的空间品质及活动功能，应按照各个活动特性区的需要确定都市设计细则及执行规范，用以有效地引导控制其发展。组成领域圈的元素包括：周边——其功能在于界定领域圈的范围，用以保持圈内活动特性不被四周的其他活动形态干扰，或者防止圈内活动市区控制地蔓延，而减弱了应有的活动强度；中心——领域圈的形成，必然有其源头，也就是活动的中心；开口——开口的存在，指示了与其他领域圈联系的路径方向，同时也展示了由该路径进入领域圈的信息。

台北市的领域圈，可以其活动特性区分为传统风貌活动，文化及休闲活动，综合商业活动，行政活动及交通集散活动五类，其中以商业性活动路径及休闲性活动路径相联系（图 3.4.4–1）。

②路径系统与徒步区系统

各领域之间的联系及穿过领域圈的各种路径系统，包括活动路径及交通路径（图 3.4.4–2），路径的性质并非固定不变的，交通路径上如有新的领域圈产生，而路径上的活动量增强的话，则可变为活动路径。反之，如活动路径上的活动量减低，则将变为交通路径。

活动路径的活动内容依各路径的特性而定，一般原则有：行人尺度原则；增加人行道面积原则；强化道路活动特性原则；联系活动带原则。

交通路径为展现台北市都市风貌及领域圈的特色，配合交通系统，与活动路径交织完成台北市的路径系统。

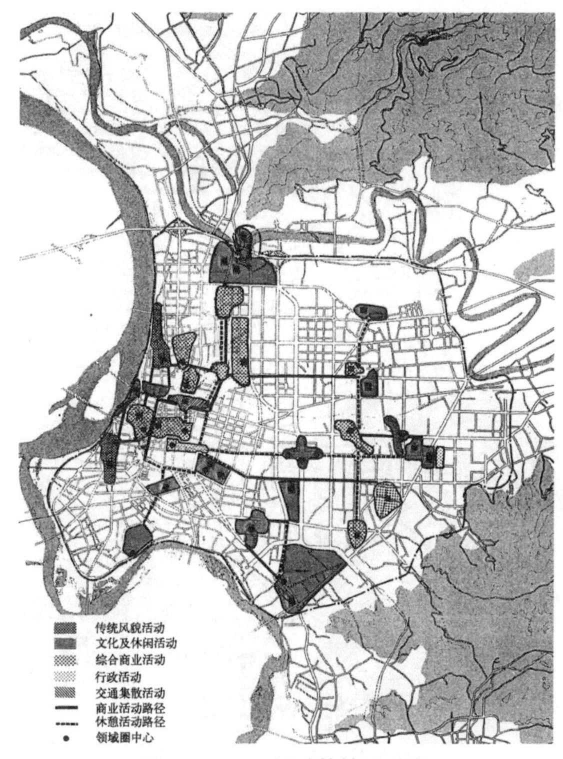

图 3.4.4–1　活动特性区系统
（资料来源：胡宝林，喻肇青．台北市都市景观计画研究 [M]．台北：台北市政府工务局，1984）

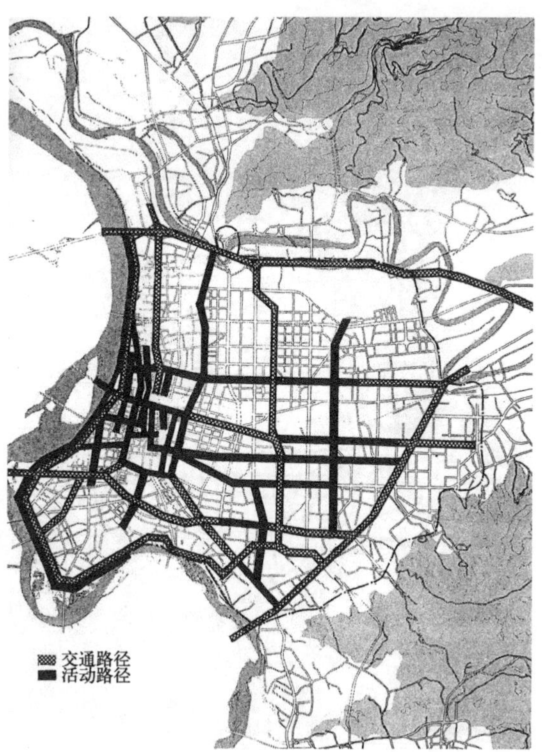

图 3.4.4–2　活动路径与交通路径系统
（资料来源：胡宝林，喻肇青．台北市都市景观计画研究 [M]．台北：台北市政府工务局，1984）

徒步区是现代都市人文化的一项重要转变措施，也是都市设计的一项重要课题。徒步区的划定通常配合更新计划、住宅开发及单元地区的都市设计实施。徒步区不是只做交通调节的措施，还应重整地区环境品质，包括街面尺度、立面管制、招牌形态、铺面及街廊设施等（图 3.4.4–3），此外关于徒步区内的商业使用种类和形态也以税率奖励方式调整。

③轴点空间系统

轴点的产生是当两条路径相交；或路径进入领域圈；或路径上为指示方向，预告目的地，塑造韵律感或展示都市主要据点，所需要的空间处理。因其功能各异，现分历史轴点、地价轴点、交通交会轴点、领域圈开口轴点及路径节奏轴点五个种类（图 3.4.4–4）。

④街廊空间系统

街道在都市中有展示都市意象及都市结构的功能，因此如何塑造街廊空间的性格、风貌及品质，为一个重要的课题，街廊空间的组建可分为街面、路面及地上物。

其中，街面可分为完全连续街面、节奏连续街面、不连续街面及历史风貌街面四类（图 3.4.4–5）。铺面设计可以表达该路径或通过的领域圈的活动特性及空间意义。人行道与骑楼铺面可以统合设计，以增加人性铺面的空间感，避免千篇一律的铺面。此外，设计应配合活动与空间特色，可分为徒步区铺面、

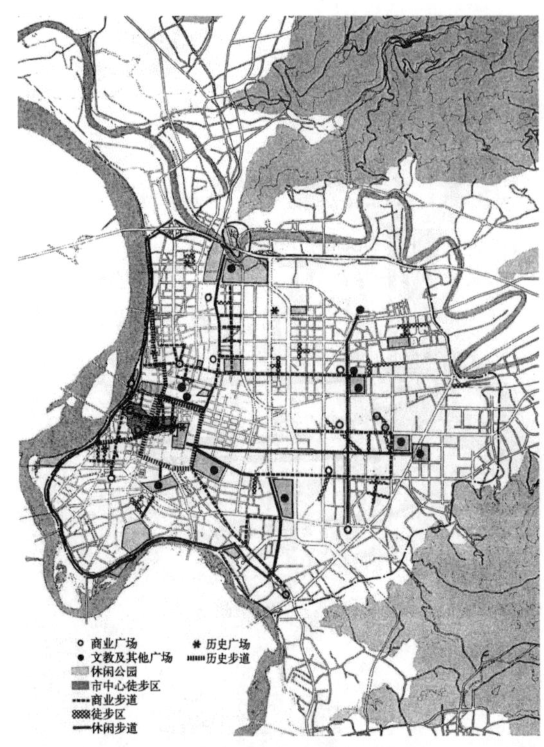

图 3.4.4–3　步行区系统

（资料来源：胡宝林，喻肇青．台北市都市景观计划研究 [M]. 中原大学建筑系都市设计研究室，1984）

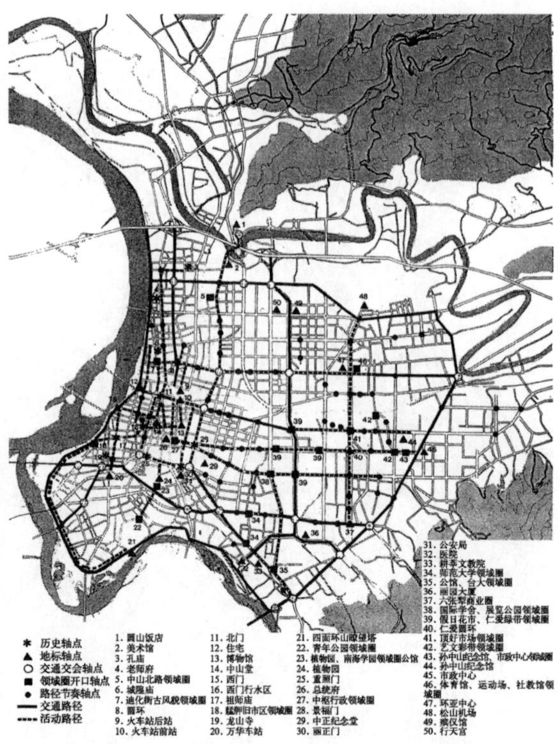

图 3.4.4–4　轴点空间系统

（资料来源：胡宝林，喻肇青．台北市都市景观计画研究 [M]. 台北：台北市政府工务局，1984）

历史铺面及特殊铺面等类型。

车行道与人行道在道路上分割的配比是影响路径上活动的主要因素。因此，在车道上的分割，需要考虑交通量、速度、车种的控制，并配合行人的交通量、活动性、穿越马路的频率等，使行人与车辆的运动达成一个适宜的平衡。

⑤都市天空线尺度系统

都市的功能及历史发展的轨迹，可以从都市建筑群的天空线及都市量体的纹理上读出，如体高量大的建筑群天空线及整齐的大街廊纹理，可被读为高密度的新开发地区。反之，如有机性的街道系统及有时间刻痕的细碎量体，正是旧市区的表征。在都市机能方面，住宅区的建筑量体分布于绿地的配比、建筑的高度等，均能使住宅区应有的空间品质在天空线及都市尺度上清晰表达，有别于高密度商业区密集的高楼及隆起的量体。

图 3.4.4–6 所示为一理想的建筑物高度控制区分状况，一般原则有：

西区——强化西区旧市区的现有纹理，街道组织及建筑物体量关系，保持现有的高密度中低层建筑物的发展模式，避免大体量或不适宜的高层建筑物及无限度地拓宽道路，而市中心区应该表达高活动密度的建筑群体量，历史风貌街区中的新建设应以维护原始风貌为原则。

东区——东区新开发区的建设，在天空线上应清晰地表达各功能区的特性：住宅区以高密度中低层为原则，不应有突出的高层分散配置，而表达住宅

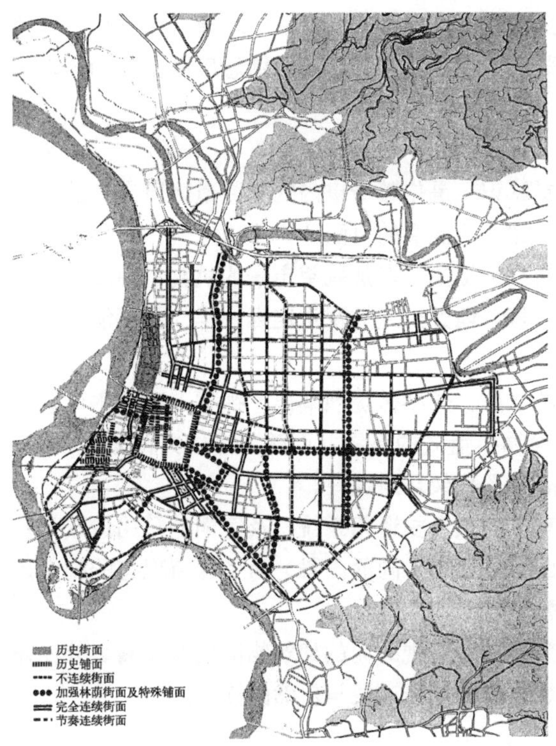

图 3.4.4–5　街廊空间系统
（资料来源：胡宝林，喻肇青．台北市都市景观计画研究 [M]．台北：台北市政府工务局，1984）

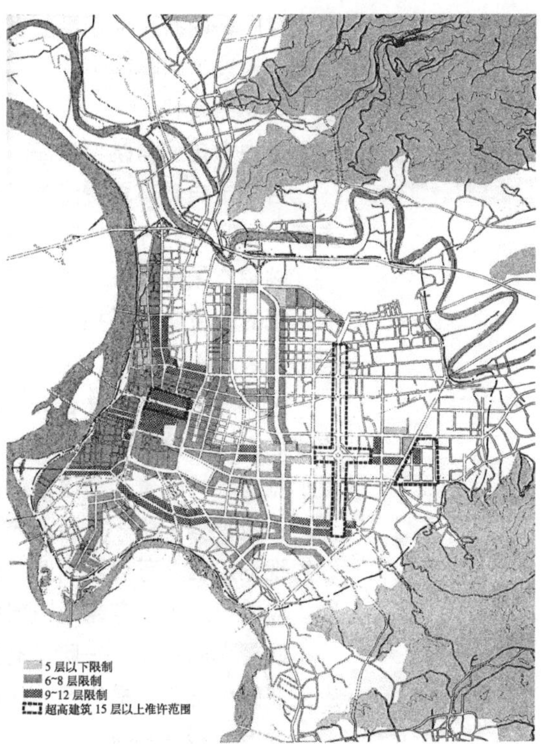

图 3.4.4–6　都市天空线尺度系统
（资料来源：胡宝林，喻肇青．台北市都市景观计画研究 [M]．台北：台北市政府工务局，1984）

区应有的安宁及低频率生活意象；商业区应以密集的建筑群表达高密度的活动及多样性的服务，在重要的地位可有超高建筑，以塑造地标及视觉焦点。

东西走廊——在东西新旧市区之间的过渡区域中的主要东西走廊上，以都市空间体量明确表达市区发展的方向及其轨迹，并强调东西各领域圈活动的联系。

建筑体量控制——建筑体量的分布，应考虑保留与四周自然环境视觉的接触，如都市外围与山脚接触面避免大体量建筑物，如有高楼，应以瘦高为原则。

超高建筑——超高建筑物地点的选定，当以其在全市所能创造的视觉效应为原则，如方向感及地位的指认，区位功能的指认。同时，也应提供从楼顶眺望全市的机会。

⑥开放空间系统

台北市的开放空间系统，包括盆地周围的山坡地、水域河岸、市内的都市公园、林荫道及活动广场。使市区以外的自然保护区的开放空间与市内的人造开放空间相结合，使得居民在市内可以在视觉上享受四周的自然景观。市内的开放空间系统在视觉上可以表达都市空间组织的肌理，实际上是将休憩娱乐活动串联成一个完整的体系。

开放空间系统针对市内密集无序的发展，及时挽救尚存的开阔缺口，建议控制大型公园、林荫道、高架道周边的建筑体量与高度。此外，建议台北市加

强现存广场的行人使用品质及建议新广场的开辟。最后，考虑各个开放空间的连接，建议加强林荫下的活动路径，使台北市的街道借绿意串联空间的开敞意象（图 3.4.4–7）。

⑦视觉走廊与眺望系统

台北市自然环境资源的视觉认识，是依赖着市内的直线道路所产生的视觉走廊，以及视野开阔的眺望环山据点所提供的（图 3.4.4–8）。

眺望市景轴线——高架道将视点提高，增加眺望市景的机会，而高架道两侧建筑的高度应有所控制，否则将与地面街道的视觉走廊一样，并不能发挥眺望的效果。

河岸意向走廊——台北市的水岸，长期被堤坝隔离，视觉上毫无水岸意象的传达。现有临河的道路并未遵循棋盘式的系统，而随河流的方向垂直河岸，但视觉走廊的端景却是堤坝的高墙及高架环河道路。

山景视觉走廊——台北市东区的棋盘式道路系统，及宽阔的马路造成了良好的视觉走廊，可以看到北、西、南三个方向的山景。为了保持现有的视觉走廊，应以行人地下穿越通道代替陆桥。

眺望环山据点——除了有效控制眺望视野内的建筑物高度及体量之外，还应该在静止眺望点提供行人休憩设施以加强市民与自然的接触。

⑧方向指认系统

方向感与地位的自明性，是人在都市中运动及滞留时，与空间发生的最

图 3.4.4–7　开放空间系统

（资料来源：胡宝林，喻肇青．台北市都市景观计画研究 [M]. 台北：台北市政府工务局，1984）

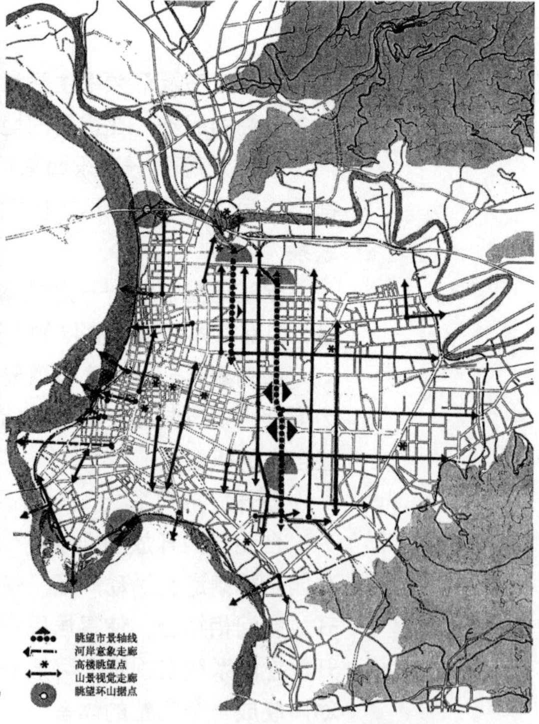

图 3.4.4–8　视觉走廊与眺望系统

（资料来源：胡宝林，喻肇青．台北市都市景观计画研究 [M]. 台北：台北市政府工务局，1984）

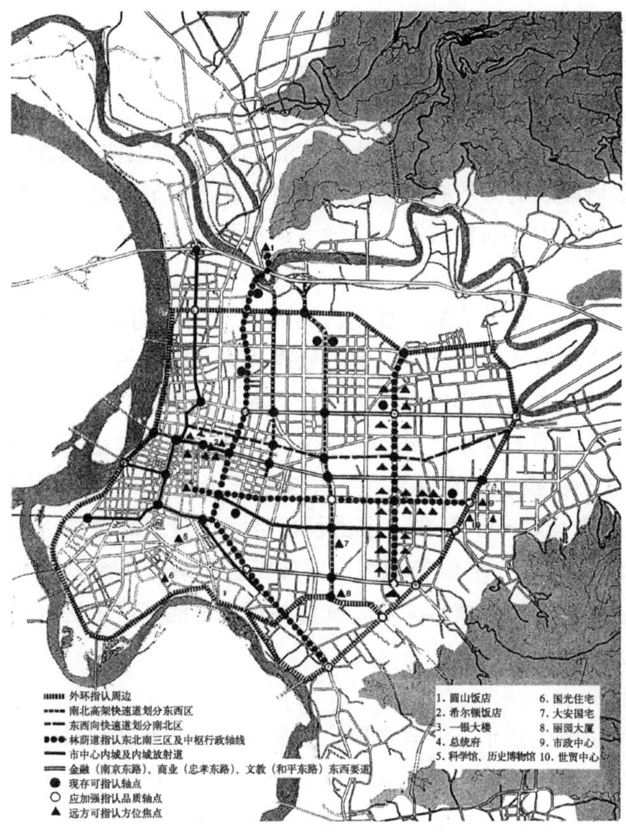

图 3.4.4–9　方向指认系统
（资料来源：胡宝林，喻肇青．台北市都市景观计画研究[M]. 台北：台北市政府工务局，1984）

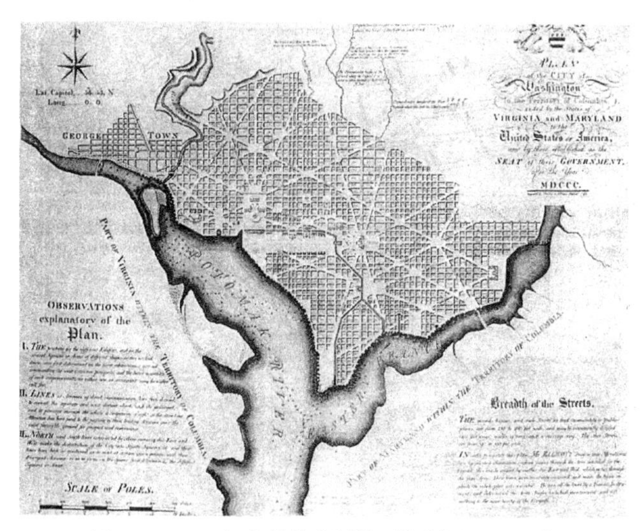

图 3.4.5–1　朗方的华盛顿特区规划图，1791 年
这个纪念性总体规划，目的在于使华盛顿成为新国家核心的象征。斜向大道穿越次级格网状道路，形成宏伟的景观轴线并连接纪念性公共建筑物。（资料来源：(美) 罗杰·特兰西克．寻找失落空间——城市设计的理论[M]. 朱子瑜，张播，鹿勤，等译．北京：中国建筑工业出版社，2008：153）

基本的联系。有了方向与所在位置的指认，人们才能自由地在都市中流动，而不会因迷失产生不安感。同时，更能自然地参与都市中的各种活动，掌握空间的归属感。

方向指认系统是依赖视觉的指示及引导而构建的，台北市活动特性领域圈的空间特质，是指认地位最重要的条件，而全市的方向指认，则要以街道系统、街廊空间特性、视觉走廊端景、视觉据点等要素达成（图 3.4.4–9）。

3.4.5　美国华盛顿特区城市设计总体规划[21]

皮埃尔·朗方（Pierre L'Enfant）少校于 1791 年所做的方案打算表现出作为伟大新生国家心脏的首都象征作用（图 3.4.5–1）。为实现这项目标，朗方规划出一系列斜向的林荫大道，并使其切割由次干道所组成的格网，宽阔雄伟的林荫大道连接着纪念性公共建筑。这个就读于法国巴洛克晚期的传统的设计师所设计的开敞空间系统遍布全市，给予整体肌理以形式与意义。

当今的华盛顿面临聚集不够和建筑密度过低的问题。由足够的密度、建筑体量的覆盖和园林景观所支持的连接系统，需要对原有的方案进行调整方能得到加强。在城市所有的再开发方案中，纪念性这一重要特征必须得到尊重。

朗方设计的大多数城市广场都从未实现或已被其他建设所替代。虽然一个二维的规划平面展现出空间的历史结构，然而举目所见，当前华盛顿的街景是支离破碎的，其结构组织的清晰性被失落空间所破坏，从而导致空间可识别性的缺乏。人们看见的是一片绿荫中点缀着建筑的、有魅力的水平城市，却没有原设计中那种与生俱来的戏剧性与可

识别性。连接的清晰性和城市本身图底关系的空间结构需要特别强化。

除戏剧性和纪念性的象征意义之外，朗方的方案倡导行政功能与城市生活的紧密联系，没有功能的分区，每个重要的建筑都拥有由广场、街道和其他建筑群所构成的背景街区，其逻辑是市民可以就近生活和工作，同时也作为象征。朗方方案中通过对联邦政府建筑的分散布置，使政府机构并不自成区域远离市民。然而多年来，华盛顿的城市活动按行政、工作、购物和居住功能却被分开于特别的区域内。

自 1901 年以来，出现了一系列试图恢复朗方方案的清晰性的努力尝试，有些已有成效。但如果这个城市要达到原有方案的崇高目标，就必须回到塑造纪念性和象征性外部空间的基本的结构性原则上，即具有公共生活的连续性和关联性，有界定和延伸城市空间的原则。要回到巴洛克式的方案，其空间的边界就必须重新界定，并赋予其条理性和连贯性。华盛顿已变成一个由无序绿色空间中的建筑所组成的摩登城市，而非一个由积极空间所组成的城市（图 3.4.5–2）。它可以是当地改变成一个依赖轴线、城市街区和朗方设想的结构性纪念建筑所组成的连续几何图案的城市，规则式园林至少是能够产生这种清晰、几何图案般秩序的法则之一。

（1）朗方的预先构想

当朗方少校在华盛顿总统的指示下，宣布要为国家设计一个新首都时，他脑子里浮现出若干给予其欧洲经验的构想，其中最主要的影响来自于具有广阔轴线关系、对称平衡和在大尺度范围中添加一个秩序的法国巴洛克晚期的风格（图 3.4.5–3）。朗方在华盛顿方案中运用了这些理论，但朗方明智地将重要的纪念性建筑置于高地，并叠加一个功能性的街道格网于场地之上，然后切割出笔直斜向的林荫大道来连接这些纪念建筑。结果造成一系列由最窄的正交街道和最宽的斜向林荫大道所界定的具有不同层面次序的三角形地区。这个伟大方案在微观层面并不是没有它的问题，尤其是正交格网与斜向林荫大道的交叉处，正交格网和斜向林荫大道系统均会出现各自的剩余空间和间隙。

由宏伟林荫大道主宰的华盛顿的伸展型拓展空间与波士顿的紧凑和渐近的空间不同（图 3.4.5–4），人们只有穿梭于狭窄的街道中才能偶然发现纪念

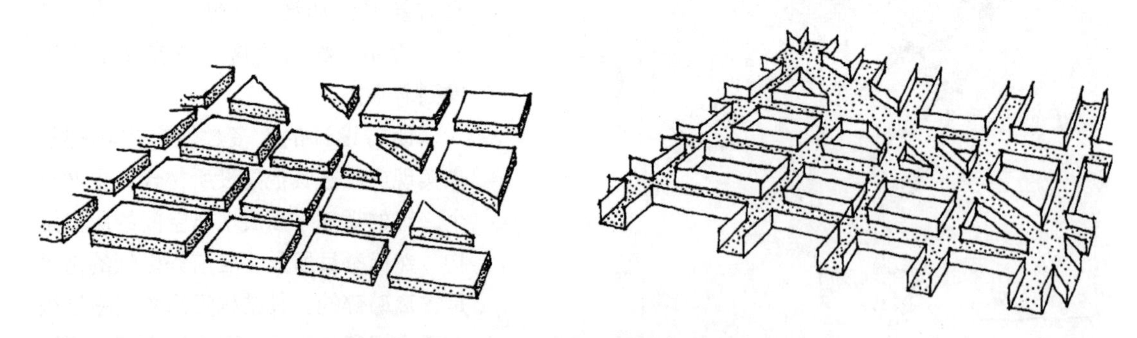

图 3.4.5–2　被斜向道路切割的格网道路示意图

华盛顿特区的纪念意义从未得到过实现。特别是如图 3.4.5–2 所示的格网道路和斜向道路相交处所形成的问题。在这些重要地点，街道边缘必须被重新界定，以恢复原巴洛克式平面的明确性。

（资料来源：（美）罗杰·特兰西克．寻找失落空间——城市设计的理论 [M]．朱子瑜，张播，鹿勤，等译．北京：中国建筑工业出版社，2008：154）

图 3.4.5-3 安德烈·勒·诺特雷设计的凡尔赛宫

朗方深受法国巴洛克传统的影响，特别是像子爵城堡和凡尔赛宫那样强烈的轴线、狭长的景观带、对称平衡的设计手法。他的目的是要在大规模的规划中，运用类似的原则创造一系列规整的联系。

（资料来源：(美) 罗杰·特兰西克. 寻找失落空间——城市设计的理论 [M]. 朱子瑜，张播，鹿勤，等译. 北京：中国建筑工业出版社，2008：154）

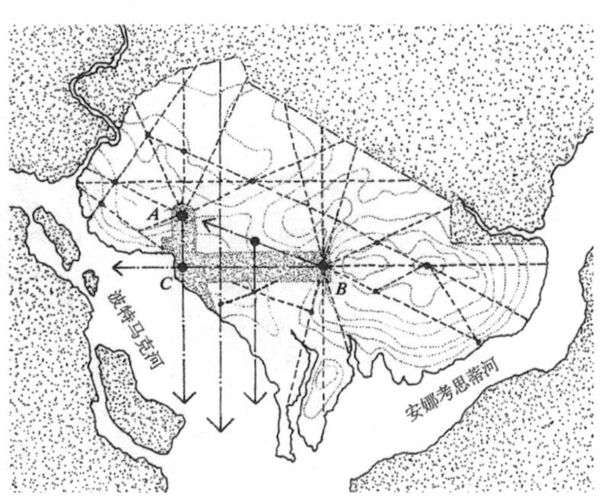

图 3.4.5-4 主要视线示意

华盛顿特区的整体结构，是由沿着连续重要地点的主干道所形成的一系列视线走廊主导的，但这常常是以忽视小尺度环境为代价而实现的。然而加强小尺度的开敞空间也会起到强化视觉延续感和轴线感的作用。

图例：A：白宫。B：国会。C：华盛顿纪念碑——朗方规划的视线和轴线；虚线与箭头：朗方规划的重要公共纪念物。

（资料来源：(美) 罗杰·特兰西克. 寻找失落空间——城市设计的理论 [M]. 朱子瑜，张播，鹿勤，等译. 北京：中国建筑工业出版社，2008：155）

性建筑物。这项方案中的巨大尺度需要建筑物或规则的园林来使其更容易被理解，再者，沿大道两侧的空间间隙也难以创造出能供行人使用的围合空间。在整体上，华盛顿是件壮观的艺术品和一种伟大的概念，但在某些局部地段却缺乏其形式感和自明性。华盛顿的大景观轴线是靠损害小尺度的公共空间而获得的。

（2）具有规则园林景观的华盛顿：强调关联性

几乎在每个美国城市中，中心区都存在着高层建筑与低矮建筑之间的巨大反差。然而，在华盛顿，由于城市用地区划中一直附带有建筑高度限制的规定，这种反差则是水平的，这在两种几何形状交接处尤为明显（图 3.4.5-5）。相同高度的庞大矩形结构与对角线相会时，留下了一些巨大的、难以名状的空间。由多角度或放射轴线汇聚而成的交叉口，均需要建筑形式反映其角度的形状，类似于曼哈顿的熨斗大楼（Flatiron Building）的边线、围合伦敦特拉法加广场（Trafalgar Square）的建筑物或罗马的波波洛广场（Piazza del Popolo）（图 3.4.5-6）。

在巴洛克式的法国园林中，放射状的交叉口是经由花坛、花篱和步行道系统精心处理的，就像巴黎的杜勒里（Tuilleries）花园或凡尔赛宫的南大厅（Parterre du Sud）一样。这些零散的空间，如果没有几何形状的规制，必将流于混乱。朗方的规划提倡用一个规则的结构处理这些交叉口和部分建成的建筑物。在朗方的规划中，杜邦环岛（Dupont Circle）是较为成功的交叉口之一（图 3.4.5-7）。

在重建这些不完整却非常重要的空间所面临的挑战时，如何通过插入新的开发和规则的园林来围合这些交叉口，以对这些自相矛盾的几何形状进行转化，这就需要立刻修复一些破碎的地区和相交的轴线强化格网和斜线。重要的是这两

图 3.4.5-5 通往国会大厦的宾夕法尼亚大道景观

华盛顿特区的问题之一在于水平和垂直维度的分离。一方面街道非常宽阔，而另一方面建筑高度又受到了严格的管制，这导致了空旷的道路交叉口和沿朗方设计的大道的支离破碎、界定不清的建筑边界的产生。

（资料来源：（美）罗杰 · 特兰西克．寻找失落空间——城市设计的理论 [M]．朱子瑜，张播，鹿勤，等译．北京：中国建筑工业出版社，2008：156）

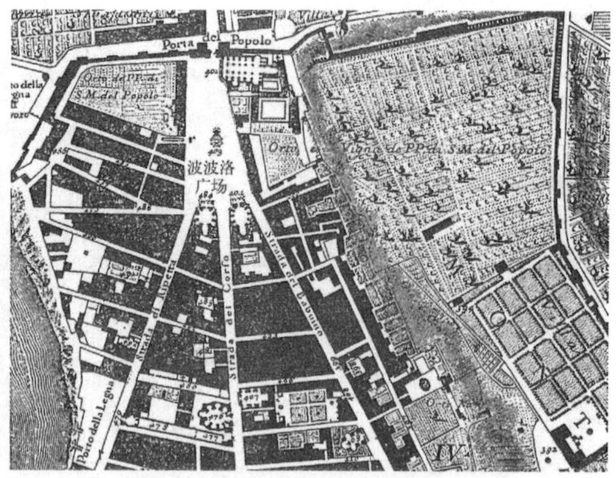

图 3.4.5-6 诺利的罗马地图中的波波洛广场，1748 年

在波波洛广场，建筑物的外形增强了开敞空间的结构，解决了几何形状的不规则性，也明确界定了空间边界。

（资料来源：（美）罗杰 · 特兰西克．寻找失落空间——城市设计的理论 [M]．朱子瑜，张播，鹿勤，等译．北京：中国建筑工业出版社，2008：156）

图 3.4.5-7 华盛顿特区的杜邦环岛

朗方的规划要求以规整的手法来处理如杜邦环岛那样的斜向道路的相交点。这样的城市结构仅有一部分得以建成，关键在于通过插入新的开发和规整的景观来规制不同的几何形状。

（资料来源：（美）罗杰 · 特兰西克．寻找失落空间——城市设计的理论 [M]．朱子瑜，张播，鹿勤，等译．北京：中国建筑工业出版社，2008：157）

种系统均需要通过增建以在交叉口处维持街道界面，并在方案中加强视觉通廊。

朗方原规划中的一个特点，即纪念物之间和特色地形之间的彼此通视，是可以通过规则的林荫道——一种在线形空间中能传递视线的密集行道树的设计方法来体现的。作为一种弥补失落空间的景观设计方法，林荫道中规则栽植和修建整齐的树木能创造空间的封闭性、次序和景观视廊（图 3.4.5-8、图 3.4.5-9）。华盛顿特区主要开发规划机构之一的宾夕法尼亚大道开发公司（Pennsylvania Avenue Development Corporation），建议沿华盛顿重要的供列队

图 3.4.5–8 宾夕法尼亚大道开发公司设计的林荫大道和宾夕法尼亚大道再开发计划模型，1969 年

此方案说明如何通过增建以及规整的景观来强化边界，以加强空间联系和创造城市空间的层次感。

（资料来源：（美）罗杰·特兰西克．寻找失落空间——城市设计的理论[M]．朱子瑜，张播，鹿勤，等译．北京：中国建筑工业出版社，2008：158）

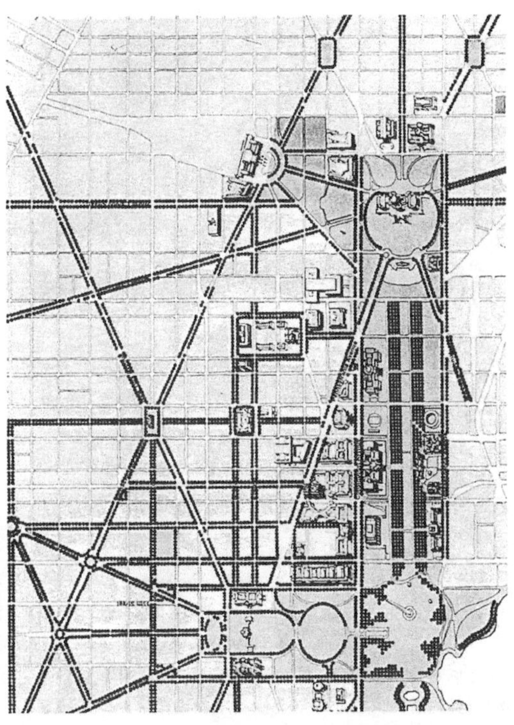

图 3.4.5–9 通过规整的植栽来强化道路系统的建议，1977 年

帕索诺娃的规划说明了如何通过沿主要通道的规整植栽来加强华盛顿特区街道系统结构的统一性和整体性，道路交叉口缺乏连续性的问题可以通过规整的行道树来解决，这样做同时还有利于格网道路和斜向道路系统。

（资料来源：（美）罗杰·特兰西克．寻找失落空间——城市设计的理论[M]．朱子瑜，张播，鹿勤，等译．北京：中国建筑工业出版社，2008：159）

图 3.4.5–10 沿宾夕法尼亚大道种植行道树的方案透视

最近有人提议沿着宾夕法尼亚大道种植三排橡树，这样既加强了白宫和国会之间的视觉轴线，又可以减少建筑物在布局和形式上的差异。

（资料来源：（美）罗杰·特兰西克．寻找失落空间——城市设计的理论[M]．朱子瑜，张播，鹿勤，等译．北京：中国建筑工业出版社，2008：160）

行进的林荫道——宾夕法尼亚大道的两侧密植三排橡树，以强化和统一这一空间的线形特征和透视感（图 3.4.5–10）。

另一种适合华盛顿的园林景观形式是树丛或密植树阵，源自法国和意大利的规划园林。将自然树丛高度建筑化地运用能达到戏剧性的空间效果，就像勒·诺特的花园或丹·基利（Dan Kiley）在 1970 年设计的圣路易斯的杰斐逊纪念公园（Jefferson Memorial Park）（图 3.4.5–11）。被称为“唯一的古典主义者”的基利，是美国少数几个坚持运用这些规则的古典景观设计元素的景观设计师之一。他曾在宾夕法尼亚独立大道（Independence Mall）上，大范围地密植了超过 900 棵皂夹树的树阵。

图 3.4.5–11　圣路易斯拱门，由埃罗·沙里宁事务所和丹·基利办公室设计

适合华盛顿特区的另一种规整的植栽方式是树阵。丹·基利是美国当代少数几个创造性利用规整式植栽的景观建筑师之一，他用独特的手法说明了如何利用树阵来表达空间的纪念性意义和宏伟的气势。

（资料来源：（美）罗杰·特兰西克．寻找失落空间——城市设计的理论 [M]．朱子瑜，张播，鹿勤，等译．北京：中国建筑工业出版社，2008：160）

（3）纪念性和围合感：城市建筑实体与空间虚体

华盛顿的城市设计中，在保持朗方设计的纪念物之间的开敞性和紧密联系的同时，也要提供人们活动用的封闭且精致的空间（正如美国首都总体规划方案，参见图 3.4.5–12、图 3.4.5–13），这种矛盾必须通过尺度适当的景观元素和细心配置的建筑临街面才能得以解决。华盛顿的室外空间必须兼顾开敞和封闭以同时处理大尺度和小尺度设计的矛盾。

与中世纪城市蜿蜒曲折的线形组合相比，具有笔直轴线的华盛顿的伸展型空间系统更具有导向性，并提供了备受尊敬的纪念性建筑物之间的相互拉紧的张力。在原规则中，这些街道的组织形式被设计成符合特定场所的尺度，且将城市的规则联系延伸至郊外旷野，沿这些通往远处的轴线所形成的透视感为两侧的立面提供了参考的框架和基于连续界面的轴线式的伸展。如果没有这些限制，沿大街的三角形空间会被交通走廊吞噬且难被行人所理解。轴线本身也几乎不复存在，例如沿宾夕法尼亚大道两旁的建筑基本上都是面向大道的，但如果它们转而面向格网街道而不是斜向大道，自然会扰乱视觉透视的框架。

使建筑和室外空间紧密联系的一种好的城市景观设计手法，在约瑟夫·帕索诺娃（Joseph Passoneau）1979 年所做的《华盛顿的诺利图》中得到了诠释。此图阐明了透过骑楼和门式建筑物，城市空间如何从公共街道转换至半公共的街坊内院和广场，空间在组合过程中产生了序列。空间序列所形成的大尺度规则公园和林荫道与围合街坊和纪念性建筑物的小尺度街道景观之间的层次和联系，突出了华盛顿独特的城市特色。在街坊中城市空间仍然是传统的，但街坊外的城市空间则是由规则的、带有景观的公共大街和街道格网所组成。

（4）场所的纪念性

朗方的规划方案倡导一种自然和人造环境之间密切互动的关系，同时也要求城市政府和市民生活之间产生关联，住宅区和商业区与首都的国家活动共存。公共空间的象征和礼仪功能是通过正式的纪念性空间来表达的，这个纪念性空间塑造了一个连接所有肌理片段的文脉构架。纪念性，从定义上讲是超越了时代的样式，是形式和空间的一种永恒、持久的历史框架。纪念性的理念可以通过规模、象征性和布局等抽象方式，而不是通过明确的语汇来表达。所有城市都有一些纪念性元素，但在华盛顿特区，则是整个城市的主题。这项高于一切的特征应该是为了引导华盛顿特区原规划的复苏。

继朗方之后的几年，一些著名的设计师通过景观设计诠释了华盛顿特区的纪念性，这些建筑师是：安德鲁·杰克逊·唐宁（Andrew Jackson Downing）

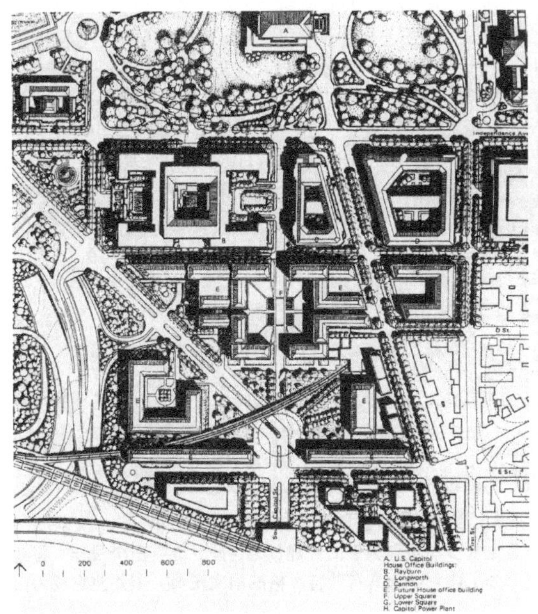

图 3.4.5-12 国会区平面设计，1982 年

如果华盛顿特区中的连续性需要增强，那么较小尺度的城市建筑实体和空间虚体的组织结构也要加强。新国会区总平面设计表明了一个封闭的公共空间层次如何连接主要的空间结构，来构建一个更加亲密的城市空间。

（资料来源：（美）罗杰·特兰西克．寻找失落空间——城市设计的理论 [M]．朱子瑜，张播，鹿勤，等译．北京：中国建筑工业出版社，2008：161）

图 3.4.5-13 国会区总平面设计的模型

国会区总平面设计在重建城市空间方面取得了很大的成就。设计中提议在东北方增建建筑以形成“参议院广场”。这样做除了能强化主轴线的连续感，还提供了与主要空间结构联系的更加亲密的围合空间的层次。一方面规整的植栽形成了方向感，另一方面奥姆斯特德松散、更加亲切的植栽处理手法在国会大厦周边得到了呼应。总而言之，本设计反映了华盛顿特区的特殊风格，纪念性成为场所的主要特性。

（资料来源：（美）罗杰·特兰西克．寻找失落空间——城市设计的理论 [M]．朱子瑜，张播，鹿勤，等译．北京：中国建筑工业出版社，2008：175）

(1850~1851 年间的多个开敞空间)、奥姆斯特德（1874 年的国会地区（Capitol Grounds)、1899~1902 年间的中央林荫大道)。他们是在不同情况下受到委托，来修复华盛顿特区原规划的，但是他们的设计大多数并未实现，相反地，停车场和高速公路的建设却带来了严重的破坏。

(5) 宾夕法尼亚大道

1964 年，肯尼迪总统被宾夕法尼亚大道破旧不堪的景象所震惊，指派纳撒尼尔·奥因斯（Nathaniel Owings）担任宾夕法尼亚大道顾问委员会的主席，开始展开宾夕法尼亚大道的重建，这也是朗方规划中的亮点。该委员会公布了一项规划，说明了开发模式，确定了主要公共和政府投入重建计划的热情。这项规划有几个目标：将宾夕法尼亚大道与其邻近地区重新整合；赋予这条国家礼仪大道以特殊风格，强调它联系白宫和国会建筑物的功能；将它改造成为供行人和车辆使用的城市整体空间（图 3.4.5-14)。

朗方曾构想将宾夕法尼亚大道作为市民活动的中心，一个城市功能和联邦政府行政管理功能的交往地带，沿这条大街上布置有高级住宅区、政府主要建筑物、政府管理部门的建筑物、剧院及交易场所等。可事实上，在 19 世纪，宾夕法尼亚大道却发展成华盛顿特区的主要商务、商业和寄宿公寓、旅馆、沙龙和商店的街道。

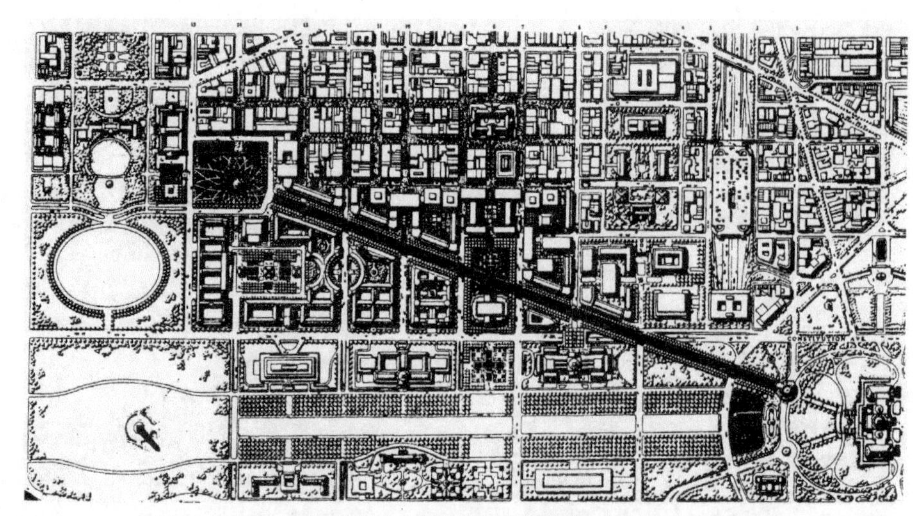

图 3.4.5-14　宾夕法尼亚大道顾问委员会的平面设计，1964 年

1964 年肯尼迪总统指派了一个顾问委员会去发展宾夕法尼亚大道的重建计划。此计划有三个目标：将宾夕法尼亚大道定义为其周边地块的一个组成部分；让它作为具有独特风格的国家庆典大道并使它成为白宫和国会之间的连接。

（资料来源：（美）罗杰·特兰西克．寻找失落空间——城市设计的理论 [M]．朱子瑜，张播，鹿勤，等译．北京：中国建筑工业出版社，2008：165）

（6）纪念性核心区的重构

宾夕法尼亚大道和中央林荫大道是赋予华盛顿特区纪念性核心区以结构性和一致性的重要基石（图 3.4.5-15），任何城市设计策略都必须以这两条通廊为基础，并在轴线组织中，重新界定公共空间的层次。林荫大道的整体景观规划给予国会地区绿意盎然和广阔的水平空间。作为城市景观的一部分，林荫大道不单是各纪念性建筑物之间的规则连接，也成为了城市中心的普通公园。要使城市核心区再生，就必须充分发挥并强化中央林荫大道的这项双重功能，不是从概念上去限制中央林荫大道成为宪法大道和独立大道之间的长形绿带，而是应该将这条延续性的绿化继续向城市的北边延伸，环绕重要的公共建筑物和城市街坊，整合华盛顿特区的两种城市形态。宾夕法尼亚大道和中央林荫大道必须可以互动，在重要的增建地点产生的众多横轴可以将中央林荫大道的规则景观导入城区。

介于中央林荫大道和城区之间的跨越宾夕法尼亚大道的这些横轴，可以明确作为交叉口而不是边界的一些节点，以丰富这条大街的意义，保持轴线本身的完整性。沿着宾夕法尼亚大道轴线的节点应成为公众交往的小型公共空间。在现行的建筑高度限制下，沿着界定空间的边缘，通过增加建筑物和植物的连续性，可以强化这条大道的线形特征。华盛顿低平的建筑背景所形成的过低的容积率，需要通过增加建筑覆盖率来补偿，这是弥补空隙和改善连接的方法。

在对华盛顿特区城市空间设计的研究中，可以看出连接理论、图底理论及场所理论之间的联系最终是多么的密切。斜向大道是城市中重要的连接，但由于沿街边界的界定不够清晰，这种结构被破坏了，同时，城市中还缺少图底理论所说的建筑容量和密度以提供成功的城市结构所必需的空间层次。华盛顿特区最重要的特色是其纪念性平面和重要的公共建筑，在进行任何建筑和景观设计时，这种特色都必须得到尊重。

图 3.4.5–15　华盛顿核心区的再开发模型
与宾夕法尼亚大道一样，林荫大道作为华盛顿区核心地区的干道，它同时还起着规整和连接城市中的纪念性建筑以及作为休闲公园的用途。连续性的绿带应该向北边延伸，将林荫大道的植栽与周围的环境融合成一体。（资料来源：（美）罗杰·特兰西克．寻找失落空间——城市设计的理论 [M]．朱子瑜，张播，鹿勤，等译．北京：中国建筑工业出版社，2008：166）

3.5　本章推荐阅读

1. 田宝江．总体城市设计理论与实践 [M]．武汉：华中科技大学出版社，2006.

2. 扈万泰，郭恩章．论总体城市设计 [J]．哈尔滨建筑大学学报，1998.

3. 胡宝林，喻肇青．台北市都市景观计画研究 [M]．台北：台北市政府工务局，1984.

4. 庄宇．城市设计的运作 [M]．上海：同济大学出版社，2004.

5.（美）刘易斯·芒福德．城市发展史——起源、演变和前景 [M]．宋俊岭，倪文彦，译．北京：中国建筑工业出版社，2005.

注　释

[1] 参见：田宝江．总体城市设计理论与实践 [M]．武汉：华中科技大学出版社，2006：13.

[2] 扈万泰，郭恩章．论总体城市设计 [J]．哈尔滨建筑大学学报，1998，31（6）：99–104.

[3] 胡宝林，喻肇青．台北市都市景观计画研究 [M]．台北：台北市政府工务局，1984：81–87.

[4] 杨红平．城市总体规划阶段总体城市设计编制体系研究 [M]// 中国城市规划学会．生态文明视角下的城乡规划——2008 中国城市规划年会论文集．大连：大连出版社，2008.

[5] 参见：李欣瑞，周国艳．总体城市设计方法探析[J]. 工程与建设，2009，23（6）：768−774.

[6] 郭恩章．浅谈美国城市设计的理论与实践[J]. 国外城市规划，1989（2）：1−8.

[7] 参见：吴志强，李德华．城市规划原理[M]. 4版．北京：中国建筑工业出版社，2010，第6章，经济与产业．

[8] 杨红平．城市总体规划阶段总体城市设计编制体系研究[M]// 中国城市规划学会．生态文明视角下的城乡规划——2008中国城市规划年会论文集．大连：大连出版社，2008.

[9] 参见：田宝江．总体城市设计理论与实践[M]. 武汉：华中科技大学出版社，2006.

[10] 参见：王伟强．和谐城市的塑造——关于城市空间形态演变的政治经济学实证分析[M]. 北京：中国建筑工业出版社，2005：59.

[11] 王志纲．第三种生存[M]. 成都：四川美术出版社，2005：250.

[12] 王志纲工作室．城市中国[M]. 成都：四川美术出版社，2003：46.

[13] 崇明东滩将建成世界首个生态城[DB/OL]. 劳动报，2007−10−29.http：//news.online.sh.cn/news/gb/content/2007−10/29/content_2119790.htm.

[14] 通过最佳建筑学设计方法降低能源需求；以及充分利用地下储热和蓄冷减少供热和制冷的需求来降低其能源需求；限制密集型能源系统的安装面积，以及密集型能源系统安装的供能容量；在适当处将电力系统换成使用热力系统；对居民购买产品和生活方式的选择施加影响；等等。

[15] J.Norman等人（2006）曾以加拿大城市住区的比较研究表明从全生命周期看高居住密度对比低居住密度要节约能源消耗、降低温室气体排放2~2.5倍／人；合理的住区开发密度还可以促进土地集约利用、支撑当地服务。而这又与高质量的公共交通服务紧密联系。东滩生态城规划建议人口密度50~130户/hm^2（城市人口净密度），以与上海中心区域相比提供更放松的感觉，同时达到足够的人口密度以维持吸引力和高质量的城市公共服务。

[16] SPeAR是ARUP在1999年开发的一种可以用作可持续性监控和报告的工具，同时也是一种管理咨询工具和开发与决策程序的一部分，主要参考了联合国可持续发展委员会出版的“可持续发展指标、导则和应用方法”（2000），并在实践过程中不断更新，用于指导规划中所涵盖的可持续发展方面。参见：东滩，2006：134.

[17] 庄宇. 城市设计的运作[M]. 上海：同济大学出版社，2004：149.

[18] 参见：白雪松. 大巴黎重建计划 中国城市规划建设的启示[EB/OL]. 中国规划网，2010−06−26. http：//www.zgghw.org/html/tebiezhuanti/chengshijiazhi/20100626/6318.html. 大巴黎城市计划[EB/OL]. 建筑中国网，2009−12−07. http：//www.guandian.cn/article/20091207/89370.html. 阵痛中的巴黎——“大巴黎计划”的喜与忧[EB/OL]. 人民网－国际频道，2010−07−13. http：//world.people.com.cn/GB/12131645.html.

[19] 目前滨江绿地和公共开发空间面积达到596.8万m^2，亲水岸线长度23km，对公众开放的亲水岸线长度20.5km，体现了“让绿色重返浦江，让市民回归自然”的发展目标。参见：黄浦江两岸开发十周年，开发规划范围进一步延伸[DB/OL]. 解放日报，2012−04−06. http：//www.news365.com.cn/xwzx/sh/201204/t20120426_378968.html.

[20] 参见：胡宝林，喻肇青．台北市都市景观计画研究[M]. 台北：台北市政府工务局，1984.

[21] 参见：（美）罗杰·特兰西克．寻找失落空间——城市设计的理论[M]. 朱子瑜，张播，鹿勤，等译. 北京：中国建筑工业出版社，2008：149−176.

第4章　基于社会空间矛盾的城市设计

4.1　城市设计的社会属性

传统的城市设计是要处理好城市空间形象，即使到现代，它还是城市设计的重要内容。“二战”以后的发展，从弗雷德里克·吉伯德（Frederick Gibberd）的城市设计观到凯文·林奇（Kevin Lynch）的城市意象都未超出这个范畴。现代城市设计受到重视，是在西方城市规划由物质规划转向经济及社会综合性规划，更多地研究城市经济、社会问题，同时在一定程度上相对削弱了对城市空间物质环境关注的背景下出现的，实质上是一种恢复和反省。基于对社会性要素的日益关注，城市设计“社会使用”和“场所构建”的内容——如何使用与复制空间，对空间认知和理解的关注，以及如何来为人制造场所，开始为更多的人们所关注和重视。

社会要素是城市设计的重要构成（参见1.4.2节的内容）。不存在没有社会内容的“空间”，同时，只有当一处城市空间的物质形态也体现出“社会记忆”时，其相对永恒性才能促使其成为一个有意义的场所。城市设计的实质包含着社会层面，城市设计是关于城市空间环境的一项重要的社会实践。一方面，作为物质环境设计，城市设计表现为由多阶段所组成的设计“求解”过程。另一

方面，就城市设计的实质而言，它还作为一种社会系统设计，涉及社会、政治、经济、文化诸多方面。

大卫·哈维（David Harvey）在《社会公正和城市》（1973）一书中提出“社会—空间”的辩证法概念，他认为对城市空间结构的认识需要从物质空间和社会空间的相互关系中加以理解。人们创造城市空间，并通过居住在其中的人们对其特征进行描述，而人们也逐渐通过将自己的行为作用于生活环境，从而进行调整、改造以满足自身的需求和表达自己的价值。因此，人们在创造和改变城市空间的同时，也被生活和工作其中的空间所支配。城市空间具有社会文化、自然及经济等多重属性，同时兼具物质空间和社会系统的特征，体现了各种社会关系，又反作用于这些关系。

城市设计也是解决社会问题的一种手段。要创造好的城市环境或者有吸引力的公共领域，与城市建设相关的各个部门和行业、设计者及其使用者等，都必须直面当前存在的种种社会问题。现代城市规划与设计在不断地寻求解决城市社会问题的过程中取得发展，对实现城市社会的稳定与发展有着重要的意义。

4.1.1 社会性要素分析

社会是人与其生存环境关系的总和。其中与城市空间有关的内容主要集中于社会行为、文化变迁、社会问题与空间观及城市空间结构的相互作用。实际上，每个城市的空间结构关系、肌理与形态都蕴涵着人们特定的行为方式与文化积淀（图 4.1.1–1），社会行为影响着城市的空间结构，社会问题也与空间的发展紧密联系。概括而言，则可以从价值观与行为准则、场所及特征、社会平等、社区、城市活力这几个要素领域来分析社会属性要素的内容。

（1）价值观与行为准则

对城市而言，价值观体现了人们对城市物质生活和精神生活状态的态度和追求趋向。可以说价值观是人的认识的浓缩，不同的价值观往往导致不同的行为准则和生活方式，形成不同的传统习俗、道德规范、宗教教规、法规政策，进而造就不同的城市空间和形态特征。例如，传统西方宗教至上的价值取向促使宗教空间成为城市的主体，而传统中国的“天人合一”的取向则造就了山水城市和园林居所。研究不同的价值观念和取向，可以促使城市生活和空间形式更具多样性、为人们提供更多的选择[1]。而进一步研究人们的行为准则，也可以使城市设计更适应人性化的基本需求，有利于控制和引导城市建设。

图 4.1.1–1 巴塞罗那大教堂（Catedral de Barcelona）一侧：新旧建筑共同形成的社会性空间

（2）场所及特征要素

场所指人与环境相互作用的关系范围，不仅包括静态的地点含义，更包含了人的活

动及其与环境间的作用状态。研究场所对于我们认识城市、塑造人性化的城市空间，意义重大。而特征是表现主要结构和性质并区别于其他的明显性要素。例如，崇尚资本的纽约，城市表现为规整街道、摩天大楼和庞大的城市公园，而珍惜土地资源的东京，城市表现为高密度的肌理，拥挤的街道和繁忙的交通。把握城市特征要素，不仅可以增加城市的可识别性，也可以促进城市多样性和潜力的发挥。

（3）社会平等要素

社会平等要素是涉及个人和群体生存发展权益的因素，是人性化、人权化在当代社会的基本特征。在城市设计中主要表现为人与环境的和谐关系、城市开发的平等机会、私有空间与公共空间的利益平等、城市生活的社会参与程度、城市决策与执行的民主化程度、城市设计的各方面权益平等表达等。其中，社会健康和福利是社会平等的重要表现。这要求城市不仅在物质上提供要素完整的多样化的人工和自然环境，而且在精神上提供健康诗意的城市文化导向，更多地从综合发展的角度结合城市开发提供适应性的发展策略和模式。

1950 年代前

1960、1970 年代

平改坡之后

图 4.1.1–2　上海蕃瓜弄的更新改造

社区作为城市的构成单元，反映着城市社会和经济的变迁。上海蕃瓜弄的改造就反映了 1960 年代的上海城市更新。蕃瓜弄位于闸北区西南部天目西路街道东北隅，临近铁路上海站，占地 6.05hm^2。1960 年代，蕃瓜弄为市内首批棚户改造新建的居民住宅 5 层楼群。1965 年，政府拨款 500 万元，将蕃瓜弄建成市内第一个 5 层楼房群工人新村。

（4）社区要素

从理论上讲，社区是由邻居、邻里单元与邻里中的活动三者共同形成的一个有社会向心力的聚落单元。它涉及家庭的个性化、私密性、安全防卫、邻里之间的认同感、归属感及邻居之间的交往和邻里类型、模式等问题，是传统聚落空间的变异和个人、集体、社会三者当下关系的表现形态（图 4.1.1–2）。从空间来说，社区又是构成城市肌理的基本结构单元。针对社区的城市设计内容，一方面在于对社区物质形态和环境特征的研究，另一方面在于对社区行为模式、心理图式的研究。

（5）城市活力要素

城市活力包含了城市生活的多元化因素和城市形态的多样性因素，如市民活动方式、内容的多元化，城市经济模式的多元化和城市商业形态的多样化，城市空间环境的多样化形态和多样性选择等。城市活力的发掘、保护、重构和建立是城市设计的重要内容。公共领域的建设是构建城市活力的关键。空间与尺度、可达性、土地利用模式、密度、环境质量、公共设施、街道家具和公共活动，都直接影响着公共

图 4.1.1-3 西班牙马德里太阳门广场周边的商业街：作为城市活力要素的公共空间

空间的活力，也成为影响城市活力的要素（图 4.1.1-3）。

4.1.2 社会使用的传统

如 2.1.3 节中所述，城市设计主要有两种传统："视觉艺术"的传统和"社会使用"的传统。两者融合出现了第三种传统："场所建构"(place making）的传统。其中，"社会使用"的传统关注的是人如何使用与复制空间，尤其关注于对空间的认知和理解。在这一传统的发展演变过程中，林奇对城市设计焦点的关注是值得强调的。在评价城市环境方面：林奇认为城市设计不是一种精英行为，而更应该是大众经验的集合。在研究对象层次方面：林奇主张更多地研究人的精神意象和感受，而不只是城市环境的物质形态[2]。林奇从城市的社会文化结构、人的活动和空间形体环境结合的角度提出："城市设计的关键在于如何从空间安排上保证城市各种活动的交织。"进而应"从城市空间结构上实现人类形形色色的价值观之共存"[3]。

林奇在《城市意象》(The Image of the City，1960）一书中，对于城市环境的意象构成进行了具有开创性的工作，从城市总体出发探讨城市空间的"秩序"。他提出的"城市意象"一反过去的貌似客观的学院派构图法则，引入市民的心理因素，开创了现代城市空间研究的先河。林奇在《基地规划》(Site Planning，1984）一书中提出的一套涉及社会、文化、心理、自然和物质形体等文脉要素的基地分析方法，曾对现代城市设计产生了重大影响。但其研究因忽视了不同社会群体对于城市意向的认知差异性而受到质疑。

简·雅各布斯（Jane Jacobs）则是这一思潮的领军人物。雅各布斯的著作《美国大城市的死与生》(The Death and Life of Great American Cities，1961）提出了城市设计的选择性原则。她在书中指出，城市设计应回归到"一种阐明和体现生活，同时又能帮助我们认识生活的意义和秩序的战略思想"[4]。雅各布斯还严厉抨击了"现代主义者"的城市设计基本观念，并宣扬了当代城市设计理念。她认为城市永远不会成为艺术品，因为艺术是"生活的抽象"，而城市是"生动、复杂而积极的生活自身"。雅各布斯关注街道、步行道和公园的社会功能，强调其作为居民日常活动的"容器"和社会交往的场所。

克里斯托弗·亚历山大（Christopher Alexander）的工作也是社会使用传统的写照。正如贾维斯（Jarvis，1980：59）所指出的，在"形态合成笔记"(Notes on the Synthesis of Form，1964）与"城市并非树形"(A City Is Not a Tree，1965）等文章中，亚历山大表达了他对城市设计的反思：既认识到了设计哲

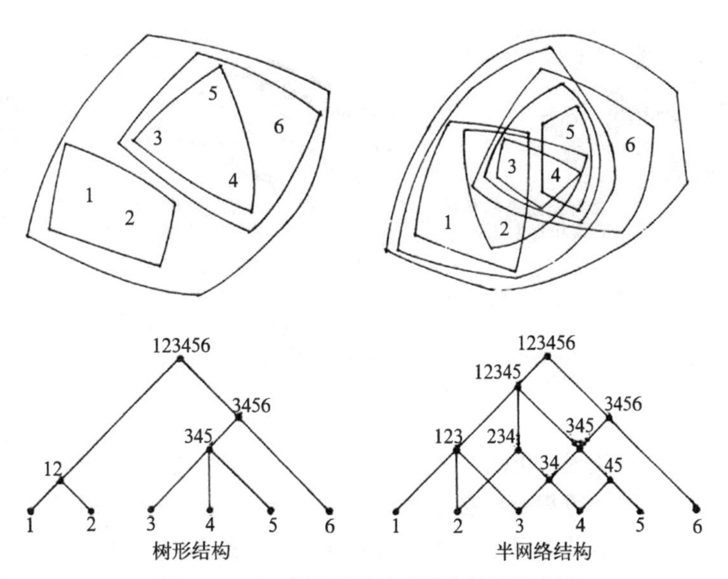

图 4.1.2–1 树形结构和半网络结构模式图

（资料来源：克里斯托弗·亚历山大．城市并非树形[J]. 严小婴，译．建筑师，1985（24）：210）

学中“无文本的形式”的失败，也注意到了城市设计如果忽略行为与空间的联系而可能导致的危险（图 4.1.2–1）[5]。而在《建筑模式语言》（A Pattern Language，1977）及《建筑永恒之道》（Timeless Way of Building，1979）两本书中，亚历山大进一步发展了其思想，提出了“模式”概念。对他而言，模式的意义在于为设计师提供一种有用（但并非预先确定）的行为与空间之间的关系序列。

1970 年英国皇家建筑师学会（Royal Institute of British Architects）在一份报告中指出，城市设计主要的和基本上是三度空间设计，但也必须对非视觉环境——如噪声、气味及危险感与安全感等一一进行处理。这些将主要地构成一个地区的特性，亦即实体和人们活动的安排将决定这一环境的主要特征。城市（或地区）的空间及各元素间关系与室内空间不同，基本上是外部的。学会还指出，城市设计关注现有城市形式新发展的关系，关注其社会的、政治的和经济的要求，以及现有资源。它也同样关注城市发展不同形式的关系。

美国学者阿摩斯·拉普卜特（Amos Rapoport）则从文化人类学和信息论的视角，提出城市设计是作为空间、时间、含义和交往的组织。强调在“人—环境”关系中处于中心地位的意义（Meaning）的重要性，认为城市形态塑造应该依据心理的、行为的、社会文化的及其他类似的准则，应强调有形的、经验的城市设计，而不是二度的理性规划[6]。在强调行为与环境互动的基础上，拉普卜特提倡开放式的设计方法（Open–ended Design），其研究涉及复杂的人文、社会内容，着眼于环境行为学，并涉及环境心理学、社会学、符号学等学科。

莱昂·克里尔（Leon Krier）提出的城市重建概念是新城市主义的思想来源之一。克里尔提出应将具有历史感、纪念性意义以及标志性的历史建筑和传统公共空间引入现代城市，或者将两者有机结合在一起。认为“街区”必须在城市空间的组构中成为最重要的元素，尝试将城市功能整合在微观层次上加以

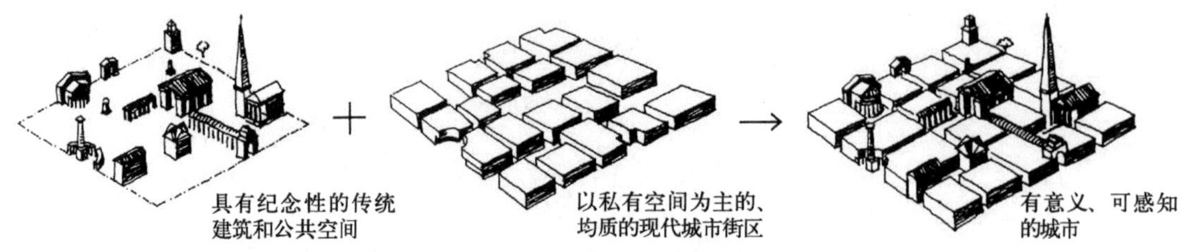

图 4.1.2-2　克里尔的城市重建概念示意

克里尔的著名图示，利用精心设计的前景和简单的背景建筑——尽管是新古典主义风格，清晰显示了类型学的城市主义。前者是保留给公民和机构使用，后者是用作住宅及商业用途，这通常占到了美国城市肌理的 80%。借助低层小街区的网络，街道导向型的结构，新城市主义力争更加具有人性尺度和更加方便行人。

（资料来源：洪亮平．城市设计历程 [M]．北京：中国建筑工业出版社，2002：156）

实现，街区本身是一个完整的城市生活有机单元，即将居住、工作、交通、游憩等集合到各个城市社区甚至街区地块中，形成非同一性和多样的城市经验以及由日常生活过程形成的人际关系网（图 4.1.2-2）。克里尔关注于现代欧洲城市中公共领域（Public Realm）的被破坏，并强调诸如街道、广场、柱廊、拱廊和庭院等传统城市要素作为记忆的关联组织，认为建筑类型和类型学分析应当用来重构城市和对贫瘠的公共领域的重新建设。

比尔·希利尔（Bill Hillier）和朱丽安·汉森（Julienne Hanson）的《空间的社会逻辑》(The Social Logic of Space)，以及希利尔的《空间是机器》(Space Is the Machine）和汉森的《家庭和住宅的解码》(Decoding Homes and Houses）等一系列书籍和文章开拓了空间研究的新领域。空间句法（Space Syntax）理论综合了图形—背景分析、关联耦合分析与城市空间解析方法，也是“环境范式”（Enviromental Paradigm）和“逻辑空间”（Logic Space）研究的延续。通过对一百多个城镇和城市设计方案的解析，证明了城市空间组织对人的活动与使用模式的影响主要涉及三个方面，即空间的可理解性、使用的连续性和可预见性[7]。

4.1.3　场所建构的传统

“场所建构”的传统主要关注作为审美对象和活动场景的城市空间的设计，其焦点是成功创造城市空间所必需的多样性和活跃性，尤其是物理环境对在此处产生场所的功能与活动的支持。“为人建构场所”逐渐成为近 20 年城市设计的主流观念，这一结果的演进过程以下列事件为代表[8]：

英国著名建筑师和城市规划家吉伯德认为：“城市设计主要是研究空间的构成和特征”；“城镇设计的目的在于，不仅将城市看做是功能的组合，而且还是欣赏的对象”。吉伯德在《市镇设计》中论述道[9]：“一个小城市是自然怀抱中的一个物体”，“存在于自然骨架中的建筑物和小城市，常常能使人看到它和环境的全貌，因此它们在自然背景中显得格外突出；是沉静的背景中的活跃因素”。

在设计思想上，十次小组（Team10）很好地解释了场所精神，其核心主张就是场所结构分析，认为城市设计思想首先要强调一种以人为核心的人际结合和聚落生态学的必要性。城市形态必须从生活结构的本身发展起来，城市设计的任务就是把社会生活引入到人们所创造的空间中[10]。十次小组关心的是人与自然的关系，他们的公式是“人＋自然＋人对自然的观念”并建立起住宅—街道—地区—城市的纵向场所层次结构，以代替原有《雅典宪章》横向的功能结构[11]。十次小组代表人物史密斯（Smithson）夫妇则综合十次小组的设想，提出了“簇集城市”（Cluster City）的理想形态（图4.1.3–1），以线型主干进行多触角的扩展，其流动、生长、变化的思想为城市设计的新发展提供了可能。

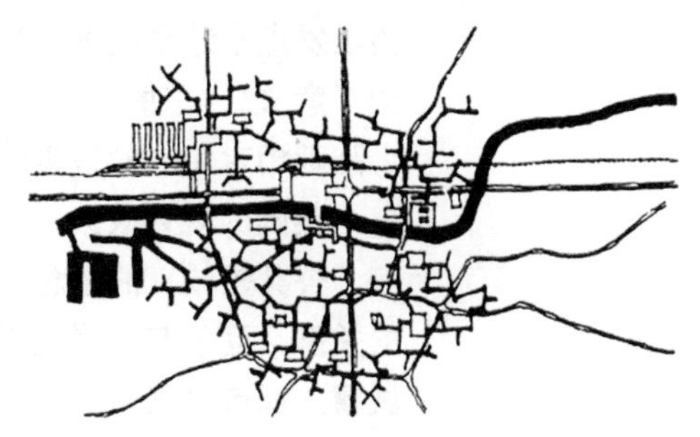

图4.1.3–1 “簇集城市”的设想
（资料来源：王建国．现代城市设计理论和方法[M]．南京：东南大学出版社，2004：97）

雅各布斯也认为单一的区划严重忽视了城市社会、经济结构的复杂性、多样性和城市活力。在其著作《美国大城市的死与生》（1961）中，她从生活者的立场出发，从常识的角度批判规划理性主义的功能分区机械教条导致了城市复杂性降低、活力丧失及非人性化现象出现。更重要的是，为我们开辟了一个观察、认识城市环境的新的视角和方法，即对城市环境与日常生活互动关系的关注。

彼得·布坎南（Peter Buchanan）则在1988年提出，城市设计“本质上是关于场所的制造，场所不仅是一处明确的空间，还包括使其成为场所的所有活动和事件。”[12] 伦佐·皮亚诺的“人文城市”模式的设计理想全面体现在他的里昂国际城、柏林波茨坦广场和热纳亚旧港改建等规划项目中。新建筑与老建筑，新景观与老的城市景观，建筑、环境与人，形成了良好的互补关系和依存关系。

城市规划师、建筑师安德雷斯·杜安依（Andres Duany）和伊丽莎白·普拉特－兹伊贝克（Elizabeth Plater–Zyberck）1992年出版的《城镇和城市设计原则》（Towns and Town–making Principles），介绍了著者10年来规划设计的12件城镇和村落作品。其理论强调历史、传统、文化、地方特色、社区性、邻里感和场所精神。他们的设计显示了设计者对人类天性的理解；对存在于人类、社团、环境构成、场所意义之间存在的逻辑的理解（图4.1.3–2）。

1979年挪威建筑师诺伯格·舒尔茨（Norberg–Schulz）在《场所精神：迈向建筑现象学》（Genius Loci：Towards a Phenomenology of Architecture，1980）一书中指出了存在空间的核心在于场所。人要定居下来，他必须能体验环境是充满意义的。舒尔茨试图以“人的存在”

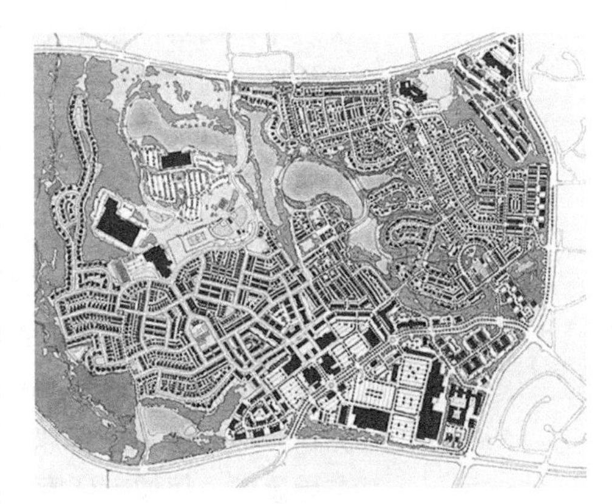

图4.1.3–2 杜安依和普拉特－兹伊贝克的肯特兰城镇设计
（资料来源：http：//www.dpz.com/Projects）

为出发点来综合秩序与意义，提出“场所”理论、“居住”理论，揭示了“聚居”的“意义”。总的看来，欧洲大陆比较注重城市空间“秩序”的探索，美洲新大陆则相对关注的是实体“意义”的寻觅[13]。

英国的规划政策导引（Planning Policy Guidance,1997）吸纳了“场所建构”和“公共领域”的概念，规定“城市设计”所调整的关系包括：不同建筑之间的关系；建筑与街道的关系；广场、公园及其他构成公共领域的空间；村庄、城镇、都市中某一部分与其他部分的关系；以及因此类空间关系而形成的人的行为模式。这一导引涉及城市设计的七个目标，每个目标均与场所观念相关：①特征：场所自身的独特性；②连续与封闭：场所中公共与私密的部分应该清晰地区别；③公共领域的质量：公共空间应该是有吸引力的户外场所；④通达性：公共场所应该易于到达并可以穿越；⑤可识别性：场所的功能可以比较方便地转化；⑥适应性：场所的功能可以比较方便地转化；⑦多样性：场所功能应该具有多重选择。

“场所建构”是一种表述行为、充满活力和创意的过程，既关注作为物质和美学实体的空间设计，又关注作为人类行为载体的空间设计。场所可以是市场、街道、广场、邻里、公园的一部分，为人提供一种具有认同感、归属感的场所是场所建构的根本目的。“场所建构”已被广泛使用，如在新城市主义运动和城市复兴运动中，都将“场所营造”置于重要的位置。城市设计要想获得独特的城市场所，必须将场所营造作为其核心理念。

4.2 环境与场所

4.2.1 环境认知

（1）环境的感知和认知

感知（perception）是指人们的感觉系统对环境刺激的反应。认知（conception）则包括收集、组织以及明确有关环境的信息。我们通常会区别收集和转移环境刺激的这两个过程——“感知”和“认知”，但两者并不是分离的过程：实际上，在感知结束和认知开始之间并没有明显的界限。穆尔（Moore，1983）主张要关注个体和群体在环境认知上的差异。不同的人因不同的背景和经历对他们所处的环境的诠释也不同。在年龄、性别、种族、生活方式、在某个地区居住时间的长短以及在城市中交通出行模式等方面的差异，都影响人们对环境认知的方式[14]。

我们影响环境并且被环境影响着。因为这种交互影响的发生，我们必然察觉到作为环境转译和感知的四个官能——视觉、听觉、嗅觉、触觉的刺激带给我们的有关周围世界的线索，这些感官刺激通常是作为一个相互关联的整体被察觉和意识。其中，视觉是支配性的感觉，空间定位就是靠视觉实现的。视觉认知非常复杂，依赖于距离、色彩、形状、质地和对比度等。虽然视觉是主导感觉，但城市环境并不只是通过视觉被认知。埃德蒙·N·培根（Edmund Bacon，1974）认为“变化的视觉画面”仅仅是感官体验的开始。英国地理学家威廉·柯克（William Kirk）于1951年根据心理学理论建立了新的空间认识

模式。他认为人们所能看见的现象环境只有通过人对其的感知及评价，才决定了人在环境中的行为。英国地理学家戴维·洛温塔尔（David Lowenthal）认为，现象环境通过文化、个人经历及想象的作用而形成行为环境，在行为环境中才可能形成个体行为（图 4.2.1–1）[15]。

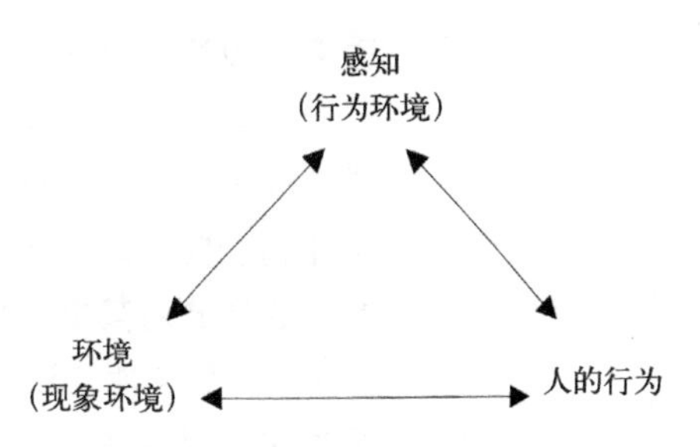

图 4.2.1–1　环境与行为关系的图示
（资料来源：孙施文．现代城市规划理论 [M]．北京：中国建筑工业出版社，2007：317）

认知关注的则远不只是观看或者感知城市环境。它还涉及对刺激更复杂的处理或理解。爱特森（W. H. Ittelson，1978）区分了同时起作用的有关认知的认识性、情感性、解释性、判断性这四个方面[16]：①认识性的：包括思考、组织和保留信息。本质上，它使我们理解环境。②情感性的：包括我们的情绪，它可以影响我们对环境的认知——同样，对环境的认知也影响我们的情绪。③解释性的：包含源自环境的意义和联想。在理解信息的时候，我们把记忆作为与新刺激进行比较的出发点。④判断性的：包含了价值和偏爱以及对“好、坏”的判断。与简单的生物过程不同的是，认知还与社会和文化的“习得”有关。沃姆斯利（D. J. Walmsley，1988）将个体绘制地图经历的发展阶段分为[17]：处理基于自身的“以自我为中心”的空间关系时所经历的“空间行为阶段”；处理基于物体的“客观”空间关系时所经历的“空间感知阶段”；理解基于坐标的“抽象”空间关系时所经历的“空间认知阶段”。

（2）环境的意义与象征

所有的城市环境都包括符号、意义和价值。对“符号”及其意义的研究以“符号语言学”或“符号学”为人所知。20 世纪初，瑞士语言学家费尔迪南·德·索绪尔（Ferdinand de Saussure）创立了符号学。索绪尔认为语言是各要素相互联系并相互制约的整体。符号学研究所有作为通信手段的文化过程，分析作为含义系统的社会代码。世界充满了“符号”，被解释和理解为社会功能、文化和意识形态。符号往往被区分为不同的种类[18]：①图像符号：与对象有着直接的相似性，例如肖像表示被画的人；②索引符号：与对象有着材质上的联系，例如烟预示火；③象征符号：与对象的关系更加任意，本质上经社会和文化系统建立，例如古典柱式表示“庄严”。

每个语言符号都有双重性，即“能指”与“所指”的区别。在城市设计与建设史上，符号意识一直广泛存在。这对于研究城市形态具有重要的含义，因为每一个建成环境学科都使用含义的方法。作为“能指”的城市实体空间始终同城市的“所指”社会与文化意义紧密相联。城市社会符号学将有关场所的符号学融合起来，通过社会发展进程将符号学融入一种具体的关系中。现在，用符号学方法分析城市和建筑形式，已经是一种被广泛接受的解释方式，也是对于设计哲学的重要贡献[19]。

非言语符号的意义产生于社会和文化传统，解释起来则往往具有很大的灵活性。意义随着社会的改变而改变。建成环境的意义随着社会价值观的发展而

改变，以适应变化中的社会经济组织模式和生活模式。阅读一处环境包括理解它对不同的人如何有不同的意味，以及意义是如何变化的。符号学的一个关键概念就是意义的分层。第一层的符号是外延的，意谓物体的“首要功能”或者可能的功能；第二层的符号或者“次要功能”是内涵的，其本质是象征的，包含社会方式对其更为持续的理解。比如说一个用意大利大理石建造的多立克式门廊（首要功能是遮风避雨）与用粗糙的锯木建造的门廊相比，有着不同的“象征功能”或者意义。因此，结构或者建筑元素具有第二级的、内在的意义。而开发商出售令人向往的“生活方式”意象而不是房子。所以说，经济和商业力量极大地影响了对建成环境象征意义的营造[20]。

城市的演变过程是一种渐进的、阶段性的发展过程，不同的时代给城市环境留下了不同的“痕迹”和“烙印”，表现出不同的形态、风貌，从而使城市表现出千差万别、生动丰富的个体特征。建筑与环境的象征性角色是社会和环境之间关系的关键部分。许多研究聚焦于环境如何表示、传递和体现权利与统治的模式。但政治和经济权力并非唯一被传达的信息，因为反意识形态的因素产生它们自己的象征体系和环境。当代建成环境的象征内容是多层级的，并且常常模棱两可，但所有的人工环境都象征着制造和改变环境的权力[21]（图 4.2.1–2、图 4.2.1–3）。

图 4.2.1–2　巴黎的埃菲尔铁塔
（资料来源：http：//image.fengniao.com/slide/386/3868885_26.html#show）

图 4.2.1–3　巴黎卢佛尔宫及玻璃金字塔
（资料来源：http：//www.tuku.cn/wallpapers/view.aspx?id=1267&type=2560x1600）

4.2.2　城市意象

勒·柯布西耶（Le Corbusier）的现代主义运动曾经对城市设计造成了较大影响，但是战后重建与新区建设的弊端也引发了深刻批判。1960 年代以后形成了一套相当完整的城市设计理论，并在西欧以及北美的一些城市得到实践。这些理论的基本点包括：承认在城市设计中人的尺度的必要性；通过保留城市地标、渐进的城市更新、尊重地方文脉与建筑形式、风格及材料以满足历史社区的需要；通过混合使用和规划以保持地区活力。

通过重新定义“城市”，“文化”开始被重新包含到这一关联性中。“城市”作为文化的“容器”来表现世界真实的和感性的变化。城市设计理论和文化人类学试图解释城市和文化的这一关系，理解城市和文化的交汇，其含义胜过功能。“意识中的城市”（City of the Mind）、认知地图（Cognitive Map）、模式语言（Pattern Language）等概念，已成为认识城市的意象、评价好的城市形态以

及城市空间结构的一套方法论。

（1）环境与意象

“环境”可以被看作是一种精神建构，一种环境意象，由每个人各自不同地创造和评价。意象是个人经验和价值观过滤环境刺激因素这一过程的结果。

肯尼斯·博尔丁（Kenneth Boulding，1956）提出所有的行为都依赖于意象，而意象可定义为个人全部积聚和组织起来的、关于自己和世界的知识——主观的知识，同时也存在着许多广泛共享的公共的意象。而林奇所考察的就是在城市环境中的一种公共意象。博尔丁还认为，所有的意象包含了十种范围：空间的；时间的；关系的；个人的；评价的；情感的；有意识的、无意识的、下意识的；意向的确定性和不确定性、清晰与含糊；现实的与非现实的；和他人共享的还是只属于个人的等。之后有关意象的研究在有关“集体记忆”的历史生成学方面得到延续，而阿尔多·罗西（Aldo Rossi）等人使其获得了空间意义上的转换，并通过诺伯格－舒尔茨的进一步阐释，在城市空间形态的形式分析和生成机制分析方面得到统一[22]。

对于林奇来说，环境意象是一个双向过程的结果，在这一过程中，环境表达区别和联系，观察者则从其中选择、组织、赋予所见以意义。同样地，蒙哥马利（Montgomery）区分了“特征”和“意象”，前者是场所的真实面目，而后者则是这一特征和每个人的环境感受和环境印象的结合。林奇对“可意象性”（Imageability）的定义：“有形物体蕴涵的、对于任何观察者都很可能唤起强烈意象的特性”。他认为“有效的”环境意象需要三个特征：①个性：物体与其他事物的区别，作为一个独立的实体（例如一扇门）；②结构：物体与观察者及其他物体的空间关联（例如门的位置）；③意义：物体对于观察者的意义（实用的和／或情感的）（例如门作为出入的洞口）。

林奇在《好的城市形态理论》（A Theory of Good City，1981）中将城市形式历史的缜密思考和城市设计理论结果结合，建立了一个有助于观察研究的组织体系。他设立了三个类别——即三种“标准性模式”，它的分类与政治和经济秩序的关联较少，而更多的是与城市原始意向或者说城市的自我理解相[23]。而柯布西耶则写道，“城市就像一团涡流；必须对其印象作出分类，辨识出我们对于它的感觉，并选择那种有疗效且有裨益的方法”[24]（图 4.2.2–1）。

（2）心理地图

场所和环境的心理“地图”与意象，尤其是共同的意象，是城市设计中环境认知研究的中心。林奇对城市意象的揭示为后人提供了实际运用的途径，他以图解的方式表达人们对于城市环境的认知。这种非常有用的方法而且也是以后被广泛使用的方法，称为“心理地图”（Mental map）。

林奇对波士顿（Boston）、泽西城（Jersey City）和洛杉矶（Los Angeles）等城市进行了周密的研究分析后，对城市中构成视觉印象的要点，如开端空间、绿化配置、道路中的动感、视觉对比等作了精辟的论述。经过研究他总结出人们对于城市意象的认知模式往往具有类似的构成要素，通过路径（Path）、边界（Edge）、区域（District）、节点（Node）和地标（Landmark）等五个要素构成共同的城市意象（参见 1.4.2 节的内容，图 4.2.2–2）。乔恩·朗（Jon Lang）

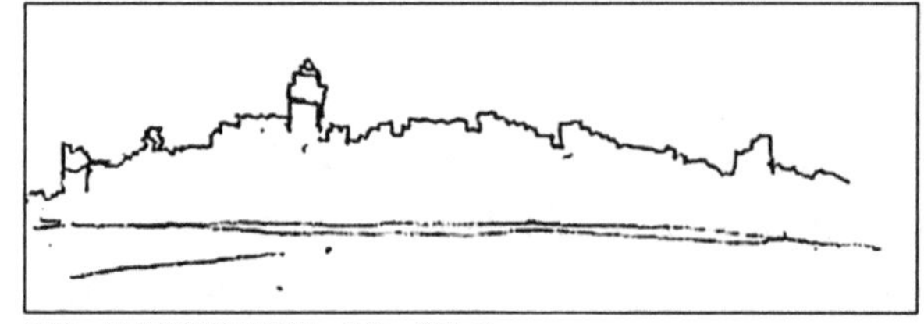

佩腊：锯齿状的城市轮廓、海盗、淘金者

伊斯坦布尔：清真寺尖塔的虔诚，扁圆屋顶的平静，警觉但方向不变的阿拉真主

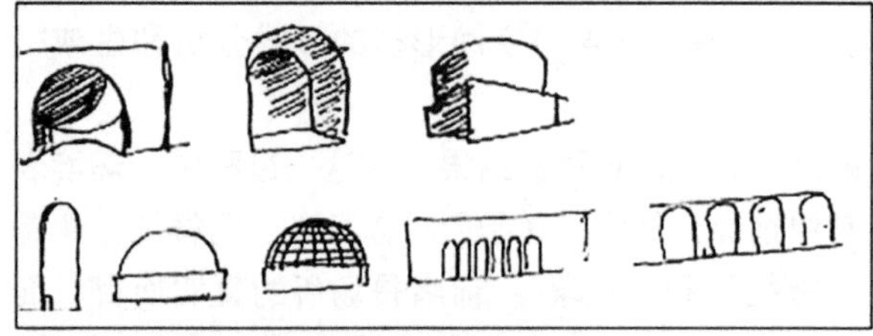

罗马：几何、不可抗拒的秩序、战争、组织、文化

锡耶纳：中世纪令人苦恼的混乱。炼狱与天堂

图 4.2.2-1　柯布西耶对城市形式的对比
（资料来源：（法）勒·柯布西耶．明日之城市 [M]. 李浩，译．北京：中国建筑工业出版社，2009：57）

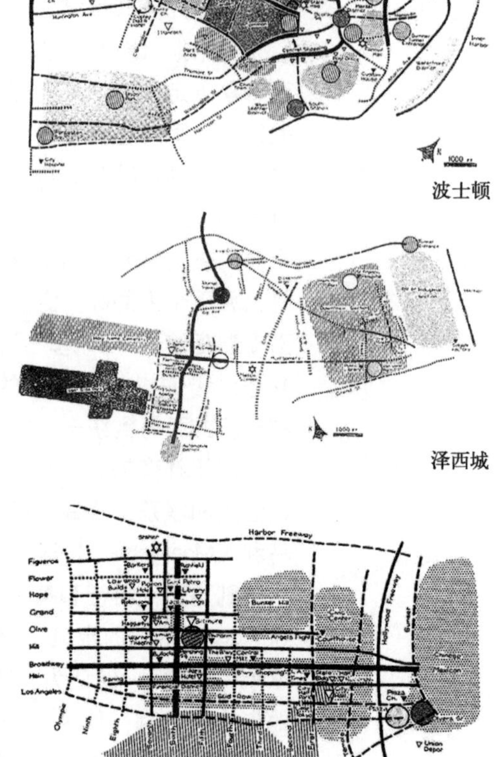

波士顿

泽西城

洛杉矶

图 4.2.2-2　林奇的波士顿、泽西城、洛杉矶城市意象
（资料来源：Kevin Lynch. The Image of the City[M]. Cambridge：The MIT Press，1960：146，148，150）

在对城市意象研究的总结中指出，可以用格式塔心理学中的视觉组织规律来解释城市意象中的组成要素。

从某种程度上讲，林奇提出的只是一个“初步的原始框架”。因此，对于林奇的发现和方法也存在一些批评，这主要在于三个方面[25]：①观察者的多样性：集合具有不同背景和不同经历的人们的环境意象，其有效性受到了质疑。之后有研究也表明，作为社会阶层和习惯使用的结果，人们的城市意象是如何不一致。②可识别性和可意象性：林奇在后来的专著《良好的城市形态》中不再强调可识别性，而是将“感觉”作为城市行为的唯一尺度，将可识别性看做是感觉的一种，认为对秩序的强调会忽略城市形态的模糊性、神秘性和惊奇性。而德扬（1962）在荷兰的研究表明，人们喜欢“混沌的”环境，而史蒂文·卡普兰（Stephen Kaplan，1982）则强调对环境中的“惊讶”和“神秘”的需要。③意义和象征：也有观点认为应更加注重城市环境对人们意味着什么，以及人们如何感受它，如同心理意

象的建构一样。认知地图技术往往忽略了这些问题。例如对于五要素之一的地标性建筑的作用更多地局限于物理和心理上的识别，而忽视了它的社会文化意义。

通过鉴别在城市环境中建筑和其他元素被感知的四种方式，唐纳德·阿普尔亚德（Donald Appleyard, 1980）扩展了林奇的工作：通过它们的可意象性或者形式特征；通过人们在城市周围活动时的可见性；通过作为活动场景的角色；通过建筑的社会意义。拉普卜特则提出，心理地图是一系列的心理转换，通过这些转换，人们学习、储存、回忆关于空间环境的构成部分、相对位置、距离方向和总体结构等信息的编码与解码。每一个人构造心理地图时，并不是只考虑具体的物质空间的形式要素。象征体系、含义、社会文化及无形因素、活动和形式的和谐、文脉、潜在的或显在的活动习惯、清洁、安全、不同类型的人等，都会在此过程中发挥作用。另外，阿普尔亚德的二维地图运用标志表达对象特征（图 4.2.2–3）。特伦斯·李（Terence Lee）和戴维·坎特（David Canter）从环境心理角度进行的研究发现“认知地图”和“社会—空间图式”；高登·库伦（Gordon Cullen）则认为视觉满意的创造在于将运动作为设计过程的一部分来认识（图 4.2.2–4）[26]。心理地图这种非常有用的方法如今得到了越来越广泛的使用（图 4.2.2–5、图 4.2.2–6）。

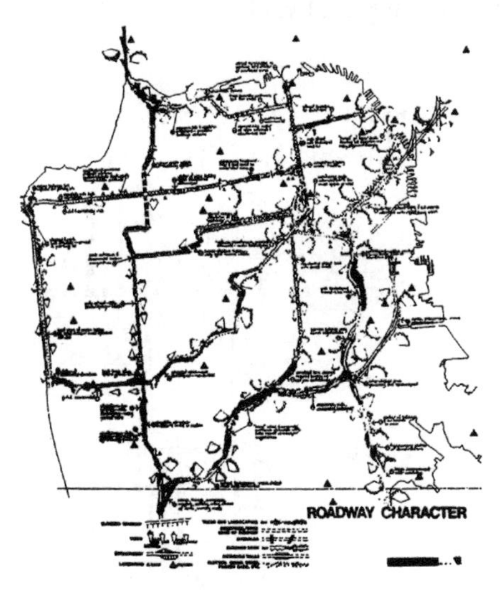

用标志来诠释道路特征

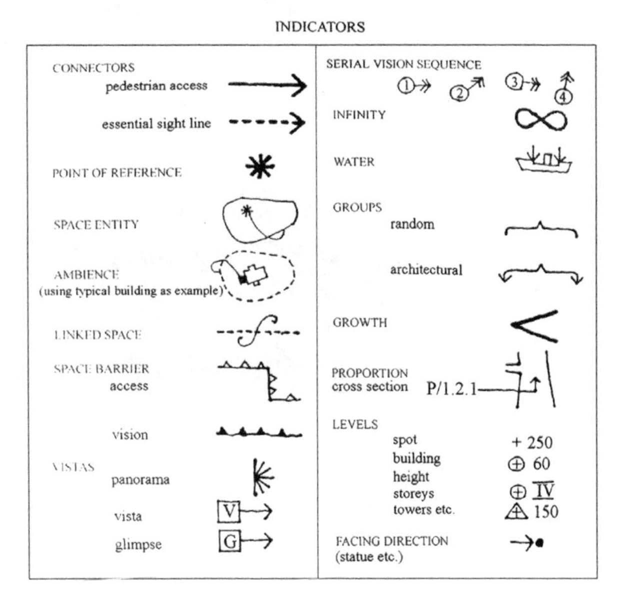

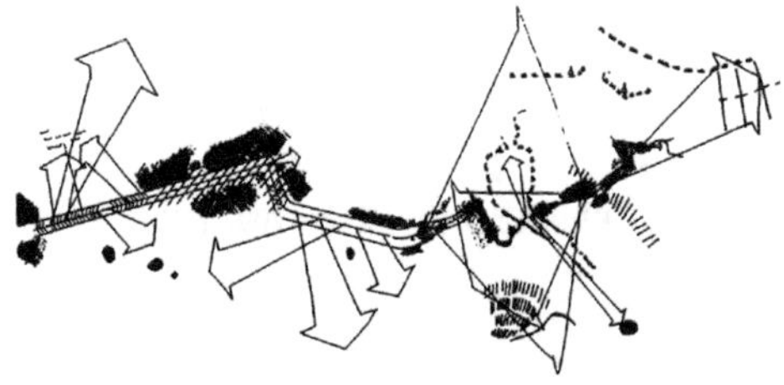

用标志来强调运动、围合、景观、领域、河流和城市发展

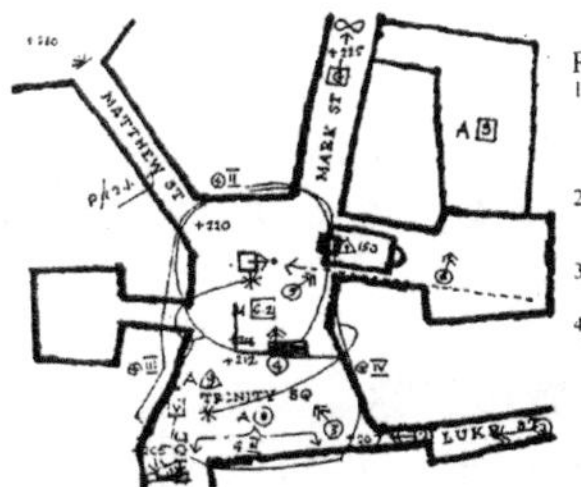

Footnotes
1 Scales and Indicators are only to be used where the interpretation of a plan could reasonably be in doubt. This obviously depends to some extent on the type of person who is going to read the plan.
2 The Notation assumes the continued existence of standard planning symbols and that is why they are not duplicated.
3 The author reserves the right to add, alter, rescind any Notations or pattern of Notations as the series progresses.
4 You may say that all this information could be gained more simply by a photograph or a visit, but the purpose of the Code is mainly to explain what is not built–what is intended.

图 4.2.2–3　阿普尔亚德的二维地图运用标志表达对象特征
（资料来源：刘宛．城市设计实践论 [M]. 北京：中国建筑工业出版社，2006：103）

图 4.2.2–4　卡伦在阿尔坎（Alcan）城研究中建立起自己的城市符号（Notation）分析系统
（资料来源：刘宛．城市设计实践论 [M]. 北京：中国建筑工业出版社，2006：104）

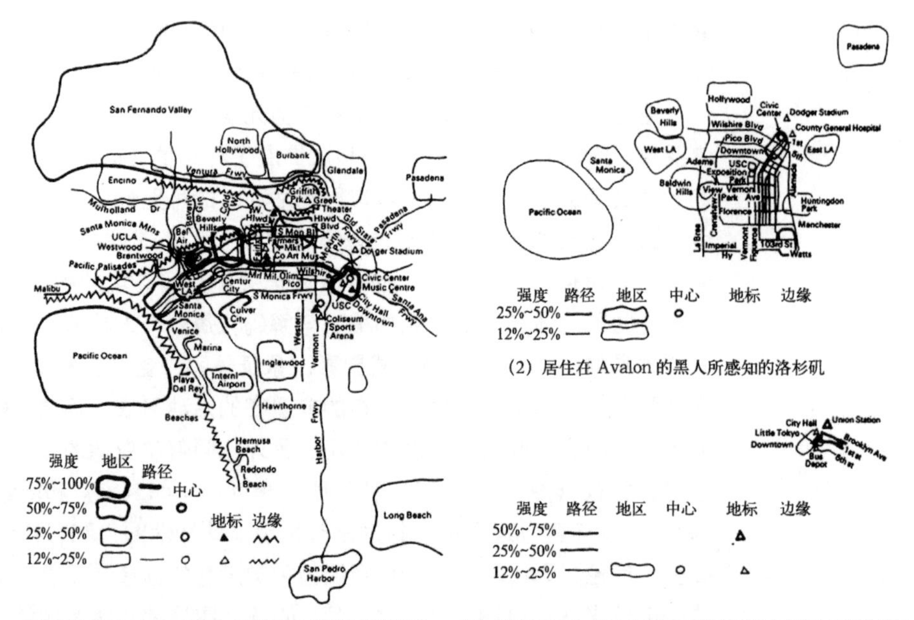

（1）居住在 Westwood 的中上阶层白人所感知的洛杉矶　（3）居住在 Boyle Heigts 的讲西班牙语的居民所感知的洛杉矶

图 4.2.2-5　不同的人（不同的社会阶层）对同一城市的不同认识

（资料来源：孙施文．现代城市规划理论 [M]. 北京：中国建筑工业出版社，2007：310）

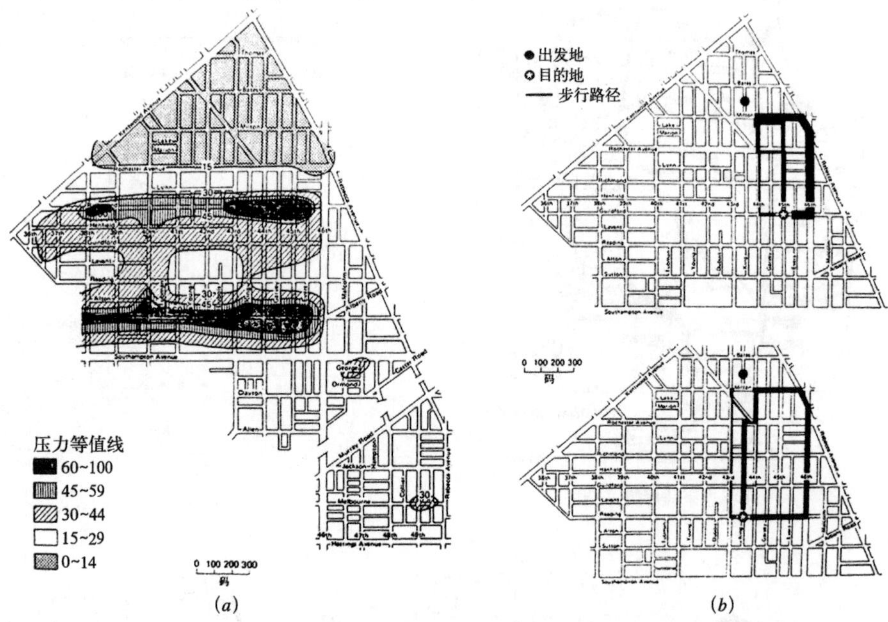

(*a*)　(*b*)

图 4.2.2-6　人们根据对城市街区的安全状况的意象来决定路径的选择

（资料来源：孙施文．现代城市规划理论 [M]. 北京：中国建筑工业出版社，2007：318）

（3）城市文脉

拉普卜特在 1977 年发表《城市形态的人文方面》（Human Aspects of Urban Form）一书。拉普卜特认为，环境可以定义为有机体、组群抑或被研究系统由外向内施加的条件和影响。而这种环境是多重的，包括社会、文化和物质诸方面。城市设计所能驾驭的（为人提供场所的）物质环境的变化与其他人

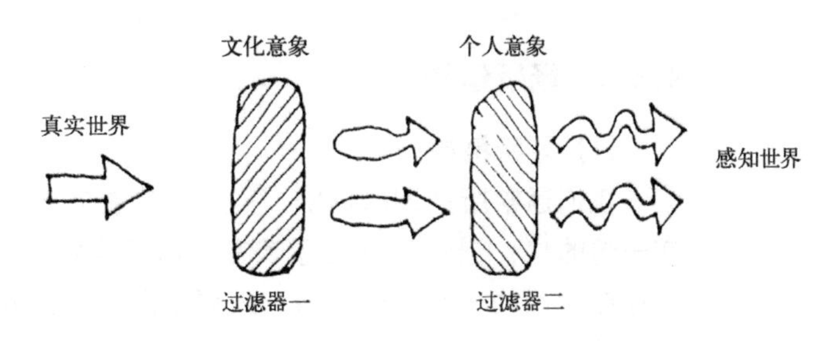

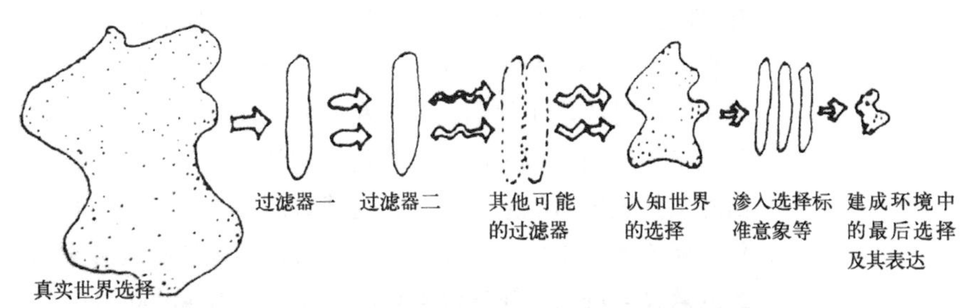

图 4.2.2-7 拉普卜特的城市设计概念及城市意象产生过程
（资料来源：王建国．城市设计 [M]．2 版．南京：东南大学出版社，2004：212）

文领域之间的变化（如社会、心理、宗教、习俗等）存在一种关联性。拉普卜特认为，城市形体环境的本质在于空间的组织方式，而不是表层的形状、材料等物质方面，而文化、心理、礼仪、宗教信仰和生活方式在其中扮演了重要角色（图 4.2.2-7）。

哈贝马斯（Habermas）指出 1960 年代开始弥漫的变化曾经掀起了行为和思考方式的骚动并影响至城市景观的塑造，伴随着“正统的危机”而引发了“范例的变迁”[27]。这一时期见证了人们对过去时代魅力意义的追寻，并呼唤多元文化、多重标准、多效的价值观。南·艾琳（Nan Ellin）认为在这范例的变迁中，“城市”及“文化”被重新审视[28]；鲍尔（Ball）指出必须重视城市的多元文化，城市文化被认为是可持续的城市更新中的一个重要概念[29]。

“城市文脉”也已成为城市更新及重建中城市设计的重要课题。内城复兴中的一种方式是重新将已废弃的仓库作住宅或商住之用。从城市设计的角度，工业仓储改为商住用途方式是城市性的和历史主义的，是实现居所和工作场所统一的一种尝试。这种历史保护或复兴包含了对工业化过去的重新估价。莎朗·佐金（Sharon Zukin）指出自动化的增加和人力劳动的减少引发了“对旧的机械装置的艺术崇拜”[30]，正如艺术家们用废旧的工业部件来构成他们的机械装置。因此，与“租金差额”理论不同，这种方式的城市复兴是一种个人生活方式的选择，而并非资本的流动。

城市设计应更多地关心各构成要素之间及其与隐形规则之间的联系，而不是要素本身。空间组织的意义和规则及相应的行为才是本质，而设计本身可看做是人类对某种理想环境的“赋形表达”。设计无论大小，都有多种方案选择的可能性，都是一个根据不同规则排除不合适方案的过程[31]。

4.2.3 场所建构

(1)场所精神

我们通常所强调的场所，实际上总是与“场所精神”(Genius Loci)联系在一起的[32]。诺伯格-舒尔茨在《场所精神：迈向建筑现象学》一书中指出了存在空间的核心在于场所。人要定居下来，他必须能体验环境是充满意义的。诺伯格-舒尔茨对“场所精神”这个概念,从词源学上作了这样一个解释：“场所精神是罗马人的想法，根据古罗马人的信仰，每一种‘独立的’本体都有自己的灵魂，守护神灵，这种灵魂赋予人和场所生命，自生至死伴随人和场所，同时决定了他们的特性和本质。”同时，舒尔茨提出：“场所就是具有特殊风格的空间。自古以来，场所精神就如同一个具有完整人格的人，如何培养面对及处理日常生活的能力，就建筑而言，意指如何将场所精神具象化、视觉化。建筑师的工作就是创造一个适宜人们聚居的有意义的空间。”[33]其著作《建筑的意义与场所：论文选》(Architecture：Meaning and Place：selected essays，1988)，及《建筑：存在、语言、场所》(Architecture：Presence，Language，Place，2000)等，也突显了他在这些方面的倾向。

而瑞尔夫的《场所与无场所》(Place and Placelessness)(1976)是最早导向现象学和关注心理和经验“场所精神”的著作之一。瑞尔夫指出，不管如何“无定形”和“难以感觉”，无论我们何时感受或认识空间，都会产生与“场所”概念的联系。场所是从生活经验中提炼出来的意义的本质中心[34]。坎特(1977)从瑞尔夫的工作得出这样的结论：场所是“活动”加上“物质属性”加上“概念”共同作用的结果。约翰·彭特(John Punter,1991)和约翰·蒙哥马利(John Montgomery，1998)则在坎特和瑞尔夫的理论基础上，把场所感的构成放到城市设计思想里面(图4.2.3-1)。这些图表说明了城市设计活动是怎样建立和增强场所感的[35]。

历史与城市及城市中的人的关系，正是处于一种持续的相对性中，现代的城市记载着部分的历史，现代人则成为一个原地不动，但始终前行于历史的后顾者。意大利建筑师罗西在他所熟悉的城市中寻找一种充满理性与意义的城市建筑语言，并把这一切编织到现代城市之中去。这一切在他于1966年发表的《城市建筑学》(The Architecture of the City)的城市建筑理论中得到了阐述，他认为传统的建筑形式、场所和空间在城市发展及其形态结构形成的过程中起着至关重要的决定作用,他自己也成为欧洲新理性主义的倡导者和代表者之一。罗西认为城市不仅仅是一个空间，更是一个有意义的场所，城市体现了一种场所精神，因为城市所有的建筑类型是和事件紧密结合在一起的，而城市的广场和建筑物本身是现代的或古代的则与此无关。

(2)场所的特性

“场所”概念常强调“归属”感与场地的情感联系。场所可以用“植根”和对特定场地的联系或特性的有意识感知来理解。植根是指对场地的一般无意识感知。一般而言,人们需要身份感,以及归属于一个特定的区域和(或)团体。迈克·克朗(Mike Crang)揭示“场地为人们的共同经验和时间的连续性提供

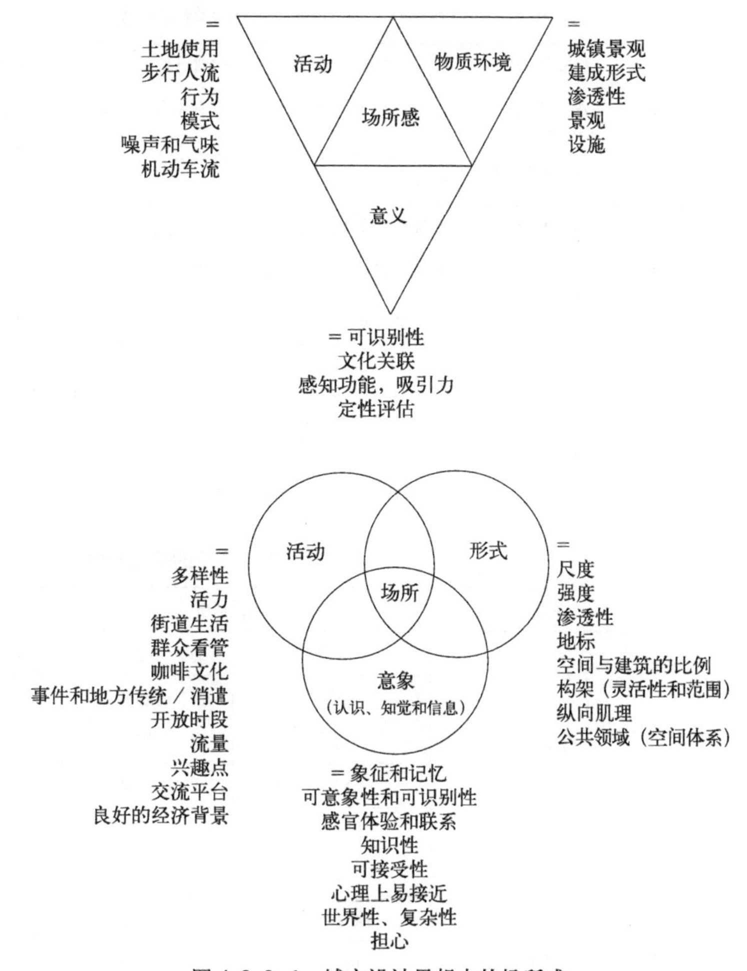

图 4.2.3-1 城市设计思想中的场所感

这些来自约翰·彭特（1991）和约翰·蒙哥马利（1998）的图表说明了城市设计活动如何能够创造和增强潜在的场所感。

（资料来源：(英) Matthew Carmona，Tim Heath，Taner Oc，等．城市设计的维度 [M]．冯江，袁粤，万谦，等译．南京：江苏科学技术出版社，2005：95）

了支撑点”[36]。每个个体都要通过物理分离或差异性所获得的个体特性，以及进入某个特定场所的感觉，表达对集体或场所的归属感。

在通常的意义上，“场所是从文化上加以限定的”。“场所的性质不是由建筑物，而是由实践决定的。”“场所是人与环境相互作用的产物，是空间、事件、意义的统一”。瑞尔夫提及“场所的本质”存在于“内部”，区别于“外部”的偶然的无意识经验。他用“自己人”（Insiders）和“外人”（Outsiders）的概念区分场所特性的种类[37]（表 4.2.3-1）。而空间要变得有人气和有生气，就必须在一个有吸引力和安全的环境中能提供人们想要的东西。“公共空间计划”（The project for public space，1999）说明了四个塑造成功场所的关键：舒适和形象、通道和联系、使用和活动以及社交性（表 4.2.3-2）。

场所特性分类 **表 4.2.3-1**

经验的内部	有生命力和动态的场所，充满已知的意义和无需反思的经验
感性的内部	记录着和表达着创造和生活于其中的群体的文化价值和经验的场所
行为的内部	周边环境支配着建立该地区公共或一致性认知基础的自然景观和城市景观质量的场所
偶发的外部	选择性功能最为重要并且其特性比其背景更为重要的场所
客观的“外人”	有效地简化成单一地点或维度，或者一个已存在物体和活动的外部空间的场所
场所的大众特性	特性或多或少都预先由大众媒介产生并且远离直接经验。这种特性是肤浅的、受操纵的，它同时破坏了个体经验和场所特性的象征意义
经验的外部	表达着一种已失去了并且现仍无法获取的复杂情况的场所性；场所永远是偶发事件，即使本身存在也是偶发性

资料来源：(英) Matthew Carmona, Tim Heath, Taner Oc, 等．城市设计的维度[M]. 冯江，袁粤，万谦，等译．南京：江苏科学技术出版社，2005：93.

成功场所的关键特性 **表 4.2.3-2**

关键特性	无形品质		措施
舒适和意象	安全	可坐稳	犯罪统计
	吸引力	适宜步行	卫生评价
	历史	绿化	建筑条件
	魅力	清洁	环境数据
	精神性	—	—
到达与连接	可读性	亲近	交通数据
	适宜步行	连通性	形式上的分离
	可靠性	便利	公共交通用途
	连续性	可达性	步行活动
	—	—	停车模式
使用与活动	真实	活动	不动产价值
	可持续性	有效性	租金水平
	专门	庆典	土地使用模式
	独特性	活力	零售
	支付能力	本土性	本地商业所有权
	趣味	“自产”品质	—
社交性	合作	闲谈	街道生活
	睦邻	多样性	社交网络
	管理员	讲故事	晚间使用
	自豪	友好	使用志愿者
	受欢迎的	交互性	女人、小孩和老人的数量

资料来源：(英) Matthew Carmona, Tim Heath, Taner Oc, 等．城市设计的维度[M]. 冯江，袁粤，万谦，等译．南京：江苏科学技术出版社，2005：96.

在场所的概念中，空间、事件、意义三者是不可分割的整体。正如华格纳(Wagner)所指出的，场所、人、时间与行为构成不可分割的统一体，人要成为自身，必须有某个有限的地方，在适当时间做某些确实的事。在这种意义上，可以说“人们就是他们的场所，而场所就是它的人们”。社会学家安东尼·吉登斯（Anthony Giddens）揭示了场所与人类活动之间的相互关系：“场所是指利用空间来为互动提供各种场景，反过来，互动的场景又是限定互动的情境性的重要因素。场所的构成……处在与周围世界物质性质的关系之中的身体及其流动与沟通的媒介。”[38] 因此，场所既是社会活动开展的地方，同时也规定了社会活动的内容与形式。另外，借助城市事件——节庆、会展、赛事等来加强场所的构建，也是塑造场所特性的一种有效手段和良好经验（表 4.2.3–3、图 4.2.3–2~ 图 4.2.3–4）。

城市事件的类型 **表 4.2.3–3**

城市事件类型	包含内容	吸引力（●很有吸引力、○一般吸引力、—无吸引力）				实例
		居住者（潜在居住者）	游客（度假）	游客（商务）	投资者	
政治类	具有政治目标的国事或外交活动	○	○	●	●	北京 1999 年国庆典礼，上海 APEC 会议，博鳌亚洲论坛
经济类	从直接的经济活动之中延伸出的相关活动	—	—	●	●	达沃斯论坛，国际峰会，广交会
文化类	以文化活动为核心内容的主题活动	●	●	○	●	音乐节，电影节，艺术节，旅游节，选美比赛
体育类	以城市为举办主题的赛会式体育竞赛或者表演	○	○	○	●	奥运会，亚运会，世界杯足球赛，NBA 全明星周末赛
综合类	具有以上全部或者部分特征的综合性城市事件	○ / ●	○ / ●	○ / ●	●	世博会，申办奥运会，申办世博会

资料来源：崔宁．重大城市事件下城市空间再构——以上海世博会为例 [M]．南京：东南大学出版社，2008：3.

场所的特性也代表了其独特的内在价值，而无场所则常常相反。然而，对“无场所”的概念的评价能够为城市设计提供一个参考的框架。瑞尔夫(1976)在研究场所的“不真实性”时并没有包含“无场所”，他将其定义为“不经意地彻底消除有特点的场所”和“标准景观的建造”。“无场所”似乎表达了意义的缺席或遗失。当前无场所现象的产生被认为有许多原因，包括市场和管理途径[39]。

对场所标准化的反应之一是有意“制造”差异——用更专门的城市设计术语来说，就是场所的“创作”，有时是“再创作”。“再创作的场所”从现实基础出发，但通常牵涉到真实性在某种程度上的变化、扭曲和遗失。迪士尼乐园就属于典型的虚构场所。虽然对虚构场所有许多批评，引发了像肤浅、无主见、

图 4.2.3-2 2008 萨拉戈萨水博会
（资料来源：https：//nl.wikipedia.org/wiki/Expo_2008）

图 4.2.3-3 美国芝加哥国际马拉松赛
（资料来源：http：//www.42trip.com/square/detail.do?type=1&wallid=1766）

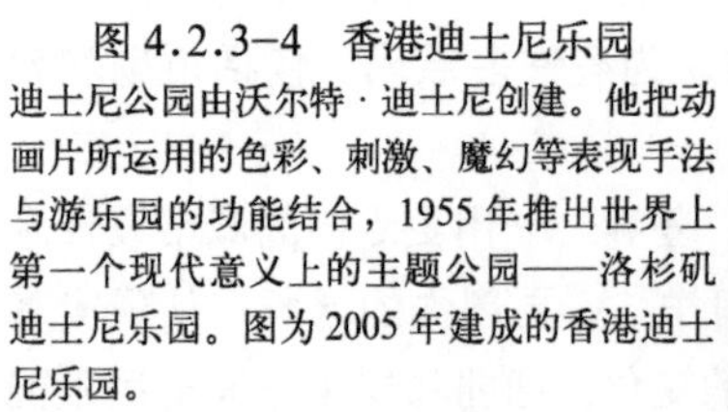

图 4.2.3-4 香港迪士尼乐园
迪士尼公园由沃尔特·迪士尼创建。他把动画片所运用的色彩、刺激、魔幻等表现手法与游乐园的功能结合，1955 年推出世界上第一个现代意义上的主题公园——洛杉矶迪士尼乐园。图为 2005 年建成的香港迪士尼乐园。
（资料来源：http：//www.17u.net/wd/xianlu/4172185）

图 4.2.3-5 毕尔巴鄂的古根海姆博物馆

西班牙阿班多尔巴拿是一个占地约 35 万 m^2 的河滨地区，处于毕尔巴鄂都会区的心脏地带。而古根海姆博物馆是阿班多尔巴拿计划的核心项目，是新的文化象征与特色场所。这一标志性的建筑及其配套设施的建设，极大地带动了周边地区未来的更新与发展。

（资料来源：http：//www.tooopen.com/view/126235.html）

缺乏真实性等大量城市设计的议题[40]，但它们为城市设计和公众场所的创造提供了机会。

(3) 场所理论与场所营造

场所理论代表了城市设计理论的第三种类别（参见第 1.5.1 节的内容）。不论是以抽象或实质的观点而言，“空间”都是由可进行实质连接、有固定范围或有意义的虚体所组成的。“空间”之所以能成为“场所”的主要原因，是由空间的文化属性所赋予及决定的，每个场所都是独一无二的，体现出其周围环境的特性。场所是“由具有物质的本质、形态、质感及颜色的具体的物体所组成的一个整体”[41]，也包括更多无形的文化交融，某种经过人们长期使用而获得的印记。以英国巴斯的圆环及皇家月弯的弧形墙为例，它不只是实际存在于空间中的物体，同时也表达其发展、孕育及实存的环境。而毕尔巴鄂借助古根海姆博物馆这一杰出的建筑而形成新的城市特色场所，进而产生巨大的直接与间接、经济与社会的效益，提升城市形象与知名度，也是典型的案例（图 4.2.3-5）。

城市设计师应整合包括社会在内的各种元素，塑造一个整体环境，创造场所，在文化涵构、使用者需求与欲望之间，寻求一个最佳方案。一个成功的场所设计，通常将其对社会及实质环境的干扰减至最低程度，避免进行激烈的变革。尽管场所理论学者持有共同的价值观，但在理论的发展上有不同的研究方向。

一处成功的公共空间往往以人气旺盛为特点，通常具有生气和活力，并处于不断自我强化的进程。城市场所是作为社会产物而存在的，它承载着历史和未来。只有当我们承认这一点时，才有可能认识到过程对规划、建设，以及维持城市场地结构的重要性。对于如何创造优秀的城市场所，波特兰就为我们提供了经典的实例（图 4.2.3-6）。

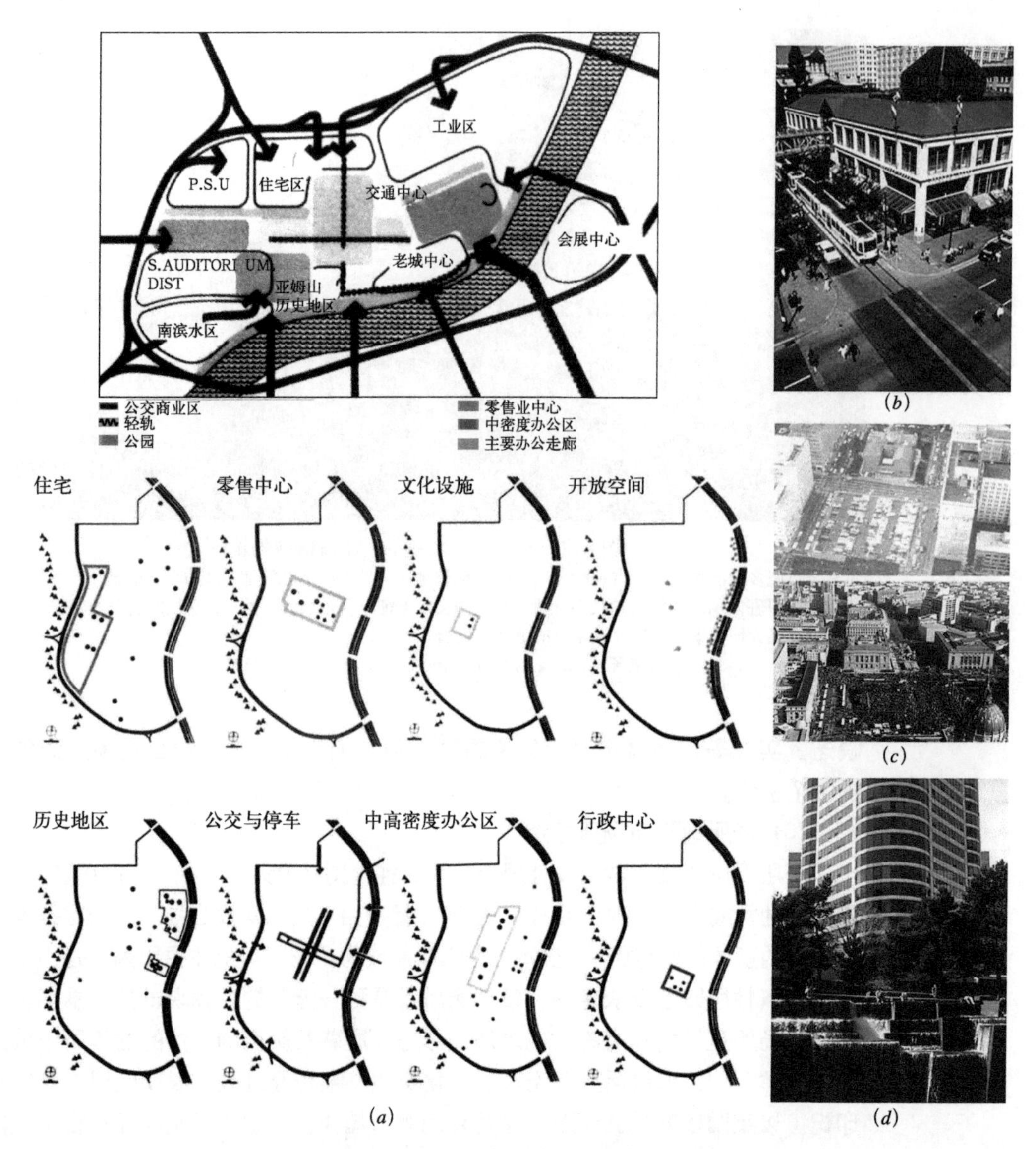

图 4.2.3-6　1972 年波特兰城市中心区规划

1972 年波特兰城市中心区规划促使我们拓展了对优秀的城市"场所"的理解。波特兰城市中心区规划制定了一系列公共改善措施，包括：①公共交通：11 个街区的公共商业区被轻轨串联起来，并不时有老式电车穿插其间。②公共开放空间：波特兰中心区的开发注意到了维持并创造新的公共空间的重要性，这既鼓励了私人开发又有利于创造适合人居住的城市。其中，位于城市中央的先锋议会广场是一个砖铺的大广场，从周围的建筑和街道可轻易到达。③海港边的公园：历史上威拉米特河与城市之间被一条 6 车道海港快车道分隔开，但现在则被汤姆 · 迈克考尔滨水公园所代替。④公共艺术：许多喷泉、草木以及诙谐的公共艺术品不仅使普通市民陶醉其间，也深受艺术批评家的欣赏。⑤特色建筑：从保护思想出发保留了一些历史建筑，同时一些新的建筑物，如波特兰司法大楼，也成为全国著名的建筑。⑥住宅：波特兰市中心区复兴的一个关键策略是在中心区各处大胆实施新建以及修复住宅的计划，保护或新建了各种各样的住宅。

1972 年波特兰城市中心区规划以其包容性规划设计思想，空间对于新情况的灵活适应性，以及从可达性角度对公共交通、停车、滨水区和公共空间等相关问题的重新诠释而受到 1989 年鲁迪 · 布如纳奖评审委员会的认可。委员会指出了规划成功的三个相互关联的关键因素：包容性的规划过程；灵活的适应性；公众可达的概念。每一个对场所成功而言必不可少的人都应被纳入规划过程当中。

(*a*) 1972 年波特兰中心城市规划概念简图及深入表示具体土地利用概念的平面图；

(*b*) 波特兰以公共系统组织的城市中心商业区；

(*c*) 波特兰先锋议会广场改造前后；

(*d*) 波特兰市中心区公共与私人开发的结合

(资料来源：(美) 唐纳德 · 沃特森，艾伦 · 布拉特斯，罗伯特 · G · 谢卜利 . 城市设计手册 [M]. 刘海龙，郭凌云，俞孔坚，译 . 北京：中国建筑工业出版社，2006：819-828)

巴塞罗那的公共空间营造也十分杰出（图 4.2.3–7）。18 世纪以后以其独特的加泰罗尼亚的独立精神创造出举世瞩目的城市。而自 1990 年代起，巴塞罗那已由工业城市逐步转型为服务型城市，并迎来创意经济时代。

随历史积淀形成了城市的空间层次，巴塞罗那的总体格局主要体现四种尺度：①古罗马与中世纪历史文明的积淀的“老城区”（Ciutat Vella）：小尺度格

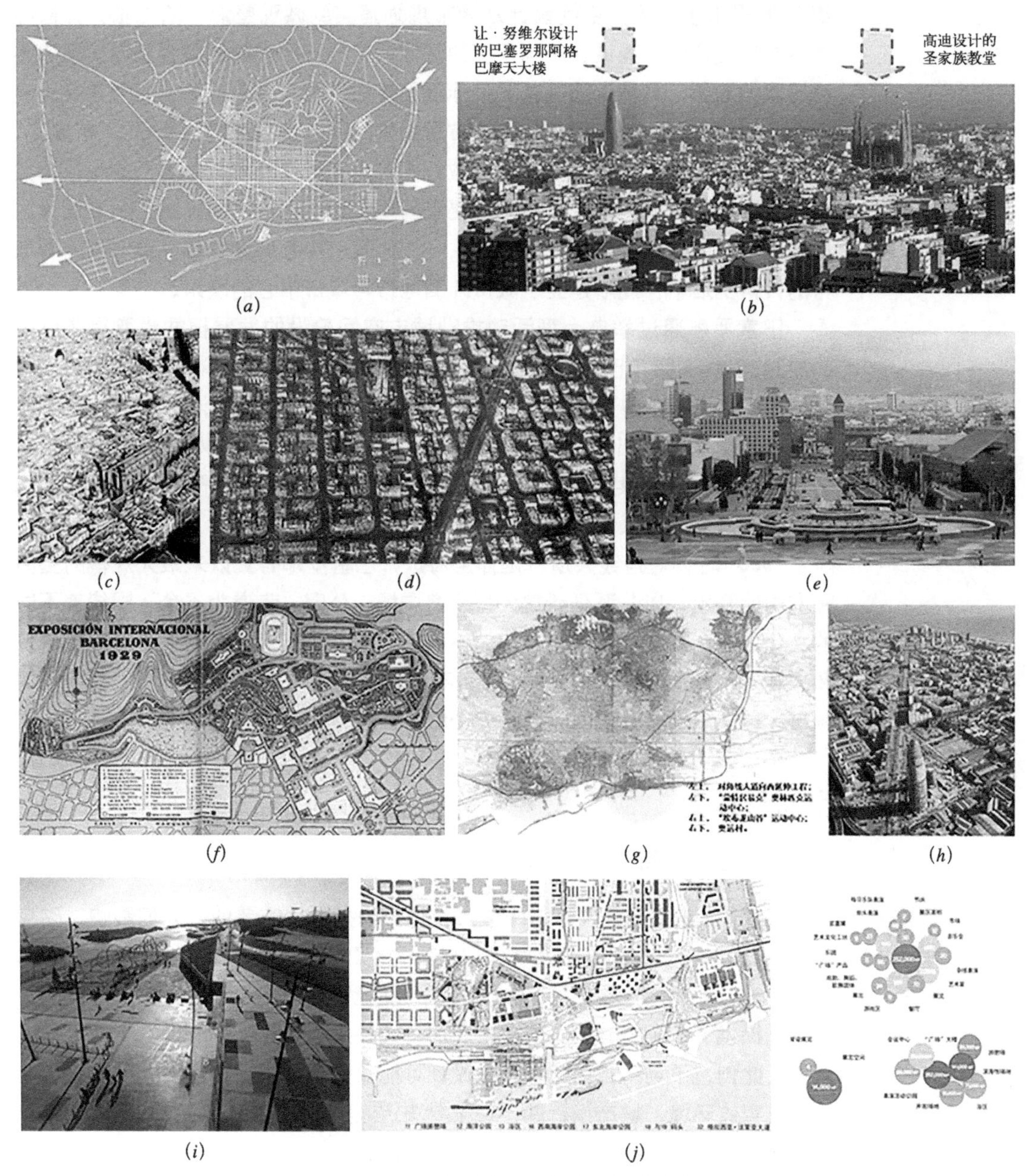

图 4.2.3–7　巴塞罗那的公共空间营造

（*a*）巴塞罗那总体格局的四种尺度；（*b*）历史城区的城市母体；
（*c*）扩展区的城市母体；（*d*）城市中的标志物；
（*e*）加泰罗尼亚宫前的喷泉与广场；（*f*）1929 年巴塞罗那第二次的世界博览会（EXPO）；
（*g*）振奋城市精神，1992 年夏季奥运会：“四个奥林匹克区”的重点规划；
（*h*）“世界文化广场”总平面及活动与空间构成；（*i*）巴塞罗那国际会展中心；（*j*）巴塞罗那的海滨

（资料来源：司徒娅．从“微观整治”到“整体转型”——巴塞罗那城市公共空间发展策略研究 [J]. 理想空间，2006（18）：128–134）

局。② 19 世纪经典理性规划成果的“扩展区”：现代城市整齐划一的方格网格局。③ 1959 年经济自治后，城市急速扩展中形成的城市外围地带：特征模糊的不规则肌理。④当代都市化进程中，组成“巴塞罗那都市圈”的新兴都市组团：松散自由的空间形态。

1976 年巴塞罗那自治后，为了迅速改变城市衰败的面貌，新城市规划组织 GMP 提出了“公共空间设计从城市规划落实到微观整治”的主张，并被称为城市针灸疗法。强调在不同尺度的区域内穿插不同规模的公共空间，解决不同层次的需要。具体实施的首要目标是见缝插针地将废弃的工业用地置换为复合活动的城市公共空间用地，为城市居民生活提供空间环境；今日，“扩展区”已是最具有巴塞罗那城市气质的区域。同时，在城市外围地带展开的城市公共空间设计，将区域居民的日常生活要素鲜明化为不同的空间主题。一方面为区域居民提供了氛围亲切的公共客厅，一方面吸引中心城区的市民参与到外围地带的日常生活中，逐渐建立了城市外围地带与城市中心的联系。

巴塞罗那通过举办大型活动推动城市空间建设的发展模式也取得了巨大的成功。从 1888 年巴塞罗那第一次举办世界博览会（EXPO），1929 年第二次的世界博览会(EXPO)，到 1992 年的夏季奥运会，城市空间整治进入“扩大完构”阶段，巴塞罗那提出“四个奥林匹克区”的重点规划：将以往的“城市虚空”转变为新兴的“公共空间”，更带动了整个区域的发展，而随着滨海区域亲水空间的改造带给众人最难忘的体验。

1999 年，“对角线大道”延伸至海边，巴塞罗那有史以来最大规模的空间开发由此开始。以一系列新建大型滨海广场、公园、步道为平台，围绕着不同的文化主题，从春季到秋季半年内不断地穿插各种艺术展、音乐会、民俗表演和人物对话。“世界文化广场”项目不仅带来场址内的空间更新，更链接不同城市区域的活动点，全面激活了整个城市。

4.3 空间与社会

4.3.1 人与空间

理解人与空间的关系对于城市设计来说是至关重要的。人们影响、改变环境，正如环境影响和改变人一样，这是一个双向的过程。赫伯特·甘斯（Herbert J. Gans，1968：5）提出要区别“潜在”环境和“生成”或“实效”环境，前者只是提供了各种各样的环境机遇，后者则是人们在具体场所中真实地做了什么并因此创造了场所。因此，城市设计可能只是创造了潜在环境，而大众创造的才是实效环境。城市设计并不在于要决定人类的活动或行为，而是应该被看做调节人类活动或行为发生可能性的一种方式。

（1）人的需求与行为

人在具体环境中所作的抉择，部分取决于其个人境遇和特点，包括其性格、目标、价值观、可获得的资源、过去的经验，以及所处的人生阶段等。虽然以上内容是复杂和个性化的，有些学者还是提出有关人的需求存在着一个共同的级差。

美国社会心理学家亚伯拉罕·哈罗德·马斯洛（Abraham Harold Maslow）在其1943年发表的"人的动机理论"（A Theory of Human Motivation）一文中，率先提出"人的动机产生于人的需求"、"激励源于人对需求的满足"等论断，将人的基本需求分为5个阶段：①生理需求；②安全需求；③归属需求；④受尊敬的需求；⑤自我实现的需求。马斯洛认为，人在迈向更高层次需求之前，先要满足最基本的生理需要。但乔恩·朗指出，人的需求虽然存在级差，但是同时也处于一种复杂的相互关联之中（图4.3.1-1）。这里，对需求的排序可能是普遍通用的，但我们力求满足这些需求的方式却显示出相当大的可变性。

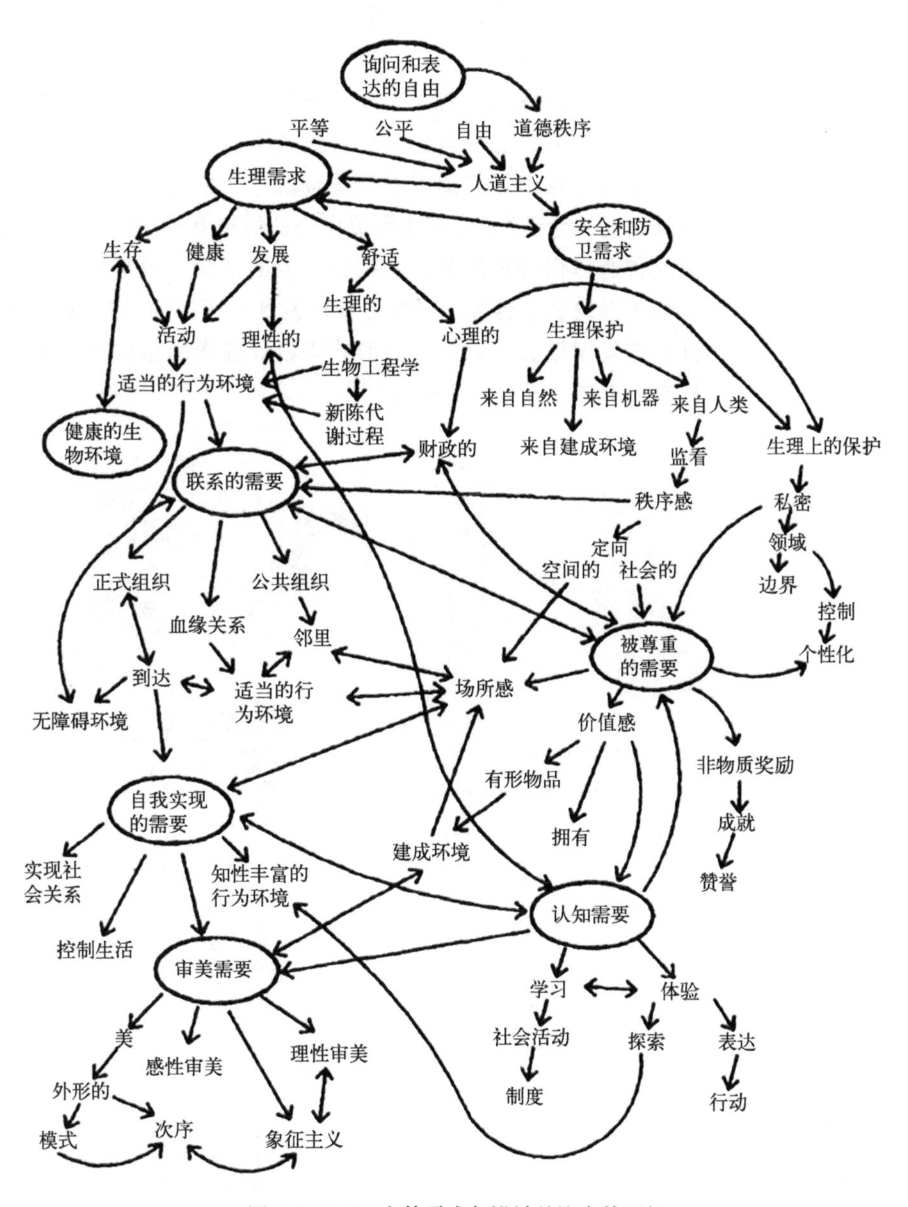

图4.3.1-1 人的需求与设计关注点的层级

（资料来源：（美）乔恩·朗．城市设计：美国的经验[M]．王翠萍，胡立军，译．北京：中国建筑工业出版社，2008：156）

人们在具体场所中所作的选择同时受到“社会”和“文化”的双重影响。这里，社会可以被看做是某些占据一定疆域、能够自我维系的人类集群，他们以一种系统的方式交往，拥有自己或多或少的特色文化和制度。而文化也许按照“人类学”的理解较为妥当，即一种“独特的生活方式，它不仅通过艺术和知识而且通过制度和日常行为表达了一定的意义和价值观”[42]。

城市设计思想中注重对传统文化的理解、尊重与把握，这主要表现在城市设计手法中对原有的社会文化元素的有机组合，以及在城市设计操作中对其形成机制的促成。通过塑造建成环境，城市设计师影响着人类行为和社会生活的模式。另外，人对城市空间环境的行为活动一直是城市设计关注的重要问题。而人类行为本质上是“境遇性的”：人类行为嵌入在物质的，同时也是社会的、文化的、感知的情境之中。人的行为是在实际环境中发生的，特定地段的空间形式、要素布局及形象特征会吸引和诱导特有的功能、用途和活动，而人们的心理有可能需求适合于自己要求的不同的环境。行为也趋向于设置在最能满足其要求的空间环境中。因此，只有将活动行为安排在最符合其功能的合适场所，才能创造良好的城市环境，环境因此就具有了场所意义。而这种选择权存在的前提是社会可能的提供。越是繁荣、富于活力的城市给人们选择的机会越多。良好的城市设计，可以通过提倡城市生活、城市经济、开发与发展模式、城市空间形式等设计要素的多样性，来适应社会人群的多样选择需要（图 4.3.1–2）。

周边用地性质及可能人流分析

Daniel Libeskind Proposal 的方案

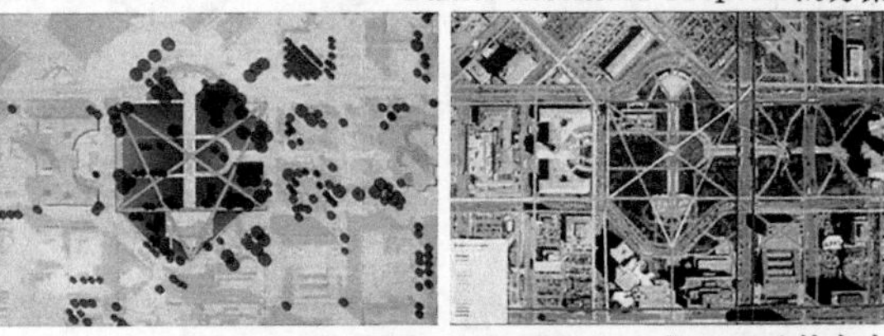

CAP Student Group 1 Proposal 的方案

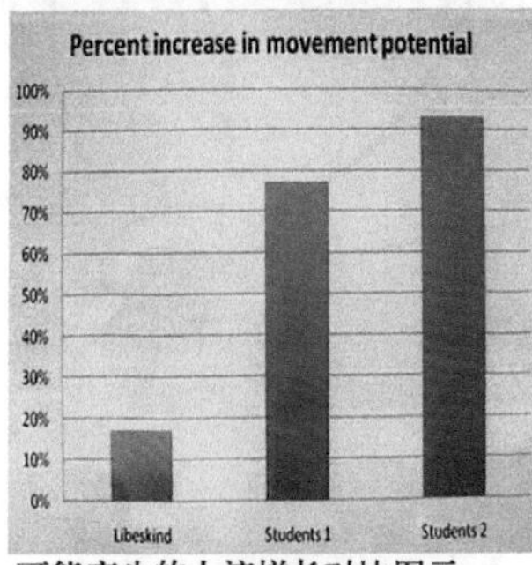

可能产生的人流增长对比图示

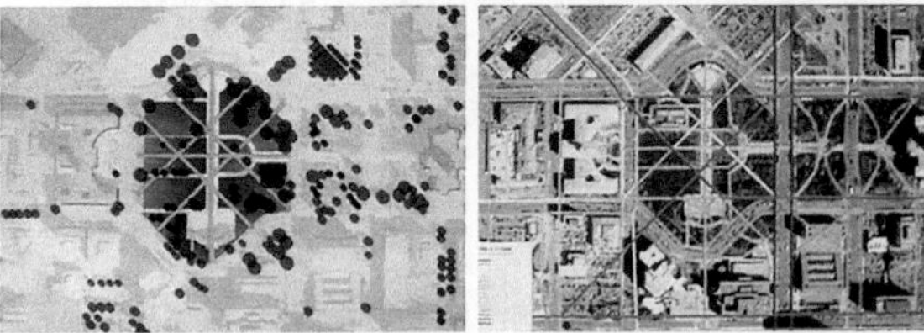

CAP Student Group 2 Proposal 的方案

图 4.3.1–2　Civic Center Park Denver 吸引人流变化的分析

现实中 Civic Center Park Denver 无法吸引足够的人们经过和休憩，无法起到重要的公共空间所应当发挥的作用。通过对人流密度和路线的分析，提出三种改造方案，并进行比选分析，为人们提供更好的选择。（资料来源：Dr Mark Gelernter，Dean and Professor of Architecture College of Architecture and Planning University of Colorado Denver，2009.1.5，18：00，同济大学建筑与城市规划学院，钟庭报告厅，报告内容：城市设计）

（2）社会化的公共领域

公共空间是城市活动的容器。佐金（1995）将公共空间理解为包容物质安全、地理社区、社会社区、文化识别性多个内容的容器（图 4.3.1–3）。这里，所谓"公共"必须与"私密"来相对地理解：公共生活包括相对开放和普遍的社会语境，相比之下私密生活是隐私的、亲密的、被庇护的，由个人控制，只与家庭或者朋友分享[43]。

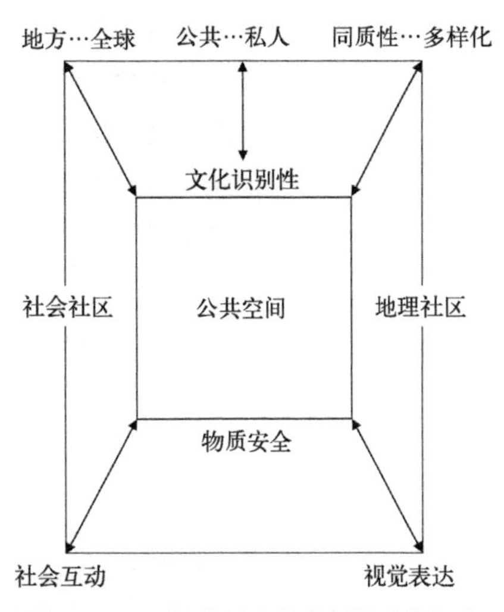

图 4.3.1–3　佐金对公共空间构成的概念
（资料来源：Zukin S. The Cultures of Cities [M]. Oxford：Blackwell Publishers, 1995：25）

公共空间具有"物质"和"社会"的双重属性。公共空间的物质性，强调的是公共空间"质的成分"，更多地涉及三维和设计层面，更注重公共空间"开放性"的外在形式和物质性功能，是对城市的体形环境特征的展示。然而，我们对城市与生活的认知、体验，往往并不是单纯的物质形式，而是对种种文化与社会意识的总和，公共空间在当今社会也越来越多地由多重意义的、互相交涉的社会空间所架构，表现出明显的社会属性，反映着城市的性质、经济特点、传统文化，等等。公共空间的社会内涵主要包含以下三个方面：①公共性。为了提升空间的价值、避免"公地的悲剧"[44]，为公众使用的公共空间越来越多地蕴涵着公共性的问题，公共领域、公共主体等得到了人们的极大关注。文森特·莫斯可（Vincent Mosco）等人将公共的内涵界定为"实行民主的一系列社会过程，也就是促进整个经济、政治、社会和文化决策过程中的平等和最大可能的参与"。②生产性。"空间性不仅是被生产出来的结果而且是再生产者"[45]，空间具有强烈的生产性，这就产生了利益分配的问题，而公共空间顾名思义，保障的必然是"公共"的利益。③公平与公正。简·雅各布斯在《美国大城市的死与生》中这样阐释："都市规划的精神，最重要的在于要了解都市本身的运作方式，以及人如何在那里生活。"由市民直接享用公共空间，最终也应该由市民来当家话事。公共领域对于民主、平等是必不可少的过程，是公众参与社会政治、经济和文化生活的体现。理想的公共领域应该是作为政治行为和表现的论坛，作为社会交往、相容和沟通的"中立者"或者说公共场地，作为社会学习、个人发展和信息交换的舞台。

社会化的公共空间可以作如下划分：①外部公共空间：在私人所有的土地之间的土地。在城市中，它们是公共广场、街道、公路、公园、停车场等，在乡村，可以是绵延的海岸线、森林、湖泊、河流等。所有的人都可到达，这些空间用最纯粹的形式构成了公共空间（图 4.3.1–4）。②内部"公共"空间：诸如图书馆、博物馆、市政厅等公共机构，以及公共交通设施如火车站、汽车站、机场等（图 4.3.1–5）。③外部和内部的准"公共"空间：这些空间虽然在法律上是私有的，但像大学校园、运动场地、餐馆、电影院、购物中心也形

成了公共领域的一部分。这一类包括那些常被描述为“私有化了”（通常但不绝对是外部）的公共空间。因为这些空间的所有者和管理者持有规定其进入和行为的权力，它们只在名义上是公共的。麦克·索金（Michael Sorkin）（1992）将之蔑称为“伪公共”空间（图 4.3.1–6）。对于城市设计师而言，应该关注的是比较广义的“公共生活”概念（即人群及活动的社会文化公共领域），而不是狭义物质形态“公共空间”中的“公共生活”（Banerjee，2001：19–20）。

公共空间的管理通常需要在集体和个人利益之间找到一种平衡，这就必然涉及要在自由和控制之间寻找平衡（图 4.3.1–7）。公共空间的使用可以通过

图 4.3.1–4　公共空间被用来进行各种不同的活动

在英国北威尔士多尔盖莱，公共空间偶尔被用作家畜市场。

（资料来源：（英）Matthew Carmona，Tim Heath，Taner Oc，等．城市设计的维度[M]．冯江，袁粤，万谦，等译．南京：江苏科学技术出版社，2005：7）

图 4.3.1–6　香港国际金融中心的“灰色”公共空间

香港的部分地产商利用政府本怀好意的建筑物相关规定，在私人建筑里拨出某些范围作公共用途，以赚取额外的容积率。但事实上，这些为私人所有的公共空间往往受到私人管理者的限制，以“免阻碍他人”之名劝阻市民活动。

（资料来源：香港明报周刊，2007（10））

图 4.3.1–5　巴黎的火车站

（资料来源：http：//www.quanjing.com/share/yl5–1758630.html）

图 4.3.1–7　英国谢菲尔德的和平公园

英国谢菲尔德的和平公园为公众提供了一个活跃的、生机勃勃的场所。管理人员考虑过如何规范它的使用，但很快就认识到如果广场没有损坏，这些自由的行为代表着一种主人翁精神和空间归属感。

（资料来源：http：//uk–diy.cn/mod_product–view–p_id–234.html）

法规等来约束，而在准公共空间中，一般对行为和活动有着更为明确的限制。西德里斯和班纳吉（Loukaitou–Sideris and Banerjee，1999）提出了两种类型的控制："硬性"（主动的）：控制使用私人保安人员、监视录像，以及一些禁止（或允许）某些活动的规范；"软性"（被动的）：控制重在"象征性约束"，被动地阻止不受欢迎的活动以及不提供某些设施。无论是哪种控制策略，如果公共空间要成功地成为人民的场所，就必须具有魅力。

实际上，当下的公共生活正越来越多地在私有场所盛行——不仅会出现在集团化的主题乐园里，而且还出现在小生意场所像咖啡店、书店和其他第三场所里。奥尔登堡（Oldenburg）在其著作《非常美妙的场所》（The Great Good Place）中指出，第三场所是具有积极社会性意义的社区公共空间。许多过去发生在公共空间的社会和市政功能已经转移到了私密领域，曾经只能以集体和公共形式出现的活动日益增多地转换成为更加个人和私密的形式。而公共空间的使用已经受到各种发展和变化的挑战。例如个人机动性的增加——先是通过汽车——今天的社会交往依然处于社会空间的需求与机动需求的争夺之间。小汽车交通也促成了对公共空间控制的私人化。接着是通过互联网——人们可以拥有好几个ID，可以在网络上购物、咨询和发表看法，甚至影响到国家的政治生活，网络成为了新型的公共空间形式，并对实体的公共空间产生着影响和冲击。

在《公共人的衰落》（The Fall of Public Man，1977）一书中，理查德·桑内特（Richard Sennett）展示了现代社会特有的公共生活现状，从城市人口、建筑交通、户外空间、环境失衡等方面考察19世纪公共生活的衰落，并分析了导致人们生活私有化及"公共文化终结"的社会、政治、经济因素[46]。一些人注意到了公共空间使用的复兴并把它看成是一种社会文化转型的一部分。例如，卡尔（Carr）等（1992：343）就认为，公共空间和公共生活之间的联系是动态的、交互的，新的社会生活形式需要新的空间。城市建筑学家扬·盖尔（Jan Gehl）在《交往与空间》（Life between Buildings，1996）中提出城市的人性化维度，从城市规划的角度为开放的城市空间制定了可操作的指标，以构建"人性化的城市"。

（3）城市设计对人、空间和行为的设计

城市设计离不开人的环境行为，城市设计空间和人的行为具有高度的相互依存性。公共的和私密的生活对于城市空间有不同的领域要求，而人的行为活动又往往按年龄、社会习惯、兴趣爱好、宗教信仰等不同，而在同一城市空间环境中自然集聚，并形成各自的领域范围。这就需要认真研究人的环境行为及其含义对空间设计的要求和影响，为人们提供城市设计方面的技术支持。人们和社会在创造和改造空间的同时亦被空间以各种方式影响着。迪尔和沃尔奇（Dear and Wolch，1989）认为社会关系可以通过空间而得到建构、受到空间的制约并以空间为媒介。而迪赛（C. M. Deasy）在《为人的设计》（Design for Human Affairs）中指出"规划和设计的目的不是创造一个有形的工艺品，而是创造一个满足人类行为的环境"[47]。城市设计作为城市空间的塑造者，需要综合考虑人的需求与行为，确保空间的使用效率，保障空间多样性、场所性的创造。基于人的行为和公共领域的建构，城市设计主要考虑以下几个方面[48]。

①安全感、领域与私密

安全感是一个城市设计成功的基本先决条件。安全感的缺失、对危险的感知、对受侵犯可能性的担心，既影响着公共领域的使用，也影响着城市环境的成功营造。然而，方位的加强时常要通过私有化和远离公共领域的措施来实现。

领域和私密涉及个人空间问题，个人空间是存在于人周围一种意识上的不可见的防卫区域，并随着活动和场合的不同而变化。领域是个人空间或组成某一类型团体的集体空间的物质化，可以是一种固定的空间物质形态，也可以是对某地域的临时占有。其主要特征有：归属明确、可支配和控制、界域明确并有安全感；私密则是包含于个人空间和领域概念内的一种精神现象，也是建立可防卫空间的主要理论基础。私密具有以下特征：隐匿性、自我隐匿、独处、隔绝性、拒人之外、亲近性、小团体自我集合、交流。由此可见，私密不仅仅要求物质空间，还要求维持一定的心理条件来实现。

私有化与“自愿隔离”相似。门禁社区就是自愿隔离的范例。然而安装大门的做法治标不治本：大门背后的邻里还是一个大社会中的一分子，不可能完全逃脱或独立。这种举措的所谓安全优势是以牺牲外部世界为代价的。因此，门禁社区的举措是一种具有极高公共及社会成本的私人化举措。故而，虽然领域、安全、私密的实现并非一定要通过有形的空间组织，但在空间组织、发展策略的研究时绝不能忽视这些因素的需求，要适应或提供这些因素。

②可达性、隔离与平等

可达性是城市空间的使用前提，是任何关于公共领域的讨论的一个关键因素。对人的行为的设计，运用合理的交通方式引导与组织人的活动，为城市空间中活动的发生提供可能。卡尔等（1992）区分了三种进入的形式：视觉性可入，即如果人们能够在进入一个空间之前看到它的里面，他们可以判断在此是否舒适、受欢迎和安全；象征性可入，指无论是有生命还是无生命的符号，对威胁或友好的判断可以影响人们是否进入公共空间；物质性可入，即涉及的是空间是否在物理上对公众开放。

包容性的城市设计在某种意义上需要将各种土地使用在空间上集中起来，以便各种场所和设施都具有可达性，这样公共交通才能存活下去。而公交导向发展模式（TOD）就是通过完善的公交系统方便人的快速到达，借助土地的混合开发为公众提供多元的城市功能，实现方便人的到达与使用的目的（参见4.3.2节）。因此，任何类型的城市空间设计均应着重考虑便捷的交通对人在城市中开展活动需求的满足[49]。

隔离在本质上则是通过对空间及进入空间的控制显现出一种权利。各种社会力量都会有目的地通过消减可达性以控制某类环境。不过，如果对进入的控制是广泛而明确的，那公共领域的公共性就打了折扣，正如前文所描述的“伪公共”空间——当那些“不受欢迎”的人和群体出现的时候，空间的所有者或使用者借着为了其他人安宁和安全的托词，其实更多的是为了利润，而将这些人排斥在外。另外，隔离也可以通过物质形态设计策略得到实施。例如，“内向化”和“分散化”的入口设计，就可以使建筑物具有隔离性（隐秘空间）。这些隔离性策略的广泛流行，会导致社会隔离和分裂，危及社会学习、个人发展和信

息交流等公共空间的重要。而除了防止隔离性空间的需求，更加包容的公共空间的形成，还会受到很多来自多个方面的阻挠。

③预防犯罪的途径

在当代城市环境的营造中，还要考虑防止犯罪这一主要因素。预防犯罪主要有两个途径：一个是“教化性途径”，即通过教育、禁令与惩罚，以及通过社会与经济发展来消除或减少个人犯罪的动机；另一个是“境遇性”途径，即当犯罪者企图犯罪的时候，现场就有某些技术手段能够挫败犯罪。境遇性预防犯罪的方法在城市设计的主流文献中得到发展，并派生出行为、监看和领域界定与控制几个主题（表4.3.1–1）。

环境分析方法　表4.3.1–1

	简·雅各布斯(Jane Jacobs)	奥斯卡·纽曼(Oscar Newman)	“通过环境设计阻止犯罪”(CPTEN)	比尔·希利尔(Bill Hillier)
对空间/领域的控制	公共空间和私密空间的明确划分	领域性——物质环境创造有领域感的区域（包括象征边界和界定不断增加的私密空间层级的机制）的能力	自然的可达控制通过阻止接近犯罪目标而减少犯罪机会。领域强化——创造或扩展影响范围从而使地产使用者产生所有权判断的形态设计策略	与其他空间相结合，从而鼓励步行者观看或者穿越
监看	对“街道眼”的需要来自街道的“自然所有者”（居民和使用者）。由自然创造有活力场所的多种活动和功能而得到加强	监看——为居民及其代表提供监看机会而进行实体设计的能力	自然监看 作为地产常规使用的结果	由穿越空间的人提供的监看
活动	人行道需要“相当连续的使用者，既能增加有效街道眼的数量，也能大幅度减少沿街建筑里看护街道的人数”	反对街道上更多的活动和必要的商业会减少街道犯罪的论点	赞成减少穿越运动从而减少活动的层级	人们是否感到安全取决于地段是否被连续地占据和使用，因此应将地段设计成这样（例如通过运动系统将它们更好地结合起来）

资料来源：(英) Matthew Carmona, Tim Heath, Taner Oc, 等．城市设计的维度[M]. 冯江，袁粤，万谦，等译．南京：江苏科学技术出版社，2005：117.

简·雅各布斯强调监督行动的必要，以及界定“私密”与“公共”空间的必要。对于简·雅各布斯（1961：40）而言，成功邻里的一个先决条件是在那里“一个人必须能在街上、在一群陌生人中间，自我感觉到安全”。她主张，“公共空间”的维持不能靠警察，而是靠一个复杂的自愿的控制及规范网络。人行道、邻近的空间以及它们的使用者，都应称为“用文明反对野蛮的戏剧”中的“主动参与者”。

纽曼发展了雅各布斯的一些观点，强调了监督和领域界定的必要。基于对纽约住宅项目中的犯罪地点的研究，纽曼在《可防御空间：暴力城市中的人与设计》(Defensible Space：People and Design in the Violent City，1973）一书中提出重建城市环境，“使得它们重新变得适于居住，有一群享有公共领域的

人而不是警察来控制它”。他提出“可防御空间”的措施：“设置真实或象征性的障碍，明确限定的影响区域，提高监视水平——它们结合起来就会让环境处于居民的控制之下”。

减少犯罪机会的途径常在两个方面受到批评。首先，对安全和保护的关切导致高度防御性的城市生活。其次，对某个地点的犯罪机会的限制可能只会造成简单的空间再分配。泰纳·欧克（Taner Oc）和史蒂文·蒂斯迪尔（Steven Tiesdell）把各种减少犯罪机会的途径与一般的城市设计理念结合起来，提出有四种城市设计的方法可以创造更安全的环境：堡垒化、全方位监视化、管理或规范化、生气化或人气化。

④人性尺度、群体适应与持续活力

城市空间为人所使用，人性尺度的把握是创造舒适宜人的城市活动空间的主要手段，是设计人的行为的基本内容。人性尺度的运用可以方便人的使用，增强空间的舒适性，从而形成良好的空间感受。

由于城市空间的服务对象为群体而非个人，因此城市设计师应关注群体的行为特征与行为需求。对群体行为特征的研究一般分为两个部分，一部分为对公众行为规律的观察与归纳，建立在对城市公共生活的观察与记录的基础之上，属于群体需求的共性研究；另一部分则是对特定的活动、集会的关注，需要深入地了解地方的风土人情，充分尊重其文化习俗，是群体需求的个性研究。从威廉·怀特（Willam Whyte）创办的PPS组织（Project for Public Spaces）到盖尔与丹麦皇家艺术学院的研究人员，很多学者都在持续地观察研究着城市公共生活，运用访谈、观察、影像记录等方式记录人的行为，通过长时间的积累与归纳得出不同人群在不同场所的行为规律与需求。设计者只有掌握了群体的活动特征，才能确定其对城市空间功能及布局的要求，从而大大提高城市空间对公众活动的支持度与适应性。

从时间维度上考虑人的行为，是对行为活动发生与持续特征的研究。所谓24小时活力，就是保证城市空间全天候为人的活动提供支持，满足公众各个时段的活动需求，在塑造城市活力的同时，求得社会公平。场所、活动内容与人群是影响活动时间的主要因素。城市设计在时间维度的考虑上如果忽视了任一因素，都会带来许多使用矛盾：私人开发的购物中心为公众活动提供了休息与活动的场地，但并不能允许商店关门后公众能继续在此活动；公园能在白天为老人、小孩提供户外活动场所，却无法满足为上班族提供晚间的活动需求，等等。私人管理与公共利益的矛盾会导致社会有失公平，而公共活动与硬件设施的矛盾则会造成多方的利益冲突。因此，设计人的活动，应充分考虑活动的时间特征及其相关因素，为公众提供全天候的活动支持，求得空间效用的最大化。

（4）案例：多伦路社区——照进现实的“保护更新”

“一条多伦路，百年上海滩”。多伦路及其周边地区从一个侧面集中地展示了这一历程印迹和文化缩影。而多伦路社区位于虹口区北部风貌保护区范围之内，北邻东江湾路接四川北路，西靠轻轨明珠线，南倚海伦西路。其内含有大量重要历史文化遗迹，精华部分则为多伦路及其两侧的建筑、柳林居住区和永

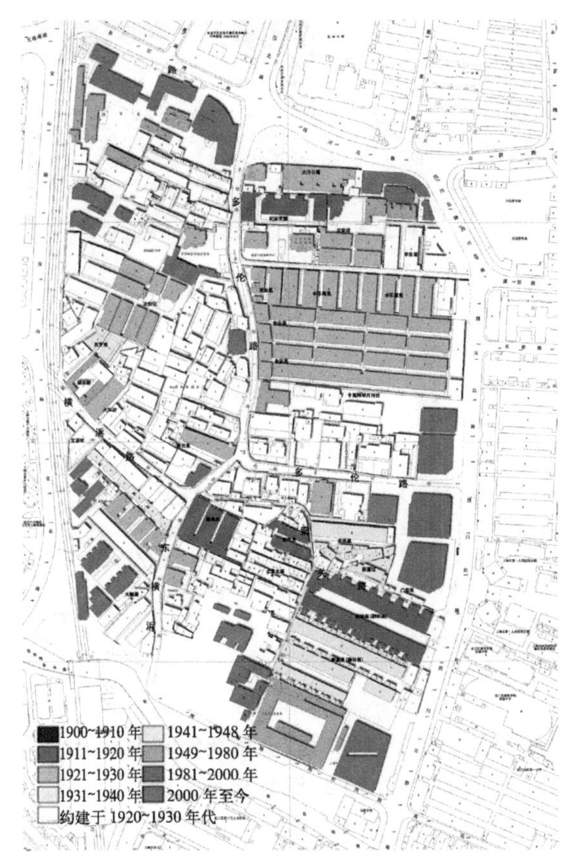

图 4.3.1-8　多伦路地块的历史文化建筑分布图
（资料来源：上海同济城市规划设计研究院，同济大学建筑与城市空间研究所．多伦社区保护与更新城市设计 [Z]．2003，02）

安里建筑群，构成“一线二片”的特色空间格局，也积淀形成今天多伦路上浓厚的历史底蕴与海派文化气息。地块内有大量的石库门里弄及新式里弄住宅，除沿四川北路的几幢高层之外，整个地块形态结构实际自 1940 年代已经基本形成（图 4.3.1–8）。

1990 年代后期，文化产业被提升到提高国家竞争力的战略高度，在市场力的需求和政治力的激发下，上海开始积极推进商业与旅游业的联动发展。这期间由区政府推进的政策方针牵涉到新旧产业的汰换与空间的转变，试图从体制与环境建设的双重维度，来借助文化产业的发展，改造原有生活或生产空间、吸引优势产业进驻以转变产业空间格局，并在本质上体现为一种“自下而上”的运作格局——由区政府与企业力量共同推进。由此 1998 年本着“修旧如旧”的原则，虹口区政府对多伦路进行了一期改造，沿街的优秀历史文化建筑得到重点保护与修复，引入了新的文化休闲功能，初步建成了强调文化休闲功能、特色鲜明的“多伦路文化名人街”。2001 年，多伦路被命名为“上海市文化特色街”。为了整体保护和修缮历史文化资源，系统而全面地进行改造与开发，并将城市再开发、商业结构优化、城市历史风貌及文化遗迹的保护有机统一起来，2002 年编制完成《多伦社区保护与更新城市设计》，整个规划总用地面积为 22.57hm^2，规划总建筑面积 48.87 万 m^2。同期编制完成《虹口区多伦路保护与整治社区修建性详细规划》，强调保持和发展区块原有文化特色和建筑格局，完善其空间形态，形成合理的组团和社区特征，并建立公共空间层次和体系，提高空间质量；通过整合零散地块，引入多元化的文化活动，补充新的功能，增强社区活力（图 4.3.1–9、图 4.3.1–10）。

多伦路社区案例反映出从 1990 年代后期开始，在我国聚焦文化产业发展、促进产业转型的现实背景下，上海旧城传统街区强调一种探索“自下而上”的组织模式、强调多元化的文化保护和促进文化与商业有机结合、避免大规模与盲目改造的“保护更新”模式。

4.3.2　邻里与社区

（1）邻里设计

邻里设计最重要的理念是美国芝加哥社会学家克拉伦斯·阿瑟·佩里（Clarence Arthur Perry）在 1929 年所缔造的邻里单位（图 4.3.2–1）。邻里单位是社区的一种类型，强调以家庭、公共场所和普遍的兴趣、利益分享为基础。

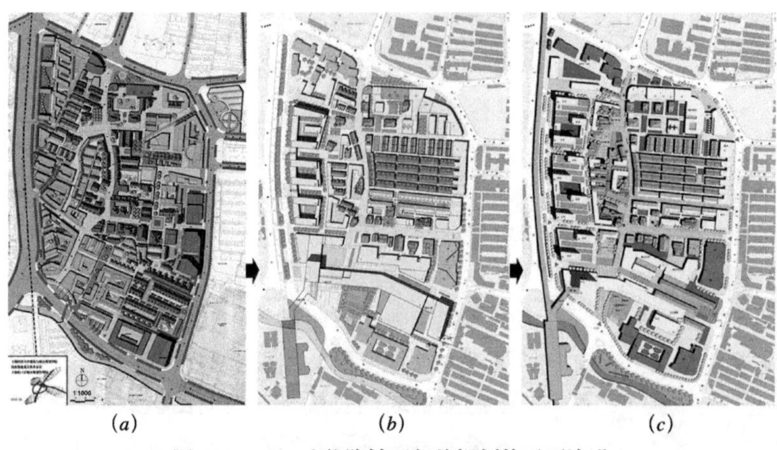

(*a*) (*b*) (*c*)

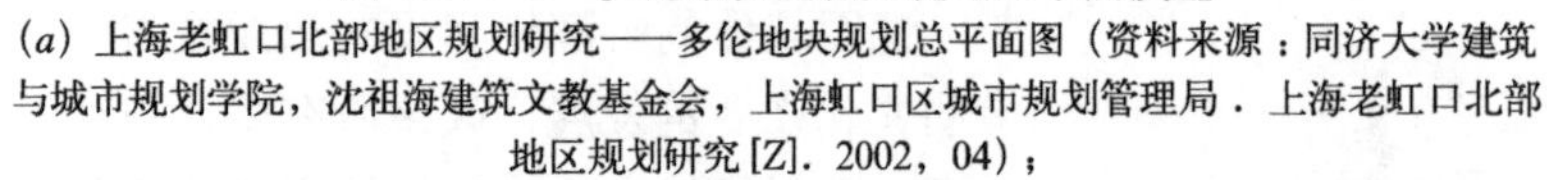

图 4.3.1-9 多伦路社区相关规划的平面演进

(*a*) 上海老虹口北部地区规划研究——多伦地块规划总平面图（资料来源：同济大学建筑与城市规划学院，沈祖海建筑文教基金会，上海虹口区城市规划管理局．上海老虹口北部地区规划研究 [Z]. 2002，04）；

(*b*) 多伦社区保护与更新城市设计总平面图（资料来源：上海同济城市规划设计研究院，同济大学建筑与城市空间研究所．多伦社区保护与更新城市设计 [Z]. 2003，02）；

(*c*) 上海市虹口区多伦社区修建性详细规划总平面图（资料来源：上海市虹口区多伦社区修建性详细规划 [Z]. 2003，10）

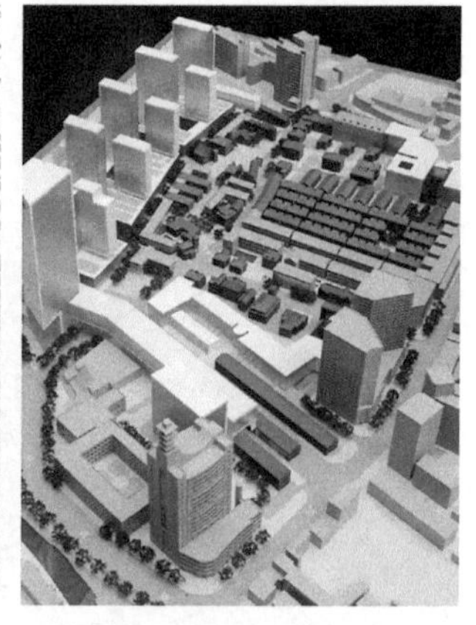

图 4.3.1-10 多伦社区修建性详细规划整体鸟瞰

（资料来源：上海市虹口区多伦社区修建性详细规划 [Z]. 2003，10）

佩里认为，一个理想的邻里应本着临近原则，让所有家庭都能便利地接近公共设施，机构用地位于邻里中央，保证机构设施均等地服务整个邻里。每个邻里单位的规模以一个小学所需的人口决定。城市交通不穿越邻里单位，内部车行、人行道路分开设置。邻里单位理论对第二次世界大战后的住区规划产生了深远影响，在英国新城建设中得到广泛应用。苏联将邻里单位理论进一步发展，提出扩大街坊的规划原则。我国也早在 1951 年就以"邻里单位"为理论原型在上海建设了曹杨新村（图 4.3.2-2）。

有三种彼此关联的思想一直贯穿在邻里设计中[50]。其一，认为邻里应该具有可识别性和特色，创造或强化场所感。其二，邻里概念为规划都市地区提供了比较实用的方法。其三，邻里可以被看成一种创造更大社会交往区域的方式。批评者认为，通过邻里设计来创造更好的社区只能说是一种努力的方向，进而批评那些声称某些设计策略将必定创造出社区感的邻里规划支持者，如那些新城市主义者。埃米莉·塔伦（Emily Talen，2000）建议不要总是把物质形态设计与社区一词联在一起，在城市设计的范畴内能够吸纳社区的某些要素就不错了。甘斯则指出，空间上的彼此邻近只可能产生社会联系并松散地维持下去，而真正的友谊需要以社会同一性为前提。

关于邻里设计概念的主要讨论可以在以下四个

图 4.3.2-1 佩里的邻里单位

（资料来源：（英）Matthew Carmona，Tim Heath，Taner Oc，等．城市设计的维度 [M]. 冯江，袁粤，万谦，等译．南京：江苏科学技术出版社，2005：110）

图 4.3.2-2　上海曹杨新村平面及鸟瞰图
（资料来源：汪定曾．上海曹杨新村住宅区的规划设计 [J]．建筑学报，1956（2）：3）

方面展开[51]：①规模。对于邻里的理想规模曾经有过相当多的争论。这一概念通常是以人口的（有时是学校的服务范围）、以区域的（通常被看做适于步行的距离），或以人口加区域的，或者以村镇社区的形式来表达。然而，雅各布斯认为只有三种邻里类型才有实际意义：一种是城市作为一个整体；一种是 10 万人左右的城市地区（即在政治上能够形成气候）；一种是街坊－邻里。②边界。另外一个曾经流行的观点认为邻里边界的明确将增强功能性和社会性交往，增强社区感和归属感。然而，雅各布斯认为邻里之间最好没有什么明显的边界——最好就是彼此重叠、交叉。③社会关联性。尽管那些具有具体场所的社区仍然存在，但是如今已经更多地出现了大量不再依附于任何地理位置的“以兴趣来划分的社区”。因此，共同的空间场所已不再是社区和社会交往的先决条件。④社会融合。可以说，一切创造邻里／社区的做法都曾受到广泛的批评，其中，以创造“混合”邻里（社区）为己任的所谓“社会工程”受到的批评最多。不过，社会融合和多阶层的邻里还是有许多好处的。要实现“社会融合”通常存在许多困难。在一个相对自由的房地产市场机制下，人们常希望“物以类聚、人以群分”。对于敌对的社会阶层来说，要他们融合并维持下去是困难的，那些开始很多元的邻里经过演化也可能会变得在阶层上越来越均质。

最近的邻里设计概念一直强调混合使用原则，认为这对环境和社会的可持续性有价值（图 4.3.2-3）。克里尔（1990）认为分区带来的不是城市功能的有机综合，而是城市功能的机械隔离。基于他重建“欧洲城市”的提议，他认为应该有混合使用的城市街区。源于伯明翰的都市开发战略规划，同时，也结合了西雅图和波特兰等美国城市案例的经验，混合使用的“城市片区”概念以及“特色邻里”概念已经影响到一系列英国城市中心的城市设计项目（包括格拉斯哥、利兹、谢菲尔德和莱彻斯特）。

混合使用的邻里，可以使人们在居住区内及周边获得多种服务，缩短了居民的出行距离，也减少了对机动交通服务的需求。有益于人们身体健康的同时，还有利于空气质量和城市环境的提升，土地利用的灵活性与多样性也得到了加强。另外，人们社交互动的机会也大大增加，社区联系加强，有利于增强人们

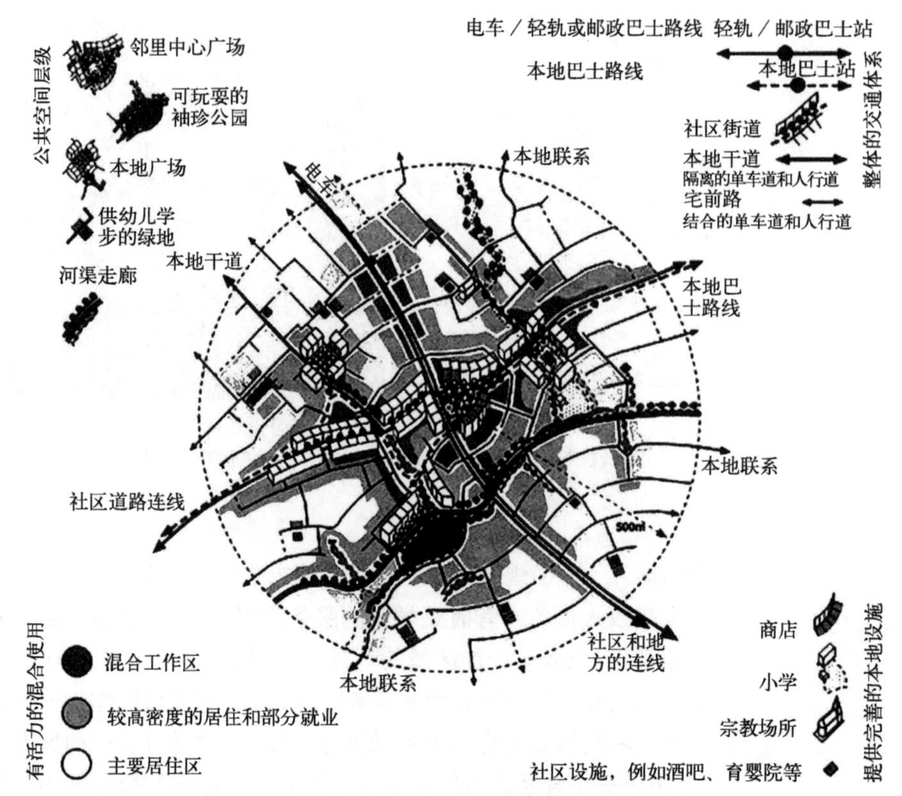

图 4.3.2-3 土地混合使用的邻里

（资料来源：(英) Matthew Carmona，Tim Heath，Taner Oc ，等．城市设计的维度 [M]. 冯江，袁粤，万谦，等译．南京：江苏科学技术出版社，2005：112）

的场所感和归属感，防止社会分异。

（2）新城市主义运动

“新城市主义”（New Urbanism）运动是近年来逐步发展成熟的主张回归传统城市形态反对城市扩散的城市设计思潮。“新城市主义”起源于 1980 年代中期的美国，主张借鉴二战前欧美小城镇和城镇规划优秀传统，塑造具有城镇生活氛围的、紧凑的社区，取代郊区蔓延的发展模式。核心出发点是以人为本，强调社区邻里交往，建立公共中心，形成以步行距离为尺度的居住社区，营造亲切的社区氛围。

在城市设计领域，新城市主义提出了一系列的设计理念和原则，来探寻公共空间的本质，创造人性化的生活场所。“新城市主义”的思想来源之一是克里尔的城市重建概念。针对现代主义的“过大化”、“同质化”、“均一化”问题，克里尔提出应将具有纪念性意义、具有历史感以及标志性的历史建筑和公共空间引入以私有空间为主的均质的城市社区或街区，形成非同一性和多样性的城市或社区，有日常生活过程中形成的人际关系网使街区真正成为生活完整的有机单元。而雅各布斯的城市“活力论”、林奇的“城市意象”等现代城市设计理论的发展是其另一思想来源，强调社区多样性、地方建筑传统、邻里感、场所精神和城市生活气息，主要的设计元素包括车行道、行道树、街角商店、保留建筑、邻里活动以及孩子们可以骑车自由玩耍的学校等[52]。

以美国的安德雷斯·杜安依、伊丽莎白·普拉特－兹伊贝克、彼得·卡尔索普（Peter Calthorpe）为代表的新城市主义者的大量研究逐渐形成较完善的理论体系，并完成了大量建设实践。1993年“新城市主义大会”联盟组织成立，次年制定了纲领性文件《新城市主义宪章》。1994年彼得·盖茨（Peter Katz）编著的《新城市主义：迈向社区建筑》（The New Urbanism：Toward an Architecture of Community），使得新城市主义理论得到重视，其影响逐渐从美国发展到世界许多国家。

杜安依和普拉特－兹伊贝克提出的传统邻里开发（Traditional Neighborhood Development，简称TND）以及由卡尔索普提出的公交导向开发（Transit-Oriented Development，简称TOD）是新城市主义设计的两种典型类型。其中，TND模式是在“邻里单位”模式基础上提出的，从美国传统乡村城镇设计中吸取灵感，主要特征有：社区由若干邻里组成，邻里之间由绿化带分隔，每个邻里规模约16~18hm^2，半径不超过400m，保证大部分家庭到邻里中心广场、公园和公共空间的步行时间在5min以内。小学不再位于邻里中心，可以为几个邻里共享。邻里内有多种类型的住宅，土地使用多样化，住宅的后巷作为邻里间社会活动的场所。强调步行尺度而不再是小学的合理规模在决定邻里规模方面的重要性，建立步行和公交友好的交通模式，社区内部采用棋盘式街道网络提供多种路径选择，为行人和自行车提供方便（图4.3.2-4）。TOD模式是在“步行口袋”概念基础上进一步完善的，旨在建立一个以高质量轨道交通系统为核心的、紧凑的、适宜步行的社区，减少对小汽车的依赖。卡尔索普把TOD定义为：“适度的和高密度的住房，连同互补性的公共设施、就业、零售和服务业，集中布置在位于区域公交系统的关键点位置的混合功能区域”[53]。TOD模式是一种混合型的社区发展模式，每个TOD都是紧凑的、组织严密的社区，其规模必须基于不同地区案例的具体情况。城市等级的TOD直接坐落在公交线网的主干线上，如轻轨、城际铁路或快速巴士站点。邻里等级的TOD坐落于地区辅助性公交线路上，到达公交主干线站点的公交转乘时间约10min。建构在区域公共交通系统之上的TOD，形成一个合理的区域发展框架。各个TOD之间保留大量的绿化开敞空间（图4.3.2-5、图4.3.2-6）。

新城市主义涉及的代表作有由杜安依和普拉特－兹伊贝克设计的佛罗里达州海滨城（图4.3.2-7）。在该设计中，设计师试图通过不同的城市设计操作，

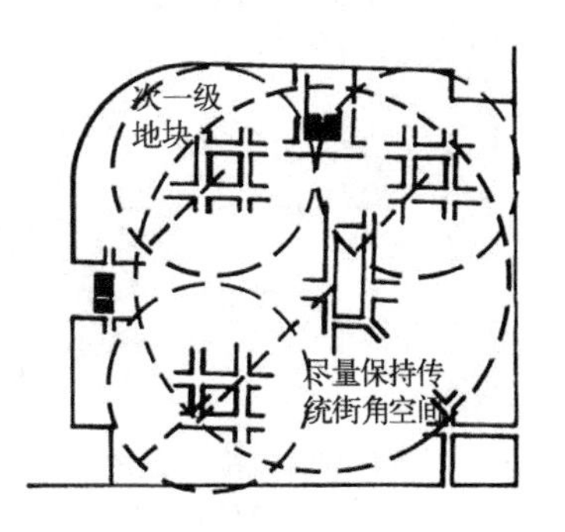

图4.3.2-4 TND开发模式示意
（资料来源：洪亮平．城市设计历程[M]．北京：中国建筑工业出版社，2002：157）

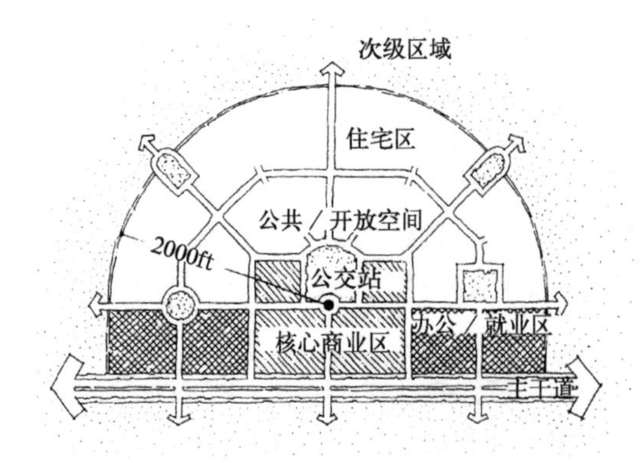

图 4.3.2–5　典型 TOD 社区开发模式图解
（资料来源：(美)彼得·卡尔索普．未来美国大都市：生态·社区·美国梦 [M]. 郭亮，译．北京：中国建筑工业出版社，2009：56）

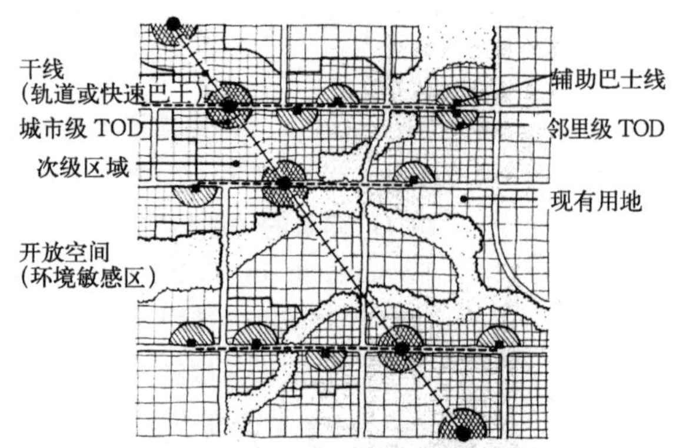

图 4.3.2–6　由 TOD 组成的区域发展模式图
（资料来源：(美)彼得·卡尔索普．未来美国大都市：生态·社区·美国梦 [M]. 郭亮，译．北京：中国建筑工业出版社，2009：62）

为城市建立一个可以自由衍化、逐步成长的框架。形成的社区空间大多是传统的、高密度、小尺度和亲近人的。各种类型的建筑物之间经过相互适应而互相容纳、和平相处，从而为人们提供了多样化的感知场所。在城市空间的组织上，将现代城市所忽略的构成城镇历史的那些平凡细小的事物寻找回来加以运用和处理，关注那些真正构成居民日常生活需要的元素。社区中有比较多的邻里中心和密集的街道系统，狭窄的街道缩小了建筑地块，产生了亲切的尺度，有效地创造了社区公共空间和生活场所。目前，作为当代城市设计倾向之一，新城市主义给当代城市设计带来的新创意受到人们的欢迎，但也因其存在的不少问题受到指责。而对于我国当代城市设计的发展，新城市主义所提倡的适度的社区规模、创造可识别性和领域感、鼓励土地使用多功能混合和公交优先、创造丰富多彩的社区生活等主张很值得我们借鉴。

（3）可持续的邻里社区

社区在许多方面都发挥着作用。社区成员分享着一种共同的身份和自豪的感觉，还分享着控制反社会行为的同等压力以及社会成员应该互相支持的默契。社区不仅仅只对犯罪和社会秩序的控制非常重要，此外，它们还对城市生活的许多方面都极其重要。对社区认识的存在能够帮助一个地区避免困难，并能在困难产生时降低其后果。而强大的社区经常是城市地区成功与衰退的区别所在 [54]。

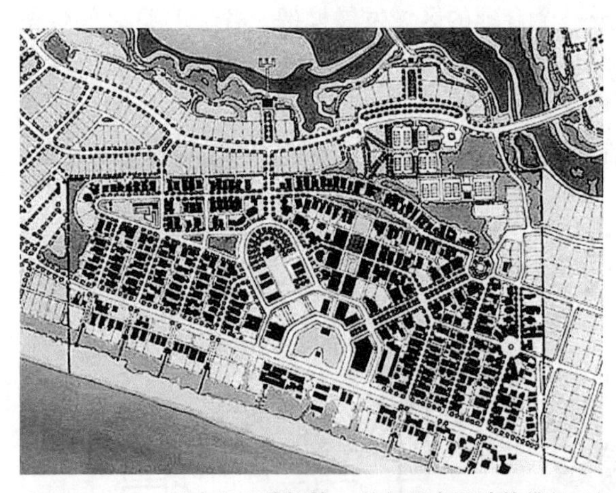

图 4.3.2–7　杜安依和普拉特 – 兹伊贝克设计的佛罗里达州海滨城鸟瞰
（资料来源：Neal P. Urban Villages and the Making of Communities [M]. London and New York：Spon Press，2009：126）

可持续社区建设已经超出单纯的居住建设，具有多重目标，不仅包含环境保护，还包括社会融合和可持续，与政治参与。英国可持续社区研究院提出可持续社区应包括如下八项内容 [55]：①活跃、融合、安全；②运行有效；③环境敏感；④设计和建设优良；

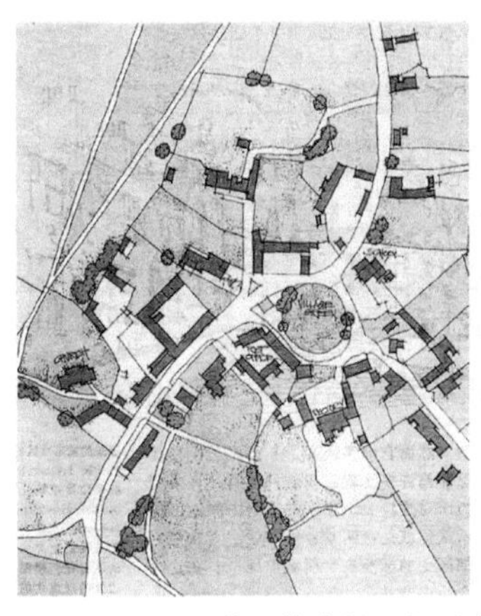

图 4.3.2–8　英国的乡村：位于乡村社区的住宅的理想化映像

（资料来源：（英）大卫·路德林，尼古拉斯·福克．营造 21 世纪的家园——可持续的城市邻里社区 [M]. 王健，单燕华，译．北京：中国建筑工业出版社，2005：118）

图 4.3.2–9　城市社区：伯明翰的莫斯利

（资料来源：（英）大卫·路德林，尼古拉斯·福克．营造 21 世纪的家园——可持续的城市邻里社区 [M]. 王健，单燕华，译．北京：中国建筑工业出版社，2005：119）

⑤联系便捷；⑥经济繁荣；⑦服务优良；⑧人人平等。可持续社区的宗旨是建设环境健全、社会整合、经济合理的社区，这些要素是不可分割的，必须形成一套完整的策略，以便实施。

社区可以划分为以下三种主要的类型：乡村、城市街道以及“郊区混合物”[56]。其中，在组织严密的乡村社区里，所有的人都彼此认识，并知道彼此的住处，都有着明显界定的边界。这一类社区往往怀疑陌生人，并不愿意接受新成员，许多外来的移民都为此付出了一定的代价（图 4.3.2–8）。像雅各布斯所描述的城市街道则几乎和乡村社区完全相反，这样的城市社区更多的是将陌生人作为充实社区的人加以接纳而不是看做一种威胁（图 4.3.2–9）。第三种类型是郊区社区，更多地体现于欧洲大陆，如英国占主导地位的乡村社区，实际上就是郊区社区，它在许多方面看是在城市的环境中对乡村社区加以发展的一种混合形式（图 4.3.2–10）。

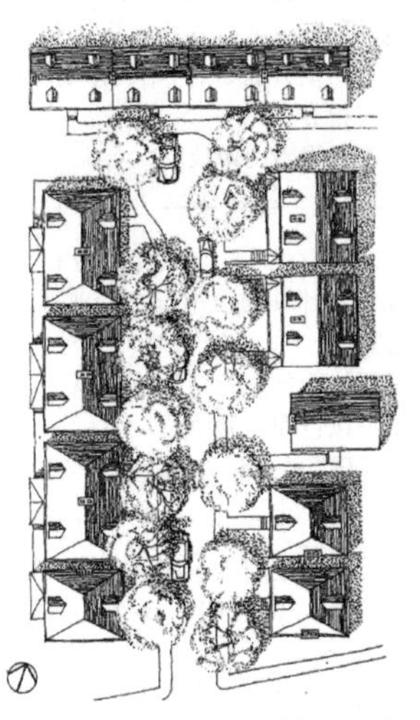

图 4.3.2–10　郊区社区：雅各布斯所描述的匹兹堡罗斯林街道

（资料来源：（英）大卫·路德林，尼古拉斯·福克．营造 21 世纪的家园——可持续的城市邻里社区 [M]. 王健，单燕华，译．北京：中国建筑工业出版社，2005：120）

我们必须认识到，不同类型的社区只有在合适的环境中才能得到繁荣。乡村社区和郊区社区是许多人都渴望的诱人理想目标。但单纯移植到城市的乡村和郊区社区并不会运转，如果我们想让城市更加受人欢迎，我们就需要开发新的城市社区模型来作为将要继续服务于社会很多地区的郊区社区的补充。在今天，如果要发掘未来城市的面貌，我们必须研究可持续发展基本法则对城市及城市内邻里社区的设计和规划的内在含义。

在一个可持续城市邻里社区里，步行和骑自行车应当是所有当地出行中最为便捷的方式，这赋予了设计许多内涵[57]：①渗透性：邻里社区应该是可以渗透的，人们能够通过选择路线轻松穿过一个地区；②安全性：安全问题在许多城市地区可能都是对适宜步行能力的最大威胁；③易辨认性：能够很容易弄明白邻里社区的结构，而且在你四下走动时还能够“读懂”它的便捷；④抑制汽车：对于很多人而言，以步行者为中心的邻里社区意味着对汽车的摒弃；⑤富有创造性的交通堵塞：平缓交通的一个最佳方式是街道活力，将交通堵塞作为舒适的步行城市邻里社区的一个重要特性；⑥密度：一个以步行者为中心的邻里社区同时也是一个高密度的邻里社区，因此各项设施之间的距离保持在最小状态；⑦公用交通：拥有一个有效的公用交通系统，可以是公共汽车或是新的电车系统。

在塑造城市方面，其他的环境问题也将发挥同等重要的作用。水资源利用、能源效率、垃圾再循环利用等，也应该得到关注。此外，绿地对城市可持续性也具有重要意义：从心理角度而言，作为开放空间的绿色呼吸器对于城市居住者是非常重要的；同时促进植物群和动物群的生物多样性。对于可持续城市地区的开放空间绿地，重要的是质量而非数量[58]。

（4）社区参与及设计过程

“社区规划”一词指的是社区尺度上的物质空间与社会发展的协同规划，如邻里单位、城市社区和（或）郊区社区等，这个过程还包括了社区居民和代表的参与。至少从1960年开始，物质空间规划中的社区参与办法就已经开始形成，有时也会被称为“参与性设计”。在国际上已有较为成功的经验，如台北市“地区环境计划”（表4.3.2-1），与之相类似的还包括“真实规划”、“社区主导型开发”和台湾地区的“社区营造”等。

台北市地区环境改造计划执行机制　　　　表4.3.2-1

机构	组成	职能	工作内容
社区总体营造推动委员会	“市政府”层级，“副市长”主持，成员包括学者、专家及相关部门领导	负责本市社区总体营造相关工作计划与预算的跨局协调及整合、计划审议及执行成效的检讨及其他有关社区总体营造工作的推动、协调及整合等事项	地区环境发生计划推动策略研究 地区环境改造计划甄选及复审 规划、设计及工程执行期间的协调与指导 干事会提案的审议
社区总体营造推动委员会干事会	由“市民政局”、“教育局”、“社会局”、“都市发展局”、“建设局”、“工务局”、“财政局”、“环保局”、“卫生局”、“文化局”、“研究发展暨考核委员会”等有关机关人员兼任干事	承社区总体营造推动委员会主任委员及分组召集人之命处理日常会务工作	地区环境改造计划甄选及初审 规划设计期间的审查及专业技术协调 工程执行单位的分配与协调 工程执行期间的协调 地区环境改造相关问题提案与讨论
地区环境改造工作小组	隶属于“都市发展局总工程司室”之下，由副总工程司指挥	专司“地区环境改造计划”相关业务推动，并负责处理社区相关事项	负责执行推动地区环境改造计划 统筹地区环境改造计划相关问题

资料来源：许志坚，宋宝麟．民众参与城市空间改造之机制——以台北市推动“地区环境计划”与“社区规划师制度”为例[J]．城市发展研究，2003（1）：18．

社区参与及设计，可以通过不同程度的参与或“参与梯度”（ladder of participation）形成其自身的特征。参与梯度的概念可以帮助解释社区各利益主体怎样、何时接到邀请而参与规划过程，以及他们参与决策制定框架的深入程度。具体分为：①低度到中度参与：参与信息和需求评估。社区成员及

代表通过访谈的形式参与“需求评估”或者“社区概况”的工作。例如构想工作室就是这样一个例子，它能够使社区成员参与进来表达其需求及可能的理想化结果。②中度参与：参与决策咨询。社区成员和代表以咨询顾问的角色参与规划，在信息收集和评估工作中可以提供多方面的来源，包括推荐行动步骤和对专业人士的规划和设计方案提出反馈建议。③高度参与：参与规划和设计。社区成员和代表参与规划和设计方案的形成过程，经常是通过参加社区设计工作室或“专家研讨会”来实现的。在一个设计工作中，社区成员提供了关键信息来指导职业设计师，而职业设计师反过来被要求帮助社区团体，将其对未来发展的多种选择形象化。社区设计通过投票表决过程来提供关键性的价值判断和设计决策[59]。

社区设计过程是必要的，尽管社区设计过程也具有其相应的优缺点[60]：①主要优点包括：过程“主动”，可以促使公民积极地参与规划；过程“开放”，鼓励每一位受影响者参加活动；讨论密集，允许知无不言、言无不尽，公众既可提供信息，又可参与评价，并将当地的社区价值趋向体现在决策中；多领域的合作，专业人士将与市民一起工作，以非层级方式促进来自各专业领域的共同合作；具有弹性，利于配合各特定社区的具体要求，灵活调整设计过程。②主要缺点包括：限定比较宽泛，因此容易被操纵，且易受批评，无论来自参与者还是非参与者；基本上只是“咨询性质”的，如权力当局与其意见相左则可能会予以否定；需要灵活的推动策略和广泛的社区陈示，而这一过程可能会耗费大量时间。在组织架构上，不同类型的社区参与与设计大致相同，区别主要在于各阶段所安排的时间因议题不同而有所差别（图4.3.2–11）。

（5）案例：上海新天地——“华丽舞台”的得与失

上海新天地的开发运作始于1996年宏观经济环境总体偏紧、旧区改造仍以大规模推倒重建为主导的时期，其现实的发展有效地推动了上海城市中心的更新与建设，其改造构成了以商业和旅游为号召力、改造旧城传统街区的样板，并提供了市场条件下政府和市场主体——企业合作进行旧城更新的新模式，具有启示意义。

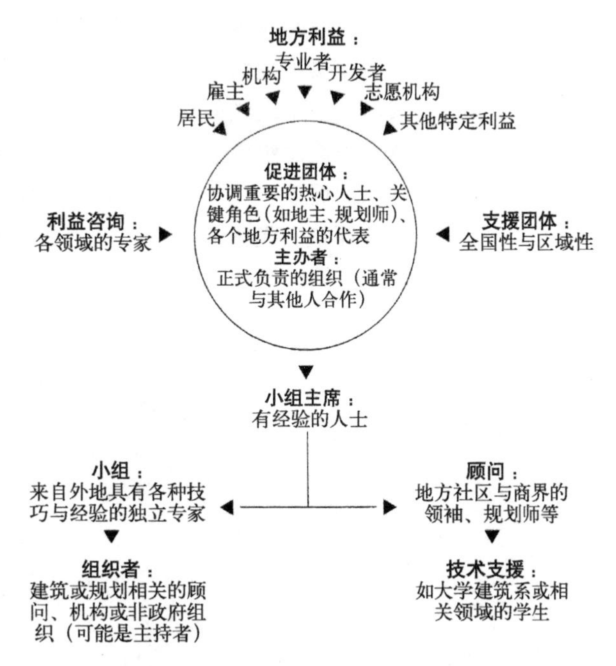

图4.3.2–11 社区行动规划的组织架构
（资料来源：Nick Wates. 行动规划：如何运动技巧改善社区环境[M]. 谢庆达，译. 台北：创兴出版社，1996：29）

自1990年代初中期，上海中心区城市更新渐渐地从最初的沿街及街坊改造，发展成为街区的成片改造，大量成片旧式里弄住宅区应成为接下来中心城区的改造重点。位于卢湾区东北角的太平桥地区，具有丰富的历史文化内涵，周边交通环境良好，区位优势独特。

上海新天地由“一大”会址所在的109街坊及与其相邻的112号街坊（即南里与北里）组成，区内有国家重点保护单位“中共一大会址”和建于20世纪法租界时期的旧式上海石库门里弄建筑，占地3万m^2，建筑面积约6万m^2。太平桥地区控制性详细规划强调了合理使用土地和组织交通及绿地、创造城市新天地功能和新景观的规划思路，将太平桥地区规划为五个功能分区：东部为商业娱乐区，南部为现代居住区，西部为历史风貌保护区，北部为办公、旅馆区，中部为人工湖和太平桥大型公共绿地。而人工湖和太平桥绿地将周边四个功能分区有机地联系在一起，既创造了城市新景观，又改善了环境质量，提升了土地使用的潜在价值（图4.3.2–12）。

在更新改造之前，区内主导的建筑风貌为大片的旧式里弄。在“保留建筑外皮、改造内部结构和功能、并引进新的生活内容”的设计理念指导下，规划为实现街区功能置换性改造，提出将原有居民全部外迁，而传统里弄经过“嫁接”与修复后则被赋予了新的旅游、文化娱乐与休闲等商业价值。而新天地充满张力的后现代设计手法甫经推出就成为商业和旅游的热点，暗合出人们既渴望追忆过去，又留恋现代生活的心理。

新天地的改造从最初方案确定到最后实施，其价值建构也从延续历史风貌的“保守”概念转而作为国际化的“高级商业区”来进行开发。“太平桥公园”和“新天地”奠定了整个太平桥地区整体开发的坚实基础，为后续整体开发营造了良好的环境氛围，提升了整体开发价值。各界人士对“新天地”改造也从不同角度出发给予了不同评价。“新天地”改造为新的城市生活形态重建，探索与创出了理性的功能性转变和历史延续的宝贵经验；具有积极的保护态度，立足于重建和再生上海里弄新的城市生活形态；为今后上海城市的历史建筑保护和旧区改造提出了一条新的思路[61]。同时也有批评认为，其在上海旧贫民窟的原址上植入新富裕阶层消费主义生活模式，原住民的迁离使这个文化场所的空间记忆不复存在[62]。尽管存在争议，但其朝向优化城市土地利用机制、

图4.3.2–12　上海太平桥地区规划
（资料来源：上海市城市规划管理局．卢湾区太平桥地区控制性详细规划[Z]，2005）

发挥土地级差优势、有效改善城市基础设施建设、兼顾历史文化风貌的空间建构举措，正代表了上海转型发展、跻身世界，同时保有自身风貌特色的本土策略表现。

上海新天地的成功具有独特性，与上海特定的境况有关，并且这种成功完全是建立在持续外来力量上的。“新天地”更像是特定时代的一个“华丽舞台”——这个舞台虽融汇了激情与梦想、融汇了传统与新潮，但演绎的却是“别人的故事”[63]。

4.3.3 信息时代与网络社会

知识经济是指建立在知识和信息的生产、分配和使用基础上的经济。这里的知识包括人类迄今为止所创造的所有知识，其中最重要的是科学技术、管理和行为科学方面的知识。知识经济的主要特征包括：以信息技术和网络建设为核心，以人力资本和技术创新为动力，以高新技术产业为支柱，以强大的科学研究为后盾。

信息技术尤其是网络技术的发展给西方城市郊区化的发展和研究带来了新的契机。进入知识信息时代，关于城市空间和发展的新的研究和理论相继涌现。麻省理工学院教授威廉·J·米切尔（William J. Mitchell）认为，“信息时代产生的新的城市结构和空间组合将会深刻地影响我们享受经济机会和公共服务的权利、公共对话的性质和内容、文化活动的形式、权力的实施以及由表及里的日常生活体验。”

新技术对城市设计的影响体现在多个不同方面，包括设计手段的更新、建筑技术和材料的进步、城市生活的多元化，以及空间观念的拓展等。新技术大大加快了城市发展的节奏，带来更明显的灵活性和多变性，当代城市很难再用传统的静态方法来控制它的发展。在这种情况下，城市规划和城市设计所提供的一种“完成状态”失去了它的意义，相反，这些外力的介入更重要的应该是提供一种程序或框架把这些变化引向良性效应[64]。

（1）网络社会理论

信息化作为全球化的重要特征之一，其进程对社会结构的影响力备受关注。社会学界的一些重要学者也将视线更多地转移到了对城市社会及空间结构在信息化进程中的演化问题上，兼具社会学与规划学背景的曼纽尔·卡斯特尔（Manuel Castells）与彼得·霍尔（Peter Hall）合著的《世界高技术园区——21世纪产业综合体的形成》（1994）重点分析了作为信息化进程重要特征之一的信息产业兴起及相应的各类高新技术园区的建立对城市社会结构、空间结构的影响[65]。

卡斯特尔自1980年代以来，以其机敏和睿智，发现了信息技术尤其是网络技术所带来的社会结构的变迁与当代社会系统之重塑，建立了网络社会理论，于1996年发表《信息时代》（The Information Age）三部曲，包括《网络社会的崛起》（The Rise of the Network Society）、《认同的力量》（The Power of Identity）和《千年的终结》（The End of Millennium）。在这一系列关于技术和空间的讨论中，卡斯特尔描绘了向信息化社会转化的趋势，以及新的空间形式与过程，指出全球经济是通过资本和信息的全球网络而组织起来的。他提出了网络社会中的新空间逻辑，即流通空间（Space of Flows）和场所空间。在网络社会中，资本、信息、技术乃至精英人才的跨国流动形成流通空间，并且越来越占据结构性的支配地位。场所空间则是指城市作为全球网络的结点，全球网络中资本、信息、技术和人才形成的流通空间决定了全球城市体系[66]。

卡斯特尔认为网络社会既是一种新的社会形态，也是一种新的社会模式。卡斯特尔在其1997年出版的《认同的力量》一书中认为，信息技术革命已催生出一种新的社会模式，即网络社会[67]。这种社会模式的特征就是经济行为的全球化、组织形式的网络化、工作方式的灵活化、职业结构的两极化，也就是一般所说的信息化模式。卡斯特尔指出网络社会的特殊功能主要是：①网络社会产生信息主义精神。②网络社会构成新的社会时空。③网络社会促成信息城市出现。④网络社会形成新的社会认同。虽然网络社会中的人们缺乏认同感，但是卡斯特尔相信，网络化可以减少人们对认同感的抵制，偏离中心的组织和干预形式的网络，有助于社会机制的重建。通过不同形式的网络处理后，新的社会认同感将逐渐形成。

雷姆·库哈斯（Rem Koolhass）则这样理解网络生活："我们在真实世界难以想象的社区正在虚拟空间中蓬勃发展。我们试图在大地上维持的区域和界限正在以无从察觉的方式合并、转型、进入一个更直接、更迷人和更灵活的领域——电子领域。"[68]赛博空间（Cyberspace）、虚拟社区、电子商务的出现，改变了人们的行为及对环境的感知和经验，城市社会结构和社会关系也将发生新的变化。因而，就城市形态而言，网络社会和信息城市的到来可能会彻底改变千百年来城市的固有空间模式和景观，展现一种新的城市形式。

（2）虚拟城市

威廉·J·米切尔1995年的《比特之城》（City of Bits），对信息化进程中城市发展与空间形态的变迁作了十分富有感染力的探索，描绘了数字化网络空间，全书贯穿了现实和虚拟对比和对照：空间与反空间、物质与非物质、同步与异步、窄带与宽带，同时讨论了数字化时代新兴的城市结构和空间组合对人们的深刻影响。"信息时代产生的新的城市结构和空间组合将会深刻地影响我们享受经济机会和公共服务的权利、公共对话的性质和内容、文化活动的形式、权力的实施以及由表及里的日常生活体验"；"人们长期以来认为，城市本身受到了挑战，需要重新定义；电脑网络像街道一样成为城市生活的基础；记忆和屏幕空间与真实的房产一样变得有价值；很多经济、社会、政治和文化行为在虚拟空间里获得了延伸。"[69]米切尔展现了未来信息时代城市的"轮廓"，从电子会场、电子公民、重组的建筑、软城市等讨论了数字化时代新兴的城市结构和空间组合对人们的深刻影响。在米切尔的图景下，人类将为自己构筑起一个全新的比特圈，而新的软城市和现存钢筋混凝土城市的并存、竞争则构成了其论证未来世界的基本角度。

2000年米切尔发表的《伊托邦——数字时代的城市生活》（E–topia）一书，将《比特之城》所讨论的主题深化和延伸。而随着《我++——电子自我和互联城市》（Me++：The Cyborg Self and the Networked City）的出版，米切尔

也形成了其检验信息技术在日常生活中之衍生的非正式三部曲，认为当今的我们身处以电子方式扩展的社会、经济和文化圈子，未来将出现全球化城邦，以及可以让大量零星分散的陌生人和睦相处的道德互联网络[70]。并指出，这个渐少为边界所管理、渐多为连接所管理的世界，需要我们重新设想、重新建造我们的环境，并重新思考设计、工程和规划的伦理接触。

在一系列有关虚拟城市的著作和研究中，还出现了大量与比特之城相对应的新名词，如连线城市（Wired City）、电子时代城市（City in the Electronic Age）、信息城市（Information City）、知识城市（Knowledge-based City）、智能城市（Intelligent City）、虚拟城市（Invisible City）、远程城市（Telecity）、信息化城市（Informational City）、网络城市（Network City）等。

（3）实时城市系统

观察实时城市系统成为理解当代和预测未来城市环境的一种手段。实时影像揭示了当城市系统综合时现代都市的动态性：信息和通信网络流线，人们和交通系统的运动方式，街道和社区的空间和社会习惯。正因为意识到移动和交流是城市的活力所在，麻省理工感知城市实验室（MIT SENSEable City Laboratory）与罗马有关部门合作，利用现代信息技术对城市中的主角——人的日常活动特性进行了仔细的调查和研究。主要是通过在人们的手机使用方法中插入移动模块，并使公共交通、步行和机动车交通的流动可视化。通过将移动信息和罗马的地理、社会经济参照叠加来揭示固定城市元素和流动城市元素之间的关系。

实时城市计划已经对未来产生深远的影响。人们活动的实时普查可以虑及城市资源的实时管理。运输系统可以通过交通流量的即时信息得到优化。能源和自然资源可以根据它们的精确需求和利用量得到有效的配置和定价。日常生活中，城市信息可通过通信设备如手机和掌上电脑（PDAs）获取。实时城市计划可以以高度可持续的方式改善人们的生活质量，通过动态分配公共资源回应城市状况的波动（图 4.3.3-1）[71]。

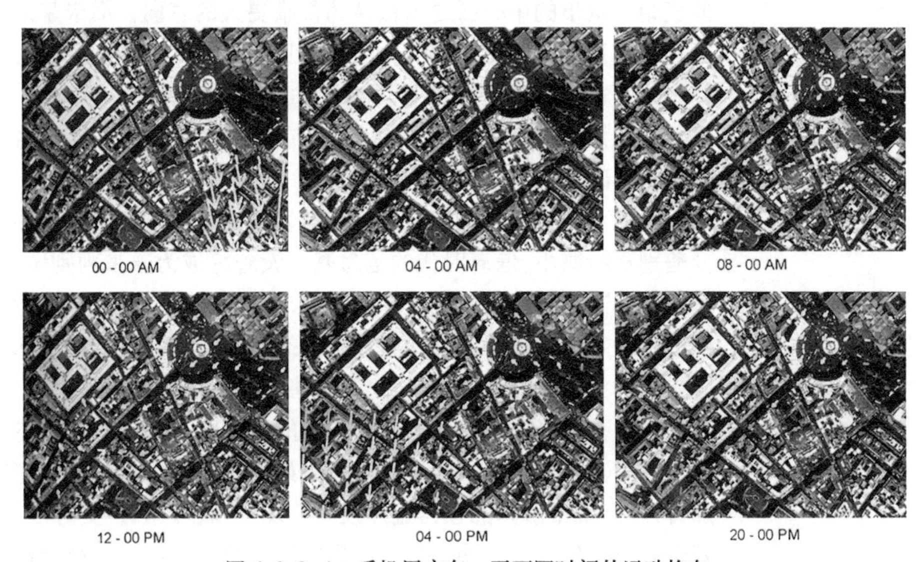

图 4.3.3-1 手机用户在一天不同时间的运动趋向
（资料来源：《Cities. Architecture and Society》vol. 1, 10 Mostra Internazionale di Architettura, 2006）

(4) 信息时代影响下的城市空间结构 [72]

英国科学家詹姆斯·马丁(James Martin)于1982年在其论著《电讯化社会》中首次提出“信息时代”的概念。由于信息通信技术的发展、网络和虚拟社区的普及等,“无重力”社会和无形的活动使得城市结构和组织模式产生了分散化和无中心化趋势。贾尔斯(Gilswe)认为网络将把图书馆、音乐厅、商业聚会等带进家庭和办公室,促成了城市的消亡。而科尔克(Kolko)则认为远程通信使得距离消失,而并不是城市消亡,并且还得出城市的规模与网络地址的密度呈正相关的结论。信息网络将分散的个体和组织紧密地联系起来,促成了交往、交流、贸易和组织形式等的重大转变。以信息技术为基础的科技革命带来城市产业结构的更新,对人类生产和生活方式的改变带来城市社会结构的重组。这对同样承担这些功能的城市社会空间和物质空间模式产生了整体性影响,使之呈现出信息化特征。信息时代城市空间结构从集中圈层式发展向分散的网络化方向演变。具体来说,影响到以下几个方面:

①对城市中央商务区(CBD)的影响。格雷厄姆(Graham)等针对近年来世界城市出现的多中心趋势,对未来CBD的前景表示担忧。但他认为信息加工和服务的高级产业仍然需要面对面的交流,并对世界城市的集聚效应给予了充分的肯定;卡斯特尔则认为未来CBD仍将继续繁荣。而利(Leigh)通过对芝加哥和亚特兰大两个城市的CBD和郊区的办公用房进行的实证研究,认为郊区的边缘中心是城市CBD的再造,并不是CBD低档办公职能的扩散和外迁。

②城市功能的混合趋势。在网络时代,新的工作和生活方式,如家庭办公、电子购物、网络会议、网上学习等将产生,这将促使商业、工业和居住的相互融合,也促使城市土地空间的使用更加兼容化。各个功能区之间的边界变得模糊,人们的出行需求大量减少,甚至足不出户就可以轻松地完成工作、娱乐以及购物等活动。

③城市空间内部结构的不均衡现象。由于居民的文化素质和信息基础设施的差距,城市的中心区通常被认为面临更大的衰弱,而未来最有增长潜力的地区是城市边缘区(近郊区),这里是工作机会和投资最活跃的地区。城市的远郊区也可能面临着与中心区同样的命运。汤森德(Townsend)、道奇(Dodge)等分别通过对美国都市区和伦敦都市区的IP地址空间分布的研究,解释了城市空间内部结构的这种不均衡现象。

④城乡一体化。网络技术的迅猛发展促使城市与乡村的联系更加紧密,城乡差别不断缩小。信息时代的信息基础设施将成为未来判别城市与乡村的界限。远程数字通信将使农村地区享受到城市中的服务,城市与农村相互交错、融合,农田将进入城市核心区并作为城市生态基础设施的重要组成部分。

⑤网络时代的城市体系。汤森德认为网络城市是那些有高容量的Internet骨干网并在高素质的劳动者当中普及的都市区,如旧金山、华盛顿特区、波士顿、西雅图等,这并不等同于世界城市(如公认的美国世界城市纽约、洛杉矶、芝加哥)。但城市解体的预言显然没有实现,而城市朝着“更分散化”和“更中心化”两个方向极化发展,使社会也体现出更明显的不平等、社会极化和技能性社会排斥现象。

（5）案例：虹桥商务区——“顶层设计”的冲突设问

21 世纪以来的上海城市发展，得益于市场体系建设和城市功能完善的共同作用，开始显现出依赖区域带动的新特征；同时，还必将在接受全球化深刻影响的基础上谋求发展，亟需增强城市功能的空间传导效力、激发参与全球竞争的优势功能[73]。在空间发展方面，上海的城市转型更加强调关注多层次的均衡发展，试图在有潜力的地区布局旨在带动上海中长期发展的区域性重大项目。而虹桥商务区依托多种交通方式于一体的独特优势，成为上海继世博会之后，对整个城市乃至区域发展产生重大影响和推动效应的功能空间，在改变城市东、西部发展不平衡中发挥重要作用，已成为上海实现“四个率先”、建设“四个中心”和贯彻国家战略、促进上海服务全国及长江三角洲地区的重要载体。

虹桥商务区规划结合虹桥综合交通枢纽布局设置，规划总用地为 26.3km^2，规划总建设规模约为 1100 万 m^2。其总体发展目标设定为建设成为新时期上海“创新驱动，转型发展”的示范区，建设成为土地利用综合集约、交通运行安全高效、产业发展更新转型、生态环境低碳优美的综合商务区；整体形成“五区三轴两廊”的空间布局结构（图 4.3.3–2）。作为一个功能区域，其将体现城市综合体的概念。虹桥枢纽周边约 58.9km^2 的区域将规划作为虹桥商务区功能拓展区，以促进未来整个区域的协调、联动发展。

总体来看，虹桥商务区相关规划设计策略的推进，在职住平衡的综合考量、区域综合交通体系建构、生态绿化空间建构与低碳设计等方面尤其值得借鉴。规划依托西部城镇体系，建立三个层次的居职平衡：一体化居职平衡圈（主功能区拓展区）；半小时新市镇居住通勤圈（中距离地区）；一小时新城市居住通勤圈（中远距离地区）。完善为会展综合体配套的交通设施，构建“两纵三横”城市轨道网络。同时，引入现代化捷运系统作为轨道交通的补充，并重点完善支路系统，增加了支路网密度。针对总体规划确定的重要生态空间，确保结构性生态空间的完整性。

其中，虹桥商务区核心区的城市设计则更加突出以人为本和可持续发展的思想，强调充分发挥交通枢纽和商务功能的集聚整合作用，突出低碳设计和商务社区的规划理念，并积极探索建立可量度、能实施的低碳设计评价标准。试图建设成为功能多元、交通便捷、空间宜人、生态高效、具有较强发展活力和

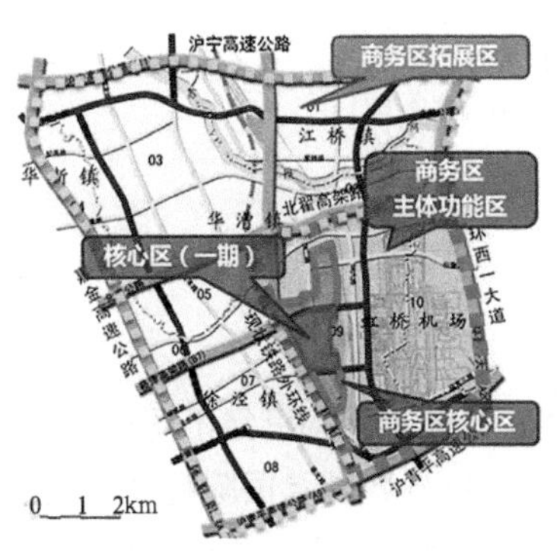

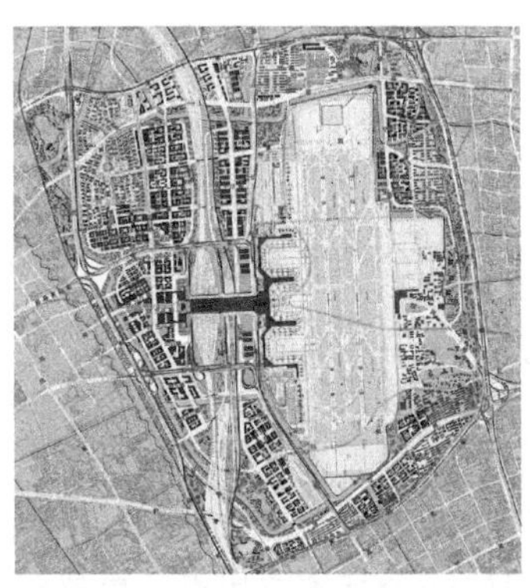

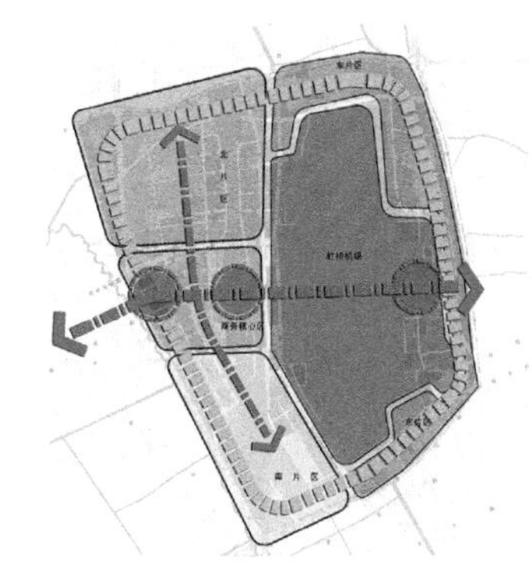

图 4.3.3–2　虹桥商务区主功能区规划平面及布局结构分析
（资料来源：上海市规划和国土资源管理局．虹桥商务区规划（草案）[Z]．2011，04）

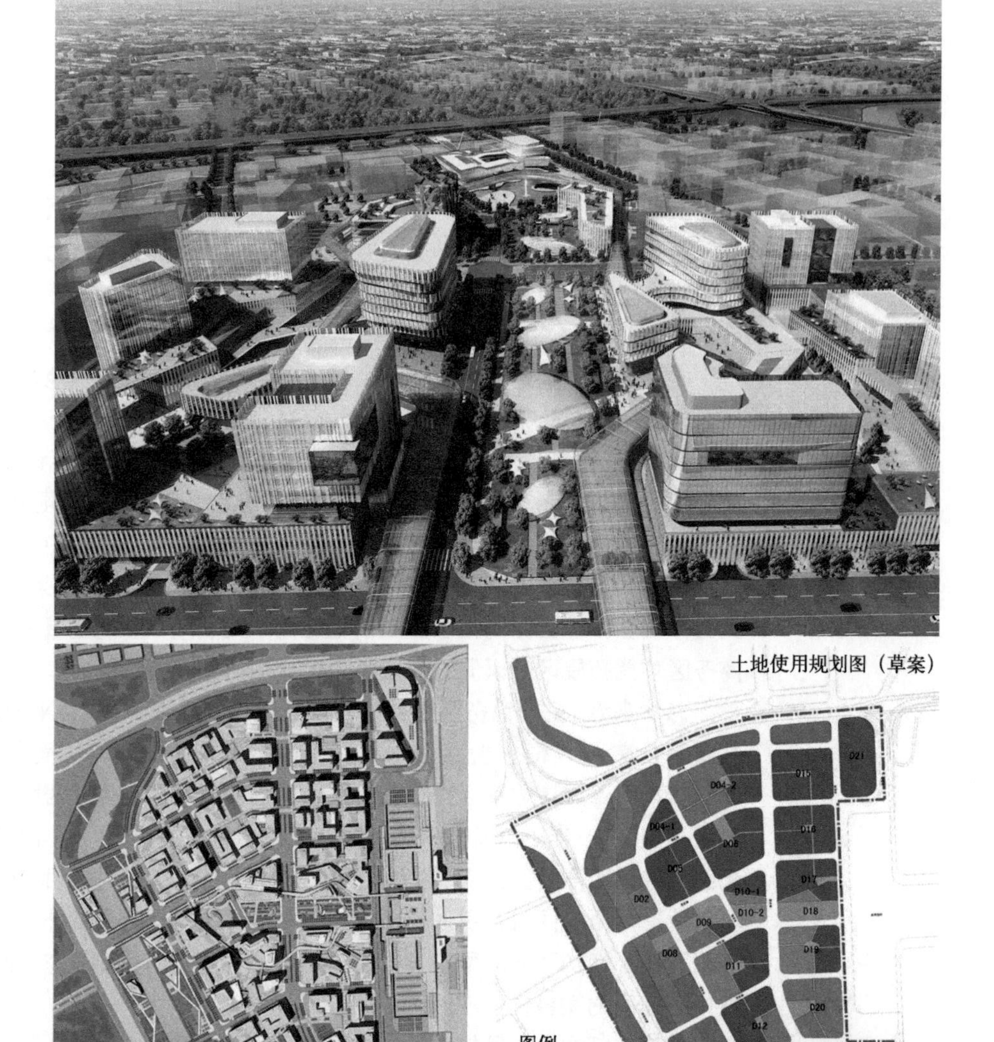

图 4.3.3-3　虹桥商务区核心区一期规划

（资料来源：上海市规划和国土资源管理局，上海虹桥商务区管理委员会．虹桥商务区核心区（一期）城市设计及控制性详细规划调整 [Z]，2010-02）

吸引力的上海市第一个低碳商务社区（图 4.3.3-3）。

4.3.4　全球化背景下的城市设计

在当今，任何一个国家或地区的经济发展和社会生活都已经不同程度地处于了一种全球性的背景之下。这已经成为理解当今世界各国及国际社会的经济、政治和社会形势的一个基本立足点，更是观察和预测新世纪人类社会历史变迁的一个重要的参考框架。正如英国社会学家莱斯利·斯克莱尔（Leslie Sklair）

所描述的那样："全球化现象是资本主义体系向全世界扩张的过程。这一体系是由三种相互联系的主要结构所推进的：政治上是全球性的资产阶级利益要求；经济上是以跨国公司为主体的组织结构；文化上是以消费主义为主导的意识形态。[74]"

全球化背景下，城市竞争加剧，争夺稀缺资源；而社会价值观和意识形态也在转变，消费主义日益盛行；同时，城市文化的多元化与经济联系空前紧密，城市治理思想和模式不断创新。今天的城市研究的重要特征之一，是将世界各国的城市放在一个全球性的经济、政治体系中来加以观察、分析和解释。萨斯基娅·萨森（Saskia Sassen，1994）认为，城市在经济全球化过程中具有核心作用[75]。当前，全球化已经深入到社会各个角落，城市作为社会文化的载体深受其影响。这种影响一方面表现为全球城市结构体系的重组，另一方面则推动城市空间的趋同与建筑文化的国际化[76]。

（1）社会空间的全球性重构

经济全球化下构建的全球城市网络，使得城市与城市之间的交流与影响跨越传统空间的制约。正如萨森所言，"（全球化城市）策略的操作不再停留在寻求对'周边'的联系或者说文脉上，而是通过连接多种'地域'建立跨国界的地理"[77]。这种新的城市结构是一个动态的结构，随着全球化的进程和经济中心的转移不断进行调整，这就要求城市设计师在对城市的定位与发展背景上有更广阔的视野。

①城市设计的研判深度。经济全球化导致了城市作用提升。一种以"全球城市"为顶点的全球城市等级结构已经形成，加强竞争力成为政治的主导对策。城市在全球化进程中的作用和地位出现了两种不同的场景：一方面，城市作为世界经济体系中的一个单一场址，以整体性而发挥作用；另一方面，城市本身是分解的、由不同的片段组成的，它并不是一个统一的整体。在这样的状态下，萨森提出的两个问题"这是谁的城市？（Whose city is this?）"和"城市为什么更重要了？（Why cities matter?）"，为城市设计对城市的定位和对城市问题的处理等揭示了其中的复杂性和多元性。

②城市设计的连通特征。全球城市具有了越来越紧密的连通性（Connectivity）（图 4.3.4–1）。全球生产和贸易价值链的错位，全球物流机动性的提升，全球经济控制节点的集聚，全球生产性服务业的集中，都使服务集中提供者——城市的作用得到了大大提升。而互联网活动、航空业和电子信息服务业的创新和科技革命，更大大加强了人与人之间、城市与城市之间的连通性（图 4.3.4–2）。连通性使城市紧密相连的同时使全球城市产生垂直分化，并促使城市通过提高城市管理、金融、贸易、生产性服务能力和规模等改善连通性，提高城市竞争能力。这一连通性特征，促使城市设计超越传统的局限，以更加多元、兼容和网络化的模式来研究和考量城市空间发展。

③城市设计的经营导向。全面的、不可预测的竞争局面迫使积极参与全球化的城市努力通过创新提升自身升级能力和核心竞争力。在这样的状况下，政府延续了如哈维所揭示的 1970 年代以后开始的角色转型，从管理型转变为企业家型，从而提出要像经营企业一样来经营城市，而对城市经营的评价其实就

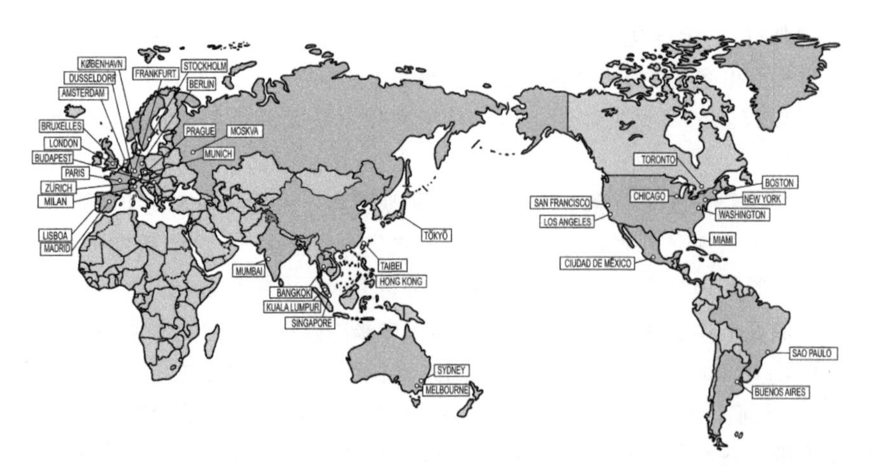

图 4.3.4–1 世界城市的连通性
（资料来源：《Cities. Architecture and Society》vol. 1, 10 Mostra Internazionale di Architettura, 2006）

GENERAL	CONNECTIVITY	ADVERTISING	CONNECTIVITY	LAW	CONNECTIVITY	MANAGEMENT CONSULTING	CONNECTIVITY
LONDON	1,00	NEW YORK CITY	1,22	LONDON	1,00	NEW YORK CITY	1,06
NEW YORK CITY	0,97	LONDON	1,00	NEW YORK CITY	0,90	LONDON	1,00
HONG KONG	0,73	HONG KONG	0,77	FRANKFURT	0,70	PARIS	0,84
TOKYO	0,70	AMSTERDAM	0,72	HONG KONG	0,69	MADRID	0,79
PARIS	0,69	SYDNEY	0,70	WASHINGTON	0,66	STOCKHOLM	0,78
SINGAPORE	0,67	SINGAPORE	0,69	BRUSSELS	0,62	MILAN	0,78
CHICAGO	0,63	TORONTO	0,69	PARIS	0,56	TORONTO	0,74
LOS ANGELES	0,59	TOKYO	0,66	SINGAPORE	0,55	SINGAPORE	0,74
MILAN	0,59	MIAMI	0,65	TOKYO	0,51	CHICAGO	0,74
FRANKFURT	0,58	FRANKFURT	0,65	MOSCOW	0,44	WASHINGTON	0,71
SYDNEY	0,58	MILAN	0,64	AMSTERDAM	0,40	SYDNEY	0,68
MADRID	0,57	PARIS	0,64	BERLIN	0,39	HONG KONG	0,68
BRUSSELS	0,56	MADRID	0,64	PRAGUE	0,38	ZURICH	0,66
AMSTERDAM	0,56	MELBOURNE	0,61	BUDAPEST	0,38	BOSTON	0,66
TORONTO	0,55	TAIPEI	0,58	LOS ANGELES	0,35	BRUSSELS	0,64
SÃO PAULO	0,53	LISBON	0,58	CHICAGO	0,34	TOKYO	0,63
SAN FRANCISCO	0,50	MUMBAI	0,58	MUNICH	0,33	SÃO PAULO	0,62
ZURICH	0,48	BRUSSELS	0,58	DUSSELDORF	0,32	AMSTERDAM	0,61
MEXICO CITY	0,46	COPENHAGEN	0,56	MILAN	0,31	BUENOS AIRES	0,60
BUENOS AIRES	0,46	SÃO PAULO	0,54	BANGKOK	0,29	KUALA LUMPUR	0,53

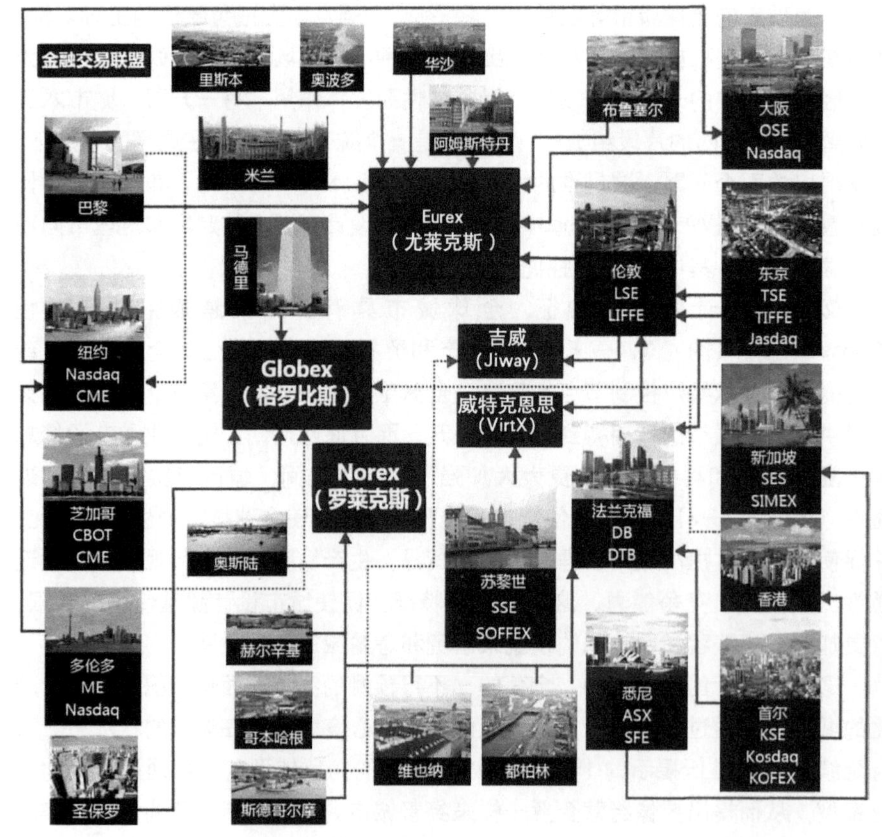

图 4.3.4–2 全球金融交易电子网络系统
在这个以信息流动为基础的网络系统中，有五个全球电子交易中心：全球电子交易系统格罗比斯（Globex）、欧洲电子交易系统尤莱克斯（Eurex）、北欧电子交易系统罗莱克斯（Norex）、吉威（Jiway）电子交易系统和威特克恩（VirtX）电子交易系统。通过通信光纤，世界城市被上述5个交易联盟连接成巨大的全球网络系统。
（资料来源：郑伯红，朱顺娟．现代世界城市网络形成于流动空间[J]．中外建筑，2008(3)：105–107）

是城市的竞争力。相应地，城市设计也越来越呈现出“经营”导向——注重集聚特色要素、优化配置资源、塑造城市品牌，以促进城市自身价值和竞争力的提高。

(2) 多元化与多样性的坚守

文化是生活方式的一部分，是标识自我和文化自明的独立意识形态。罗伯逊的全球化理论提出，“每一个独特的文明都拥有对于作为整体的世界的一种观念，以此作为自身符号传统的一部分”(Robertson，1992：133)，以及“考察有关现代全球形势的不同文化解释的重要性”(Robertson，1992：68—69)。然而，如今全球化的强大力量在推动新的技术和设计思想在世界范围内更快推广的同时，也带来城市空间趋于同质的现象，淡化了地方文化的主体性。

①全球化与地方性的平衡。全球化背景下，消费社会高度发展，许多城市正在失去它的历史和地方特色（图4.3.4—3），成为雷姆·库哈斯所描述的“普通城市”(the Generic City)，历史的城市中心在迅速消失，取而代之的是一些虚假的模仿品[78]。“单一的世界文明同时正在对缔造了过去伟大文明的文化资源起着消耗和磨蚀的作用[79]”城市营造中也的确体现出如此的迹象。在我们国家，建筑和城市设计方面，欧化和欧陆风格风行以及传统建筑元素符号化，缺乏对传统文化精神的理解，使城市整体风貌呈现出无序和杂乱；另一种倾向，比如，对中国传统节日的粗浅理解和回应，甚至对传统节日的西洋式理解，最明显的例子，就是端午节被理解成粽子节，七夕节被转化成“情人节”，大大削弱了传统文化的内涵和感召力。面对全球化的挑战，如何在全球化和地方性之间取得一个平衡，是当前城市设计亟待研究的课题。

②传统文化与空间的延续。联合国教科文组织《世界文化多元性宣言》的第一条就是：“文化多样性对人类来讲就像生物多样性对大自然那样必不可少。从这个意义上讲，文化多样性是人类的共同遗产，应当从当代人和子孙后代的利益考虑予以承认和肯定。”[80]孔子曰：“君子和而不同……”。多元文化的聚集与交融是城市的特质（图4.3.4—4）。世界的多样性在城市的多样性中得以集中展示，城市在多元文化的融合中寻求和谐发展，寻求历史文化与空间的连续性。正如刘易斯·芒福德（Lewis Mumford）所述：“城市不只是建筑物的群

图4.3.4—3　上海高层建筑蚕食中的石库门建筑遗留

图4.3.4—4　中国三大城市的文化面向

集，它更是各种密切相关并经常相互影响的各种功能的复合体——它不单是权力的集中，更是文化的归极。[81]”不同时代、不同地区和不同种族的人们构想并创造了十分丰富的城市文化，形成了色彩斑斓的理想城市和城市形态，体现于城市物质空间环境、肌理脉络和文化历史遗产，也体现于城市发展中对地方性文化的继承和融合以及社会生活中对传统习俗、文化的继承和发扬，从而也建构了城市设计的主体内容。创新的城市精神也需要独立的地域文化积淀作为根基，地域文化是创新的思维来源，是城市个性化和吸引力的彰显。

（3）政治经济学的城市空间

社会学思考对形式的意义在于：形式不是受美学支配，而是受代表社会力量的文化因素所主导。由于城市空间是城市各种活动的载体，各种活动要素及其相互作用直接影响并制约了城市空间分布格局的运动过程，随着人类社会的发展，城市的空间形态的演进已不可能是单一影响因素作用的产物，而是各类影响因素的综合及组合作用的结果（表 4.3.4–1）。而政治经济学的城市空间分析，也更多地与生产方式、资本循环、资本积累、资本危机等社会过程及问题结合起来，注重更广阔意义内的城市发展，为城市设计提供了更为深层次的指导。

当代城市社会运动动力背后的社会结构　　表 4.3.4–1

城市社会运动目标	城市作为使用价值	认同、文化自主性及沟通	以领域为基础的自治
包含在目标中的意识形态主题和历史要求	——社会工资 ——生活品质 ——历史、自然保存	——邻里生活 ——民族文化 ——历史传统	——地方自治性 ——邻里分权 ——市民参与
对立目标	城市作为交换价值	信息垄断和单向资讯流通	——集权化 ——官僚体制合理化 ——机器的建立
社会议题和意识形态主题	——地租的占有 ——地产投机 ——资本主义生产赢利的基础	——大众文化 ——意识的标准化 ——城市孤立	——集权主义 ——官僚主义 ——极权主义
城市意义的冲突性计划	城市作为生活的空间性支持 vs. 城市作为商品或商品生产、流通的支持	城市作为沟通网络和文化创造的源泉 vs. 被安排好的单向资讯流通的非空间化	城市作为自我管理的整体 vs. 城市作为集权国家的子民服务世界帝国
城市冲突所指涉的结构性历史矛盾	资本 vs. 劳动	咨询 vs. 沟通	秩序和权威 vs. 改变和自由
对立者之名（历史行动者）	资产阶级	技术官僚	国家
此一特殊目标的社会运动之名（城市行动者）	集体消费的工联主义	社区	市民

资料来源：Manuel Castells. 一个跨文化的都市社会变迁理论 [M]. 陈志梧译 // 夏铸九，王志弘 . 空间的文化形式与社会理论读本 . 台北：明文书局，1993：274.

城市空间设计的政治经济学分析可以从以下四个方面进行[82]。

①空间的生产

空间与社会不可分离，并具有强烈的生产性，这就产生了利益分配的问题。

也因此，产生了社会博弈以及公平与效益的考量，也成为了城市设计面临的重要问题。

城市社会学理论的重要奠基人亨利·列斐伏尔（Henri Lefebvre）对城市的理论思考包括两个部分，首先他将已有的城市理论和城市实践批判为意识形态。第二是关于空间的资本主义殖民化和城市革命论。他在《空间的生产》(The Production of Space, 1991）一书中指出了空间的社会生产性：空间性不仅是被生产出来的结果而且是再生产者。人类就是一种独特的空间性单元：一方面，我们的行为和思想塑造着我们周围的空间，但与此同时我们的集体性、社会性也产生了巨大的空间和场所。他认为，"空间是政治的。排除了意识形态或政治，空间就不是科学的对象，空间从来就是政治的和策略的……空间，它看起来同质，看起来完全像我们所调查的那样是纯客观形式，但它却是社会的产物"；"我们并不谈论一种空间的科学，而是一种空间生产的理论"。

罗维斯（S. Roweis）、斯科特（A. J. Scott）、索亚（Edward Soja）等人则对社会空间提出其辩证的看法。罗维斯和斯科特认为空间并不仅仅是一种"容器"，在这种"容器"中某些社会或经济过程得以进行和完成。空间和社会并不是相互分离和独立的实体，社会组织和空间过程不可分离地交织在一起。索亚认为，有组织的城市空间代表了对整个生产关系组成成分的辩证限定，这种关系同时是社会的又是空间的。这种社会空间辩证法的核心是"社会生活的空间性是社会的物质构成"。

②公平与效率

效率与公平是对立统一的关系，效率是公平的重要基础之一，公平的缺失最终也会影响效率。在资源有限的前提下，任何公共资源的配置行为都需考虑效率与公平，即：尽可能地使资源配置的效用最大化，同时保证资源配置过程中社会各方利益的公平，以及作为社会公平反映的公共利益的实现。不同的社会力量和利益之间的平衡和组织是城市设计作为社会、政治过程的核心问题。

法国思想家卢梭（Rousseau）的契约论思想提出要寻找出一种结合的形式使它能以全部共同的力量来维护和保障每个结合者的生命和财富，并且由于这一结合而使每一个与全体联合的个人又只不过是在服从自己本人并且仍然如以往一样地自由[83]。公平体现出人民的社会地位，是社会发展的一个重要目标。在现实社会中，有经济的、社会的、地位的和权力的、分配性的、关系性的平等问题，我们在物质环境中衡量公平的方式包括环境给人们提供服务的公正性、人们介入环境和参与活动的机会，以及环境提供给不同社会群体的接触的可能性。城市设计应遵循公平的原则，加强城市的优势，减少或消除城市的劣势；使城市更加公平，让每位居民平等享有城市的权益；还应使城市减少污染、交通便捷、增加人们交流的可能，使人们享受高质量的私密性和自由。作为公共空间环境生产的城市设计就应该兼顾其产品良好的公共空间环境分配的公平问题。当然，这里所谓的公平应该是个相对的概念，具有时段性，它是一定历史阶段一定社会制度下的公平。

效率也是影响城市设计的一个重要方面。在我国处于经济高速增长、城市快速发展的阶段，我国的城市设计往往更注重效率优先，同时兼顾公平。高

效率的城市设计可以使得固定资源配置下的城市公共空间环境的高生产与投入比，这种产出中既包含有经济效益，又包含有环境效益和社会效益。城市设计应当有利于城市发展中的动态、多元、弹性的平衡，设计高质量的城市公共空间环境，把迅速变化发展的多元要素有效地组织起来，采用多视角的规划设计方法，形成合理的城市设计运作机制，来进行城市建设。

③社会的博弈

维弗雷多·帕累托（Vilfredo Pareto）提出，"帕累托最优"是公平与效率的"理想王国"。"帕累托最优"的概念是帕累托在进行经济效率和收入分配的研究时提出的，是指资源分配的一种状态，即在不使任何人境况变坏的情况下，也不可能再使某些人的处境变好。帕累托认为，经济生活中的规律归根到底取决于人的"需求"和满足需求所遇到的"障碍"之间的均衡，而这两者的均衡贯穿于生产、交换和分配等各个领域，存在于包括自由竞争在内的各种不同经济条件之中。

新韦伯主义将城市视为一个社会—空间系统，空间概念是新韦伯主义城市社会学分析的基本出发点，而由城市的社会—空间系统产生的生活机会分配的不平等以及由此引发的社会冲突则是他们分析的焦点。新韦伯主义主要研究不同机构的行为及动机在城市舞台上的表现，与其他学说相比，主要关注相关的私营和公共机构的角色在不同的社会系统中的动机，研究植根于特殊的政治体系内意识形态的范畴：①住房阶级。将城市视为一个空间结构和社会结构合二为一的特殊体，提出不同的集团在住房等级体系中处于不同的位置，为了获得理想的住房而斗争。②城市经理人。在城市生活中，城市资源的不平等分配模式是那些在社会系统中占据重要位置的个体的行为后果，形形色色的"城市经理人"决定着不同类型的城市稀缺资源在不同人群中的分配。③国家的角色。对于城市体系、城市矛盾、政治和政策建议的分析，如彼得·桑德斯（Peter Saunders）在《社会理论和城市问题》（Social Theory and the Urban Question）中对不同地区的社会消费和社会投资的支出、中央政府和地方政府、多元国家的结构和组合国家的结构的分析。

城市中面临的各种问题、矛盾，归根结底是城市中社会和经济的各种力量、各个利益集团相互博弈的产物。不同的政府主体、经济主体和社会主体具有不同的利益诉求及博弈关系，会产生不同的应对未来城市空间发展的引导策略。而中央政府、地方政府、房地产开发商、专家学者和居民间的力量此消彼长或是某个力量的薄弱导致话语权的缺失，势必导致博弈的结果向单极化发展。今天可持续发展的城市更应是各个社会成员的共同选择的均衡，而在城市设计中运用博弈理论及其扩展内容对城市社会问题进行分析，远比单纯的物质和图形设计更具有生命力与应用性。

④资本与消费

哈维认为，研究资本运动的社会政治原因，有能力控制资本的集团才是正在决定资本流向的主体，他们在社会中的价值取向直接地影响资本在城市空间上的运动，从而塑造了城市的空间形式。资本或剩余价值在生产过程中产生，在第一次生产循环中如果有剩余价值，资金将会流入第二次循环。在第二次循

环中，资本用作固定资本或消费基金，这些都表现在建造实体性城市环境中。最后，资本又会进入第三次循环，用于科学技术、教育、医疗等社会的支出。进入第三次循环中的资本将取决于国家干预。哈维通过这一分析框架，探讨了城市危机的动力机制和开发及再开发的循环过程。

与新马克思主义的主流研究注重从生产领域出发研究社会冲突和社会问题不同，曼纽尔·卡斯特尔则从消费领域出发研究当代资本主义城市，提出“集体消费”的概念。集体消费的概念是指“消费过程就其性质和规模，其组织和管理只能是集体供给”，例如住房、社会公共设施、医疗、教育等。卡斯特尔提出，社会系统划分为综合的政治、意识形态、经济三个部分。城市系统不能分离于整个社会系统，它是整个系统的一个方面。因此，整体系统的任何变迁都会在城市系统中反映出来。作为构成整体社会系统的政治、意识形态、经济三个部分在城市系统中分别表现为城市管理、城市符号体系和由生产、消费、交换三方面组成的经济过程。

随着全球化趋势的不断扩大和深入，消费主义蔓延日益成为当今城市发展的重要背景之一。消费主义价值观作为一种社会文化现象和观念体系，具有鲜明的物质主义特征，认为人的生存本身就是消费：物欲的满足、感官的享受乃人生追求的最高价值。消费主义具有差异化和符号化特征，并具有强烈的感染力，在当代社会成为一种生活方式，内化为相当多人的价值理念，成为他们的行为指南，改变了城市结构和阶层。消费主义产生了“炫耀性消费、符号消费”思想，对大规模改建的偏好，古城改造成为纯粹的旅游项目投资、建假古董、造伪文化等负面影响。

以上海为例。处于第三次消费浪潮中的上海，消费在城市空间中的布局受两方面的影响。首先，由于城市实现“退二进三”，消费空间的主体化趋势得到了加强，尤其体现在中心城区。另一方面，消费阶层的划分导致消费空间分层化趋势加强。百货店、酒店、时尚精品店、餐厅和酒吧、影剧院和体育赛事中心、会展中心和美术场馆、汽车展示厅等较高端的消费空间和上海历史文化风貌区的空间划分具有高度的同质性和共识性（图4.3.4–5）。高消费的场所和城市历史文化风貌区之间这样的相互关系并不是偶然的，它实际上反映了社会发展和社会思潮的必然。

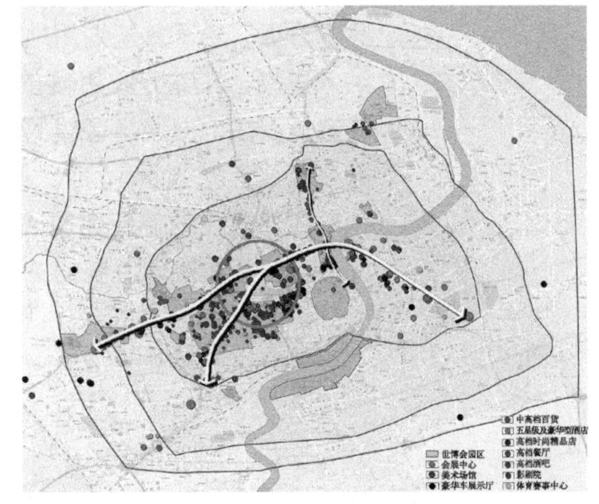

图4.3.4–5 上海历史文化风貌区城市消费的空间布局新图景

在城市层面上形成了浦东世纪公园—虹桥地区、徐家汇的消费产业发展轴；在衡山路—复兴路、愚园路、南京西路和人民广场历史文化风貌区之间形成环状发展带，辐射能力巨大；外滩地区正在成为高端消费产业聚集的新地点；江湾、提篮桥、豫园和龙华历史文化风貌区在消费产业吸聚方面有待增强。

（资料来源：王伟强．历史文化风貌区的空间演进[N]．文汇报，2006–10–15）

（4）案例：上海世博会与“后世博”图景——全球语境下的本土谋划

享有“经济、科技、文化领域内的奥林匹克盛会”美誉的世界博览会，是历史悠久并影响巨大的国际性大型展示博览活动。世博会举办前所在地区的基础设施的更新，举办期间对周围地块经济和城市发展的带动，以及举办后场地功能的转换、设施的重新定位等，都将会对城市发展的总体功能和空间结构、地区的城市更新和周围环境的改善等产生重大影响，从而成为各个举办城市进行大规模建设、推动城市再城市化的催化剂。现代世博会在构成城市发展动力源的同时，也正日渐增多地成为城市可持续发展原则及策略的重要体现。

尽管上海早已经实现了从一个特大工业中心城市向国际性多功能中心城市的转变，但是也只是转变的第一阶段，而一个城市的持续发展活力取决于自身功能组合的动态更新能力。上海新时期的城市转型也亟待建立以现代服务业为主的服务型城市，城市规划总体布局多年来也正是面向这一转型目标而运筹推展。而 2010 年上海世博会，正是在上海城市转型过程中，作为重大事件与创新载体，促进了城市空间重构、带动了区域联动，并为城市提供了发展动力、突破制度束缚的现实路径。

①结构上的支点——世博会的生态谋略与本土践行

2010 上海世博会则从申办之初就进行研究，试图借鉴以往世博会的重要经验和建构策略，将城市的更新和世博会的举办结合起来，使世博会成为城市更新进程的动力，并促进城市在世博会结束后持续发展的可能。上海世博会场址（图 4.3.4–6）与城市中心区相距大约 5km，交通条件十分优越。规划总用地面积为 5.28km²，其中，浦东部分为 3.93km²，浦西部分为 1.35km²。世博会选址于该区域，一方面有利于市民参观，并有利于更好地体现该场址及周边地区所具备的特质和内涵，而较好的道路交通条件也有利于世博会的后续使用；另一方面，由于其规划用地将城市工业污染区和大片简陋民居的成片搬迁改造纳入进来，在充分利用城市原有设施的同时，有利于带动旧区改造。可以说，其选址有效地促成了区域的改造和功能提升，有利于城市更新和经济结构调整的有机结合。

如何通过世博会的统一规划，在上海黄浦江两岸形成新的城市公共中心，促进上海整体协调发展的关系，则构成世博会园区规划与上海市总体规划的一

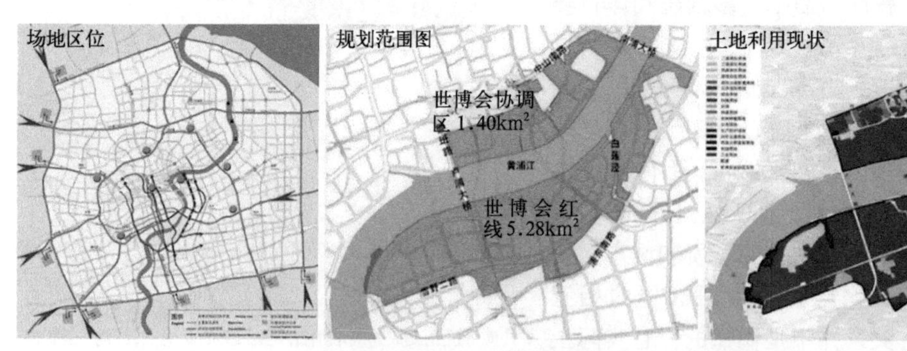

图 4.3.4–6　上海世博会区位及基地概况

（资料来源：中国 2010 年上海世博会规划区控制性详细规划[Z]，2007.http：//www.hpjbanks.com/plan/guihua_pop.asp?id=29）

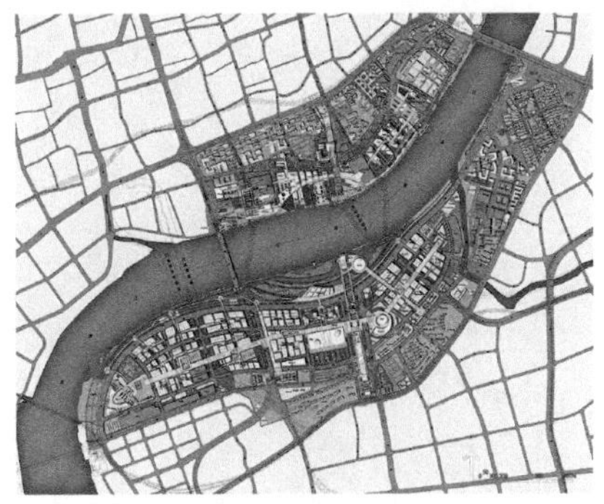

2005 年 8 月编制完成的控制性详细规划平面图（第 2 版）

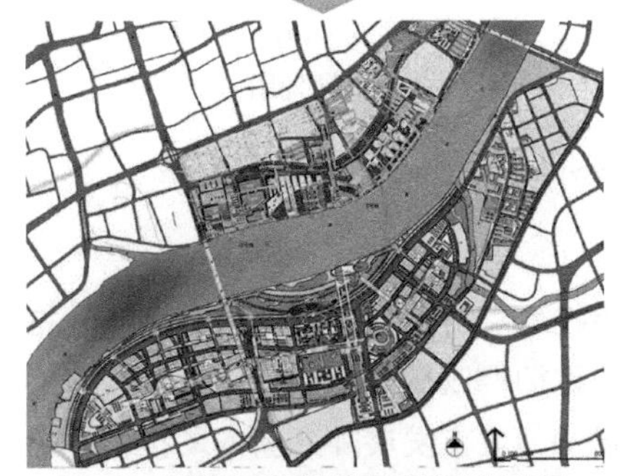

2007 年 7 月编制完成的世博会园区城市设计平面图

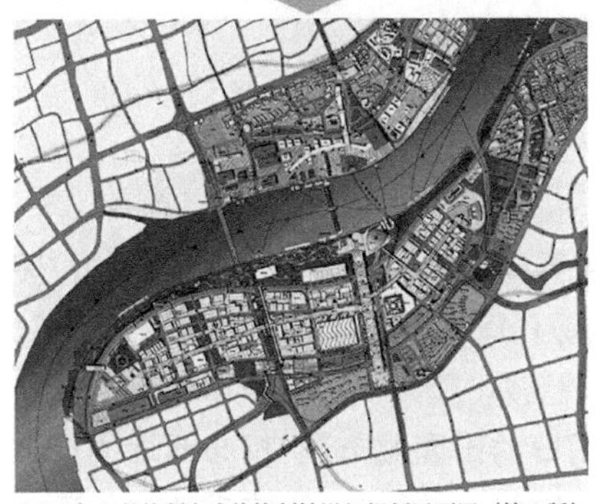

2008 年 8 月编制完成的控制性详细规划平面图（第 3 版）

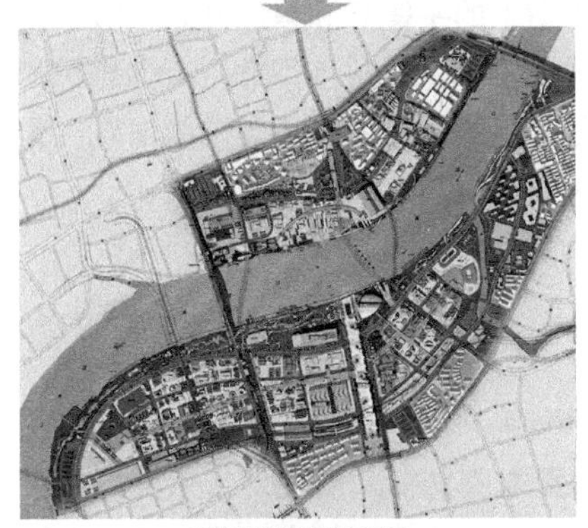

世博会规划区总平面图

图 4.3.4–7 上海世博会规划区总平面图的规划设计演进
（资料来源：中国 2010 年上海世博会官方网站 http：//www.expo2010.org.cn/）

种内在联系的问题审视。以此为出发点，在不断的动态调整和深化中促成了 2010 上海世博会规划区规划最终方案的形成（图 4.3.4–7）。方案以“一轴四馆”为核心，提出了“园、区、片、组、团”五个层次的展览布局，并按这五个层次的布局，配备相应的公共服务设施，而南北向的景观中轴和东西向的交通中轴有序地分隔和组织着各功能区。整体规划充分结合了生态、低碳的理念，包括政策引导、步行适宜、节能和绿色技术、绿化建设等多个维度。尤其，通过工厂、码头等的搬迁改造腾出大面积滨江空间，加强绿地和公共空间建设，拓展亲水岸线，并首创了极富经验价值与推广意义的“城市最佳实践区”的展示。

②契合性的推演——后世博的规划构想与社会面向

上海“后世博”时代的城市发展也借由后世博的规划导引与社会构想，试图呈现出一种更趋“整体开放、系统整合、变危为机、共建和谐”[84]的未来图景。世博会筹办和举办期间形成了大量有形和无形的可持续空间建构资源，包括设施载体、科技因素、管理运营机制、先进发展理念等。如何把世博会综合展示的先进发展理念与上海未来城市的发展转型更为有效地结合，促成可持续模式的本土转化、后续利用图景的现实实践，则构成了“后世博”时代价值延续、加快发展转型的重要内容。世博会的后续开发突出了三个方面的考虑：场馆的后续利用、园区的功能定位、园区与城市发展目标的高度契合。而其中各国和城市政府在主导园区二次开发规划制定、二次开发与城市规划协调调整、园区后续开发及世博科技推广应用等方面往往都发挥重要的主导作用。

世博地区后续利用规划方案指出，世博会地区后续建设要着重于公共性特征，紧紧围绕顶级国际交流核心功能进行建设，世博会地区也将继续低碳节能的可持续发展理念。这也在本质上促使这一地区成为了上海率先转变发展方式的实践区和示范区。其规划用地总面积约 6.68km^2，包括世博会范围，以及 1.4km^2 的协调区。而“五区一带”的功能构成也得以确定——浦东会展商务区、后滩拓展区、浦西文化博览区、国际社区、城市最佳实践区，以及沿江生态休闲景观的布局结构；提出注重核心功能的引导，促进配套功能的完善，塑造与主导功能相适应的特色空间环境（图 4.3.4–8）。目前，五区一带的功能定位已经明确，后滩公园、世博公园及沿江绿地已经构成了滨江生态休闲景观带，“一轴四馆”则采用了

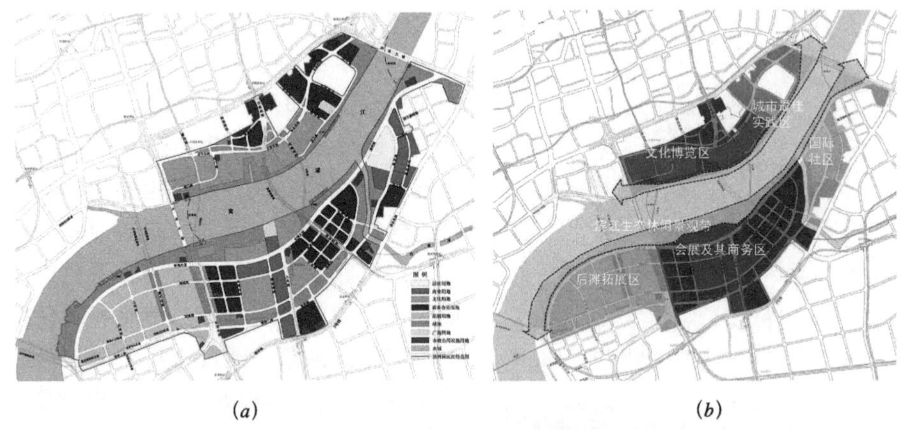

(*a*)　　　　　　　　　　　　　　　　(*b*)

图 4.3.4-8　世博会地区后续利用结构规划土地利用规划图

(*a*) 土地利用规划图；(*b*) 功能结构图

（资料来源：世博会地区结构规划[Z]．http：//www.shgtj.gov.cn/2009/ztxx/sbzt/）

地源热泵、太阳能以及遮阳系统等多种节能技术，将来世博会地区则将继续推进低碳节能的可持续发展理念。先进理念的贯彻得以有机会逐步融合进城市的发展思路之中，以一种理念型、创新性的建构为城市发展加入新的助推力。绿色经济方面的提倡与促进直接影响了城市转型发展进程中的功能布局与产业落点，构成城市发展变革的一种转型化、技术性的动力。

4.4　城市与理想

对理想城市的探索一直是城市设计的主要内容和发展动力之一。从柏拉图(Plato)的《理想国》(The Republic)、维特鲁威(Marcus Vitruvius)的《建筑十书》(The Ten Books on Architecture)、托马斯·莫尔(St. Thomas More)的《乌托邦》，到霍华德的(Ebenezer Howard)《明日的田园城市》、柯布西耶的“阳光城”、赖特(Frank Lloyd Wright)的“广亩城市”等，无不在探索如何建立城市在空间上、秩序上、精神生活和物质生活上的平衡与和谐，开启了城市设计的智慧之门，并推动城市设计思想不断向前发展。而科技革命、人文思想和生态可持续理念兴盛的时代背景，也推动各种新的理想城市构想陆续出现，为未来城市的发展作出了大胆而又理性的探索或预见。

4.4.1　源自乌托邦

(1) 乌托邦

英国人托马斯·莫尔在《乌托邦》(Utopia，1516)中勾画出一幅美妙的乌托邦社会蓝图[85]（图 4.4.1-1），反映了资本主义初期人们对未来美好社会的向往。“乌托邦”的概念也在后来成为空想和纯粹美好社会的代名词。而城市设计发展的历史，可以说就是一部“乌托邦”设计的历史：在人类社会的每个历史发展阶段，人们始终努力想把城市建设成为适宜居住的、富有时代精神并体现人们创造能力的理想家园——且看那形显于艺术作品中的巴别塔

图 4.4.1-1 莫尔描述的乌托邦岛
（资料来源：http：//www.guokr.com/article/228938/?utm_source=related&utm_medium=banner&utm_campaign=hot）

图 4.4.1-2 巴别塔
（资料来源：http：//www.globalsecurity.org/military/world/iraq/images/babel-brueghel-1.jpg）

（图 4.4.1-2），依旧直耸云天，试图彰显人类超越现实的气魄。而正如雅各比（Jacoby）所说："完美的社会只是一种虚构的理想，人类的完美境界是永远也不能达到的；唯一可能的只是努力向前而已……一个丧失了乌托邦渴望的世界是绝望的。无论对个体还是对社会而言，没有乌托邦理想就像航行中没有指南针。"[86] 对"乌托邦"的追求其实体现了人类企图超越现实去创造一种属于未来社会的发展理想和创造潜能，它能激起人们超越现实世界的创造性冲动和批判精神。

东方社会不乏对世外的理想社会的记录。即便是止于精神之维、很少付诸实践，但中国古代实际上也一直潜伏有乌托邦思想的流脉。中国古代先哲们关于"出世"还是"入世"的哲学论述，老子的"道法自然"，以及陶渊明的"世外桃花源"，都反映了他们所处时代所向往的理想社会。孔子最先提出的大同思想，就是对古代留传下来的有关原始社会传说的理想化的描述，描摹出了儒家所追求的理想社会，也反映出了儒家思想中的乌托邦成分。"大同"和"太平"的理想，在东晋时代则凝结为陶渊明的"桃花源"构想，成为最为典型的中国式乌托邦。另外，《周礼·考工记》中对城市营造的系统论述（参见第 2.1.1 节），其中也包含了理想城市的合理内核。然而，受《考工记》中的礼制思想影响的方格网式规则布局的城市，如北魏洛阳（图 4.4.1-3），隋、唐的长安等，在实际发展中剔除了乌托邦的原始模构后，剩下的也仅有城市营造的束缚性法则。与之相对比的是，《管子》思想影响下的较为自由的不规则布局的城市，如汉长安、南朝建康（图 4.4.1-4）等，则因循现状或地形而建，从整体上打破了僵死的礼制法则；与下文所提及的柏拉图的《理想国》和亚里士多德（Aristotle）的理想城邦相比较，在城市构建上更为具体和深化，并催生了丰富多样的城市形制（图 4.4.1-5），其思想为中国古代城市设计带来了新的思想与活力。

（2）理想国

但在近代意义上，城市的性质则更接近于古希腊、古罗马时期的城市，而非我国古代的城市。古代的希腊和罗马是城邦社会。而按照古希腊政治学家亚里士多德的定义，城邦是"一个公民群体"，"人类自然是趋向于城邦生活的动物，离开城邦，个人无法独立生活"[87]。古希腊的城市实际上就是一个由全体

(*a*) (*b*)

图 4.4.1–3 北魏洛阳

(*a*) 北魏洛阳平面图；(*b*) 北魏洛阳城复原想象图

（资料来源：洪亮平．城市设计历程 [M]．北京：中国建筑工业出版社，2002：23）

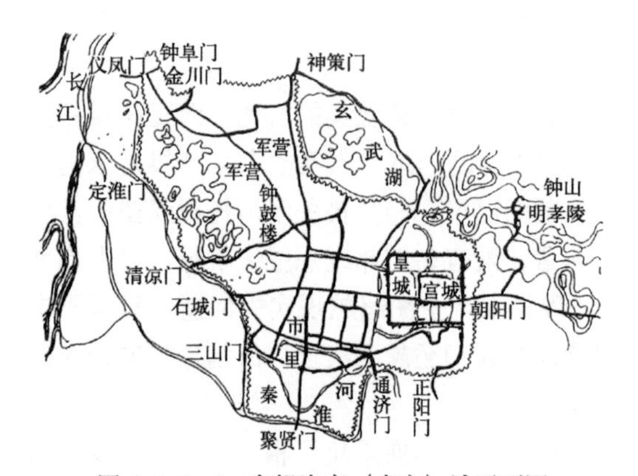

图 4.4.1–4 南朝建康（南京）城平面图

（资料来源：洪亮平．城市设计历程 [M]．北京：中国建筑工业出版社，2002：34）

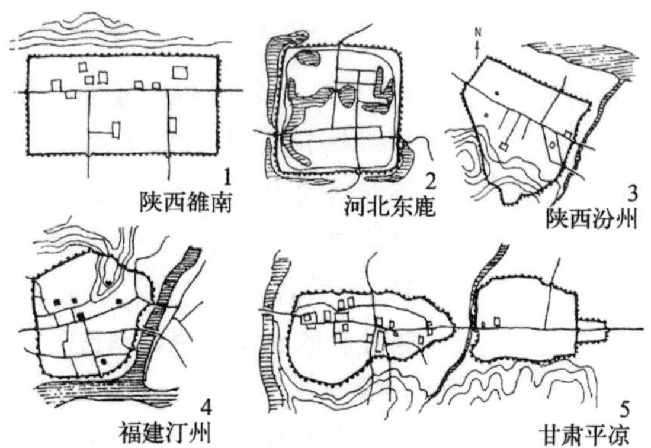

图 4.4.1–5 《管子》思想催生了后世丰富多样的城市形制

（资料来源：洪亮平．城市设计历程 [M]．北京：中国建筑工业出版社，2002：21）

市民直接进行组织管理的自治城市。与东方的那种庞大都城相比，希腊人并不在意他们规模较小的城邦与低矮的房屋，而是投入极大的智慧与热情在高高的卫城山上塑造他们城邦精神的理想[88]。也正是这样的精神，孕育了苏格拉底（Socrates）和柏拉图等人的思想。罗马时代的西塞罗（Cicero）说苏格拉底是“第一个将哲学从天空召唤下来，使它立足于城邦”，“研究生活、善和恶”的人。苏格拉底建立了以人为本的理性主义道德哲学，主张以贤人政制来实现“道德振邦”，以挽救处于危机中的希腊城邦[89]。而柏拉图对奴隶制城邦文明进行了历史反思与批判性总结，也就是他在其中期的主要对话《国家篇》中所论述的城邦文明论与“理想国”设计。

“理想国”是柏拉图撰写的一幕海市蜃楼的图景。他强调这个“理想国”是用绝对的理性和强制的秩序建立起来的。首先，他坚持通过劳动分工和社会角色的分类来重组城市秩序，认为这能保障完美地履行各种城市职能；其次，城市居民应分为哲学家、武士、工匠、农民和奴隶等各个阶层。总之，理想国中设想的城市是真正按“社会几何学家”的理想设计出来的[90]（图 4.4.1–6）。在柏拉图看来，完整性和均衡性只存在于整体之中，为了城邦应不惜牺牲市民的生活，甚至也可以牺牲人类与生俱来的天性。柏拉图的思想对后世西方哲学与文明思想演进都产生了深远的影响。另外，虽然柏拉图的“理想

国”设计并非最早提出来的空想共产主义，但它间接启迪与影响了后世思想家如16世纪的托马斯·莫尔、文艺复兴时期的托马斯·康帕内拉（Tommas Campanella）等人其空想社会主义或空想共产主义学说的形成[91]。

图4.4.1-6 柏拉图描绘的理想国——亚特兰蒂斯古大陆

根据柏拉图所著的《对话录》记载，“亚特兰蒂斯位于岛的中心，是大陆的首都，主岛由三条宽阔的运河环绕，这些环形的运河和陆地把全岛划分为五个同心圆形的区域，另一条运河从中心贯穿各区，直通海岸。”亚特兰蒂斯的建筑呈同心圆状，一层层由低到高排列向中心，中心部分是大本营，直径接近2.5km。随着越来越深入，身份限制也越来越严格，直径在圆环内圈是最重要的庙宇和保留地。

（资料来源：https://imgsrc.baidu.com/baike/pic/item/314e251f95cad1c8fae098e9743e6709c83d51a0.jpg）

罗马帝国时期，在帝国境内各地发展自治城市，城邦时代的市民传统得以保留。各地方城市不仅有自己的市政委员会，而且年年也都进行市政官的选举，选民为本市的全体市民。庞贝城便是如此。由于市民是城市的主人，城市反过来保障市民的社会生活，所以市民也就自然希望为自己的城市付出，从而体现出一种强烈的公共意识，或者说一种城市精神[92]。但承认超级霸权的希腊城邦将很快丧失国家的特征，而逐渐沦为帝国统治下的自治市，城邦及其精神日渐消亡。

古罗马时期维特鲁威的《建筑十书》梳理了理想城市的建筑原则，直接影响了文艺复兴的理想城市思想（参见图2.1.1-16）。而文艺复兴时期的阿尔伯蒂1452年所著的《论建筑》从城镇环境、地形地貌、气候与土壤等方面对合理选择城址和城市在军事上的理想形式进行了探讨（参见图2.1.1-17）。而后来欧洲国家建设的许多防卫型城堡，都体现出这种理想模式的影响。

（3）空想社会主义

另外一种典型的乌托邦理念模型，则缘于空想社会主义者（Utopian Socialist）的构想。托马斯·康帕内拉（Tommas Campanella）所著《太阳城》（City of the Sun）一书，是具有深远影响的空想社会主义著作，描绘了一个根本不同于当时西欧各国社会的新型理想社会。在这个社会里，没有剥削，没有私有财产；人人劳动，产品按需分配；太阳城里实行“哲人政治”，只有大智大慧的“贤哲”才能担任最高管理人（称为太阳）及其助手；教育与生产相联系，存在脑力劳动与体力劳动的差别。这一设想对后来的空想社会主义者产生了一定的影响。而批判理性主义思想家卡尔·波普尔（Karl Popper）1936年在其著作《历史决定论的贫困》中则将那种认为人类有足够智慧预测未来并据此实施社会改造的想法称为“整体主义的或乌托邦的社会工程”。1839年，法国经济学家日洛姆·布朗基在其《政治经济学》一书中，首次将“乌托邦”一词同“社会主义”联系起来，用来泛指空想社会主义学派。在19世纪，乌托邦在圣西门（Saint-Simon）、傅立叶（Charles Fourie）、欧文（Robert Owen）等人那里，

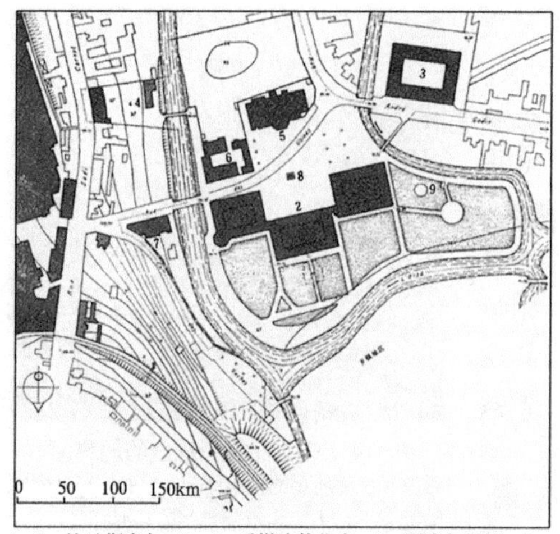

1、2—法兰斯泰尔；3、4—后增建的住宅；5—剧院与学校；6—实验室；7—公共浴池与室内游泳池；8—戈定的雕像；9—公园

(*a*)

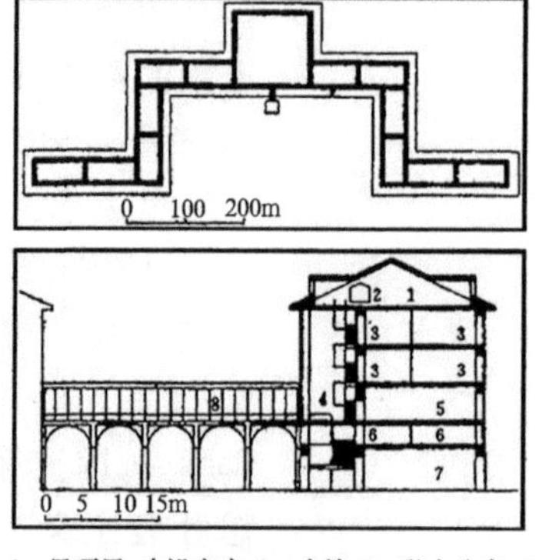

1—屋顶层、内设客房；2—水箱；3—私人公寓；4—高架通道；5—集会厅；6—夹层、内设青年宿舍；7—首层、马车入口处；8—有屋顶的人行桥

(*b*)

(*c*)

图 4.4.1–7　傅立叶构想的法兰斯泰尔

(*a*) 法兰斯泰尔设计总图

（资料来源：沈玉麟．外国城市建设史 [M]. 北京：中国建筑工业出版社，1989：116）；

(*b*) 法兰斯泰尔鸟瞰

（资料来源：古典乌托邦与社会乌托邦 [EB/OL]，2010–01–06.

http：//www.douban.com/note/55916859/）；

(*c*) 法兰斯泰尔建筑设计

（资料来源：沈玉麟．外国城市建设史 [M]. 北京：中国建筑工业出版社，1989：116–117）

由文学的虚构变成社会主义运动的思想基础。

傅立叶设计了一种叫做“法郎吉”（大型的生产消费合作社）的“和谐制度”，“法郎吉”是自给自足、独立的社会基层单位，由1500~2000人组成公社，废除家庭小生产，以社会大生产替代。通过组织公共生活，以减少家务劳动。他将400个家庭（1620人）集中在名为“法兰斯泰尔”（Phalanstere）的一座巨大建筑中，几乎容纳了一个微型城市所需要的所有功能，是乌托邦社会主义的基层组织（图 4.4.1–7）。法兰斯泰尔中心区布置食堂、商场、俱乐部、图书馆等，中心一侧是工厂区，另一侧是生活住宅区。傅立叶幻想通过这种社会组织形式和分配方案来调和资本与劳动的矛盾，从而达到人人幸福的社会和谐。

欧文则提出了“新和谐村”（Village of New Harmony），把城市作为一个完整的经济范畴和生产、生活环境进行研究。1825年欧文买下了位于美国印第安纳的和谐城的3万英亩土地来规划自己的理想社区（图 4.4.1–8）。新和谐村也是一个自成一体的城市建筑巨构，村中建设公用厨房、食堂、幼儿园、

小学、图书馆等，周围为住宅，附近有用机器生产的工厂与手工作坊，村外有耕地、牧场及果林。但是这个理想中应该容纳 2000 人的城市实验在争吵中最终落幕。

图 4.4.1–8　欧文的“新和谐村”
（资料来源：古典乌托邦与社会乌托邦 [EB/OL]，2010–01–06.http：//www.douban.com/note/55916859/）

圣西门设想的实业制度是一个以实业家阶级为主体、科学与产业相结合的高度发展的实业社会，其实业家阶级包括农、工、商劳动阶级，其中也包括企业家和资本家。在这种制度下，实行人人劳动的原则、关心多数人及贫穷阶级的原则、有计划组织生产的原则、除去一切政治特权的原则和一切人得到最大限度自由的原则。

当乌托邦从对古代社会的理想化建构，转入对现实社会的批判和对未来的追求以后，也就成为一种有意义的东西——早期的理想城市思考多停留在物质层面，而空想社会主义们则开启了将理想城市上升到社会改良与改造实践之中。空想社会主义者们从更广阔的角度，联系整个社会经济制度来看待城市，把城市建设和社会改造联系起来；主张城市规模不宜太大，尽可能接近农村，以促进城市和乡村的结合，消除原有城市的各种矛盾和弊端；重视城市居民的公共生活和集体活动，提出建立多种新型的公共建筑和设施等。空想社会主义的理想城市设想在日后成为了田园城市、卫星城市等规划与设计理论的重要渊源。

在今天，人们对“乌托邦”理想模式的追求仍在不断拓展，且永无停息，无论是在可持续城市的建设中，还是未来城市的探索中。正如美国学者莫里斯·迈斯纳（Maurice Meisner）所说：“假如乌托邦业已实现，那么它也就失去其历史意义了……而乌托邦是一种完美的状态。应当是静止的、不动的、无生命和枯燥的状态。如果乌托邦已然实现，就将标志着历史的终结。”[93]

4.4.2　始于田园城

（1）霍华德的“田园城市”及其发展

工业革命后的 19 世纪末，作为“世界工厂”的伦敦笼罩在“雾都”之中，被称为“欧洲的脏孩子”。1800 年伦敦的人口是 80 万人，到了 1880 年已经达到 380 万人，而到 1910 年则已是 720 万人，社会矛盾与城市问题空前尖锐。有感于此，霍华德 1898 年出版的《明日：走向真正改革的和平之路》（Tomorrow：A Peaceful Path to Real Reform）一书[94]，提出了一个大胆的应对措施：建设田园城市（Garden City），“全面地触及城市发展的全部问题，不仅涉及物质建设的增长，而且涉及社区内部各种功能的相互关系和城乡结合的模式，一方面使城市充满活力，另一方面使得乡村生活在社会方面得到改善”，从此开启了现代意义的城市理想时代。

从三磁力的模式开始着手，霍华德的“田园城市”借助新型的社区（也就是城镇乡村）将城镇与乡村良好地结合。长此以往，则会发展出一个几乎无限延展、尺度巨大的聚落。而其中每一个田园城市都会提供广泛的就业和服务，

并通过快速交通系统与其他的田园城市连接起来，以此来提供大型城市所拥有的经济与社会机会。霍华德称之为社会城市的多核景象。"田园城市"只是霍华德理论的一部分，更为核心的是被霍华德称为"社会城市"的概念。社会城市不仅是一个可持续的物质形态，"与物质形态表现同等新颖的是霍华德提议的用来创造城市的财政模式"[95]，对于土地问题、资金问题、城市收支以及经营管理等都作了深入具体的建议。

在英国，霍华德的田园城市思想被一些忠实追随者所发展，雷蒙德·昂温(Raymond Unwin)和巴里·帕克（Barry Parker）设计了第一座田园城市莱彻沃斯（Letchworth），这座始建于1903年的城市位于伦敦东北64km处，城市和农业用地共1840hm^2，规划人口35000人。但发展到1917年，仅达到18000人。1919年两人建造的第二座田园城市韦林（Welwyn），距伦敦27km，城市和农业用地共970hm^2，规划人口5万人（图4.4.2–1）。而位于铁路旁的商业区和工业区使韦林成为了一座充满活力的城市，田园城市的理想也在"绿轴"和松散的带庭院的建筑街区中得到了表达。但这些实践并未能解决大伦敦工业与人口的疏散问题。1905~1909年，昂温和帕克又在伦敦西北的戈德斯格林建设了

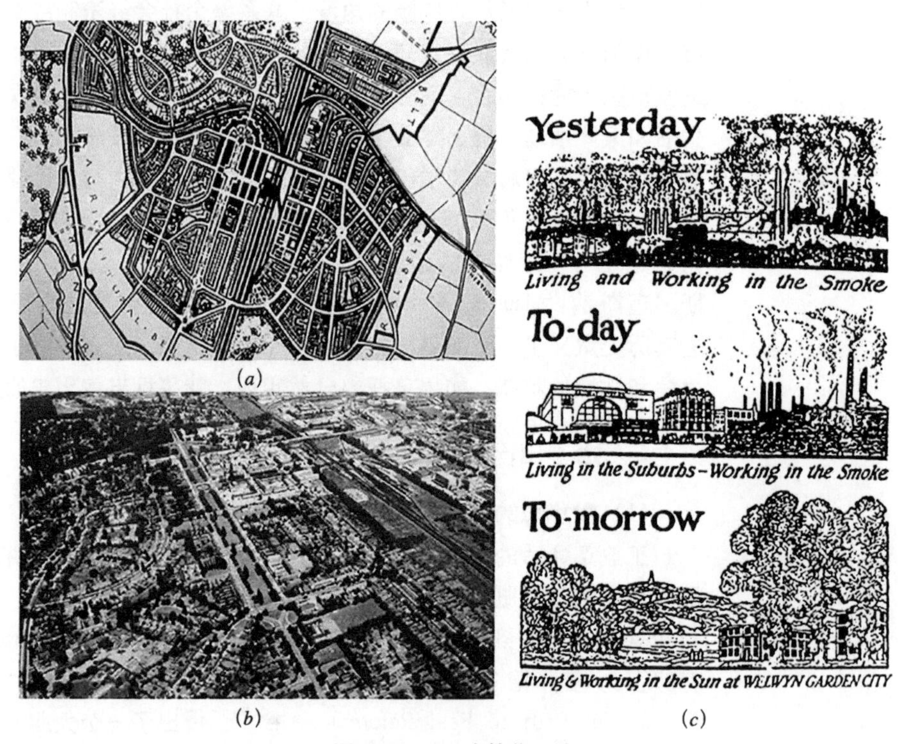

(a)　(b)　(c)

图4.4.2–1　韦林花园城

(a) 韦林花园城规划

（资料来源：(意) L·本奈沃洛．西方现代建筑史[M]．邹德侬，巴竹师，高军，译．天津：天津科学出版社，1996：327）；

(b) 1969年航拍片上的韦林花园城

（资料来源：(德) 迪特马尔·赖因博恩．19世纪与20世纪的城市规划[M]．虞龙发，等译．北京：中国建筑工业出版社，2009：44）；

(c) 韦林花园城广告

（资料来源：(意) L·本奈沃洛．西方现代建筑史[M]．邹德侬，巴竹师，高军，译．天津：天津科学出版社，1996：327）

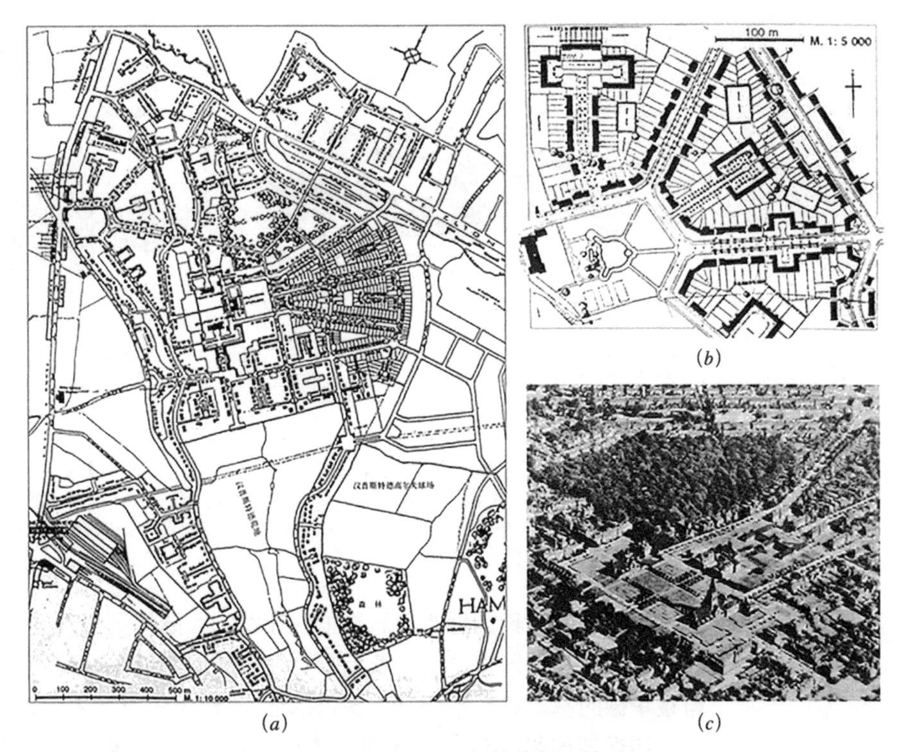

(*a*) (*b*) (*c*)

图 4.4.2–2 汉普斯特德花园社区

(*a*) 汉普斯特德花园社区平面；(*b*) 汉普斯特德花园社区的偏中心；(*c*) 汉普斯特德花园社区的中心广场

(资料来源：(德) 迪特马尔 · 赖因博恩 .19 世纪与 20 世纪的城市规划 [M]. 虞龙发，等译 . 北京：中国建筑工业出版社，2009：48–49)

汉普斯特德田园城郊 (Hampstead Garden Suburb) (图 4.4.2–2), 这是创造 “社会性综合社区” 的一个成功实验，坐落于一座小山丘上的 “中心广场” 及邻近的公共设施构成了其住宅区的中心，中心的周围环绕着松散、宽敞的住宅建筑群。但由于田园城郊是一个依附于城市郊区的郊外居住区而不是一个独立的城市，因而被田园城市理论的支持者指责为背离了霍华德的田园城市思想。到了 1930 年，帕克在英国曼彻斯特南面建设了威顿肖维 (图 4.4.2–3)，规划人口 10 万人。威顿肖维具有莱彻沃斯和韦林规划设计的基本特征，即围绕着城市的绿化带、工业和居住区有机组合并精心设计了独户住宅，但对田园城市中自给自足的就业平衡设想的根本性妥协，在事实上则形成了 “卧城” 的开端。

其实，昂温和帕克对霍华德的田园城市理论所产生的偏离，并不仅限于实践领域。昂温在 1912 年出版的《拥挤无益》(Nothing Gained by Overcrowding) 中提出居住区应该采用每英亩 12 户的低密度 (相当于每户 0.33hm^2)，低于霍华德在田园城市理论中所提出的每英亩 15 户。而在 1922 年出版的《卫星城市的建设》(The Building of Satellite Towns) 中，昂温正式提出了卫星城市的概念 (图 4.4.2–4)，指出卫星城是在大城市附近，并在生产、经济和文化生活等方面受中心城市的吸引而发展起来的城镇，它往往是城市聚集区或城市群的外围组成部分。他还将这种理论运用于大伦敦的规划实践，提出采用 “绿带” 加卫星城镇的办法控制中心城的扩散、疏解人口和就业岗位。因与霍华德的田园城市思想发生了较大的偏离，昂温和帕克的实践和理论受到颇多争议 [96]。

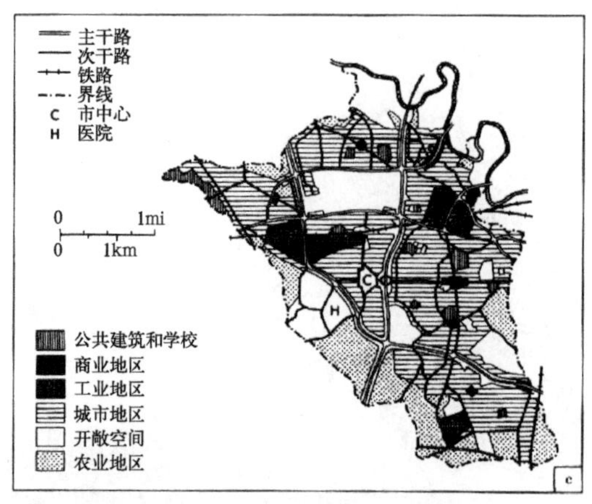

图 4.4.2-3 威顿肖维花园城平面
（资料来源：彼得·霍尔．城市和区域规划[M]. 邹德慈，李浩，陈熳莎，译．北京：中国建筑工业出版社，2008：39）

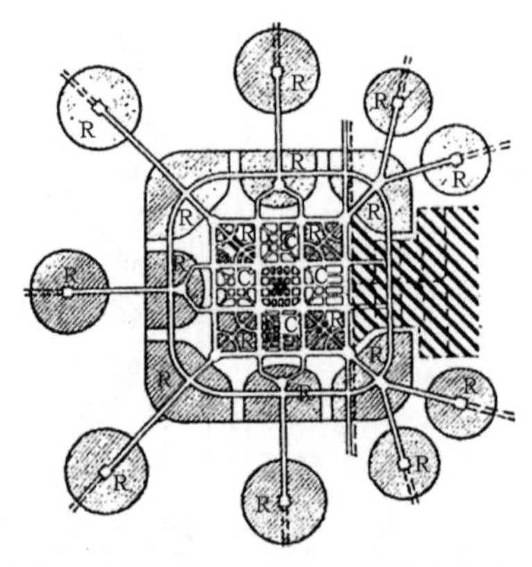

图 4.4.2-4 卫星城概念示意
（资料来源：沈玉麟．外国城市建设史 [M]. 北京：中国建筑工业出版社，1989：134）

霍华德的“田园城市”思想很快在欧洲大陆得到迅速的传播和发展，在德国、法国和其他国家产生持续反响，很多新城和卫星城得到建设，但是它们却与霍华德的基本思想不相符。霍尔指出，欧洲大陆或是未能理解霍华德的观点，或是错误地演绎了它[97]。其理论核心，即通过城乡结合控制合理的城市规模，形成一种有机平衡的发展模式以及社会改革的意义，在 20 世纪并没有得到真正的实现。

在德国，成立于 1902 年的德国田园城市协会引入了霍华德的理想，并从成立伊始直到第一次世界大战始终强调多样的改革思想。从 1910 年至 1914 年年底第一次世界大战爆发，几乎所有的德国的田园城市都变为现实，这段时间也被称为德国田园城市运动的繁荣期。在组织和财政形式这个广泛框架内，德国的田园城市主要可以区别为以下类型：①由德国田园城市协会创建的田园城市，比方说卡尔斯鲁厄郊外的吕普尔（图 4.4.2-5）、纽伦堡、曼海姆等城市。②尽管是私人推动，但是在田园城市的意义上是社会导向的以及合作组织的，比方说，海勒瑙（图 4.4.2-6）、玛格丽特高地、居斯特罗田园城市等。③还有的住宅区其城市规划上具有田园城市的特征，但并不符合社会方向和合作社组织结构，如柏林－施塔肯、柏林－弗罗瑙、采伦多夫西部的别墅区等[98]。

在法国巴黎的周围，从 1916 年到 1939 年规划和建设了 16 座田园城市，但这些田园城市被认为是纯粹的田园郊区，超过了城市边界，与通勤火车线路联系。在丹麦的哥本哈根，1948 年制定了“手指规划”，通过鼓励沿着选定的郊区铁路发展，用连续的发展走廊取代自我制约的新城，“手指”之间的绿楔将趋于保留。在 1960 年代的规划修订中，又提出新的“城市部件”——约 25 万人的卫星城镇沿特定手指延伸，每座城镇都有自身的工业区和主要中心。在瑞典的斯德哥尔摩，1952 年的总体规划提出一个新的地铁系统，各条线路从城市中心的换乘枢纽放射出去，新的郊区卫星单元则围绕车站周围设计，形成沿着地铁延伸段建立的卫星城镇簇群。

田园城市理论是城市规划历史上的一个里程碑和分水岭，是现代城市规划

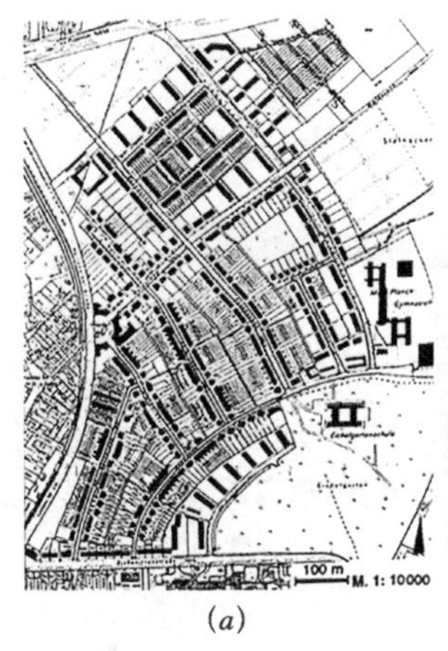

(a)　　(b)

图 4.4.2–5　德国卡尔斯鲁厄 – 吕普尔田园城市

(a) 卡尔斯鲁厄 – 吕普尔田园城市平面图 (1994 年), 1960 年花园城区北面作了扩充；

(b) 1960 年代初卡尔斯鲁厄 – 吕普尔田园城市鸟瞰

(资料来源：(德) 迪特马尔 · 赖因博恩 .19 世纪与 20 世纪的城市规划 [M]. 虞龙发，等译 . 北京：中国建筑工业出版社，2009：65–66)

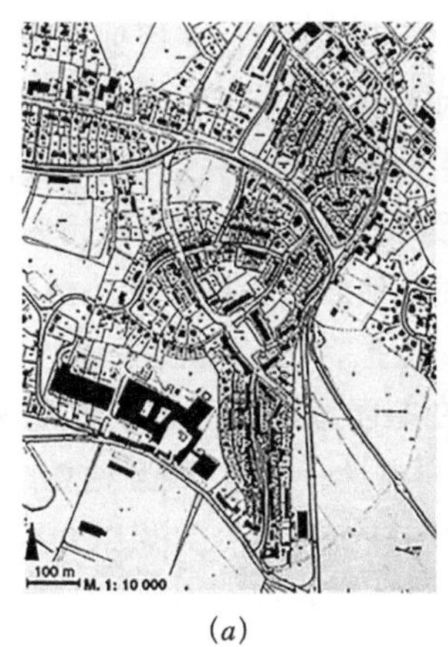

(a)　　(b)

图 4.4.2–6　德国海勒瑙田园城市

(a) 海勒瑙田园城市平面图 (1994 年)

其中有地方艺术品加工工厂。

(b) 今日的海勒瑙田园城市鸟瞰

1920 年布林克曼说："海勒瑙避免了僵死的筑造体形构造。她要求田园城市中的建筑群是松散的，道路弯曲，无拘无束。"

(资料来源：(德) 迪特马尔 · 赖因博恩 .19 世纪与 20 世纪的城市规划 [M]. 虞龙发，等译 . 北京：中国建筑工业出版社，2009：67–68)

的原型。它是现代城市规划第一个比较完整的思想纲领，在此基础上，现代城市规划形成并始终在田园城市确定的方向上不断发展，它的影响渗透到后来的许多城市规划的实践中。田园城市突破了就城市论城市的观念，从城乡结合的角度提出系统性的解决方案，并将社会规划引入物质规划，以社会改良为城市规划的目标导向。"田园城市"中所体现的思想光辉，仍然有着重要的现实意义。

进入 20 世纪，同霍华德等人建构田园城市一样，还有很多学者也在关注城市空间发展存在的无序性，并致力于探索理想的城市结构模式。在美国，赖特于 1924 年提出了"广亩城市"的概念（图 4.4.2–7），他倡导的规划思想充

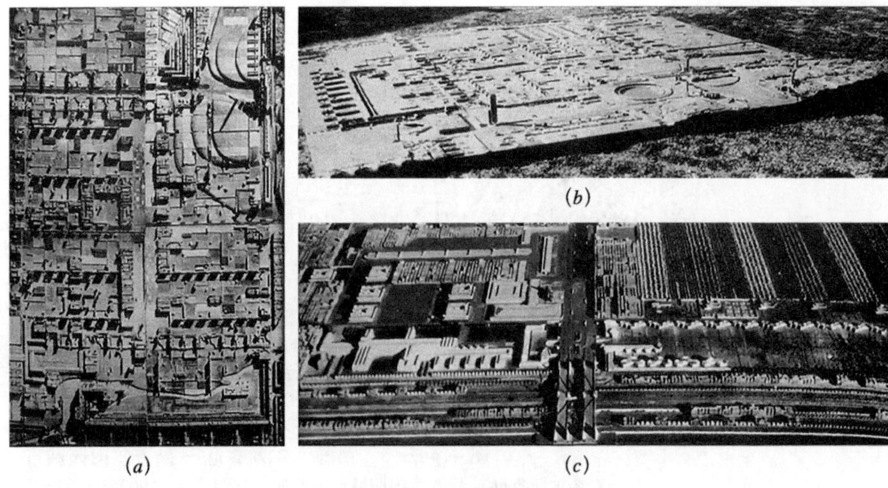

图 4.4.2-7　赖特的广亩城
(a) 广亩城模型鸟瞰；(b) 广亩城总体模型；(c) 广亩城立体交叉的快速路系统
(资料来源：洪亮平．城市设计历程[M]. 北京：中国建筑工业出版社，2002：83-84)

分反映在 1935 年发表的“广亩城市：一个新的社区规划”(Broadacre City：A New Community Plan) 一文中：反对大城市、反对大城市的专制，追求土地和资本的平民化、人人享有资源。他认为新的技术完全可以做到这一点，人们应回归自然，而家庭之间要有足够的距离以减少接触来保持内部的稳定[99]，还应让道路系统遍布广阔的田野和乡村，使人们可以便捷地相互联系。但赖特的“广亩城市”同霍华德的田园城市，还是存在着差别：从社会组织方式上看，霍华德是一种“公司城”的思想，在花园城内试图建立劳资双方的和谐关系，而赖特则是“个人”的城市，每家每户占地一英亩，相互独立；从城市特性上看，“田园城”既想保持城市的经济活动和社会秩序，又想结合乡村自然优雅的环境，是一种折中方案，而赖特则抛弃城市的所有结构，完全融入自然乡土之中；从对后世的影响上看，“田园城市”模式导致了之后的新城运动，而赖特的“广亩城市”则成为后来欧美中产阶级的居住梦想和郊区化运动的根源。

英国生物学家帕特里克·格迪斯 (Patrick Geddes) 也与霍华德一样敏锐地注意到了工业化与城市化对人类社会的影响。他在 1915 年的著作《进化中的城市》(Cities in Evolution) 中，通过城市社会进行基于生态学的研究，提出应该在更大的区域范畴上来解决城市与乡村的矛盾，强调人与环境的共生关系，揭示了未来城市成长和发展的动力。而且，格迪斯将乌托邦的概念转化为优托邦 (Eutopia)，提出优托邦城市规划是一种自然融合的城市，是美好的地方，可以通过理想与现实不断辩证的过程来达成[100]。格迪斯的论著对后来的人居理念、城市群模型与可持续发展思想都有启蒙影响。

与霍华德、格迪斯等人文主义者极为不同的，是一些深受唯理性主义哲学思想影响的工程师和建筑师。他们基于近现代技术提出了各种被后人称之为“机械理性城市思想”的主张。认为，如果城市中的各要素依据城市本质要求严格地按照一定的规律组织起来，那么城市就会像一座运转良好的“机器”高效而顺利地运行，那么城市中的所有问题都会迎刃而解。阿图罗·索里亚·马塔 (Arturo

Soriay Mata）的带形城市、托尼·戈涅（Tony Garnier）的工业城市以及柯布西耶的光辉城市等城市设计理想模式为这一思路的典型代表。这些城市规划思想，深受笛卡尔（René Descartes）由分解到综合的机械论思想影响，强调功能分区和城市空间分布的秩序，为此后的《雅典宪章》的城市功能分区思想奠定了基础[101]。

其中，马塔 1882 年提出的"带形城市"[102]（La Ciudad Lineal）（图 4.4.2–8）构想的主要原则是以交通干线作为城市布局的主脊骨骼。各要素都紧靠城市交通轴线聚集，而且必须遵循结构对称和留有发展余地。城市的生活用地和生产用地，平行地沿着交通干线布置，大部分居民日常上下班都横向地来往于相应的居住区和工业区之间。交通干线一般为汽车道路或铁路，也可以辅以河道。城市继续发展，则可以沿着交通干线（纵向）不断延伸出去。带形城市由于横向宽度有一定限度，因此居民同乡村自然界非常接近，而纵向延绵地发展有利于市政设施的建设；同时，带形城市也较易于防止由于城市规模扩大而过分集中，导致城市环境恶化。在 1892 年，这一构想发展成为一个详细方案，马塔在马德里郊区设计一条有轨交通线路，把两个原有的镇连接起来，构成一个弧状的带形城市。虽然由于土地使用等原因，这座城市最终向横向发展、面貌失真，但是马塔的带形城市理论仍具有广大的影响。几十年来，世界各国不少城

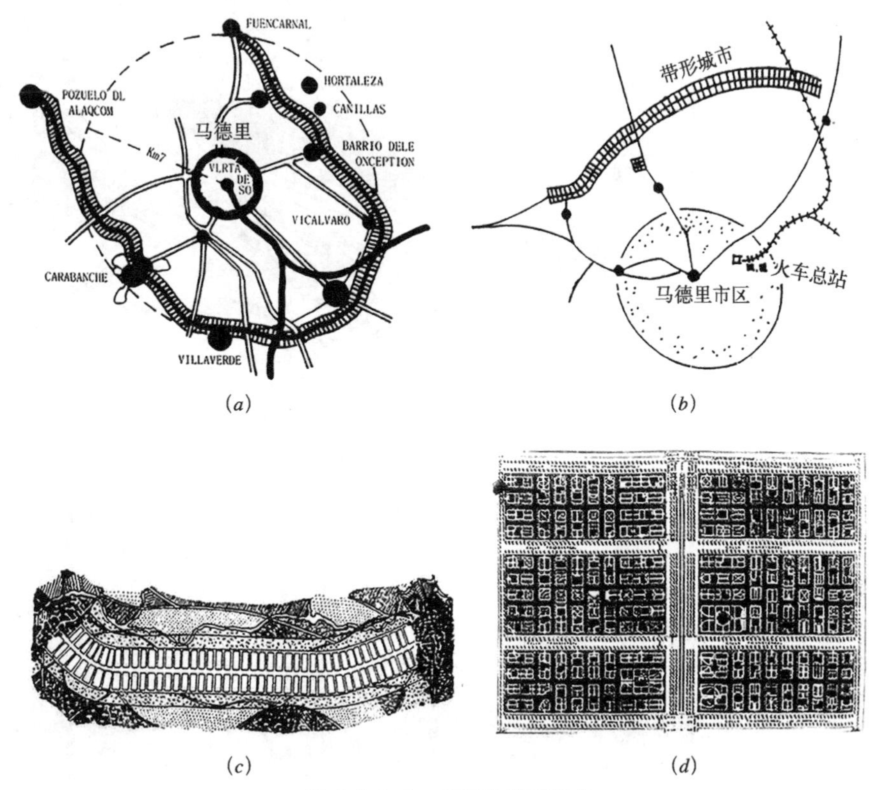

图 4.4.2–8 马塔的带形城市

（a）马塔规划的带形城市方案；（b）马塔设计的 4.8km 的带形城市；

（c）带形城市平面；（d）带形城市局部放大

（资料来源：洪亮平．城市设计历程 [M]. 北京：中国建筑工业出版社，2002：86）

市汲取带形城市的优点，并在城市规划建设中部分地或加以修正地运用。早在1920年代苏联建设斯大林格勒时，就采用了带形的规划设计方案；1940年代希尔勃赛玛（Hilberseimer）等人提出的带形工业城市理论也是这个理论的发展；由现代建筑研究会（MARS）的一组建筑师所制定的著名的伦敦规划（1943）采取了这种形式。此外，作为这种形式的变种，战后时期在哥本哈根（1948）、华盛顿（1961）、巴黎（1965）和斯德哥尔摩（1966）的规划中都出现过。而华盛顿与巴黎则都证明了，在面临私有企业者企图在指状或轴线式布局的中间空隙地带进行建设的情况下，这种设想是很难保持住的。

1917年戈涅的《工业城》则从大工业发展的需要出发，进行了"工业城市"的探索[103]（图4.4.2-9）。他设想的工业城市人口为3.5万人，并对大工业的发展所引起的功能分区、城市交通、住宅组群等都作了分析。工业城的布局依

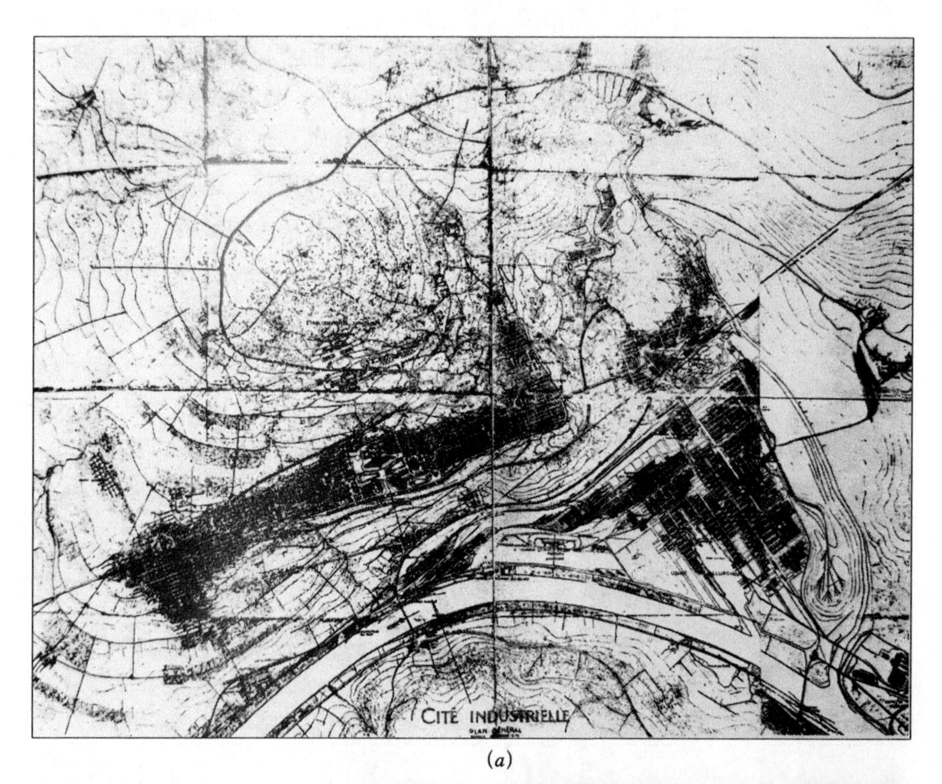

(*a*)

(*b*)

(*c*)

图4.4.2-9　戈涅的工业城市

(*a*) 工业城总平面；(*b*) 工业城：城市中心；(*c*) 工业城：高炉

（资料来源：洪亮平．城市设计历程[M]．北京：中国建筑工业出版社，2002：85）

据工业生产的要求而定，不同的工业企业被组织成若干群体，对环境影响大的工业尽可能远离居住区，而纺织厂则临近居住区。城市中各种用途的用地被划分得相当明确，使其各得其所。城市的其他地区则与工业区相隔离，被布置在北边上坡向阳面。工业区和居住区之间有一个铁路总站，与铁路总站相邻的是旅馆、百货商店、市场等公共建筑，铁路干线则通过一段地下铁道深入城市内部。而城市生活居住区是长条形的，住宅街坊宽 30m，深 150m，各配备相应的绿化，组成各种设有小学和服务设施的邻里单位。戈涅的设计相当灵活，并为城市各功能要素留有了发展余地。

柯布西耶的现代主义城市理想与霍华德是完全反向的。正如我们前文所述，霍华德倾向于人口分散，实现田园城市的理想；而柯布西耶则倾向于人口集中，主张以先进的工业技术发展和改造大城市。早在 1920 年，柯布西耶就将自己早先发表在杂志上的文章汇编成《走向新建筑》(Vers Une Architecture) 一书。并在书中明确歌颂现代工业的成就，指出钢铁和混凝土已占据建筑结构的统治地位，这是结构有更大能力的标志，因此应该有一个不同于传统的新的样式，一个属于新时代的样式，而这就是建筑业的革命。而 1922 年柯布西耶为巴黎秋季美术展所做的一个理想城市的方案——“300 万人口的现代城市”(参见图 2.1.3–5)，更是形象地展示了他对未来现代城市的伟大设想。这座在实验室中诞生的城市以交通枢纽为中心，城市中心以 24 栋摩天楼形成巨型街区。在提高城市中心人口密度的同时保留 95% 的空地面积用作绿地和广场。错落的住宅社区和供郊区人口居住的花园新城则依次在外侧排列，交通系统采用高速公路为主干，形成立体交通架构。这一“垂直的花园城市”规划脱胎自机械美学与工业标准化生产过程，体现了理性与功能至上的现代主义精神——“城市是一部机器”。1925 年后，柯布西耶推出了著名的“伏瓦生规划”(Plan Voisin) (参见图 2.1.3–6)。紧接着，1930 年他又在国际现代建筑协会 (CIAM) 会议上展出的“光辉城市规划”中集中表达了他的基本观点。光辉城市是一个有高层建筑的“绿色城市”，房屋低层“透空”，城市全部地面均可由人们步行支配，屋顶设花园，地下通铁道，住宅则相对于“阳光热轴线”的位置处理得当，形成宽敞、开阔的空间。

值得注意的是，柯布西耶不只是青睐大城市，他对大自然也很有感情。不过，与赖特的广亩城市思想不同，他是想在“房屋之间看到树木、天空和阳光”。在第二次世界大战后所规划的城市中，柯布西耶具有不可估量的普遍影响。整整一代规划师和建筑师，战后都开始敬重柯氏的著作和思想，并纷纷结合实践尝试运用他的思想。英国学者霍尔认为，1950~1980 年代英国城市面貌“非凡变化……不能不说是柯布西耶的无声贡献。”至于印度昌迪加尔规划、巴西利亚规划设计及 1970 年代的巴黎拉德芳斯区的建设，则更是明显地继承了柯布西耶早期的设计思想。

面对大城市发展的困境，芬兰建筑师伊利尔·沙里宁 (Eliel Saarinen) 则提出了一种介于霍华德和柯布西耶二者思想之间、却又区别于二者的思想——“有机疏散”(Organic Decentralization) 理论。这一思想最早出现在 1913 年的爱沙尼亚的大塔林市和 1918 年的芬兰大赫尔辛基规划方案中（图 4.4.2–10），而

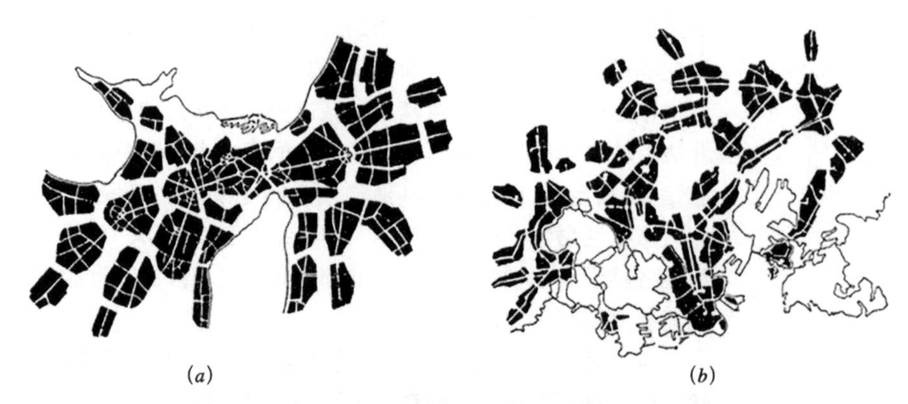

(a)　　(b)

图 4.4.2-10　沙里宁的大塔林市和大赫尔辛基规划方案
(a) 爱沙尼亚大塔林市（Greater Tallin，Estonia）规划方案，1913 年；
(b) 芬兰大赫尔辛基（Greater Helsinki，Finland）规划方案，1918 年
（资料来源：伊利尔·沙里宁．城市：它的发展、衰败与未来 [M]．顾启源，译．北京：中国建筑工业出版社，1986：174-175）

整个理论体系及原理集中在沙里宁 1943 年出版的《城市：它的发展、衰败与未来》(The City—Its Growth, Its Decay, Its Future) 一书中。在这本书中，沙里宁对城市存在的意义作了极为简明的解释："城市的主要目的是为了给居民提供生活上和工作上的良好设施。这方面的工作做得越有效，每个居民在提高物质和文化水平方面从城市设施中得到的利益越多"，因此，城市应该建设在适宜生活的地方，把对人的关心放在首要位置，而物质的安排是为人服务的。他认为城市混乱、拥挤、恶化仅是城市危机的表象，其实质是文化的衰退和功利主义的盛行。沙里宁用对生物和人体的认识来研究城市，将城市作为一个有机体，其发展是一个漫长的过程，在其中必然存在着两种趋向——生长与衰败[104]。以往的城市是把有序的疏散变成无秩序的集中，而他的思想是把无秩序的集中变为有秩序的分散，并从土地产权、土地价格、城市立法等方面论述了有机疏散理论的必要性和可能性。与"田园城市"相比，"有机疏散"理论具有明显的可实践性，通过重新建立"日常生活的功能性集中点"，调整城市结构关系，以"外科手术"剔除城市的衰败成分，使其恢复最适宜的用途，保护城市老的、新的使用价值。在大赫尔辛基规划中，沙里宁广泛地研究交通系统的组织，居住与工作的关系，建筑与自然的关系，把城市分解为一个既统一又分散的城市有机整体，各部分布置有住宅、商店、学校以及生产车间等，形成相对半独立的单元。各自拥有用绿化地带分开、用高速交通联系起来的中心。新城区以半径为 6~9km 的半圆环形围绕老城中心布置，相邻中心间的距离为 2~3km，区界间的最小距离为 0.5km。与霍华德的田园城市相比，沙里宁的大赫尔辛基规划提出了一种更为紧凑的结构关系，半独立的联盟方式保持原有城市各部分的完整性，减少了对旧中心的依附和依赖。

(2) 从田园城市到战后新城

霍华德、柯布西耶、沙里宁、格迪斯等人的理论各有侧重，且影响深远。也正是在这样的理论与实践发展背景下，在"田园城市"这一革命性的城市发展模式的直接促动下，具有重大意义的新城建设，开始登上历史舞台，并经历

了类型由少到多、规模由小到大、功能由单一到综合、结构由简单到复杂的演变历程。其目的从最初的疏解人口、提供住宅演变为实现城市重新布局促进区域协调发展，从单纯解决大城市拥挤问题演变为国家或地区发展政策的重要组成部分，其地位则从母城的附属逐渐强化自足性进而发展为区域联动互补。

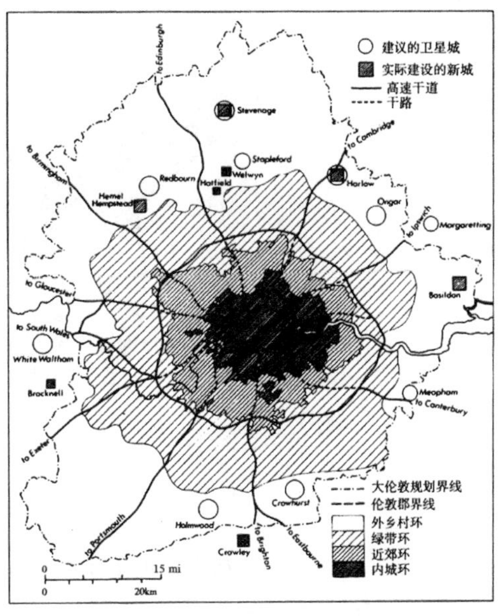

图 4.4.2–11　1944 年艾伯克龙比的大伦敦规划
(资料来源：彼得·霍尔．城市和区域规划[M]．邹德慈，李浩，陈熳莎，译．北京：中国建筑工业出版社，2008：71)

1944 年对于英国是具有重要历史意义的一年。当这一年的大伦敦规划提出在伦敦周围地区新建 8 个卫星城以接纳从伦敦疏散出来的人口和工业后，新城运动(New Town Movement)正式开始。大伦敦规划在约有 48km 半径范围、1000 万人口的地区，规划了 4 个同心圆。第一圈，内环内将疏散 100 万人口和工作岗位；第二圈，郊区环不再增加人口；第三圈为约 16km 宽的绿带环；第四圈为乡村外环，接受内环疏散出来的大部分人口（图 4.4.2–11）。不久后，1946 年英国颁布《新镇法》，开始了大规模的新城建设，使大伦敦的空间结构向区域延伸。直到 1978 年英国通过了《内城法》，伦敦建设新城的疏散政策终止。至 1974 年，英国先后设立了 32 个新城。英国新城建设的经验是有借鉴价值的：①新城人口规模不断扩大，从第一代的 3 万 ~6 万人到第三代的 20 万 ~30 万人；②从卧城到功能完整的新城，不仅引进多种工业，也引进科研、行政等机构；③从新建到利用旧镇建新镇；④单纯的“疏散”点转为区域经济发展点[105]。

其中，位于伦敦附近的密尔顿·凯恩斯(Milton Keynes)新城始建于 1967 年，是 20 世纪英国建设的规模最大的新城之一，并成为了新城建设的经典之作。在形态上，密尔顿·凯恩斯新城最彻底地实现了现代主义网格，网格中的线条呈平缓的波浪形，随着微微起伏的地形升降。城市中心区占据这些片区中的一块，它在城市大框架之内，由次级道路、建筑、停车场等以相互正交的平面方式组成。密尔顿·凯恩斯的设计意向似乎是要回到开放性的网格，让机动车道路和内部街坊贯穿于整个城市（图 4.4.2–12）。凯恩斯新城的成功之处在于：①总体规划不仅是新城建设的蓝图，还是致力于建立一个能够随着发展、需求的变化灵活调整的战略框架。②创造了良好的居住环境和充足的开放空间，为吸引人口和产业的进入提供了便利条件。③提供了良好的社会服务，促进了早期居民的迁入以及国外公司的进驻。④通达的交通条件以及与伦敦、伯明翰适中的距离，使密尔顿·凯恩斯能够比较容易地吸引大伦敦地区的人口和产业。⑤在积极吸引产业进入的同时，保证了住宅持续多样化的供给，较好地促进了

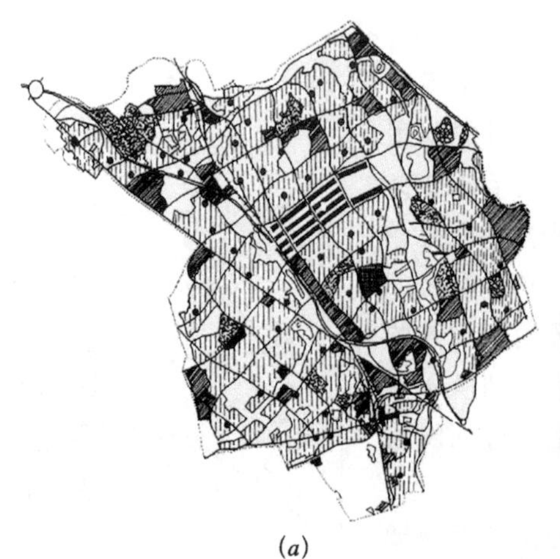

(a)

(b)

图 4.4.2–12　密尔顿·凯恩斯新城

(a) 新城规划平面图；(b) 市中心区鸟瞰

(资料来源：沈玉麟. 外国城市建设史 [M]. 北京：中国建筑工业出版社，1989：209–210)

居住与就业的平衡。事实证明这些新城在战后大规模建设中对缓解中心区蔓延起到了显著的引导效应。

英国新城建设起步早，从理论到实践都为其他国家的新城建设提供了借鉴。法国大巴黎的新城建设吸收其经验教训，认为大城市是要发展的，而用人为的强制的手段去压制大城市的发展是不可能的，用城市周围建立绿带的办法来阻止城市的蔓延也是徒劳无益的。巴黎在 1961 年的规划中也曾采用过绿带，但城市人口跨越绿带继续向四周蔓延，甚至干脆把绿带吞噬了。然而大巴黎必须向区域延伸，直到 1965 年巴黎的战略规划才明确了新城规划的原则：①绝不搞卧城，也不搞单一工业城；②在原有城镇基础上发展，不平地起家，另起炉灶；③与中心城市保持方便的交通联系，因此要沿交通线选址；④要组织郊区中心，使之对周围地区有足够的吸引力，形成整个大城市地区一块磁极（人口规模 20 万 ~50 万人）。不同于伦敦的同心圆布局，规划确定在由东南向西北平行于塞纳河的两条切线上发展新城（图 4.4.2–13），从区域高度构架了巴黎地区的城市空间格局，以此来促进地区整体的发展，形成多中心分散的布局结构，成功促进了半城市化地区的城市集聚发展和区域城市化空间整体性的加强。

日本为了解决人口和产业在城市中心区过度集中带来的严重城市问题、阻止城市过度膨胀导致的建成区的无序蔓延，于 1956 年制定了《首都圈第一次基本规划》，之后又分别于 1963 年、1966 年制定了《近畿圈整备法》和《中部城市圈整备法》，并以此为依据在东京圈开展了地域整治规划与新城开发活动（图 4.4.2–14）。美国、北欧等的工业化国家也都进行了大规模的新城建设实践，并取得了许多成功范例。

可以说，新城是城市发展到一定阶段的产物，是为了缓解工业化、城市化所带来的各种城市问题而产生的，是位于大城市郊区、交通便利、设施齐全、环境优美，能分担大城市中心城区的居住功能和产业功能，具有相对独立

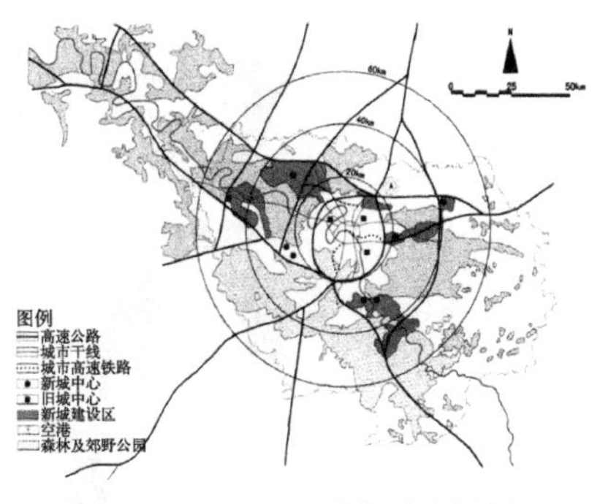

图 4.4.2–13 巴黎新城发展轴
（资料来源：陈秉钊，罗志刚，王德．大都市的空间结构——兼议上海城镇体系 [J]．城市规划学刊，2010（2）：8–13）

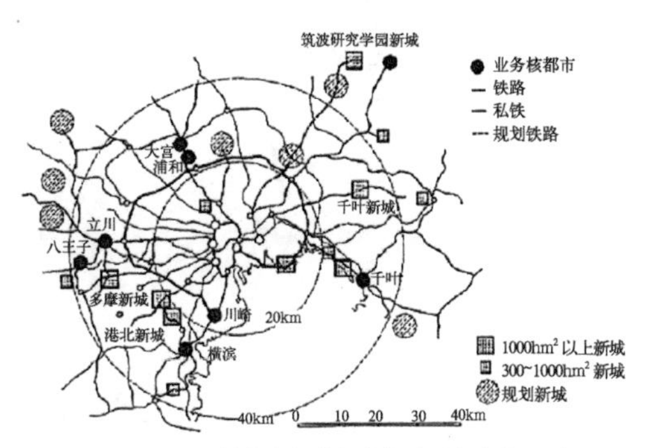

图 4.4.2–14 首都圈（东京）新城分布示意
（资料来源：高桥贤一．连合都市圈的计画学 [M]．鹿岛出版社会，1998）

性的城市社区。国外大都市新城的规划建设，一方面是适应城市郊区化发展客观规律的必然选择，另一方面是为了促进城市空间结构协调和功能配置合理的政府行为。对于新城的典型发展模式可以分为以下几种：①田园新城，密尔顿·凯恩斯新城就是其中的典型；②产业新城，如英国利物浦阳光港（Port Sunlight）、日本筑波科学城（图 4.4.2–15）；③边缘新城，如美国纽约的雷德伯恩（Radburn）、马里兰州的哥伦比亚（Columbia）新城（图 4.4.2–16）；④ TOD 新城，如日本的多摩（Tama）新镇（图 4.4.2–17）、中国香港的沙田新市镇；⑤副中心新城，如日本东京的临海副中心新城、法国巴黎的拉德芳斯副中心；⑥行政中心新城，如澳大利亚的堪培拉（Canberra）（图 4.4.2–18）、巴西的巴西利亚（Brasilia）。但不论怎样划分，考虑新城与中心城区之间的内在关系，从整个大都市区的角度出发，制定具有区域指导作用的大都市区域规划是不同类型新城建设的重要前提。

（3）中国的新城规划与建设

在新中国成立后进行的第一批城市规划，如安徽合肥、重庆北碚等，也曾受到“田园城市”理论的影响而部分体现于当时的规划之中。我国的新城规划建设大体上可以分为单一功能的卫星城规划建设阶段及相对独立的新城规划建设阶段。在 1950 年代，基于当时的产业空间发展需求，我国将一些大型企业分散布置在大城市中心城区的周边，根据工业项目发展的需要，配套建设工厂区、居住区及公共服务设施，建设了一批卫星城。但由于这时期的卫星城规模较小、工业门类单一、配套设施不齐全等原因，对居民的吸引力较弱，在很大程度上要依附于中心城区，在疏解中心城市人口和产业方面所起的作用极为有限。1990 年代以后我国进入了城市高速发展的新时期。这时，大城市的地域空间结构的变化尤为显著，单中心的发展模式已不适应快速城市化进程，开始进入由向心聚集转向离心分散的转折时期。许多大城市周边，涌现出了许多新城，它们以疏导大城市人口和产业，并为大城市进一步发展提供新的拓展空间为主要目的，成为现代化大城市系统内部重要的功能区域。上海、北京、天津等大城市是其中的典型。

上海新城建设的缘起可以追溯到 1949 年，其市区边缘先后开发了 8 个

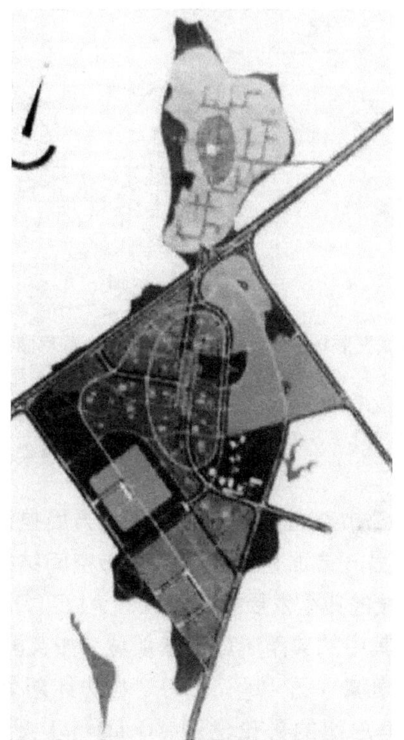

基本计画 NVT 案（1963.9）

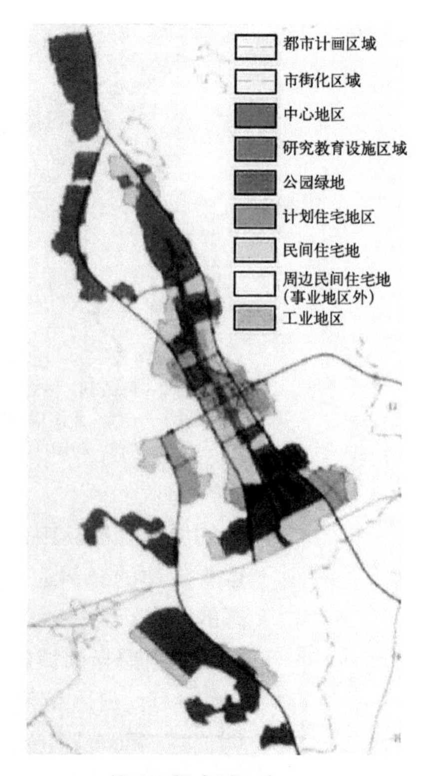

第 4 次案（1969.4）

(*a*)

(*b*)

图 4.4.2–15　日本筑波科学城

筑波科学城是为了缓解东京的城市压力、实现城市发展由“单极”向“多极”的战略转移，迁建的政府机关研究机构。同时，也是发展科学技术与提高高等教育水平而规划建设的。筑波科学城开创了日本近现代“新城建设”的先河。在筑波发展的头 10 年，私营机构的参与并不积极。尽管规划给私营机构提供了三个研究园区，但最初这些园区都空置着。1985 年以后发生了很大变化，当时国际科学技术展览会在筑波举行，筑波的基础设施得到了很大改进，特别是为展览会而修建了高速公路。1987 年 12 月通过的《研究交流促进法》加速了这一趋势。这项法律允许私人企业使用国家院所的设施，并可促进国家院所与私人企业之间的人才交流和专利共享。自 1980 年代末以来，日本全国 30% 的国家研究机构及 40% 的研究人员都集聚在筑波，国家研究机构全部预算的 50%左右投资在这里。

(*a*) 筑波科学城最初的基本计画与第 4 次案

1965、1966 和 1967 年对筑波的用地也进行了三次规划。现在的规划以第 4 次案为基础，但依据现实情况做过进一步修改。

(*b*) 筑波中心区景观（设计：矶崎新，竣工：1983 年）

（资料来源：藤原京子，邓奕．日本：筑波城 [J]. 北京规划建设，2006（1）：74–75）

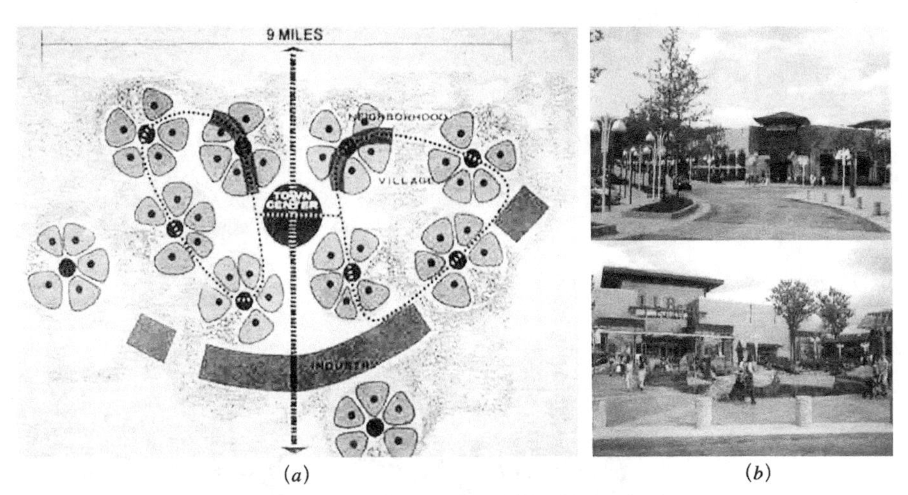

(a) (b)

图 4.4.2-16 美国马里兰州的哥伦比亚新城

(a) 哥伦比亚新城图解；(b) 哥伦比亚新城中心

哥伦比亚新城是美国公认的最成功的新城开发项目。哥伦比亚新城邻近核心城市，公路交通网发达。其建设按照邻里单位结构组成，注重保护土地并提高土地的质量，延续地区历史，强调公共空间的开发，公共配套设施完善，提倡环境为社区共享，构筑清晰的“新城—小区—组团”的三级结构体系，实现社区人口构成的多样化，增强居民的社区感。60%以上的人在本地居住和工作，本地企业提供了大量的工作机会。

（资料来源：杨靖，司玲．马里兰州哥伦比亚的新城规划[J]. 规划师，2005（6）：87–90）

工业区和工人新村，并不断向近郊扩展。在上海周围建立卫星城镇则开始于1957年，用以分散部分工业企业，缓解市区人口集中的压力。至1959年年底则开始规划建设闵行、安亭等5座以工业为主体的卫星城。1970年又规划建设金山卫、吴淞－宝山两个卫星城。发展至1990年代初，为了适应改革开放的新形势以及改造建设中心城的需要，上海市作了重大的区划调整，提出市域城镇体系由主城、辅城、县城和集镇4个层次构成。而1999年批准的《上海市城市总体规划（1999—2020年）》，则确定了以中心城为主体，形成“多轴、多层、多核”的市域空间布局。其中，“多核”主要由中心城和11个新城组成。发展至2001年年初，《关于上海市促进城镇发展的试点意见》则提出构筑由“中心城、新城、中心镇、一般集镇”组成，梯度辐射、层次分明、各具特色、功效互补的城镇体系（图4.4.2–19），并首次明确提出“一城九镇”的概念，加快郊区的产业集聚，促进人口向城镇集中，产业向园区集中，土地向规模经营集中，建设和形成工业化、城市化、现代化的郊区城镇群和都市经济圈。其中，一城为松江新城（图4.4.2–20），九镇则分别为奉城、枫泾、朱家角、安亭、高桥、浦江（图4.4.2–21）、罗店、周浦以及堡镇[106]。至2005年，“一城九镇”开发建设要形成人口与城镇规模基本合理，基础设施与公共设施建设基本完善，特色经济与特色风貌基本显现的现代化城镇。而“十一五”（2006~2010年）期间，上海又按照“1966计划”，也就是1个中心城、9个新城、60个左右新市镇、600个左右中心村的四级城镇体系框架，重整城镇建设布局。

在北京，1957年制定的《北京市城市建设总体规划初步方案（草案）》提出了在城市布局上采用“子母城”的模式，设立了昌平、顺义等40多个卫星城。在此基础上，1958年提出“分散集团式”的空间布局，强调在远郊卫星城发展

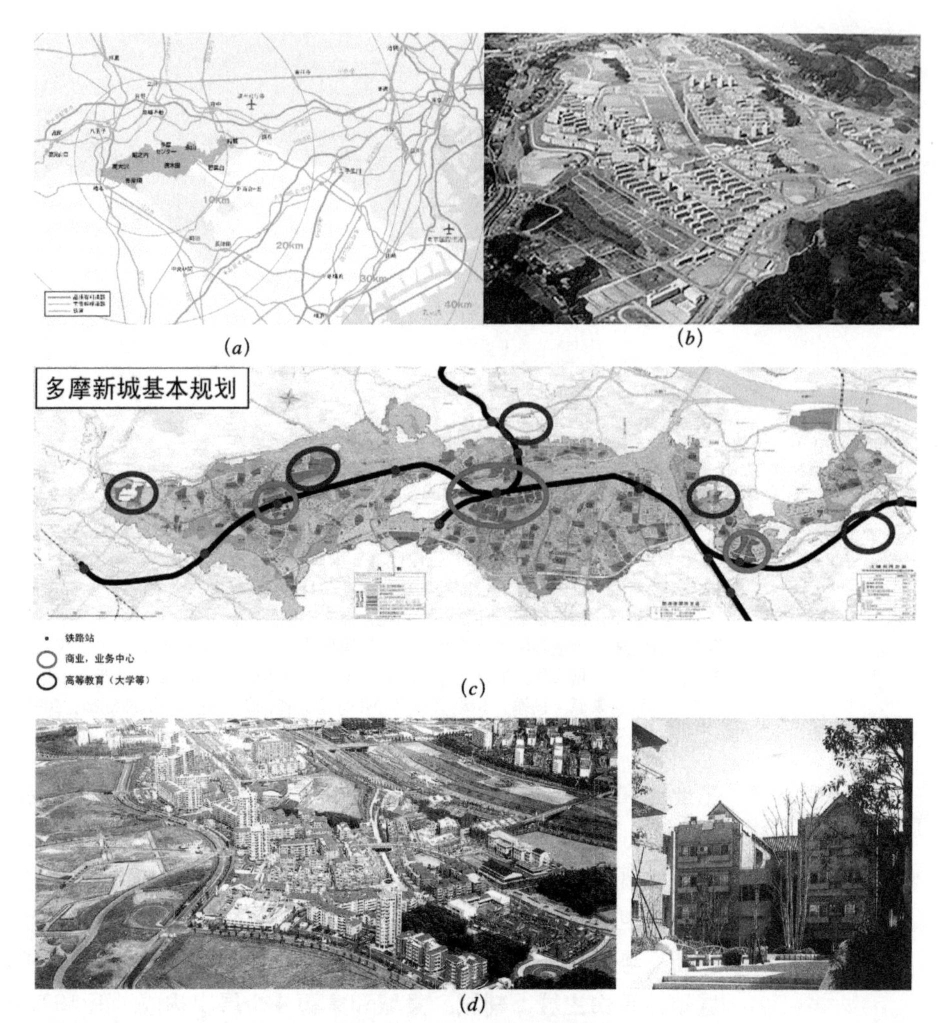

(a)　(b)　(c)　(d)

图 4.4.2-17　日本多摩新城

多摩新城是在 1965 年由住宅公团和东京都政府联合开发的新城，其建设一直持续到今天，多摩新城位于东京都西部，距离都心 40km，地势为丘陵特征，自然环境良好，总面积约 3000hm^2，规划人口 31 万，有 21 个住区。规划目标是建设一个"与多摩自然环境相和谐的，具有相对独立性、设施齐全的新城"。新城规划带有明显的长远目标，分期实施的周期持续较长。规划中考虑到日本当时处于经济高速增长期。随着国民收入和生活水平的提高，价值观也会变化，对于住宅的要求将不仅限于数量上的满足，而且要考虑住宅质量和居住环境的提高。

(a) 多摩新城区位（资料来源：(a) https://az700343.vo.msecnd.net/Storages/news/f974a364-a39b-47d7-a515-85f87eb6e0cb.PNG）；

(b) 1965 年的新城建设（资料来源：(b) http：//web.mit.edu/11.304j/www/japan/tamaintro.pdf）；

(c) 多摩新城基本计画图（资料来源：(c) https://wenku.baidu.com/view/71169426453610661ed9f438.html=）；

(d) 多摩新城住区鸟瞰（资料来源：(d) 江平尚史，沙永杰．日本多摩新城第 15 住区的实验 [J]. 时代建筑，2001（2）：60-63

工业的设想，并要求工业逐渐向卫星城镇转移。尽管如此，这一阶段的北京市仍然以向中心区聚集为主，大部分新建的工业仍集中在中心区，卫星城的功能相对弱小。1993 年经国务院批复的《北京城市总体规划（1991—2010 年）》中则提出建设 14 个卫星城，城市发展重点要从市区逐渐转向郊区，市区的外展要从外延扩展转向调整改革。1990 年代初这 14 个卫星城的建设用地总规模为 157km^2，常住人口 108 万人。至 1998 年，建设用地总规模为 202km^2，常住人口 130 多万人。

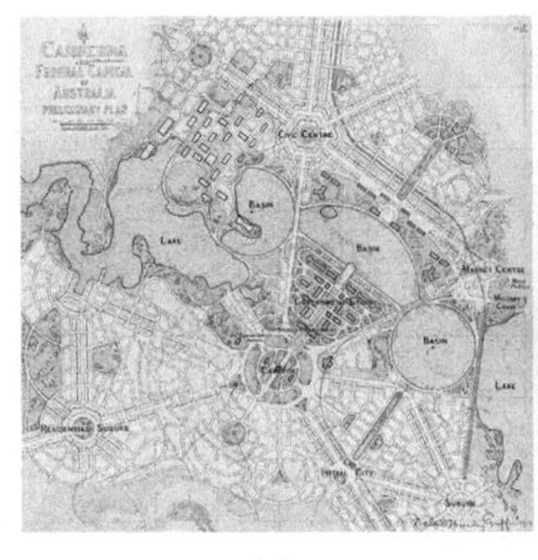

(*a*) (*b*)

图 4.4.2-18 澳大利亚堪培拉新城

(*a*) 堪培拉新城规划平面

(资料来源：(*a*) https://tse2.mm.bing.net/th?id=OIP.OHncvVphhDdwR7Y0UBXLMQHaHV&pid=Api)；

(*b*) 堪培拉新城鸟瞰

(资料来源：(*b*) http://static.domain.com.au/domainblog/uploads/2017/04/22070000/2_guxs5n.jpg)

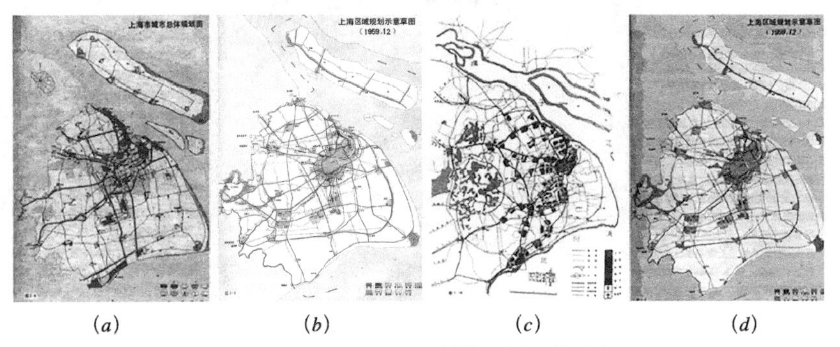

(*a*) (*b*) (*c*) (*d*)

图 4.4.2-19 上海城镇体系结构的演变

(*a*) 1948 年大上海都市计划；(*b*) 1958 年上海区域规划；

(*c*) 1986 年上海城镇体系规划

(资料来源：(*a*)(*b*)(*c*)《上海城市规划志》编纂委员会．上海城市规划志 [M]．上海：上海社会科学院出版社，1998)；

(*d*) 2001 年上海城镇体系规划

(资料来源：(*d*) 上海城市总体规划（1999—2020 年）[Z])

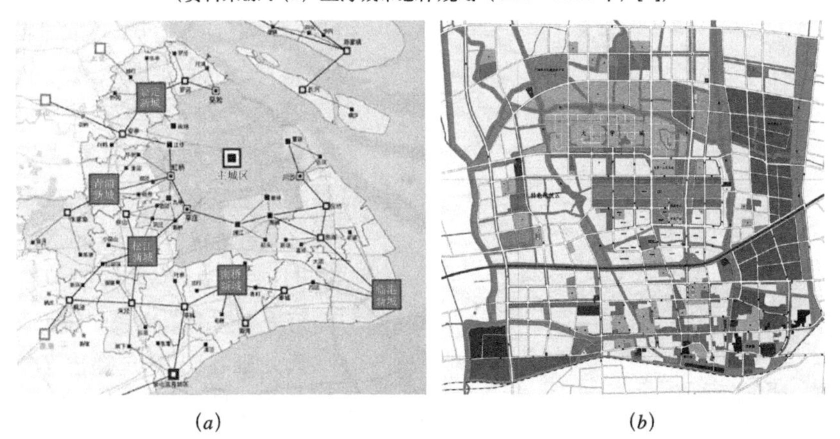

(*a*) (*b*)

图 4.4.2-20 上海松江新城

(*a*) 松江新城区位

(资料来源：(*a*) 上海市人民政府．上海市城市总体规划（2017-2035 年）[Z]，2018)；

(*b*) 松江新城用地规划

(资料来源：(*b*) 松江区人民政府．上海市松江新城总体规划（2001—2020 年）[Z]，2001)

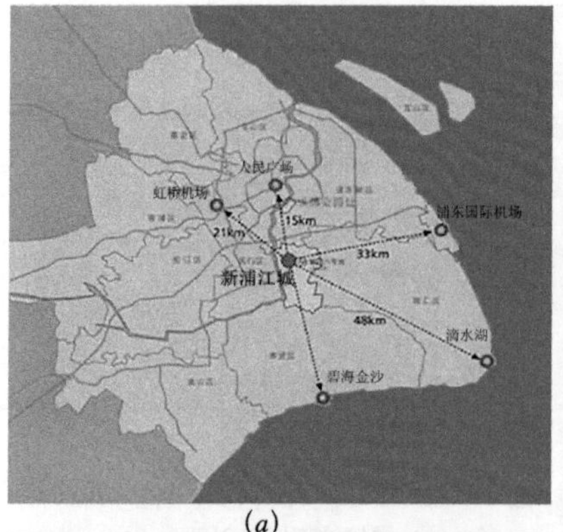

(*a*)

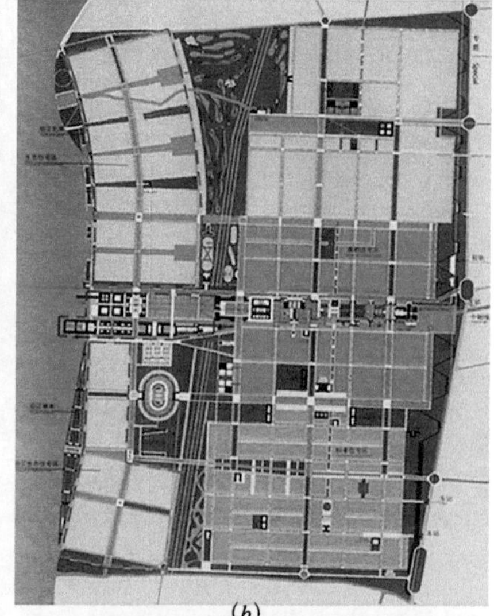

(*b*)

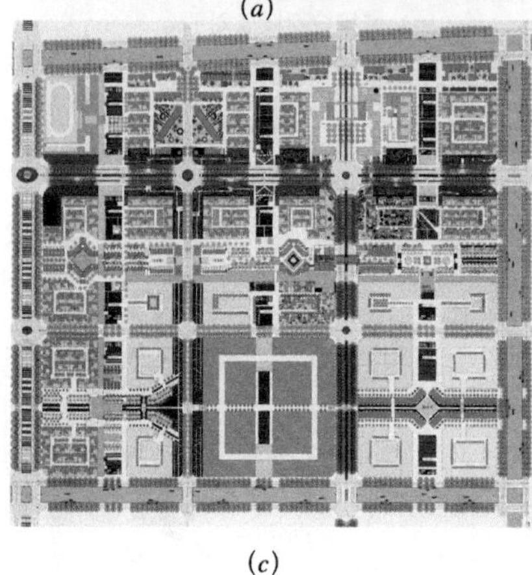

(*c*)

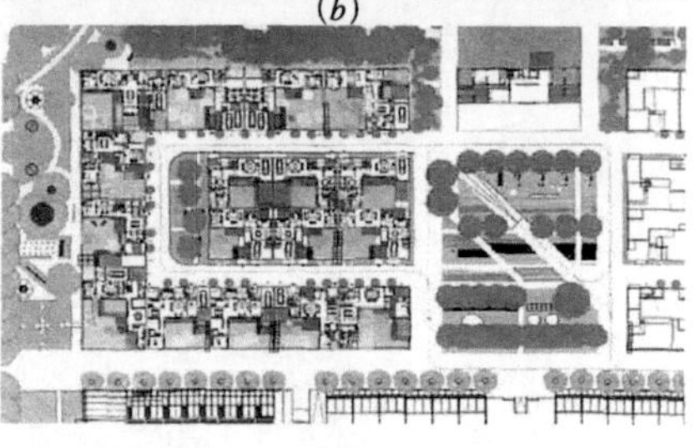

(*d*)

图 4.4.2–21　上海浦江镇

(*a*) 浦江镇区位；(*b*) 浦江镇用地规划

（资料来源：(*a*)（*b*）薛求理，周鸣浩．海外建筑师在上海“一城九镇”的实践——以“浦江新镇”的规划及建筑设计为例 [J]. 建筑学报，2007（3）：24–29）；

(*c*) 浦江镇一期规划总平面；(*d*) 浦江镇“院墅”组团总平面

（资料来源：(*c*)（*d*）黄向明．营造“理想之城”——上海新浦江城规划概念及建筑实践解析 [J]. 时代建筑，2009（2）：44–49）

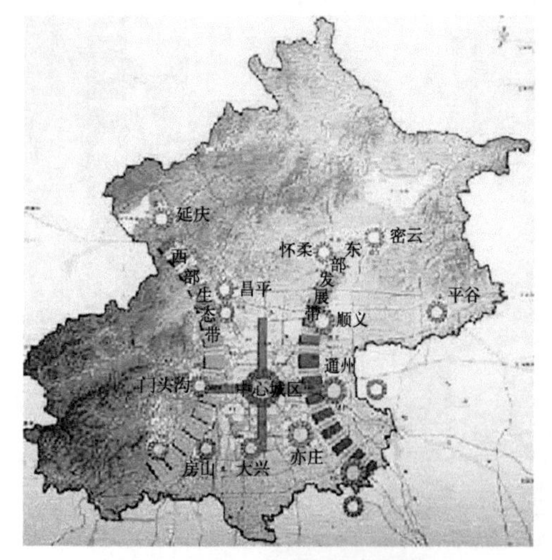

图 4.4.2–22　北京城市空间结构

（资料来源：北京城市总体规划（2004—2020 年）[Z]. 北京规划委员会网站）

2005 年，国务院通过了《北京城市总体规划（2004—2020 年）》，提出了新城是北京“两轴—两带—多中心”（图 4.4.2–22）城市空间结构中两个发展带上的重要节点，在原有的卫星城基础上，承担疏解中心城市人口的功能，集聚新的产业，带动区域发展的规模化城市地区。规划建设顺义（图 4.4.2–23）、亦庄等 11 座新城将依托现有卫星城，提高新城的吸引力，合理高效配置资源，统筹区域发展。

天津则在 1979 年提出了重点发展近郊卫星城，实施“大分散、小集中、多搞小城镇”方针。城市发展布局首先考虑三个近郊卫星城来疏解大城市的人口和产业，大型工业则安排到远郊的卫星城。1990 年代以后，天津城市产业结构调整带来市区原有的工业转产和向外转移，同时需要引进新型的高

(a)

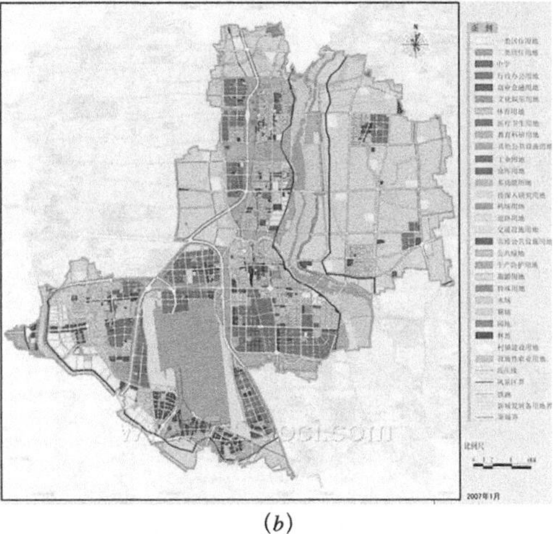

(b)

(c)

图 4.4.2-23 北京顺义新城

《北京城市总体规划（2004—2010 年）》确定顺义新城是北京重点发展新城，是东部发展带的重要节点，将成为中心城人口疏解及新的产业聚集的主要地区，形成规模效益和聚集效益，共同构筑中心城的反磁力系统。总体规划还确立了顺义新城“一港、两河、三区、四镇”的区域空间总体布局。顺义新城马坡组团作为中心区的核心区域率先启动建设。

(a) 顺义新城区位图；(b) 顺义新城用地规划图；(c) 顺义新城核心区鸟瞰

（资料来源：http://www.fstaoci.com/news/images/_20071110167l430298.jpg）

科技产业，所以需要更广阔的空间发展。因此，天津市提出了“工业战略东移”的发展战略，《天津市城市总体规划（1996—2010 年）》体现了多心、多轴与多组团相结合的发展模式。这一时期，出现了作为区域经济增长的新城。这些新城多位于交通位置条件良好、区位优越的地点，距中心城市 20~50km，功能自立性加强。而《天津市城市总体规划（2005—2020 年）》提出天津城市空间布局结构是“一轴一两带一三区”，形成“城市主副中心—新城—中心镇——般建制镇”四级城镇体系。规划了 11 个新城，来承担中心城区人口的疏散、优化产业布局、促进产业结构

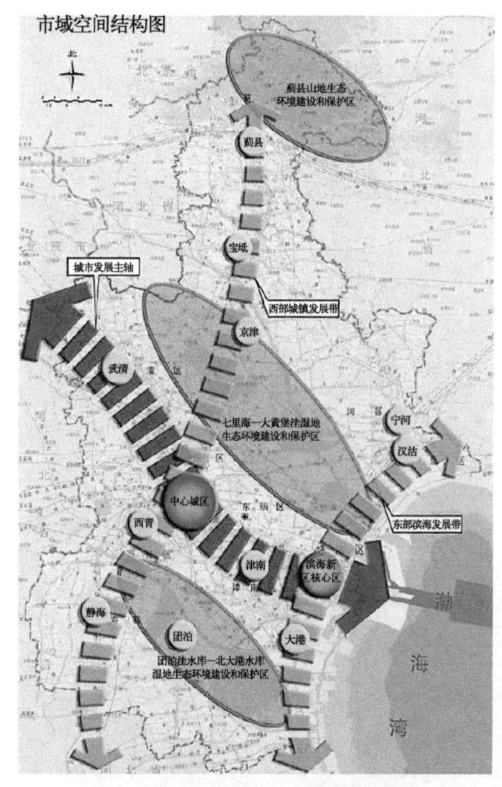

图 4.4.2-24 天津市域空间结构图
（资料来源：天津市人民政府．天津市城市总体规划（2005—2020 年）[Z]，2006）

升级、全面提高竞争力的责任（图 4.4.2-24）。

除此之外，广州（图 4.4.2-25）、杭州、厦门、苏州等城市也都纷纷采取建设新城来推动城市空间进一步扩展。新城开发正在成为中国 21 世纪大城市空间扩展的主要方式之一。而随着生态可持续思想的渗透，新城开发也日益与可持续性构建紧密结合，并型构着城市未来的理想生活。

4.4.3 面向可持续

21 世纪全球面临严峻的环境与资源矛盾，而我国的增长模式尤其粗放，城乡发展失衡，这使城市的发展进程受到了前所未有的挑战，城市的可持续发展建设成为当前的迫切所需，并已被世界各国所广泛接受，成为全球共识和指导各国社会经济发展的总体原则。同时，城市设计的价值取向也已从传统的物质导向日益转向社会和政策维度，倾向于融合可持续的策略和技术，来对城市发展模式和设计模式有所作为。我们需要汲取国际上先进的发展理念与实践经验，并结合我国的具体国情，探索一条城市可持续发展的有效途径，积极主动地把握未来。

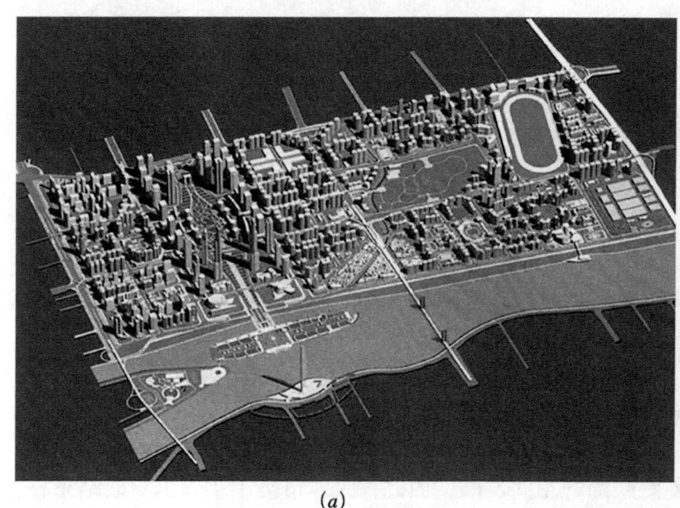

(*a*)

(*b*)

图 4.4.2-25 广州的 CBD 珠江新城

珠江新城位于广州东部新中轴线上，占地约 $6.6km^2$。集国际金融、贸易、商业、文娱、行政和居住等城市一级功能设施于一体，规划为 21 世纪广州市中央金融商务区，是集中体现广州国际都市形象的窗口。自 1992 年开始规划以来，方案和建设根据不断变化发展的实际情况进行了多次调整，包括对空间形态的改进进行了城市设计研究，对公共服务体系、规划控制体系进行了调整，在保证规划连续性、保障既定利益平衡的前提下，在提高环境质量和配套设施水平方面加大了力度，在空间设计方面更加体现了“以人为本”的原则。

(*a*) 珠江新城总体鸟瞰图（资料来源：http：//www.cityup.org/case/detailed/20070705/32372.shtml）；

(*b*) 珠江新城核心区效果图（资料来源：http：//farm3.static.flickr.com/2455/3720102508_40d847d9cc_o.jpg）

(1) 城市的可持续设计原则与策略

为了将可持续发展的理念转化成一种具体化可操作的设计策略，一些国家或研究机构从不同角度制定了一系列的原则和策略（表 4.4.3–1）。国外生态城市设计经过 20 多年的理论研究和实践，在强调对现有城市进行生态化改造的基础上，提出了若干生态城市设计的具体原则[107]。

可持续发展的设计战略　　表 4.4.3–1

MICHAEL BREHENY (1992)	欧洲社区委员会（1990）	EVANS ET AL.（2001）	URBED（1997）
·采取城市控制政策和减少城市扩散 ·极端紧凑的城市方案是不切实际的 ·更新市镇中心区 ·鼓励城市绿化 ·改善城市交通 ·强化交通节点 ·鼓励混合使用计划 ·更广泛地使用 CHP 系统	·创造适度开放的市民空间以改善健康和生活品质 ·绿化和景观在减轻污染方面的重要性 ·开发的紧凑和混合形式 ·减少出行 ·倡导再循环和节能 ·保持地域特色 ·跨学科和部门的综合规划	·消除污染——减少浪费 ·保护生态——维护生态多样性 ·保护资源——空气、水、表层土、矿物和能量 ·弹性——开发的长期生命力 ·渗透性——提供路线的选择 ·活力——使场所尽可能的安全 ·多样性——提供用途的选择性 ·可识别性——使人们理解一个场所的布局和活动 ·特色——景观和文化	·质量空间——有吸引力的、人性化的城市空间 ·街道和广场结构——易识别的路线和空间 ·充分混合的土地使用和土地占有 ·大量活动——维持设施和使街道充满活力 ·最小的环境破坏——开发期间，以及随时适应和改变的能力 ·综合和渗透 ·新旧混合的场所感 ·主人翁精神和责任感
IAN BENTLEY（1990）	**HUGHBARTON（1996）**	**GRAHAM HAUGHTON 和 COLIN HUNTER（1994）**	**RICHARD ROGERS (1997)**
·能效——减少建造和使用场所的额外能耗，并最大限度地利用环境，尤其是太阳能 ·弹性——建筑能随时适应不同用途，而不是每当人们需求改变时，浪费地拆除和重建（是之前生命力规则的延伸） ·清洁——尽量减少场所污染，以及在污染不可避免的地方，尽可能采取可以自我清洁的设计 ·保护野生动植物——设计能支持和增加物种多样性的场所 ·渗透性——通过创造有多种可选路线到达的场所来增加选择性 ·活力——他人和"街道眼"的存在 ·多样性——体验的可选择性 ·可识别性——理解选择的潜力	·强化地方自足性——视每一个开发项目为一个有机体或者一个具有自主性的微型生态系统 ·人类需求——可持续开发要满足人类基本需求 ·通过有能效的交通网络来进行开发——以人的步行，骑自行车，以及有效利用公共交通为起点 ·开放的空间网络——管理污染，野生动植物、能源、水源、污水，以及增加当地的绿化空间 ·线性的集中模式——以交通网络为轴心（布局），同时又要避免城镇过密 ·能源战略——节约每一个新开发项目的资金。减少燃料匮乏，减少资源开发和消耗 ·水战略——减少水的流失和增加地面渗水率	·多样性——由不同风格、年代和使用状况的建筑组成的多功能社区 ·聚集——密度足以维持多样性和当地居民参与的活动 ·民主——提供活动场所的选择 ·渗透性——连接人与人、人与设施 ·安全——通过空间设计来提高人身安全 ·合适的尺度——立足于当地文脉和反映当地环境的开发 ·有机设计——尊重历史和地方特色 ·经济途径——设计结合自然和利用地方资源 ·创造性关系——在建筑、道路和开放空间之间 ·灵活性——随时适应的能力 ·意见征求——满足地方需要、尊重地方传统、挖掘地方资源 ·参与——项目的设计、维护和运营	·一个公平的城市：平等分配食品、居所、教育和希望，所有人都参政 ·一个美丽的城市：艺术、建筑和景观能激发想象力，并使人感动 ·一个有创造力的城市：开发的思维和实验精神，能充分发挥人力资源的潜力，对变化作出快速反应 ·一个生态的城市：减少它的生态影响，平衡景观和建成形态，并且设计安全节能的建筑和基础设施 ·一个宜人的城市：公共空间有利于形成社区，并鼓励人的交流；通过面对面或电子方式交换信息 ·一个紧凑和多中心的城市：保护乡村，在邻里形成集中和统一的社区，尽量缩小人与人的距离 ·一个多样化的城市：各种各样的活动产生活力和感染力，并创造出一种生机勃勃的城市生活方式

资料来源：（英）Matthew Carmona，Tim Heath，Taner Oc，Steven Tiesdell. 城市设计的维度[M]. 冯江，袁粤，万谦，等译．南京：江苏科学技术出版社，2005：40–41.

伊恩·麦克哈格（Ian L.McHarg）1969年在他的著作《设计结合自然》（Design with Nature）中首次将生态学应用于城市设计，提出城镇和城市应该当做更大范围的、运行中的生态系统的组成部分。1984年加拿大的麦克·哈夫（Michael Hough）在《城市形态与自然过程》（City Form and Natural Process）一书中则确立了五个生态设计原则：对进程和变化的理解；经济最大化；多样性；环境素养；改善环境。1991年加拿大的麦克·努斯兰德（Mark Roseland）在《迈向可持续社区》（Toward Sustainable Communities）中也提出了一系列生态城市设计的原则，包括：修正土地使用方式、改革交通模式、恢复被破坏的城市环境、提倡社会的公共性、促进资源循环、倡导采用适当技术与资源保护，等等。而1995年，西姆·范·德·莱恩（Sim Van der Ryn）和斯图尔特·考沃（Stuart Cowan）合作完成了《生态设计》（Ecological Design）一书，提出了生态化设计的五条原则：因地制宜的设计方案；评价设计的标准——生态开支；配合自然的设计；人人皆是设计者；让自然清晰可见。

1990年英国城乡规划协会成立了可持续发展研究小组，并于1993年发表了《可持续发展的规划对策》，提出将可持续发展的概念和原则引入城市规划实践的行动框架，将环境因素管理系统纳入各个层面的空间发展规划。这些技术措施与一系列社会经济、法律、政治、政策等相融合，共同对当代的城市产生着巨大的影响。为了将可持续发展的理念转化成一种具体化可操作的设计策略，1993年美国出版的《可持续发展设计指导原则》一书列出了“可持续建筑设计细则”。其中主要原则包括：①重视对设计地段的地方性、地域性的理解，延续地方场所的文化脉络；②增强适用技术的公众意识，结合建筑功能要求，采用简单合适的技术；③树立建筑材料蕴藏能量和循环使用的意识，在最大范围内使用可再生的地方性建筑材料，避免使用高蕴能量、破坏环境、产生废物以及带有放射性的建筑材料、构件；④针对当地的气候条件，采用被动式能源策略，尽量应用可再生能源；⑤完善建筑空间使用的灵活性，以便减少建筑体量，将建设所需的资源降至最少；⑥减少建造过程中对环境的损害，避免破坏环境、资源浪费以及建材浪费。

另外，一些批评家和组织也提出了可持续城市发展和设计的原则和策略。1990年，欧洲社区委员会提出了以下设计战略：创造适度开放的市民空间以改善健康和生活品质；绿化和景观在减轻污染方面的重要性；开发的紧凑和混合形式；减少出行；倡导再循环和节能；保持地域特色；跨学科和部门的综合规划。伊恩·本特利（Ian Bentley）在1990年提出的设计策略包括能效、弹性、清洁、保护野生动植物、渗透性、活力、多样性和可识别性；麦克·布雷赫尼（Michael Breheny）在1992年提出：采取城市控制政策和减少城市扩散，极端紧凑的城市方案是不切实际的，更新市镇中心区，鼓励城市绿化，改善城市交通，强化交通节点，鼓励混合使用计划，更广泛地使用热电联产系统。

1996年休·巴顿（Hugh Barton）制定的可持续发展的设计战略内容包括：注重强化地方自足性和人类需求；通过有能效的交通网络来进行开发；以及开放的空间网络、能源战略、水战略等。巴顿等人对可持续设计原则的分析是最全面的，且还可以创建一套综合的标准（表4.4.3-2）。1997年URBED（Urban

可持续设计原则矩阵

表 4.4.3-2

	Michael Hough(1984)	Ian Bentley (1990)	欧洲委员会 (1990)	Michael Breheny (1990)	Andrew Blowers (1993)	Graham Haughton 和 Colin Hunter (1994)	Hugh Barton (1996)	URBED (1997)	Richard Rogers(1997)	Evans et al.(2001)	Hildebrand Frey (1999)
职责	通过改变加强	—	综合规划	城市中心区的更新	—	—	—	责任感	一个有创造力的城市	—	—
资源效率	经济途径	能效	减少出行，节能，再循环	公共交通，CHP 系统	土地／矿物／能源，基础设施和建筑	经济途径	能效，交通，能源战略	对环境的最小破坏	一个生态的城市	资源保护	公共交通，减少交通流量
多样性和选择性	多样性	多样性，渗透性	混合开发	混合使用	—	多样性，渗透性	—	综合，渗透性，充分的混合使用	一个宜人的城市，一个多样化的城市	渗透性，多样性	混合使用，服务和设施的等级秩序
人类需求	—	可识别性	—	—	美学，人类需求	安全，合适的尺度	人类需求	一个安全的结构／可识别的空间	一个公平的城市，一个美丽的城市	可识别性	低犯罪率，社会融合，可意象性
弹性	过程和变化	弹性	—	—	—	灵活性	—	调整和改变的能力	—	弹性	适应力
减少污染	—	清洁	通过绿化减少污染	—	气候／水／空气质量	—	水策略	—	—	无污染	低污染和噪声
集聚	—	生命力	紧凑开发	限制，强化	—	集聚	线性集中	大量活动	一个紧凑、多中心的城市	生命力	限制，能支撑服务设施的密度
特色	—	—	地区特色	—	遗产	创造性的关系，有机设计	—	场所感	—	特色	中心感，场所感
生态保护	—	—	开放空间	城市绿化	开放空间，生态多样性	—	开放空间，网络	—	—	生态保护	绿化空间，公共／私人，共生，城镇
自足	环境的可读性	—	—	—	自足	民主，咨询，参与	自足	—	—	—	部分地方自治，部分自足

资料来源：(英) Matthew Carmona，Tim Heath，Taner Oc，Steven Tiesdell. 城市设计的维度 [M]. 冯江，袁粤，万谦，等译 . 南京：江苏科学技术出版社，2005：42.

and Economic Development Group）提出的可持续设计战略主要包括八个方面：质量空间，街道和广场结构，大量活动，最小的环境破坏，充分混合的土地使用和土地占有，综合和渗透，新旧混合的创所感，主人翁精神和责任感。2001 年，格雷·埃文斯（Gary W. Evans）等提出的设计战略包括：消除污染，保护生态，保护资源，弹性，渗透性，活力，多样性，可识别性，特色，等等。1994 年乔恩·朗在其著作《城市设计：美国的经验》(Urban Design：The American Experience）一书中提出了城市设计的“实用原则”，认为城市设计师应采取对环境友好的立场，设计灵活和健康的环境，提供可能的和便利的选择。

2003 年亚当·里奇（Adam Ritchie）和兰达尔·托马斯（Randall Thomas）编写的《可持续发展的城市设计——一个环境的举措》(Sustainable Urban Design：An Environmental Approach)，对未来城市设计的基本原则进行了归纳和总结，重点关注了城市设计所涉及的环境问题，以及城市环境的物质影响方面：建筑，景观，交通体系，能源，水，垃圾等，尤其重点放在新能源体系上。这一系列可持续城市发展和设计原则及策略的提出，都为城市的可持续发展提供了可能的和便利的选择，不同程度地解决了建设可持续城市中可能遇到的多个层面的问题。

（2）可持续设计

“可持续设计”代表着一系列以“保护并改善人类与相应自然系统的环境健康”为主旨的规划、设计、建造原则[108]。可持续设计理念认为，人类文明是整体自然资源的一部分，而地球上所有的生物形式都依赖于这些自然资源。可持续设计不仅能影响场地设计、雨水收集、蓄水层补充、污染防治和复垦，还能通过消除有毒化学物质来改善空气、水和植被的质量。可持续设计需要理解自然系统对建成环境的各种要求，及其所产生的各种环境后果。

可持续设计受到自然的启发，并且也从自然中学到许多东西。人们研究了自然有机体的特征：利用阳光和雨水来维持生命，拥有自身的适应机制来抵抗严酷环境，其所有产出物均能得到利用，并且与其环境协同进化来繁衍生命。此种自然模式提供了非常有益的一个范例，也激发了可持续设计的灵感(图 4.4.3–1)。

可持续设计的要素主要包括以下四个方面[109]：

①自然资源。可持续设计得以实施的前提条件在于，人工基础设施和各种工具必须在生态系统及其约束之下来运作。生态系统提供了直接的生态服务——也就是阿莫利·劳文（Amory Lovins）和保罗·霍肯（Paul Hawken）所称的自然资本。以整合城市发展与自然资源保护为目标的设计策略包括：生态系统内部的自然行为；生态系统之间的联系；栖息地的破碎；人类对生态系统的需求；可接受的改变限度；生态系统监控。

②场地设计。可持续环境的场地设计需要低影响的规划、建设和所有权管理，所持策略并非改变或者损害，而是帮助修理和恢复现在的场地系统。在场地选择中考虑的因素有容量、密度、气候、坡向、植被、景色、自然危险、自然和文化特色的可接近性、能量和设施等。由安德鲁泊甘事务所制定的“场地

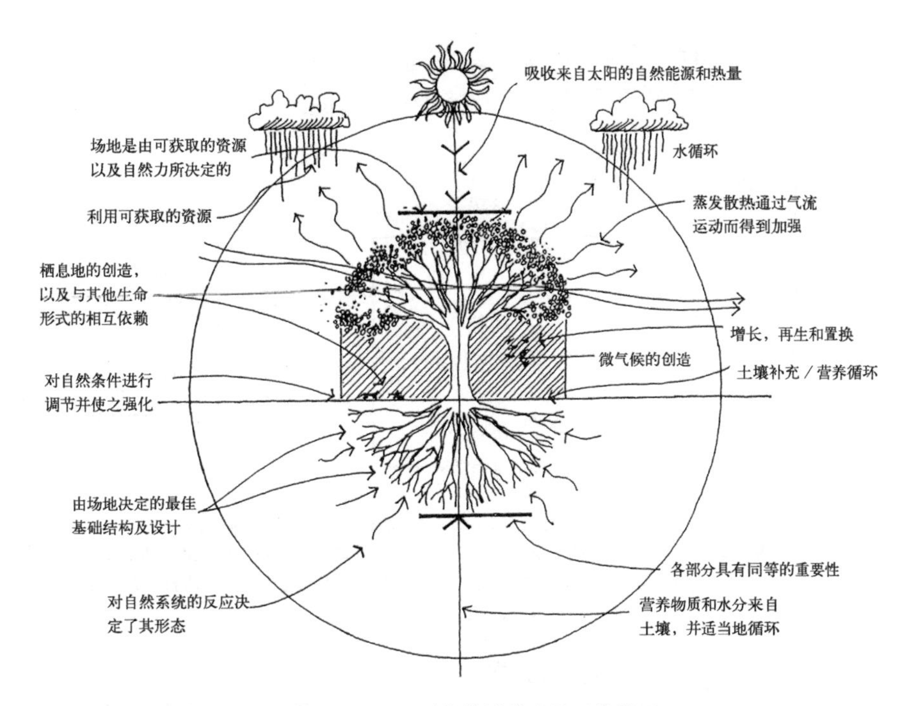

图 4.4.3-1 面向设计的自然系统模型

(资料来源：U.S.Park Serivice，1995. 转引自：(美) 唐纳德·沃特森，艾伦·布拉特斯，罗伯特·G·谢卜利．城市设计手册 [M]. 刘海龙，郭凌云，俞孔坚，等译．北京：中国建筑工业出版社，2006：409)

设计的瓦尔兹原则”为美国公园署的场地设计提供了设计和策略导则，这套原则也可应用于其他城市开发项目。其主要内容包括以下几个方面：认知周边环境；将景观以相互依赖和相互联系的方式进行处理；将乡土景观与发展进行整合；提高生物多样性；重新利用已受干扰的区域；养成恢复的习惯。

③水供应。为了保障全球、区域和地方的水资源能够满足未来的需求，所有的基础设施、城市开发以及建筑物都需要进行水资源保护、收集、储存、处理和再利用方面的设计。水资源保护和可持续的景观用水方法，包括精心运用本地技术与方法，关键是依赖区域内可以自然获得的水资源来保持供应，涉及水资源、水处理、雨水收集、水的配送四个方面的问题。

④防止废物的产生。对于废物处理，没有完全安全的方法。任何形式的处理都会对环境、公共健康以及当地经济带来某些消极的影响。唯一可以避免废物对环境的损害的方式就是防止它们的产生。防止废物产生的理念使基于“3R”(reduce，reuse，recycle）原则的材料利用思想应运而生。

可持续设计的驱动力主要是来自全球性问题在国际上引起的社会反应，如人口、贫穷、自然资源的受威胁与锐减、全球发展不均衡等问题。在致力于解决全球发展根本的思想与行动议程中，可持续设计是其核心内容。许多思想和讨论都脱胎于可持续概念，并不断修正着可持续设计的议程，与生物气候设计、生命循环和“从摇篮到摇篮”的材料回收、可持续的社区设计、生物区域主义、生物多样性的恢复和保护等多个研究方向紧密联系（图 4.4.3-2）[110]。

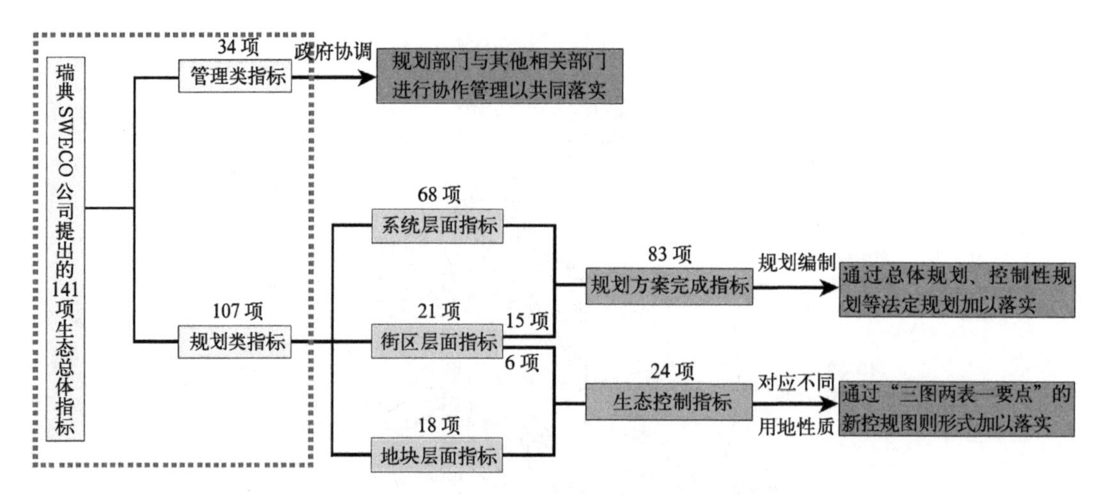

图 4.4.3–2　可持续设计的原则与实践

（资料来源：（美）唐纳德·沃特森，艾伦·布拉特斯，罗伯特·G·谢卜利．城市设计手册[M]．刘海龙，郭凌云，俞孔坚，等译．北京：中国建筑工业出版社，2006：427）

（3）可持续开发

城市开发作为一种通过有组织的手段对城市资源进行大规模安排以获得城市发展效益的过程[111]，能够从经济政策、土地开发、空间调控、技术管理等多个方面，直接作用于城市建设的操作层面，实施和落实可持续发展。

可持续发展追求的是整体发展，包括经济、社会、环境三大系统的整体协调。可持续的开发，首先意味着在传统观念的基础上实现一种价值转换，使得城市的建设与开发更加注重环境责任的承担和资源依赖的减少，转变为确保长远可持续发展的价值观念。越来越多的可持续的城市设计致力于减弱对总体环境足迹的影响（图 4.4.3–3）。为达到这个目的，可持续开发项目建造和使用过程本身，对环境的影响也应当是可持续的、尽可能自给的。1995 年，巴顿等人则从一系列影响范围的角度来理解开发过程，其影响圈层图（图 4.4.3–4）将开发过程表达为环环相套的五个圈层，从内到外分别是：单体建筑／住宅，邻里／农场／工厂，城市／区域／河流，乡村／海洋／领空，世界／生物圈／神灵。巴顿认为，对于可持续和自给的开发，其目标是通过减少内层对外层的影响，增强自主性。虽然很多城市设计活动的尺度都是相对较小的，但它们的集合对邻里、城镇、城市、区域的整个自然系统产生了主要影响，并最终影响地球生物圈。

城市开发实际上是由控制资源或者控制资源获取的人决定的。在实施之前，除了适当考虑成本和收益、风险和回报，以及某些不确定的因素，开发还必须在经济上是可行的。城市设计师需要关注社会影响、长期的经济可行性和环境影响。但是，必须认识到的是，“我们不是从先辈手中继承了这个世界，而是向我们的后代借用了这个世界”，而开发对环境的影响往往远远大于立即显现出来的情形[112]。因此，可持续的开发，应当确保未来的人们也能享受到良好的环境和生活品质，城市开发不会因追求短期利益而遭到破坏。这就需要相应的有效的开发手段来保障，例如制定更为远视的开发策略，加强资源开发利用，建构良好的管理制度，等等。

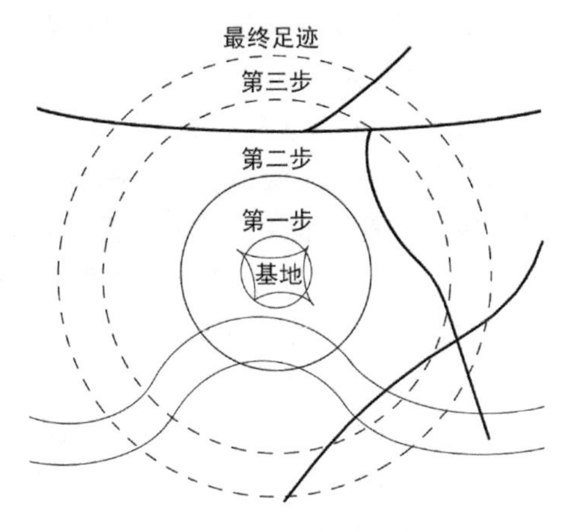

图 4.4.3-3 环境足迹

（资料来源：(英) Matthew Carmona, Tim Heath, Taner Oc, Steven Tiesdell. 城市设计的维度[M]. 冯江，袁粤，万谦，等译．南京：江苏科学技术出版社，2005：38）

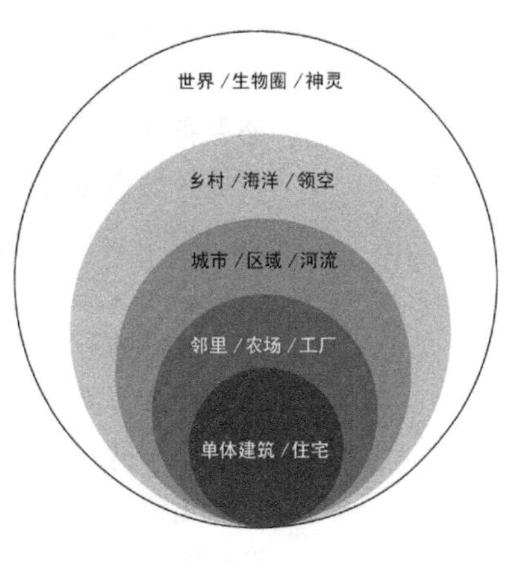

图 4.4.3-4 影响圈层

（资料来源：(英) Matthew Carmona, Tim Heath, Taner Oc, Steven Tiesdell. 城市设计的维度[M]. 冯江，袁粤，万谦，等译．南京：江苏科学技术出版社，2005：39）

另外，对开发的可持续程度进行综合衡量，对于社会经济环境健康持续的发展具有十分重要的意义。虽然可持续开发在目前并不具有某种特定的范式和模型特征，但“更趋可持续”将是我们改造自己行为的思维方式和评价标准。通常，可持续程度可以通过一系列目标和指标来综合评价。目标系统的建立有助于保障系统整体的协调、持续运行，而指标体系则都有利于对相关因素的动态表现及时监测和控制，有利于推进项目向着可持续目标前进的进程（图 4.4.3-5）。

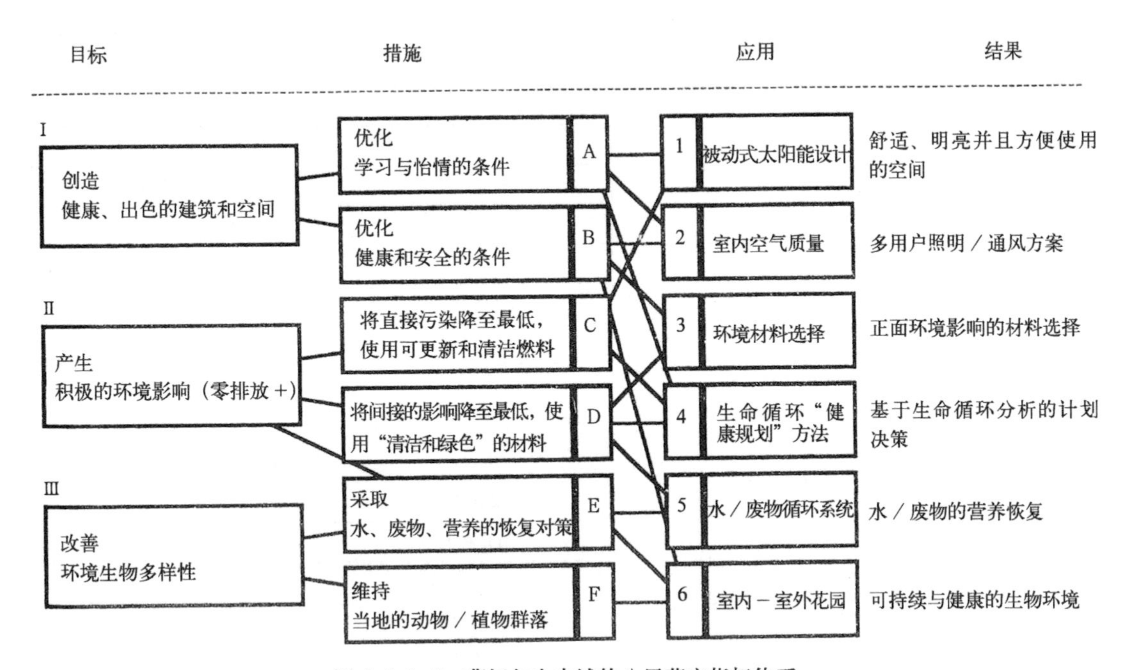

图 4.4.3-5 曹妃甸生态城的分层落实指标体系

（资料来源：林澎．唐山曹妃甸滨海生态城市规划建设的实践与思考[R]. 第六届中国城市规划学科发展论坛，2009-10-24）

开发理念、开发手段和开发评价三者是对可持续开发三位一体的系统建构，只强调其中任何一方都是偏颇的，都不利于城市长远的可持续性构建。有必要存在一个这样的调控环境，它能承认和支持城市设计的价值和质量，并寻求提升城市设计质量。而城市设计应被当做是一个提升和确保开发质量的途径。

城市设计控制中可以包括一系列框架，使得强调城市建成环境的进程同样可以与发展战略紧密结合（表 4.4.3–3）。英国伯明翰城就是一个典型实例。该市的城市设计研究建议应该改造一些如同水泥丛林的地区，同时提供一种未来健康的形象和战略导则。强调通过加强可达性和增加街道一级的交往活动来提高城市的易识别性和友好性，同时还要提供一些作为城市标志性的场所，规划和建设部门还利用研究的成果作为环境改善计划的依据和框架。在长期的经济战略中，伯明翰城认识到城市设计和投资之间的亲密联系。其发展战略声称："高品质的城市中心环境的改善是刺激和吸引投资的关键……城市中心是我们最有价值的地方"[113]。另外，巴塞罗那、波士顿的滨水地区开发、纽约的炮台公园城（Battery Park City）、洛杉矶普雷亚维斯塔地区（Playa Vista）的再开发等，也都在可持续开发的方式方法上，进行了相应的探索，并取得了良好的成效。

与文化战略相结合的城市设计策略框架　　　表 4.4.3–3

战略主题	理念	政策范围
（1）公共领域场所营造	渗透性	公共空间链接的系列
	—	风景、街景
	多样性	多种用途
	易读性	节点、边缘、路径、区域、地标
	—	建筑的个性
	坚固性、适应性	建筑基础深度、出入、高度
	舒适性、安全性	人体尺度
	—	自然监督
	—	人行、车行分界、共通
	限定的空间	分界面
	—	包含、控制政策
（2）环境改善	—	地景
	—	街道家具
	—	街道保护
	—	照明
	—	软景观
	—	颜色、模式、材质的多样性
（3）文化活动	文化设施	—
	节日和大事	—
	公众艺术	—
	都市夜经济	—
	艺术建筑	—
	个人化	符号、装饰

续表

战略主题	理念	政策范围
(4) 建筑发展	保护	地区设计、保护战略
	—	建筑遗产、技艺
	更新	多种用途
	—	住所发展
	可持续	和谐再利用
	视觉	前后一致
	适应性	使用提示
(5) 社区参与和进入	—	设计进程引入
	—	文化活动引入
	—	改善的公共交通
	—	路标
(6) 设计战略	文化战略	审查
	—	地区市场化和提升
	—	监督和评估
	发展导则	促进有效的变化
	景观战略	融合建筑与自然环境
	—	专门的、复合型专业化政策
	城市设计小组	实施小组

资料来源：王士兰，吴德刚．城市设计对城市经济、文化复兴的作用[J]. 城市规划，2004，28(7)：54-58.

我国在经济的高速发展中付出了巨大的资源和环境代价，随着生态文明建设在国家战略和政策方面的全面推进，可持续开发在新城或新区建设中的脚步不断加快，比较典型的有 2001 年上海东滩生态城规划（参见图 3.3.2-4）、2006 年启动的河北廊坊万庄生态城项目（图 4.4.3-6）、2007 年我国和新加坡开始合作建设的中新天津生态城（图 4.4.3-7）、2010 年启动的无锡中瑞低碳生态城等，都提供了一定的有益的经验借鉴。

万庄生态城是河北省廊坊市规划的“三点”组团之一。万庄区的生活功能组团处于“京津经济走廊”城市带及河北省发展走廊上。区位条件良好，而其中部区域分布有万亩梨园，富有自然资源优势。万庄生态城的开发结合利用已有的建设用地，融入有机生长的理念，来探寻现状肌理和扩张空间、确定关键元素、选取优良方案，促进土地有机的再开发。出于对城市地域特色与历史肌理的尊重，万庄生态城的开发建设明确提出对现有农村进行保持性开发，在控规层面将原总体规划中忽视空间肌理、摊大饼形式的用地模式，转变成为尊重和重塑空间肌理的分组团紧凑布局模式。发展清洁能源和产业共生，强调生产和生活就近安排，生活与就业平衡，分组团紧凑布局用地模式结合规划 TOD 导向快速交通体系，保持合理的密度，创造健康的生活模式等，从理念建构到技术策略都体现出对适宜技术观的关注。

中新天津生态城作为中国新一轮发展重点区域——天津滨海新区的核心

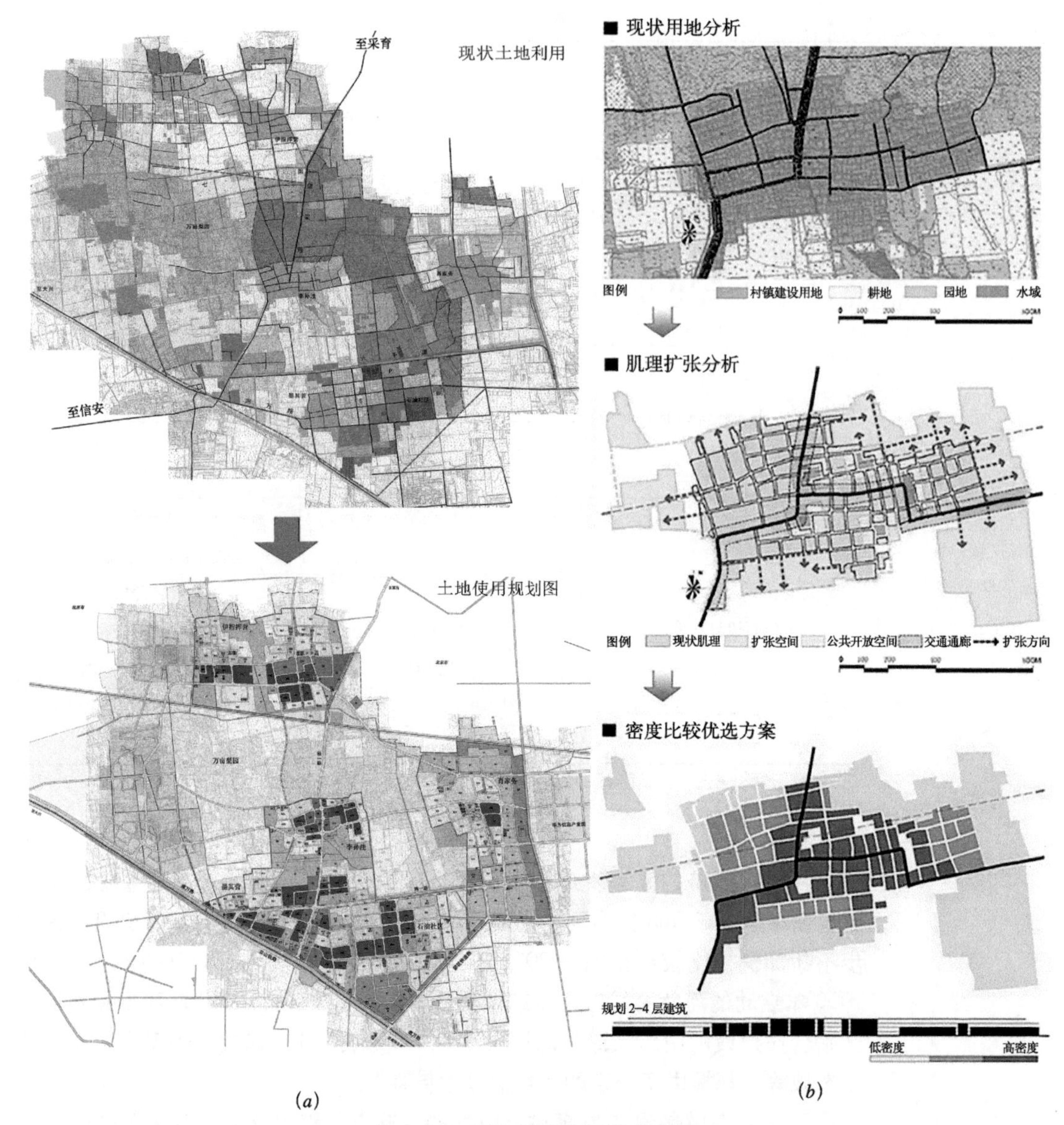

图 4.4.3–6 河北廊坊万庄生态城

(a) 万庄生态城开发的土地利用模式的转变

出于对城市地域特色与历史肌理的尊重，万庄生态城的开发在控规层面对正在报审的总规作了观念性改变：将其从原来抹煞空间肌理、摊大饼形式的用地模式，转变成为尊重和重塑空间肌理的分组团紧凑布局模式。

(b) 万庄生态城开发的有机生长理念

万庄生态城的开发结合利用已有的建设用地，融入有机生长的理念，来探寻现状肌理和扩张空间、确定关键元素、选取优良方案，促进土地有机的再开发。

(资料来源：河北省廊坊市人民政府，上海(上实)集团有限公司，同济大学建筑与城市空间研究所，上海同济城市规划设计研究院．河北廊坊万庄可持续生态城控制性详细规划阶段成果 [Z]，2009–06–12；SIIC，ARUP，MONITER GROUP．万庄生态城总体开发战略 [Z]，2007–07–08)

项目之一，其发展模式的创新被认为具有重要的示范效应[114]。在选址方面采取双原则：一是体现资源与环境约束下，应对耕地与水资源短缺普遍挑战的环境原则；二是充分依托中心城市的交通与服务优势，节约基础设施投入的建设原则。运用生态经济、生态人居、生态文化、和谐社区和科学管理的规划理念，

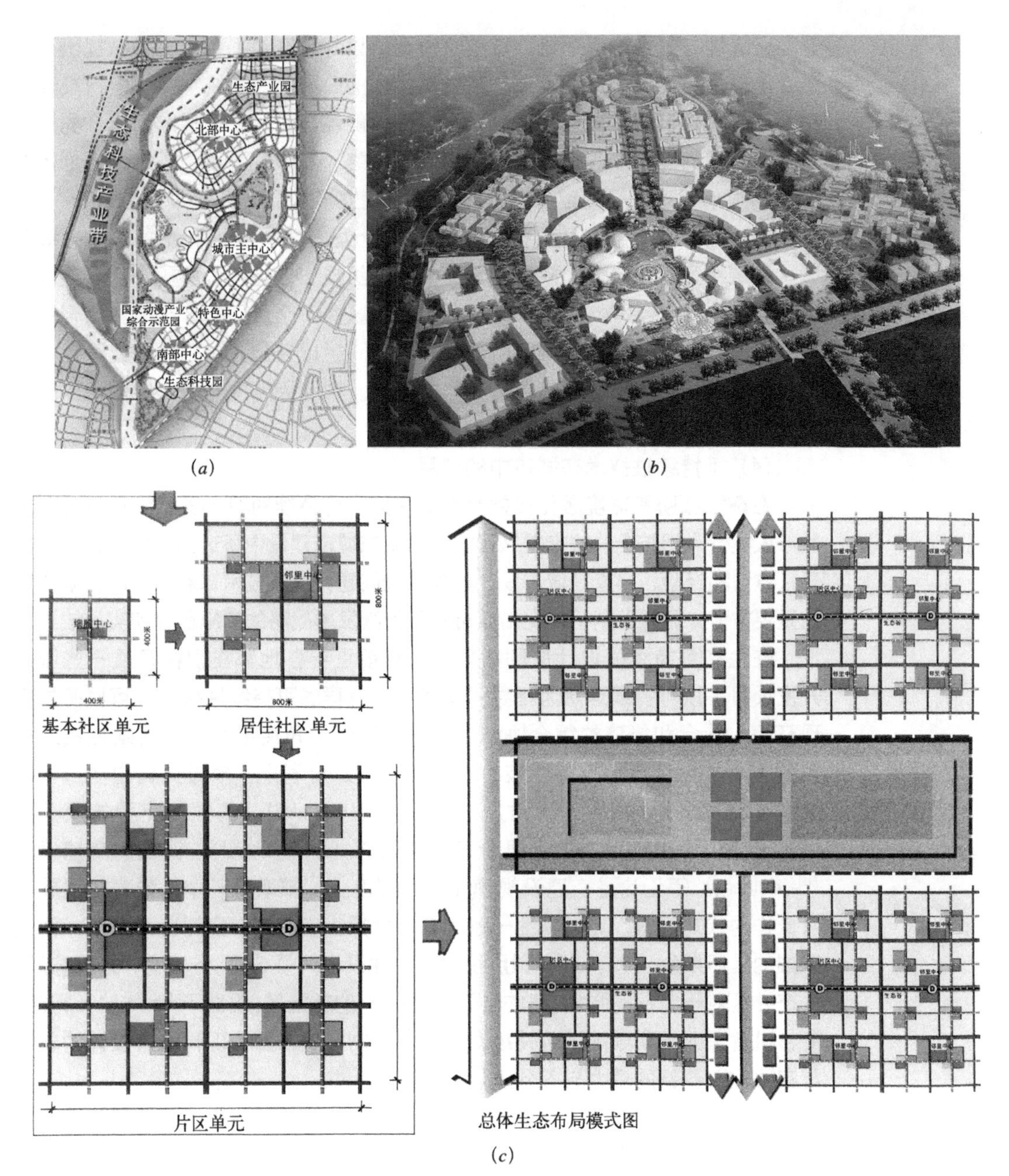

图 4.4.3–7　中新天津生态城的规划结构与发展概念

(a) 中新天津生态城规划结构图

(资料来源：(a) http://www.lwcj.com/QuestionPic/2419/%E4%B8%AD%E6%96%B0%E5%A4%A9%E6%B4%A5%E7%94%9F%E6%80%81%E5%9F%8E%E8%A7%84%E5%88%92%E5%9B%BE1.jpg)；

(b) 中新天津生态城概念图

(资料来源：(b) http://img.architbang.com/201209/1347351475937859512_2.jpg)；

(c) 生态社区体系布局模式

(资料来源:(c) (美) 彼得·卡尔索普，杨保军，张泉，等 .TOD 在中国——面向低碳城市的土地使用与交通规划设计指南 [M]. 北京：中国建筑工业出版社，2014：206)

生态城编制了生态城市指标体系，作为城市规划建设的量化目标和基本依据。在宏观角度，通过对区域生态、交通的分析确定生态城的总体布局结构，坚持生态优先、保护利用的原则，实施水生态修复和土壤改良，构建“湖水—河流—

湿地—绿地”复合生态系统。城市交通模式以绿色交通系统为主导，提出“促进土地使用与交通的协调发展，建立高品质的公共交通系统，实现慢行交通网络专用，加强机动车需求管理，执行严格的能耗与排放管理标准，推广先进交通管理技术的应用”等六大绿色交通发展策略。在微观角度，通过融合绿色交通和邻里单元理念，确定生态社区模式，建立了基层社区（即“细胞”）—居住社区（即“邻里”）—综合片区三级生态社区体系，社区和服务设施分级配置。基层社区由约 4 个 200m × 200m 的街坊组成。居住社区由 4 个基层社区组成，为约 800m × 800m 的街廓组成。综合片区由 4 个居住社区组成，结合场地灵活布置。这种分形结构符合当前最科学的“生成整体论”的思想，即每一个构成系统整体的局部，都包含了整体的特性。中新天津生态城为中国低碳生态城市的建设提供了良好的借鉴。

（4）可持续性技术在城市中的应用

在环境威胁和环境恶化日益严重的今天，可持续的城市发展规划是唯一可能与人类行为相结合的城市发展形式。而生态城市建设中所运用的城市设计的技巧、方法和经验，一直是城市设计解决环境问题、发展技术革新、拓展影响广度的重要方面，无时无刻不体现出城市对可持续发展战略的实施程度和实施效果。

在生态可持续的设计原则指导下，目前世界各地都在积极开展一些城市开发项目，以可持续理念为指导，探索采用怎样的可持续性技术，可以有效实现环境、社会和经济的综合协调。从城市设计的角度出发，可持续性技术应用的重点主要涉及生态节能技术、资源环境综合利用、地域文化的塑造、公交和步行优先等内容，巴西的库里蒂巴市（Curitiba）、德国的克罗依茨贝格地区（Kreuzberg）、瑞典的克里斯蒂安斯塔德（Kristianstad）、德国的海德堡市(Heidelberg）等无论是在建设规模和深入程度上，都取得了令人鼓舞的成就和可操作的成功经验。还有其他一系列有益的探索实践遍布全球各个角落，例如德国的杜伊斯堡（Duisburg）利用棕色地块建设了风景公园，丹麦的“太阳与风”生态社区对于节能的强调；纽约（Osbaldwic）的新社区，规划了 5min 的步行圈；洛杉矶普雷亚维斯塔地区可持续开发指引的制定等，都为现代城市设计的发展与实践注入着新的活力与养分。

库里蒂巴的城市建设主要通过追求高度系统化的、渐进的和深思熟虑的城市规划设计实现土地利用和公共交通的一体化（图 4.4.3–8）[115]。整座城市沿 5 条结构轴线向外进行走廊式开发，城市外缘是大片的现状绿地。其公共运输、道路建设和土地利用相互结合，沿指定的交通廊道轴线进行发展，形成以公共交通为基础的带状城市增长模式。交通走廊两侧用地高强度利用，发展公共设施，方便市民购物与工作。库里蒂巴长期秉持“结合自然设计”的策略，强调公交步行优先，并建立参与机制，提高市民积极性。除此之外，其垃圾回收和能源保护也达到了相当高的水平，污染的降低促进了城市生态的改善，城市环境质量也大大提高。

而 1980 年代以符合生态的方式进行城市更新成为柏林发展备受关注的问题。1987 年，国家建设部、柏林建设部联合当地的承租人和参与“城区谨慎更新运动”的建筑协会，将克罗依茨贝格地区的 103 街区作为实验性住宅和生态

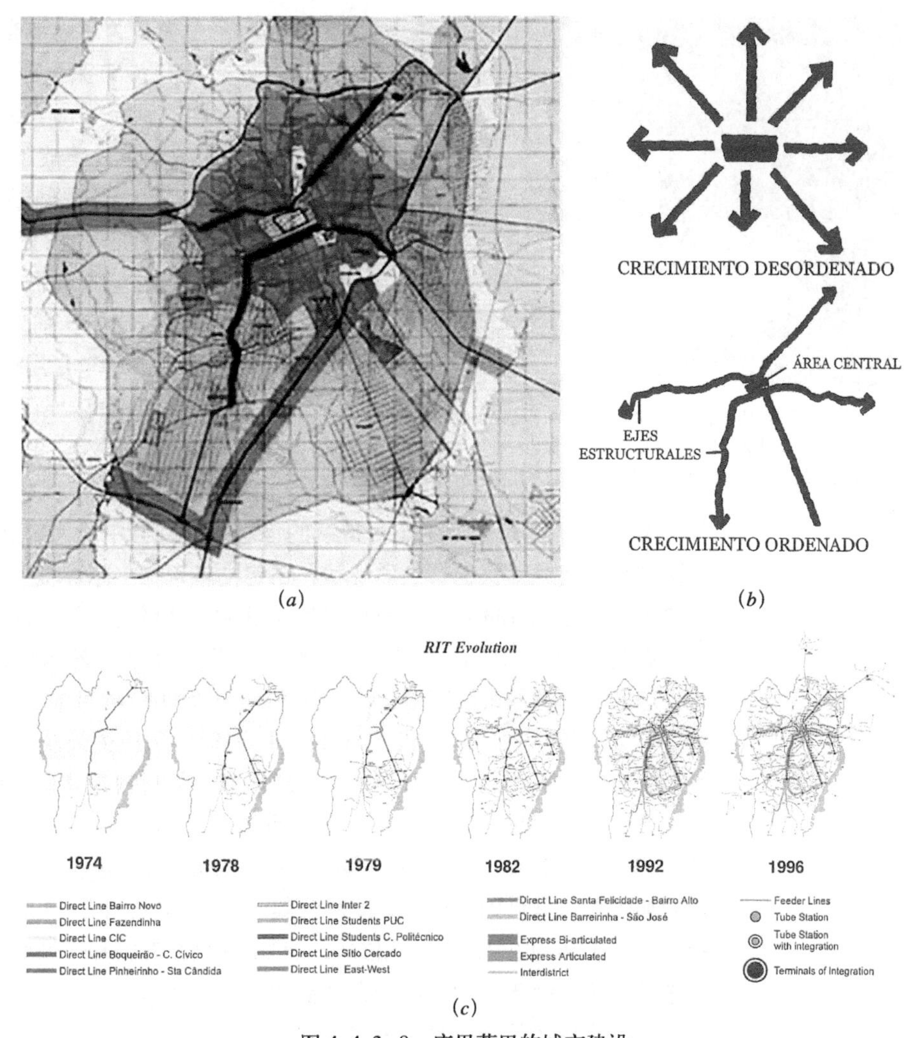

图 4.4.3-8 库里蒂巴的城市建设

(a) 库里蒂巴平面图

(资料来源：(a) http：//rawbrazil.files.wordpress.com/2008/06/curitiba3.jpg)；

(b) 库里蒂巴交通走廊示意

(资料来源：(b) http：//www.solutions-site.org/artman/publish/article_62.shtml)；

(c) 库里蒂巴 BRT 演变图

(资料来源：(c) 米格尔·鲁亚诺. 生态城市——60 个优秀案例研究 [M]. 吕晓惠，译. 北京：中国电力出版社，2007：34)

城市开发的典型。结合经济和社会政策、公众参与的配合，试点项目制定和实施了能源的合理利用、节水措施、垃圾收集系统、空间绿地系统、环保型建筑材料使用等系统化原则。简单、有效的生态措施使柏林城市更新改造项目获得了示范性成功，利用整体的可持续哲学体系和整合所有的环境资源，充分考虑了居住者的愿望，实现了创新性的生态措施的成功和经济上的巨大生命力[116]。

瑞典从 1980 年代就开始了可持续建设，其发展战略按两方面来运作：一方面是按行业运作，林业、交通、能源、制造业这些行业都分别制定出可持续发展计划，并按行业组织实施；另一方面是按区域运作，这里的区域是指行

图 4.4.3-9 瑞典马尔默 Västra Hamnen 项目
（资料来源：郑时龄，陈易．和谐城市的探索——上海世博会主题演绎及规划设计研究[M]．上海：上海教育出版社，2008：80）

政区域，主要是为了强调当地政府的责任。1999 年，瑞典城市克里斯蒂安斯塔德提出了一个大胆的目标——“没有矿物燃料的城市”。这座城市首先建成了燃烧生物质能的热电联产工厂和集中供热站，接着又建设了从污水中分离生物燃气的工厂，专门为汽车提供燃料。这座城市还拥有 11 台风力发电机和 1 台水力发电机，辅之以鼓励使用自行车，专门建造自行车专用道等措施。现在，拥有 7.5 万人口的克里斯蒂安斯塔德真的成了一座“没有矿物燃料的城市”。

瑞典第三大城市马尔默（Malmö）则在 2001 年举办了主题为“生态可持续的信息福利社会中的明日之城”的住宅展，讨论的焦点问题不仅包括生活现状，还包括未来在生态环境可持续发展的前提下的生活。这次展览会也成为马尔默建设生态区域的最初动因。随着连接丹麦的厄勒海峡大桥（Oresund Bridge）带来的经济复苏，马尔默将其港口区指定为生态区域。在原来西部港口中心的 Västra Hamnen 项目中，规划了 1100 幢公寓住宅以及综合性的商业设施（图 4.4.3-9）。房屋的外观、颜色、材质、能源和生态的标准都必须符合规定。对环境有害的材料是禁止使用的，并且房屋的能源使用必须低于每年每平方米 105kWh。而电力供应来源于地区上的风力发电和有限的光电。热能中的 83% 来自一种从地下含水土层和海水中吸取热量的加热泵，其余则来自于太阳能收集器、天然气，以及污水和废弃物中的生物气。在废弃物收集和再利用方面，利用食物废弃物和干燥废弃物两个地下管道进行收集，每年再利用的废弃物能为每个居民提供 290kWh 的能量。在绿化系统中，采用了屋面种植，并在公园的规划中引进了“绿色空间因素”。在交通运输方面，城市鼓励居民使用自行车和公共交通系统，私人汽车的使用和停放则受到限制。此外，另一项革新举措为，城市所有家庭都与一个公共联系网络连接，由此可以对水和能量的使用量进行监测[117]。

德国的海德堡市则建立了包含生态预算、循环经济、生态道德和生态标准四个方面的完整体系。生态预算同财政预算几乎完全一致，由政府提出预算和绿色发展规划草案，通过公众参评，经议会审批后实施；循环经济包括循环生产和循环生活，形成了再生资源回收利用和资源再生产体系，市民垃圾回收要缴纳垃圾处理费；确定了空气、气候、噪声、废物和水体等五项评价指标，科学准确地反映全市生态状况；始终把教育放在突出地位，引导人们亲近自然、保护自然，把自己的行动融入生态城市建设中。

理查德·罗杰斯（Richard Rogers）1998 年推出了他的专著《一个小行星上的城市》(Cities for a Small Planet)，阐述了他以紧凑城市（Compact City）的形态解决交通、资源危机的理论。他认为，对城市而言，至关重要的是建立循环的“新陈代谢”系统，最大程度地循环利用有限的资源。他提出的“紧凑城市”方案是对“密集城市”（Dense City）模型的再阐释和改造，是一个密集的社会多元化的城市，其长期目标是在一个健康、无污染的环境中创造结构灵活、有活力的城市。理查德·罗杰斯事务所所完成的西班牙玛捷卡市的城市设计，核心思想是城乡结合的生态设计思想，设计试图将城市的布局、交通、能源利用、水资源利用、社会结构、经济策略、土地使用、社区活动和郊区农业等纳入一个整体的生态框架并作出相应的安排，使其符合可持续发展的原则：这种城乡结合模式较适合在小尺度的城镇设计中应用。

而澳大利亚的阿德莱德城（Adelaide）从1994年开始发起一个包括12项建设要求的生态城市计划，计划涉及恢复土地、保护地方生物群落、优化能源结构、保障社会公平性、重视历史文化等，比较全面。哈利法克斯（Halifax EcoCity Project）[118]是位于阿德莱德中心工业污染区的城市生态中心（Centre for Urban Ecology）（图4.4.3-10），占地2.4hm²。其目的是要展示和提高生态意识，为人们提供直接接触整个环境和社会问题的机会；强调社会和环境问题，保持人与自然之间的平衡；并鼓励真正意义上的社区参与，通过公共参与培养人们的“生态”使命感。

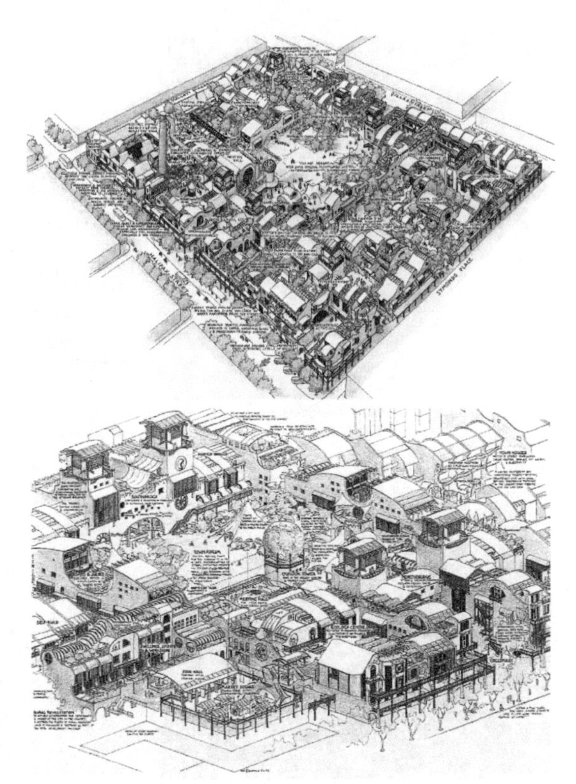

图4.4.3-10 澳大利亚的哈利法克斯生态城
（资料来源：Downton P. F. Ecopolis：Architecture and Cities for a Changing Climate [M]. Dordrecht：Springer，2009：317，338）

在我国，1980年代以来也有不少城市开始进行基于生态原理的规划实践。国家环保总局先后下发的一系列关于创建生态县、生态市的文件，更使得生态城市的创建有了明确的目标和方向。前文所提及的东滩生态城（参见图3.3.2-4）、万庄生态城（参见图4.4.3-6）以及曹妃甸生态城（图4.4.3-11）等都在可持续性技术方面进行了一些有益的探索。然而，在诸多生态城建设如同雨后春笋一般铺展开来的同时，大量并存的却是实践与理念的脱节以及建设中的种种迷失。可持续性技术在我国城市建设中的真正落实还亟待拓展与检验。

以上这些案例表明，实验性的生态社区和宜居城市已经走向实践阶段，生态可持续的概念和原则已经发展成为具体的行动和技术，渗透和拓展到全世界的城市建设与开发中。城市设计在这其中应该也必然会发挥其独特的价值与作用。

而当前，为了应对能源危机和减缓温室气体排放给全球带来的影响，国际

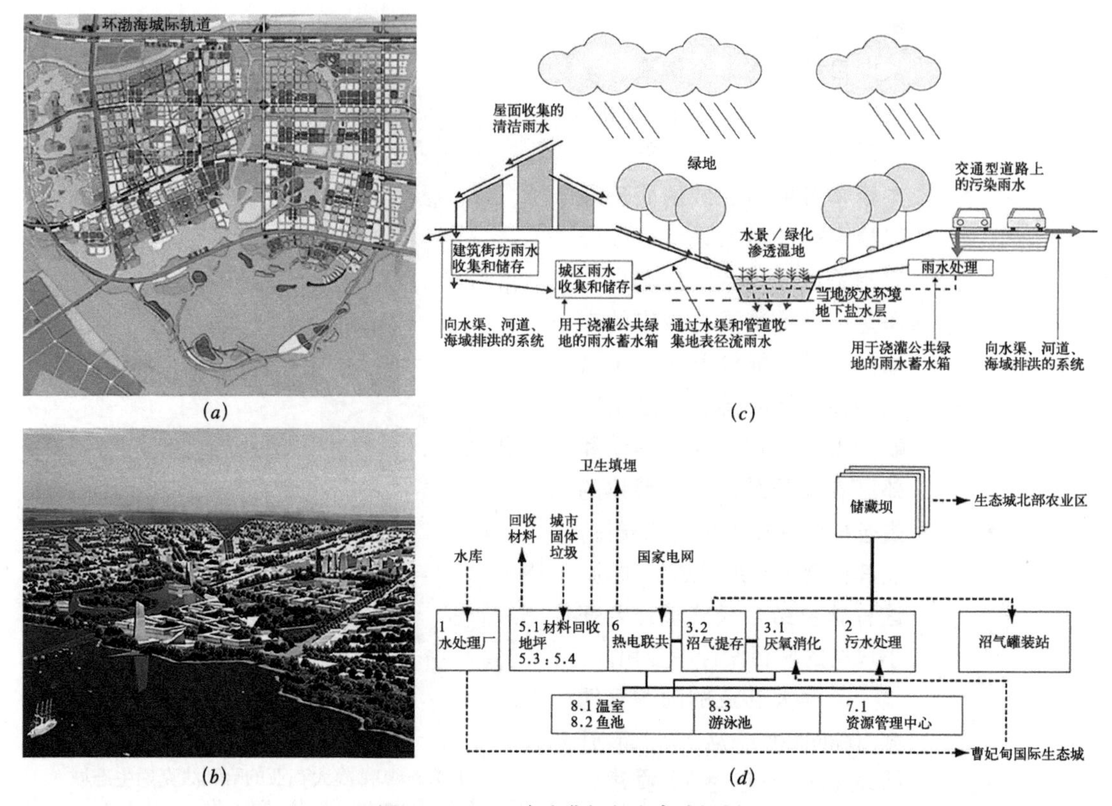

(*a*) (*c*) (*b*) (*d*)

图 4.4.3-11 唐山曹妃甸生态城规划

(*a*) 曹妃甸全景规划图（资料来源：(*a*) http：//www.022net.com/2009/1-2/427248122277885.html）；
(*b*) 生态城规划鸟瞰图（资料来源：(*b*) http：//www.chinahvacr.com/News/UploadFiles/200912/2009121411384952.jpg）；
(*c*) 雨水系统的概念设计（资料来源：(*c*) 曹妃甸国际生态城项目资料）；
(*d*) 资源管理中心的建设（资料来源：(*d*) 曹妃甸国际生态城项目资料）

组织逐渐形成了减排共识，国际上也已经兴起低碳城市研究。低碳城市发展是指城市在经济发展的前提下，保持能源消耗和 CO_2 排放处于较低水平。英国政府制定了《气候变化法案（草案）》、《能源白皮书》、《斯特恩报告》、《PPSI》、《地方政府白皮书》、《建设更绿色的未来》、《可持续住宅规范》等一系列政策来推动地方行动。英国的国家规划政策指引中，关于可持续发展规划、应对气候变化的规划政策，从规划的编制、实施、公众参与、实施反馈等多方面入手，系统而全面[119]。日本关于低碳城市研究则主要集中在低碳社会研究领域。2004 年日本环境省发起《面向 2050 年的日本低碳社会情景》研究计划，2008 年进一步发布《面向低碳社会的 12 大行动》。我国 2006 年颁布的《国民经济与社会发展第十一个五年规划纲要》中提出 2010 年单位 GDP 能耗比 2005 年降低 20% 的目标。2007 年进一步公布《应对气候变化国家方案》、《节能减排综合性工作方案》、《应对气候变化中国科技专项行动》。2008 年世界自然基金会（WWF）启动中国低碳城市发展项目，上海、保定入选首批试点城市。

目前我国城市化进程加快、城市机动化水平迅速提高，如果不采取有效的规划策略，未来全球石油资源供应的不确定性和环境问题都将会成为我国城市发展的制约[120]。而以“低排放、高能效、高效率”为特征的“低碳城市”中，

通过产业结构的调整和发展模式的转变，合理促进低碳经济，不仅不会制约城市发展，还能促进新的增长点，增加城市发展的持久动力，并最终改善城市生活[121]。

4.4.4 探索未来城

在很多科幻文学作品或电影中，艺术工作者为我们描述了各种各样的未来城市和未来城市生活。飞行穿梭的微型飞行器、层级的空中交通系统、便捷的消费支付系统，甚至通过网络世界的物质移动……艺术作品中的描述仅仅对我们的日常生活方式作出了描述，或许还会有更重要的科技发现直接改变我们现在的城市模式（就像200年前我们无法想象现在的城市模式一样），或许有观点认为，城市根本没有未来。有些专家预测了“距离的消失”，在他们所描绘的世界中，原本在每一个区位模型中都存在的距离阻力效应减少到零，到处都变成了毫无障碍的一马平川，可以轻易地将所有活动布置在任何地方[122]。在多元文化的影响下，对可预见的未来理想的城市的疑问与向往促使各种新的理想城市的构想陆续出现。

近代历史的发展表明，每一波对未来城市的探索思考热潮，都是人类社会遇到重大的危机或者出现生产力重大飞跃的时期，它和科技生产力进步、社会变革密切相连。20世纪初叶，随着工业化的发展以及对机器主导地位的膜拜，一批先锋艺术家们聚集并形成了“未来主义运动”。在费里波·马里涅狄（Filippo T. Marinetti）的《未来主义宣言》中他们毫不掩饰对于速度和技术的赞美和崇拜。而未来主义的另一个代表人物安东·桑德利亚（Antonio Saint Elia）在1914年则描绘了充满高技术细节的未来城市，他认为未来城市应该是为大众服务，而不是为权贵服务，因此城市应是以高层普通公寓为中心、以大众可使用的大规模交通工具为手段、以地下或空中为发展方向的新模式。而霍华德与柯布西耶作为现代主义城市理想的鼻祖，则进一步孕育了未来理想城市的两种典型模式：分散的、有机的和紧凑的、技术性的。两种模式后来无论是对发达国家还是发展中国家，都产生了不可估量的影响，而在中国快速城市化过程中这种影响的破坏性效果也在显现。

现代意义上的城市应立足于创新、健康、人文、法治的精神。全球化时代的国家竞争已经转化为城市之间的竞争，而未来发展与竞争也已经不再是纯粹的城市硬件比赛。到了20世纪末叶，信息革命改变了人类的发展观，因借IT技术、生物工程技术的进步，以及可持续发展理念的普及，未来城市的研究又呈现新的活跃态势。网络的高速发展提供了全新的生活模式，虚拟世界是对现实世界的一种批判性革命，成为探索未来城市新的寄寓之所。其中较有代表性的是米切尔所著的《比特之城》以及塔菲尔（James Trefil）的《未来城》（A Scientist in the City），系统地描述了在技术、环境、能源与发展观的变革下，未来城市呈现的渐进式而又多元化发展模式的“各种可能的”，以及我们的应对策略。

信息技术、生物技术、材料科学、交通工程等发展已经使城市发生了根本的变化，城市已经成为信息的节点、运输的枢纽、智力的集中地、资本的平台、

人居的乐园。看不到这些根本性变化，而还仅仅是高楼大厦、宽阔的马路、鸟瞰的城市，那么城市建设就会进入一种人为的误区。城市发展的决策者应该从单纯的对物质建设的关注，转变为对人文社会和生态建设的双重关注。摒弃实用主义，以全球视野、生态视野、长效周期、科学理性、制度创新去关心人类的未来发展。而这正是未来城市与未来学的真谛所在。

科幻作家笔下的未来城市与建筑师眼中的未来城市存在着明显不同，而科学家与规划学家憧憬的未来城市则更具理性，如超级城市、高塔城市、拱形城市、海洋城市、数字城市、生态城市、太阳城市、紧凑城市、田园城市、宇宙城市、立体城市、地下城市等。此外，还有群体城市、山上城市、摩天城市、海底城市、沙漠城市以及分散城市等不一而足。在当前科技革命、人文思想和生态可持续理念兴盛的背景下，各种新的理想城市的构想从历史、文化、科技、生态、经济等各个层面对现代主义城市的修正或改良提出了独到的见解，并为未来城市的发展作出了大胆而又理性的探索或预见。这些理想城市的构想，往往借鉴新技术、新科学的突破性成就，来思考城市的组成方式和空间类型，并通过高科技手段来解决交通、能源、设施、空间发展等方面的问题。同时，在构想上充分表达了人类对科技的崇尚之情和进一步征服和改造自然的信念。

（1）智能城市

“智能城市”也叫数字城市或信息城市，是以信息技术为基础，形成对城市的基础设施、功能机制进行信息自动采集、动态监控和辅助决策服务的技术系统。“智能城市”是具有智能生命的有机体，它的信息控制能力会不断地学习、培养、提高，城市间会慢慢形成智能力差别，如同人与人之间存在智力差别一样。智能城市可以促进经济社会发展、公共服务与政府管理决策，并使得城市竞争更趋激烈。卡斯特尔致力于建立一个好城市的理论与一个城市的好理论。自1980年代以来，卡斯特尔对信息化与现代城市的课题十分感兴趣，他最早提出了“信息城市”的概念。美国学者安德烈·卡拉格里（Andrea Caragliu，2009）等对“智能城市”作了定义：“智能城市，应该是由在人力、社会资本以及交通和信息通信基础设置上进行投资，以此来推动可持续经济增长，并为城市居民提供更高品质的生活，及通过公众参与的方式，对社会资源以及自然资源进行科学管理的新的城市规划理念。”

信息与通信网络系统把世界上各个国家和地区联为一体，在专业化分工越来越细的世界城市体系中，任何城市都是网络中的一个节点。赛博空间的出现，使人们的行为及对环境的感知和经验发生了变化，物质空间的构成变得模糊。就城市形态而言，发达的交通和通信设施有可能使城市进一步分散化，形成新的城市单元和城市中心。随着科学技术不断延伸，城市空间也将变得无限宽广，甚至把整个人类生存空间都纳入城市。信息产业的蓬勃发展取代了传统工业在城市产业结构中的作用，成为社会经济发展的主导力量。一种信息化、符号化、技术化、网络化社会随之而起，技术手段的介入，使城市建构更趋理性化。

信息城市在世界各国已有相当多的实践，发达国家纷纷宣布开展信息高速公路建设，更加有力地推动了信息技术在社会和城市的应用。目前全球有200多个智能城市项目正在实施之中，多个城市已开始实施智能城市的验证试

验（图 4.4.4-1）。日本通产省于 1983 年宣布实行“先进的信息城市和新媒体社区”计划。新加坡 2006 年启动“智慧国 2015”计划，通过物联网等新一代信息技术的积极应用，将新加坡建设成为经济、社会发展一流的国际化城市。美国最近启动了 100 多个利用智能电表的智能电网相关项目。根据用于度过 2008 年以后的经济危机的《美国复苏与再投资法案》（ARRA）使用预算，以 IT 类企业为主，启动了各种项目。2010 年，IBM 正式提出了“智慧城市”愿景，引发了智慧城市建设的热潮。欧洲的智慧城市更多地关注信息通信技术在城市生态环境、交通、智能建筑等领域的作用，欧盟（EU）整体共同制定了“20 · 20 · 20”目标，其内容是在 2020 年之前使温室气体比 1990 年减少 20%，将可再生能源的比例增至 20%，将能源消耗减少 20%。丹麦建造的智慧城市哥本哈根（Copenhagen）有志在 2025 年前成为第一个实现碳中和的城市。另外，还包括韩国的济州岛、阿联酋的“马斯达尔城（Masdar City）”（图 4.4.4-2）、荷兰的“阿姆斯特丹智能城市”、中国的“天津生态城”

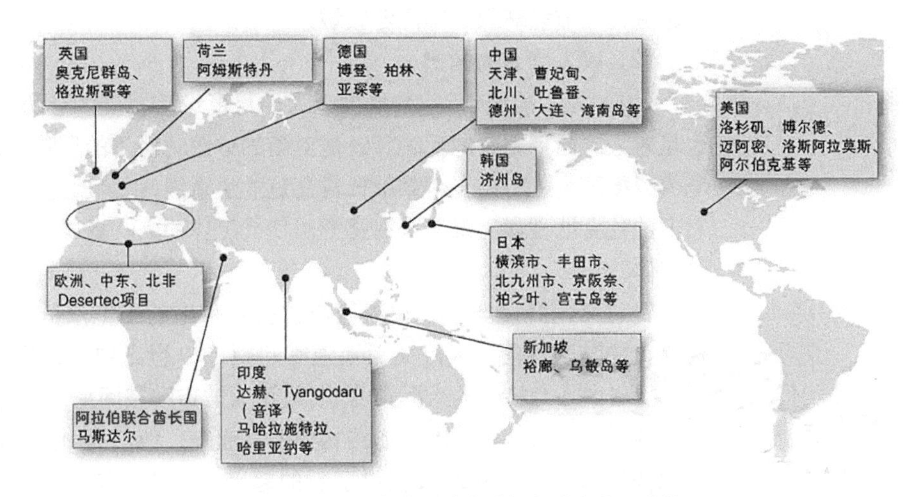

图 4.4.4-1　全球同时启动智能城市验证试验

图中表示智能城市项目的代表示例。

（资料来源：全球纷纷建设智能城市，中国生态城颇受日本关注 [EB/OL]. 日经技术在线，2010-08-17. http：//china.nikkeibp.com.cn/news/sino/52798-20100814.html）

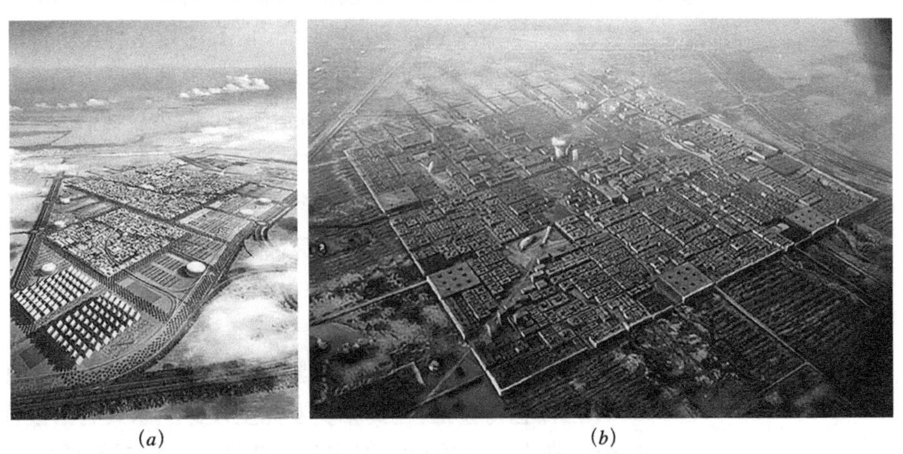

(*a*)　(*b*)

图 4.4.4-2　阿联酋的马斯达尔城

（*a*）马斯达尔城鸟瞰图（资料来源：http：//www.fosterandpartners.com/projects/masdar-development/）

（参见图 4.4.3–7）等，均致力于信息和通信技术在整合城市运行核心系统各项关键信息中的应用以解决环境问题。

这些智能城市的探索大致可分为两类。分别为“新城市型”和“再开发型”。新城市型多为新兴市场国家，具有代表性的例子是马斯达尔城的项目。这个广达 6.4km^2、居住人口将达到 4 万人的新市镇，以在荒地上建设交通及电力等基础设施为开端。马斯达尔城利用太阳能电池及风力发电等可再生能源供应电力，以“零碳”、“零废弃物”、“零车辆（自用车辆）”城市作为造镇目标。2006 年成立了名为“马斯达尔计划（Masdar Initiative）”的组织，仅建设费将投资 220 亿美元。再开发型则多为发达国家，具有代表性的是阿姆斯特丹智能城市。虽然是利用现有的基础设施，但通过向其追加传感器及控制设备，在生活、工作、交通、公共空间等领域提高能源效率，将能源消耗减小到最低程度。最近公开的日本新一代能源社会系统的验证地区——横滨市、丰田市、京都府及北九州市也属于再开发型，涉及主题包括“新能源汽车”、“智能电网”、“智能家庭”、“节能环保”等广泛领域。

（2）以人为本的城市

“以人为本的城市”，就是要以人的尺度设计城市，它既是一种设计原理，也是对人的简单愿望的反映，还是对新的分散化经济的反映。人性尺度城市意味着以街区为中心和一个鼓励日常交流的生活圈。街区创造了大家共享的场所，它们的社会地理意义既属于在那里居住或工作的人，更属于这个城市文化塑造的整体。

针对急速经济增长和快速城市扩张所带来的土地浪费、交通拥塞、空气污染、中心区衰落、人际关系淡漠等问题，20 世纪中叶以后十次小组（Team 10）提出以人为核心的人际结合思想，认为城市和空间是人们行为方式的体现，城市的形态必须从生活本身的结构中发展起来。他们提出的流动、生长、变化思想为城市规划的新发展提供了新的起点。在此背景下，自 1980 年代以来，试图矫正这些城市病的理论和实践不断产生，包括新城市主义的传统邻里开发（TND）和公交导向开发（TOD），由内利森斯（Nelesseils）提出的“小庄”（Hamlet）以及麦克伯恩（Macburnie）提出的“都市小村”（Metropolitan Purlieus）等，鼓励“中密度”（一般不超过 60 户 / hm^2）不同住房种类，混合土地用途和公共交通，以“关注人性、回归传统、尊重自然”的思路，创造充满活力和人情味的空间。美国学者莫什·萨夫迪（Moshe Safdie）在《后汽车时代的城市》（The City after the Automobile）中就城市面对现代化发展的机遇与挑战时的困惑进行了反思，对新的城市空间模式进行了探索，提出了一种类似脊骨的城市结构（图 4.4.4–3），节点处是重要的建筑及交通转换点，从而呈现出多中心的形态。这些构想均反映了对人性和文化的关怀，在一定程度上为当代城市的发展指出了方向[123]。

“城市以人为本”这样的发展理念，不同的民族和文化有不同的诠释。就在 2010 年上海世博会上，吉姆帕奥罗先生设计的意大利馆被称为“人之城”（图 4.4.4–4）。意大利馆的设计以揭示现代城市发展最重要的理念即城市以人为本为主题，提出“现代发展中‘人’是最重要的元素，城市也是为人的生活而

图 4.4.4-3 萨夫迪构想的区域城市新中心鸟瞰

(资料来源：(美) 莫什 · 萨夫迪．后汽车时代的城市[M]. 吴越，译．北京：人民文学出版社，2001：142)

图 4.4.4-4 2010 年上海世博会意大利馆内庭

存在”，将致力于向世界各国参观者呈现其传统的弄堂、庭院、小径、广场等经典城市符号。这些元素是意大利传统城市最重要的组成部分，虽然在意大利现代都市里，这些元素少了一些，但是二战之前，大约有 80% 的意大利人生活在具有此类特征的环境中。上海世博会意大利馆“人之城”设计方案正是延续了这种传统理念，不仅在于唤起人们对自己城市历史的回忆，而且希望能够重新回归传统的居住环境。此外，意大利馆还要通过人性化的新空间设计和创新材料的使用，将“人”放在建筑和城市的中心。

(3) 技术至上的机械城市 [124]

20 世纪科技上的重大突破与成就，使得人们产生了对机器、对工业化、对科技顶礼膜拜的倾向，在建筑、城市的设计中也充满了对科技之美、现代之美的赞颂与表达。在这一背景下，安东尼奥 · 桑特 · 艾利亚 (Antonio Sant' Elia) 的未来城市的诞生，拉开了利用高技术实现理想城市的序幕。在艾利亚所勾勒的未来城市景象中，以科技为手段，展现了高大的阶梯形高层建筑，多层立体交叉的道路交通体系，城市建筑与交通融为一体，这对于现代建筑和城市产生了很大的影响。而美国设计师波克曼斯特 · 富勒 (Bukmansiter E.Fuller) 在结构技术上的突破以及 1960 年代穹隆城市的提出，为高科技在城市构建方面的运用起到了推波助澜的作用。随后出现了一系列试图以“高度工业技术”来缓解城市危机和改造城市的设想。

1960 年代，罗恩 · 赫隆 (Ron Herron) 设计的行走城市 (Walking City, 1964) (图 4.4.4-5) 与彼得 · 库克 (Peter Cook) 提出的插件城市 (Plug-in City, 1964)，将机械或机器理想城市推上了历史舞台。“行走城市”是一个巨

图 4.4.4–5　赫隆的行走城市
（资料来源：（澳）乔恩·兰．城市设计：过程和产品的分类体系 [M]. 黄阿宁，译．沈阳：辽宁科学技术出版社，2008：321）

大的模拟爬虫类动物形态的高科技城市，可伸缩的机械肢体或气垫装置使其可以四处移动。赫隆提出必须将新的技术美学和个人的游牧主义结合起来。插件城市也是一种可以移动的城市形式，由巨大的建筑框架体系组成，将结构、材料、信息等方面的突破性科技成就引入城市和建筑，住宅和连接通道可以被随时安装和插入，并且可与任何方便的支撑和后勤系统联系起来。也就是说，随着生产生活的变化和科技的发展，城市里的房屋和各种设施都可以进行周期性的更新。1968 年，库克又在“插件城市”的基础上结合当时新兴的信息媒体技术提出了“速成城市”（Instant City）的构想（图 4.4.4–6），它可以通过城市上空悬挂的飞机和热气球进行移动，就像飞艇的技术动力一样，城镇本身的渗透性动力令人着迷。其组成部分包括视听显示系统、卫星电视、追踪单元、充气及轻质的结构和娱乐设施、展品、构架和电力照明。

此外，还有矶崎新（Arata Isozaki）受计算机技术飞速发展的启发而构想的电脑城市（Computerized City）、弗里德曼（Yona Friedman）借鉴装配式工业化的发展思路构想的空间城市（Spatial City，1958）（图 4.4.4–7）等。这一类型的理想城市构想，往往借鉴新技术、新科学的突破性成就，来思考城市的组成方式和空间类型，并通过高科技手段来解决交通、能源、设施、空间发展等方面的问题，可以看做是建立在科技基础上的一种技术乌托邦。但是由于脱离了社会机制，缺乏价值判断的考虑，忽略了城市空间的社会性，因而不能真正解决城市内在的问题。

（4）空间拓展的人工城市

人口的日益膨胀和城市规模的快速扩张，导致了土地资源的紧张和生态的恶化等问题，而且城市的人口密度越来越大，空间越来越拥挤。基于城市空间的集约利用和新空间的拓展，从 1960 年代开始，理想城市构想出现了向空中、海上、地下、山地、高空甚至太空争取更多更广人类生存空间的趋势[125]。

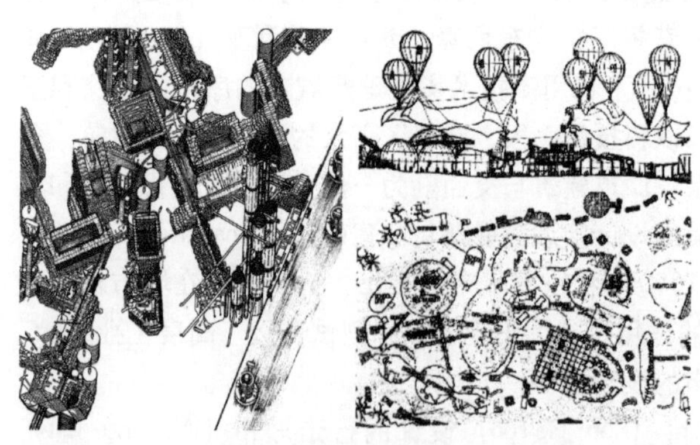

图 4.4.4–6　库克的插件城市（左图）和速成城市（右图）
（资料来源：刘宛．城市设计实践论 [M]. 北京：中国建筑工业出版社，2006：119）

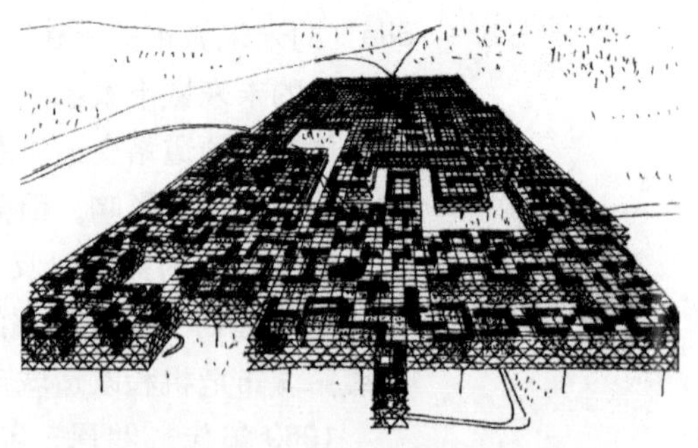

图 4.4.4–7　弗里德曼的空间城市
（资料来源：（美）柯林·罗，弗瑞德·科特．拼贴城市 [M]. 童明，译．北京：中国建筑工业出版社，2003：36）

图 4.4.4–8 科比特的未来城市设想
(资料来源：郑时龄，陈易．和谐城市的探索——上海世博会主题演绎及规划设计研究 [M]. 上海：上海教育出版社，2008：12)

图 4.4.4–9 圣埃利亚的火车站和航空大楼
(资料来源：郑时龄，陈易．和谐城市的探索——上海世博会主题演绎及规划设计研究 [M]. 上海：上海教育出版社，2008：13)

随着高层建筑的各种技术日益成熟，向空中垂直发展已成为许多理想城市构想的出发点。早在 1913 年，哈维 · 科比特（Harvey Corbett）就曾经提出“未来城市：解决交通问题的创意”（The City of the Future：An Innovative Solution to the Traffic Problem，1913），这是一座人车分流的立体城市的设想，机动车交通布置在地面层，地下一层和地下二层是地铁和火车，另设置了两层空中步行道（图 4.4.4–8）。他的未来城市的设想影响了意大利未来主义关于未来城市的设想（图 4.4.4–9）。德裔美国建筑师希尔伯赛默（Ludwing Karl Hilberseimer）的“摩天大厦城市”（Skyscraper City，1924）（图 4.4.4–10）以及“福利城市”（Wohlfahrtsstadt，1927）也都是科比特多层交通城市的发展[126]。

而矶崎新的电脑城市（Computerized City）（图 4.4.4–11）、瑞士建筑师沃尔特 · 约纳斯（Walter Jonas）的漏斗城市（Intrapolis，1962）（图 4.4.4–12）等构想，均以巨构、立体或摩天大厦式的城市形象出现，将城市向高空扩展。可以容纳更多的人口以及所需的空间和设施，可以节省出更多的绿化生态空间。阿联酋迪拜的哈利法塔（BurjKhalifa Tower）以 1000m 的高度已经矗立在迪拜，冲击着人们对巨构建筑（或者说巨构城市）的想象力。

图 4.4.4–10 希尔伯赛默的摩天大厦城市
(资料来源：郑时龄，陈易．和谐城市的探索——上海世博会主题演绎及规划设计研究 [M]. 上海：上海教育出版社，2008：13)

向大海争取空间也成为理想城市的出发点之一。以新陈代谢派为代表，菊竹清训（Kiyonuri Kikutake）的海上城市（Marine City，1958）（图 4.4.4–13）、丹下健三（Kenzo Tange）的东京湾规划（Tokyo Bay Plan）（图

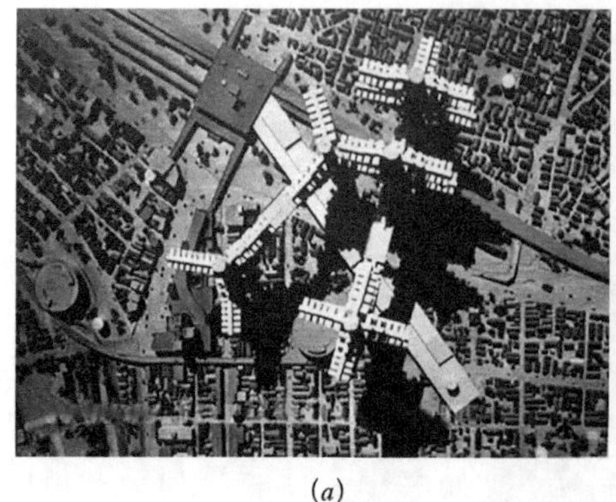
(a)

(b)

图 4.4.4–11　矶崎新的空中城市
(a) 矶崎新的空中城市平面
(资料来源：(a) http：//www.dhshow.cn/wp-content/uploads/2008/07/1430252zj.jpg)；
(b) 矶崎新的空中城市景观
(资料来源：(b) http：//img3.douban.com/view/note/large/public/p164778157-4.jpg)

图 4.4.4–12　约纳斯的漏斗城市
(资料来源：http：//www.fabiofeminofantascience.org/RETROFUTURE/RETROFUTURE16.html)

4.4.4–14）等进行了很多有益的探索。而 1970 年代，富勒大胆提出海上城市设计方案（图 4.4.4–15），这是一座有 20 层高，可以漂浮于 6~9m 深的港湾或海边的建筑，与陆上有桥可连通。它是一个上小下大的锥形四面体结构的建筑，

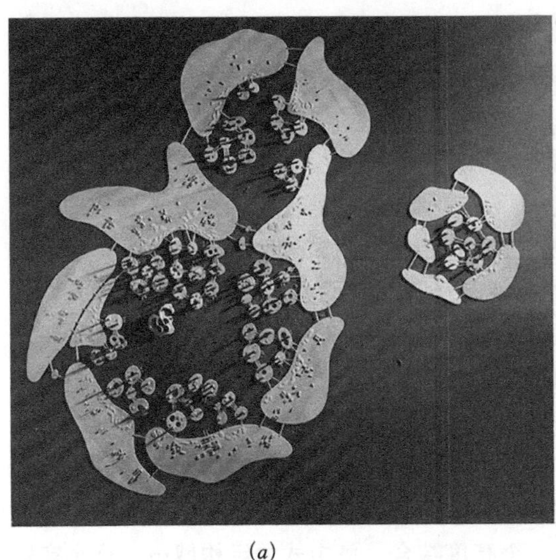

(*a*) (*b*)

图 4.4.4-13 菊竹清训的海上城市

(*a*) 菊竹清训海上城市平面

（资料来源：(*a*) http：//www.tomiokoyamagallery.com/index2/wp-content/uploads/kkikutake1963ss.jpg）；

(*b*) 菊竹清训海上城市景观

（资料来源：(*b*) http：//www.essential-architecture.com/IMAGES2/kikutake_city_thumb.jpg）

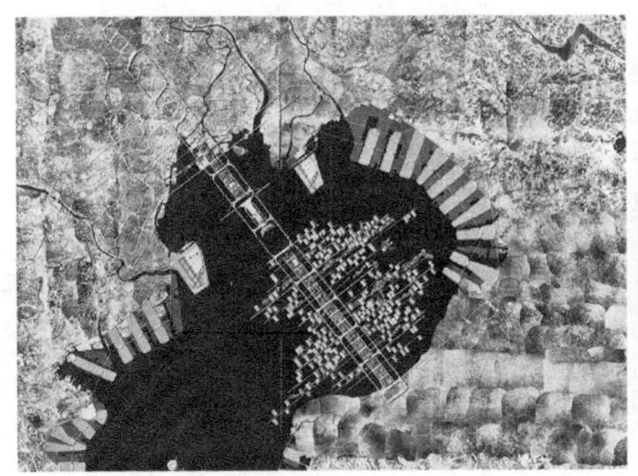

图 4.4.4-14 丹下健三制定的东京湾海上城市规划

（资料来源：(美) 戴维·戈林斯，玛丽亚·克里斯蒂娜·戈林斯．美国城市设计 [M]. 陈雪明，译．北京：中国林业出版社，2005：92）

图 4.4.4-15 富勒的海上城市设计方案

（资料来源：http：//www.0317f.com/pic/2010/0919/572.htm）

低层集中了所有的机械装置，商业中心与公共设施位于四面体内部，运动场地在上层甲板，预制定型房屋可插入四面体上。富勒还提出了海水淡化和循环利用的多种有效方式。

(5) 高技术的生态城市

全球环境持续恶化、传统能源日益枯竭，迫使人们开始重新审视人与自然的关系，以美国人鲍罗·索莱利（Paolo Soleri）的生态城市为代表的很多生态理想城市的构想陆续出现。这些构想的实现虽然在现阶段有着不少难以克服的困难，但是，它们大多带有时代的危机感和责任心，以技术和生态的结合为出发点，对城市在能源、空间、环境等方面的集约高效发展，作出了有意义的探索，因此，对于所有当代城市以及城市设计自身发展而言，都是很有裨益和启发的。

索莱利以高科技为手段，以微缩化—复杂性—持续性的城市集中原则为理论基础，把生态学（Ecology）和建筑学（Architecture）两词合并为“Arology”，提出“生态建筑学”的新理念。他认为在容纳相同城市人口的前提下，一个符合城市生态学理论的城市只需占用常规意义城市2%的土地面积。新城内部的主要交通方式是步行，没有汽车，汽车仅作为城外使用的交通工具，这样产生的城市微缩化使得人类对土地、能源和其他资源的保护成为可能。新城由于最大限度地依靠太阳能、风能以及其他形式的可再生能源，因此，人均能源供应需要较少，以减少对石油和煤炭等传统能源的依赖和生态环境的污染。索莱利于1970年代，运用他的理论开始了位于美国亚利桑那州的阿科桑底城（Arcosanti）的建设（图4.4.4–16），设想在344hm^{2}的土地上容纳5000人。建设过程中运用无机效应（即温室效应、烟囱效应、半圆效应和蓄热效应）和有机效应（人有意识介入自然发展过程的园艺效应和城市效应），综合人流循环系统和资源循环系统，创造了一个高度综合、集中式的巨构城市。这个实验曾被誉为“未来城镇的典范”。

意大利建筑师玛西莫·玛利雅·寇吉从仿生学的角度出发，把城市设计成树形，鸟巢式的独立式住宅挂在作为结构支撑的垂直“树干”上。巨大的“树干”既是各种市政管网的通道，同时“树干”中间又可设有超市、公共中心、

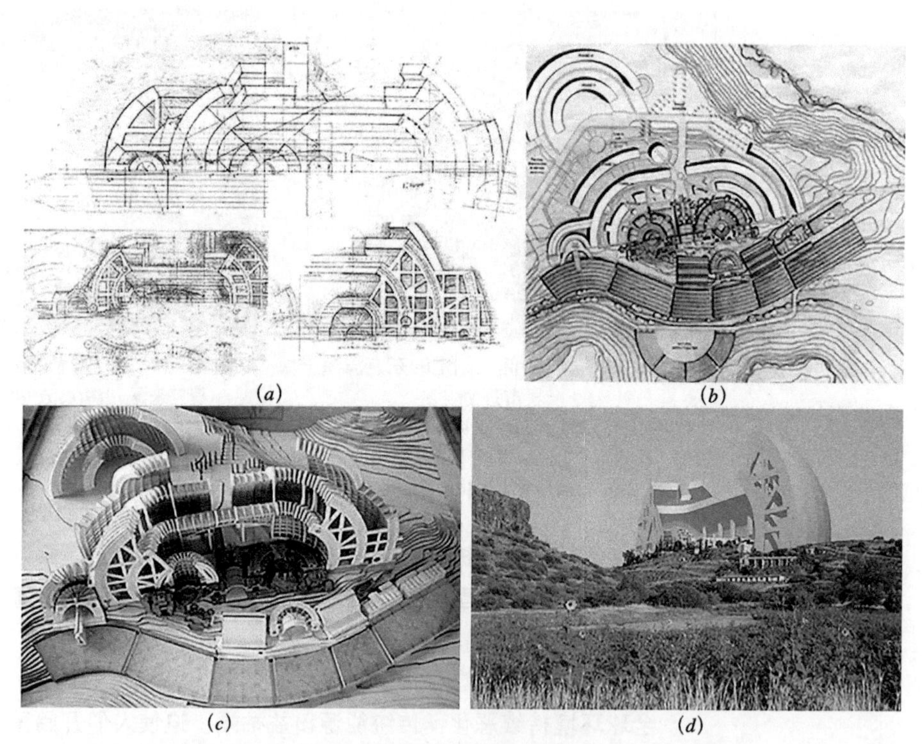
(*a*) (*b*) (*c*) (*d*)

图4.4.4–16　索莱利设计的阿科桑底5000规划平面及模型

(*a*) 索莱利最初的规划图纸

（资料来源：(*a*) http：//www.arcosanti.org/project/project/future/arcosanti5000/main.html）；

(*b*) 阿科桑底5000规划平面；(c) 阿科桑底5000规划模型

（资料来源：(c) http：//www.arcosantialumninetwork.org/images/arco%205000%20model.jpg）；

(*d*) 阿科桑底5000景观

（资料来源：(*d*) http：//www.arcosanti.org/project/project/future/arcosanti5000/main.html）

影剧院等公共服务设施。圆形的装配式“鸟巢”住宅分为两层，上层为起居活动，下层为卧室等，屋顶平台则作为空中汽车的停车台。借助可旋转的悬挂设施住宅单元可以像转盘一样缓慢旋转，从而保证每户住宅在朝向和景观上的公平性。20世纪末，英国建筑师尼古拉斯·格雷姆肖（Nicholas Grimshaw）的伊甸园工程（Eden Project）（图4.4.4–17），则使人类利用人工技术模拟和控制

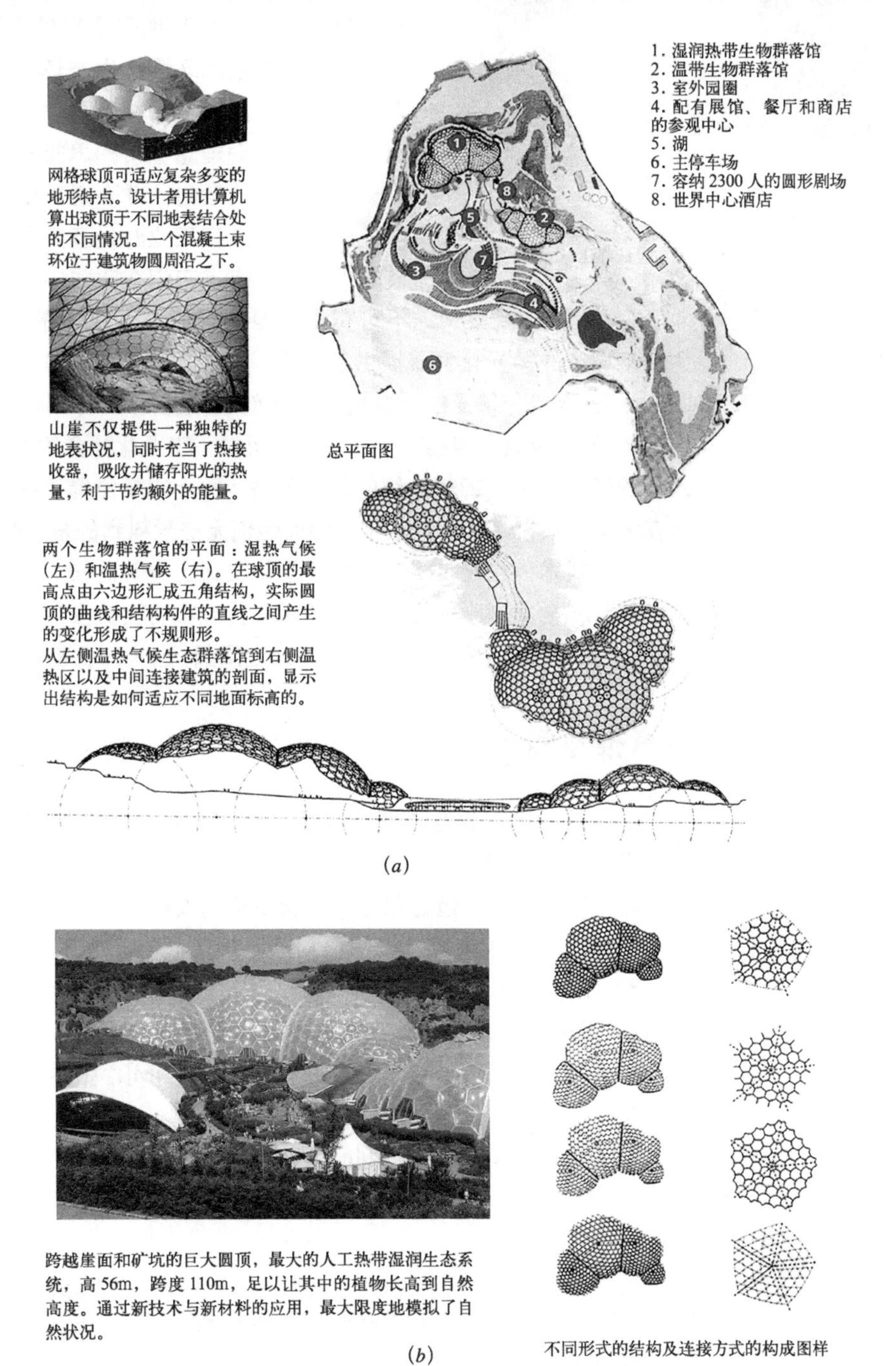

图4.4.4–17 格雷姆肖设计的伊甸园工程

(a) 伊甸园工程的总图设计；(b) 伊甸园工程的穹顶设计

（资料来源：http://www.fotovoltaicosulweb.it/immagini/upload/2014/08/02_EdenProject.jpg）

图 4.4.4–18　电影《大都会》中描绘的未来都市

（资料来源：(澳) 亚历山大 · R · 卡斯伯特．城市形态——政治经济学与城市设计 [M]. 孙诗萌，袁琳，翟炳哲，译．北京：中国建筑工业出版社，2011：32）

自然生态系统的探索更向前迈进了一步，在精心设计的园林景观中由相互连接、气候可调的多个透明穹隆组成，并模拟了湿热带和暖温带两种气候。

通过以上的简介可看出，后工业时代以来的各种理想城市构想，虽然各有侧重，但都以当代科技为基础，针对工业社会和现代主义城市某一方面的不足，从人文环境、技术环境或生态环境等方面，勾勒出了未来城市的图景。它们并不是凭空想象出来的，其中蕴涵了许多早期理想城市的思想和精神；他们虽然具有反现代主义的倾向，并表现出明显的后现代主义倾向，但却是建立在工业时代基础之上的对现代主义城市的批判或改良。它们在实践中往往困难重重，甚至不可实现，但是它们的出现，充实了城市发展理论，为未来城市的多元化发展提供了思路。

早在 1926 年拍摄的经典科幻电影《大都会》(Metropolis)（图 4.4.4–18）中，以 2026 年为场景，描述了一个冷酷、机械、工业化社会的未来都市景象：高耸入云的摩天大厦，蜿蜒连绵的架空天桥，桥上车辆络绎不绝，飞船模样的飞行器在大厦及天桥之间穿梭往来。然而他们无法预料到的是 1990 年代以来迅速发展的信息技术、生物技术、材料科学与交通工程等的技术进步。而随着对可持续发展与科学发展观的思想认识的深化，城市将会更多地关注于技术控制、生态环境、城市群落以及对人的重视与人性回归，这将代表着未来城市的发展方向。

4.5　本章推荐阅读

1．(美) 简 · 雅各布斯．美国大城市的死与生 [M]．金衡山，译．南京：译林出版社，2006．

2．(美) 阿里 · 迈达尼普尔．城市空间设计——社会—空间过程的调查研究 [M]．欧阳文，梁海燕，宋树旭，译．北京：中国建筑工业出版社，2009．

3．(澳) 亚历山大 · R · 卡斯伯特．城市形态——政治经济学与城市设计 [M]．孙诗萌，袁琳，翟炳哲，译．北京：中国建筑工业出版社，2011．

4．(美) 乔 · 奥 · 赫茨勒．乌托邦思想史 [M]．张兆麟，译．北京：商务印书馆，1990．

5．Zukin，Sharon．The Cultures of Cities [M]．Oxford：Blackwell．1995．

注　释

[1]　参见：陈纪凯．适应性城市设计——一种实效的城市设计理论及应用 [M]．北京：中国建筑工业出版社，2004：195．

[2]　参见：(英) Matthew Carmona，Tim Heath，Taner Oc，Steven Tiesdell．城市设计的维度 [M]．冯江，袁粤，万谦，等译．南京：江苏科学技术出版社，2005：6．

[3] 王建国．城市设计[M]. 北京：中国建筑工业出版社，2009：2–3.

[4] 简·雅各布斯．美国大城市的死与生[M]. 金衡山，译．南京：译林出版社，2005：419–420.

[5] 参见：(英) Matthew Carmona, Tim Heath, Taner Oc, Steven Tiesdell. 城市设计的维度[M]. 冯江，袁粤，万谦，等译．南京：江苏科学技术出版社，2005：6–7.

[6] 王建国．城市设计[M]. 北京：中国建筑工业出版社，2009：3.

[7] 参见：庄宇．城市设计的运作[M]. 上海：同济大学出版社，2004：18.

[8] 参见：(英) Matthew Carmona, Tim Heath, Taner Oc, Steven Tiesdell. 城市设计的维度[M]. 冯江，袁粤，万谦，等译．南京：江苏科学技术出版社，2005：7.

[9] 参见：(英) F·吉伯德，等．市镇设计[M]. 程里尧，译．北京：中国建筑工业出版社，1983.

[10] 参见：程里尧. Team10的城市设计思想[J]. 世界建筑，1983 (3)：14–19.

[11] 参见：王建国．现代城市设计理论和方法[M]. 南京：东南大学出版社，2004：96–97.

[12] 参见：(英) Matthew Carmona, Tim Heath, Taner Oc, Steven Tiesdell. 城市设计的维度[M]. 冯江，袁粤，万谦，等译．南京：江苏科学技术出版社，2005：7.

[13] 朱文一. 秩序与意义：一份有关城市空间的研究提纲[J]. 华中建筑，1994，12 (1)：32.

[14] 参见：(美) 阿里·迈达尼普尔. 城市空间设计——社会—空间过程的调查研究[M]. 欧阳文，梁海燕，宋树旭，译. 北京：中国建筑工业出版社，2009：63–64.

[15] 参见：孙施文．现代城市规划理论[M]. 北京：中国建筑工业出版社，2007：317.

[16] 参见：(英) Matthew Carmona, Tim Heath, Taner Oc, Steven Tiesdell. 城市设计的维度[M]. 冯江，袁粤，万谦，等译．南京：江苏科学技术出版社，2005：84.

[17] 参见：(美) 阿里·迈达尼普尔．城市空间设计——社会—空间过程的调查研究[M]. 欧阳文，梁海燕，宋树旭，译．北京：中国建筑工业出版社，2009：65.

[18] 参见：(英) Matthew Carmona, Tim Heath, Taner Oc, Steven Tiesdell. 城市设计的维度[M]. 冯江，袁粤，万谦，等译．南京：江苏科学技术出版社，2005：88–89.

[19] (澳) 亚历山大·R·卡斯伯特. 城市形态——政治经济学与城市设计[M]. 孙诗萌，袁琳，翟炳哲，译. 北京：中国建筑工业出版社，2011：59.

[20] 参见：(英) Matthew Carmona, Tim Heath, Taner Oc, Steven Tiesdell. 城市设计的维度[M]. 冯江，袁粤，万谦，等译．南京：江苏科学技术出版社，2005：89.

[21] 参见：(英) Matthew Carmona, Tim Heath, Taner Oc, Steven Tiesdell. 城市设计的维度[M]. 冯江，袁粤，万谦，等译．南京：江苏科学技术出版社，2005：89–90.

[22] 参见：孙施文．现代城市规划理论[M]. 北京：中国建筑工业出版社，2007：317.

[23] Lynch K. A Theory of Good City[M]. London：1981：73–98.

[24] (法) 勒·柯布西耶．明日之城市[M]. 李浩，译．北京：中国建筑工业出版社，2009：53.

[25] (英)Matthew Carmona, Tim Heath, Taner Oc, Steven Tiesdell. 城市设计的维度[M]. 冯江，袁粤，万谦，等译. 南京：江苏科学技术出版社，2005：87.

[26] 刘宛．城市设计实践论[M]. 北京：中国建筑工业出版社，2006：102–103.

[27] Habermas J. Legitimation Crisis [M]. translated by McCarthy T. London：Heinemann，1976.

[28]（美）南·艾琳．后现代城市主义 [M]. 张冠增，译．上海：同济大学出版社，2007.

[29] Ball C. Sustainable Urban Renewal：Urban Permaculture in Bowden, Brompton and Ridleyton, Roseville[M]. N.S.W.：Impacts Press, 1985.

[30] Zukin S. Loft Living：Culture and Capital in Urban Change[M]. Baltimore：Johns Hopkins University Press, 1982.

[31] 王建国．城市设计 [M]. 2 版．南京：东南大学出版社，2004：211-212.

[32] 参见：孙施文．现代城市规划理论 [M]. 北京：中国建筑工业出版社，2007：296.

[33] 参见：诺伯舒兹. 场所精神：迈向建筑现象学 [M]. 施植明，译. 台北：田园城市文化事业有限公司，1995.

[34] 参见：（英）Matthew Carmona, Tim Heath, Taner Oc, Steven Tiesdell. 城市设计的维度 [M]. 冯江，袁粤，万谦，等译．南京：江苏科学技术出版社，2005：92.

[35] 参见：（英）Matthew Carmona, Tim Heath, Taner Oc, Steven Tiesdell. 城市设计的维度 [M]. 冯江，袁粤，万谦，等译．南京：江苏科学技术出版社，2005：94.

[36] Crang M. Cultural Geography[M].London：Routledge, 1998：103.

[37] 参见：（英）Matthew Carmona, Tim Heath, Taner Oc, Steven Tiesdell. 城市设计的维度 [M]. 冯江，袁粤，万谦，等译．南京：江苏科学技术出版社，2005：93.

[38] 参见：安东尼·吉登斯．社会的构成 [M]. 北京：生活·读书·新知三联书店，1998：205.

[39] 参见：（英）Matthew Carmona, Tim Heath, Taner Oc, Steven Tiesdell. 城市设计的维度 [M]. 冯江，袁粤，万谦，等译．南京：江苏科学技术出版社，2005：96.

[40] 参见：（英）Matthew Carmona, Tim Heath, Taner Oc, Steven Tiesdell. 城市设计的维度 [M]. 冯江，袁粤，万谦，等译. 南京：江苏科学技术出版社，2005：96-100.

[41] 诺伯舒兹. 场所精神：迈向建筑现象学 [M]. 施植明，译. 台北：田园城市文化事业有限公司，1995：7.

[42] 参见：（英）Matthew Carmona, Tim Heath, Taner Oc, Steven Tiesdell. 城市设计的维度 [M]. 冯江，袁粤，万谦，等译．南京：江苏科学技术出版社，2005：103.

[43] 参见：（英）Matthew Carmona, Tim Heath, Taner Oc, Steven Tiesdell. 城市设计的维度 [M]. 冯江，袁粤，万谦，等译．南京：江苏科学技术出版社，2005：105.

[44] 参见：加勒特·哈丁（Garret Hardin, 1968）“公地的悲剧”（the tragedy of the commons）：英国曾经有这样一种土地制度——封建主在自己的领地中划出一片尚未耕种的土地作为牧场（称为“公地”），无偿向牧民开放。这本来是一件造福于民的事，但由于是无偿放牧，每个牧民都追求自身的最大利益而养尽可能多的牛羊。随着牛羊数量无节制地增加，公地牧场最终因“超载”而成为不毛之地。

[45] 列斐伏尔在《空间的生产》（The Production of Space）一书中指出了空间的社会生产性：空间性不仅是被生产出来的结果而且是再生产者。人类就是一种独特的空间性单元：一方面，我们的行为和思想塑造着我们周遭的空间，但与此同时我们的集体性、社会性也产生了巨大的空间和场所。

[46] 参见：理查德·桑内特．公共人的衰落 [M]. 李继宏，译．上海：上海译文出版社，2008.

[47] 参见：金广君，刘堃．我们需要怎样的城市设计 [J]. 新建筑，2006（3）：10-11.

[48] 参见：(英) Matthew Carmona，Tim Heath，Taner Oc，Steven Tiesdell. 城市设计的维度[M]. 冯江，袁粤，万谦，等译 . 南京：江苏科学技术出版社，2005：115-124.

[49] 参见：金广君，刘堃 . 我们需要怎样的城市设计[J]. 新建筑，2006（3）：11.

[50] 参见：(英) Matthew Carmona，Tim Heath，Taner Oc，Steven Tiesdell. 城市设计的维度[M]. 冯江，袁粤，万谦，等译 . 南京：江苏科学技术出版社，2005：110-111.

[51] 参见：(英) Matthew Carmona，Tim Heath，Taner Oc，Steven Tiesdell. 城市设计的维度[M]. 冯江，袁粤，万谦，等译 . 南京：江苏科学技术出版社，2005：111-114.

[52] 参见：洪亮平 . 城市设计历程[M]. 北京：中国建筑工业出版社，2002：156.

[53] 参见：(美) 唐纳德·沃特森，艾伦·布拉特斯，罗伯特·G·谢卜利 . 城市设计手册[M]. 刘海龙，郭凌云，俞孔坚，等译 . 北京：中国建筑工业出版社，2006：49.

[54] 参见：(英) 大卫·路德林，尼古拉斯·福克 . 营造 21 世纪的家园——可持续的城市邻里社区[M]. 王健，单燕华，译 . 北京：中国建筑工业出版社，2005：113.

[55] 吴缚龙，周岚 . 乌托邦的消亡与重构：理想城市的探索与启示[J]. 城市规划，2010，34（3）：41

[56] 参见：(英) 大卫·路德林，尼古拉斯·福克 . 营造 21 世纪的家园——可持续的城市邻里社区[M]. 王健，单燕华，译 . 北京：中国建筑工业出版社，2005：117-122.

[57] 参见：(英) 大卫·路德林，尼古拉斯·福克 . 营造 21 世纪的家园——可持续的城市邻里社区[M]. 王健，单燕华，译 . 北京：中国建筑工业出版社，2005：171-176.

[58] 参见：(英) 大卫·路德林，尼古拉斯·福克 . 营造 21 世纪的家园——可持续的城市邻里社区[M]. 王健，单燕华，译 . 北京：中国建筑工业出版社，2005：176-185.

[59] 参见：(美) 唐纳德·沃特森，艾伦·布拉特斯，罗伯特·G·谢卜利 . 城市设计手册[M]. 刘海龙，郭凌云，俞孔坚，等译 . 北京：中国建筑工业出版社，2006：431.

[60] (美) 唐纳德·沃特森，艾伦·布拉特斯，罗伯特·G·谢卜利 . 城市设计手册[M]. 刘海龙，郭凌云，俞孔坚，等译 . 北京：中国建筑工业出版社，2006：432.

[61] 参见：罗小未等 . 上海新天地——旧区改造的建筑历史、人文历史与开发模式的研究[M]. 南京：东南大学出版社，2002.

[62] 参见：朱大可 . 来自建筑的反讽[J]. 南风窗，2003（4 上）.

[63] 参见：孙施文 . 公共空间的嵌入与空间模式的翻转——上海“新天地”的规划评论[J]. 城市规划，2007，31（8）：80-87.

[64] 参见：时匡，(美) 加里·赫克，林中杰 . 全球化时代的城市设计[M]. 北京：中国建筑工业出版社，2006：36.

[65] Castells M.，Hall P. Technopoles of the World—The Making of 21st Century Industrial Complexes[M]. London：Routledge，1994.

[66] 参见：唐子来，陈琳 . 经济全球化时代的城市营销策略：观察和思考[J]. 城市规划学刊，2006（6）：45-53.

[67] 参见：谢俊贵 . 当代社会变迁之技术逻辑——卡斯特尔网络社会理论述评[J]. 学术界，2002（4）：191-203.

[68] 参见：洪亮平 . 城市设计历程[M]. 北京：中国建筑工业出版社，2002：163.

[69] (美) 威廉·J·米切尔 . 伊托邦——数字时代的城市生活[M]. 吴启迪，乔非，俞晓，译 . 上海：上海科技教育出版社，2005.

[70]（美）威廉 · J · 米切尔 . 我 ++——电子自我和互联城市 [M]. 刘小虎，等译 . 北京：中国建筑工业出版社，2006：190，245.

[71] MIT SENSEable City Laboratory. Cities, Architecture and Society[J]. Mostra Internazionale di Architettura, 2006, 1 (10): 300-305.

[72] 参见：周年兴，俞孔坚，李迪华 . 信息时代城市功能及其空间结构的变迁 [J]. 地理与地理信息科学，2004（2）：69-72.

[73] 上海市政府发展研究中心等 .2012 上海城市经济与管理发展报告——上海虹桥商务区体制、机制创新研究 [M]. 上海：上海财经大学出版社，2012：92-94.

[74] Sklair L. The Sociology of the Global System[M]. Baltimore: Johns Hopkins University Press, 1991.

[75] Sassen S. Cities in a World Economy[M].Thousand Oaks: Pine Forge Press, 1994.

[76] 时匡，（美）加里 · 赫克，林中杰 . 全球化时代的城市设计 [M]. 北京：中国建筑工业出版社，2006：34

[77] Sassen S. The Global City: Time and Space[M]//Cities on the Move 7. Helsinki: Museum of Contemporary Art, 1999.

[78] Koolhass R. Bruce Mau. S, M, L, XL[M]. New York: Monacelli Press, 1995.

[79] 参见：保罗 · 利库尔 . 历史与真理 [M]. 2 版，1964. 转引自：肯尼思 · 弗兰姆普敦 . 现代建筑：一部批判的历史 [M]. 原山，等译 . 北京：中国建筑工业出版社，1988：392.

[80] 参见：联合国开发计划署 .2004 年人类发展报告——当今多样化世界中的文化自由 [M]. 北京：中国财政经济出版社，2004：89.

[81] 刘易斯 · 芒福德 . 城市发展史——起源、演变和前景 [M]. 宋俊岭，倪文彦，译 . 北京：中国建筑工业出版社，2005：91.

[82] 参见：王伟强 . 和谐城市的塑造——关于城市空间形态演变的政治经济学实证分析 [M]. 北京：中国建筑工业出版社，2005：13-28.

[83]（法）卢梭 . 社会契约论 [M]. 上海：商务印书馆，1980.

[84] 徐长乐，曾群华 . 后世博效应——与长三角一体化发展的区域联动 [M]. 上海：格致出版社，2012：6.

[85] 莫尔的乌托邦描绘了这样的景象：在茫茫大海上，有一座孤岛。岛上风光秀丽，气候宜人，54 个城市分布在岛上各处，各城市的规模也差不多，语言、风俗、制度、法律也差不多，而岛中心是便于人们集会议事的首府。岛上一切土地、房屋、生产工具，都为大家所有，共同使用。

[86] 参见：（美）乔 · 奥 · 赫茨勒. 乌托邦思想史 [M]. 张兆麟，译. 北京：商务印书馆，1990：295.

[87] 参见：杨龙 . 从城邦主义到国家主义——近代早期西方国家观的转变 [J]. 云南行政学院学报，1999（1）：59-64.

[88] 参见：洪亮平 . 城市设计历程 [M]. 北京：中国建筑工业出版社，2002：15-17.

[89] 参见：姚介厚 . 柏拉图的城邦文明论和“理想国”设计 [J]. 云南大学学报（社会科学版），2010，9（1）：3.

[90] 参见：洪亮平 . 城市设计历程 [M]. 北京：中国建筑工业出版社，2002：18.

[91] 参见：姚介厚．柏拉图的城邦文明论和“理想国”设计[J]. 云南大学学报（社会科学版），2010，9（1）：12.

[92] 参见：郭长刚．城市传统与城邦精神[J]. 社会，2004（1）：10-11.

[93] 参见：(美）莫里斯·迈斯纳．马克思主义、毛泽东主义与乌托邦主义[M]. 张宁，陈铭康，等译．北京：中国人民大学出版社，2005.

[94] 1902年再版时改名为《明日的田园城市》(Garden Cities of Tomorrow)。

[95]（英）彼得·霍尔，科林·沃德．社会城市——埃比尼泽·霍华德的遗产[M]. 黄怡，译．北京：中国建筑工业出版社，2009：24.

[96] 参见：谭纵波．城市规划[M]. 北京：清华大学出版社，2005：57-58.

[97]（英）彼得·霍尔，科林·沃德．社会城市——埃比尼泽·霍华德的遗产[M]. 黄怡，译．北京：中国建筑工业出版社，2009：88.

[98] 参见：(德）迪特马尔·赖因博恩 .19世纪与20世纪的城市规划[M]. 虞龙发，等译．北京：中国建筑工业出版社，2009：61-64.

[99] 吴志强．《百年西方城市规划理论史纲》导论[J]. 城市规划汇刊，2000（2）：9-18.

[100] 金经元．芒福德和他的学术思想（续二）[J]. 国外城市规划，1995（4）：50-54.

[101] 何韶颖．科学哲学发展对西方城市规划思想的影响[J]. 广东工业大学学报（社会科学版），2008，8（4）：49-51.

[102] 参见：洪亮平．城市设计历程[M]. 北京：中国建筑工业出版社，2002：86；彼得·霍尔．城市和区域规划[M]. 李浩，译．北京：中国建筑工业出版社，2008：50-51.

[103] 参见：洪亮平．城市设计历程[M]. 北京：中国建筑工业出版社，2002：85-86；吴志强．《百年西方城市规划理论史纲》导论[J]. 城市规划汇刊，2000（2）.

[104] 张冠增．西方城市建设史纲[M]. 北京：中国建筑工业出版社，2011：241.

[105] 参见：陈秉钊，罗志刚，王德．大都市的空间结构——兼议上海城镇体系[J]. 城市规划学刊，2010（2）：8-13.

[106] 实施中根据需要及条件调整为松江新城、临港、安亭、朱家角、浦江、高桥、罗店、奉城、枫泾和陈家镇。

[107] 参见：(英）Matthew Carmona，Tim Heath，Taner Oc，Steven Tiesdell. 城市设计的维度[M]. 冯江，袁粤，万谦，等译．南京：江苏科学技术出版社，2005：38-41.

[108] 参见：(美）唐纳德·沃特森，艾伦·布拉特斯，罗伯特·G·谢卜利．城市设计手册[M]. 刘海龙，郭凌云，俞孔坚，等译．北京：中国建筑工业出版社，2006：407-409.

[109] 参见：(美）唐纳德·沃特森，艾伦·布拉特斯，罗伯特·G·谢卜利．城市设计手册[M]. 刘海龙，郭凌云，俞孔坚，等译．北京：中国建筑工业出版社，2006：409-427.

[110] 参见：(美）唐纳德·沃特森，艾伦·布拉特斯，罗伯特·G·谢卜利．城市设计手册[M]. 刘海龙，郭凌云，俞孔坚，等译．北京：中国建筑工业出版社，2006：427-430.

[111] 夏南凯，王耀武．城市开发导论[M]. 上海：同济大学出版社，2003：1.

[112] 参见：(英）Matthew Carmona，Tim Heath，Taner Oc，Steven Tiesdell. 城市设计的维度[M]. 冯江，袁粤，万谦，等译．南京：江苏科学技术出版社，2005：37-38.

[113] 王士兰，吴德刚．城市设计对城市经济、文化复兴的作用[J]. 城市规划，2004，28（7）：54-58.

[114] 参见：彼得·卡尔索普，杨保军，张泉，等．TOD在中国——面向低碳城市的土地使

用与交通规划设计指南 [M]. 北京：中国建筑工业出版社，2014：197-207.

[115] 洪亮平 . 城市设计历程 [M]. 北京：中国建筑工业出版社，2002：154.

[116] 中国国际经济技术交流中心 . 国内外城市发展的经验教训及其案例分析 [R]，2004：45-50.

[117] 郑时龄，陈易 . 和谐城市的探索——上海世博会主题演绎及规划设计研究 [M]. 上海：上海教育出版社，2008：80.

[118] 参见：黄光宇，陈勇 . 生态城市理论与规划设计方法 [M]. 北京：科学出版社，2002：215-226.

[119] 参见：陈宇琳，赵曾辉，郭璐 . 专题研究：英国社区能源指南：面向低碳未来的城市规划 [J]. 国际城市规划，2009（3）：121-124.

[120] 潘海啸，汤諹，吴锦瑜，等 . 中国"低碳城市"的空间规划策略 [J]. 城市规划学刊，2008（6）：57-64.

[121] 顾朝林，谭纵波，刘宛等 . 气候变化、碳排放与低碳城市规划研究进展 [J]. 城市规划学刊，2009（3）：38-45.

[122] 参见：彼得 · 霍尔 . 城市的未来 [J]. 国外城市规划，2004，19（4）：17.

[123] 参见：季松，王海宁 . 当代理想城市的探索 [J]. 华中建筑，2005（4）：71-72.

[124] 参见：季松，王海宁 . 当代理想城市的探索 [J]. 华中建筑，2005（4）：72-73.

[125] 参见：季松，王海宁 . 当代理想城市的探索 [J]. 华中建筑，2005（4）：73-74.

[126] 参见：郑时龄，陈易 . 和谐城市的探索——上海世博会主题演绎及规划设计研究 [M]. 上海：上海教育出版社，2008：12.

第5章 基于城市管治的城市设计

5.1 作为公共政策的城市设计

借助政治、经济、文化、社会的多维内容，公共政策对社会的存在、运行和发展起着导引、协调、控制、分配的作用。作为一种公共政策，城市设计的理论与实践日益关注理想政策过程的实现，注重管理控制、组织决策以及政策内容的制定、评价与调整，以促进城市规划建设政治性和公共性的统一、理论性与实践性的统一、强制性与合法性的统一。

5.1.1 政策的实质

古代汉语中，“政”和“策”两字是分开使用的，其中“政”，通常指“政治”、“政事”、“政权”、“正义”等意。《论语》曰：“不在其位，不谋其政”；《左传·桓公二年》曰：“政以正民”。“政”的含意相当于今天的控制社会、管理国家事务、治理民众的意思。而古代汉语中的“策”字与两个词义与政策有关：①“策书”，相当于今天的“政令”、“文件”、“规定”的意思。《释名》注：“策书教令于上，所以驱策诸下也”；②计谋、对策、谋略。如《战国策》的“策”，讲的就是战国时代各国发生事情时所采取的各种计谋和对策。总结而言，按照古代汉语本

意,“政”和“策”就是治理国家、规范民众的谋略或规定。

英语中原无“政策”一词,只有“政治”(Politic),源于古希腊语中的“Poiteke”,意为关于城邦的小学问,随着近代西方政党政治的发展,从 Politic 一词逐渐演变出 Policy 一词,具有“政治”、“策略”、“谋略”、“权谋”等含义。而日本学者从汉字中挑选了“政”和“策”二字组合在一起,译为“政策”一词。所以有人认为,将二者合用组成“政策”一词,则源于日本,因此现代汉语中的“政策”一词系外来语。

5.1.2 政治与城市设计

绝大多数城市规划设计及其相关的建设活动都会受到政治因素的影响,只不过程度不同而已。城市建设活动的决策及实施是一项综合复杂的、同时牵动许多社会集团利益和要求的工作,而政府作为最高层次的仲裁机构往往扮演了利益协调的工作。因此,从某种程度上说,城市建设决策过程本身就是一个“政治过程”。在这个过程中,因为政治要素作用很大,故常常使规划设计者隐于充当“配角”的窘境之中[1]。

种种理想城市设想和模式都与一定的政治抱负有关。英国学者莫里斯(A. E. J. Morris)曾在其《城市形态史:工业革命之前》(History of Urban Form:Before the Industrial Revolution)中认为,所谓规划的政治对城镇形态曾有过决定性的影响。已故著名意大利建筑师罗西(A.Rossi)则认为,城市依其形象而存在,而这一形象的构筑与出自某种政治制度的理想相关。在我国,《周礼·考工记》中关于古代城市营国制度的撰述,就反映了封建礼教传统下的中央集权的政治理想。在西方,无论是梵蒂冈城对于宗教权利的宣扬,文艺复兴时期的“理想城市”所反映的资产阶级政治抱负,还是近代美国一大批新兴城市按官方规定的“格网体系”所进行的建设,均显示出城市发展的各个历史时代中政治因素的深刻印记。

总之,政治因素与城市规划建设具有密切的关联:①政治作为一种有效的建设参与因素,通常贯穿于城市建设的全过程。②政治思想常常是城市建设的主导动力,也常常是城市设计需优先保证的要求。对于设计者而言,只能理解、磋商,协同作用,而无法摆脱。③政治干预方式的合适与否,对城市建设的成败至关重要。历史和现实都表明,“权智结合”是双向的,政治干预的效果和格局并不一定是积极的,这就需要所有建设决策参与者具有较高的素质,也对城市建设和法规制定提出了新的要求。

5.1.3 政策与城市设计

吴良镛先生在论及城市建设政策时指出:“在国家、城市、农村各个范围内,对重大的基本建设,必须有完整的、明确的、形成体系的政策作指导,否则,分散和盲目的建设就会造成浪费,甚至互相矛盾地发展,在全局上造成不良后果。当建设数量不大时,这些问题尚不明显,而在当前百业俱兴、建设齐头并进的情况下,其危害就十分突出。”[2]

历史上,许多名城的建设成就都与该城设立的法规有密切关联。阿姆斯特

丹在 15 世纪时已发展成为区域贸易中心，并在 1367、1380 和 1450 年分别进行 3 次扩建，在原来 100 英亩的基础上增加 350 英亩城市用地。1451~1452 年阿姆斯特丹蒙受火焚之灾，1521 年开始立法规定新建建筑必须采用相对耐火的砖瓦结构，1533 年就城市公共卫生制定相关法规，到 1565 年又进一步完善城市建设立法。历史上阿姆斯特丹一直有城市立法的传统，并以契约形式，严格控制了土地用途和设计审批，容积率，市政费用分摊，甚至对建筑材料和外墙用砖都有规定。因此，在当时没有总设计师的情况下，城市建设依靠法规仍开展得十分协调有序，也保证了拥有 3 条运河的城市总图的顺利贯彻实施（图 5.1.3−1）。

现代意义的文物古迹、历史地段及名城的保护也是通过国家立法确定下来的。法国 1840 年提出《历史性建筑法案》，1913 年颁布《历史古迹法》，1930

(*a*)

(*b*) (*c*)

图 5.1.3−1 荷兰阿姆斯特丹的城市平面（1649）与滨河景观

（资料来源：(*a*) 马克·吉罗德．城市与人——一部社会与建筑的历史 [M]. 北京：中国建筑工业出版社，2008：161；

(*b*) http：//amstd.h.baike.com/article−212419.html；

(*c*) http：//abc.2008php.com/tuku/2014/0315/931843.html）

年颁布《遗址法》；英国1882年颁布《古迹保护法》，1890年颁布《古迹保护法修正案》，1953年制定《古建筑及古迹法》；日本则于1952年综合三大法令为《文物保护法》，1966年颁布《古都保存法》；美国于1960年制定了《文物保护法》。而《雅典宪章》（1933）、《威尼斯宪章》（1964）等的相继通过，也体现出国际上对于城市建设与保护的日益重视。尤其，第二次世界大战以后，欧洲许多被战争摧毁的城市的重建，其最终实践与政策导向紧密相关。例如，波兰政府1945年为了尽快重建首都而制定《华沙重建规划》，不仅保持了华沙中世纪古城的风貌，而且兴建新市区。美国著名城市规划理论家刘易斯·芒福德曾称赞重建规划为华沙以后的发展奠定了良好的基础。1980年，战后重建的华沙历史中心区被联合国教科文组织作为文化遗产的特例列入了《世界历史文化遗产名录》（图5.1.3–2）。

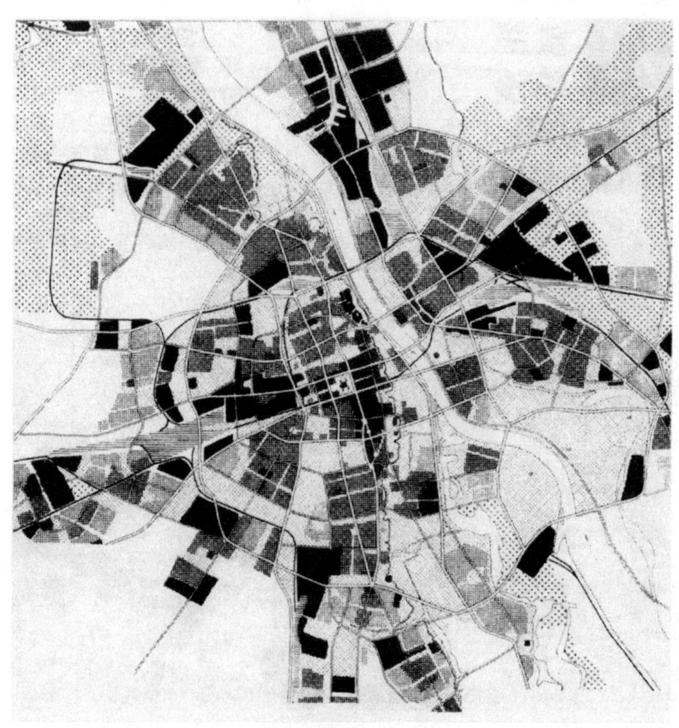
(a)

(b)

图5.1.3–2 波兰华沙战后重建规划
(a) 华沙市规划总图；
(b) 华沙市区战后的改建复原，黑色为战争破坏的建筑
（资料来源：荆其敏，张丽安．城市艺匠：图解外国名城[M]．北京：中国电力出版社，2005：321）

而从19世纪发展至今，城市建设立法的重要性已经为更多的人所关注，并应用于更为广泛的领域。例如，英国在1909年即颁布了第一部关于城乡规划的法律——《住房及城市规划诸法》，1919年和1932年，这部法律被相继修改为《住房与城市规划法》、《城乡规划法》。此外，还制定了《新城法》、《国家公园法》、《地方政府、规划和土地法》、《规划和强制购买法案》等一系列法律法规。在美国，1867年纽约市政府通过《出租房屋法规》（New York Tenement House Law），开始干预住房建造的标准，这是美国政府对城市开发干预的起点。从1920年代起，美国通过了一系列城市规划法规，包括中央政府的第一部城市规划法（Standard City Planning Enabling Act）和很多城市的区划法规（Zoning Ordinance）。1916年纽约通过了《纽约市区划法决议》，形成了今日美国城市土地规划和管理的基础。此后，《开发权转移法》、《反拆毁法》等一系列城市规划设计和建设的法规也相继制定。

在《城市设计》一书中，美

国城市设计家培根（E.N.Bacon）系统论述了城市设计的理论、原则和历史发展过程，并强调了城市设计必需和规划管理密切结合。而在2003年，针对民众对蔓延式开发模式带来的弊病的不满，巴奈特提出了参与式城市设计理论。他的理论将物质环境的变化与多样化的市民观点和越来越多从政治上支持城市设计和区域设计的力量联系起来。他提出了五条基本设计原则，这些原则并不是为了支持任何一个单一的设计理论，而是旨在指导规划师将城镇塑造成更为永续和宜居的空间场所。这五条原则是：①社区化原则，是通过公共空间的创造鼓励人们之间的相互交往和社区感；②宜居性原则，是自然环境和建成环境的保护和恢复，现有街区的复兴，设计紧凑的商业街区并与居住区密切联系，以街道为公共环境中心的空间布局；③机动性原则，是创造公交主导的城市形态，并在设计上满足步行出行的要求；④公平性原则，是减少贫困、提供可负担住房，在设计土地使用布局时更多地关注弱势群体并改善其生活条件，保障他们享有环境健康和人类尊严的基本权利；⑤可持续原则，不鼓励大都市区边缘的农用地转变性质，鼓励建成区的内涵式开发和复兴，整合大都市区域的交通系统以减少对汽车的依赖。巴奈特认为，可持续和宜居城市“场所设计更像是一种拼贴，虽然有一些创造性内容，但主要还是对现有要素的组织和排序”。相应地，当代规划中的城市设计模型要求规划师扮演多重角色，将理性活动和共识建构活动结合起来。[3]

5.1.4　城市设计政策性的内涵

城市设计是一种公共政策，具有政策属性。作为公共参与的媒介，它是一个多元参与决策的公共过程。实质上，现代城市设计包含了城市物质环境设计和社会系统设计双重层面：作为物质环境设计，城市设计表现为由多阶段所组成的设计“求解”过程；而作为社会系统设计，它又表现为政治的、经济的、法律的连续决策过程和执行过程。现代城市设计往往具有双重复合的过程：专业驾驭领域＋参与性决策层面（图5.1.4–1）[4]。在每个步骤中，不同的专业人员总是用各自的特殊专长来处理他们所面对的问题和机遇，城市设计成为一

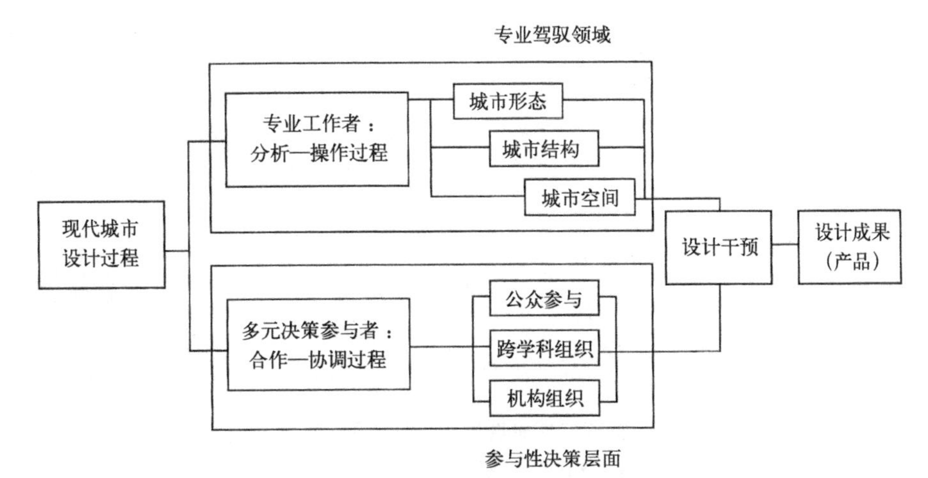

图5.1.4–1　现代城市设计的双重复合过程

（资料来源：王建国．城市设计[M]．南京：东南大学出版社，2004：234）

种长期修补，并在修补过程中不断改进的复杂设计和连续设计。这种过程的属性，使得现代城市设计更侧重于通过一系列的调控体系来对城市体形环境及城市公共空间的建设进行控制和干预，进而塑造理想的城市。

政策是城市设计的主要成果之一。它既包括设计实施、维护管理及投资程序中的规章条例，也是为整个设计过程服务的一个行动框架和对社会经济背景的一种响应。同时它又是保证城市设计从图纸文本转向现实的设计策略，它主要体现在有关城市设计目标、构思、空间结构、原则、条例等内容的总体描述中。而不同空间层次下城市设计的政策内容主要涉及：①宏观——城市整体空间环境：自然环境格局、城市基本空间结构形态、城市形态构成及景观结构（图5.1.4–2、图5.1.4–3）；②中观——城市公共空间环境和建筑形态空间环境：城市节点空间、城市通道空间和建筑建造、建筑外观形式、建筑体量、建筑沿街界面（图5.1.4–4、图5.1.4–5）；③微观——环境设施和小品：功能性与非功能性的设施与小品。

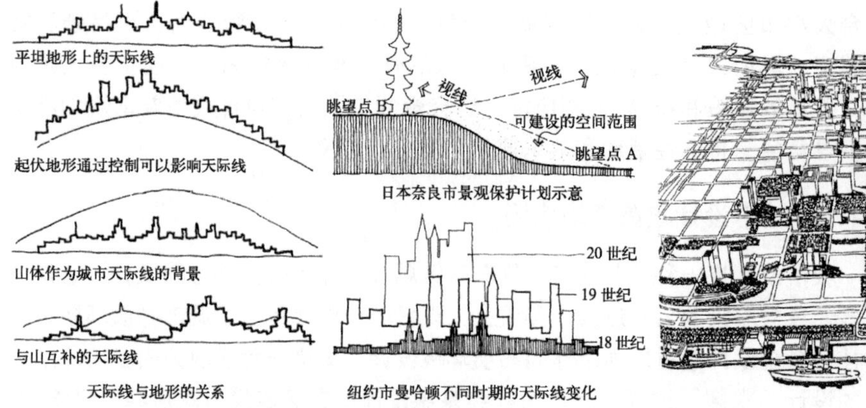

图5.1.4–2　城市整体的景观环境控制

（资料来源：金广君．图解城市设计[M]．哈尔滨：黑龙江科学技术出版社，1999：57，105）

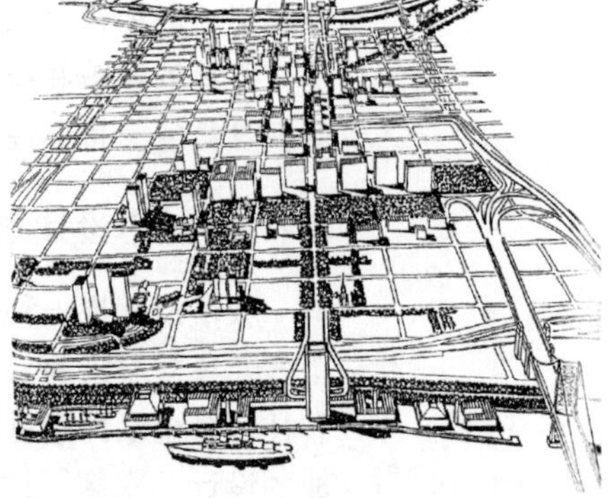

图5.1.4–3　费城“设计结构”概念

（资料来源：王建国．城市设计[M]．南京：东南大学出版社，2004：102）

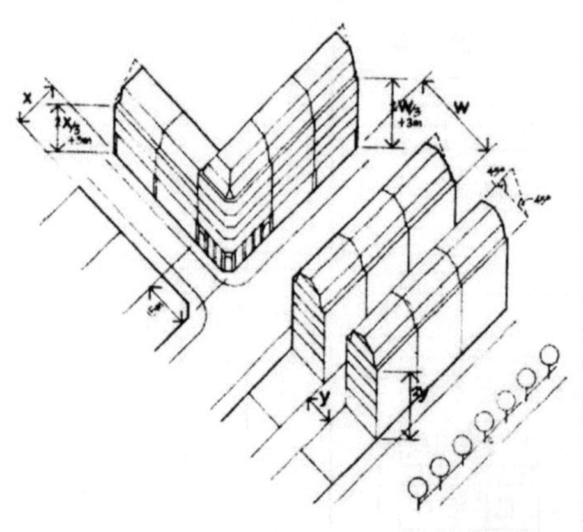

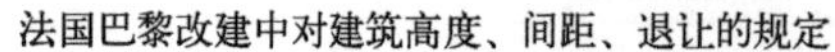
法国巴黎改建中对建筑高度、间距、退让的规定

图5.1.4–4　法国巴黎改建——控制了建筑坡顶角、建筑高度、建筑间距

（资料来源：（英）比尔·里斯贝罗．现代建筑与设计：简明现代建筑发展史[M]．羌苑等译．北京：中国建筑工业出版社，1999：80）

图 5.1.4-5 上海陆家嘴地区天际线控制
(资料来源：http：//www.sgst.cn/zt/jjzt/shzc/200902/t20090209_307846.html)

公众对他们所居住的城市关注的视角会随着时间而改变，其表现形式是，以政府的权利代表所有的人作出决策。如今，政府越来越多地干预城市被开发的方式，例如在制定土地使用政策、控制街道和公共空间的环境质量等方面。然而，某些城市设计范式的不恰当运用，起到了未曾料想的负面效果。城市设计应当能鼓励经济增长，提供一种历史连续性的效果，以增强人们的自我形象感。同时，应能维护道德和社会秩序，应当对所有人在某种程度上都具有公平的意义。

5.2 作为公共管理的城市设计

5.2.1 公共管理的含义

公共管理兴起于1970年代末、1980年代初对传统公共行政模式进行改革的运动，即“新公共管理”或“管理主义范式”。作为一种社会实践领域它具有多种定义，通常从“公共”和“管理”两个角度展开。

对“公共”的理解是将其作为公共管理实践的价值基础，它一般体现在：管理主体由原先以政府行政部门为核心拓展广义政府以及非政府的公共组织；管理的对象是公共事务，包括提供公共物品和公共服务等；管理的目标是保障和促进公共利益；管理的手段则是公共权力并且负有公共责任等。对于“管理”(Management)的理解往往与“行政”(Administration)的概念进行辨析。“行政”强调管理者遵循旨意，以执行为主，没有很大的自主决策空间；而“管理”则包括计划、组织、领导和控制等一系列行为过程，强调管理者通过思考和行动以及利用他人的知识来找到达到一定目标的最佳途径，更具主动性。将两者运用到公共部门时，公共行政强调的是政策执行的过程，注重程序和组织内部；公共管理不仅如此，更强调以高效率实现目标的同时并对结果真正负有责任[5]。由此，公共管理被理解为各类公共组织为保障和促进公共利益，管理公共事务及公共组织自身事务的活动。

公共管理的价值同样具有“公共”和“管理”的双重取向。公共性作为公共管理的基本命题成为了公共管理的规范性价值和基础。公共性的理解具有层次性：哲学层面的公共性是一种公共精神或是理念；政治、法学层面的公共性从公平和正义出发，涉及主权、合法性等问题；公共管理理论层面则将公共性作为一种价值基础，帮助认识公共组织的公共职能和公共活动；而公共管理实务层面则视之为一种分析工具和价值标准来理解公共组织具体的管理职能和活动。由于公共性受到政治、法律、文化等因素的影响，因而在不同地域会有不同的倾向。

管理的价值特征同样具有多维视角。一类是强调公共管理与一般管理相似的管理特征，例如管理的科学性、技术性和艺术性等属性。公共管理遵循管理学的一些基本要求和原则以提高工作的有效性；管理实践及其制度机制都需要技术支撑；同时理解管理本身即是一种艺术。另一类则强调公共管理中自身管理手段独具的价值特征，例如服务性和共治性等。公共管理的服务性提供了一种理念，由公共部门来提供私人和社会无力或不愿提供的，却又与其公共利益相关的服务；共治性则强调了公共事务的治理是由政府与社会各种力量共同完成。

公共管理对管理过程的理解由传统行政关注政策执行拓展到整体的运作，在价值取向的认识上强调了实践具有“公共”和“管理”的双重价值特征，在管理实践的认识上综合了行政管理和工商管理的各类理论，这为基于城市管理认识和理解城市设计提供了的广阔视野。

5.2.2 城市设计的公共性

城市空间的塑造和管理过程存在公共的、私人的以及公私混合等各类情况。公共领域被认为是城市空间中具有公共价值的部分。随着城市空间管理专业领域的分工和细化，当代城市设计关注内容并非涵盖城市空间的所有方面，而是由“城市空间”逐步聚焦于其“公共领域”部分，这一转变获得了广泛的共识。

“公共领域”概念源于西方社会，发展至今已具有相当复杂的含义。现代公共领域理论中，较具影响力的是阿伦特和哈贝马斯的研究成果。总体上认为公共领域包含了物质和非物质的表现形式，承载着公共生活，这种公共生活是从公共利益出发，通过沟通和交往、辩论和批判等活动来展现自我或是达成共识。两者的差异在于前者突出其政治象征意义，而后者偏重其社会文化意义。城市设计关注的公共领域是具有物质空间表现形式的公共场所，并包含其承载的公共生活之非物质内涵。虽然公共领域从社会视角、法律视角和经济视角下都无法统一界定，但这种复杂性并不能掩盖其公共性特征。公共领域和私人领域的差异客观存在，只是差异划分标准并非是一条泾渭分明的分界线，而是一种具有梯度性的“谱系”。

从城市空间的使用价值和交换价值来看，对城市设计的公共需要来自对公共领域使用价值的关注，因其规模和品质直接体现了城市的公共服务水平。近年来，激烈的城市竞争使得公共领域被作为一种城市发展的公共资源，通过城市设计提升其交换价值吸引投资，以促进地方经济发展。然而，“引导投资的是市场本身，而不是设计”。城市设计虽在提升公共领域的交换价值中具有一定附加作用，但并非其要义所在。

城市设计管理对象的公共性引起了管理主体的公共性问题。社会视角下的城市设计过程中，政府、市场和公众都是重要的参与者。然而，作为一个有意识的管理过程，前两者的管理者角色更为充分。当这一过程被理解为关注公共领域的行政过程时，公共部门的管理者角色尤为鲜明，市场则成为了相应的目标群体。这一理解上的差异很大程度上同城市设计过程的不同诠释相关。然而，公共领域的公共价值特征使得以其为核心的城市设计管理实践的管理者势必承

担了相应的公共角色。

对于城市设计过程而言，权力始终是决定一切的因素[6]。城市设计是“设计城市而不是设计建筑”，城市公共领域的塑造和发展属于公共事务范畴，因而其管理实践必定受到公共权力的影响。纵观城市设计的发展历程，最初有意识的城市空间设计由当时代表公共权威的皇权主导，随着民主化进程的推进，政府作为公众代理逐步成为了城市空间设计和管理的主导，之间的差异在于公共性的不同历史诠释，然而城市设计管理者角色的公共性始终存在。当代社会多元价值并存，城市设计过程中政府、市场和社会具有不同的参与程度。然而，市场和社会的参与是有限的，公共管理者仍然为是否需要对公共领域进行城市设计干预、如何干预以及干预程度提供了整体性管理框架。

5.2.3 城市设计的法律与政治保障

城市设计管理者的公共角色决定了其管理过程必然受到法律和政治的公共性保障和规范。法律提供了公共管理的基本行为规范，它授予公共权威强制性以确保其执行，同时也对公共权威的决策进行限制，以免对私人利益造成无故损害。城市设计过程如同一般公共事务的管理一样遵循公共行政程序规范，根据“程序正当”的法律原则获得合法性。同时，与城市空间管理相关的法律尤其是城市规划管理的法律体系成为了城市设计管理过程更直接的法律基础。

城市设计在规划法规体系中的不同定位使其管理程序也会有不同的运作规范。例如美国的城市规划并没有统一而完整的法律体系，对于不同的空间规划领域会采取不同的公共管理工具。区划被认为是美国城市规划的核心，它实际上是物质空间管制的法律工具之一。而城市设计也被作为城市空间管理的公共政策工具之一，遵循普适的公共行政程序法律法规。英国的城市规划具有整体的法律体系。新的规划法中将设计纳入管理事务（Planning Act 2008，第183条）[7]，城市设计管理过程更多的是直接遵循规划法对各管理环节提出的程序规范。我国的城乡规划具有整体性的法律体系，但并未明确将设计议题纳入其中。城市设计更多的是作为地方性公共政策工具，并通过把城市设计的成果落实到具有法律地位的规划体系中，来实施规划管理程序，因此城乡规划法对绝大部分的城市设计过程起到了实质性的规范作用。

法律机制的不断完善体现了公共事务管理过程的公共性不断加强。例如就城市规划法规领域而言，英国最新修编的规划法（2008）增加了开发申请前的程序要求（Pre-application Procedure），规定公共部门在此阶段承担咨询、宣传以及回应其后产生的公共意见的职责（Planning Act 2008，第41~50条）；我国新修编的城乡规划法（2007）明确了规划政策制定的公众参与程序，要求规划予以公告，采取多种形式广泛征求专家和公众的意见，并将意见采纳情况和理由作为报送审批的必备材料（第二十三条）。这些变化都促进了城市设计管理过程更具公共性。

城市设计一直存在于“平民主义”和“专业主义”的两难困境。在价值的认定上，“公众”和“专家”的观点之间往往存在着分歧。与此同时，“公众”本身包含着具有不同利益的群体，并持有不同的观点。城市设计师通常将城市

设计保持在一个技术过程的安全范围之内，避免直接面对重新分配权力和财富的问题[8]。然而，如同城市规划过程一样，城市设计必然牵涉价值分配的政治议题。即便是通过技术过程进行决策，其本身代表的仍然是政治的选择。

对于具体的城市设计管理过程而言，政治策略的不同使其过程的公共性存在着程度上的差异：偏向于“专业主义”的决策过程中其公共性将以法律保障为基准，更关注于专业价值的实现；而偏向于“平民主义”的决策过程其公共性将体现为更大范围的集体决策。实际的政治策略更多的是考虑利益相关者的观点，通过利益平衡或博弈等方式进行决策，由此体现相应程度的公共性。在城市设计过程中，专业技术在决策中所发挥的作用会对公共性程度产生一定的影响，但这是由政治决定的。

法律制度提供了城市设计管理过程的公共性基本保障，政治策略则决定了管理实践具体过程的公共性程度。国外的城市设计具有较为健全的法制环境，而具体的管理过程则越来越多地采用多元政治策略，使更多的利益相关者参与其中，从而促进共识以减少认知差距并调和冲突。我国当代的城市设计管理在“依法行政”和“公众参与”的推动下逐步提高其公共性价值。

5.2.4 城市设计的公共管理内涵

城市设计作为一种由公共部门对城市空间公共领域形塑过程进行管理的实践具有公共规范价值。

公共管理的主体是公共组织，政府是主导的力量。作为公共管理过程的城市设计，由于所涉及的公共事务具有很强的地方性，因而相较中央政府而言，地方政府是城市设计管理实务中的主体。而在地方政府庞大的组织体系中，城市设计的管理范畴和职能在通常情况下仍与城市规划管理相吻合，相应地城市规划行政管理部门往往成为主导的职能部门。

公共管理的客体是各类公共事务。城市设计的专业领域设定了其管理客体是与提供城市空间公共领域相关的公共事务。通常我们习惯于从“物”的角度将其管理客体理解为城市物质空间。然而，城市空间是一个动态发展的过程。从“事”的角度来看，城市设计本身并没有直接提供物质空间，而是对城市空间公共领域的塑造进行管理的过程。各类城市开发过程是直接提供城市空间、塑造公共领域的过程，因而成为城市设计过程实际的管理客体。从“人”的角度来看，城市开发过程中的各类参与者成为了城市设计管理过程的目标群体，涉及投资者、开发者、设计者、业主、经营者等。由于城市开发项目包括了公共开发、私有开发以及公私合作开发等属性，因而目标群体也具有混合的公私属性，在管理中更为强调的是其专业分工。由此可见，城市设计所管理的开发过程本身即是一个复杂的过程。

公共管理目标具有双重价值特征。首先，城市设计管理中面临参与者的共识问题。各类参与者之间存在着价值观和利益等方面的分歧，无论城市设计的管理过程如何展开，它都需要面对不同利益群体间公平与效率的关系问题，寻求价值共识，城市设计过程的管理目标始终要促进价值共识。其次，城市设计管理要有效实现设计目标。解决共识问题并不代表解决实质问题。城市设计的

管理过程始终以实质性问题为核心。城市空间的实质性问题具有复杂性和不确定性。城市设计本身需要通过管理，从而能够正确认识和界定相应的设计问题，设立合理的设计目标，并提供有效的设计方法，最终获得有效的结果。同时，城市设计并非是一种封闭的管理过程，外部环境对其具有持续的影响。如何应对变化进行调整同样也需要在过程的管理中加以体现。

5.3 城市设计的管理控制

城市设计的管理是从宏观到微观对城市建设进行管理。所谓宏观，是指从城市的整体格局、形态结构等系统入手，协调城市规划，使城市形成良好的形态环境，发挥最大的综合效能，因而在时间和空间上都是一项宏大的系统管理工程；所谓微观，则体现了城市设计要针对各项建设工程在涉及形态环境的多方面具体内容时进行有效的引导和控制，它又是一种实际操作的管理工作[9]。

美国城市设计师罗纳德·托马斯（Ronald Thomas）在《City by Design》一书中，界定了城市设计管理的工作内容，即：合作与交流、城市自我形象塑造、参与性规划、设计组织程序和管理控制。其中，前四项内容构成了城市设计管理中的参与性组织程序，而城市设计控制则是运用各种控制条例和规则鼓励、引导理想开发活动的有效方法，是整个城市设计决策系统中具有决定意义的环节[10]。

城市设计操控对象的复杂性决定了其实现过程的复杂与漫长。保证城市设计在复杂的城市建设过程中的科学决策与持续效用，就是我们要建立管理框架的目的所在。城市设计的管理控制应是实践动态连续的时空体系[11]，通过明晰城市设计管理的职能和过程，借助有效的管理控制语言，可以实现城市设计目标导向机制与动态反馈过程的共同作用。

5.3.1 城市设计的管理职能

城市设计的管理职能是指其所承担的职责任务与所发挥的功能作用。作为一个城市空间公共管理的特定领域，城市设计具体的管理职能界定与其管理主体的层次性、管理客体的专业性以及政府角色定位等密切相关。作为核心的管理主体，政府职能对城市设计的职能发挥将产生重要影响。与政府职能相关的探讨具有多种观点，通常聚焦于“管制”和“服务”两个方面。

管制，是指通过法律制度许可或禁止某些经济行为。政府拥有强制性权利，这是与私营部门的本质区别。管制的类型不一，从程度较小的干预或不干预到严厉惩戒的禁令等都是管制。当代的公共管理中的管制特性已由原先反对竞争的限制性管制，转变为推动私营部门通过竞争提高效率的促进性管制。

城市设计的管制职能源自于这一领域所关注和管理的城市公共领域所具有的鲜明的公共性。对与其供给相关的公共事务管理将由具有公共权力的政府承担。政府将依据各类法定要求对公共领域的塑造进行管理，其过程须具备合法性，故而使所提出的各项管制要求获得权威性。城市设计管制职能不仅仅包含了限制性管制所具有的强制职能，同时还包含了促进性管制的引导职能。

服务，作为公共管理职能意指当代政府日益重要的角色是帮助公民表达并满足他们的利益需求，与私营和非营利组织一起为社会所面临的问题寻找解决办法。服务职能将政府的角色从控制转变为议程安排，使相关各方能够参与，为促进公共问题的协商解决提供便利。政府越来越不是直接供给者，而是协调者或是中介人等[12]。

城市设计本身并不提供公共领域，因此它所提供的服务是促进城市空间公共领域的品质提升。城市设计管理的服务职能水平一方面体现在有关城市空间的各类设计政策所反映的设计质量，另一方面则体现在城市设计管理过程中是否能够提供各类利益相关者表达自身诉求的机会，并且为其参与提供便利。城市设计管理首要服务于公众。然而，由于市场是城市空间塑造的主导力量之一，因而在服务公众的同时还需为市场提供相应的设计服务，从而促进市场能提供高质量的城市空间环境。

服务职能的核心是价值观的协调。城市设计所关注的是公共领域在视觉景观、社会使用以及场所塑造方面的品质问题，这些内容相较于传统的城市规划而言在价值认同上充满了分歧。因此，城市设计管理的服务职能是促进各类利益相关者对所提出的城市设计目标及其设计方法和实施方法等达成共识，并通过协商等各类管理技能来解决冲突。

城市设计的管制和服务职能相辅相成。作为公共管理的基础职能，城市设计的管制将通过法定程序制定各类相关的设计规范要求，从而保障城市空间的品质达到相应的设计目标。而作为当代公共管理职能的导向，城市设计的服务需要提供更为广泛的参与平台，使各类群体能够有效且便利地表达各自的意愿，从而促使各种力量来共同塑造良好的城市空间形态。当代公共管理领域强调政府职能的转变，呼吁放松管制，倡导公共服务。然而，更好的服务并非意味着取消管制，管制从某种程度上也是一种服务，两种职能并存于城市设计的管理过程。

城市设计的管理工作始终渗透在从城市设计的编制、评价和审定到实施的整个运作过程中，这种全方位运作过程赋予城市设计的运作组织管理多方面的职能和角色。委托和协助设计编制、组织设计评价、实施和监督城市设计执行等是在城市设计的整个运作中管理方主要的三项职能（图 5.3.1–1）[13]。

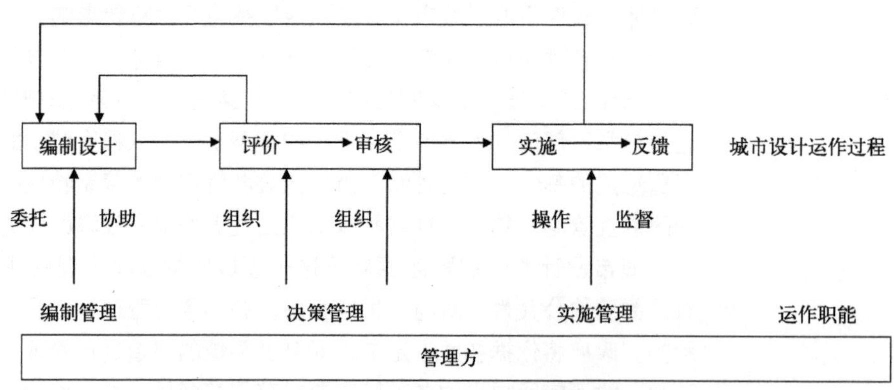

图 5.3.1–1　城市设计运作管理的职能

（资料来源：庄宇．城市设计的运作 [M]. 上海：同济大学出版社，2004：81）

(1) 委托和协助城市设计的编制。城市设计是政府管理城市建设的重要手段之一，因而，政府及其城市设计管理权属机构（如规划局等）无疑成为城市设计运作的组织者。委托和协助城市设计的编制，是管理部门的第一项职能，并担负着业主或业主代理人的角色，设计方对管理方负责。

(2) 组织对城市设计成果的评价和审定。对城市设计的认可是一个多方面评价因素的综合结果。在这里，管理方主要承担着组织的职能和角色，其本身是否参与到评价和审定工作并不是主要的；拟定评价的基本内容和标准，组织政府官员、城市设计及相关领域的专业、市民和利益团体进行多层次、多角度的评价，形成涉及修改或者替选涉及概念的依据，最终将设计成果和评论结论上报政府有关部门审定认可，成为实施操作的法定依据。

(3) 对城市设计进行实施操作、监督执行和信息反馈。城市设计的实施管理是最为关键的职能，管理方依据审定的城市设计成果并在设计部门协助下制定实施细则等地方政策等形式的管理文件，对实施项目提出城市设计的要求并加以审核，在其执行过程中予以监督并接收信息反馈，为以后的城市设计实践提供参考。

5.3.2 城市设计的管理过程

城市设计的管理过程包含了对城市空间结果及其塑造过程的管理。然而，结果管理最终仍然需要由过程来实现。就过程管理而言，城市设计除了包含对开发建设过程的管理，同时还包含了对自身过程的管理。管理过程可以划分为编制管理、决策管理和实施管理[14]。

(1) 编制管理

编制管理即设计编制过程管理，主要内容包括以下四个方面：①城市设计项目的制定。城市设计管理机构宜结合城市规划要求，分层次、分步骤地在城市各区域范围内有序地确立城市设计项目，建立城市设计的工作计划和框架。②制订城市设计任务书、委托设计方。城市设计管理机构应依据地方城市设计技术规定等法规文件，制订设计任务书，其内容包括设计研究区域范围、基础资料内容、设计编制要求和内容、成果形式等，并委托具备相关城市设计研究和实践经验的设计机构承担城市设计编制任务。③基础资料综合和设计目标的确定。管理机构应尽可能配合设计方，完成任务繁重的基础资料调查分析，并明确城市设计要求解决的问题，确定城市设计的设计目标和基本原则。④参与评价概念设计、协助完成实施设计。管理方参与评价概念设计，不仅有利于设计方与管理方进行交流。同时，在各自意图沟通的前提下进行了设计权衡，也有利于设计方更深入地了解实施管理中的限制条件和城市建设的发展要求，有利于完成具有操作要求的实施设计。

(2) 决策管理

决策管理即设计评审过程管理，主要内容包括以下两个方面：①组织城市设计的评价。宜从多方面、多层次进行。可以组织领导决策层参与设计评价，组织城市建设主管部门会同城市规划、城市设计等各学科专家组织评审委员会综合评价，组织城市设计成果的公开展览、宣传等活动以反映社会公共的

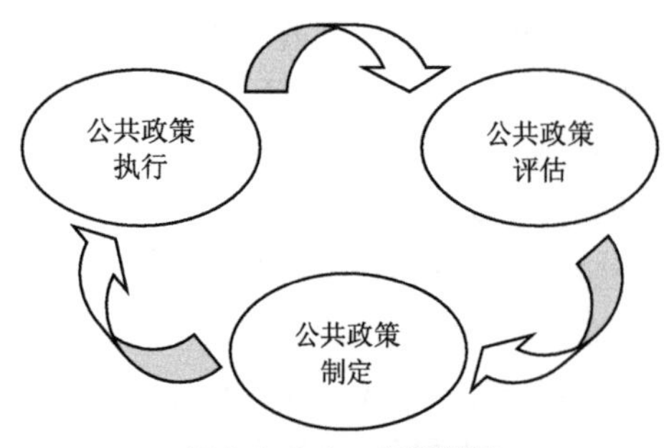

图 5.3.2-1 政策循环
（资料来源：胡宁生．现代公共政策学——公共政策的整体透视 [M]．北京：中央编译出版社，2007：187）

利益，以及组织设计区域主要的开发商、银行家等利益团体代表参与以反映多种利益的市场公平竞争原则。②城市设计的审批。对城市设计的审批程序和方式，宜在地方城市设计技术规定中予以确定。一般地，结合城市规划所进行的城市设计，管理方应将其成果与城市规划一并执行城市规划法规所规定的审批程序，而作为专项研究独立开展的城市设计编制成果，管理方可以大体按下述程序进行评价和审批：A. 总体城市设计：由地方人民政府或城市规划行政主管部门对设计编制成果，组织专家进行评审讨论，并在城市范围内进行展出、媒体宣传等活动，广泛征求社会公众意见和建议，得到相应修改、补充完善后，由地方人民政府审查同意并报请同级人民代表大会批准；B. 局部城市设计：由规划行政主管部门对设计编制成果组织专家进行评审讨论，在征询设计区域社会公众意见和建议后，由地方规划主管部门审批同意，其中城市重要区域的局部城市设计宜报送地方政府审批、同意。

（3）实施管理

实施管理即实施过程的管理，主要内容包括以下四个方面：①制定相关政策。以图纸和文本为形式的城市设计成果，虽然成为城市设计实施的主要法律依据，但为了加强对特定问题的针对性和政策性，管理方可以在设计方的协助下，制定相关的政策和行政规定。②拟定工程设计条件书（含城市设计要求）。这是城市设计落实具体建设活动的关键转换点，也就是由管理方向建设方提出具体工程设计的城市设计要求、设计参数及相关图则、指导纲要等。③工程设计指导与评审。即建立一套把法定城市设计成果贯彻在具体工程设计中的审核制度。④实施监督与信息反馈。对已获城市设计审核通过的建筑工程在实施中的贯彻情况进行监督检查和处理，及时、正确、客观地反馈城市设计执行的结果，提供修正和完善城市设计的参考资料。

城市设计管理过程通常依据具有规范性的过程模型划分为多个阶段，所具有的循环渐进特征已获得了较大范围的共识。各种管理阶段具有丰富的管理行为，根据不同的目的可以划分为更为细致的管理环节（图 5.3.2-1）。

5.3.3 城市设计管理的语言

在法治社会环境中，城市设计控制需要以设计活动为基础，进而通过法律认可或社会团体约定形成管理语言，才能在城市建设过程中起到作用。现代城市设计的管理控制语言正日益强化。这里所谓的法律认可或社会团体约定形成的管理语言，是指对后续设计活动能起到指导控制作用的法律、规定和政策，以及相关的具有法律效力的城市设计文件及开发团体共同认可的城市设计协定等，这些管理语言起到一个中间媒介及控制的作用[15]。

（1）控制

所谓控制，是“在获取、加工和使用信息的基础上，控制主体使被控制客

体进行合乎目的的工作”[16]。在城市设计的运作中，“控制”的内容包含三个方面：①城市发展和社会要素对城市设计形成的过程和作用的控制；②城市设计在运作过程中的自我调整的“自控制”；③城市设计对后续具体的工程设计及其实施的控制。每一项具体建设活动不仅会改变城市环境的面貌，也会影响城市设计的实施及其不断修正的决策。城市设计是结合多项建设活动，将其整合在城市发展的总体目标中，并把反映城市发展目标的形态设计概念通过“控制”具体项目的实施，保证设计构思结合现实的最大限度的实现（表 5.3.3–1、图 5.3.3–1）。

城市设计的管理工具 **表 5.3.3–1**

观念	附加开发收益之诱导观		开发协定之诱导观	
技术	·发展权转移（T.D.R）	·楼板面积奖励	·开发许可	·开发协议
内容	将某一地块受其他因素影响未完成之开发权益转移到其他土地之上	地块开发在满足城市设计非强制性要求（如公共空间的设置、维护城市原有特色等）的条件下获得楼板面积奖励	在多家开发商开发竞标中，以是否满足预设城市设计目标作为判定获得开发许可之依据	由多家开发商参加开发的街区中，通过达成共同的开发协议，明确各自的开发权益和义务，达到城市设计的要求
特点	该项技术主要针对特殊地块： ①为保护具有特殊价值的地标建筑、史迹、自然地等环境要素 ②为城市提供大中型公共空间如广场、公园、自然地或公共设施等	这项技术针对具有相对普及适用性的个案开发： ①提供公共空间（如广场、步行街、小公园等） ②维护城市特色和格局 ③形成城市特色街区等	此项技术运用于具有明确的城市设计目标，并对城市有重要影响的地区，同时，开发地区须具备较强的市场开发意愿	这项技术强调的是个案开发商、建筑师和城市管理机构在城市设计领域的参与和合作，主要针对新开发的街区，具有一定规模
实施要求	①制定发展权转移的具体内容和适用条件、范围及此项政策的整体性规划 ②发展权转移前后的收益宜平衡，并为市场认可	①制定明确的奖励准则、要求及审核程序 ②明确需要进行奖励诱导的地块式街区范围，诱导财力 ③奖励要具有财务吸引力 ④管理机构的实际经验是成功的重要组成	①城市设计目标宜明确、易读而具有说服力 ②评价过程宜公开透明	①参与开发协议地区的开发商宜通过资格审议，确定其具有承担开发权益和义务的资格 ②城市开发管理机构（公私合作）应具有综合协调的权力 ③确定协议达成和修改的程序、方法
范例	·美国发展权转移法（洛杉矶图书馆扩建）	·上海城市规划管理技术规定附则 ·横滨市市区环境设计制度 ·美国西雅图分区奖励区划	（美国纽约贝特鲁公园开发案）	（美国波士顿都市重建局城市设计审议制度） （日本 OBP 地区综合协定制度）

资料来源：庄宇．城市设计的运作[M]. 上海：同济大学出版社，2004：178.

（2）激励

所谓激励，是指为实现既定目标而进行的激发和奖励。城市设计主要注重较大范围的整体环境质量和综合效益，虽然这种对整体效益观的追求是依托具体的建设活动而实现的，但并不是简单的积累过程。主要强调两个方面：①引导城市建设活动接受或认可城市设计所遵循的价值准则和发展方式，如对公共空间和史迹保护的考虑，使其与城市整体发展及其环境形成过程相配合；②利

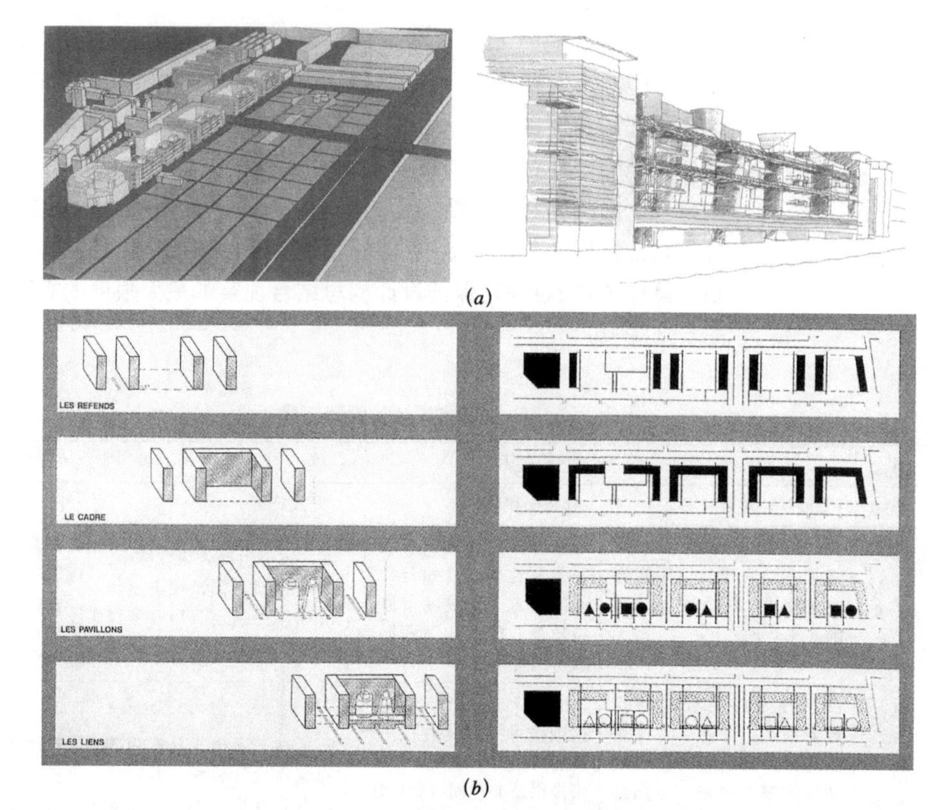

(a)

(b)

图 5.3.3–1　巴黎贝西地区的建筑形态控制

(a) 规划对贝西公园周边住宅设计的要求（左）以及按规划要求设计的建筑方案草图（右）
（资料来源：(a) 周俭，张恺．在城市上建造城市——法国城市历史遗产保护实践[M]. 北京：中国建筑工业出版社，2003：219）；
(b) 建筑的四种元素
（资料来源：(b) 刘科．塞纳河：转变的空间——巴黎城市思想与沿岸城市设计案例分析[D]. 上海：同济大学，2008：47）

用城市发展的经济规律和法律、行政等有效手段，对遵循或发展城市设计意图的具体建设行为加以激发和鼓励，如奖励、补偿等，使城市设计意图很好地贯彻在具体项目中。开发权转移（Transter Development Rights）就是城市设计中一种典型的“激励”手段（图 5.3.3–2）。日本的“横滨市市区规划设计制度”则规定公共空间包括人行道式的公共空间、一般公共空间、室内公共空间和自然、绿地四种类型。根据不同的开发强度和高度区提供的有效公共面积率来增加容积率和放宽高度限制（表 5.3.3–2）。上海的《城市规划管理技术规定》根据开发强度制定提供开放空间的奖励措施（表 5.3.3–3）。控制和激励，是贯彻城市设计意图的两个主要方法，也是城市设计运作的重要管理工具和有效策略。

开发权转移是美国区划的新兴管制技术，它的基本规定是：“为了使某些应保护的重要资源，如标志性建筑、历史建筑、自然资源等不受新的开发的威胁，把这些资源上空未被开发的空间转移到其他基地中”。开发权转移技术是城市空间开发收益应基于平等公正的开发权益市场准则而制订的，即在某一城市区位中，由于地价和开发需求相对均衡，因此，空间开发收益在理论上是相同或

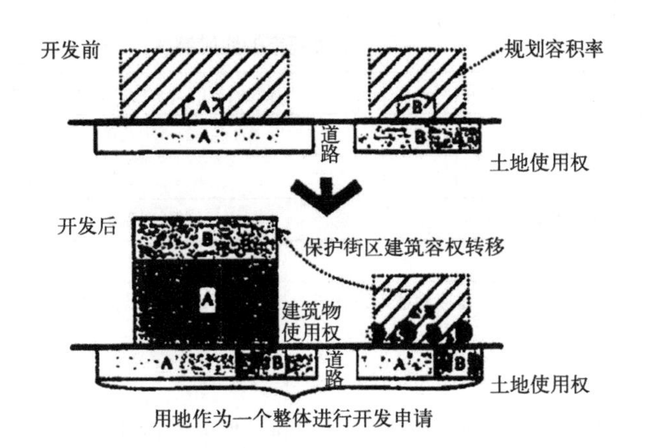

与公园相邻街区容积率的转移与投资诱导示意

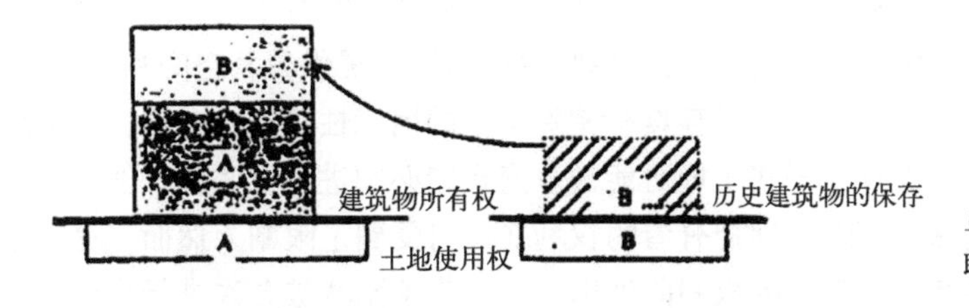

与历史建筑物的保护相关联的建筑容积转移示意

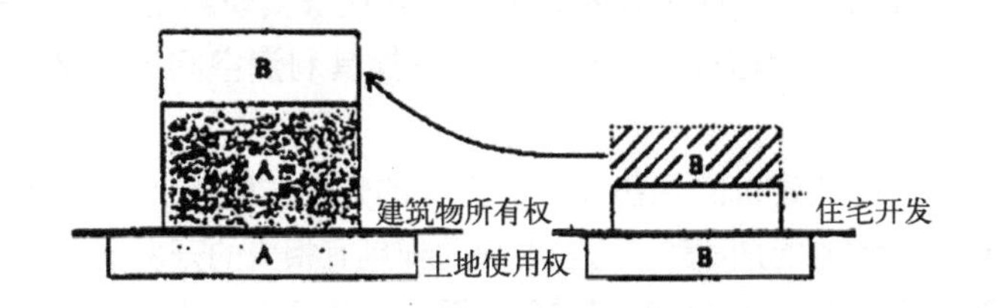

街区住宅的建筑容积率转移示意

图 5.3.3-2 上海外滩城市设计中提出的容积率（开发权）转移
（资料来源：庄宇．城市设计的运作[M]. 上海：同济大学出版社，2004：173）

横滨市的奖励制度 **表 5.3.3-2**

建筑物高度（h）	按不同高度地区的有效公开空地面积		
	最高限度第 1~2 类	最高限度第 3~4 类	最高限度第 5 类
15m ＜ h ≤ 20m	15% 以上	—	—
20m ＜ h ≤ 31m	20% 以上	15% 以上	—
31m ＜ h ≤ 45m	20% 以上	20% 以上	15% 以上
45m ＜ h ≤ 60m	—	20% 以上	20% 以上
60m ＜ h ≤	—	—	20% 以上
放宽限度	45m	居住地区 45m 其他地区 60m	无

资料来源：陈纪凯．适应性城市设计—— 一种实效的城市设计理论及应用[M]. 北京：中国建筑工业出版社，2004：345.

上海市的奖励制度　　表 5.3.3-3

核定建筑容积率（FAR）	每提供 1m^2 有效面积的开放空间，允许增加的建筑面积（m^2）
< 2	1.0
≥ 2、< 4	1.5
≥ 4、< 6	2.0
≥ 6	2.5

资料来源：陈纪凯．适应性城市设计—— 一种实效的城市设计理论及应用[M]. 北京：中国建筑工业出版社，2004：346.

相近的。如果，在原来可以获得空间开发收益的土地上，因其他因素而导致这部分收益的丧失，那么在理论上这部分收益可以转移到相邻或具有相同地值的开发活动中。上述因素主要包括：为城市提供公共空间和设施，如广场、公园、自然地形等；为保存具有特殊价值的地标性建筑、史迹、自然环境等[17]。

这样，一些土地可能被政府指定必须进行低密度开发，从而使公共利益得到保障，但土地拥有者的权利在这时受到了限制。然而，这些土地拥有者可以将其被限制了的权利向外出售，出售给那些被允许进行高密度开发的土地拥有者——后者也只有向前者购买开发权，才能够实现超出同等开发权利的高密度开发。这样的买卖形成了一个市场，支撑其利润空间的正是“人人机会均等”的理念[18]。

我国的历史建筑的保护和公共空间的开发、维护，普遍面临资金严重不足的困境。就土地经济而言，这些地块同样具有相应的开发潜力。通过开发权的转移，不仅可以保护城市资源和特色，而且在经济上解决保护和维护资金不足的难题。并不是每个地块都具备开发权转移和接受开发权转移的能力，草率地把开发权转移到相邻地块，形成城市“峡谷”，只会破坏原有的城市环境和空间品质。

上海北外滩城市设计案提出开发手段可通过发展权转移来诱导开发商在承担道路、公园、市政设施建设等的同时，在不违反城市形态原则的前提下，获得更高的容积率，其中包括与相邻街区共同开发相关联的发展权转移，如与公园相邻的街区通过参与公园之开发可获相应的开发定量增加；与景观形成及历史建筑物的保护相关联的发展权转移等。

（3）保障

在城市设计运作中使用控制、激励等实施手段，必须具备强有力的保障，才能保证城市设计的意图贯穿于城市建设过程予以实施。保障作用主要来自法律保障、行政组织保障、经济保障三个方面[19]：

①法律保障：主要是通过各类国家和地方法规、规定以及相应的管理政策，保证城市设计切实反映城市发展目标及社会公众的要求，保证城市设计对城市形态环境的控制并在实施中运用多种工具的合法有效性。因此，法律保障是最为关键的保障手段。

②行政组织保障：是指在城市建设中制定、管理和实施城市设计的过程中，在组织机构的设置、管理和决策的方式乃至具体操作各方面，形成有利于城市设计运作的组织和管理操作机制。

③经济保障：是为实施城市设计所提供的财务政策等方面的支持。经济保障不仅仅指城市设计从确定目标到实施过程发生的设计、管理等方面的费用，它更多的是指城市设计运作中为达到形成整体环境目标，协调社会利益和市场开发的矛盾而援引财务政策等方面的经济支持和调整。如为保护具有人文环境资源的地区，予以在开发上的经济利益补偿；反之，对具有高额开发利润的中心商业区开发活动，则附加一定的保护公共环境或公共设施建设的要求（隐含经济上附加的调整要求）。

5.3.4 城市设计的管理方式

基于城市设计的管理职能，其管理可分为管制型和沟通型两大方式[20]。

城市设计的管制型管理方式，即设计控制，是基于对城市空间公共领域设计品质的公共需要，对城市开发建设在其专业领域方面进行的合法干预。根据“程序正当”原则，设计控制的过程须有较为明确的制度规定，其合法性或是依托于规划控制及开发控制已有的管理制度获得，或是通过法定的行政程序建立独立的管理制度来获得，由此在实施管理中具备相应的权威性，因而它并不仅仅是一种技术方法。

作为一种具备管制职能的公共干预，设计控制在程序上体现了行政许可的一般特征，即制定城市设计政策及其相应的设计规范要求（包括强制要求和引导要求等），根据决策的设计规范对开发申请施行许可管理。各个管制环节中承担相应职责的管理主体受到地方性行政组织架构的影响，但总体上仍将遵循层级制的基本结构，做到权责分明和有序运作。

以上海市四川北路城市设计为例（图5.3.4–1），其管理过程被纳入了城市规划行政体系内予以运作，采用设计控制的管理方式承担开发管制职能（图5.3.4–2、图5.3.4–3）。整个过程按照规划管理的行政程序由编制、审批到实施许可管理等逐步推进。根据这一地区自身发展特点和开发管制需求，城市设计整合了各类相关因素形成设计方案，并且拟定了相应的设计控制要求作为规划许可管理的依据之一。

这一管理实践案例中，设计控制的管制强制性特征较为鲜明。作为管制工具的《四川北路城市设计文本》中，作为强制性规定的“通则”与作为引导性规定的“导则”在设计控制条款和控制要素的数量上相比明显具有主导地位（图5.3.4–4、图5.3.4–5）。强制性设计控制方式的确立是以管理过程的程序合法性为基础的。相关的法律法规基本参照了规划管理的行政法律体系，因而这一城市设计实践在管理程序上体现了规划管理行政程序的基本特征。

四川北路城市设计实践过程展现了设计控制管理方式的价值取向。虽然强制管制主导的方式被明确提出，但在实际的管理行为中并不仅限于此，设计控制要求的实施管理在约束性上仍体现了梯度性特征。较强的管制以设计审核为主，确保城市空间形塑的底线效果。而管制力度相对较弱的设计要求则更多地通过沟通解释或拟定配套的激励政策以促使开发者实施，从而尽可能获得更好的效果。无论是偏重强制或是引导的管制方式，关注城市设计在空间效果方面的专业作用是其最为核心的价值取向，具体的管制方式在符合行政程序规范的

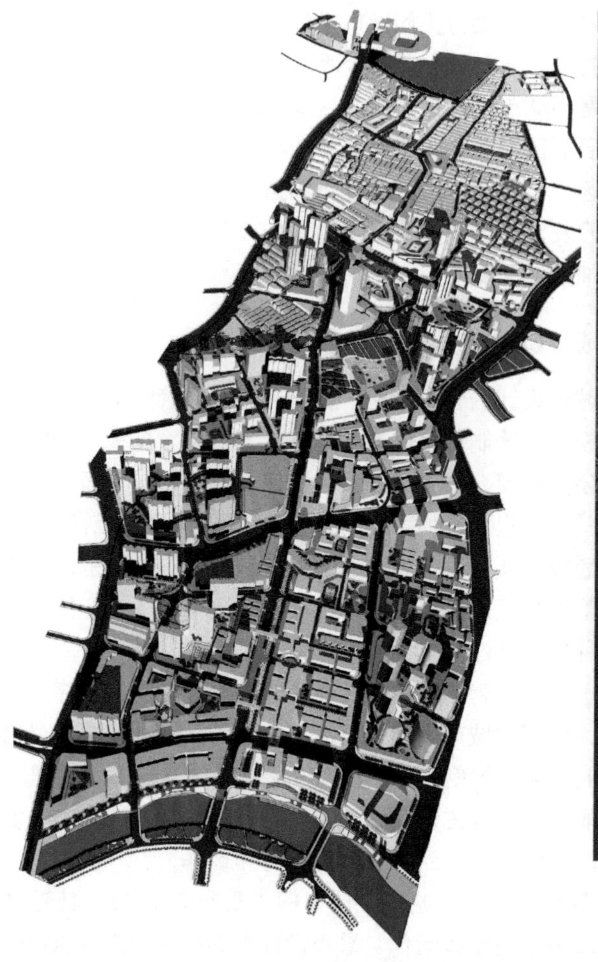

图 5.3.4-1　上海市四川北路城市设计整体鸟瞰意象
（资料来源：上海市虹口区规划和土地管理局．四川北路城市设计 [Z]，2003）

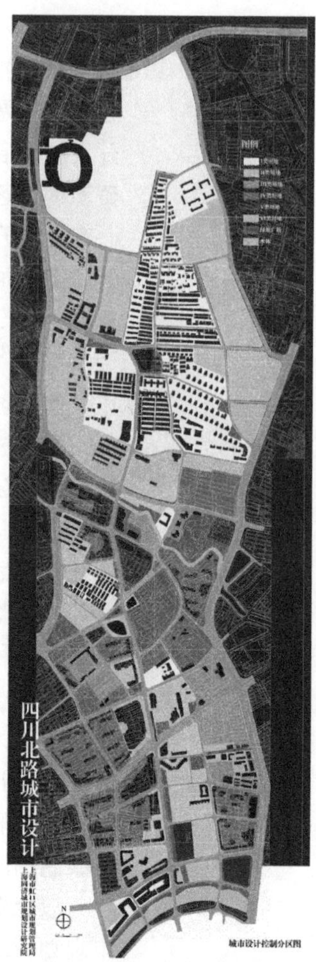

图 5.3.4-2　城市设计控制分区
（资料来源：上海市虹口区规划和土地管理局．四川北路城市设计 [Z]，2003）

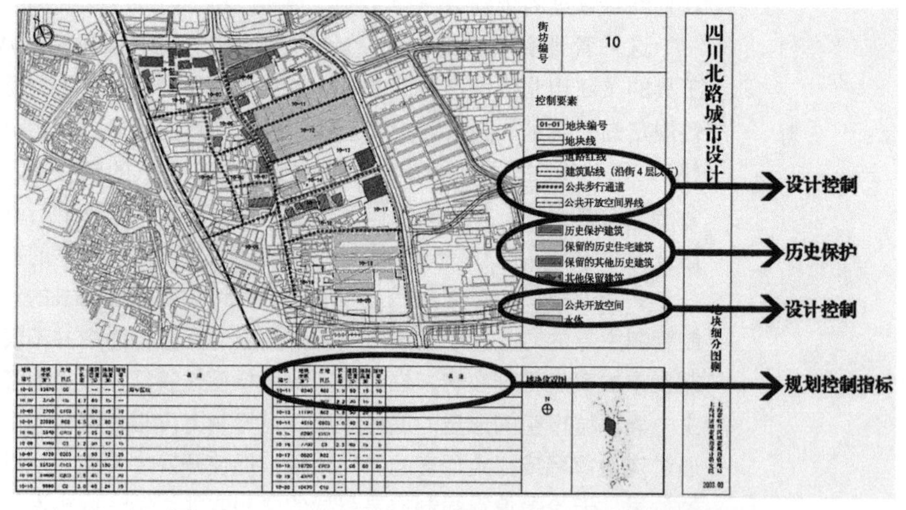

图 5.3.4-3　《四川北路城市设计文本》中的地块图则示例
（资料来源：奚慧．公共管理视角下城市设计过程的解读 [D]. 上海：同济大学，2015：170）

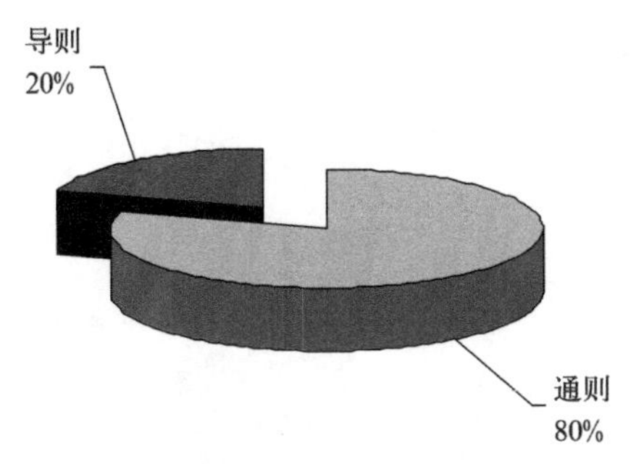

图 5.3.4-4 《四川北路城市设计文本》中“通则”与“导则”控制条款数量的比较
（资料来源：奚慧．公共管理视角下城市设计过程的解读[D]．上海：同济大学，2015：185）

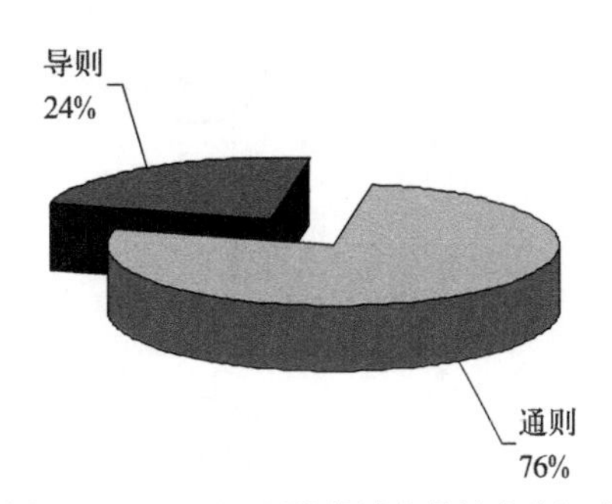

图 5.3.4-5 《四川北路城市设计文本》中“通则”与“导则”控制要素数量的比较
（资料来源：奚慧．公共管理视角下城市设计过程的解读[D]．上海：同济大学，2015：185）

公共性保障基础上更多地受到管理效率的影响。

设计沟通存在于城市空间塑造和管理的各类参与者之间，沟通方式亦是多种多样。然而，作为一种管理方式，其作用并不仅仅停留在信息传达和交流层面，更多的是致力于促进各类利益相关者对城市设计的目标及方法等达成共识，并通过沟通和协商等解决冲突，由此体现城市设计的服务职能。

沟通型管理方式并不确定设计结果，而是通过协商来进行约束和调整，从而推动设计方案的发展和实施。这一管理方式的核心任务是建立有效的对话机制，把握设计发展的方向。管理者在这之中所承担的角色由评审者转变为协调者，须加强与各参与方的沟通和协作意识，应对复杂的城市设计问题。协调设计的过程实际是协调利益的过程，相互沟通的参与者将形成以协调者为核心的扁平式组织架构，以适应横向的参与式协作管理。

以 2010 中国上海世博会城市最佳实践区（UBPA）的规划设计为例（图 5.3.4-6），在其管理方式的选择上，对于主办方自行投资的建设项目采用了设计控制方式，以确保设计概念的贯彻（图 5.3.4-7）；而对于参展者投资的实物展示案例建设项目则以沟通型管理方式主导，以便能与之达成设计共识（图 5.3.4-8）。后者被认为是实现 UBPA 设计构思的关键所在，也是整个实施管理工作的重中之重。整个管理过程充分展现了沟通型导向的管理方式所具有的特征。

这一管理实践具有丰富多样的设计政策工具，且具有鲜明的沟通导向，面向从大众化到专业性的各类沟通对象，并且涵盖了由概念性的总体构思至技术性的建设要求等各层次的沟通内容。在设计管

图 5.3.4-6 上海世博会城市最佳实践区规划设计意象
（资料来源：奚慧．公共管理视角下城市设计过程的解读[D]．上海：同济大学，2015：157）

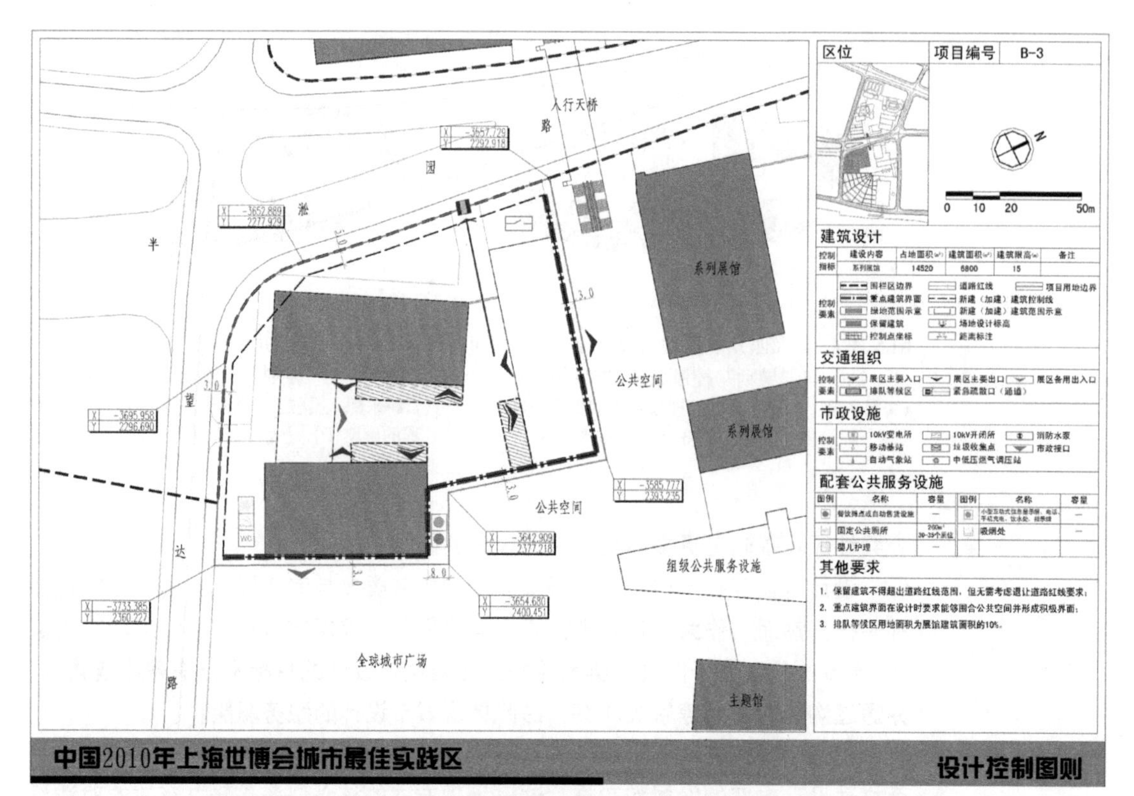

图 5.3.4-7 设计控制示例：中部系列展馆 B-3 设计控制图则（2008 年 3 月版）
（资料来源：奚慧. 公共管理视角下城市设计过程的解读 [D]. 上海：同济大学，2015：205）

图 5.3.4-8 沟通型管理示例：北部模拟街区建筑组群 A-1 设计图则（2008 年 3 月版）
（资料来源：奚慧. 公共管理视角下城市设计过程的解读 [D]. 上海：同济大学，2015：206）

理中，网络化的组织架构为不同设计专业之间提供了协作平台，而更为突出的是为与外部性的相关公共管理部门和建设主体等提供了积极的沟通渠道（图5.3.4–9）。整个过程体现了城市设计与各类相关管理者的协同管理，以及与建设主体之间紧密的合作伙伴关系。更为核心的特征是决策的共识性。共识的形成基于一个开放平等的对话机制。对项目实施产生影响的各类参与者被纳入沟通框架中，协作性的组织管理为此提供了支撑。城市设计管理者为其提供的解释工作贯穿始终，促进了相互理解和信任。公开讨论的各类会议推动着各方有效对话，使得设计共识能逐步形成。

UBPA 的设计管理中结合了不同管理方式的运用，但沟通型管理方式在整个过程中具有突出的表现，并对最终的实施结果产生主导的影响。对实物展示案例采取这一管理方式是由世博会主办方之于参展方的服务职能定位所决定的。虽然这一管理语境具有特殊性，但整个案例过程为我们展现了沟通型管理方式所具有的基本特征和其主导的价值取向。城市设计的沟通型管理方式仍然强调了这一专业领域在城市空间效果塑造上的价值追求，在满足管理效率要求的基础上，对效果的追求更多的是尽可能促使相关者满意的共识。

城市设计的管理方式就目前而言更为关注管制型管理方式，希望加强对城市空间品质的管理。然而，管制型管理提出的设计要求仅仅提供了设计的某些可能性。沟通型管理在设计框架的基础上提供了更多的创作空间，更重要的是它将在较大范围内形成设计共识，从而获得令人满意的效果。政府职能由管制走向服务的转变将使城市设计的沟通型管理获得更大的空间。对于具体的城市

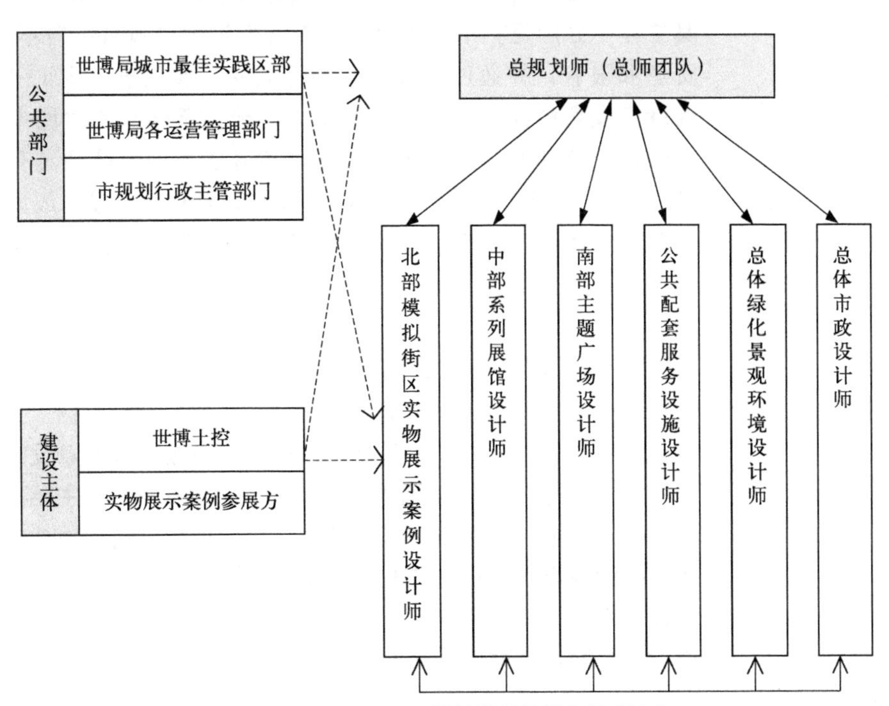

图 5.3.4–9　UBPA 设计管理的横向沟通协作
（资料来源：奚慧．公共管理视角下城市设计过程的解读[D]. 上海：同济大学，2015：222）

设计管理实践而言，这两种管理方式将各有所长，如何运用则是取决于其特定的管理语境。

5.4 城市设计的组织决策

城市设计自身结构体系的健全与完善是提高其可操作性和实施效力的必要条件。其中，城市设计的组织决策是一项尤其重要的内容，其在本质上是借助对城市规划与建设中各方面力量的影响力及利益的考量，借助参与、协商以及管理的方式与过程，寻求合理的城市设计组织程序，达成城市设计的科学决策。

5.4.1 城市设计的权利模型

城市设计活动在对城市形态环境的综合设计并形成政策、规则等管理语言实施作用的过程中，往往受到权力、市场、公众、技术等多种因素的影响、制约乃至主宰。设计是一系列的决策过程和公众参与的结果，它决定着城市和社区将来的形式。因此那些用决策、参与和影响力来决定城市形式的人必须对设计质量和重要性有足够的认识。设计者也只有与那些对城市活力具有强烈意识和责任的其他专业人员、政府官员、市民大众通力合作才能有发挥自己才能的机会。

(1) 利益主体划分

正如在本书第1章中所提及的，城市设计涉及政府部门、开发者、投资者、设计师、使用者等所有参与城市设计过程的多元主体之间复杂的互动过程，其主体十分广泛。不同的参与者在开发过程中具有各自不同的目标、动机、资源和限制，并通过多种方式相互联系（参见表1.3.1–1、表1.3.2–1）。而就开发角色而言，有公共和私人之分。不同机构对城市开发通常有不同的理解，公共部门与私人机构在城市开发目标上往往具有明显的区别（表5.4.1–1）。城市设计到底是追求私人机构投资回报的最大化，还是公共整体利益最优化？事实上，每一个机构都需要依靠其他机构来实现目标，其利益关系应是互补而非对立的，这从公共－私人合作组织的普遍增长可以看出[21]。

而在城市设计具体的运作中，更是涉及多方面的利益关系。这些利益主体有[22]：①管理方：特指负责城市设计运作管理的部门，主要代表公共利益和开发中的共同利益。②开发方：是指参与城市开发建设的各类公共和私人开发机构等利益团体，以追求个体的利益为开发目的和主要特征。③第三部门：则是指在城市开发建设中起到媒介作用的部门、机构的总称。一般包括设计咨询机构等半官方机构和非赢利团体，在管理方、开发方等各部门之间起到交流、沟通、咨询的作用。④市民及其团体：是指在城市设计地区日常生活中直接或间接的使用者及其团体，它代表着一定范围的公共利益和市民个体利益。

公共部门与私人机构在城市开发目标上的基本区别　　　　表 5.4.1-1

公共部门的目标	私人机构的目标
· 增强地方税收基础的开发 · 在其管辖区域内增加长期投资机会 · 改善现有环境，或者创造一个新的优质环境 · 能创造和提供地方工作机会，产生社会效益的开发 · 寻找机会以支持公共机构服务 · 满足地方需求的开发	· 丰厚的投资回报，同时考虑承担的风险和资金的流动性（利润空白点） · 任何时候任何地方产生的投资机会 · 支持某种开发环境，一旦进行投资，环境因素不会降低它的资产价值 · 基于地方购买力和市场成熟度的投资决策 · 关注成本以及提供开发资金的可能性

资料来源：(英) Matthew Carmona, Tim Heath, Taner Oc, Steven Tiesdell. 城市设计的维度 [M]. 冯江，袁粤，万谦，等译．南京：江苏科学技术出版社，2005：50.

（2）影响力与受益 [23]

McGlynn（1993）的图标阐明了不同参与者的影响力，以图说方式说明了影响力是怎样集中在能够直接启动与控制开发过程的参与者（即开发者与资金提供者）手中的（表 5.4.1-2）。她抓住了参与者之间的基本差异，包括可运用其权利启动或控制开发的、对开发的某些方面具有法律或合同责任的，以及在开发过程中具有利益关系或影响力的参与者等。设计师具有广泛的权益，但他们没有启动与控制开发过程的任何实际权力，包括当地社区在内的使用者在掌控开发项目方面权力也是缺乏的。影响力分析图还显示出设计师与使用者及普通公众之间目标的一致性。城市设计师因此在开发过程的生产方之中间接地成为了使用者与普通公众的代言人。

McGlynn 的影响力分析　　　　表 5.4.1-2

参与者	供给者		生产者					消费者
建筑环境的构成元素	土地所有者	资金提供者	开发者	当地政府		建筑师	城市设计师	日常使用者
				规划师	公路工程师			
街道模式	–	–	○	○	●	–	○	○
街区	–	–	–	–	–	–	○	–
地块细分与集合	●	●	●	○	–	–	○	–
土地或建筑使用	●	●	●	●	⊕	○	○	○
建筑形态 ——高度或体量	–	●	●	●	–	⊕	○	○
——公共空间中的方位	–	–	○	⊕	–	–	○	○
——立面	–	○	○	●	–	⊕	○	○
——建筑元素 （细部或材料）	–	○	●	⊕	–	⊕	○	○

●权力——启动或控制；⊕责任——法律的或契约的；○利益或影响——仅仅通过讨论或参与；– 没有明显的利益关系。

资料来源：(英) Matthew Carmona, Tim Heath, Taner Oc, Steven Tiesdell. 城市设计的维度 [M]. 冯江，袁粤，万谦，等译．南京：江苏科学技术出版社，2005.

对开发过程的管理、指导或控制可以通过一些既承认集体利益、也满足开发者利益的方式得到实现。每一次开发都必须有利于整体环境的改善，要使它得以实现，开发者必须尊重文脉、当地控制开发过程的规则，或是自我约束的规则体系。

虽然在创造积极的环境以及进行那些受益于并有益于整体环境的外向性开发时，集体利益会得到满足，集体行动问题可以通过较高级权力机构的强制或合作活动得到解决，但由于利益角色不同，互利性意见的形成往往并不容易。为了更有效地工作，城市设计框架需要就一个“好的”场所的构成要素问题在一定程度上达成一致意见，并将达成此目标设定为必要责任，这也为公共介入私人开发过程提供了正当理由。公共部门的任务不仅仅是“控制”与“引导”设计和开发，它可以采取投资或资助旗舰型开发项目、投资基于地区整体的改良性项目、基础设施改善项目等举措，以各种形式、利用各种不同的法定与非法定职能影响城市品质，帮助地区形成具有确定性与信任感的氛围（图 5.4.1–1）。

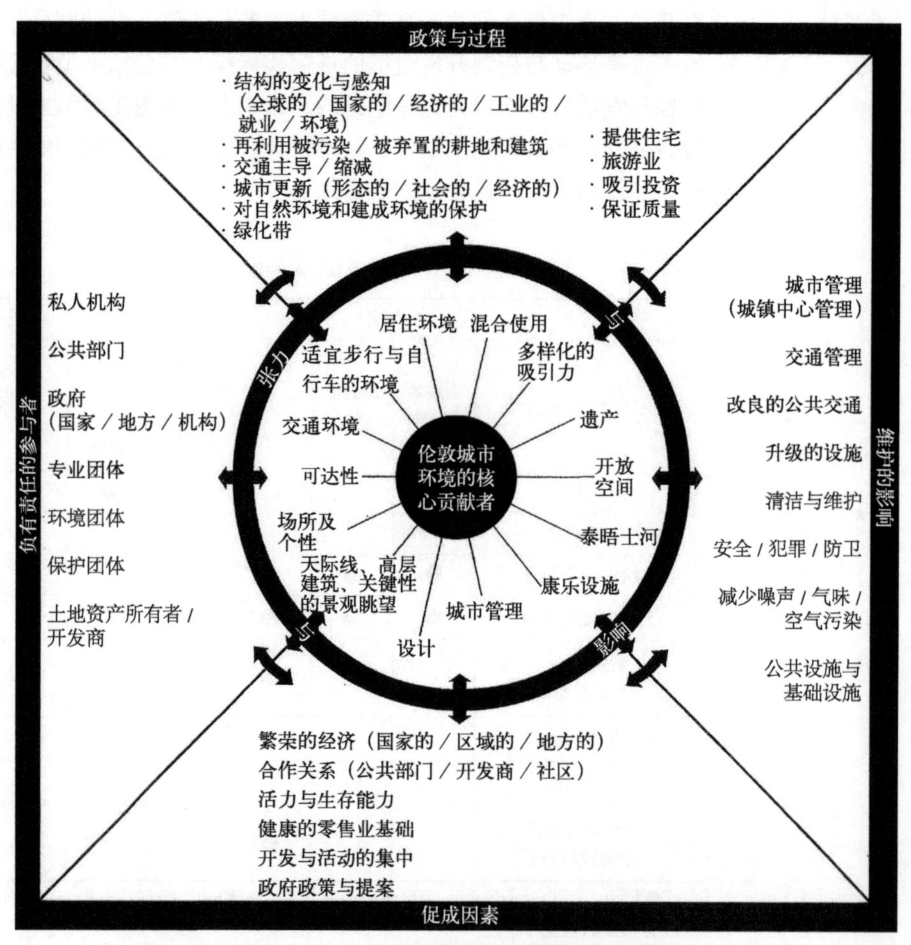

图 5.4.1–1　伦敦城市环境品质的核心贡献者

该图明确显示了公共机构与私人开发的关系，以及他们意图影响的核心品质。

（资料来源：（英）Matthew Carmona，Tim Heath，Taner Oc，Steven Tiesdell. 城市设计的维度 [M]. 冯江，袁粤，万谦，等译 . 南京：江苏科学技术出版社，2005：233）

好的城市设计既能提高开发者的个人利益，也可以有益于所有参与者（表5.4.1-3、图5.4.1-2）。相对于建设工程费用，好的城市设计并不会带来额外的成本。在英国的研究表明：虽然只是试验性的——较佳的城市设计与较高的价值及投资回报之间存在着联系（表5.4.1-4）。

城市设计价值的受益人　　表5.4.1-3

具有相关利益的群体	短期价值	长期价值
土地所有者	·土地价值增加的潜力	—
资金提供者（短期）	·依赖于市场的投资安全性增加的潜力	—
开发者	·更快地得到许可 ·公共支持增加 ·更高的售价 ·独特性 ·资金潜力的增加 ·便于处理难度较大的基地	·更好的名誉 ·未来可能带来更多的合作
设计专业人员	·工作量增加，并重复受到高素质的稳定客户的委托	·专业领域的声望得到提高
投资者（长期）	·租金回报的增加 ·资产价值的增加 ·运行成本的降低 ·更有竞争力的投资	·价值或收益的维持 ·维护成本的降低 ·更高的转售价格 ·更高素质的长期租户
管理机构	—	·如采用高质量的材料将较易维护
使用者	—	·较快乐的员工 ·更佳的生产能力 ·营业信心的增加 ·更少的破坏性迁移 ·其他使用功能或设施的可达性更佳 ·安全开支的降低 ·使用者声望的提高 ·运行成本的降低
公众利益	·可再生的潜力 ·减少公众与私人开发之间的不和谐因素	·公众支出的降低 ·有更多的时间来做积极性规划 ·邻里使用或开发机会的经济生存能力增强 ·地方税收增加 ·环境更加可持续发展
社区利益	—	·安全性增强，罪案减少 ·文化生存能力的提高 ·污染降低 ·压力降低 ·较好的生活质量 ·环境更公平、可达性更强 ·市民自豪感更强 ·场所感得到加强 ·房地产的价值上升

资料来源：(英) Matthew Carmona, Tim Heath, Taner Oc, Steven Tiesdell. 城市设计的维度[M]. 冯江，袁粤，万谦，等译. 南京：江苏科学技术出版社，2005：229.

(a) (b) (c)

图 5.4.1–2 宁波天一广场

天一广场位于宁波市中心繁华商业街中山路南侧，占地面积 20 万 m^2，包括 10 个大型商业区和 1 个中心广场。主体建筑由 22 座欧陆风情浓郁的现代建筑群组成，总建筑面积 22 万 m^2。围合式建筑群中央为 3.5 万 m^2 的中心广场和 6000m^2 的景观水域。在空间布局上，中心偏移、平面进深最小化，商业周边化。其进深最小化带来了最大化的立面，同样也被尽可能地多样化。商业空间两面开敞，公共空间占据了整个场地，成为完全透明和流动的自由空间。这使小型商业行为成为可能，维护了一种正在消亡的多样化的传统商业方式。同时，也产生了一个与城市中心区域大尺度相匹配的市民广场，成为宁波都市生活和商业活动的大容器和大舞台；在业态组合方面，分布合理且功能齐全，是大型的“一站式”购物商业广场，拥有 10 个商业区，具备了“吃、行、娱、购、游”等基本旅游要素内容，是宁波市中心最具活力、最时尚的商业广场和最新的商业形态；另外，通过业权集中、只租不售的经营模式，保留了管理及选择商户的权力，从而实现长期有效的管理及控制商户素质及档次。天一广场弥补了宁波中心地区乃至整个城市标志性建筑物及大型购物中心的空白，并成为了宁波城市品牌的重要代表，提升了宁波城市形象。可谓是开发者、使用者的双赢设计。

(a) 天一广场区域鸟瞰（资料来源：(a) http：//www.nbcbd.com/tianyi）；
(b) 天一广场功能平面（资料来源：(b) http：//www.nbuci.com）；
(c) 天一广场景观（资料来源：(c) http：//www.ikuku.cn/post/28961）

英国较佳的城市设计为开发增值的途径　　表 5.4.1–4

序号	城市设计为开发增值的途径
1	通过较高的投资回报（较高的租金回报与增加的资本价值）
2	通过建立从前可能并不存在的新的市场（例如市中心的居住），以及通过细分产品并提高其声望来开发新领域
3	通过回应使用者的明确需求，这也有利于吸引投资
4	通过促进发放基地内更多的可租用面积（高密度）
5	通过减少管理、维护、能源与安全开支

续表

序号	城市设计为开发增值的途径
6	通过使员工更具生产能力与满足感
7	通过支持充满生活气息、混合使用的开发元素
8	通过开拓新的投资机遇、提升对开发机遇的信心以及吸引政府津贴
9	通过经济复兴与“场所营销”获得利润
10	通过发布可行的规划成果，以及减轻为改善质量较差的城市设计而产生的公共财政负担

资料来源：(英) Matthew Carmona, Tim Heath, Taner Oc, Steven Tiesdell. 城市设计的维度 [M]. 冯江，袁粤，万谦，等译．南京：江苏科学技术出版社，2005：231.

5.4.2 城市设计的组织模式

城市设计具有高度的综合性，涉及政治、经济、文化和法律等多方面的社会要素。因此，城市设计必须寻求一种能够协调和均衡这些影响因素的组织模式，建立专门化的设计部门、采取合理有效的行政架构，以直接介入和引导决策设计的过程，协调利益、交流信息、理顺关系、监督执行，促进城市整体目标的实现，并确保城市公共政策前后的连续性与一贯性。而把城市设计组织融入到政府的职能机构中去，使得城市管理机构间的合作和城市设计实践合法化，是城市设计推展的关键。

城市开发主体随着市场经济的发展逐步转向私营部门，城市空间设计由私营部门主导。然而由于市场失灵和外部性作用，城市空间的设计和管理逐步引起公共部门的关注。城市设计过程逐步演变成为公共行政过程，而公共部门也成为了城市设计主要的管理主体。与城市设计相比，公共部门始终是规划管理的主体。即使私人运作的城市设计项目也必然会经公共决策予以认可，公共部门在城市设计过程中的角色作用逐步加大。

城市设计运作管理的组织模式，即城市设计纳入城市规划建设管理过程的组织方式。城市开发方式、建设项目性质、城市建设管理体制等的不同，往往使得城市设计运作管理具有不同形式。但在同一个城市中也可以兼备多种模式，只要其有利于城市设计在实际建设过程中的实现。按城市设计运作中不同的利益主体，城市设计组织机构的形式大致可以分为以下三种模式：政府组织模式、第三部门组织模式、联合组织模式[24]（表 5.4.2–1）。

城市设计运作组织模式之比较　　表 5.4.2–1

类型		特点	缺陷	国外案例	国内案例
政府组织模式	集权	政府全面管理，保证和控制城市设计的计划和实施过程	城市设计计划与开发市场的结合尚待加强	· 美国旧金山 · 美国亚特兰大	· 上海静安寺地区 · 深圳福田中心区 · 西安钟鼓楼广场地区
	分权	各分权机构对城市设计研究较为深入细致	各分权机构之间交流协调能力有待加强	· 美国巴尔的摩	—
第三部门组织模式		半官方和非盈利组织的介入，成为投资方、政府、市民间交流的媒介，更好地将市场与城市设计计划相结合	对大型的重要项目而言，第三部门尚难取代政府的统领和权威性作用	· 美国巴尔的摩查尔斯中心及内港开发管理部	—

续表

类型	特点	缺陷	国外案例	国内案例
公司联合组织模式	多元管理主体更适于综合考虑公共利益、开发商的共同利益与私人开发利益。具有更高的管理效率和内在积极性，将设计的整体计划与市场开发密切配合，成为积极型城市设计管理的组织形式	大大增加了组织者协调多方面利益的精力和过程	· 日本大阪商业城 · 日本横滨城市绿园	—

资料来源：庄宇．城市设计的运作[M]. 上海：同济大学出版社，2004：97.

（1）政府组织模式

政府组织模式是指由政府全权进行城市设计运作管理的组织方式，按照管理组织权力的集中或分散，可分为集权管理组织模式和分权管理组织模式：①集权管理组织模式下（图 5.4.2–1），政府对城市建设中的多项管理内容具有高度集权化的特点，使其在综合、协调、控制多项开发建设活动中具有较高的效率和行政权威，例如我国上海浦东陆家嘴金融贸易区、美国华盛顿特区对城市设计的运作等。这一方式有力地保证了城市设计和规划在城市建设过程中的重要地位，强化了对设计目标的管理和实施开发过程的控制，但对城市建设开发市场的变化应对较慢，在实践上宜强化与市场要求的结合。②分权管理则是较为常见的组织模式（图 5.4.2–2），城市设计运作过程中的各项内容的管理权和责任则由不同的政府分支机构分别承担。这种模式下，各个部门所进行的专项研究可以更为深入，对于实施某些专项系统的城市设计较为有利。

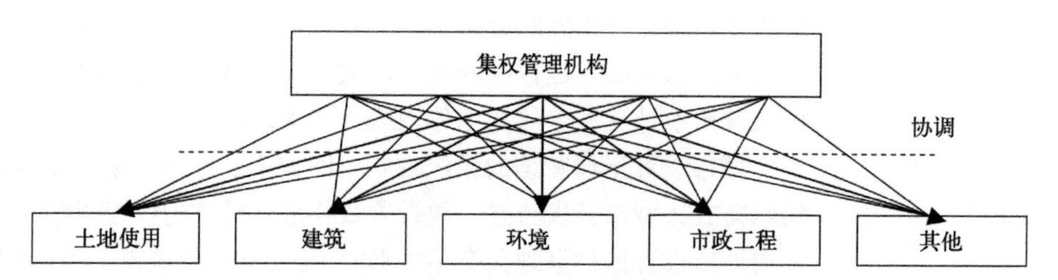

图 5.4.2–1　集权管理模式
（资料来源：庄宇．城市设计的运作 [M]. 上海：同济大学出版社，2004：94–94）

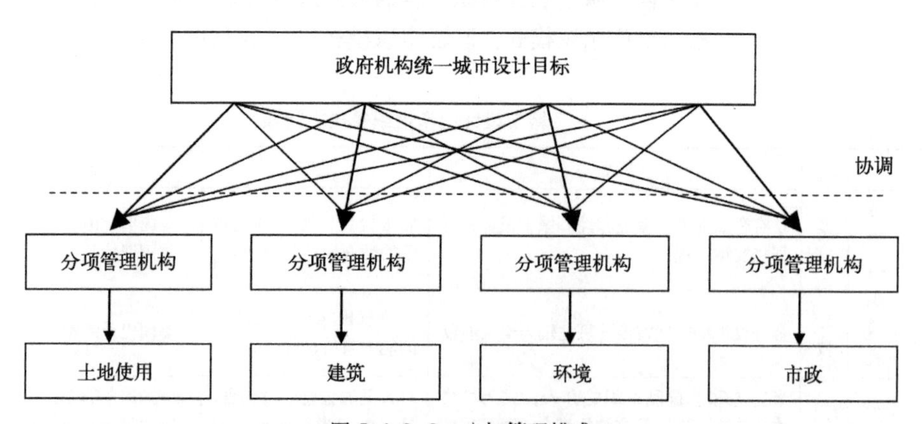

图 5.4.2–2　分权管理模式
（资料来源：庄宇．城市设计的运作 [M]. 上海：同济大学出版社，2004：94–94）

(2) 第三部门组织模式

第三部门组织模式强调城市设计运作的管理中，通过第三部门的介入乃至主导，平衡各方利益，调和市场需求和发展计划，使组织及其管理活动过程成为城市开发建设中公平、公正的媒介体。例如，"美国巴尔的摩市的查尔斯中心及内港开发管理部就是这样的组织，由市中心的企业家、设计咨询机构和市民共同组成管理这一特定区域的开发建设，维护城市的活力和特色，在这个组织的努力下，仅用17年就实现了市中心区的改造计划。"[25]

(3) 公私联合组织模式

公私联合组织模式是指由政府、开发商等共同组成城市设计管理机构，通过长期的合作，确定和实施共同发展目标的组织模式。这一模式力图在组织机制中把公共利益、开发中的共同利益与个体利益结合起来，充分发挥城市设计的综合协调能力，公私联合的多元化管理主体，使城市设计的目标制定和决策过程更具公平性、主动性和高效率，成为整体计划与个体开发密切结合的积极型城市设计过程。当前在不少国家的城市设计运作和实际开发建设中已逐步得到应用和重视。日本大阪商业城（Osaka Business Park，简称OBP）地区即是基于公司联合管理组织模式的典型案例（图5.4.2–3）。目前，我国城市建设领域的管理体制采用的是接近西方国家"分权"的模式，城市设计工作由规划部门牵头，同时分散到多个职能机构负责，各机构分别处理各自管辖范围内的专项设计问题。但对于专业设计力量较强的城市，如北京、上海等，较理想的应是以集权管理模式为基础，由在城市规划设计领域和其他相关领域具有相当造诣的权威学者组成的专家组进行讨论、商定和决策（图5.4.2–4）。我国的中小城市通常比较缺乏城市设计人才，则可以组织临时性机构来进行运作管理（图5.4.2–5）[26]。

由于管理主体和管理对象的变化，城市设计的组织管理模式也随之得到发展。一种方式是将城市设计作为一整个项目进行管理，其组织模式将以项目管理主导，强调多元协作的组织过程；另一种方式将城市设计作为管理工具，其组织模式将以政策管理主导，强调设计控制的管制作用。城市设计的组织管理传统上以层级制为主，适应其管制职能的发挥。强调纵向等级体系，例如城市设计审批的组织架构。随着城市设计管理实践的发展，为获得更好的管理绩效，城市设计采用多元协作的新管理组织模式。这一模式强调了城市设计管理的服务职能。虽然管理组织从管制导向转变为服务导向，但两者在实际的操作中同时存在。与规划相比，城市设计的管理具有很强的灵活性。

5.4.3 城市设计的决策过程

"日常的决策过程，才是城市设计真正的媒介"（J.Barnett，1974），连续决策的过程对现代城市设计起着巨大的促进作用。而借助不同的组织模式，不同国家、不同制度下，城市设计具有着不同的决策过程，其中涉及不同的城市设计实践内容。N·利奇菲尔德（N. Lichfield）分析设计过程中的选择、决策和行动时就谈到城市设计实践过程中牵涉的许多不同方面[27]（图5.4.3–1）。经济、政治活动与主流价值观都影响着决策行为。

(*a*) (*b*)

(*c*) (*d*) (*e*)

图 5.4.2-3　日本大阪商业城（OBP）地区

（*a*）1969 年制定的大阪商业城计划；（*b*）修订后的大阪商业城开发计划；

（*c*）连通至住友生命大厦的二层步行休息天桥；（*d*）人行步道；（*e*）主要道路一侧的协议绿带

OBP 地区位于大阪市东西轴线上，在“大阪 21 世纪计划”的构想中，该地区拟定为大阪城市副中心部分。这一地区的开发管理（包括城市设计和规划管理）的组织由多家开发团体与政府管理部门共同组成，即“大阪商业城开发协议会”。开发协议会成员从 1970 年由获得地区开发权的 4 家发展到 1991 年的 12 家，经过 20 多年的共同努力，全面实施了经过多次修改、调整的城市设计目标和构想，既保证了区内土地开发、市政、交通、景观等多项工程的综合化设计和实施，也通过城市设计的系统化设计，将公共设施与私人开发设施紧密结合，使地区的容积率达到 6.0，远远超过常规的 4.0 指标，达到可观的开发效益，与此同时，在潜心而有效的城市设计指引下，对广场、步行区、绿化、人行天桥、广告物等作了详尽的设计，使这一地区在较高的开发强度和开发容量下，也获得了优美、丰富、亲切的空间环境和公共设施，成为日本 1980、1990 年代大规模开发的成功范例。

（资料来源：庄宇．城市设计的运作 [M]．上海：同济大学出版社，2004：94-95）

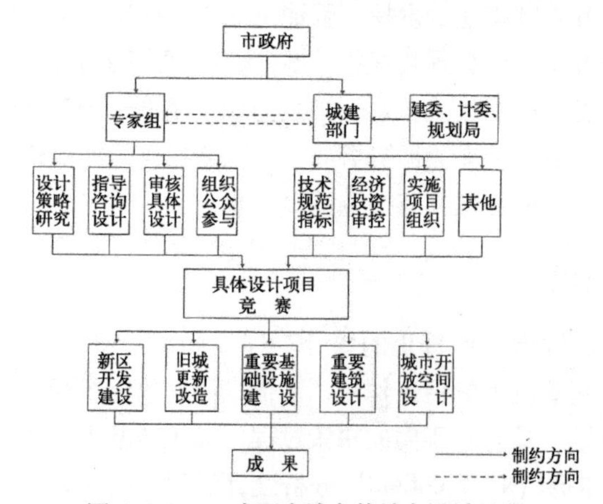

图 5.4.2-4　我国大城市的城市设计过程

（资料来源：王建国．城市设计 [M]．2 版．南京：东南大学出版社，2004：244）

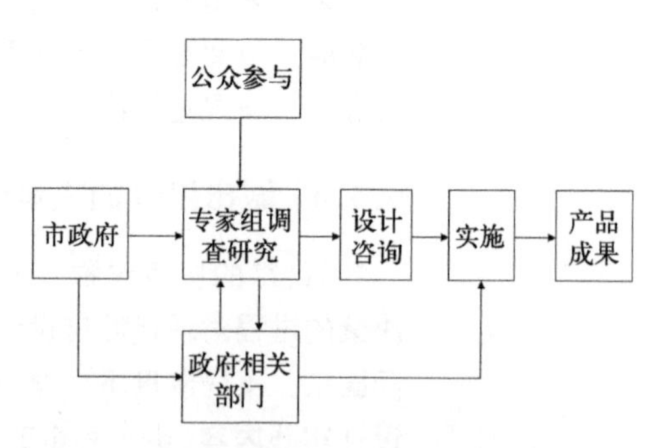

图 5.4.2-5　我国中小城市的城市设计过程

（资料来源：王建国．城市设计 [M]．2 版．南京：东南大学出版社，2004：244）

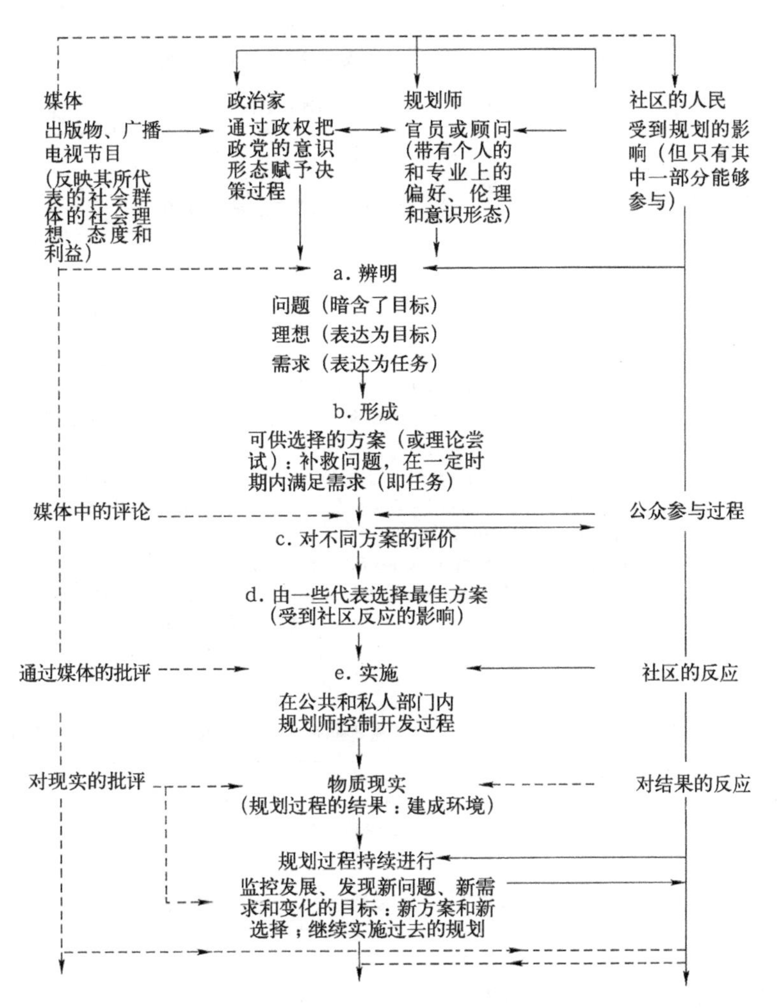

图 5.4.3-1 N · 利奇菲尔德分析设计过程中的选择、决策和行动
(资料来源:刘宛. 城市设计实践论[M]. 北京:中国建筑工业出版社,2006:339)

在大多数国家,设计审查与控制是与更广泛的规划过程紧密联系的,为了保证获得规划或建造许可,需要就设计审查与控制进行成功的协商。设计审查过程可能是“综合”的(图 5.4.3-2),也可能是“独立”的(图 5.4.3-3)。无论采纳何种行政程序来审查开发项目的设计,方案所需精力的设计评价过程大体类似,不仅包括正式的申请展示与公众咨询程序,还包括非正式的评价、专家咨询以及与管理者的协商等过程[28]。而所有的设计政策与导则都应当受到定期监控,以评估它是否能有效地达到目标,并利用成果资料提高政策与导则框架的效能(Punter and Carmona, 1997)。就城市设计方案来说,应当根据初始设计纲要或政策目标以及使用开始后的评价,对已建成项目作出评估。而对于公共部门,对规划诉求的成效以及规划实施所达质量的评估也是可以监控的。监控活动应当包含所有参与决策的组织与人士,还有接受服务及使用完成项目的用户[29]。

在亚洲,日本横滨(图 5.4.3-4)和新加坡的经验比较令人瞩目。与政府等部门机构的合作促使城市设计实践日益合法化,他们运用各种途径推动了城

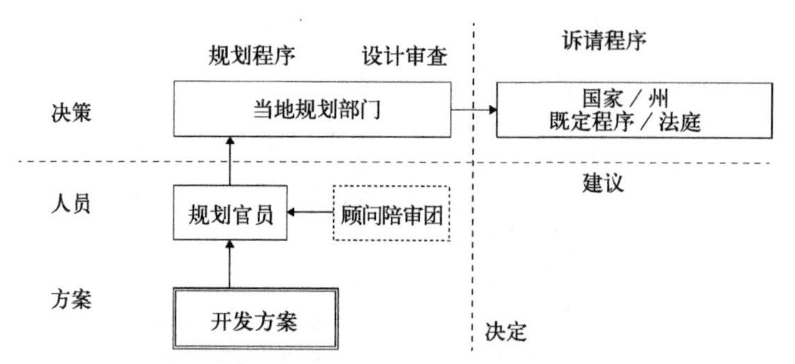

图 5.4.3-2　设计审查过程的综合模式

这一模式将设计作为整体规划过程的组成部分，可以建立、理解并衡量设计与其他规划元素——如经济发展、土地使用、公共基础设施等——之间的联系，为决策的制定提供资料并权衡利弊。然而，设计目标可能会、并且常常会成为追逐短期经济与社会目标的牺牲品。英国的设计控制程序提供了一种综合方式。一些政府机构召集非法定的设计审查团，为处理设计问题的规划委员会提供建议。在英格兰，还存在着建筑与建成环境专门调查委员会（Commission for Architecture and the Built Environment），他们可以执行独立的设计审查。

（资料来源：Blaesser in Case Scheer and Preiser，1994．转引自：（英）Matthew Carmona，Tim Heath，Taner Oc，Steven Tiesdell．城市设计的维度[M]．冯江，袁粤，万谦，等译．南京：江苏科学技术出版社，2005：249）

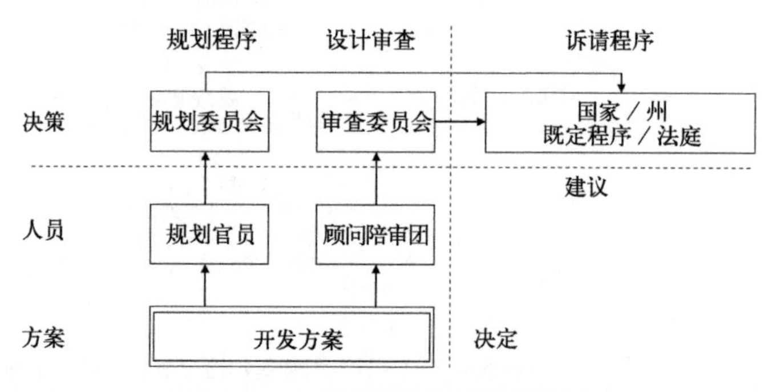

图 5.4.3-3　设计审查过程的独立模式

在这一模式中，设计决策与其他规划元素呈分离状态，有独立的实体负责审查与控制设计。在获得或被拒绝授予开发许可之前，各种设计问题就得到了适当的衡量，其执行者通常是对设计具有较深入认识的工作人员：这种情况总是不会在综合模式中出现。独立模式的一个缺陷是难以在设计与其他规划元素之间建立必要的联系，而其中某些部分对设计成果具有重要的影响，例如有关土地使用分区、密度以及交通或基础设施设置的决策等。在这些情况里，设计常常被缩减为纯粹的艺术问题。美国许多市政机构都使用独立模式，而设计审查团一般仅为规划委员会提供建议。在某些条件下，设计审查团也可被授予权力对设计事务作出最后决策。

（资料来源：Blaesser in Case Scheer and Preiser，1994．转引自：（英）Matthew Carmona，Tim Heath，Taner Oc，Steven Tiesdell．城市设计的维度[M]．冯江，袁粤，万谦，等译．南京：江苏科学技术出版社，2005：249）

市设计的开展。美国政府从 1969 年开始支持城市设计，起初把“城市环境设计程序”作为国家环境政策的一部分，1974 年又通过了“住房和城市政策条令”。自从城市设计在美国作为公共政策实施以来，至今已有 1000 多个城市实施了城市设计制度与审查许可制度（图 5.4.3-5）。实践中，培根在城市设计与地方政府结合方面取得了杰出成就，巴奈特与纽约市政府在纽约城市设计的机构组织和合作经验，也是这方面著名的成功案例之一（图 5.4.3-6）。

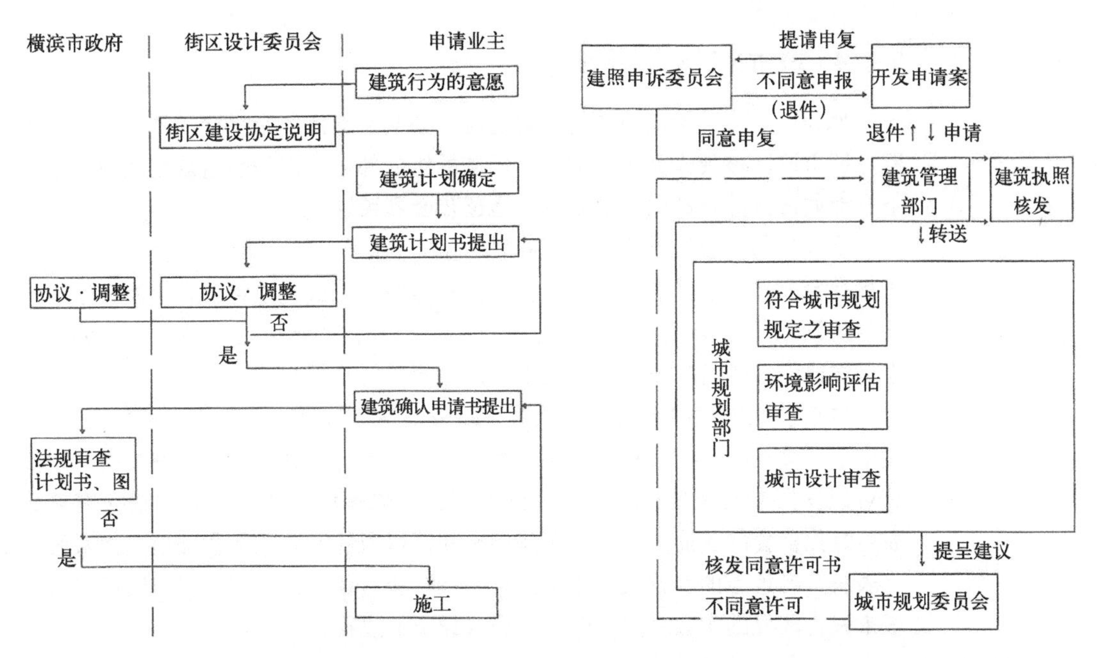

图 5.4.3-4 横滨伊势佐木町建设审议、管理程序

（资料来源：林钦荣．都市设计在台湾[M]．台北：创兴出版社，1995：180）

图 5.4.3-5 旧金山城市设计审议过程

（资料来源：林钦荣．都市设计在台湾[M]．台北：创兴出版社，1995：166）

适用案由与申请案	审议流程					
	城市规划局与都会计划委员会	城市规划局	社区委员会	社区委员会	城市规划委员会	市评监委员会
·城市规划图变更 ·依土地细分规划 ·进行开发之申请案，土地使用分区变更申请 ·重大公共工程计划基地选择评定 ·特殊许可建筑开发申请案 ·市区公共景观、公共工程，改善计划与工程执行 ·住宅计划及城市更新 ·新生地开发，市有土地租用或标售与开发利用 ·分区管制规划之市民上诉申请案件	·受理收件，并于受理后7日内通知社区委员会 ·检查申请之必要资料	·申请案件提交社区委员会 5天	·举办公听会 ·提出公听会结论及建议事项 60天	·举办公听会 ·提出公听会结论及建议事项 30天	·举办公听会 ·整理提案报告书 60天	·举办公听会 ·裁决 60天

图 5.4.3-6 纽约城市设计审议过程

（资料来源：林钦荣．都市设计在台湾[M]．台北：创兴出版社，1995：151）

5.4.4 城市设计和公众参与

作为一个多元价值协调的政治过程，公共参与始终是贯穿于整个过程的主题。城市设计被视作城市规划管理领域的组成部分，因而随着规划的政治意识上升而城市设计管理中的公众参与也逐步受到关注。

公众参与是公民自愿地通过各种合法方式参与政治生活的行为。公众参与是指社会成员在选择统治者，直接或间接地在形成公共政策过程中所分享的那些自愿活动[30]。公众参与一般指在涉及公众利益的社会经济活动中，公众在享受法律保障的基本权利的基础上广泛地行使民主权利[31]。

城市设计过程中涉及人的维度，即公众参与过程。而作为一种社会实践，城市设计实践必然把公众参与纳入其中，公众参与在城市设计实践的各个阶段都可以发挥非常重要的作用。公众参与关注的是城市建设发展中最没有充分表达意见机会的普通大众，而不是拥有决策权力的行政官员和部门，以及经常代表决策者意志的专业设计人员。B · 古迪（B.Goodey）认为，从某种意义说，城市设计成果的实现就是一个争取公众理解的过程。

（1）公众参与的缘起与发展

从1950年代起，经过约20年的探索，建筑、城市设计以及规划领域，“参与性设计”成为世界的潮流，也成为现代城市设计中的一个重要议题，公众参与作为通往公平公正的最为直接和重要的手段也越来越得到大力的宣扬。至少从1960年开始，物质空间规划中的社区参与办法就已经开始形成，并且通过不同程度的参与或“参与梯度”形成其自身的特征。

1965年，荷兰建筑师哈布瑞根提出了住宅建设的“支撑体”系统（SAR），后又扩展到城市设计（1973）。他把城市物质构成更广义地命名为“组织体”，而把广义的基础设施、道路、建筑物承重结构命名为“骨架”。组织体决定该地区环境特色和人群组织模式，设计可由居民来共同参与决定。哈布瑞根为设计思想及实践走向社会、走向群众和变革传统的人—委托关系作出了贡献。麻省理工学院的透纳教授运用人类学的研究方法在秘鲁、墨西哥与穷人一起生活了17年，1963年发表了他撰写的关于违法聚居区的报道。此后，他又写了《贫穷的安全感》、《民建住宅》和《建造的自由》一系列重要著作，抨击政府对上述定居点的不公政策[32]。1969年谢莉 · 安斯汀（Sherry Arnstein）在《市民参与阶梯》中对公众参与的阶段和特征进行了概括，其总结的参与三个层次八种形式成为了对公众参与程度的经典衡量标准。约翰 · 弗里德曼（John Friedmann）则认为：“社会应当具有相当的民主，各个行动团体可以承担一定的具体任务，进而构成更大的社会网络，团体内部相互对话，对外部有巨大的抗争力，城市规划的实践应该通过一系列社会运动的网络结构明确地定义自身”，并应该追求“明确的价值观”[33]。

当前英美是公众参与组织比较普遍的国家之一。英美最初的城市规划实践中就已经包含有公众参与的做法。霍华德（E.Howard，1898）的田园城市，就强调了个人和社会团体在城市建设中的巨大作用，其土地公有、团体协作建设住宅等思想体现了以人为本，让市民成为城市管理的参与主体、监督主体和实际得益者的理念。1947 年英国的《城乡规划法》所创立的规划体制就已经允许社会公众发表他们的意见，并要求地方规划部门公布所编制的规划。英国 1971 年的《城市规划法》中的一些规定也使得公众参与通过与城市规划的体系和程序相结合，在规划中建立了更为有效的开展公众参与的机制，使得规划工作在更广泛征求民意的基础上获得最有效的成果[34]。而英国以 2004 年的《规划和强制性收购法》的颁布为标志，城市规划体系发生了重大的改变：规划体系结合地方政府架构的变化，更为强调政府效能的发挥和社会公众的参与，强调可持续发展原则的贯彻执行[35]。

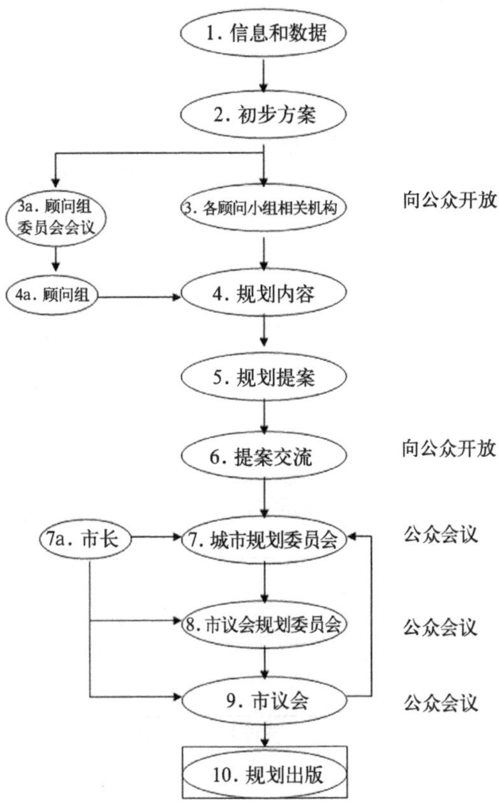

图 5.4.4–1　公众参与在美国规划决策程序中的体现
图中所列程序中，规定向公众开放的有第 3、6、7、8、9 步骤，而且其中第 7、8、9 步骤作为公众会议、听证会的形式进行。
（资料来源：杨贵庆．试析当今美国城市规划的公众参与 [J]．国外城市规划，2002（2）：68）

在美国，1909 年芝加哥规划通过公共宣传，重视公众的规划教育，将之视为规划实践的一部分。美国 1926 年的《标准区划授权法》和 1928 年的《城市总体规划授权法》中也都有对规划中公众参与的要求。1951 年纽约曼哈顿区区长华格纳（Robert Wagner）首次创设了社区规划议会，提供了社区参与的机制[36]。而从 1956 年的《联邦高速公路法案》，到 1970 年代的《环境法规》，再到 1990 年代的《新联邦交通法》，对公众参与城市规划的程度、内容都进行了不断深化。美国大城市的规划决策程序共有 10 步（图 5.4.4–1），其中公众参与占了较为重要的地位。可以说，从规划方案的开始到提出，顾问咨询组和任何感兴趣的社会团体都可以发表意见，使得公众参与在规划决策体制中得以保证。而美国的《精明地增长的城市规划立法指南》基于公众要求在立法过程中增加发言权的要求，加强了公众在城市规划中的作用，使得由下而上的规划成为规划法规的法定要求[37]。而且，美国不仅在城市设计控制过程中强调公众参与，还鼓励各个社区编制各自的设计导则。例如，西雅图市政府就印制了社区设计导则的编制指南，详尽阐述了组织过程、社区调查、拟定设计目标和编写设计导则的基本要点，并在财力、人力和物力上提供相应的帮助（表 5.4.4–1）。

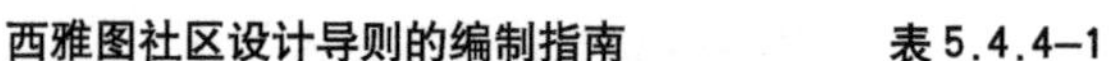
西雅图社区设计导则的编制指南　　表 5.4.4–1

工作阶段	政府的帮助	导则编制工作
组织和设计过程	可以向市政府申请邻里配套基金。 市政府参加工作启动会议。 市政府为调查邮件提供地址清单	成立邻里工作小组。 设计工作过程和公众参与计划。 制定时间进度和预算。 聘用咨询机构（可选择）
进行邻里调查	市政府提供地形图、文件和土地使用／区划信息	完成初步任务（界定研究地域、准备地形图、汇编研究报告）。 进行物质调查，包括自然和文化特征、土地使用和区划。 其他调查（可选择）。 分析邻里的区别。 汇编和分析结果
了解公众意愿和确定目标	可以参阅市政府收集的各种设计导则。 市政府可能参加社区会议	调查设计和开发意愿（社区讨论会）。 将需求和意愿转译成为目标。 目标排序（社区讨论会）。 编制邻里设计图（可选择）
编写导则	市政府评议邻里设计原则。 市政府可能参加社区会议	查阅城市范围的设计导引。 评议城市范围的设计导引是否表达了邻里目标。 编写导则，如有需要可展示。 导则草案的社区评议（社区讨论会）。 导则的正式稿呈报市政府审议和批准

资料来源：J. Punter. Design Guidelines in American Cites：A Review of Design Policies and Guidance in Five West Coast Cities [M]. Liverpool：Liverpool University Press，1999.

在法国，公众参与主要是通过城市规划中的“公众咨询”和“民意调查”来实现。法国公民有着以社会运动的方式自我组织参与政治的传统，公众参与进入实质性操作也是1960~1970年代城市社会运动推动的结果，并通过法律形式将其确定下来，公共参与真正全面推进则得益于1980~1990年代的地方分权制度。而为保证公众从规划的一开始就参与方案的制定过程，法国政府决定在规划编制与修订程序中增加公众咨询的环节，并在1985年的《城乡规划指导原则的制定与实施法》中规定下来。而1999~2000年的《社会团结与城市更新法》等法律重新制定了法国城市规划体系的指导原则框架，进一步扩大了其中公众参与的使用。其中，扩大了民意调查在规划编制中的应用，使之成为在环境保护和城市规划决策中最基本的公众参与程序[38]。

日本近代城市规划则是中央集权体制下的政府公共项目，1868年新的《城市规划法》开始实现城市规划方面的地方自治，明确了“城市规划决策权移交给都道府县知事及市町村级政府”，同时还增加了规划编制和决策审议阶段引进公众参与程序的内容[39]。1970年代日本城市规划重点从基础设施建设和大型综合开发逐渐转向社区建设，为市民自下而上地参与规划提供了良好的土壤。1980年日本实施了地区规划制度，并充分保证了地方基层政府的决策权和公众的参与权。1992年的《城市规划法》则标志着城市总体规划进入了市民参与型的新阶段。1990年代的《特定非营利性法人促进法》促进了民间NPO（Non Profit Organization）为组织形式的公众参与，以市民为主题的参与型社区建设活动日益增加（图5.4.4–2）。

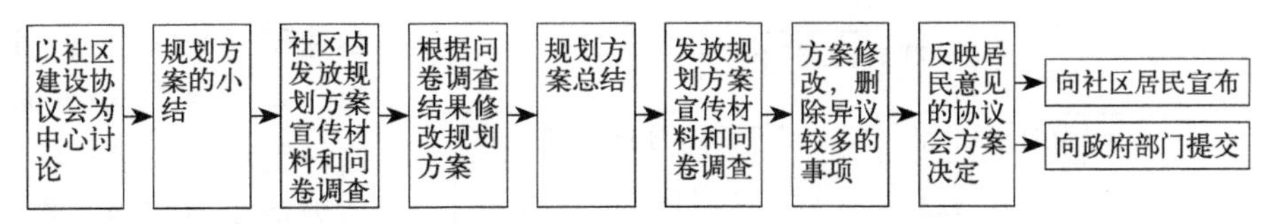

图 5.4.4-2 公众参与在日本地区规划编制程序中的体现
（资料来源：王郁．日本城市规划中的公众参与 [J]. 人文地理，2006（4）：36）

如今，以社区为基本单元的公众参与的模式较为成熟，公众参与在城市设计、历史街区保护、社区规划建设、可持续的生态城市建设等方面都得到发展，在规划的立项、编制、审批、实施等层面也得到充分应用。如何让公众参与更具效力、更多地设计公众参与规划设计的实践方式成为当前研究的重点。

（2）公众参与的方式与效力

在城市设计过程中，公众参与可通过多种形式进行：专家研讨法、情况通报和邻里会议、公众听证会、公众通报、市民特别工作组、组织公众到规划地址参观、市民意向调查、利用新闻媒介举行问题辩论会、举办方案展览以及关于规划设计的公众论坛等。其中，有的适用于确定价值和目标，例如居民顾问委员会、意愿调查、邻里规划议会等；有的适于方案选择，例如公众投票复决、社区专业协助、比赛模拟等；有的适用于实施方案，例如市民雇员、市民培训等；还有的适于方案反馈和修改，例如巡访中心、热线，还有远景设想等。另外，为了帮助公众理解城市设计实践的公共过程，媒介也可以起到相当重要的作用。除了报纸、收音机和电视报道外，电视实况作为设计媒介也是很成功的。电视如今已经成了公众参与的论坛，公众被鼓励各抒己见，提出自己的设想和观点，各种公众听证会也通过电视作实况转播。

公众参与在推动规划和设计内容从工程技术向公共政策转型的过程中，在城市设计实践的各个阶段都可以发挥非常重要的作用：①确定问题、需要以及重要价值；②发现思想和解决问题；③收集人们对建议的反应和反馈；④各备选方案的评估；⑤解决冲突、协商意见[40]。例如在旧金山 1971 年的城市设计中，设计研究人员发现道路拓宽、开放空间开发、旧金山湾不加选择地填充、传统地标的破坏、街道清空、大体量的高层新建筑等是近 10~15 年呼声最高的问题。为了了解公众的意向，他们采取了社会调查、公园使用者调查、街道活力调查、问卷调查、城市设计顾问委员会、公众听证会等手段。通过不同渠道调查的结果，无论是人们提出的问题还是对不同问题强调的程度都惊人地相似。由此设计人员掌握了主要问题和任务，为进一步工作提供了重要信息[41]。而台湾则由地区居民结合规划设计专业人员一起制定“地区发展计划”，针对地区面临的内外环境进行检视与讨论，达成共识并勾勒出发展愿景，进而拟定出具体行动策略与方案，提升地区生活环境品质。该计划以“里”为单元或以日常生活圈为范围，通过“策略行动”的方法来持续开展“社区经营”与“环境改造”工作（图 5.4.4-3）。

公众参与的组织还直接影响着城市设计的可操作性和实施效果。波士顿的“大隧道”（Big Dig）工程就是一个重要代表。该工程是美国有史以来最为庞大的公共建设工程，造价近 159 亿美元，将 1959 年修建的跨越城市上空的

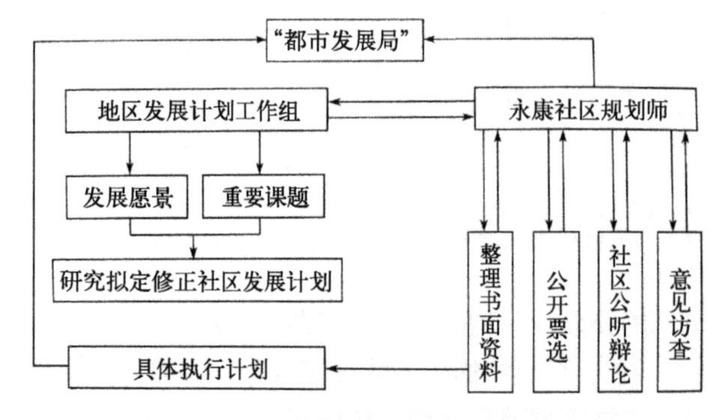

图 5.4.4-3 台湾永康社区"地区发展计划"流程
（资料来源：陈毓芬．永康社区梦想的蓝图[J]. 空间，2000（8）：132）

高速干道——中央干道埋到地下，成为一条长达 12.6km 的地下快速隧道。这一工程解决了长期以来困扰波士顿的地面交通问题，将地面空间还给城市生活，并开发为居住、商业和绿化相结合的综合城市廊道，重建城市与海、城市与人的空间联系，形成面积约 1km^2 的城市绿地和开放空间。而总造价中有 1/4 用于公共参与项目，公众的全过程参与对项目的最终建成状况产生了至关重要的影响。

在项目开展初期，主要的公众参与形式为参与设计。为了使中央干道地区的受影响居民能够对整体的空间政策发表意见，大约有 66 个社会组织参与了这一进程，甚至学校的学生也用绘画为未来的波士顿提出了自己的想法，而一些社会的劳动群体则把重点放在了公共空间网络和住宅供给问题，以及如何重塑波士顿的特色上。

规划许可阶段采用的参与形式是公众评议和听证会。从 1983 年到 1991 年，"大隧道"工程的监理方和建设方共提交了三个版本的"环境影响评估报告"，放在图书馆、超市、邮局等公共场所，供公众取阅并提出意见，随后是听证会和为期一个月的公众再评议。发展到 1990 年，长达 500 页的《环境影响最终评估报告增补本》收录了公众评议 264 条。项目的发起者和交通顾问塞尔沃斯为了防止公众参与的成果因市及州行政长官的换届选举而化为泡影，把最具建设性的数条建议直接列入工程规划，因为规划书是受法律保护的。

总体设计阶段采取的参与形式是专家方案和公众意见相结合的方法。波士顿重建局和国际城市专家共提交了四个方案，最后的规划报告由波士顿重建局的城市设计团队在综合了专家、当地社团全体及其他利益相关者的观点基础上完成。总体概念方案形成后，又于 1997 年发布了一个名为"面向 2000 年的波士顿，实现美好憧憬"的新报告，许多自发的个人和组织、公共和私人部门都协助制定了独特的规划完成方案。在此过程中，将一些潜在的个人利益纳入社会群体的利益当中也是非常重要的，并以此摸索出一套具有创造性的参与途径，比如说工作培训，即在社会福利性住房中，将每平方英尺的 1 美元资金用于培训和工作机会的创造上。这意味着当地社区的人群也需要为参与项目的创造与管理而学习新的技能。正如当地社区参与者所说，居民这样便能直接同开发者商谈社会或文化利益。

在项目实施过程中，公众评议仍然发挥了重要作用。"大隧道"工程于 1981 年开始查尔斯河上的大桥设计，但因为各社团的意见不一而难以确定。当塞尔沃斯挑选出最后一个方案的时候，已到规划的时间期限，如想及时完工则要压缩公众参与环节。于是之后的一年，塞尔沃斯及其所在的规划小组没有公布便于公众理解的三维设计模型，而是在即将动工之际才公布。然而立即招致公众反对，其代价是工程延期和预算攀升。直到 1994 年，才达成各方都满意的方案，但因工期延误而带来的损失已高达 23000 万美元。为此，麻省公路

管理局主席马修·阿莫瑞乐表示，如果想要公众参与，就得花时间花钱，而这样的花费是值得的，因为“我们得到的是一座美丽的城市地标式桥梁，而不是一个几十年的遗憾”（图 5.4.4-4）。

随着 2002 年地下工程接近尾声，在地面工程再度加强公众参与已被视为

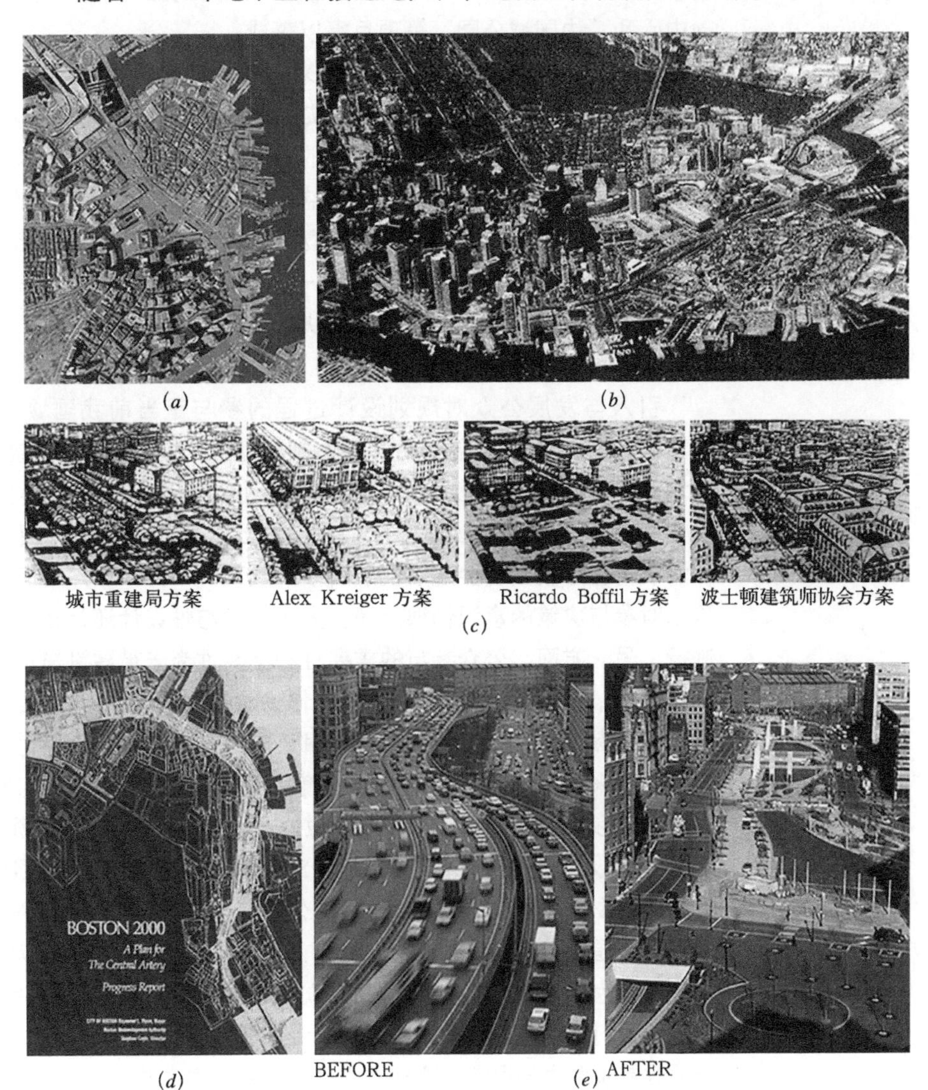

(*a*) (*b*) (*c*) (*d*) (*e*)

图 5.4.4-4 波士顿“大隧道”的规划建设

（*a*）波士顿中央干道平面

（资料来源：（*a*）http：//www.myoops.org/twocw/mit/NR/rdonlyres/Global/0/094DA14C-048C-417B-90EA-A6435461AC60/0/chp_bigdig.jpg）；

（*b*）波士顿中央干道鸟瞰

（资料来源：（*b*）G.B.Watson，I.Bentley. Identity by Design [M]. Oxford：Architectural Press，2007：219）；

（*c*）波士顿中央干道的四个重建方案

（资料来源：（*c*）G.B.Watson，I.Bentley. Identity by Design [M]. Oxford：Architectural Press，2007：222）；

（*d*）1999 年波士顿中央干道的规划报告；

（*e*）工程建设前后城市面貌对比

（资料来源：（*e*）http：//www.treehugger.com/files/2008/11/big-dig-results-in-more-traffic.php）

化解之前公众信任危机的必由之路：首先采用的是网上公示和公众培训的方法；而MIT城市规划系和电视台合作，把巴塞罗那、曼彻斯特等城市的成功案例介绍给公众；随后具体项目的确定借助于一个重要的组织形式——“社区创意对话”，以听取社区居民建议。正是在居民意见的主导下，“冬季花园”、社区活动中心和“中国城公园”等项目得以落成。

当然，公众的高度参与也会带来一系列问题。美国规划协会2002年发布的研究报告表明，“大隧道”工程的实际成本超过预算300%。其中，“公众参与”所带来的决策过程的缓慢是超预算的三个主要原因之一。公众参与程度也并非越高越好，因为人们都按照自身利益的最大化来发表意见，需要通过恰当的培训提高公众的实际参与能力，并建立强有力的组织过程和严格的操作程序，才能在公众参与的过程中保证效率。一般而言，在以社区为代表的基层，公众参与的可能性往往要高于更高的规划决策层面[42]。

（3）我国的公众参与问题

引入与发展公众对规划设计过程的参与是当前我国城市规划设计发展的重要内容。今天社会主义市场体制的建立必将伴随一个重要过程，那就是规划和设计决策将更多地采用“自下而上”而不是以往的“自上而下”的路径[43]。然而，与发达国家相比，我国的公众参与设计还有相当大的距离。这样的状况也是我国社会经济发展阶段的反映。一方面根深蒂固的传统观念导致群众对参与决策的意识仍很淡薄，大多数参与性设计还是在半公开化的过程中进行；另一方面，公众参与的重要性和必要性尚未被建设决策者和设计者所深刻认识[44]。当前，亟需将公众参与作为设计过程中必要的程序，并拓展和加强法规的保障。重要的城市设计项目还应经过人民代表大会讨论，并论证其可行性。未来，我国的公共参与将会随着我国民主法制的建设与发展同步成长。

目前我国公众参与可行的具体做法主要包括：① 2007年颁布的《城乡规划法》，规定人大代表、政协委员作为公众的代表可以参与规划设计的讨论和审查。并强调城乡规划制定、实施全过程的公众参与，将公众参与纳入规划制定和修改的程序，提出了规划公开的原则规定，确立了公众的知情权作为基本权利，明确了公众表达意见的途径，并对违反公众参与原则的行为进行处罚等（表5.4.4–2）。②专家顾问咨询的方式，即组织有关专家或科协的专门学会对拟建项目和城市设计的政策法令进行评审，这种方式目前在我国许多城市，特别是大城市实施得比较好，也比较容易为城市建设决策者所接受。③组织城市规划设计方案公示展览会，或通过其他宣传媒体介绍规划设计，让市民畅所欲言，发表见解。

我国《城乡规划法》（2008）确定的公众参与框架 **表5.4.4–2**

公众参与的主要方面	条款的相关内容
规划公开的原则	第八条　城乡规划组织编制机关应当及时公布经依法批准的城乡规划 第二十六条　城乡规划报送审批前，组织编制机关应当依法将城乡规划草案予以公告，并采取论证会、听证会或者其他方式征求专家和公众的意见，公告的时间不得少于三十日 第四十条　……城市、县人民政府城乡规划主管部门或者省、自治区、直辖市人民政府确定的镇人民政府应当依法将经审定的修建性详细规划、建设工程设计方案的总平面图予以公布 第四十三条　……城市、县人民政府城乡规划主管部门应当及时将依法变更后的规划条件通报同级土地主管部门并公示

续表

公众参与的主要方面	条款的相关内容
公众的知情权	第九条　任何单位和个人都……有权就涉及其利害关系的建设活动是否符合规划的要求向城乡规划主管部门查询 第四十八条　修改控制性详细规划的……征求规划地段内利害关系人的意见…… 第五十条　……经依法审定的修建性详细规划、建设工程设计方案的总平面图……确需修改的，城乡规划主管部门应当采取听证会等形式，听取利害关系人的意见…… 第五十四条　监督检查情况和处理结果应当依法公开，供公众查阅和监督
公众参与的途径	第九条　……任何单位和个人都有权向城乡规划主管部门或者其他有关部门举报或者控告违反城乡规划的行为。城乡规划主管部门或者其他有关部门对举报或者控告，应当及时受理并组织核查、处理 第二十六条　城乡规划报送审批前，组织编制机关应当依法将城乡规划草案予以公告，并采取论证会、听证会或者其他方式征求专家和公众的意见。公告的时间不得少于三十日 第四十六条　省域城镇体系规划、城市总体规划、镇总体规划的组织编制机关，应当组织有关部门和专家定期对规划实施情况进行评估，并采取论证会、听证会或者其他方式征求公众意见 第五十条　……经依法审定的修建性详细规划、建设工程设计方案的总平面图不得随意修改；确需修改的，城乡规划主管部门应当采取听证会等形式，听取利害关系人的意见……
规划听取公众意见	第十六条　……规划的组织编制机关报送审批省域城镇体系规划、城市总体规划或者镇总体规划，应当将本级人民代表大会常务委员会组成人员或者镇人民代表大会代表的审议意见和根据审议意见修改规划的情况一并报送 第二十二条　乡、镇人民政府组织编制乡规划、村庄规划，报上一级人民政府审批。村庄规划在报送审批前，应当经村民会议或者村民代表会议讨论同意 第二十六条　城乡规划报送审批前，组织编制机关应当依法将城乡规划草案予以公告，并采取论证会、听证会或者其他方式征求专家和公众的意见。公告的时间不得少于三十日
违反公众参与原则的法律责任	第六十条　镇人民政府或者县级以上人民政府城乡规划主管部门有下列行为之一的，由本级人民政府、上级人民政府城乡规划主管部门或者监察机关依据职权责令改正，通报批评；对直接负责的主管人员和其他直接责任人员依法给予处分 …… （四）未依法对经审定的修建性详细规划、建设工程设计方案的总平面图予以公布的 （五）同意修改修建性详细规划、建设工程设计方案的总平面图前未采取听证会等形式听取利害关系人的意见的 ……

资料来源：孙施文，殷悦．基于《城乡规划法》的公众参与制度[J]．规划师，2008（5）：12.

5.5　城市设计的政策制定

5.5.1　城市设计的法制化途径

历史表明，城市设计的理论、实践与政策是相互促进的。现实的生活环境问题促进了设计理论的探索和实践，而在引起社会公众注意之时，设计立法又成为必需。反之，立法进展又影响实践，促进了理论的进一步完善。任何一个有组织的城市设计活动，都是在某种形式的建设法规和条例下进行的，并结合实践的反馈来改善、调整原有的法规。"理论上的规划专业知识，如果缺乏社会决定，则作用甚微。如果没有合适的立法形式的引导，则城市规划只能停留在图纸上"（Morris，1982）。在今天，城市设计法令规范已成为确保城市设计实施效率的决定性因素。从美、日、英等国运作多年且相当成熟的城市设计制度来看，其法令的建立与落实都相当完备，如：土地使用分区控制、城市设计指导纲要、建筑特殊控制、公共参与城市设计程序，以及弹性的法令工具，如：开发权转移、计划单元整体开发、特定专用区管制等，以及英国的社区设计指导和日本的建筑规定、地区开发制度，等等。

其中，美国的区划体系是比较完善的。美国的城市设计导则通过与区划法的密切配合，对城市整体形态及公共空间环境进行有效的控制和引导。其中，区划法主要是对城市形态进行一些硬性规定，而设计导则体现为规划调控的弹性原则，两者相辅相成，维护了私人财产的权益和公共利益，对土地利用、建筑体量、历史地区保护等进行引导和控制。纽约市曼哈顿的城市设计和建设也是法规作用下的直接产物（图 5.5.1–1、图 5.5.1–2）。当时纽约的摩天楼建筑密度与高度均较高，相互遮挡现象严重，日照与通风无法得到保障。于是纽约在 1916 年美国第一个《区划法》中拟定了沿街建筑高度控制法规，以保证街道有必需的阳光、采光和通风标准。《区划法》将纽约划分为 5 类不同的高度分区，规定建筑当达到规定的高度后，上部就必须从红线后退。但这些高层建筑只能是阶梯式后退，造成城市面貌呆板，特别是从中央公园看城市，所见到只是一片巨大而密实的建筑“高墙”。这种制度的实施虽然取得了一些成果，但并不令人满意（图 5.5.1–3）。基于城市设计的要求，1961 年原有区划法得到了重大调整和改进，并引进了控制建筑开发强度的“容积率”和可以同时控制建筑体量与密度的“分区奖励法”概念[45]，增加了城市空间开发中的设计弹性。此后仍不断改进，如 1982 年中城区规划、2017 年纽约分区决议等，美国的城市设计导则已经可以对建筑设计起到有效的控制和引导作用（图 5.5.1–4~ 图 5.5.1–7）。

英国作为最早开展城乡规划立法的国家之一，其城市设计政策则包括了城市景观、城市形态、公共空间、使用活动等各个方面，同时还涉及城市设计的运作程序、实施方式以及检验评估等阶段。很大程度上是由中央政府建立规划程序，地方规划部门对其进行解读，政府最近转而依据城市设计质量进行设计控制。另外，在德国与法国的规划体系中也都制定了战略性规划，以引导大尺度空间规划与设计决策，涉及重要的开敞空间、景观、历史保护及基础设施。在地段层面上，常常还有更详细的规划设计作为补充，可以为每个区域或地块制定详细的图则。这些图则涵盖布局、高度、密度、景观、停车、建筑红线与外观等各个方面。

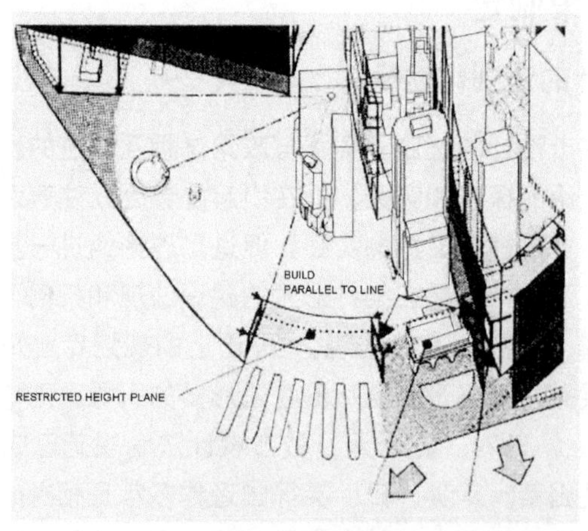

图 5.5.1–1　美国下曼哈顿特别区的详细图示
显示在法令控制下如何界定符合公共利益的节点，并将建筑留给开发者和建筑师去建设。
（资料来源：Jonathan Barnett. An Introduction to Urban Design [M]. New York：Harper & Row，Publishers，1982）

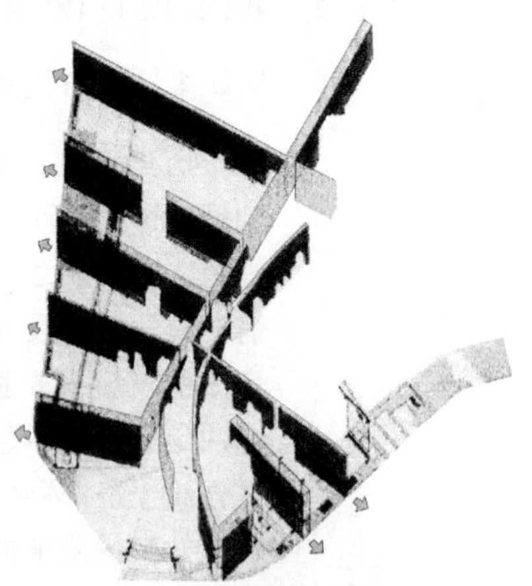

图 5.5.1–2　美国下曼哈顿特别区的视觉走廊控制图
（资料来源：Jonathan Barnett. An Introduction to Urban Design [M]. New York：Harper & Row，Publishers，1982）

图 5.5.1–3 “婚礼蛋糕”式高层建筑
（资料来源：Jonathan Barnett. An Introduction to Urban Design [M]. New York：Harper & Row, Publishers, 1982）

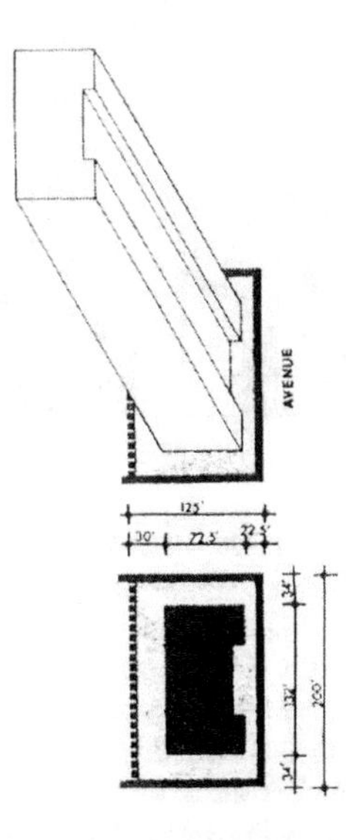

图 5.5.1–4 区划规则也有迫使建筑物建在基地的中央的趋势
（资料来源：Jonathan Barnett. An Introduction to Urban Design [M]. New York：Harper & Row, Publishers, 1982）

法律问题是城市设计过程中公共干预行为的讨论焦点之一。我国对于城市设计的法制化途径较为重视。城市设计管理在程序上没有明确的法律规范，多数是结合城市规划的法律法规提出的有关编制和实施的规范。

对于城市设计的法律规范，相关观点之一是建立独立的法规体系，注重整个城市设计法律体系的构建，并结合国内实际进行深化。另一方面则提出城市设计专项法规体系的构想，并从国家法律法规、地方法规和行政规定三个层面深化其组成部分。相关的观点之二是与规划法规体系的结合。许多学者倾向于将城市设计的法律规章纳入已有的城乡规划法规体系。

有关城市设计立法内容的研究可以分为实质性和程序性两大类。实质性立法内容是法律途径研究的主要内容，围绕城市设计的技术成果法律化这一核心理念展开探讨。例如成果形式可采用设计准则、设计导则、开发控制指标等作为法律依据，而成果内容和深度则根据不同的管理对象进行细化。

比较国内外的城市设计法律规范，从实质法和程序法的偏重来看，国外程序性和实质性的法律规范以已有的行政和规划领域法律规范为准则，制定一些规章，例如美国。更多的是在法律基础上进行行政管理运作，而非在司法系统进行管理。程序性规范以一般行政程序为框架，一般不独立立法，仅制定规章，例如设计评审制度。实质性的规范是通过正当程序获得，对内容不作立法，即使是美国也没有将导则作为法律规范，只是规章，甚至仅仅是政策。国内的城市设计更关注实质性立法规范。从中央和地方法律法规层次来看，国外城市设计的运作强调地方立法的作用，美国的联邦政府以及英国的城市规划法中都明确了地方政府的重要作用，因而城市设计在中央层面没有立法。而国内对于规划法律体系的构想都是基于中央层面的。

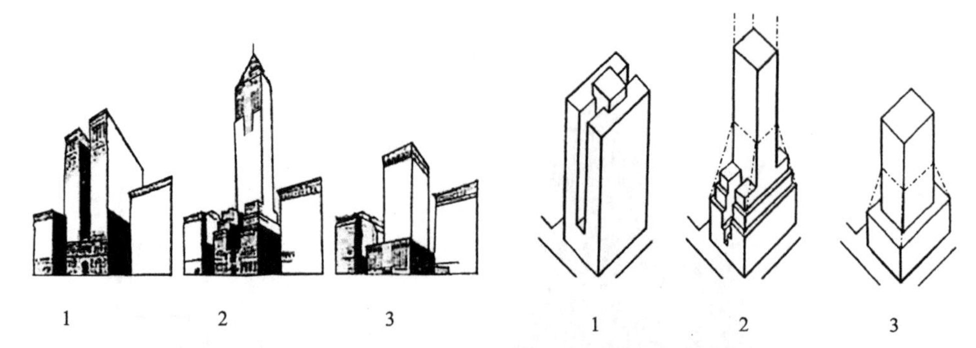

1. 类似百老汇 120 号伊奎特伯大楼（Equitable Building）的建筑物。该建筑沿着建筑线直接往上建，高度达 540ft，纽约市于 1916 年首先通过全美第一分区法就是为了控制此类建筑物。

2. 为避免街道变成幽暗的峡谷，1916 年的控制规则划定高度限制地区，依照面前这条路计算退缩高度。退缩比例依地区而异，每退缩一段可增加若干高度。中城市一般的比例是 2.5 ∶ 1 和 3 ∶ 1，角度约为 68.3° 及 71.6°，平均 70°。高塔（tower）部分面积若为基地面积的 25%，与街道维持一段距离者，可不退缩。至于高度及容积则无限制。

3. 因 1916 年的《分区法》造成纽约市大多数的建筑物天际线都形成所谓“结婚蛋糕”（wedding cake）型。为配合其他需要，故于 1961 年全面修正《分区法》，以“天际面（sky exposure plane）”代替高度限制地区之退缩规定。为配合办公室所需之大面积空间，高塔部分可不受天际面规定之限制，该部分可增加 25%~40%。另外也采用楼地板指数（FAR）来控制容积，办公室大楼的基本楼地板指数为 15，即 15 倍的基地面积。虚线为最大分区限制面。

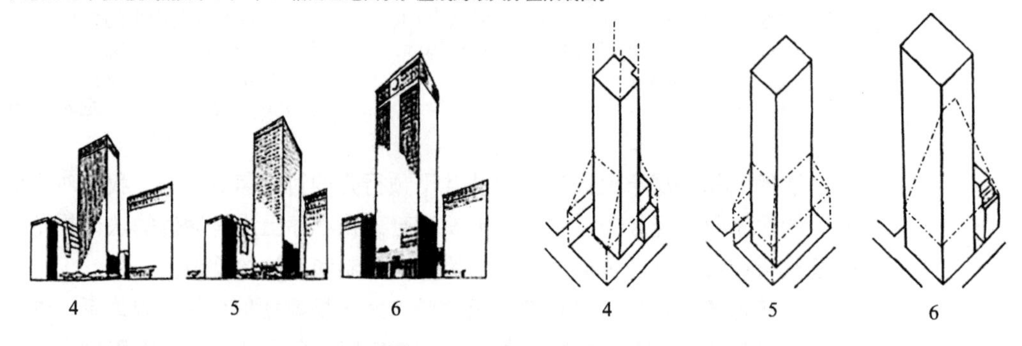

4、5. 1961 年《区分法》的另一个主要目的是增加建筑物的开放空间。“位于广场中的高楼（tower in plaza）”可参考 Seagram 大楼。依 1961 年规定，高楼部分约为 1916 年法令的 25%。若设置广场，增加楼地板面积可达 20%，最大楼地板指数可达 18，也开了分区奖励之先河。

6. 为使第五街及麦迪逊大道的道路延续性及活力不被广场破坏，将奖励制度扩大办理。若提供内部空间可将楼地板指数提高到 21.6。因为中心地区小基地的高楼法令限制与“采光权（air right）”日益受到重视，为保护街道的开放性，对奖励内部空间的条款造成相当的压力。

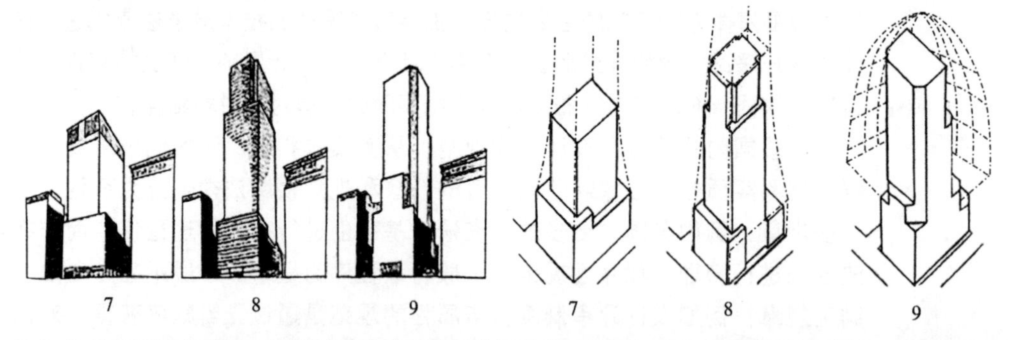

7、8、9. 回复到基本分区原则。建筑顾问检讨 20 世纪以来实施区划的开发状况，将真正开发状况使大众了解，为得到日照必须订定规定。1976 年及 1961 年的规定认为自街道退缩愈多，房子可盖得愈高，高度可不受天际面的约束，但法规仍然会产生一定的建筑外形。新规则根据真正的采光标准及中城区的街道开放性而订定，依日照曲线或是否会挡住日照来决定。两者皆依中城区过去的发展状况而定。建筑设计要是能符合新的采光标准，就可以设计得非常有弹性。最后一图的“采光方格（daylight squares）”，系依“日照评估表”的采光比例而定。

图 5.5.1-5　各种区划法令下产生的大楼造型

（资料来源：Jonathan Barnett. An Introduction to Urban Design [M]. New York：Harper & Row，Publishers，1982）

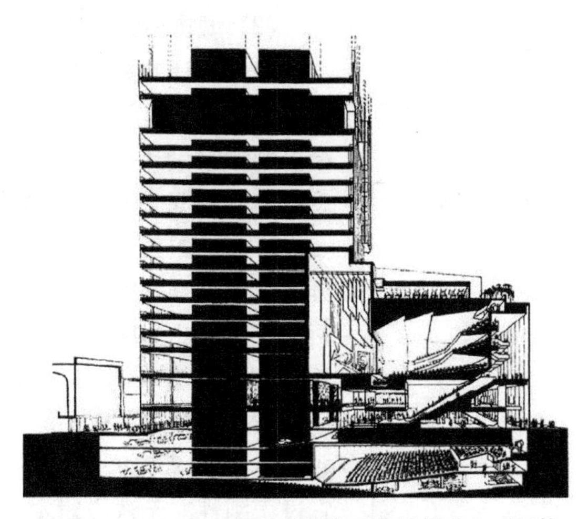

图 5.5.1–6　1966 年纽约城市重建计划融入“好的城市设计”观念，实施剧院容积奖励制度
（资料来源：戴铜．美国容积率调控技术的体系化演变及应用研究 [D]. 哈尔滨：工业大学，2010）.

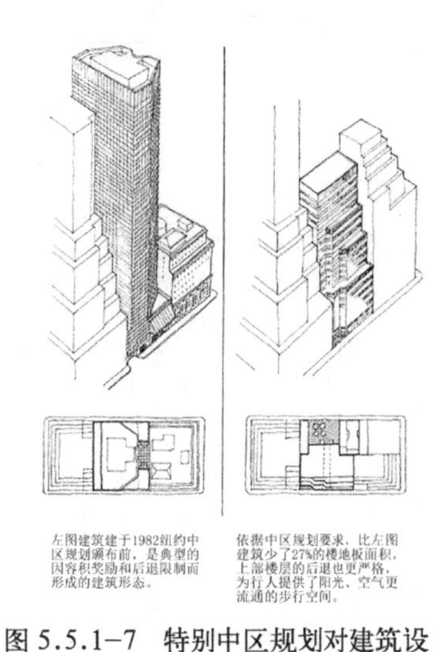

图 5.5.1–7　特别中区规划对建筑设计起有效指导作用
（资料来源：Midtown Zoning, The New York Department of City Planning, 1982）

在我国当前的城市建设体制下，尚没有确立城市设计制度并为之立法。2007 年新颁布的《城乡规划法》也并未提及城市设计。但《城乡规划法》较 1989 年颁布的《城市规划法》而言，更注重城乡规划的公共政策属性[46]，同时还强调了城乡规划综合调控的地位和作用，并健全了对行政权力的监督制约机制和公众参与机制[47]。而我国 2005 年颁布的《城市规划编制办法》虽然提出控制性详细规划应当包括“提出各地块的建筑体量、体形、色彩等城市设计指导原则”，但对城市设计的编制内容、层次和深度均无明确规定。从我国目前的城市设计来看，城市设计工作的法制化需要进行两方面的工作：其一，是城市设计专业规范，包括：城市设计与建筑规划的准则、特殊城市设计目标的奖励内容规范；其二，是城市设计相关的法律法规，包括：城市设计运作程序、城市设计组织规范、城市设计技术规定。

5.5.2　城市设计的政策性成果

（1）城市设计政策法令[48]

政策法令是城市设计政策性成果的重要构成，涉及管理、组织及决策中的规章条例，也是为整个设计过程服务的一个行动框架和对社会经济背景的一种响应。同时它又是保证城市设计从图纸文本转向现实的设计策略，它主要体现在有关城市设计目标、构思、空间结构、原则、条例等内容的总体描述中。加拿大首都渥太华成立了权威性的城市设计决策机构——“国家首都委员会”(NCC)，对一系列有待建设的设计项目及其可行性制定了一整套设计政策。而波特兰享有美国规划、设计最成功的城市的美誉（Punter，1999），这种名誉部分地来自于该城市清晰、有效的政策框架，此框架由一份城市空间设计策略及一组城市中心区基本设计导则组成[49]（图 5.5.2–1）。

项目：________

文件代码：________

日期：________

可应用性	遵守	不遵守	A. 波特兰的个性特征
□	□	□	A1 结合河流进行设计使之与城市成为一体
□	□	□	A2 突出波特兰的主题
□	□	□	A3 尊重波特兰的街区结构
□	□	□	A4 使用统一的元素
□	□	□	A5 强化，修饰并鉴别地段
□	□	□	A6 再利用或复原或修复建筑
□	□	□	A7 构建及维持城市空间的围合感
□	□	□	A8 增强城市景观建设，强化工作阶段与相关行动
□	□	□	A9 强化入口通道
			B. 步行
□	□	□	B1 加强与扩大步行体系
□	□	□	B2 保护行人
□	□	□	B3 架桥跨越人行障碍
□	□	□	B4 提供购物与景观场所
□	□	□	B5 开辟广场、公园与开敞空间，使之成功地为市民服务
□	□	□	B6 考虑日照、阴影、眩光、反射、风雨等因素
□	□	□	B7 结合无障碍设计
			C. 项目设计
□	□	□	C1 尊重建筑完整性
□	□	□	C2 考虑景观因素
□	□	□	C3 可适应性设计
□	□	□	C4 通过设计使建筑与公共空间之间能够优雅地过渡
□	□	□	C5 设计角落空间以形成积极的空间交点
□	□	□	C6 使建筑周边步行道平面标高有所差异
□	□	□	C7 创造灵活的步行道空间
□	□	□	C8 要特别注意受蚕食的问题
□	□	□	C9 将屋顶空间与人的活动结合
□	□	□	C10 提高开发项目的持久性与质量

图 5.5.2–1 波特兰市城市中心基本设计导则列表

该导则已被精简为设计列表，以便于评价所有为市中心设计的项目(Portland Bureau of Planning，1992)，其意图是：鼓励优秀的城市设计；将城市设计与遗产保护结合到开发过程中去；强化波特兰市中心区的特征；促进开发的多样化与强化具有特殊个性的地段；在城市中心各地段与城市中心整体之间建立城市设计联系；提供怡人、丰富与多样化的步行体验；通过提升艺术品位，达到人性化设计目标；协助创造一个每天 24 小时都充满活力的城市中心区，兼顾安全、人道与繁荣；保证开发符合人性尺度，并与该地段及城市中心整体的特征与尺度相协调。

（资料来源：(英) Matthew Carmona，Tim Heath，Taner Oc，Steven Tiesdell. 城市设计的维度 [M]. 冯江，袁粤，万谦，等译．南京：江苏科学技术出版社，2005：241）

(2) 城市设计编制

由于设计方案成果可以直接诉诸人的视觉，所以它是最常见的，也是通常使用最多的城市设计成果形式。实际上，城市设计方案就是设计政策法令的三度描述。而在不同的国家、不同的文化背景下，其具体做法会有一些差异。传统城市设计有两种规划产品，即与形体环境有关的远景总图和能描述一般社区政策的综合性规划。“终端式”总图成果在战后初期一度非常盛行，1960 年代以后逐渐衰微，因为它过于刚性，无法应对本质上是动态演进的城市形态这样一个事实。不过，用城市设计来表达未来城市空间可能出现的形体还是具有积极的现实意义的。日本横滨港湾地区城市设计、美国旧金山城区城市设计、我国的深圳市中心区城市设计等均有三度空间形体的成果内容和图示表述。

城市设计编制可以分为总体和局部两大类型，虽然都注重城市设计的过程性、综合性与参与性等特点与要求，但由于研究内容深度以及实施方式等的差异，在具体编制内容上亦有所差别。总体城市设计中，城市设计主要研究的是以城市的发展意象、整体格局为主的宏观问题，注重对各系统的结构性和原则性的引导与控制，可以转化为不同体系的地方政策、法规等形式而具有独立的法律作用(表 5.5.2–1)；而局部城市设计，包含街区和地块两个层次，主要研究景观与环境，开放空间与实体建筑形态，寻求城市开发与保护的合理方式，更多地对设计结构与形态进行指导和控制（表 5.5.2–2)。

(3) 城市设计导则

设计导则是最基本的也是最有特色的城市设计成果形式。由于城市设计以公共利益作为设计目标，因此，为了控制不同的机构和民间开发者的城市开发活动，在开发设计的评价和审查时，就必须以遵循城市设计目标和城市设计导则为标准。通过导则来保证开发实施的环境品质和空间整体性，也即对城市某特定地段、特定设计要素甚至全城的城市建设提出基于整体的综合设计要求。

总体城市设计的内容举例 **表 5.5.2-1**

项目	旧金山城市设计	英国环境部编制的城市设计纲要	深圳市城市设计研究报告	唐山市总体城市设计	波士顿城市设计发展计划
内容	1. 城市格局 —地形 —街道与道路 —建筑及组群 2. 城市保护 —自然区 —历史建筑 —街道建筑 3. 主要新建筑开发 —视觉和谐 —高度与体量 —超大基地 4. 邻里环境 —卫生与安全 —邻里气氛 —游憩的机会 —视感悦目	1. 城市格局 —中心区与居住区 —特别地区和核心区 2. 城市设计政策 —公共空间特色 —运动系统 —地形、边界、通道、边缘、节点、视景 —安全和保障 —多样化 —通达性 —吸引人的功能 3. 建筑设计政策 —基本问题与目标 —设计基本原理 —材质、细部的质量 —功能效率和持续性 4. 文脉与地方特色 5. 环境敏感区域的开发 6. 设计表述 7. 公共艺术 8. 城市设计计划	1. 结构与形式 2. 道路与交通 3. 人口与密度 4. 高层建筑区域 5. 住区发展 6. 工业发展 7. 旅游开发 8. 广告管理 9. 景观与环境 —绿化发展 —污染防治 —自然区保护 —旅游与休闲开发	1. 城市景观与风貌 2. 开放空间系统 3. 主要功能区环境 4. 人文活动体系 5. 重点特色环境工程 6. 实施运作机制	1. 整体格局 —路网形式 —内城与外城 —意象 2. 中心地区的格局 —商业／交通／邻里 —特别区域 —中心的形式 3. 组织与肌理 —扩展／紧缩 —空间肌理 —居住形式 —系统与自助 4. 运动系统 —交通／步行 —旅游 5. 开放空间 —开放空间的分布 —开放空间的级别 6. 时间上的计划 —发展速度 —开发与更新的策略
成果	研究报告、执行政策	公共政策	研究报告	研究报告、设计图纸	

资料来源：庄宇．城市设计的运作[M]. 上海：同济大学出版社，2004：110.

局部城市设计的内容举例 **表 5.5.2-2**

项目	上海静安寺地区城市设计	上海市中心区城市设计	深圳市中心城市设计	美国芝加哥滨河地区城市设计
内容	1. 用地功能整合 2. 道路交通系统 3. 地下空间系统 4. 开放空间 5. 步行系统 6. 城市形态 7. 整体建筑形式 8. 街廊设计 9. 历史保护	1. 总体规划 —空间布局 —系统 —道路与交通 —环境开发形态和形式 2. 设计准则 —建筑特征、体量 —建筑形式 —材料 —色彩 —停车 —基地出入口 3. 街道景观设计准则 —道路及交叉口 —停车与公共交通 —区域入口 —人行天桥 —公园和开放 —标志、照明 4. 土地使用和区划	1. 土地使用空间布局 2. 道路交通 3. 开放空间 4. 城市形态 5. 城市景观 6. 市民活动 7. 政策建议与设计导则	1. 土地使用 2. 交通与停车 3. 街道景观 4. 开放空间 5. 特别地区的开发建议 6. 交通保护 7. 区划 8. 设计指导纲要
成果	设计文本和设计图纸	图则、图纸和文字说明	设计文本和设计图纸	设计说明、图纸

资料来源：庄宇．城市设计的运作[M]. 上海：同济大学出版社，2004：112.

设计导则可为某特定设计要素，如为某外部空间、建筑物组合方式、街景等表达多种可供选择的形式，其本质是保证设计质量。导则内容不仅可有地段范围的特定性，而且还可有侧重某要素（如层高、密度、天际线等）的准则。从技术上讲，良好完善的城市设计导则应同时包括导则的用途和目标、较小的和次要的问题分类、应用可行性和范例，这四方面不可偏废。同时，导则是跨学科共同研究得出的成果，它具有相当的开放性和覆盖面，否则设计导则就会与传统城市设计那种封闭式规划控制手段如出一辙。

为了应对人口增长和城市扩展的压力，提升香港作为国际都市的建成环境品质，香港规划当局进行了城市设计导则的最新研究工作，分别在 2000 年 5 月和 2001 年 9 月发表了香港城市设计导则的公众咨询文件，并在 2003 年发布香港城市设计导则，作为香港规划标准与导则的一部分。香港的城市设计导则主要包括四个部分：①城市设计基本要素和特点；②特定的主要城市设计课题的指引（边缘和乡郊地区、建筑高度轮廓、海旁用地、公共空间、街景、文化遗产、观景廊等）；③特定的主要土地用途的指引；④空气流通意向指引（通风廊道、街道布局、海旁用地、高度轮廓、休憩用地及行人区的绿化等）。香港城市设计导则的发布和实施表明，作为公共政策的城市设计控制既是专业技术过程，更是民主政治过程。作为一项特别重要也是颇有争议的设计控制议题，城市设计导则专门讨论了维多利亚港两岸的山体轮廓的视域保护范围，以使其免受滨水地带发展可能造成的不利影响，并且提出了可供考虑的控制策略和实施机制（图 5.5.2–2）。

（4）我国的城市设计政策内容

在我国当前的实践中，为了与现行的城市规划体制相衔接配套，有些城市设计案例与控制性详细规划进行了有机结合，并增加了定量控制的内容，但作为城市设计，其量的确定仍然是以人为中心，并且是以三度空间结构和城市景观的描述为依据的[50]。

城市设计导则自 1980 年代后期引入国内后在理论和实践中逐步受到关注。虽然国内的城市设计没有成果规范，但如今大量城市规划已经将其纳入成果的重要组成部分。设计导则的概念源于美国，同时其运作机制也最为成熟。它可以定义为城市设计的技术性控制框架；指导性综合设计要求；城市设计的主要成果表达形式，也是运作管理的主要法令工具之一等。

设计导则的作用包括进行动态控制，随着需求和时间的改变而适当改变；建立底线标准，对整体环境形态建立起最低的标准，而不是对设计提出最高的要求；提供管理依据，给予开发设计者在城市层面上有力的指导与支持；构建协商平台，使开发设计者、政府管理者、市民就项目进行共同探讨协商等。

我国 2005 年颁布的《城市规划编制办法》提出控制性详细规划应当包括“提出各地块的建筑体量、体形、色彩等城市设计指导原则”。我国城市设计的实施管理通过规划编制体系框架中的控制性详细规划实现对接，控制性详细规划是城市设计实施可链接的法律体系。而在城市设计与控制性详细规划的结合中，针对控规的指令性与引导性指标，城市设计更加强调和侧重的是加强引导性。城市设计应重点控制和引导城市空间环境体系，并主要通过控制建筑的风格形式、后退红线、建筑高度、建筑色彩等具体手段来实现，重

宏观层面 都市形象	中观层面 建筑物和空间	微观层面 用者与环境的
• 天然环境 • 海港 • 山脊线 • 基础设施 • 环境保育 • 地区特色和市容 • 轴线规划 • 都市模式和外形 • 门廊 • 功能分区 • 土地用途和活动	• 建筑物的组合 • 建筑设计和风格 • 都市空间和城市广场 • 街道及其模式 • 观景廊 • 结集程度和高度 • 地标 • 休憩用地和公园 • 行人路和行人连接通道 • 建筑物之间的连接和融合	• 人本比例 • 和谐 • 街道设施 • 用料、色彩和材质 • 渐变 • 街景 • 广告和指示牌

(*a*)

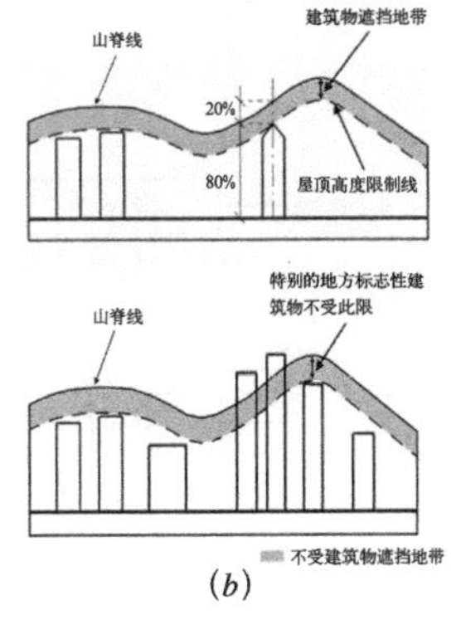

(*b*)

导则	图示	导则	图示	导则	图示
市区边缘地区发展原则是尊重天然环境，提供视觉和地理上的联系，以促进居民的健康。视觉联系包括观赏附近天然景色的主要观景廊		保留可观赏山峦或水域景色的观景、通风廊。合适的情况下应在文娱中心、商业中心或核心地点设立地标		海旁应预留用地作为文娱、旅游、康乐和零售用途。借由多元化的活动功能，为海滨注入生机。鼓励在海旁进行有视觉吸引力的活动	
在不同地区规划不同的建筑物高度轮廓和结集程度。保留低矮和低密度地区，使城市核心地区的建筑发展更加多元	高密度发展 花园式屋苑	新发展应配合新市镇的独特地形和景观环境，并逐渐降低建筑高度		在合适的情况下，如海港入口，可设立地标。在显著的海旁位置应选用适当的容积率、建筑高度和分布，设计优美的海旁建筑	

(*c*)

一些建筑超越山脊高度，部分山脊轮廓得到保留

(*d*)

图 5.5.2-2 香港的城市设计导则内容示例

(*a*) 城市设计基本要素和特点；(*b*) 保护山体轮廓线；(*c*) 特定的主要城市设计课题指引；(*d*) 维多利亚海港滨水高度轮廓

资料来源：香港特别行政区规划署．香港城市设计指引[Z].2002；香港特别行政区规划署．香港规划标准与准则[Z].2003）

点地段还会控制建筑基地线、裙房控制线、主体建筑控制线、建筑架空控制线等（图 5.5.2-3）。

值得一提的是，城市色彩直接体现城市个性，展示城市形象，体现了城市品位，也是矫正城市建筑无序状态的重要手段，越来越成为城市设计不可忽视的元素。城市设计可以通过地域特有景观和文化资源的发掘，来进行有针对性的色彩专题研究，制定适合规划区域独特的文化内涵和景观特征的色彩导引，

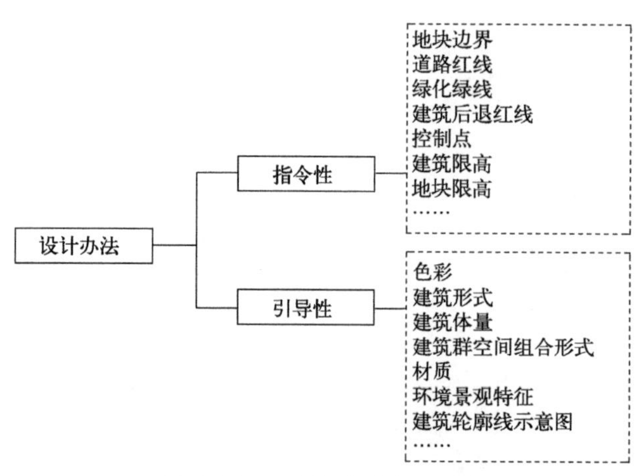

图 5.5.2–3 设计控制办法图示

延续城市文脉、营造区域整体和谐色彩。

以《城乡规划法》解说、《城市规划编制办法》、《城市规划编制办法实施细则》、《上海市城市详细规划编制审批办法》以及《深圳市法定图则编制技术规定（修订版）》的控制内容进行的比较分析，如表 5.5.2–3 所示。

就我国城市设计政策内容的实践而言，深圳中心区 22、23–1 街坊城市设计（图 5.5.2–4）的管理实施是一个具有典型意义的案例。设计地块的总用地面积为 12hm²。其管理实施的主要内容方面包括：

我国主要规划法规控制内容比较分析　　表 5.5.2–3

类别		控制内容	指标性质	《城乡规划法》解说（2008 年）	《城市规划编制办法》（2005 年）	《城市规划编制办法实施细则》（1995 年）	《上海市城市详细规划编制审批办法》（1998 年）	《深圳市法定图则编制技术规定（修订版）》（2003 年）
地块划分		地块划分	规定					
		地块规划控制原则	导引					
		地块规划设计要点	导引					
		最小地块规模	规定					
土地利用		用地性质	规定					
		用地界线	规定					
		用地面积	规定					
		地块适建要求	规定					
		交通出入口方位	规定					
		地下空间开发要求	导引					
环境容量		人口容量	导引					
		容积率	规定					
		建筑密度	规定					
		绿地率	规定					
		其他环境要求	导引					
城市形态	建筑形态	建筑后退红线	规定					
		建筑间距	规定					
		建筑控制高度	规定					
		容积率奖励和补偿	导引					
		历史建筑保护要求	导引					
		建筑风格	导引					
		建筑形式	导引					
		建筑色彩	导引					

续表

类别	控制内容		指标性质	《城乡规划法》解说（2008年）	《城市规划编制办法》（2005年）	《城市规划编制办法实施细则》（1995年）	《上海市城市详细规划编制审批办法》（1998年）	《深圳市法定图则编制技术规定（修订版）》（2003年）
城市形态	公共空间要求	建筑高度	规定					
		建筑体量	导引					
		沿路建筑高度	规定					
		沿路建筑贴线要求	规定					
		广告标识设置要求	导引					
		绿化布置要求	导引					
		其他空间控制要求	导引					
设施配套	市政设施	管线走向、管径、控制坐标点、标高	规定					
	公共设施	教育	规定					
		医疗卫生	规定					
		行政管理	规定					
		商业服务	规定					
		文娱体育	规定					
	交通设施	红线位置、线型断面、走向	规定					
		控制点坐标和标高	规定					
		停车场地与泊位	规定					
		公交站点	导引					
		人行步道系统	导引					

①项目的规划设计过程。设计面向管理，手法成熟，具有很强的可操作性。规划方案根据气候特征修改道路规划和地块划分；连接两个地块的街坊公园的东西向步行商业街；建筑单体的严格规定；裙房设置高度一致的骑楼作为人行道的延续；退红线距离；严格要求建筑街墙在40~45m、建筑高80%处的退台；窗墙比（图5.5.2–5）。规划目的在于形成该中心区有别于城市其他片区的整体风格。而且，其设计指引条例中对用词进行了明确界定：刚性——“规定、必须、要求、不得”以及控制附图中的具体尺寸；弹性——“建议、倡导”；柔性——“容许、允许、可以”。

②项目的管理实施过程。在管理方式上，政府全权负责中心区项目的土地、规划、建审、验收。通过法定程序对中心区的法定图则进行修改，并纳入到详细蓝图编制，在全国首创了将城市设计指引直接放入土地使用合同中，作为建设管理的工具。

③在整个项目进展中，管制尺度发生微妙的变化。在早期，产生的问题是：（12个中的第一个项目）中标方案风格相似；管理者与开发商、建筑师间产生矛盾；专家对“美式风格”的担心（图5.5.2–6）。而中期管理尺度逐渐放宽，

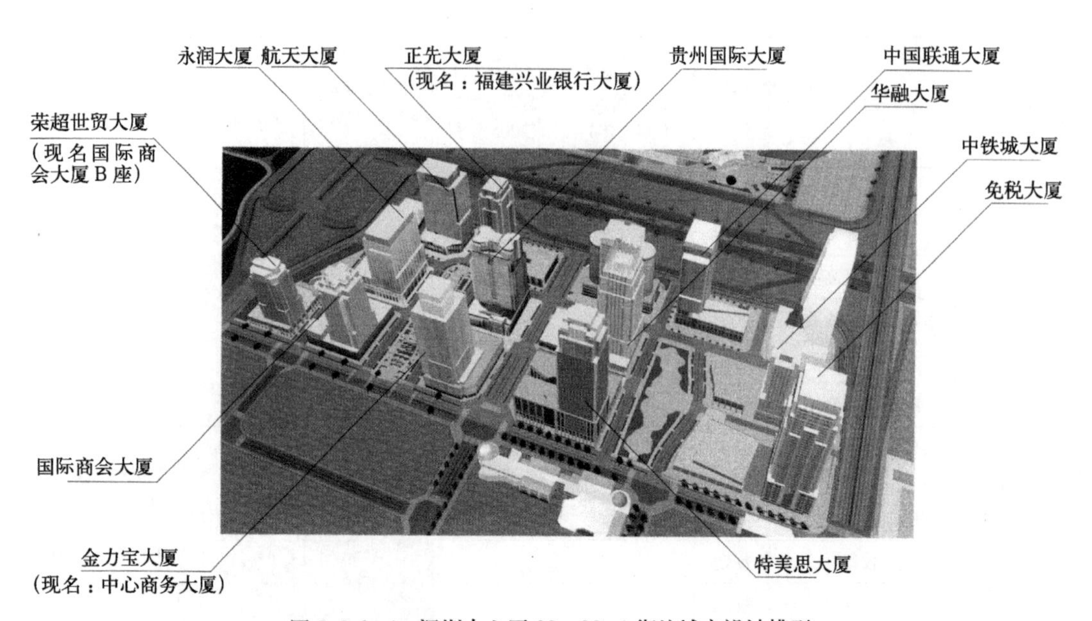

图 5.5.2-4　深圳中心区 22、23-1 街坊城市设计模型

（资料来源：深圳市国土与规划资源局．深圳中心区 22、23-1 街坊城市设计及建筑设计 [M]．北京：中国建筑工业出版社，2002：35）

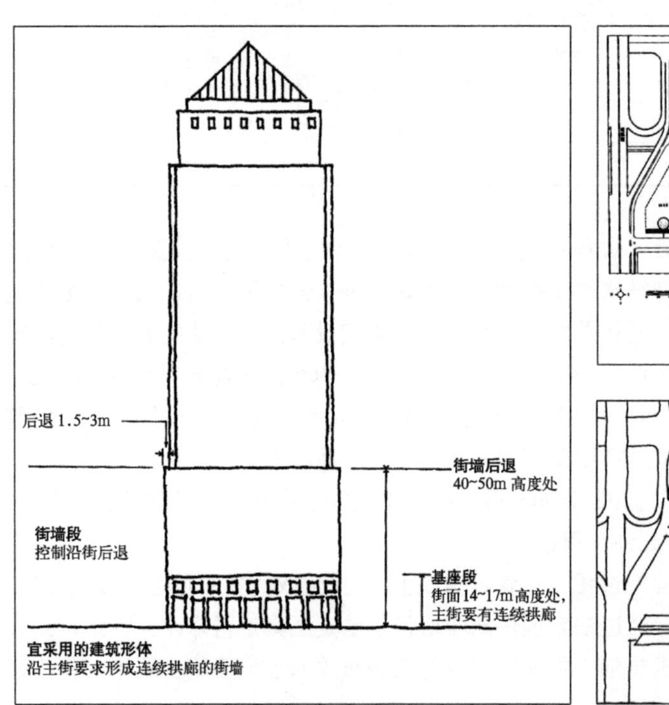

对建筑退台等形体要素的规定

建筑入口、门厅和拱廊

连续拱廊（骑楼）

建筑主入口和大堂

对拱廊和入口位置的规定

对连续街墙位置的规定

图 5.5.2-5　深圳中心区 22、23-1 街坊规划设计控制示例

（资料来源：深圳市国土与规划资源局．深圳中心区 22、23-1 街坊城市设计及建筑设计 [M]．北京：中国建筑工业出版社，2002：18，21，28）

建筑设计显现出具有新意的“简约主义”。最终达成共识：控制整体关系，对建筑街墙面、骑楼步行系统、塔楼位置、立面色彩关键性要素都有很好的控制（图 5.5.2–7）。到了后期，建筑师参与以及规划尺度的转变促进了项目的创新。产生的问题则是：出现了向开发商妥协的方案，管理者在根本原则不被挑战时必须考虑开发者的合理意愿（图 5.5.2–8）。

④关于规划要素实施偏差的解析：一方面，由于“一书两证”的建设管理程序缺少公听环节，因此公众参与性弱，设计审查缺乏社会监督。另一方面，公共开发空间、环境小品设施由于归属不一，很难有统一归口管理。因此，设计导则中的环境设施控制要求难以最终落实。此外，城市开发各方主体沟通有待增强，减少最终裁决阶段的意见分歧。

目前设计导则的分类方法较多。从管理要求上可分为规定性和说明性，从尺度上可分为城市、地方或社区、特殊地段等，从内容上又可分为综合型和专项型的设计导则。各类设计导则都具有相应的导则内容。导则的内容并不强调涵盖的全面性，而是侧重针对的有效性，它不是提出解决办法，而是提出概念要求。设计导则的内容涉及与公共环境、公共空间、城市形态相关的问题，并针对城市中具有特色的特定区域如历史地区、商业区等，提出特定的指导纲要指导其设计和开发。通常设计导则包含场地设计、材料的使用、建筑朝向与形式、标识、公共空间等。设计导则的编制方法、内容、深度和表达要求都被形成法规或技术文件，为编制工作提供明确的标准和依据。其中，要求设计导则的表达应使用法律语言，并且简明易懂，同时使用图示说明。

国际商会大厦 A 座中标方案（与导则有差）

国际商会大厦实施方案（外墙窗墙比已经符合城市设计导则）

图 5.5.2–6　国际商会大厦的实施方案

（资料来源：深圳市国土与规划资源局．深圳中心区 22、23–1 街坊城市设计及建筑设计 [M]. 北京：中国建筑工业出版社，2002）

（12 个中的第 5 个项目）
联通大厦：突破窗墙比，
采用大面积的玻璃幕墙

卓越大厦：设计者为了满足 40m 处退台的规定，采用了斜面的处理

前四个中标实施方案

中后期项目的中标实施方案

图 5.5.2-7　中期中标实施方案与早期对比产生的变化
（资料来源：深圳市国土与规划资源局．深圳中心区 22、23-1 街坊城市设计及建筑设计 [M]．北京：中国建筑工业出版社，2002）

导则对塔楼位置的规定

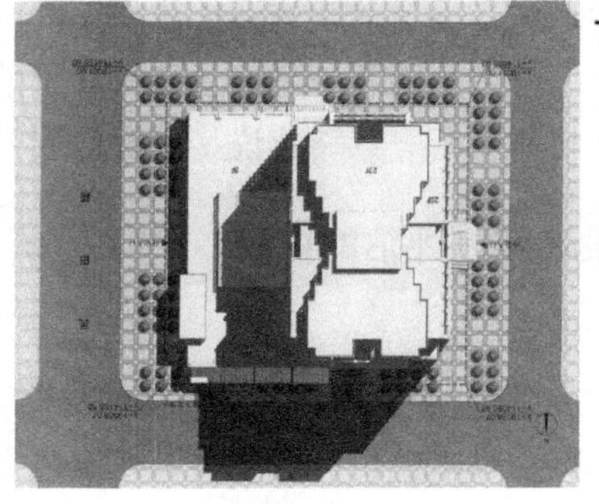

中标方案塔楼南北向布置

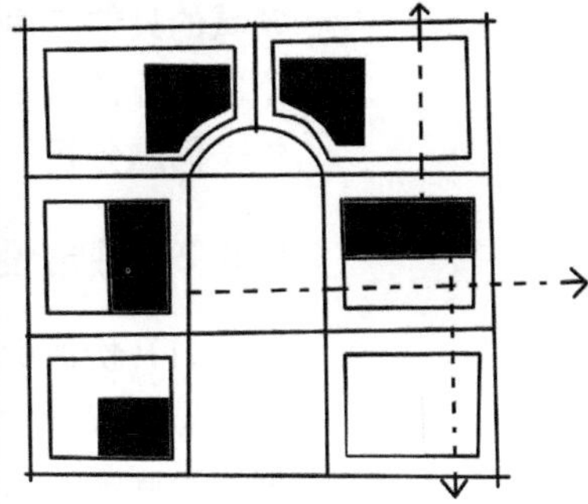

最后实施方案塔楼东西向布置

图 5.5.2-8 新华保险大厦实施始末

(资料来源：深圳市国土与规划资源局．深圳中心区 22、23-1 街坊城市设计及建筑设计 [M]. 北京：中国建筑工业出版社，2002)

5.6 城市设计的实施评估

5.6.1 城市设计实施评估的意义

城市设计的实施评估是城市设计运作过程中重要的环节。在不同的社会和环境背景下，对于理想城市的追求，赋予了城市设计塑造理想城市空间的使命，同时希望在社会和人文尺度上也能发挥相应的作用。城市设计的空间目标通常更为综合：旧城空间环境的改造提升、新城理性空间的塑造、城市地区活力的复兴等[51]。然而，并非所有的城市设计实施都达到了预先设定的目标。因此，通过对城市设计实施过程及其结果的研究，通过对城市设计在城市建设和开发过程中能够发挥什么作用的评价以及对其形成原因的探讨，可以揭示出城市设计的实际效用，并为城市设计的进一步开展提供反馈。城市设计实施评估一方面可以完善城市设计的内容和确立城市设计的工作重点，提出城市设计开展过程中需要关注的问题，另一方面可以为制度环境的建设提供建议，使城市设计能够真正融入到城市规划体系以及城市建设管理的过程之中[52]。城市设计实施评估的目的并不是价值判断，而是对城市设计更好的改进，评估是城市设计方案从设计到实施的一个重要环节，同时也是新一轮建设的起点。

城市设计项目具有正负两方面的效应，其实施结果可以较经济、较有效地促进一个城市的政治、经济、文化和生产力的综合发展，并促进一定条件下相对合理的城市空间形态的塑造。在城市设计项目建设中，任何新开发或改造项目都会对其周围的环境产生影响。特别是较大规模或重点地区的城市设计，会对其所在地区乃至城市整体产生显著影响，通常会涉及到城市的功能形态、环境、经济、社会、文化、交通等各个方面[53]。

总体来说，评估方法从最初单纯应用经济学和数理统计方法对规划设计内容和理性的分析，逐步转变到对影响和决定城市设计成效的设计实施的评估，即从侧重单一的“结果评价”向关注多元的“过程评价”的理性转变。

城市设计实施评价的研究框架和方法基本上与公共政策和城市规划实施评价的理论一致。有关城市设计实施评价可以从对公共政策和城市规划实施的评价研究中获得方法论的基础，可以视为公共政策评价思路和方法在城市设计

领域的具体应用。城市设计的实施评估依据不同的评估内容或评估要求，采用不同的评估方法。研究思路基本延续了政策评价的一贯逻辑，遵循着“结果评价—问题分析—机制解析—策略建议”的逻辑展开[54]。

5.6.2 城市设计实施评估的内容

(1) 价值标准

城市设计评估的价值标准是评估活动的逻辑前提。城市设计实践的效果，需要有判断的依据和标准。价值是客体满足主体需要的积极意义或对客体的有用性，价值标准就是价值的判断标准。人的存在是充满需求和目的的，对周围的物质环境存在着价值判断。对城市空间的评价因人而异，却有很多共同价值。城市设计的实施应该遵循人们对具体城市环境的共同价值，改善城市空间环境，提高人们的生活质量。基于“主位研究方法”[55]的设计评价观点也认为，“城市形体环境是城市设计实践的对象”，强调从环境使用者的角度出发来评价空间环境的整体提升。

由于城市设计与城市规划在内容和性质上有相近性，因此，有关城市设计实施评价可以从对城市规划实施的评价研究中获得方法论的基础。邓恩（William N. Dunn）在《公共政策分析导论》（Public Policy Analysis：An Introduction）中提出政策评价的六类标准（表 5.6.2-1），他的评价准则是有关于公共政策评价的整体性的，这些总体性的准则可以为城市设计实施评估的展开提供基本的框架和应该涉及的相关方面。

邓恩提出的政策评价标准　　表 5.6.2-1

标准类型	问题	说明性指标
效果	结果是否有价值	服务的单位数
效率	为得到这个价值的结果付出了多大代价	单位成本、净利益、成本—收益比
充足性	这个有价值的结果的完成在多大程度上解决了目标问题	固定成本（第 1 类问题）、固定效果（第 2 类问题）
公平性	成本和效益在不同集团之间是否等量分配	帕累托准则、卡尔多—希克斯准则、罗尔斯准则
回应性	政策运行结果是否符合特定集团的需要、偏好或价值观念	与民意测验的一致性
适宜性	所需结果（目标）是否真正有价值或者值得去做	公共计划应该效率与公平兼顾

资料来源：孙施文．现代城市规划理论[M]．北京：中国建筑工业出版社，2007：501．

从理论上讲，评价的价值标准有三类依据[56]：第一类是从感觉出发的评价，主要依据评价者的感觉。这类评价具有个体差异性、情感体验性、直接性和异变性等特点，难以在实践活动中作为可靠的依据来使用。第二类是从意向出发来评价，评价者根据过去经历中经验、对评价对象的理想想象，或是两者的共同作用，对具体可见或不可见的对象进行评价。这类评价具有间接性的特点，评价标准与评价对象并非完全一一对应。第三类是从观念出发的评价，主要运用逻辑思维形成价值判断过程。

胥瓦尼（Hamid Shirvani）提出了三种基本的设计评价标准：可度量的、不可度量的和一般性的[57]。一些偏重技术的人趋向于把城市设计看做是功能和效率的东西，使用可度量的设计评价标准；一些更多地强调城市设计的艺术方面的设计者，其评价标准更多地根据他们的同行们的判断来评价；一般性标准则从实践中产生，强调社会公正、平等、公平等内容，其性质属于不可度量的标准。虽然对优秀城市设计品质的认识是变化的，但仍然需要对相对成功或特别的城市设计所具有的价值影响进行评判（表 5.6.2–2）。

城市设计的评价标准　　表 5.6.2–2

研究项目	类型 / 标准
美国旧金山城市设计方案（1970 年）	1. 舒适：主要指环境的质量，重视步行环境的改善。 2. 视觉趣味：指环境的艺术质量、建筑和建成环境，也包括细部使视觉愉悦。 3. 活力：这是城市动态性的反映，刺激人们的感受。 4. 清晰和便利：提供步行优先权，为步行环境提供设施与方便。 5. 特色：强调城市结构和空间的可识别性、特征或个性的重要性。 6. 空间的确定性：强调建筑与开放空间的界面，形成外部空间形式的清晰与愉悦感。 7. 视景原则：包括人的方位感，街道、建筑的布局与空间组合是影响视觉美感的关键因素。 8. 多样性 / 对比：建筑的布置和风格，以及区域和邻里中的趣味焦点。 9. 和谐：涉及建筑形式与地形特征的关系，变化、尺度与形体组合的关联性。 10. 尺度与布局：主要指围绕“人的尺度”的城市环境中有关建筑体形、体量、组合以及远处观察的视觉效果等问题
美国城市系统研究和工程公司（USRE）（1977 年）	1. 与环境相适应：这是一项协调性的评价，包括与历史、文化要素的协调。 2. 可识别性的表达：由使用者评价，空间个性的视力表达加社会与功能的作用，强调视觉上的能够被认识。 3. 通道和方向：出入口、路径、结构的清晰、安全，目标的方位和标识、指示等。 4. 功能的支持：空间的领域限定，相应功能的明确性，以及与提供的设施相关的空间位置等。 5. 视景：研究原有的视景和提供新的视景。 6. 自然要素：通过对地貌、植被、阳光、水和天空景色所赋予的感受研究，保护、结合并创造富有意义的自然景象。 7. 视觉舒适：保护视域免受不良因素的干扰。不良因素包括：眩光、烟、灰尘、混乱的招牌或光线、快速的交通和其他一切讨厌的东西。 8. 维护和管理：便于使用团体维护、管理的措施，在设计中予以考虑和提供
英国皇家城市规划学会（RTPI）（1979 年）	1. 重“场所”：而不是重建筑物。他们认为城市设计的结果不是堆砌一组“美丽的”建筑物，而是提供一个好的场所为人们享用。 2. 多样性：不仅在形式，也在内容。与多样性相联系的首先是土地的“混合使用”，多种活动内容能使人产生多种感受。 3. 连贯性：指在城市进行城市设计时仔细地对待历史的和现有的物质形体结构。 4. 人的尺度：以“人”为基本出发点，重视创造舒适的步行环境，重视地面层和人的视界高度范围内的精心设计。 5. 通达性：使社会各个部分的各种人（不分年龄、能力、背景和收入）都能自由到达城市的各个场所和各个部分。 6. 易识别性：重视城市的“标志”和“信号”，这是联系人和空间的重要媒介。 7. 适应性：成功的城市设计应具有相当的可能性去适应条件的改变和不同的使用及机遇
凯文·林奇（1981 年）	提出五项“执行尺度”作为城市设计的评价标准，即活力、感觉、适合、可达性和控制，并提出两项“衍生准则”——效率和公正
雪瓦尼（Hamid Shirvani）（1985 年）	1. 可达性。 2. 和谐一致。 3. 视景。 4. 可识别性。 5. 感觉。 6. 适居性

续表

研究项目	类型／标准
英国皇家特许测量师学会与环境部（1996年）	1. 功能和社会使用（12项标准）。 2. 自然环境和可持续性（11项标准）。 3. 视觉（12项标准）。 4. 城市体验（15项标准）
澳大利亚房地产委员会（1999年）	1. “社区公平”的程度，以公共空间设计、环境设施品质、地区可达性、活力和多样性等作为标准。 2. 环境绩效水平，根据气候反应及其他环境和可持续性指标测量。 3. 对城市背景和景观质量及历史特征的响应。 4. 与当前及未来的相关性，基于有目的性的创新程度为标准。 5. 随时间变化的能力。 6. 对公共生活和社会感知的影响。 7. 专业才能的输入，如发展理念、规划、建筑和设计、设施管理和发展维护等
范德尔与雷恩（Vandell & Lane，1989年）	1. 室外表皮使用的材料质量。 2. 开窗：界面的构成和比例。 3. 体量：监护体块的构成和容积。 4. 室内公共空间设计：大堂与其他室内公共空间的设计。 5. 天际线：远观的视觉景观。 6. 室外公共空间设计。 7. 邻里响应：相邻使用的关系。 8. 公共设施的提供
英国环境部与建成环境委员会（DETR & CABE，2000年）	1. 个性与特色：反映出当地文化背景，有独特个性的场所。 2. 连续性与围合性：明确界定的公共空间与连续的街道立面。 3. 公共空间的质量：安全、吸引人、功能性强的公共空间。 4. 交通状况：可达性、良好的连通性、有宜人的人行道。 5. 可识别程度：容易理解与辨认的环境。 6. 适应性：灵活可变的公共与私人空间。 7. 多样性：一个可变的环境提供不同的用途和生活体验

资料来源：（美）Hamid Shirvani. 城市设计的评价标准[J]. 王建国，译. 国外城市规划，1990，5（3）：17–20，32；CABE & DETR. The Value of Urban Design [M]. London：Thomas Telford Publishing，2001：23；DETR & CABE. By Design：Urban Design in the Planning System：Towards Better Practice [M].London：DETR & CABE，2000.

效果作为城市设计实施的目标价值体现了其专业性的工具价值。城市设计研究领域对其实践效果的讨论逐步走向系统性和整体性，并且将两者相结合形成更为完整的认识框架（图5.6.2–1）。不同的城市设计实践过程所关注的设计目标具有差异性。因此，以统一的价值标准来评价具体的城市设计实施效果，

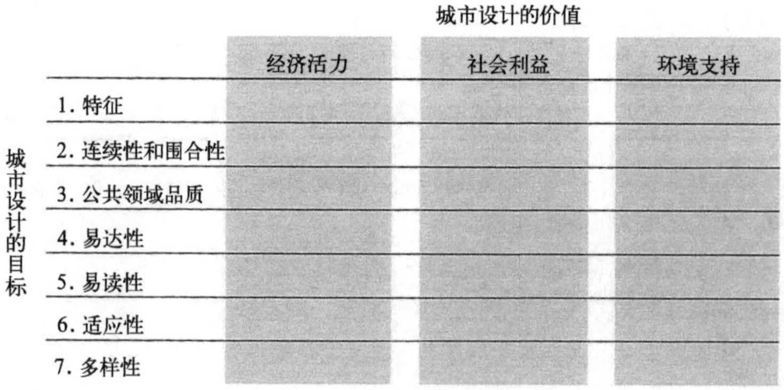

图5.6.2–1　城市设计的目标和价值
（资料来源：奚慧．公共管理视角下城市设计过程的解读[D]. 上海：同济大学，2015：108）

并不能达到对改进认识和实践的目的。

在市场机制下，城市设计的实施通常会涉及开发者、管理者、使用者、专业设计师和城市设计师等不同的利益团体。他们具有不同的价值偏好与利益需求，分别代表不同的利益形态（表 5.6.2–3）。在具体城市设计案例评估中，通过对受影响群体的价值观、需求等进行研究，了解矛盾冲突的问题，设法达到多方利益的协调。城市设计的评估应当建立在多方利益群体平等协商的基础上，充分尊重公众的意见，以便于城市设计的实施能够更好地满足使用主体的需求，使下一步的城市设计实践更具操作性。

城市设计所涉及的相关群体的利益需求　　表 5.6.2–3

利益群体	所代表的利益	利益需求	价值观取向
开发者	市场利益	以市场需求为导向，以经济效益为主导，关心的是自己的投资效益和收益前景，争取最大化的经济利益	“经济”观
管理者	国家利益、社会利益	以满足规范要求和城市发展的要求为基础，关注地方经济与社会的共同发展，期望达到最佳综合效益	“综合”观
使用者	民众利益	以满足个人的生存、使用、享受和发展的需求为基础，寻求功能多样、使用便利、形象良好的空间环境，并强烈抵触损害其生活环境质量的行为	“自我”观
专业设计师	私人利益	以符合任务书，达到客户满意为基础，同时实现设计者个人理想，创造价值	“理想”观
城市设计师	公共利益	平衡矛盾，满足各方面需求	“协调”观

资料来源：陈旸，金广君．论城市设计的影响评估：概念、内涵与作用 [J]. 哈尔滨工业大学学报（社会科学版），2009，11（6）：37.

（2）内容确立

城市设计实施评估是通过实地的调查研究，综合政府、开发商、公众对实施项目效果的定性分析以及专业人士对其定量的评估，最终得到城市设计实施所产生的效果、效益、影响与不足，并反馈给相关部门[58]。城市设计实施评估包含两个基本方面，即对城市设计实践结果和实践过程的分析评估。

一是对实施结果的评价，主要是对于已经付诸实施的规划，在已经实施了一段时间后所形成的结果与原规划之间的关系进行评价。调研并统计城市设计方案中已获得实施的项目与未获得实施的项目，不同功能性质的项目获得实施的比例，通过对比设计要素的实施程度，分析城市设计在实施中所发挥的作用。可以进行形态分析的专业描述，还须进行环境使用的社会调查研究，从而对建成环境的改变结果——“公共价值领域”质量作出综合评估。不应过度关注是否与物质形态达成一致，而应该注重城市设计控制要素在实施过程中是否得到了体现。

效果的认识可以从产出和影响两方面内容进行探讨。城市设计政策包含了设计目标和一系列达到设计目标的方法和要求。效果的考察从产出来看是城市设计的政策执行是否达到各类预设的设计要求，从影响来看则是考察城市设计实施后所产生的影响是否达到预期的设计目标。例如，美国城市设计导则通常含有设计目标、原则和导则等内容，对其效果的评价一方面需要考察各条导则

要求的执行情况，另一方面则是考察城市空间的实际变化是否达到设计目标和原则。目标导向的效果评价不仅体现在城市空间结果对城市设计要求的执行程度，更重要的是对其设计目标的实现程度[59]。

二是对实施过程的评价，主要考察城市建设过程中城市设计的作用是否得到发挥。通过对城市设计运作全过程的分析，对城市设计实施的执行、管理、维护等环节进行评估，对城市设计的实施组织进行效率与公平维度的价值评判。对城市设计实施过程的评价，是基于“利益权衡”视角，检视城市设计者对开发建设活动的技术和管理干预行为是否是基于城市设计“社会使命”的规范性价值[60]。

这两种评价的内容和目的不同，前者主要是对城市设计的内容本身进行评价，从而对城市设计中的空间组织方法和手法形成反馈；后者主要是对城市建设和发展过程中的城市设计效用进行评价，其对城市设计的反馈更多地体现在城市设计中哪些控制要素得到了实施或者没有得到实施，通过对其原因的探讨而为制度改革提供基础[61]。

城市设计实施阶段的评估因具体项目类型的不同而有所差异。实施评价带有总结的特征，通常需要全面地评价多方面的因素及其影响。城市设计实施的评估可以从美学环境、人工环境、社会环境、经济环境和自然环境的角度进行。具体城市设计实践的评价中并不总是覆盖所有的方面，在体现实践价值的前提下，根据具体需要来选择评价视角，调整评价指标的构成。与城市设计有关的城市环境评价标准可以从城市功能效用、文化艺术效果、社会影响、经济影响、环境影响五个角度分为五大类（表 5.6.2–4）。在实践中，不同项目具有不同的目标和范畴，操作中可以根据具体情况有所选择。同时，各类标准在不同项目评估中的重要程度也不同，应根据项目特点赋予不同的权重。

城市设计综合影响评价指标系统的分类和特征　　　　表 5.6.2–4

指标类型	主要针对问题	城市设计的视角	评价指标的特点
1. 以城市功能效用为标准	· 空间布局 · 交通运输 · 设施水平	把城市作为技术工具和政策过程的载体； 把城市设计作为实践操作中的政策管理手段，通过具体的政策过程实现对城市环境的控制	有工程技术性的标准、规范、指标。如建筑形式、体量、密度等指标，各项设施的分布、服务范围等规范来衡量技术标准的实现。 较可度量
2. 从文化艺术效果来考察	· 视觉感受 · 情感体验 · 场所精神	把城市作为艺术表达和文化体验的场所； 把城市设计作为物质环境的设计艺术	针对城市地区美学特点和文化气氛的改变，以从感觉上出发为主，难有量化指标。 灵活性大，不可度量
3. 有关社会影响的评价	· 公平 · 自由 · 健康和安全 · 社会效益	把城市作为一种社会秩序的表达形式； 城市设计是融合社会伦理、社会行为心理等，从社会整体结构出发的操作过程	人口构成、设施、安全性等都可以通过统计学变化得到量化数据，以此反映社会问题，但是数据反映问题的程度尚存疑问。 部分可度量
4. 有关经济影响的评价	· 投入 · 产出	把城市作为经济的载体； 城市设计作为经济运作的过程，通过社会经济的整体规划起到促进城市经济发展的作用	土地价值、就业、税收、地区收入都可以通过量化数据反映出来。 可度量
5. 有关环境影响的评价	· 自然环境 · 人工环境 · 资源和保护	把城市作为整个生态圈的一分子； 城市设计是促进和维持整体生态环境秩序的手段之一	从自然和环境要素评价环境的变化，大多已有环境学科的参考标准可供使用。 可度量

资料来源：刘宛．城市设计实践论 [M]．北京：中国建筑工业出版社，2006：259．

(3) 方法选择

城市设计的基本评估途径主要有两种：定量指标评估和定性公众评估（表5.6.2-5）[62]。

①定量“指标评估”方法

通过选取城市空间发展核心价值取向的关键领域建立一套衡量指标进行评估，以表征城市规划和城市设计作用下的实施效果。指标体系的构成应该是全面和多方位的组合，同时包含综合性集成的指标。指标应具有普遍意义，便于不同项目间的分享和比较。同时指标应该与发展目标相一致，以保证可以用于效果评估。城市设计的目标是抽象的，只有将其转化为具体的城市设计项目开发，才能对建成环境形态和人们的使用行为产生影响。

②定性“公众评估”方法

通过收集城市设计相关主体的满意度对城市设计实施效果衡量，是一种最直接反映规划设计效用的方法。可以委托第三方咨询机构抽样调查公众对城市设计实施的意见，了解市民最关注并亟待解决的问题等。凯文·林奇在《城市满意度调查》(Notes on City Satisfactions，1953）中，依据对城市物质形式的心理学和感知影响的调查，总结出人们对城市环境的满意度指标：方向感，友善感，刺激感，愉悦感，兴趣感。美国城市设计师戴维·戈斯林等认为公众对环境的反应是设计评价的关键部分，包括随机抽样的城市居民、城市中外来的游客等都应是城市设计评价的直接参与者[63]。

在实际案例的评估中，更为普遍的是，借助客观量化手段进行客观量化评估和通过调查公众满意度进行评估的各自优势，将两种评估方法相结合。

指标评估与公众评估的特性对比　　　　表5.6.2-5

方法	模式	具体形式	互补特性		
			评估基准	衡量层次	优势
指标评估	目标达成评估模式	选取城市发展重心或核心价值取向的关键领域量化测度，以表征规划作用下的城市发展状况	绝对值量化	定量评估为主	量化衡量影响因素及其程度
公众评估	顾客导向评估模式	收集市民的满意度，衡量该轮规划对市民所产生的影响	相对模糊整体	定性评估为主	直接得出“顾客”满意效用

资料来源：宋彦，陈燕萍．城市规划评估指引[M]．北京：中国建筑工业出版社，2012：60.

评估方法是对于评价指标体系的具体操作办法，是构成城市设计评价体系的必要组成部分。对评价指标进一步作出综合评价，才能对设计实践起到真正的指导作用。已有城市设计实施评估研究对于评估方法的选择包括：利用对比不同年代地形图的方法对城市设计实施进行评价，通过访谈法了解管理主体和利益群体的评价；利用问卷调查与统计分析的方法，向不同群体进行城市设计实施的满意度调查，对城市设计的实施成效和社会绩效进行评价和分析；运用层次分析法对城市设计方案评价指标进行权重分析，并结合专家的意见对方案进行量化评价。环境影响评价领域已经建立了各种定量和定性的科学方法，如判别法、迭置法、列表法、影响矩阵法以及原因—条件—结果网络法[64]。

①判别法

判别法是基于主观感觉的评价方法，用来粗略评价项目可能产生影响的范围及其一般性质，是一种定性的判别。判别法可以把一个项目的各个评价指标评定为无影响、不确定、有利影响、有害影响等几种情况（表 5.6.2–6）。判别法只是一种比较粗略的估算方法，因而其使用范围的局限性较大。

使用判别法评价某旧城改造项目的示例 表 5.6.2–6

评价指标＼影响		无影响	不确定	有利影响	有害影响
功能效用评价	空间布局		*		
	交通运输			*	
	设施水平			*	
文化艺术评价	视觉感受		*		
	情感体验				*
	场所精神				*
社会影响评价	公平				*
	自由				*
	健康和安全			*	
	社会效益		*		

资料来源：刘宛．城市设计实践论[M]．北京：中国建筑工业出版社，2006：272．

②迭置法

这种方法由麦克哈格在《设计结合自然》中提出。迭置法是将城市设计项目范围内功能的、美学的、社会的、经济的、生态的等各类特征进行迭置，以形成该区域的综合环境特征。然后根据地段环境受影响的情况，得到影响类型、影响范围及其相对位置。这种方法的优点是综合了社会、经济、环境等因素的考虑，把总的社会价值和社会损失显示出来。尽管这种方法不够精确，但保证了操作的可能性。

③列表法

列表法就是列出评估过程中需要考虑的影响面，并对各种影响进行逐个评价。由于这种方法能保证所列出的范围都在评价过程中予以考虑，因而被许多公共机构所采用。实际应用时，通过在表格中进行标记来表示城市设计项目的影响是有利、有害或是没有影响。还可以对城市设计实践进行不同时间维度、不同阶段的影响评估（表 5.6.2–7）。

对城市设计实施后的建成环境效果的评估，主要采用以使用者的价值为标准的建筑环境评价方法，通过收集评价信息得到社会需求与空间环境间的相互关系。通过实地观察、访谈、问卷等展开使用状况调查，了解社会公众对建成环境的感受，以帮助评价建成环境公共价值领域质量。

使用列表法评价某商业街步行化整治的示例　　　　表 5.6.2–7

潜在影响因素			实施执行阶段			运作维护阶段		
			有害影响	无影响、不确定	有利影响	有害影响	无影响、不确定	有利影响
功能效用评价	空间布局	1. 布局结构		*				*
		2. 土地使用强度		*		*		
		3. 功能多样性		*				*
		4. 空间的丰富性		*				*
		5. 灵活性与适应性		*			*	
		6. 对特殊使用者的考虑		*				*
	交通运输	1. 对外联系	*			*		
		2. 流线系统的清晰度	*				*	
		3. 交通衔接与联系	*			*		
		4. 停车问题	*				*	
		5. 各种交通方式的通达性	*			*		
	设施水平	1. 设施配置		*				*
		2. 设施的可达性	*				*	
		3. 易读性		*				*

资料来源：刘宛．城市设计实践论[M]. 北京：中国建筑工业出版社，2006：274.

5.6.3　城市设计实施评估实例

(1) 上海四川北路城市设计实施评估[65]

四川北路是上海市传统的市级商业街。2002 年四川北路地区进行了整合性城市设计，为开发项目规划审批管理提供了规划设计的管制工具。结合四川北路的传统发展定位，城市设计提出了地区的整体发展目标："将塑造成为一条具有特色的商业街，在此基础上提高商业品位"，并形成了 8 个城市设计的目标（表 5.6.3–1）。

四川北路城市设计所提目标的分析　　　　表 5.6.3–1

地区发展目标		1. 四川北路未来发展的首要目标是如何将其塑造为一条具有特色的商业街，并在此基础上提高商业品位。四川北路沿线片区的交通组织、功能布局、空间结构等都应以此为目标。 2. 从整个片区的角度而言，鼓励多种城市功能的介入，鼓励居住与公共设施的综合发展
设计目标	针对特色	①构筑四川北路地区的城市空间特征和四川北路的商业特色 ②保护四川北路地区的历史风貌 ③表现四川北路地区的文化特性
	针对问题	④理四川北路地区的道路和交通发展 ⑤拓展四川北路的商业空间 ⑥营造公共空间和公共环境
	发展空间	⑦协调近远期旧区重大改造项目
管理目标		⑧拟定一个具有操作意义和开放性的四川北路地区规划控制框架

资料来源：上海市虹口区规划和土地管理局．四川北路城市设计[Z]，2003：3.

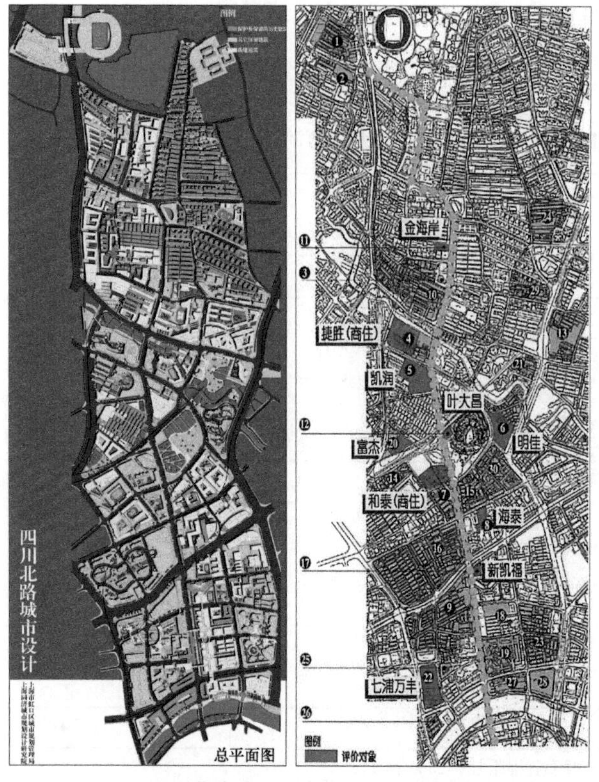

图 5.6.3–1　四川北路地区城市设计总平面与评价对象的空间分布

（资料来源：奚慧．公共管理视角下城市设计过程的解读[D]．上海：同济大学，2015：176）

《四川北路城市设计》实施评价研究对城市设计生效期间（2003 年 5 月至 2008 年 5 月）位于设计范围内建成和部分建成的开发项目的实际影响进行评估（图 5.6.3–1）。根据城市设计的一般设计原则，结合地区特征，指定相关的空间效果评价标准，涵盖了基地布局、建筑体量、建筑色彩、建筑材质、底层用途等评价要素，并根据开发项目区位和肌理特征等方面的差异提出不同的判断标准。据此对评价对象进行实地调研，按评价标准进行评分，由此获得各个开发项目对于整个地区的城市空间品质所具有的实效影响。

就评价要素而言，评价项目的实际效果对城市空间景观品质产生积极影响的程度由高到低依次为建筑体量、基地布局、底层用途、建筑色彩和建筑材质等。其中，评价项目在建筑体量和基地布局方面取得了较为协调的整体感，保持了较强的界面连续性和适宜的空间尺度感；而在底层用途、建筑色彩和建筑材质方面仅达到一般效果（表 5.6.3–2）。

综合城市设计目标，在展现特色方面的目标中除了四川北路的特色商业并未得到延续外，在空间的文化特征、历史风貌保护等方面还是基本达到了要求。在解决问题方面的目标中，除了交通问题未得到妥善解决，在拓展商业空间、营造公共空间与环境等方面基本实现目标。

《虹口区〈四川北路城市设计〉实施评价和策略建议》（2008 年）空间效果评价标准　　**表 5.6.3–2**

<table>
<tr><th colspan="3">项目特征</th><th>标志性建筑</th><th colspan="3">肌理性建筑</th></tr>
<tr><th colspan="3">项目区位</th><th>四川北路沿线</th><th>四川北路沿线</th><th>四川北路周边</th><th>与历史建筑相邻</th></tr>
<tr><td rowspan="4">评价标准</td><td rowspan="2">基地布局</td><td>裙房</td><td>建筑退让与相邻地块形成较大差异时更能够突出其主导地位</td><td>应形成连续界面，与相邻地块保持基本一致</td><td>应形成连续界面，有效地围合公共空间</td><td rowspan="2">体量较大部分应尽可能远离历史建筑，以减少视觉影响</td></tr>
<tr><td>主体</td><td>应在区段中形成视觉焦点</td><td>应形成错落有致的天际轮廓，同时确保视觉通透性，避免产生过于封闭和压抑的效果</td><td>不应对四川北路城市空间形成视觉障碍</td></tr>
<tr><td rowspan="2">建筑体量</td><td>裙房</td><td>建筑高度保持公共空间界面尺度的连续性</td><td>应与所在区段内保留界面的主流高度和面宽保持基本一致，从而强化空间尺度的连续性</td><td>建筑高度应有助于形成适宜的街道空间尺度</td><td>建筑高度和面宽应与历史建筑相协调</td></tr>
<tr><td>主体</td><td>应在天际轮廓中有所突出；与保留的相邻地块形成对比，在视觉上较为显突</td><td>应与区段内整体空间尺度相协调</td><td>不应影响四川北路城市空间的天际轮廓</td><td>—</td></tr>
</table>

续表

<table>
<tr><th colspan="3">项目特征</th><th>标志性建筑</th><th colspan="3">肌理性建筑</th></tr>
<tr><th colspan="3">项目区位</th><th>四川北路沿线</th><th>四川北路沿线</th><th>四川北路周边</th><th>与历史建筑相邻</th></tr>
<tr><td rowspan="5">评价标准</td><td rowspan="2">建筑色彩</td><td>裙房</td><td rowspan="2">应与整个区段有所对比，特别是主体部分，强化视觉标识作用，但不宜过于突兀</td><td>应与所在区段相协调：色彩相同或相近；色彩变化具有一定韵律感</td><td rowspan="2">应与周边建筑相同或相近，避免对四川北路城市空间造成视觉冲击</td><td rowspan="2">应与历史建筑相近或衬托历史建筑</td></tr>
<tr><td>主体</td><td>应与周边建筑的主体部分相同或相近，在较大尺度上形成整体感</td></tr>
<tr><td rowspan="2">建筑材质</td><td>裙房</td><td rowspan="2">应与整个区段有所差异，特别是建筑的主体部分，从而加强建筑的视觉主导地位</td><td>应与所在区段的整体效果相协调，适度的差异性可以丰富视觉体验，但玻璃材质的使用比例不能与区段空间界面的整体效果形成过度反差</td><td rowspan="2">应与周边整体环境协调，不应与四川北路城市景观形成强烈反差</td><td>应当有助于衬托而不是削弱历史建筑的界面特征</td></tr>
<tr><td>主体</td><td>可与周边主体建筑组群相近或有所差异</td><td>应当有助于缓解对于历史建筑的视觉影响</td></tr>
<tr><td colspan="2">底层用途</td><td colspan="2">应以购物为主，兼有文化、娱乐和休闲等能与购物活动形成互动的相关功能，增强功能多样性，避免与此无关的消极用途，如银行、邮局、办公和学校等</td><td>应与所在区段的整体功能定位相协调</td><td>—</td></tr>
</table>

资料来源：上海同济城市规划设计研究院．虹口区《四川北路城市设计》实施评价和策略建议 [Z]，2008.

从城市设计实施管理的结果来看，开发项目对所提出的控制要求具有较高的执行程度，开发项目基本符合了城市设计所提出的相关控制要求，平均的执行完成水平约为 80%。以控制条款分类来看（表 5.6.3–3），城市设计的各类控制要求基本得到执行。

《四川北路城市设计文本》中各类控制条款的执行评价　　表 5.6.3–3

控制类别	实施较差	基本实施	实施较好	完全实施	分类小计
规划控制	1	8	2	8	19
设计控制	2	4	2	18	26
历史保护	—	1	—	2	3
总计	3	13	4	28	48
所占比例（%）	6.3	27.1	8.3	58.3	100

资料来源：奚慧．公共管理视角下城市设计过程的解读 [D]. 上海：同济大学，2015：188.

四川北路地区城市设计的管理过程被纳入城市规划行政体系内予以运作，采取设计控制的管理方式承担开发管理职能。设计控制的目标导向性和管制强制性特征鲜明。设计控制的管理目标和管制工具聚焦于中观层次城市空间轮廓的形塑，对于微观层面的视觉景观要求关注不多。由于设计控制滞后于众多项目的开发申请，同时设计控制程序规范具有模糊性，导致在实施管理中的实际效果受到影响，削弱了其约束性。

（2）上海静安寺地区城市设计实施评估 [66]

上海静安寺地区于 1995 年编制城市设计（图 5.6.3–2）。到 2002 年静安寺地区开发项目投资主体即全部确定，建设框架也已全部拟定，2011 年静安寺交通枢纽项目和 1788 国际中心项目的结构封顶，标志着静安寺地区城市形态的基本确立。

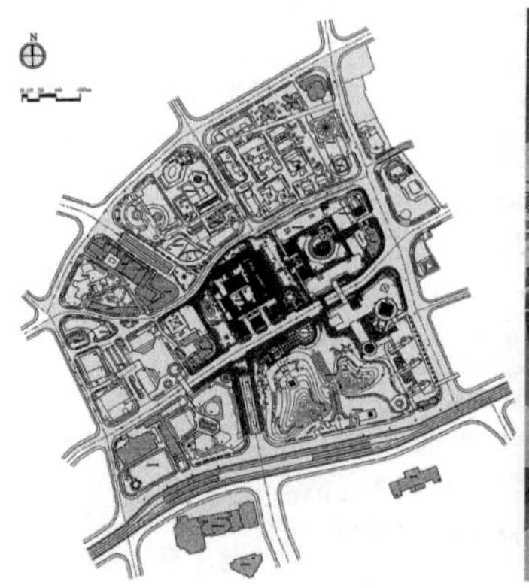

图 5.6.3–2　1995 年上海静安寺地区城市设计总平面与整体形态
（资料来源：黄芳 . 上海静安寺地区城市设计实施与评价 [M]. 南京：东南大学出版社，2013：19–20）

静安寺地区城市设计的目标是："通过城市更新，建立现代化综合发展文化、旅游的商业中心，其空间形态具有特色，生态环境和谐，运动系统有序。" 对比 1995 年与 2011 年的静安寺地区平面图，其城市空间肌理的变化十分显著（图 5.6.3–3）。

静安寺地区城市设计实施结果评估从以下两个方面进行：一是对付诸实践的城市设计所形成的结果与原城市设计之间的关系进行分析评估，也就是城市设计是否得到真正的实施；通过对城市设计实施前后关系的对比，揭示出城市设计所提出的目标与实际结果之间的关系。二是通过建成环境的公众使用情况调查，总结城市土地使用空间、交通空间、景观空间、公共空间、生态人文五个方面的公众评价系数，即实施后的城市环境对人和社会的影响评价。

静安寺地区城市设计实施的总体目标分析表明，原先城市设计的目标已基本实现（表 5.6.3–4）。土地使用性质基本符合城市设计构想。交通体系中，城市设计中的二层步行系统未能实现，未考虑到地铁 6 号线、7 号线与 2 号线的换乘系统以及相应的地下空间开发整合。尽管相对于原设计，公共空间体系

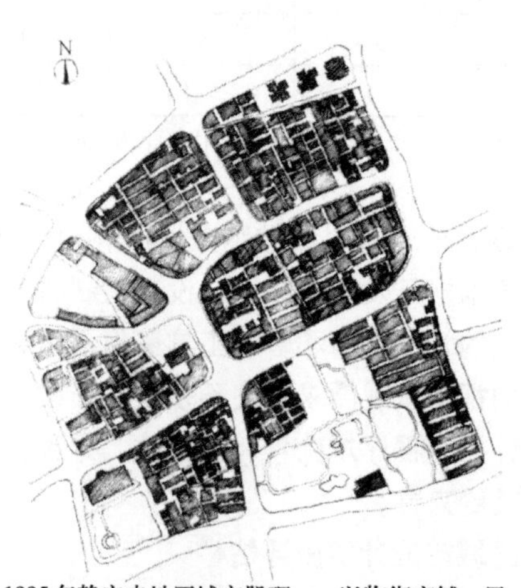
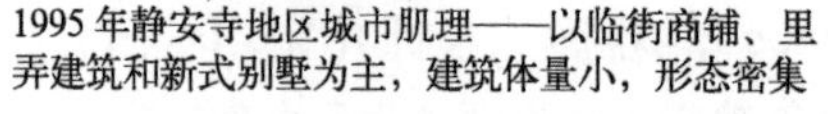

1995 年静安寺地区城市肌理——以临街商铺、里弄建筑和新式别墅为主，建筑体量小，形态密集

2011 年静安寺地区城市肌理——以大型商业及办公建筑为主，体量大，高层建筑居多，成为城市商业中心

图 5.6.3–3　1995 年与 2011 年上海静安寺地区平面比较
（资料来源：黄芳 . 上海静安寺地区城市设计实施与评价 [M]. 南京：东南大学出版社，2013：34）

没有实施的部分比例相当高，但也形成了自身特色。建筑群体形态展现出了城市设计最初的构想，高楼围绕中心文化和生态绿地的城市意象也是城市设计控制最成功的方面之一。历史文脉保护方面，更多的优秀历史建筑如刘长胜故居、张爱玲故居、柳迎邨等被保留下来。

城市设计总体目标实现情况对照表　　　　表 5.6.3–4

城市设计目标		实施结果
现代化综合发展文化、旅游的高级商业中心	文化	静安寺香火旺盛，静安寺广场成为市民文化集会场所，举行上百次大型文化活动
	旅游	2011 年静安区宾馆会展旅游业实现营业收入 51.41 亿元，接待中外游客 140 万人次，星级旅游饭店客房平均出租率 58.15%，星级旅游饭店平均房价 669.71 元。全年上缴地方税收 1.5 亿元
	商业	2011 年静安区社会消费品零售总额 263 亿元，久光百货、会德丰广场裙房商业、越洋广场裙房商业、1788 国际裙房商业、静安寺交通枢纽商业等中高端大型商场与愚园路美食街一起组成了高密度、高质量的静安寺商业中心
空间形态具有特色		静安寺、静安寺公园形成了本地区的传统文化、绿色生态氛围，高层围绕中心低矮绿地和文化建筑的建筑群体形态使本地区空间特色明显
生态环境和谐		静安寺公园作为上海市五星公园深受市民喜爱，但公园面积较小
运动系统有序		静安寺交通发达，地铁 2 号线和 7 号线在此汇集，地铁出口通达久光、越洋、静安交通枢纽、伊美时尚、会德丰等建筑，公交站点多，换乘方便。交通便捷成为静安寺地区商业商务发展的重要优势

资料来源：黄芳．上海静安寺地区城市设计实施与评价 [M]. 南京：东南大学出版社，2013：71.

静安寺地区公共空间环境使用情况的调查显示，大部分人认为静安寺地区建筑密度适中，但在功能配置上绿化面积过小。在消费者眼中，静安寺地区是交通便捷、环境整洁的高档购物场所。静安公园是人们最喜欢的公共空间，每天客流量达上万人次。大部分市民并没有明确感受到文脉的保存，但政府对老建筑的保护力度得到了大部分民众的认可。

"三分设计，七分管理"，静安寺政府采取的组织管理对静安寺地区城市设计形态的基本形成起到了非常重要的作用。其实践操作中的借鉴与不足之处如表 5.6.3–5 所示。

城市设计实施管理过程的评估　　　　表 5.6.3–5

借鉴之处	不足之处
1995 年成立的静安区地铁指挥办公室，在后续的城市设计过程中进一步扩大管理范围，成立静安寺地区开发办公室，统一协调管理静安区核心的整体开发	政府管理体制的“纵向有序，横向无序”性使得同一级别各个管理部门之间的沟通受阻，规划管理过程中的园林、交通、市政部门的交叉产生条块管理矛盾
静安寺地区的开发打破了原有土地使用界限，使零星分散地块通过重新组合，获得了土地开发的增值效应	城市设计相关条款未被纳入规划设计条件或方案审核意见，城市设计的法律效力问题一直是影响城市设计有效性的关键因素
静安寺地区城市设计的实施过程，在外界环境不断变化的情况下始终与原设计师保持联系，商讨对策，使城市设计得到了全面实施	专家评审制度不够完善，评审结果对建筑设计最后的实施效果影响程度存疑
尽管规划局及其管理者可以掌控的资源有限，造成城市形态和景观协调方面的城市设计管理很难实施，但是管理者主观能动性的发挥，在面对城市公众环境利益还是城市建设效率的选择时，取得了部分成效	后期一些建筑项目的设计方大多未与静安寺地区的城市设计师进行沟通，这种沟通的缺失导致部分建筑设计因不受城市设计指导思想的影响而未达到城市设计的意图

资料来源：黄芳．上海静安寺地区城市设计实施与评价 [M]. 南京：东南大学出版社，2013：71.

总体来说，1995 年城市设计所规划设计的城市形态，很好地指导了静安寺地区的开发，为政府提供了一个直观的城市意向和一套可操作的管理办法。城市设计并非设计建筑，而是设计体系。对于静安寺地区城市设计实施的总体来说，土地使用、交通、公共空间、文脉、生态景观等主要体系的设计内容的 80% 得到了实施，城市设计的总体目标基本达成，可以称为一个成功的案例。

5.7 本章推荐阅读

1.(澳)休斯. 公共管理导论[M]. 3 版. 张成福,等译. 中国人民大学出版社, 2007.

2.（美）登哈特. 新公共服务：服务，而不是掌舵[M]. 丁煌，译. 中国人民大学出版社，2010.

3.（美）Hamid Shirvani. 城市设计的评价标准[J]. 王建国，译. 国外城市规划，1990，5（3）.

4. 宋彦，陈燕萍. 城市规划评估指引[M]. 北京：中国建筑工业出版社，2012.

5.Jonathan Barnett. Urban Design As Public Policy [M].New York.McGraw Hill,1974.

注 释

[1] 王建国. 城市设计[M]. 南京：东南大学出版社，2004：44.

[2] 吴良镛. 广义建筑学[M]. 北京：清华大学出版社，1989：90.

[3] 参见：(美) 菲利普·伯克，戴维·戈德沙克，爱德华·凯泽，等. 城市土地使用规划[M]. 原著 5 版. 北京：中国建筑工业出版社，2009：第 2 章.

[4] 王建国. 城市设计[M]. 2 版. 南京：东南大学出版社，2004：235.

[5] 休斯. 公共管理导论[M]. 3 版. 张成福等译. 北京：中国人民大学出版社，2007.

[6] 洪亮平. 城市设计历程[M]. 北京：中国建筑工业出版社，2002.

[7] 英国规划法（Planning Act，2008）[EB/OL]. 英国公共部门信息办公室官方网站 http：//www.opsi.gov.uk/acts/acts2008/ukpga_20080029_en_12#pt9-ch2-pb4-l1g183.

[8] 克利夫·芒福汀. 街道与广场[M]. 张永刚，陆卫东，译. 北京：中国建筑工业出版社，2004.

[9] 庄宇. 城市设计的运作[M]. 上海：同济大学出版社，2004：79-80.

[10] 陈纪凯. 适应性城市设计—— 一种实效的城市设计理论及应用[M]. 北京：中国建筑工业出版社，2004：324.

[11] 金广君，刘堃. 我们需要怎样的城市设计[J]. 新建筑，2006（3）：8-13.

[12] 登哈特. 新公共服务：服务，而不是掌舵[M]. 丁煌，译. 北京：中国人民大学出版社，2010.

[13] 庄宇. 城市设计的运作[M]. 上海：同济大学出版社，2004：80.

[14] 参见：庄宇．城市设计的运作[M]. 上海：同济大学出版社，2004：81-84.

[15] 参见：庄宇．城市设计的运作[M]. 上海：同济大学出版社，2004：54-57.

[16] 孙施文．城市规划哲学[M]. 北京：中国建筑工业出版社，1997：166.

[17] 参见：庄宇．城市设计的运作[M]. 上海：同济大学出版社，2004：172.

[18] 参见：王军．城市属于人民——自由平等的城市设计价值观更能带来平稳发展[J]. 自然之友通讯，2008（5）.

[19] 参见：庄宇．城市设计的运作[M]. 上海：同济大学出版社，2004：54-57.

[20] 参见：奚慧．公共管理视角下城市设计过程的解读[D]. 上海：同济大学，2015：77-97.

[21] 参见：（英）Matthew Carmona，Tim Heath，Taner Oc，Steven Tiesdell. 城市设计的维度[M]. 冯江，袁粤，万谦，等译．南京：江苏科学技术出版社，2005：49.

[22] 参见：庄宇．城市设计的运作[M]. 上海：同济大学出版社，2004：87.

[23] 参见：（英）Matthew Carmona，Tim Heath，Taner Oc，Steven Tiesdell. 城市设计的维度[M]. 冯江，袁粤，万谦，等译．南京：江苏科学技术出版社，2005：225-231.

[24] 参见：庄宇．城市设计的运作[M]. 上海：同济大学出版社，2004：88-95.

[25] 参见：金广君．美国城市环境设计概述[J]. 城市规划，1992（3）：48-54.

[26] 参见：王建国．城市设计[M]. 2版．南京：东南大学出版社，2004：243.

[27] Lichfield Nathaniel. Community Impact Evaluation[M].London：UCL Press，1996：7.

[28]（英）Matthew Carmona，Tim Heath，Taner Oc，Steven Tiesdell. 城市设计的维度[M]. 冯江，袁粤，万谦，等译．南京：江苏科学技术出版社，2005：248.

[29]（英）Matthew Carmona，Tim Heath，Taner Oc，Steven Tiesdell. 城市设计的维度[M]. 冯江，袁粤，万谦，等译．南京：江苏科学技术出版社，2005：248，250.

[30] 参见：郭永秋．政治参与[M]. 台北：台湾幼狮文化事业公司，1990：23.

[31] 中国城市科学研究会，等．中国城市规划行业发展报告2007-2008[M]. 北京：中国建筑工业出版社，2008：86.

[32] 王建国．城市设计[M]. 2版．南京：东南大学出版社，2004：237.

[33] 周江评，孙明洁．城市规划和发展决策中的公众参与——西方有关文献及其启示[J]. 国外城市规划，2005，20（4）：41-48.

[34] Town and Country Planning Act 规定结构规划在提交中央环境事务大臣以前，必须完成一定的法定程序，其中最重要的一个环节是公众参与规划评议；而“地方规划”则完全是地方性的，由地方编制和批准，规定“地方规划机构在编制其地方规划时，必须提供地方评议或质疑的机会，这一规定将视为审批规划的必要前提”。参见：郝娟．西欧城市规划理论与实践[M]. 天津：天津大学出版社，1997.

[35] Explanatory Notes to Planning And Compulsory Purchase Act 2004 [EB/OL]. http:/www.opsi.gov.uk/acts/acts2004/en/ukpgaen_20040005_en_1.htm

[36] 1989年《纽约市宪章》再次修订，制定了统一土地使用审查程序和一套完整的开发审查程序与社区理事会对都市计划委员会审查事项表达意见、公听、投票流程以及提交推荐方案的标准流程。

[37] Summary of the Growing Smart Legislativs Guidebook [EB/OL].http://www.opsi.gov.uk/acts/acts2004/en/ukpgaen_20040005_en_1.htm

[38] 吴晓，魏羽力．城市规划社会学 [M]. 南京：东南大学出版社，2010：174-175.

[39] 王郁．日本城市规划中的公众参与 [J]. 人文地理，2006（4）：34-38.

[40] 参见：刘宛．城市设计实践论 [M]. 北京：中国建筑工业出版社，2006：304-305.

[41] Svirsky Peter S., ed. The Urban Design Plan for the Comprehensive Plan of San Francisco[M]. San Francisco：Department of City Planning，1971.

[42] 参见：吴晓，魏羽力．城市规划社会学 [M]. 南京：东南大学出版社，2010：181-183.

[43] 王建国．城市设计 [M]. 南京：东南大学出版社，2004：239-240.

[44] 王建国．城市设计 [M]. 南京：东南大学出版社，2004：239-240.

[45] “分区奖励法”规定，开发者如果在某些特定的高密度商业区和住宅区用地范围内，将所建房屋后退，提供一合于法规要求的公共广场，则可获得增加 20% 的建筑面积的奖励和补偿，如果沿街道建骑楼，则面积奖励稍少。这一具有替换可能的法规受到设计者的欢迎。

[46]《城乡规划法》（2007 年）明确指出“为了加强城乡规划管理，协调城乡空间布局，改善人居环境，促进城乡经济社会全面、协调、可持续发展，制定本法。以后，城乡规划将更加重视资源节约、环境保护、文化与自然遗产保护；促进公共财政首先拨到基础设施、公共设施项目；强调城乡规划制定、实施全过程的公众参与；保证公平，明确了有关赔偿或补偿责任”。

[47] 城市规划网．解读《中华人民共和国城乡规划法》[N/OL].
西海都市报，2008-01-12. http：//info.upla.cn/html/2008/01-12/88953.shtml.

[48] 城市设计政策法令、编制和导则部分内容重点参考：王建国．城市设计 [M]. 第 2 版．南京：东南大学出版社，2004：244，247.

[49]（英）Matthew Carmona，Tim Heath，Taner Oc，Steven Tiesdell. 城市设计的维度 [M]. 冯江，袁粤，万谦，等译．南京：江苏科学技术出版社，2005：241.

[50] 王建国．城市设计 [M]. 2 版．南京：东南大学出版社，2004：247.

[51] 刘宛．城市设计实践论 [M]. 北京：中国建筑工业出版社，2006：244.

[52] 孙施文，张美靓．城市设计实施评价初探——以上海静安寺地区城市设计为例 [J]. 城市规划，2007，31（4）：42-47.

[53] 陈旸，金广君．论城市设计的影响评估：概念、内涵与作用 [J]. 哈尔滨工业大学学报（社会科学版），2009，11（6）：31-38.

[54] 黄芳．上海静安寺地区城市设计实施与评价 [M]. 南京：东南大学出版社，2013：7.

[55] 乔恩·朗．城市设计：美国的经验 [M]. 王翠萍，胡立军，译．北京：中国建筑工业出版社，2008：125.

[56] 参见：刘宛．城市设计实践论 [M]. 北京：中国建筑工业出版社，2006：253-254.

[57]（美）Hamid Shirvani. 城市设计的评价标准 [J]. 王建国，译. 国外城市规划，1990，5(3)：17-20，32.

[58] 袁青，刘通．城市设计实施评估研究——以哈尔滨市哈西地区城市设计为例 [J]. 城市规划，2014，38（7）：9-16.

[59] 奚慧．公共管理视角下城市设计过程的解读 [D]. 上海：同济大学，2015：109.

[60] 金勇．城市设计实效的分析与评价 [J]. 上海城市规划，2010（3）：37-40.

[61] 孙施文，张美靓．城市设计实施评价初探——以上海静安寺地区城市设计为例 [J]. 城市

规划，2007，31（4）：42-47.

[62] 宋彦，陈燕萍．城市规划评估指引[M]. 北京：中国建筑工业出版社，2012：58-60.

[63]（美）戴维·戈斯林，（美）玛丽亚·克里斯蒂娜·戈斯林．美国城市设计[M]. 陈雪明，译. 北京：中国林业出版社，2005.

[64] 刘宛．城市设计实践论[M]. 北京：中国建筑工业出版社，2006：271-284.

[65] 参见：奚慧．公共管理视角下城市设计过程的解读[D]. 上海：同济大学，2015：166-192.

[66] 参见：黄芳．上海静安寺地区城市设计实施与评价[M]. 南京：东南大学出版社，2013；孙施文，张美靓．城市设计实施评价初探——以上海静安寺地区城市设计为例[J]. 城市规划，2007，31（4）：42-47.

参考文献

[1] Ball C. Sustainable Urban Renewal:Urban Permaculture in Bowden,Brompton and Ridleyton,Roseville [M]. N.S.W.：Impacts Press，1985.

[2] Barnett J. An Introduction to Urban Design [M]. New York：Harper & Row，1982.

[3] Behling S.，Behling S. Sol Power：The Evolution of Sustainable Architecture [M]. Munich：Prestel，1996.

[4] Berke P. R. Godschalk，D. R. Kaiser E. J.，Rodriguez D. A. Urban Land Use Planning [M]. Fifth Edition. Urbana and Chicago：University of Illinois Press，2006.

[5] Castells M.，Hall P. Technopoles of the World—The making of 21st Century Industrial Complexes[M]. London：Routledge，1994.

[6] Crang M. Cultural Geography [M].London：Routledge，1998：103.

[7] Downton P. F. Ecopolis：Architecture and Cities for a Changing Climate [M]. Dordrecht：Springer，2009.

[8] Habermas J. Legitimation Crisis [M]. translated by McCarthy T. London：Heinemann，1976.

[9] Koolhass R.，Mau B. S，M，L，XL [M]. New York：Monacelli Press，1995.

[10] Kostof S. The City Shaped：Urban Patterns and Meanings Through History [M]. London：Thames and Huston Ltd.，1991.

[11] Lai R. T. Law in Urban Design and Planning：The Invisible Web [M]. New York：Van Nostrand Reinhold，1988.

[12] Lichfield N. Community Impact Evaluation：Principles And Practice [M].London：Routledge，1996.

[13] Lynch K. A Theory of Good City [M]. Cambridge：The MIT Press，1981.

[14] Lynch K. What Time Is This Place [M] ? Cambridge：The MIT Press，1972.

[15] Mumford L. The Culture of Cities [M]. London：New York，1983.

[16] Neal P. Urban Villages and the Making of Communities [M]. London and New York：Spon Press，2009.

[17] Norberg-Schulz C. Genius Loci [M]. New York：Rizzoli International Publication，1975.

[18] Punter J. Design Guidelines in American Cites：A Review of Design Policies and Guidance in Five West Coast Cities [M]. Liverpool：Liverpool University Press，1999.

[19] Sassen S. Cities in a World Economy [M]. Thousand Oaks：Pine Forge Press，1994.

[20] Sassen S. The Global City：Time and Space. in Cities on the Move 7. Helsinki：Museum of Contemporary Art，1999.

[21] Shirvani H. The Urban Design Process [M]. New York：Van Nostrand Reinhold Company，1985.

[22] Sklair L. The Sociology of the Global System [M]. Baltimore：Johns Hopkins University Press，1991.

[23] Zukin S. Loft Living：Culture and Capital in Urban Change [M]. Baltimore：Johns Hopkins University Press，1982.

[24] Zukin S. The Cultures of Cities [M]. Oxford：Blackwell Publishers，1995.

[25]（美）克里斯托弗·亚历山大.城市并非树形 [J]. 严小婴，译.建筑师，1985（24）：206-224.

[26]（澳）乔恩·兰.城市设计 [M]. 黄阿宁，译.沈阳：辽宁科学技术出版社，2008.

[27]（澳）亚历山大·R·卡斯伯特.城市形态——政治经济学与城市设计 [M]. 孙诗萌，袁琳，翟炳哲，译.北京：中国建筑工业出版社，2011.

[28] (丹麦) 扬 · 盖尔，拉尔斯 · 吉姆松 . 公共空间 · 公共生活 [M]. 汤羽扬，王兵，戚军，译 . 北京 ：中国建筑工业出版社，2003.
[29] (德)迪特马尔·赖因博恩 .19 世纪与 20 世纪的城市规划 [M]. 虞龙发，等译 . 北京：中国建筑工业出版社，2009.
[30] (德) D · 普林茨 . 城市景观设计方法 [M]. 李维荣，译 . 天津 ：天津大学出版社，1992.
[31] (法) 菲利普 · 巴内翰，让 - 夏尔 · 德保勒 . 城市街区的解体——从奥斯曼到勒 · 柯布西耶 [M]. 魏羽力，许昊，译 . 北京 ：中国建筑工业出版社，2012.
[32] (法) 勒 · 柯布西耶 . 光辉城市 [M]. 金秋野，王又佳，译 . 北京 ：中国建筑工业出版社，2010.
[33] (法) 勒 · 柯布西耶 . 明日之城市 [M]. 李浩，译 . 北京 ：中国建筑工业出版社，2009.
[34] (法) 卢梭 . 社会契约论 [M]. 上海 ：商务印书馆，1980.
[35] (法) 让 - 保罗 · 拉卡兹 . 城市规划方法 [M]. 高煜，译 . 北京 ：商务印书馆，1996.
[36] (加) 艾伦 · 泰特 . 城市公园设计 [M]. 周玉鹏，肖季川，朱青模，译 . 上海 ：同济大学出版社，2003.
[37] (卢) 罗伯 · 克里尔 . 城镇空间——传统城市主义的当代诠释 [M]. 金秋野，王又佳，译 . 北京 ：中国建筑工业出版社，2007.
[38] (美) C · 亚历山大，H · 奈斯，A · 安尼诺，等 . 城市设计新理论 [M]. 陈治业，童丽萍，译 . 北京 ：知识产权出版社，2002.
[39] (美) Hamid Shirvani. 城市设计的评价标准 [J]. 王建国，译. 国外城市规划，1990，5 (3)：17-20.
[40] (美) 阿兰 · B · 雅各布斯 . 伟大的街道 [M]. 王又佳，金秋野，译 . 北京 ：中国建筑工业出版社，2009.
[41] (美) 阿里·迈达尼普尔 . 城市空间设计——社会—空间过程的调查研究 [M]. 欧阳文，梁海燕，宋树旭，译 . 北京 ：中国建筑工业出版社，2009.
[42] (美) 埃德蒙 · N · 培根 . 城市设计 [M]. 黄富厢，朱琪，编译 . 北京 ：中国建筑工业出版社，2007.
[43] (美) 保罗 · 诺克斯，史蒂文 · 平奇 . 城市社会地理学导论 [M]. 柴彦威，张景秋，译 . 北京 ：商务印书馆，2005.
[44] (美) 彼得 · 卡尔索普，杨保军，张泉，等 .TOD 在中国——面向低碳城市的土地使用与交通规划设计指南 [M]. 北京 ：中国建筑工业出版社，2014.
[45] (美) 彼得·卡尔索普 . 未来美国大都市：生态·社区·美国梦 [M]. 郭亮，译 . 北京：中国建筑工业出版社，2009.
[46] (美) 戴维 · 戈斯林，玛丽亚 · 克里斯蒂娜 · 戈斯林 . 美国城市设计 [M]. 陈雪明，译. 北京 ：中国林业出版社，2005.
[47] (美) 菲利普 · 伯克，戴维 · 戈德沙克，爱德华 · 凯泽，等 . 城市土地使用规划 [M]. 原著 5 版 . 北京 ：中国建筑工业出版社，2009.
[48] (美) 加里 · 赫克，林中杰 . 全球化时代的城市设计 [M]. 时匡，译 . 北京 ：中国建筑工业出版社，2006.
[49] (美) 简 · 雅各布斯. 美国大城市的死与生 [M]. 金衡山，译. 南京 ：译林出版社，2006.
[50] (美) 凯文 · 林奇 . 城市的印象 [M]. 项秉仁，译 . 北京 ：中国建筑工业出版社，1990.
[51] (美) 柯林 · 罗，弗瑞德 · 科特 . 拼贴城市 [M]. 童明，译 . 北京 ：中国建筑工业出版社，2003.
[52] (美) 理查德 · 马歇尔，沙永杰 . 美国城市设计案例 [M]. 北京 ：中国建筑工业出版社，2004.
[53] (美) 理查德 · 桑内特 . 公共人的衰落 [M]. 李继宏，译 . 上海 ：上海译文出版社，2008.
[54] (美) 刘易斯 · 芒福德 . 城市发展史——起源、演变和前景 [M]. 宋俊岭，倪文彦，译 . 北京 ：中国建筑工业出版社，2005.
[55] (美) 罗杰 · 特兰西克 . 寻找失落空间——城市设计的理论 [M]. 朱子瑜，张播，鹿勤，等译 . 北京 ：中国建筑工业出版社，2008.
[56] (美) 莫里斯 · 迈斯纳. 马克思主义、毛泽东主义与乌托邦主义 [M]. 张宁，陈铭康，等译. 北京 ：中国人民大学出版社，2005.
[57] (美) 莫什 · 萨夫迪 . 后汽车时代的城市 [M]. 吴越，译 . 北京 ：人民文学出版社，2001.
[58] (美) 南 · 艾琳 . 后现代城市主义 [M]. 张冠增，译 . 上海 ：同济大学出版社，2007.

[59]（美）乔·奥·赫茨勒．乌托邦思想史 [M]．张兆麟，译．北京：商务印书馆，1990.
[60]（美）乔恩·朗．城市设计：美国的经验 [M]. 王翠萍，胡立军，译．北京：中国建筑工业出版社，2008.
[61]（美）斯皮罗·科斯托夫．城市的形成——历史进程中的城市模式和城市意义 [M]. 单皓，译．北京：中国建筑工业出版社，2005.
[62]（美）唐纳德·沃特森，艾伦·布拉特斯，罗伯特·G·谢卜利．城市设计手册 [M]. 刘海龙，郭凌云，俞孔坚，等译．北京：中国建筑工业出版社，2006.
[63]（美）威廉·J·米切尔．我 ++——电子自我和互联城市 [M]. 刘小虎，等译．北京：中国建筑工业出版社，2006.
[64]（美）威廉·J·米切尔．伊托邦——数字时代的城市生活 [M]. 吴启迪，乔非，俞晓，译．上海：上海科技教育出版社，2005.
[65]（美）西里尔·鲍米尔．城市中心规划设计 [M]. 冯洋，译．沈阳：辽宁科学技术出版社，2007.
[66]（美）亚历山大·C．建筑模式语言 [M]．周序鸿，王昕度，译．北京：知识产权出版社，2002.
[67]（美）伊利尔·沙里宁．城市：它的发展、衰败与未来 [M]. 顾启源，译．北京：中国建筑工业出版社，1986.
[68] [挪] 诺伯舒兹．场所精神：迈向建筑现象学 [M]．施植明，译．台北：田园城市文化事业有限公司，1995.
[69]（日）芦原义信．街道的美学 [M]. 尹培桐，译．天津：百花文艺出版社，2006.
[70]（日）矢代真己 .20 世纪的空间设计 [M]. 卢春生，等译．北京：中国建筑工业出版社，2007.
[71]（西）Manuel Castells. 一个跨文化的都市社会变迁理论 [M]. 陈志梧，译 // 夏铸九，王志弘．空间的文化形式与社会理论读本．台北：明文书局，1993.
[72]（西）米格尔·鲁亚诺．生态城市——60 个优秀案例研究 [M]. 吕晓惠，译．北京：中国电力出版社，2007.
[73]（意）L·本奈沃洛．西方现代建筑史 [M]. 邹德侬，巴竹师，高军，译．天津：天津科学出版社，1996.
[74]（意）贝纳沃罗·L. 世界城市史 [M]. 薛钟灵，等译．北京：科学出版社，2000.
[75]（英）埃比尼泽·霍华德．明日的田园城市 [M]. 金经元，译．北京：商务印书馆，2000.
[76]（英）F·吉伯德．市镇设计 [M]. 程里尧，译．北京：中国建筑工业出版社，1983.
[77]（英）Matthew Carmona，Tim Heath，Taner Oc，Steven Tiesdell. 城市设计的维度 [M]. 冯江，袁粤，万谦，等译．南京：江苏科学技术出版社，2005.
[78]（英）Nick Wates. 行动规划：如何运动技巧改善社区环境 [M]. 谢庆达，译．台北：创兴出版社，1996.
[79]（英）Peter Hall. 城市的未来 [J]. 国外城市规划，2004，19（4）：17-22.
[80]（英）Peter Hall. 明日之城—— 一部关于 20 世纪城市规划与设计的思想史 [M]. 童明，译．上海：同济大学出版社，2009.
[81]（英）安东尼·吉登斯．社会的构成 [M]. 北京：生活·读书·新知三联书店，1998.
[82]（英）比尔·里斯贝罗．现代建筑与设计：简明现代建筑发展史 [M]. 羌苑，等译．北京：中国建筑工业出版社，1999.
[83]（英）彼得·霍尔，科林·沃德．社会城市——埃比尼泽·霍华德的遗产 [M]. 黄怡，译．北京：中国建筑工业出版社，2009.
[84]（英）彼得·霍尔．城市和区域规划 [M]. 邹德慈，李浩，陈熳莎，译．北京：中国建筑工业出版社，2008.
[85]（英）大卫·路德林，尼古拉斯·福克．营造 21 世纪的家园——可持续的城市邻里社区 [M]. 王健，单燕华，译．北京：中国建筑工业出版社，2005.
[86]（英）克里夫·莫夫汀．都市设计——街道与广场 [M]. 王淑宜，译．台北：创兴出版社有限公司，1999.
[87]（英）克利夫·芒福汀．街道与广场 [M]. 张永刚，陆卫东，译．北京：中国建筑工业出版社，2004.
[88]（英）玛丽昂·罗伯茨，克拉拉·格里德．走向城市设计——设计的方法与过程 [M]. 马航，陈馨如，译．北京：中国建筑工业出版社，2009.
[89]（美）肯尼思·弗兰姆普敦．现代建筑：一部批判的历史 [M]. 原山，等译．北京：中国建筑工业出版社，1988.

[90] 曹康，林雨庄，焦自美 . 奥姆斯特德的规划理念——对公园设计和风景园林规划的超越 [J]. 中国园林，2005（8）：37-42.
[91] 曹康 . 西方现代城市规划简史 [M]. 南京：东南大学出版社，2010.
[92] 陈秉钊，罗志刚，王德 . 大都市的空间结构——兼议上海城镇体系 [J]. 城市规划学刊，2010（2）:8-13.
[93] 陈纪凯 . 适应性城市设计—— 一种实效的城市设计理论及应用 [M]. 北京：中国建筑工业出版社，2004.
[94] 陈旸，金广君 . 论城市设计的影响评估：概念、内涵与作用 [J]. 哈尔滨工业大学学报（社会科学版），2009，11（6）：31-38.
[95] 程里尧．Team10 的城市设计思想 [J]．世界建筑，1983（3）：14-19.
[96] 崔宁 . 重大城市事件下城市空间再构——以上海世博会为例 [M]. 南京：东南大学出版社，2008.
[97] 邓毅 . 城市生态公园规划设计方法 [M]. 北京：中国建筑工业出版社，2007.
[98] 费定 .2010 世博会与上海城市的功能性发展 [D]. 上海：同济大学，2004.
[99] 顾朝林，谭纵波，刘宛，等 . 气候变化、碳排放与低碳城市规划研究进展 [J]. 城市规划学刊，2009（3）：38-45.
[100] 郭恩章 . 浅谈美国城市设计的理论与实践 [J]. 国外城市规划，1989(2)：1-8.
[101] 郭永秋 . 政治参与 [M]. 台北：台湾幼狮文化事业公司，1990.
[102] 郭长刚 . 城市传统与城邦精神 [J]. 社会，2004（1）：10-11.
[103] 郝娟 . 西欧城市规划理论与实践 [M]. 天津：天津大学出版社，1997.
[104] 何韶颖 . 科学哲学发展对西方城市规划思想的影响 [J]. 广东工业大学学报（社会科学版），2008，8（4）：49-51.
[105] 贺业钜 . 中国古代城市规划史 [M]. 北京：中国建筑工业出版社，1996.
[106] 洪亮平 . 城市设计历程 [M]. 北京：中国建筑工业出版社，2002.
[107] 胡宝林，喻肇青 . 台北市都市景观计画研究 [M]. 台北：台北市政府工务局，1984.
[108] 胡宁生 . 现代公共政策学——公共政策的整体透视 [M]. 北京：中央编译出版社，2007.
[109] 扈万泰，郭恩章 . 论总体城市设计 [J]. 哈尔滨建筑大学学报，1998，31（6）：99-104.
[110] 黄芳 . 上海静安寺地区城市设计实施与评价 [M]. 南京：东南大学出版社，2013.
[111] 黄光宇，陈勇 . 生态城市理论与规划设计方法 [M]. 北京：科学出版社，2002.
[112] 黄向明 . 营造“理想之城”——上海新浦江城规划概念及建筑实践解析 [J]. 时代建筑，2009（2）：44-49.
[113] 季松，王海宁 . 当代理想城市的探索 [J]. 华中建筑，2005（4）：71-76.
[114] 简明不列颠百科全书 [M]. 北京：中国大百科全书出版社，1986.
[115] 金广君，刘堃 . 我们需要怎样的城市设计 [J]. 新建筑，2006（3）：8-13.
[116] 金广君 . 美国城市环境设计概述 [J]. 城市规划，1992(3)：48-54.
[117] 金广君 . 图解城市设计 [M]. 哈尔滨：黑龙江科学技术出版社，1999.
[118] 金经元 . 芒福德和他的学术思想（续二）[J]. 国外城市规划，1995（4）：50-54.
[119] 金勇．城市设计实效的分析与评价 [J]. 上海城市规划，2010（3）：37-40.
[120] 荆其敏，张丽安 . 城市艺匠：图解外国名城 [M]. 北京：中国电力出版社，2005.
[121] 李德华 . 城市规划原理 [M]. 3 版 . 北京：中国建筑工业出版社，2001.
[122] 李东泉．近代青岛城市规划与城市发展关系的历史研究及启示 [J]. 中国历史地理论丛，2007，22（2）：125-136.
[123] 李敏著 . 城市绿地系统与人居环境规划 [M]. 北京：中国建筑工业出版社，1999.
[124] 李欣瑞，周国艳 . 总体城市设计方法探析 [J]. 工程与建设，2009，23（6）：768-774.
[125] 李萱 . 走向市民：黄浦江两岸综合开发历程 [J]. 时代建筑，2009（6）：26-31.
[126] 李铮生 . 城市园林绿地规划与设计 [M]. 北京：中国建筑工业出版社，2006.
[127] 联合国开发计划署 . 2004 年人类发展报告——当今多样化世界中的文化自由 [M]．北京：中国财政经济出版社，2004.

[128] 林钦荣．都市设计在台湾 [M]. 台北：创兴出版社，1995.
[129] 刘宛．城市设计实践论 [M]. 北京：中国建筑工业出版社，2006.
[130] 刘晓明．当代城市景观与环境设计丛书——公共绿地景观设计 [M]. 北京：中国建筑工业出版社，2003.
[131] 罗小未，等．上海新天地——旧区改造的建筑历史、人文历史与开发模式的研究 [M]. 南京：东南大学出版社，2002.
[132] 吕斌．国外城市设计制度与城市设计总体规划 [J]. 国外城市规划，1998（4）：2-9.
[133] 马克·吉罗德．城市与人—— 一部社会与建筑的历史 [M]. 北京：中国建筑工业出版社，2008.
[134] 美国城市土地利用学会．都市滨水区规划 [M]. 马青，马雪梅，李殿生，译．沈阳：辽宁科学技术出版社，2007.
[135] 潘海啸，汤諹，吴锦瑜，等．中国“低碳城市”的空间规划策略 [J]. 城市规划学刊，2008（6）：57-64.
[136] 阮仪三．城市建设与规划基础理论 [M]. 天津：天津科学技术出版社，1992.
[137] 上海市政府发展研究中心，等 .2012 上海城市经济与管理发展报告——上海虹桥商务区体制、机制创新研究 [M]. 上海：上海财经大学出版社，2012.
[138] 沈玉麟．外国城市建设史 [M]. 北京：中国建筑工业出版社，1989.
[139] 宋彦，陈燕萍．城市规划评估指引 [M]. 北京：中国建筑工业出版社，2012.
[140] 孙施文，王喆．城市滨水区发展与城市竞争力关系研究 [J] ．规划师，2004（8）：5-9.
[141] 孙施文，张美靓．城市设计实施评价初探——以上海静安寺地区城市设计为例 [J]. 城市规划，2007，31（4）：42-47.
[142] 孙施文．城市规划哲学 [M]. 北京：中国建筑工业出版社，1997.
[143] 孙施文．公共空间的嵌入与空间模式的翻转——上海“新天地”的规划评论 [J]. 城市规划,2007,31(8)：80-87.
[144] 孙施文．现代城市规划理论 [M]. 北京：中国建筑工业出版社，2007.
[145] 谭纵波．城市规划 [M]. 北京：清华大学出版社，2005.
[146] 唐子来，陈琳．经济全球化时代的城市营销策略：观察和思考 [J]. 城市规划学刊，2006（6）：45-53.
[147] 唐子来，付磊．发达国家和地区的城市设计控制 [J]. 城市规划汇刊，2002（6）：1-8.
[148] 藤原京子，邓奕．日本：筑波科学城 [J]. 北京规划建设，2006（1）：74-75.
[149] 田宝江．总体城市设计理论与实践 [M]. 武汉：华中科技大学出版社，2006.
[150] 汪定曾．上海曹杨新村住宅区的规划设计 [J]. 建筑学报，1956（2）：1-15.
[151] 王建国．城市设计 [M]. 3 版．南京：东南大学出版社，2011.
[152] 王建国．现代城市设计理论和方法 [M]. 南京：东南大学出版社，2004.
[153] 王士兰，吴德刚．城市设计对城市经济、文化复兴的作用 [J]. 城市规划，2004，28（7）：54-58.
[154] 王受之．世界现代建筑史 [M]. 北京：中国建筑工业出版社，1999.
[155] 王伟强．和谐城市的塑造——关于城市空间形态演变的政治经济学实证分析 [M]. 北京：中国建筑工业出版社，2005.
[156] 王伟强．历史文化风貌区的空间演进 [N]. 文汇报，2006-10-15.
[157] 王伟强．理想空间：文化、街区与城市更新 [M]. 上海：同济大学出版社，2006.
[158] 王郁．日本城市规划中的公众参与 [J]. 人文地理，2006(4)：34-38.
[159] 吴缚龙，周岚．乌托邦的消亡与重构：理想城市的探索与启示 [J]. 城市规划，2010，34（3）：38-41.
[160] 吴晓，魏羽力．城市规划社会学 [M]. 南京：东南大学出版社，2010.
[161] 吴志强，李德华．城市规划原理 [M]. 4 版．北京：中国建筑工业出版社，2010.
[162] 吴志强．《百年西方城市规划理论史纲》导论 [J]. 城市规划汇刊，2000（2）：9-18.
[163] 奚慧．公共管理视角下城市设计过程的解读 [D]. 上海：同济大学，2015.
[164] 谢俊贵．当代社会变迁之技术逻辑——卡斯特尔网络社会理论述评 [J]．学术界，2002（4）：191-203.
[165] 徐长乐，曾群华．后世博效应——与长三角一体化发展的区域联动 [M]. 上海：格致出版社，上海人

民出版社，2012.
[166] 许志坚，宋宝麟．民众参与城市空间改造之机制——以台北市推动“地区环境计划”与“社区规划师制度”为例 [J]. 城市发展研究，2003（1）：16-20.
[167] 薛求理，周鸣浩．海外建筑师在上海“一城九镇”的实践——以“浦江新镇”的规划及建筑设计为例 [J]. 建筑学报，2007（3）：24-29.
[168] 杨贵庆．试析当今美国城市规划的公众参与 [J]. 国外城市规划，2002（2）：2-5，33.
[169] 杨红平．城市总体规划阶段总体城市设计编制体系研究 [A]// 中国城市规划学会．生态文明视角下的城乡规划——2008 中国城市规划年会论文集．大连：大连出版社，2008.
[170] 英国社区能源指南：面向低碳未来的城市规划 [J]. 国际城市规划，2009（3）：121-124.
[171] 于一凡，李继军．公共绿地与一座城市的四个世纪——巴黎城市公共绿地发展综述 [J]. 上海城市规划，2007（2）：56-58.
[172] 俞孔坚，庞伟，等．足下文化与野草之美——产业用地再生设计探索，岐江公园案例 [M]. 北京：中国建筑工业出版社，2003.
[173] 俞斯佳．迎接申城滨江开发新时代——黄浦江两岸地区规划优化方案简介 (上)[J]. 上海城市规划，2002（2）：16-28.
[174] 袁青，刘通．城市设计实施评估研究——以哈尔滨市哈西地区城市设计为例 [J]. 城市规划，2014，38（7）：9-16.
[175] 张冠增．西方城市建设史纲 [M]. 北京：中国建筑工业出版社，2011.
[176] 张庭伟．城市高速发展中的城市设计问题：关于城市设计原则的讨论 [J]. 城市规划汇刊，2001(3)：5-10.
[177] 张庭伟．城市滨水区设计与开发 [M]. 上海：同济大学出版社，2002.
[178] 张文显．法理学 [M]. 北京：法律出版社，1997.
[179] 张燕玲．场所精神——以亚特兰大百年奥林匹克公园为例 [J]．规划师，2005，21（8）：95-97.
[180] 甄明霞．步行街：欧美如何做 [J]. 城市问题，2001（1）：59-61.
[181] 郑伯红，朱顺娟．现代世界城市网络形成于流动空间 [J]. 中外建筑，2008（3）：105-107.
[182] 郑时龄，陈易．和谐城市的探索——上海世博会主题演绎及规划设计研究 [M]. 上海：上海教育出版社，2008：80.
[183] 郑时龄，齐慧峰，王伟强．城市空间功能的提升与拓展——南京东路步行街改造背景研究 [J]. 城市规划汇刊，2000（1）：13-19.
[184] 中国城市规划设计研究院．城市规划资料级第 9 分册（风景 · 园林 · 绿地 · 旅游）[M]. 北京：中国建筑工业出版社，2007.
[185] 中国城市科学研究会，等．中国城市规划行业发展报告 2007-2008[M]. 北京：中国建筑工业出版社，2008.
[186] 中国大百科全书（建筑 · 园林 · 城市规划卷）[M]. 北京：中国大百科全书出版社，1988.
[187] 钟元满．美国中央公园与中国颐和园营造文化差异比较 [J]. 中外建筑，2009（8）：39-41.
[188] 周俭，陈亚斌．类型学思路在历史街区保护与更新中的运用——以上海老城厢方浜中路街区城市设计为例 [J]. 城市规划学刊，2007（1）：61-65.
[189] 周江评，孙明洁．城市规划和发展决策中的公众参与——西方有关文献及其启示 [J]. 国外城市规划，2005，20（4）：41-48.
[190] 周年兴，俞孔坚，李迪华．信息时代城市功能及其空间结构的变迁 [J]. 地理与地理信息科学，2004（2)：69-72.
[191] 朱文一．秩序与意义：一份有关城市空间的研究提纲 [J]．华中建筑，1994，12（1）：31-34，48.
[192] 庄宇．城市设计的运作 [M]. 上海：同济大学出版社，2004.
[193]（美）亚历克斯 · 克里格，（美）威廉 · S · 桑德斯．城市设计 [M]. 王伟强，王启泓，译．上海：同济大学出版社，2016.

后　记

自2009年着手建构教材框架，2011年形成初稿，又至2015年脱稿，编写工作持续了六年多。当中被诸多事务干扰，波折，甚至曾想放弃，但最后能拨云见日实属不易。拖期如此之久需要自省，但也有积极的一面。自完成框架建构后，我一直按着这个教学计划讲授本科生的“城市设计原理”课程，几年下来所遇到的结构调整、论述逻辑、案例时效等问题，在课上、课下与师生们的交流中，都能及时地发现和调整，并最终能把这些内容反馈、修订到教材编著之中；而近些年学界各种新的思潮、理论的介入，也都能不断地吸收进课程中，几经易稿，使得这本教材的结构和内容逐步成熟、饱满起来。这当中每一个微小的进步，都会换得极大的欣喜，都得益于长期的探索，得益于多方的帮助。

本书面世，首先要感谢我们教学小组同事，正是由于大家在日常的交流中、在本科生理论与设计教学、研究生以及国际合作教学中，逐步完善了城市设计理论教学体系。其中，唐子来教授的城市设计与控制、周俭教授的城市设计与社会、童明教授的城市设计经典案例与导读、田宝江副教授的总体城市设计等，都极大地丰富了理论教学成果，成为课程的亮点，也都给本书的写作以极大的帮助。

还要衷心感谢郑时龄院士、吴志强院士、李京生教授、孙施文教授、杨贵庆教授等，在各种场合的交流、讨论，都给予我极大的启示，帮助我梳理了学术思想，受益匪浅；每当遇到困难而彷徨、甚至迷茫而几近放弃时，是大家指点迷津、鼓励鞭策，而再度起航。我和童明教授、张松教授、孙施文教授、侯丽教授等多位老师组成的研究生教学小组，指导研究生课程设计教学，一晃已有十余年，正是在这教学中形成了我们所倡导的“以问题为导向的城市设计”，以及“把城市设计作为一种研究的工作方法”，成为城市研究的有效手段，这对本书亦有深刻影响。

特别要感谢我的助手们，莫霞博士跟随我早在2011年便参与了初稿工作；而后，李建博士、程亮博士在深化修改以及成书过程中做出了积极的贡献；通过评阅奚慧博士论文，丰富了我对城市设计管理控制的认识，并请她参与了对第5章的修改和完善；此外，岳雨峰、刘晓妮、张时钧、唐浩明等同学在教材文献搜集、插图整理等方面做了大量的辅助工作，在此一并致谢！

最后要感谢中国建筑工业出版社的支持，正是他们很有艺术地鞭策我、督促我，并细心审稿、勘定错误、核对文献，令书稿得以出版。

王伟强

同济大学建筑与城市规划学院